# 胶体与表面化学

第四版

沈　钟　赵振国　康万利　编著

化学工业出版社

·北京·

本书是在2004年第三版的基础上修订而成的。介绍了胶体的基本概念、制备和性质，界面现象和吸附，常用吸附剂的结构和性能，表面活性剂，乳状液，凝胶，气溶胶，膜等内容，并增补了胶体与表面化学领域新的研究成果及其应用（如纳米晶体、特殊高分子表面活性剂、气溶胶、膜、流变性测定仪器等）。本书保持了前三版理论与实际应用相结合的特色，密切结合我国生产和科研工作的实际，对与材料科学、生命科学、环境科学、医药、采油等学科中一些同胶体与表面化学密切相关的问题进行了介绍，有一定的指导意义。全书概念清晰，兼容了讲授与自学的特点，针对性和适用性较强。

本书可作为工科院校相关专业的胶体与表面化学教材或教学参考书，也可供应用化学、化工、油田化学、生命科学、环境科学、医药、选矿、纺织等相关领域的工程技术人员和科技人员参考。

**图书在版编目（CIP）数据**

胶体与表面化学/沈钟，赵振国，康万利编著. —4版. —北京：化学工业出版社，2012.2（2022.9重印）
ISBN 978-7-122-12982-6

Ⅰ.胶… Ⅱ.①沈…②赵…③康… Ⅲ.①胶体化学②表面化学 Ⅳ.①O648②O647.11

中国版本图书馆CIP数据核字（2011）第258301号

责任编辑：梁　虹　叶　露　　　装帧设计：关　飞
责任校对：顾淑云

出版发行：化学工业出版社（北京市东城区青年湖南街13号　邮政编码100011）
印　　装：三河市延风印装有限公司
787mm×1092mm　1/16　印张21½　字数635千字　　2022年9月北京第4版第10次印刷

购书咨询：010-64518888　　　售后服务：010-64518899
网　　址：http://www.cip.com.cn
凡购买本书，如有缺损质量问题，本社销售中心负责调换。

定　　价：39.00元

# 第四版前言

本书自 1991 年第一版问世，至今已 20 年。在此期间，化学学科及胶体与界面化学的研究在深度和广度上都有长足进步，可达分子水平的研究手段屡有开发和应用。在与数学、物理学、生物学、医学、材料科学、环境科学、能源科学等基础学科和应用学科的交叉渗透中，胶体与界面化学的研究内容和方向不断扩展和深化，已成为名副其实的胶体科学。

在本书第 3 版发行后的 7 年间，在北京召开了第 12 届表面与胶体科学国际会议。我国也召开了 4 届（10～13 届）全国胶体与界面化学学术讨论会。千余篇论文既反映了目前国际和国内此学科领域蓬勃发展的面貌，也较大地丰富了学科的内容。鉴于上述背景，对本书进行修订势在必行。

本次新版有以下特点。

1. 保留了旧版中胶体与界面化学基本原理和知识的内容，精简了在物理、化学教材中已广泛介绍的公式推导，着重于说明各基本理论、公式的前提、假设和应用（范围）。

2. 章节做了较大调整。如，由于高分子物理已有专门的课程和教材，删除了原第八章的大部分内容，有些知识并于相关章节介绍。将原第三章（凝胶）缩写为新版第九章的一节。将原第二章（胶体的制备和性质）改写为新版的第二章（胶体与纳米粒子的制备）和第三章（胶体系统的基本性质）。原第四章（界面现象和吸附）改写成新版第四章（表面张力、毛细作用与润湿作用）和第七章（吸附作用与吸附剂）。增写新版第九章（气溶胶、泡沫和膜）等内容。保留的第三版内容也略有增删。

3. 适当增加了较新知识的介绍，如胶体晶体、纳米气泡、胶体系统基本性质的多种测试方法、气溶胶和膜等。

4. 适当补充了一些新的参考书。

本书的修订是在沈钟教授主持下完成的。沈先生虽健康欠佳仍认真参与了修订大纲的制定，并两次审阅了全部修订稿，提出了许多中肯的意见。修订分工如下：康万利修订完成本书第三章、第五章、第六章和第九章的第一、二节。其余由赵振国修订。

在本版新书面世之际，我们十分怀念王果庭教授。王教授在本书第一版的策划和撰写、第二版的修订中都有重要贡献。

编写者再次申明，本书所提供的基本素材各校可根据专业要求、教学大纲和授课对象等实际条件，由教师对书中内容作适当选择和补充。

本书修订是在化学工业出版社的领导和责任编辑的竭力协调和支持下完成的。在此表示深深的谢意！

限于编著者的水平，或许会有不当之处，敬请读者不吝指正。

编著者

2011 年 11 月

# 第一版前言

本书第一稿于1981年在华东石油学院编成，供炼制系化学师资班使用，1982～1984年供北京医科大学药学系使用。自1985年以来，原教材经适当修改后供江苏化工学院有机化工系各专业学生使用。

鉴于目前国内公开出版的胶体与表面化学教材很少，特别是适用于工科院校的教材还是空白的情况，作者对原教材的内容再次进行了修改、调整，予以公开出版。

目前胶体与表面化学发展很快，这门课程是工科院校基础性的应用科学，因此本教材在重点阐述基本概念的同时还竭力注意它在各个领域中的应用，并在某些方面适当介绍了近年国内所取得的新成果，以引起读者在这个领域中的兴趣。

编写本书时曾参考赵国玺的《表面活性剂物理化学》，周祖康、顾惕人、马季铭等的《胶体化学基础》，陈宗淇、戴闽光的《胶体化学》以及许多兄弟院校的胶体化学讲义和有关专著，这里不一一列举，统附于本书之末。27年前我国老一辈已故胶体化学家傅鹰教授说过："编写课本既非创作，自不得不借助于前人，编者只在安排取舍之间略抒己见而已。若此书中偶有可取，主要应归功于上列诸家；若有错误，点金成铁之咎责在编者。"这段名言永远是我们的座右铭。

本书联系出版时曾得中国化学会理事、华东师范大学陈邦林教授的推荐以及北京大学顾惕人教授和福州大学戴闽光教授的鼓励。特别要提出的是，石油大学北京研究生部朱亚杰教授、南京大学傅献彩教授、江苏化工学院副院长孙载坚教授对本书的出版均给予了直接的关怀和帮助。此外，山东大学姚克俊教授、北京医科大学鲁先道副教授、江苏化工学院邵长生和陈丽特副教授、高教研究室郑晓林老师等对本书的出版均给予热情支持。编者谨向上列专家和老师表示衷心感谢。

本书编写时间仓促，再加之编者水平有限，不妥甚至错误之处在所难免，请同志们指正。

编者

1990年10月

# 第二版前言

本书初版于 1991 年，6 年来胶体与表面化学中许多新的技术领域（如超细颗粒、LB 膜技术等）发展迅猛；不少新的理论和观点（如高聚物对胶体稳定的理论、材料科学中微观界面层结构的理论以及与生命科学密切相关的有序分子组合体的研究等）也越来越为人们所重视。这些问题在最近两届（1993 年和 1996 年）的全国胶体与界面化学学术会议论文集中已充分反映出来。

此次修订适当缩减了原书中某些次要或陈旧的内容（如品种繁多的分子筛的特性和应用、影响乳状液类型的理论等），增补了若干近年的新成果。但限于篇幅和工科院校的教学要求，只能从简介绍，借以激发学生的学习积极性和钻研精神。对工科院校学生不作基本要求的内容，书中均用“*”标出，供读者参考。

整个修订大纲由中国科学院感光化学研究所江龙教授审阅。修订前不少同行专家如南京大学的傅献彩教授、华东师范大学的陈邦林教授、华东理工大学的吴树森教授、福州大学的戴闽光教授、北京石油大学的杨继涛教授，以及北京医科大学的何玉英教授、山东建材学院的王正祥教授、华北油田的张孝远高级工程师等提出了许多宝贵意见和建议，特别是江苏石油化工学院材料工程系的林明德教授一直关心着本书的修订和出版，在此一并衷心感谢。

原书参考书目中有一部分是大专院校的讲义，鉴于不少讲义已先后公开出版，本书不再列出。限于编者水平，修订时材料的取舍和概念的阐述等方面仍会有不妥或错误之处，恳请专家和读者指正。

编者

1996 年 10 月

# 第三版前言

本书于1991年首次出版，经修订于1997年出版了第二版，曾获1995年中国石化总公司直属高校优秀教材二等奖。在出版社的建议和敦促下，即着手修订第三版。考虑到近年来胶体与表面化学在各个方面都有较大的发展，特别是超细粒子、纳米材料、两亲分子有序组合体以及与生物、医学、环境科学等密切相关的问题，更是相互渗透、交叉发展，成为这门学科的重要特点，因此在修订时较多地着眼于增补这方面的内容。此次修订在内容安排上，为更趋于合理，将部分内容作了调整。为避免篇幅增加过多，酌情删减了某些公式（如BET公式）的推导，或简化某些问题的阐述。尽管全书字数略有增加，但其适用范围仍为工科院校有关专业本科生的教材或教学参考书。鉴于本课程目前尚无统一教学大纲，因此有关院校在使用时可结合专业特点，选择适当内容，合理编排教程，以满足教学要求。

胶体化学是物理化学的一个分支学科，但对工科院校来说仍重在应用。本书本应安排适量的习题，以便读者加深理解，但受制于种种因素，未能如愿。好在本书所列参考书目中，有的附有习题（如参考书目中1、3、5、7、13、22等），读者可自行借鉴。参考书目35有较多演算实例和习题，也可供读者选用。

在筹划修订时，南京大学傅献彩教授为本书写了综合推介；华东师范大学陈邦林教授建议在增补的“纳米材料”之后，务望提及“纳米污染”问题；中国科学院化学研究所江龙院士提出第二版中个别数据有误，修订时也均已做了补充、纠正。这些都表明，老专家对本书修订寄予希望并给予关心和帮助，在此一并衷心致谢。

在本版书稿付梓之际，本书的编著者之一王果庭教授不幸病逝。王教授虽因病重，未能参加第三版的修订工作，但在前两版书稿的编写和修订中，他一丝不苟，精益求精，付出了极大的心血。对本书第三版的修订，王教授也给予了热情的关心。在此，我们对他为编写本书所做的贡献表示深深的缅怀和敬意。

最后应特别感谢化学工业出版社对本书第三版所给予的大力支持。限于编者水平，书中难免有错误或不当之处，恳请同行和读者指正。

编者

2004年1月

# 目　录

# 第一章 绪论

胶体与表面化学（colloid and surface chemistry）是研究胶体分散系统、一般粗分散系统及表面现象的化学分支。胶体系统的两个重要特点是，分散相粒子很小，其与分散介质间有大的相界面。纳米量级的分散相与分散介质构成胶体系统既不是大块均相物质，又不是分子分散系统，而是微观多相系统，有许多独特的物化性质，1915 年 Ostwald 将胶体系统称为“被忽视尺寸的世界”。确立了胶体化学的特殊地位。

随着对胶体系统研究的深入，使人们认识到胶体与表面化学是与生产和生活实际联系最为紧密、应用最为广泛的化学分支。有人认为，世界上有 50%以上的科学家在从事与胶体和界面有关的工作，有 50%以上的产品和天然物质属于胶体系统。并且，胶体与界面化学的研究对象和研究手段日益涉及多种基础科学和应用技术领域。各基础学科（如数学、物理学、材料科学等）的理论研究成果对胶体与界面化学的规律性探讨和理论模型的提出给出了坚实的数理基础，并推动了胶体与界面化学更加深入、广阔地发展，而新的科学仪器的应用使胶体与界面化学得以在分子、原子水平上进行研究，以探索各种胶体与界面现象的微观解释。这一切使得人们在 20 世纪中叶就已提出了“胶体科学”这一术语，以表示胶体与表面化学不仅是化学的分支，而且已发展成为一门含义更为深广的新学科。

## 第一节 胶体与界面

### 一、分散系统[1]

一种物质以细分状态分散在另一种物质中构成的系统称为分散系统，也称分散体系（disperse system）。在分散系统中被分散的不连续相称为分散相（disperse phase），分散系统中的连续相称为分散介质（disperse medium）。

根据被分散物质的分散程度（分散相粒子大小）可将分散系统分为粗分散系统、胶体分散系统和分子分散系统（表 1-1）。

[1] 根据化学术语修订方案，规定“系统”和“体系”统称为“系统”。

**表 1-1　按被分散物质分散程度大小对分散系统的分类**

| 分散系统 | 分散相粒子大小 | 分散系统直观性质及实例 |
| --- | --- | --- |
| 粗分散系统(coarse disperse system) | ＞1μm | 粒子粗大，显微镜下可见，易沉降分离。悬浮液，乳状液 |
| 胶体分散系统(colloid disperse system) | 0.1μm(或 1μm)～1nm | 粒子细小，显微镜下不可见。透明溶胶，微乳液 |
| 分子分散系统(molecular disperse system) | ＜1nm | 均相，透明，稳定。真溶液 |

根据分散相和分散介质的聚集状态进行的分类如表 1-2 所列。

**表 1-2　按聚集状态对分散系统的分类**

| 分散相 | 分散介质 | 分散系统名称 | 实　例 |
| --- | --- | --- | --- |
| 气 | 液 | 气-液分散系统，泡沫 | 灭火泡沫 |
| 气 | 固 | 气-固分散系统，固体泡沫 | 泡沫塑料，气凝胶 |
| 液 | 气 | 液-气分散系统，气溶胶 | 雾，湿气 |
| 液 | 液 | 液-液分散系统，乳状液 | 牛奶，乳化原油 |
| 液 | 固 | 液-固分散系统，凝胶 | 豆腐，珍珠 |
| 固 | 气 | 固-气分散系统，气溶胶 | 烟，尘 |
| 固 | 液 | 固-液分散系统，溶胶，悬浮体 | 金溶胶，油漆，牙膏 |
| 固 | 固 | 固-固分散系统 | 合金，有色玻璃 |

在以气体为分散介质时，分散相为固体粒子的称为烟或尘。烟比尘的固体粒子小。雾、尘和烟均可称为气溶胶（aerosol）。

在以液体为分散介质时，分散相为气体的称为泡沫（foam）；分散相为不相混溶的液体的称为乳状（浊）液（emulsion）；分散相为固体小粒子的称为溶胶；分散相为较大固体粒子（如＞200nm 或更大）称为悬浮液（体）（suspension）。

在以固体为分散介质时，分散相为气体的称为固体泡沫（solid foam），气凝胶（aerogel）；分散相为液体的称为凝胶（gel），固体乳状液（solid emulsion）；分散相为固体的称为固体溶胶（solid sol）。孔性固体与固体泡沫之区别在于前者有双连续相结构，后者的分散相是气体。

## 二、胶体

由表 1-1 可知，分散相粒子至少在一个尺度上的大小处在 1～100nm（也有人将此范围放宽至 200nm 或 1000nm）范围内的分散系统称为胶体分散系统，或胶体系统，或胶体（colloid）。

习惯上，把分散介质为液体的胶体系统称为液溶胶或溶胶（sol），如介质为水的称为水溶胶；介质为固体时，称为固溶胶。

由此可见，胶体系统是多种多样的。胶体是物质存在的一种特殊状态，而不是一种特殊的物质，不是物质的本性。任何一种物质在一定条件下可以晶体的形态存在，而在另一种条件下却可以胶体的形态存在。例如，氯化钠是典型的晶体，它在水中溶解成为真溶液，若用适当方法使其分散于苯或醚中，则形成胶体溶液。同样，硫黄分散在乙醇中为真溶液，若分散在水中则为硫黄水溶胶。

由于胶体系统首先是以分散相颗粒有一定的大小为其特征的，故胶粒本身与分散介质之间必有一明显的物理分界面。这意味着胶体系统必然是两相或多相的不均匀分散系统。

另外，有一大类物质（如纤维素、蛋白质、橡胶以及许多合成高聚物）在适当的溶剂中溶解虽可形成真溶液，但它们的分子量很大（常在 1 万或几十万以上，故称为高分子物质），因此表现出的许多性质（如溶液的依数性、黏度、电导等）与低分子真溶液有所不同，而在某些方面（如分子大小）却有类似于胶体的性质，所以在历史上高分子溶液一直被纳入胶体化学进行讨论。40 多年来，由于科学迅速地发展，它实际上已成为一个新的科学分支——高分子物理化学，所以近年来在胶体表面专著（特别是有关刊物）中，一般不再过多地讨论这方面的内容。

根据分散相粒子与分散介质亲和性的不同，可将胶体分为亲液胶体（如前述的大分子溶液系统）和疏液胶体。亲液胶体（lyophilic colloid）是指分散相与分散介质有较强亲和力的胶体系统。疏液胶体（lyophobic colloid）则相反，如大多数无机物的水溶胶。

当多个分子的缔合体构成胶体分散相时，所形成的胶体称为缔合胶体（association colloid），如表面活性剂的胶束溶液即是。

疏液胶体系统是热力学不稳定系统，有自发聚沉的趋势；有大的相界面；胶体粒子一般没有确定的组成和结构。但胶体粒子小，使得胶体有独特的电学、光学、动力学、流变学等性质。这些性质对胶体的形成、破坏和稳定性有重大影响。

## 三、表面与表面自由能

界面是不相混溶的两相间的边界区域。一般将两个凝聚相（液-液，液-固，固-液，固-固）间的边界区域称为界面（interface）。凝聚相与气相（液-气，固-气）间的边界区域称为表面（surface）。表面与界面二术语常可通用。界面也可视为系统的性质从界面一侧到界面另一侧变化的过渡区域。界面有一定的厚度。许多系统中界面的厚度只有一两个分子或几个分子厚，此厚度与界面两侧的体相相比较是微不足道的，故为了研究方便有时将界面作为二维或准二维的几何面处理。在实际生活和科学实验中有的界面可直接触及或观察到（如固体的表面、乳状液的液珠与介质的界面），这种界面可称为宏观界面；还有一些界面难以直接感知（如表面活性剂在溶液中的各种聚集体与介质的界面、生物膜等），可称为微观界面。

胶体系统中分散相粒子都很小，因而相界面面积很大：粒子越小，界面面积越大。界面面积的大小可用比表面（积）表示。比表面（specific surface area）是指单位质量（1 克）或单位体积（$1cm^3$）分散相物质所具有的面积。无孔实体（如金属、液珠）只有外表面，多孔性固体（如活性炭、分子筛）还有孔隙内壁的面积，即为内表面。

为制出胶体系统，必以不同形式做功，才能使分散相达到高度分散状态，因此系统必有大的界面自由能。系统的界面自由能应等于界面总面积与单位表面（自由）能之乘积。以 $1cm^3$ 水的立方体分割成边长不同的小立方体所得小立方体水的总面积和系统中总界面自由能如表 1-3 所示（0℃）。0℃ 时水的单位表面（自由）能为 $75.6mJ \cdot m^{-2}$。由表 1-3 数据可知，当 $1cm^3$ 的水分割成边长为 1nm 的立方体小水粒子时，界面自由能达 454J。如此大的能量可使约 $110cm^3$ 的 0℃ 水温度升高 1 度。

**表 1-3　$1cm^3$ 立方体形水粒子在分割时总界面面积和界面自由能**

| 立方体边长/cm | 分割后的立方体水粒子数目/个 | 总表面积 | $1cm^3$ 0℃ 系统界面自由能/J |
| --- | --- | --- | --- |
| 1 | 1 | $6cm^2$ | $4.54\times10^{-5}$ |
| $1\times10^{-1}$ | $10^3$ | $60cm^2$ | $4.54\times10^{-4}$ |
| $1\times10^{-2}$ | $10^6$ | $600cm^2$ | $4.54\times10^{-3}$ |
| $1\times10^{-3}$ | $10^9$ | $6000cm^2$ | $4.54\times10^{-2}$ |
| $1\times10^{-4}$ (1μm) | $10^{12}$ | $6m^2$ | $4.54\times10^{-1}$ |
| $1\times10^{-5}$ (0.1μm) | $10^{15}$ | $60m^2$ | 4.54 |
| $1\times10^{-6}$ (10nm) | $10^{18}$ | $600m^2$ | 45.4 |
| $1\times10^{-7}$ (1nm) | $10^{21}$ | $6000m^2$ | 454 |

大的界面和大的界面自由能存在，使胶体系统有许多独特的物理化学性质。首先，在界面区域内可发生不同于体相中的化学和生物化学过程（如吸附作用、界面化学反

应、模拟生物膜的许多作用等)；其次，使得胶体系统中分散相有自动聚集的趋势。

## 第二节 胶体化学发展简史[1]

中国著名胶体化学家傅鹰院士说过：“一种科学的历史是那门科学的最宝贵的一部分，科学只能给我们知识，而历史却能给我们智慧。”

胶体化学是一门古老而又年轻的科学。有史以前，我们的祖先就会制造陶器；汉朝已能利用纤维造纸；后汉时又发明了墨；其他像做豆腐、面食以及药物的制剂等在我国都有悠久的历史，这些成品及其制作过程都与胶体化学密切相关。古埃及人很早就知道利用木材浸水膨胀来破裂山岩；瑞典化学家 Scheele 早在 1777 年就做过用木炭吸附气体的试验；1809 年，俄国化学家 Рейсс 发现了土粒的电泳现象；1829 年，英国植物学家 Brown 观察到花粉的布朗运动。此后，许多人相继制备了各种溶胶，并研究了它们的性质。

胶体化学作为一门学科来说，它的历史比较一致的看法是从 1861 年开始的，创始人是英国科学家 Thomas Graham，他系统研究过许多物质的扩散速度，并首先提出晶体和胶体 (colloid) 的概念，制定了许多名词用来形容他所发现的事实。现今我们所用的一些名词，如溶胶、凝胶 (gel)、胶溶 (peptization)、渗析 (dialysis)、离浆 (syneresis) 等都是 Graham 提出的。尽管在这一时期人们积累了大量的经验和知识，但胶体化学真正为人们所重视并获得较大的发展是从 1903 年开始的。这时，Zsigmondy (德) 发明了超显微镜，肯定了溶胶的一个根本问题——胶体系统的多相性，从而明确了胶体化学与界面化学的关系。1907 年，德国化学家 Ostwald 创办了第一个胶体化学刊物《胶体化学和工业杂志》，因而许多人将这一年视为胶体化学正式成为独立学科的一年。1902 年，Zsigmondy 出版《胶体化学》，1909 年 Freundlich 出版《毛细管化学》并提出 Freundich 吸附等温式。1915 年美国化学家 Langmuir 提出单分子层吸附理论。1938 年由 Brunauer、Emmett、Teller 提出 BET 多层吸附理论。1930～1940 年间，由 Derjaguin、Landau、Ververy、Overbeek 提出疏液胶体稳定性理论 (DLVO 理论)。近百年来，由于实验技术的不断发展、开发和应用 (如超离心机、多种电子显微镜、X 射线衍射仪、光散射仪、多种能谱仪、LB 膜技术等) 使胶体与表面化学研究从宏观向微观跃进，许多成果得以从分子和原子水平上进行探讨。

## 第三节 胶体化学的研究对象和意义

传统的胶体化学研究的对象是溶胶 (也称憎液胶体) 和高分子真溶液 (也称亲液胶体)。约 30 年前，Shaw 还把在表面活性剂中讨论的以肥皂为代表的皂类视为第三类胶体体系，现称其为缔合胶体。在胶体化学中，人们不仅要研究这些体系本身的许多基本性质，而且要研究与这些基本性质相联系的许多实际问题。例如，明矾为什么能净水？肥皂为什么能去污？向高空抛撒的粉剂为什么能人工降雨？鱼汤为什么能“冻”起来以及怎样脱去原油中所含的水分等问题，这些都要靠胶体化学来解答。所有这些问题，归根结底都涉及到分散体系的形成、破坏以及它们的物理化学性质 (特别是界面性质) 等问题，所以都是胶体化学研究的对象。

胶体化学和许多科学领域、国民经济的各个部门以及日常生活都密切相关。1977 年，Hiemenz[2] 列举了如下一些涉及胶体和表面化学的实例：①分析化学中的吸附指示剂、离子交换、沉淀物的可滤性、色谱等；②物理化学中的成核作用、过饱和及液晶等；③生物化学和分子生物学中的电泳、膜现象、蛋白质和核酸等；④化学制造中的催化剂、洗涤剂、润滑剂、黏合剂

---

[1] 中国知识分子的光辉典范——傅鹰先生百年诞辰纪念文集. 北京：北京大学出版社，2002.

[2] 见参考书目 1，p3。

等；⑤环境科学中的气溶胶、泡沫、污水处理等；⑥材料科学中的陶瓷制品、水泥、纤维、塑料等；⑦石油科学中的油品回收、乳化等；⑧日用品中的牛奶、啤酒、雨衣等。要特别提及的是，胶体和表面化学与石油化工的关系尤为密切，从油、气的地质勘探、钻井、采油、储运，一直到石油炼制和油品的二次加工和三次加工等各个方面，都要用到大量的胶体化学原理和方法。因此，胶体和表面化学的基础知识在实际工作中能帮助我们广开思路，打开眼界。

关于胶体与表面化学的关系，可以说有胶体化学的问题，必然有表面化学的问题，因二者相互联系、相提并论，故常称为"胶体与表面化学"，又由于这类问题都涉及诸多科学领域，所以更确切地说应称为"胶体与表面（界面）科学"。虽然胶体化学教材和专著中都包含表面化学的基本内容，但表面化学的教材和专著中多不涉及胶系统的形成与基本性质。因此，朱埗瑶[1]提出，界面化学的重要性并不仅限于胶体体系，许多非胶体体系的性质和功能，如一切电极过程、色谱分析、有机晶体和无机晶体（包括蛋白质晶体）的制备等都与界面性质密切相关。

现已进入21世纪，时代在前进，科技在进步，胶体与表面化学也得以较大地发展。中国科学院化学研究所江龙[2]根据最近几届国际胶体化学会议的主题把现代胶体科学的分支领域或主要研究内容列于表1-4[3]。

**表1-4　现代胶体科学的研究内容**

| 研究对象 | 研究内容 | 体　系 | 理　论 |
|---|---|---|---|
| 分散体系 | 分散体系的形成与稳定 | 气溶胶 | 气溶胶理论 |
| | | 憎液溶胶 | 成核理论,DLVO与HVO稳定理论 |
| | | 亲液溶胶 | 高聚物溶液理论,胶束理论 |
| | | 粗分散体系(乳状液,悬浮液) | |
| | 光学性能 | | 光吸收与光散射理论 |
| | 流变性能 | 智能流体,电、磁流变体 | 理论与现象流变学 |
| | 纳米材料 | 单分散、单一形状颗粒的形成 | |
| | | 纳米颗粒的有序排列 | 颗粒相互作用力理论 |
| 界面现象 | 润湿、摩擦、黏附 | 气-固界面 | 表面力理论,表面层结构,分子定向理论 |
| | | 液-固界面 | |
| | 吸附现象 | 气-液界面 | 各种吸附理论 |
| | | 液-液界面 | |
| | | 液-固界面 | |
| | 界面电现象 | | 双电层理论 |
| | 界面层结构 | | 界面光谱学与显微术能谱,扫描探针显微镜,激光拉曼等方法研究,界面分子定向,界面化学反应,界面力的研究 |
| 有序组合体 | 溶液中有序分子组合体 | 胶束、微乳液,囊泡等 | 分子间相互作用力(氢键,范德华力,分子形状,弯曲能,相图) |
| | 生物膜与仿生膜 | BLM,LB膜,脂质体,液晶,分形体等 | 液晶理论,类脂体与蛋白质的相互作用,分形理论 |
| | 有机无机混合膜 | 夹心结构,溶胶-凝胶膜等 | |
| | 有序组合体中的物理化学反应 | | 增溶现象,胶束催化,定向合成 |

# 第四节　胶体与表面化学的发展[4]

胶体与表面化学是一门应用性极强的学科。近百年来，它的发展同步于工农业生产的发

---

❶ 见参考书目2，p.556。及参考书目7，绪言部分。

❷ 见参考书目2，p.554。及参考书目3。

❸ 见参考书目3，p.8。

❹ 见参考书目3。

展，有些方面甚至是超前的，究其原因有二。一是自然科学整体水平的提高，带动胶体与表面化学素质增幅：①利用现代物理与化学理论解决胶体与表面化学中的基本理论问题，如用量子化学研究吸附与催化、用分形理论研究胶粒形貌、用统计力学研究高分子等；②应用现代精密仪器和方法解决胶体与表面化学中悬而未决的实际问题，如用不同力（学）显微镜研究胶粒间的力（大小）及表面上分子（或原子）的形态、用不同能谱仪综合研究胶团表面分子相互作用细节等；③将胶体与表面化学的观点和方法应用于医学、生理、土壤、环境、大气、海洋湖泊等诸多学科之中，既丰富了这些学科的内容，也促进了对胶体与表面化学更深层次知识的探索。二是工农业的飞跃发展对胶体与表面化学提出了许多高而新的要求：①新产品的开发，如单分散溶胶的制备、不同维数的超细材料生产、组装分子器件的探求等；②老产品的升级换代，如洗涤剂、化妆品、颜料、复印用炭粉、石墨乳等；③旧工艺更新，如批量单分散固态胶粒的制造与收集、血液流变、高分子流变、三次采油中的微乳液配方、黏土胶体用于二次采油、正电溶胶用于钻井液、微囊包封材料的应用等。

作为一门科学，长期以来，国外一直出版着多种胶体与表面化学杂志（可惜国内迄今尚无一本正式出版的胶体与表面化学杂志）。美国、俄罗斯、英国、德国、日本、荷兰、瑞典等国均建有多所胶体与表面化学研究机构。两年一度的世界性胶体与表面化学会议如期举行，会上宣读的论文逐年增多，已近千篇。20 世纪 90 年代以来，不少国家对纳米材料制定了跨世纪的长期研究计划，致使众多的物理学家加盟表面科学研究，其目标在于开发纳米级或分子（原子）级具有多种功能的电子器件，从目前的研究情况来看，中国起步虽较晚，但发展迅速，并得到国际同行的重视。第 12 届表面与胶体科学国际会议 2006 年 10 月于北京召开即为证明。❶。

在中国，胶体与表面科学的发展基本上是从解放后开始的。1954 年，中国胶体化学的奠基人之一傅鹰院士主持建立了北京大学胶体化学教研室，除培养本科生外，还培养了众多的研究生，并接受其他高校委派来校进修的教师。差不多与此同时，南京大学戴安邦院士筹建胶体化学专业，1955 年有了第一批毕业生，随后不少高校相继开设胶体化学课程。至今，国内设有胶体与表面化学研究机构的有北京大学、南京大学、山东大学、华东师范大学、扬州大学等，以及中国科学院化学研究所、理化技术研究所（原感光化学研究所）等，这些单位除培养本科生、研究生外有的还与国内大型企业（如中国石油天然气总公司等）建立胶体与界面化学联合实验室等，取得一批批前沿性研究成果。

自 1983 年在北京大学召开全国第一届胶体与界面化学学术会议起，直至 2011 年共召开了 13 届会议。在第 13 届胶体与界面化学会议上来自国内外 66 所高校、14 个研究所和 8 家企业的胶化工作者达 400 余人，录用论文 428 篇，为历届会议收录论文之最❷。收录论文涉及两亲分子有序组合体与软物质，表面活性剂及其与大分子之间的相互作用最新研究进展，界面化学与有序分子膜，胶体分散体系（悬浮、乳化、微乳液、气溶胶、泡沫），先进材料制备和纳米科学中的胶体和界面化学，胶体体系在生命科学、农业、食品科学、日用化学品科学及其他工业中的应用，胶体与界面化学研究中的新方法、新理论等。由此可见，这次会议的议题正与国际逐渐接轨。

可以预期，中国的胶体与表面化学将会获得更加飞速的发展，并为中国的“四化”建设做出巨大的贡献。

---

❶ 12th International Conference on Surface and Colloid Science，Book of Abstracts。

❷ 见中国化学会第 13 届胶体与界面化学会议论文摘要集。2011 年 7 月，太原.

# 第二章

# 胶体与纳米粒子的制备

## 第一节　胶体的制备

既然胶体颗粒的大小在1～100nm之间，故原则上可由分子或离子凝聚而成胶体，当然也可由大块物质分散成胶体，方法虽不一样，但最终均可形成胶体系统（图2-1）。用第一种方法制备胶体称凝聚法，用第二种方法制备胶体称分散法。

### 一、胶体制备的一般条件

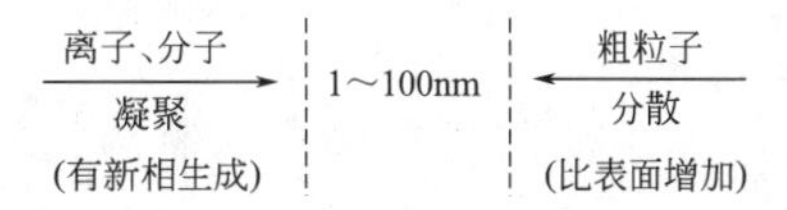


图2-1　胶体形成示意图

**1. 分散相在介质中的溶解度必须极小**

硫在乙醇中的溶解度较大，能形成真溶液。但硫在水中的溶解度极小，故以硫黄的乙醇溶液逐滴加入水中，便可获得硫黄水溶胶。又如三氯化铁在水中溶解为真溶液，但水解成氢氧化铁后则不溶于水，故在适当条件下使三氯化铁水解可以制得氢氧化铁水溶胶。因此，分散相在介质中有极小的溶解度，是形成溶胶的必要条件之一。当然，在这一前提下，还要具备反应物浓度很稀、生成的难溶物晶粒很小而又无长大条件时才能得到胶体。如果反应物浓度很大，细小的难溶物颗粒突然生成很多，则可能生成凝胶。

**2. 必须有稳定剂存在**

用分散法制备胶体时，由于分散过程中颗粒的总表面积增大，故体系的表面能增大，这意味着此体系是热力学不稳定的。如欲制得稳定的溶胶，必须加入第三种物质，即所谓的稳定剂（stabilizing agent）。例如制造白色油漆，是将白色颜料（$TiO_2$）等在油料（分散介质）中研磨，同时加入金属皂类作稳定剂来完成的。用凝聚法制备胶体，同样需要有稳定剂存在，只是在这种情况下稳定剂不一定是外加的，往往是反应物本身或生成的某种产物。这是因为在实际制备时，总会使某种反应物过量，它们可能起到稳定剂的作用。

### 二、胶体制备的方法

**1. 分散法**

分散法有机械分散、电分散、超声波分散和胶溶等各种方法。工业上常用的粉碎设备有气流磨、各种类型高速机械冲击式粉碎机、各种类型搅拌磨、振动磨、转筒式球磨、胶体磨、行星球磨、离心磨、高压辊磨等。产品细度一般在 1～74μm 范围内，好的胶体磨制备出的分散相粒子可小于 1μm。粉碎方式可干、可湿、可连续也可间歇。在粉碎过程中，随着粉碎时间的延长，颗粒比表面积增大，颗粒团聚的趋势增强，这时，除了在物料中添加助磨剂❶（或称分散剂）外，最重要的是要及时地分出合格粒级产品，避免合格粒级物料在磨机中“过磨”，同时也提高了粉碎效率。为此，必须在粉碎工艺中设置高效率的精细分级设备，如表 2-1 所示❷。

**表 2-1　一些常见的干式和湿式分级机**

| 类型 | 设备名称 | 分级粒径 $d_{97}$①/μm | 生产厂 |
|---|---|---|---|
| 干式 | 涡轮式 ATP 型分级机 | 4～180 | (德)Alpine 公司 |
| | MSS 超微细分级机 | 2～20 | (日)细川公司 |
| | WX 型微细分级机 | 5～150 | 瓦房店化工机械厂 |
| | EPC 型超微细分级机 | 2～20 | 长沙矿山研究院 |
| | WFJ 型超微细分级机 | 5～150 | 嵊县特种粉碎设备厂 |
| | FYZ 型空气分级机 | 1～150 | 上海化工机械三厂 |
| | TC 系列空气分级机 | 0.5～150 | (日)日清株式会社 |
| | FUJI 微粉分级机 | 2～3 | (日)富士产业株式会社 |
| 湿式 | 卧式螺旋离心分级机 | $<5$ | 四川江北机械厂 |
| | | | 上海化工机械厂 |
| | 水力旋分机 | $d_{98}=5, d_{90}=2$ | 北京海淀区流体技术开发公司 |
| | Mozley 分级机 | 2～30 | (英)Mozley 有限公司 |

① $d$ 的右下角标数字表示在表中所列分级粒径范围内的粒子占总粒子数的比例（%）。

电分散法主要用于制备金属（如 Au、Ag、Hg 等）水溶胶。以金属为电极，通以直流电（电流 5～10A、电压 40～60V），使产生电弧（图 2-2）。在电弧的作用下，电极表面的金属气化，遇水冷却而成胶粒。水中加入少量碱可形成稳定的溶胶。

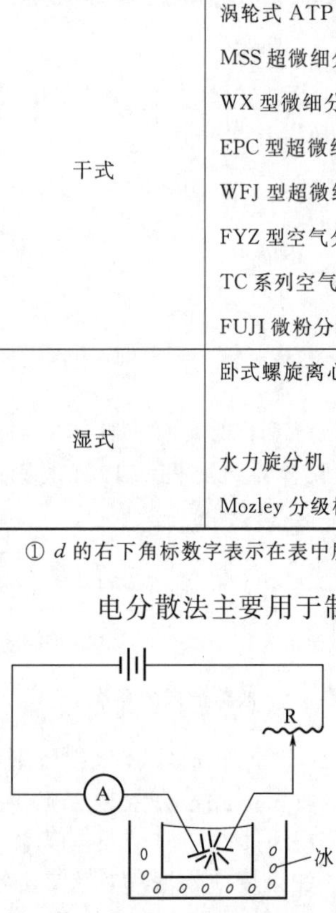

图 2-2　电分散法图示

超声波分散主要用来制备乳状液。

胶溶法是在某些新生成的松散聚集沉淀物中，加入适量的电解质，或置于某一温度下，使沉淀重新分散成溶胶。例如，现在国内用的一种正电荷溶胶——MMH（mixed metal hydroxide）或 MMLHC（mixed metal layered hydroxide compound）溶胶，用量之多堪为国内溶胶之冠，年需量在 2kt 以上。它就是在一定比例的 $AlCl_3$ 和 $MgCl_2$ 混合溶液中，加入稀氨水，形成混合金属氢氧化合物沉淀（半透明凝胶状），经多次洗涤（目的在于控制其中的氯离子浓度）后，置该沉淀于 80℃下恒温，凝胶逐渐形成带正电荷的溶胶。MMH 溶胶的用途很广，如钻井液添加剂、聚沉剂、防沉剂等。并且能够制成 MMH 干粉，运输与使用都很方便。又如在新生成的 $Fe(OH)_3$ 沉淀中，加入适量的 $FeCl_3$ 可制成 $Fe(OH)_3$ 溶胶。一般来说，沉淀老化后就不容易发生胶溶作用。

### 2. 凝聚法

用物理方法或化学方法使分子或离子聚集成胶体粒子的方法叫凝聚法。将硫黄-乙醇溶

❶ 赵军．在气流粉碎中常用的粉碎助剂．无机盐工业，2000（5）：17．

❷ 郑水林，孙成林．粉体技术，1994，1（1）：37．

液逐滴加入水中制得硫黄水溶胶，是物理凝聚法制备胶体的一个例子。下面主要介绍化学凝聚法。

（1）还原法　主要用来制备各种金属溶胶。例如：

$$Au^{3+} + \text{单宁(还原剂)} \xrightarrow[\text{加热}]{\text{少量 } K_2CO_3} Au\text{ 溶胶}$$

（2）氧化法　如用硝酸等氧化剂氧化硫化氢水溶液，可制得硫溶胶。例如：

$$2H_2S + O_2 \longrightarrow 2S(\text{硫溶胶}) + 2H_2O$$

（3）水解法　多用来制备金属氧化物溶胶。例如：

$$FeCl_3 + 3H_2O \xrightarrow{\text{煮沸}} Fe(OH)_3(\text{溶胶}) + 3HCl$$

（4）复分解法　常用来制备盐类的溶胶。例如：

$$AgNO_3 + KI \longrightarrow AgI(\text{溶胶}) + KNO_3$$

## 三、凝聚法原理

物质在凝聚过程中，决定粒子大小的因素是什么？控制哪些因素可以获得一定分散度的溶胶？这是溶胶制备的核心问题。许多人的研究认为，由溶液中析出胶粒的过程，与结晶过程相似，可以分为两个阶段。第一阶段是形成晶核（nucleation），第二阶段是晶体成长。Weimarn（1908）认为，晶核的生成速度 $v_1$ 与晶体的溶解度和溶液的过饱和度（degree of supersaturation）有如下关系：

$$v_1 = \frac{dn}{dt} = K_1\left(\frac{c-S}{S}\right) \tag{2-1}$$

式中，$t$ 为时间；$n$ 为产生晶核的数目；$c$ 为析出物质的浓度，即过饱和浓度；$S$ 为其溶解度，故 $c-S$ 为过饱和度；$(c-S)/S$ 为相对过饱和度；$K_1$ 为比例常数。由式(2-1) 可见，浓度 $c$ 越大，溶解度 $S$ 越小，过饱和度越大，则生成晶核的速度越大。由于体系中物质的数量一定，要生成大量的晶核，就只能得到极小的粒子。

晶体（晶核）的成长速度 $v_2$ 可用式(2-2) 表示：

$$v_2 = K_2 D(c-S) \tag{2-2}$$

式中，$D$ 为溶质分子的扩散系数；$c-S$ 为过饱和度；$K_2$ 为另一比例常数。由此式可见，$v_2$ 也与过饱和度成正比，但 $v_2$ 受 $c-S$ 的影响较 $v_1$ 为小。在凝聚过程中，$v_1$、$v_2$ 是相互联系的。当 $v_1 \gg v_2$ 时，溶液中会形成大量晶核，有利于形成溶胶；当 $v_1 \ll v_2$ 时，所得晶核极少，而晶体成长速度很快，故粒子得以长大并产生沉淀。

Weimarn 曾研究过在乙醇-水混合物中，由 $Ba(CNS)_2$ 和 $MgSO_4$ 反应所得 $BaSO_4$ 沉淀的颗粒大小和反应物浓度的关系。他发现：在浓度很低（约 $10^{-5} \sim 10^{-4} mol \cdot dm^{-3}$，此浓度对形成晶核已有足够的过饱和度）时，由于晶体成长速度受到限制，故形成溶胶；当浓度较大（约 $10^{-2} \sim 10^{-1} mol \cdot dm^{-3}$）时，相对来说，此时有利于晶体成长，故产生结晶状沉淀；当浓度很大（约 $2 \sim 3 mol \cdot dm^{-3}$）时，此时生成的晶核极多，紧接着过饱和度（$c-S$）的降低也很多，故晶体成长速度减慢，这又有利于形成小粒子的胶体。应当注意，在这种情况下，由于形成的晶核太多，粒子间的距离太近，故易于形成半固体状凝胶。上述整个过程可用图 2-3 示明。总之，根据 Weimarn 理论，欲制备胶体，必须 $v_1$ 大、$v_2$ 小。而欲 $v_1$ 大，必须过饱和度高，这意味着盐的溶解度要尽可能小。反之，若 $v_2$ 大、$v_1$ 小（例如溶解度很大的 NaCl 就是这样），溶液的过饱和度低，则形成大的晶体。溶液的过饱和度和 $v_1$、$v_2$ 及晶粒大小的关系可用图 2-4 来说明。

温度、杂质、溶液 pH 值，甚至搅拌等因素对成核和晶核成长速度都有影响，此处不再讨论。

Weimarn 理论不能说明为什么有些沉淀是无定形的，而有的却是结晶状的问题。Haber 认为，这主要取决于凝结速度和定向速度。若前者大于后者，则生成无定形沉淀；若后者大

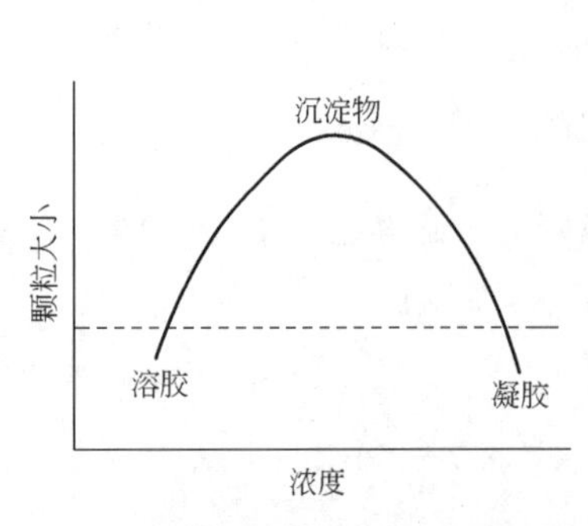


图 2-3　$BaSO_4$ 颗粒大小与反应物浓度的关系

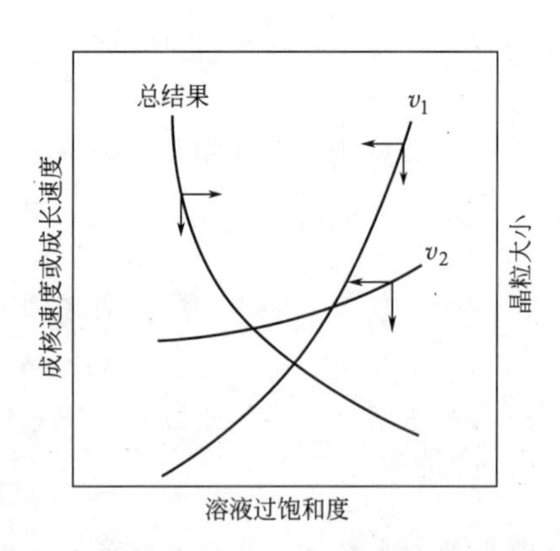


图 2-4　过饱和度对 $v_1$、$v_2$ 和晶粒大小的影响

于前者，则得结晶状沉淀。当然，凝结速度和饱和度成正比，而定向速度是指分子或离子以一定的方式在晶格中排列的速度，它主要取决于物质的极性大小。例如，AgCl、ZnS、HgS 等分子小、极性大，故定向速度快，能生成结晶状沉淀，或具有晶体结构的胶粒。而 $Al(OH)_3$、$Fe(OH)_3$ 或硅酸等含羟基多（还有水分子结合在其中），结构复杂，分子极性较小，且溶解度极微，故其凝结速度远大于定向速度，因而极易生成无定形结构的凝胶状沉淀。

# 第二节　溶胶的净化

用凝聚法制得的溶胶都是多分散性的，即体系中含有大小，不等的各类粒子，其中有一些可能会超出胶体颗粒的范围。而用化学法制得的溶胶通常都含有较多的电解质，虽然适量的电解质可以作为溶胶的稳定剂，但过多电解质又会降低溶胶的稳定性。因此欲得比较纯净、稳定的溶胶，必须将制得的溶胶加以净化。

溶胶中的粗粒子，可以通过过滤（胶体粒子小，可以通过普通滤纸的孔隙）、沉降或离心的办法将其除去。过多的电解质，必须用渗析（亦称透析，dialysis）的办法除去。

## 一、渗析

所谓渗析，主要是利用羊皮纸或由火棉胶（collodion，其化学成分为硝化纤维素）制成的半透膜，将溶胶与纯分散介质隔开，这是因为这种膜的孔隙很小，它仅能让小分子或离子通过，而胶粒不能通过。渗析时把要净化的溶胶装入半透膜袋内，然后连袋浸入蒸馏水中，进行渗析（图 2-5）。搅拌溶胶或适当加热（要注意加热对该溶胶的稳定性有无影响）可加快渗析。改变火棉胶的浓度或改变作为混合溶剂中乙醚和乙醇的比例，可以控制膜孔大小。渗析在许多方面有重要的应用价值。

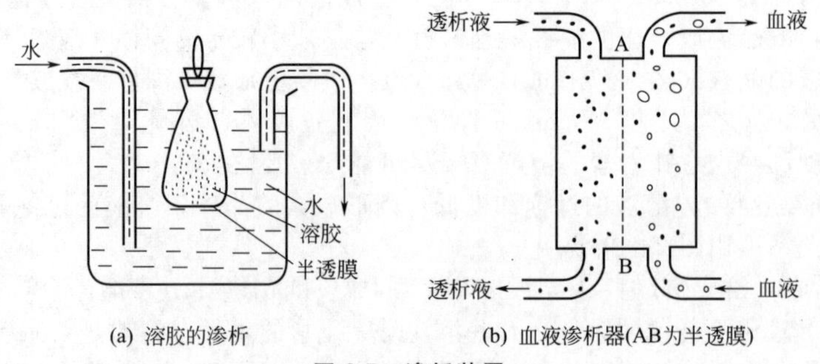


图 2-5　渗析装置

目前医院为治疗肾病变患者所采用的人工肾就是用来部分替代排泄功能的体外血液渗析设备［图 2-5(b)］，通过渗析可除去血液中的代谢废物，如尿素、尿酸或其他有害的小分子。此处常用的半透膜有铜氨膜、醋酸纤维素膜等。临床上除考虑膜孔大小外，还要注意膜的稳定性和血液的相容性等问题❶。

在工业上以及许多实验室中，为加快渗析速度，普遍采用所谓“电渗析”（electrodialysis）。电渗析的实验装置示于图 2-6。当电极与直流电源接通以后，在电场作用下，溶胶中的电解质离子分别向带异性电的电极移动，因此能较快地除去溶胶中过多的电解质。实验室中常用的半透膜为火棉胶等。

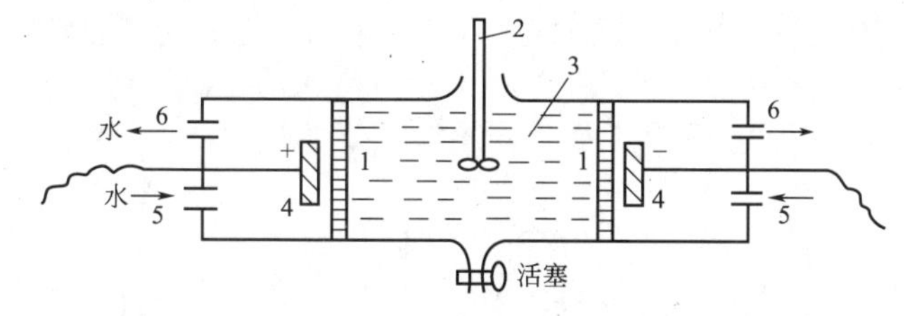


**图 2-6　电渗析示意图**

1—半透膜；2—搅拌器；3—溶胶；4—铂电极；5—进水管；6—出水管

若将离子交换膜用于电渗析中，则可用来制备高纯水、处理含盐废水和海水淡化等方面。咸水淡化常用的电渗析半透膜有醋酸纤维膜、聚乙烯醇异相膜等。异相膜是由磨碎的离子交换树脂颗粒与黏合剂（如聚乙烯）混合，经挤压制成的。用电渗析对咸水的淡化示意于图 2-7。在此装置中，将阳离子选择性交换膜和阴离子选择性交换膜交替地排列着，这样可组成多室电渗析池。

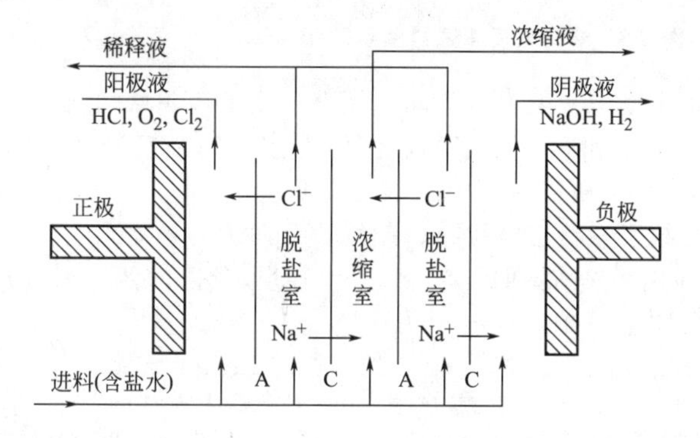


**图 2-7　咸水淡化示意图**

A—阴离子选择性交换膜；C—阳离子选择性交换膜

电渗析技术当前已扩展到化工、食品、医药、废水处理等各个领域。例如氨基酸是典型的两性电解质，控制溶液 pH 值，可使之呈不同的荷电状态。pH 值在等电点时，氨基酸的净电荷为零，在直流电场作用下几乎不移动；当 pH 值大于等电点时，荷负电，可通过阴离子交换膜向正极移动；当 pH 值小于等电点时，荷正电，可通过阳离子交换膜向负极移动。基于此种特点，故可用电渗析与等电聚焦技术分离与纯化氨基酸❷。

目前化工生产中采用的转鼓真空过滤器、叶式过滤器以及古老的板框压滤器等，实际上都是净化工具，只是被净化的不是溶胶，而是大颗粒的悬浮体或凝胶状沉淀。

通常提到的“超过滤”（ultrafiltration），实际上是利用半透膜代替普通滤纸在压差下过滤溶胶的一种方法。在实验室中可在普通滤纸上覆盖一层火棉胶膜，便可制得所谓的超滤纸，并在抽空条件下对物料进行超滤分离。当然在工业上使用的超滤膜是二醋酸纤维素（CA）或聚碳酸酯（PC）膜等，并在压力（一般为 0.2～0.4MPa）下进行超滤操作，用来截留胶粒或大分子物质（如酶和蛋白质等），以除去水和小分子物质，使物料得到浓缩和纯化。

---

❶ 马远鸣等．安徽大学学报（胶体与界面化学专辑），1987，(1)：2。

❷ 欧阳平凯等．化工进展，1991 (2)：31。

## 二、渗透和反渗透[1][2]

渗透概念在大学化学或物理化学中已经熟悉，它是借半透膜将溶液（浓相）和溶剂（如水）隔开，此膜只允许溶剂分子通过，而胶粒或溶质不能通过，此现象称为渗透（osmosis）[见图 2-8(a)]，最后渗透会达到平衡并产生一定的渗透压 $\Delta\pi$ [见图 2-8(b)]。理解了渗透现象后，对反渗透及其膜分离原理极易理解。由图 2-8(c) 可见，若渗透平衡时在浓相一侧施加外压 $p$（且 $p>\Delta\pi$），则浓相中的溶剂分子将向稀相迁移，故称反渗透（reverse osmosis）。反渗透原理可以从溶液中溶剂分子的化学势改变来说明。目前工业中使用的反渗透膜主要有醋酸纤维膜、芳香聚酰胺膜或具有皮层和支撑层的复合膜等，但无论使用何种膜都需施加外压。例如，海水淡化工艺中的操作压力常在 5MPa 以上，因为海水的含盐量高达 3.5%，其渗透压高达 2.5MPa；而苦咸水脱盐可在低压下操作，操作压力约为 1.4～2.0MPa。

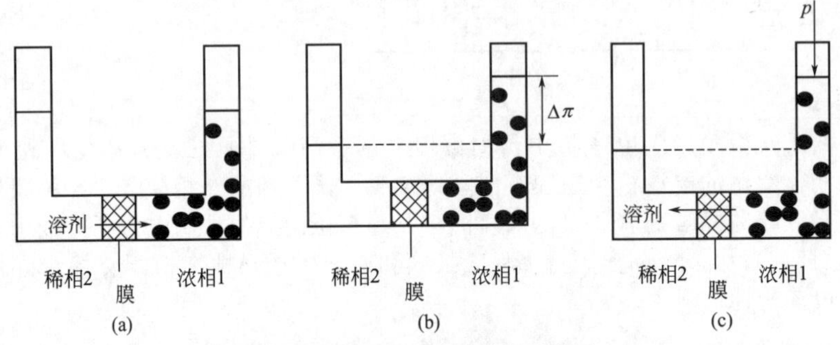


**图 2-8 渗透与反渗透过程示意图**

在我国，反渗透工艺已用于电子、电力、食品、饮料和化工等领域的纯水和超纯水的制备，它能有效地除去微生物、细菌和有机污染物，但值得注意的是它同时能除去水中 Ca、Mg、Zn、Si 等人体所需要的元素，所以饮用纯净水要适度。

上面从溶胶的净化简单介绍了渗析、电渗析、超滤、反渗透等，概念，实际上这些膜分离过程及其应用范围可简单地用图 2-9 示明。当然这个图对被分离的溶质来说只是大致的，且在不同书上列举的例子也不完全一样。

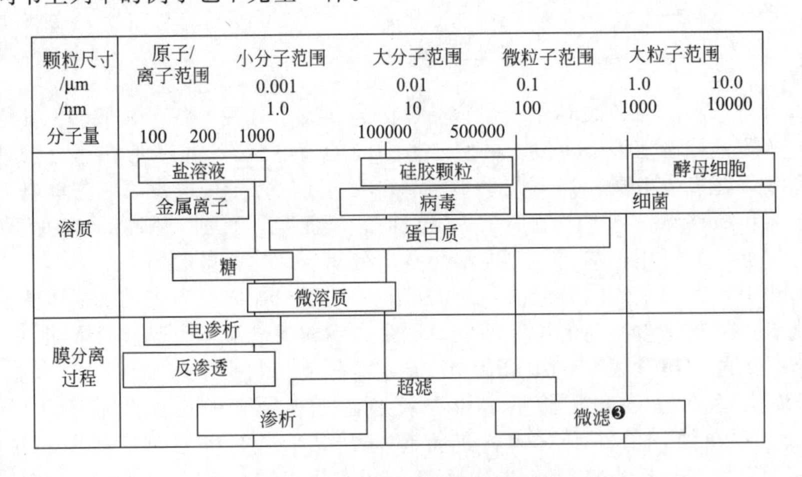


**图 2-9 膜分离过程及其应用领域**

---

[1] 见参考书目 15，p.15。

[2] 见参考书目 16，p.16。

[3] 所谓微滤实际上是一种精密过滤，其膜的孔径常在 0.05～10μm，故一般能除去液体（水）中的微生物、细菌和污染的微粒等，详细应用见参考书目 16，p.293。

# 第三节　单分散溶胶

单分散溶胶（monodispersed sol）系指在特定条件下制取的胶粒尺寸、形状和组成皆相同的溶胶。一般方法制得的溶胶粒径是多分散的，给研究与使用带来许多不便。有了单分散溶胶，我们至少可以做以下一些工作。

（1）稳定性研究　20世纪40年代形成的DLVO理论，原则上虽可解释溶胶的稳定性，但总与实际体系不完全贴切，关键问题是，实际体系是多分散的，而理论的导出前提是单分散的体系。因此，有了单分散溶胶，就有可能开拓多分散溶胶稳定性理论的研究。

（2）光散射研究　同稳定性研究一样，溶胶的光散射研究状况，亦是以单分散体系为前提套用于多分散体系的。

（3）流变学研究　单分散溶胶将使微观流变学建立在更为坚实的实验基础上，丰富了宏观流变学的内涵。

（4）标准颗粒　单分散溶胶可用以校核Coulter粒度仪、电子显微镜、光散射仪等。

（5）生物膜等研究　用单分散溶胶可以确定生物膜的孔径大小与分布，对研究网状内皮组织系统及血清诊断研究都极为有效。

实践证明，单分散胶体用作涂布剂、催化剂、气化剂、感光材料、电子材料、颜料等方面，在性能上皆优于多分散胶体。

20世纪70年代以来，以Matijević为首的一批胶体科学工作者[1][2]做了大量工作，制备了众多不同大小与形状的单分散溶胶，积累了大量的经验，丰富了胶体科学的内容，给这门古老的学科注入了新的活力。

关于单分散性溶胶的形成机理，一个较传统的说法是LaMer的观点。众所周知，用凝聚法制备的溶胶是多分散性的，原因是一般条件下新核的生成与已有核的长大同时进行，因此，最终得到的颗粒是由不同时刻形成的核长大而成的。如欲制备单分散溶胶，必须控制溶质的过饱和程度，使之略高于成核浓度（见图2-10），于是在很短的时间内形成全部晶核，称之为爆发式成核。晶核形成之后，溶液浓度迅速降到低于成核浓度，于是不再生成新的晶核，但浓度仍略高于饱和浓度，故已有的核能因扩散而以相同的速度慢慢长大，形成单分散性溶胶。这就是LaMer等提出的“成核扩散控制”模型。但在具体制备上由于体系的性质不同，除反应物浓度外，还有许多因素都可影响溶胶的单分散性。常见的因素有试剂纯度、pH值、老化时间、老化温度、添加剂性质与浓度、搅拌方式、容器清洁程度等，所以只有在非常严格的操作条件下，实验才能重演。

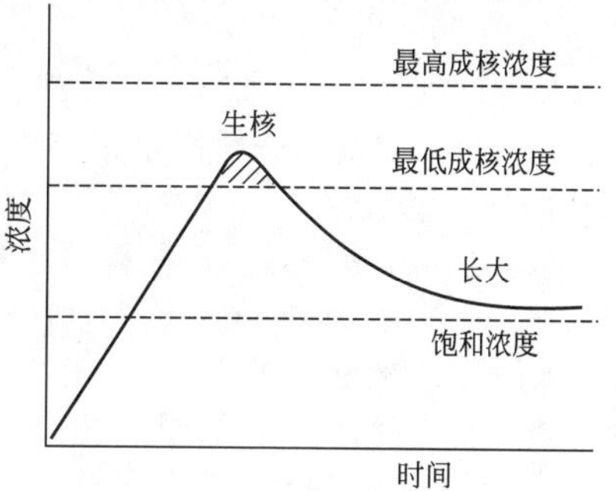


**图2-10　将生核期与生长期分开的LaMer模型图**

目前，单分散溶胶有下列几种制备方法。

（1）金属盐强制水解法　将金属盐水溶液在较高温度下陈化一定时间（陈化温度和时间与金属离子的水解能力有关），可得金属（水合）氧化物单分散粒子。形成的单分散粒子的组成、形貌、结构与反应条件有关，也受盐的阴离子性质影响。图2-11是强制水解法制备金属氧化物单分散胶体粒子的电镜图。实验条件如下。

---

[1] Matijević E. Pure& Appl Chem，1988（10）：1471.

[2] Matijević E. Chem Mater，1993（5）：412.

(a) 水合氧化铝❶。$2.0\times10^{-3}mol\cdot L^{-1}Al(NO_3)_3$ 和 $3.0\times10^{-3}mol\cdot L^{-1}(NH_4)_2SO_4$ 水溶液在 105℃陈化 24h [图 2-11(a)]。

(b) 水合氧化铬❷。$4.0\times10^{-3}mol\cdot L^{-1}CrK(SO_4)_2\cdot 12H_2O$ 水溶液在 75℃陈化 24h [图 2-11(b)]。

(c) 氧化铈❸。$1.2\times10^{-3}mol\cdot L^{-1}Ce(SO_4)_2$ 和 $8.0\times10^{-2}mol\cdot L^{-1}H_2SO_4$ 水溶液在 90℃陈化 48h [图 2-11(c)]。

(d) $\alpha$-$Fe_2O_3$❹。$13.2\times10^{-2}mol\cdot L^{-1}FeCl_3$ 和 $5.0\times10^{-3}mol\cdot L^{-1}HCl$ 在 100℃陈化 10d [图 2-11(d)]。

强制水解法也可得到其他形状的单分散粒子。如 $FeCl_3$ 在不同条件下强制水解可得到球形、立方形、椭球形、棒状粒子。

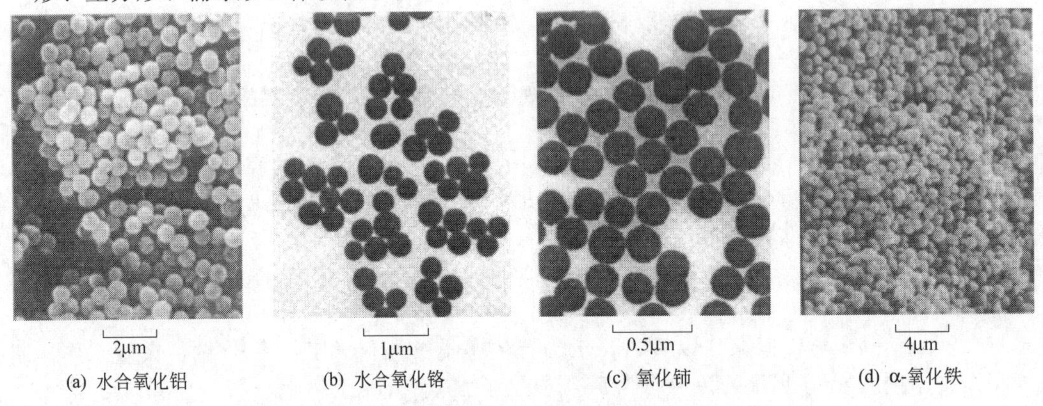


(a) 水合氧化铝　(b) 水合氧化铬　(c) 氧化铈　(d) α-氧化铁

**图 2-11　强制水解法制备金属（水合）氧化物单分散胶体粒子**

(2) 金属络合物高温水解法　以铑为例❺。在 100ml 的回流瓶中，加 8.8mg $RhCl_3$ 与 150mg 聚乙烯醇（PVA，聚合度为 500），续加 25ml 甲醇与 25ml 水，加热回流 1～4h，可得黑色 Rh 溶胶：

$$2RhCl_3\cdot 3H_2O+3CH_3OH \longrightarrow 2Rh+3HCHO+6HCl+6H_2O$$

此法重现性好，在空气中可稳定一年以上，干后为黑色透明膜状物，加水可以再成溶胶，性能不变。生成的球形 Rh 粒径（4nm）不受回流加热时间影响，关键是 PVA 与 $Rh^{3+}$ 形成了络合物，于 260nm 处出一峰，此峰是 PVA 与 $RhCl_3$ 本身没有的，机理可能是：

$$RhCl_3 \xrightarrow[\text{形成配合物}]{PVA} Rh^{3+}\text{-}PVA \xrightarrow[\text{还原作用}]{\text{甲醇}} \text{Rh 小粒子(粒径 0.8nm)} \longrightarrow$$
$$\text{(Rh 原子)} \xrightarrow[\text{晶体生长}]{} \text{Rh 大粒子(粒径 4nm)}$$

用此法可得 Pd、Pt、Ir 及 Os 黑色单分散溶胶，粒径分别为 5.3nm、2.7nm、1.4nm 与 1.0nm。此法不能用来制取 Ru、Au 与 Ag 单分散溶胶。制取 Fe、Co、Ni 与 Cu 单分散溶胶时，不能用甲醇作为还原剂。

若单用醇作溶剂（甲醇除外，因若无水则甲醇无还原能力），于聚合度为3250的聚乙烯吡咯酮作用下，回流 0.5h，可得粒径 2.2nm 的 Rh 单分散溶胶。

聚合物与贵金属不能结合得太强，如聚丙烯酸、聚谷氨酸，它们的羧基与 $Rh^{3+}$ 结合得太强，故制不出单分散 Rh 溶胶。反之，若结合得太弱，如聚乙二醇，只能得到 Rh 沉淀。聚合物的聚合度也不宜太高，高了会导致金属胶粒聚沉。

---

❶ Brace R，Matijevic E. J Inorg Nucl Chem，1973，35：3691.

❷ Demchak R，Matijevic E. J Colloid Interface Sci，1969，31：257.

❸ Hsu W P，Ronnquist L，Matijevic E. Langmuir，1988，4：31.

❹ Matijevic E，Scheiner P. J Colloid Interface Sci，1978，63：509.

❺ 中尾幸道等．表面，1979 (4)：279.

（3）微乳液法[1][2] 微乳液是一个热力学稳定体系，它的另一特点是分散相（也叫内相，inner phase）是单分散的，液滴直径定义在10～100nm之间。为此，人们常用油包水型（W/O型）微乳液制取单分散溶胶。微乳液体系组成及性质可参见本书第六章。

微乳液有一个重要的参数，即水核（或称“水池”）半径 $R_0$，它与体系中水及表面活性剂的浓度有关。令 $w=[H_2O]/[表面活性剂]$，则 $R_0$ 随 $w$ 的增大而增大。

以Lianos[3]制取球形的CdS胶粒为例，其生成机理如图2-12所示。表面活性剂为十六烷基三甲基溴化铵（CTAB）或十二烷基硫酸钠（SDS）；助表面活性剂为戊醇或己醇；有机溶剂为甲苯或庚烷；A为高氯酸镉 $Cd(ClO_4)_2$ 水溶液，浓度为 $2\times10^{-4}mol\cdot L^{-1}$；B为 $Na_2S$ 或 $(NH_4)_2S$ 水溶液，浓度为 $1\times10^{-4}mol\cdot L^{-1}$。先分别制成A和B两个微乳液，二者混合后，由于液滴碰撞，发生了微乳液液滴间物质的相互交换，在微乳液的水核内生成CdS（成核和生长）。水核的尺寸控制了单分散CdS胶粒的最终粒径。

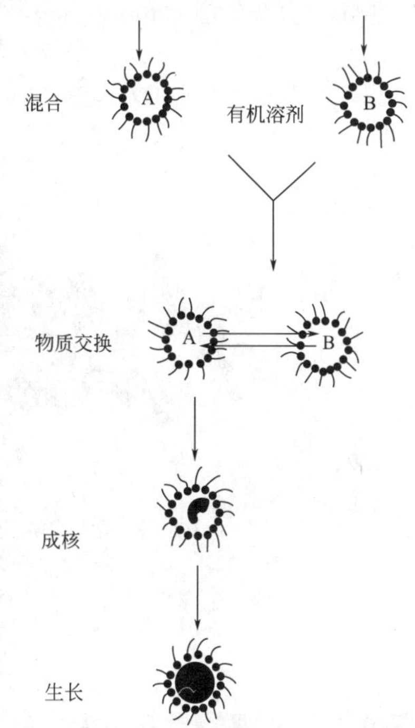

图2-12 W/O型微乳液水核内单分散溶胶的生成机理

青岛化工学院郝策等[4]用非离子型表面活性剂制备的油包水微乳状液也制得了单分散的CdS胶体。

（4）溶胶-凝胶转变法（sol-gel transformation）[5] 以制备单分散球形 $Fe_3O_4$ 为例。先将 $FeSO_4$ 溶液与KOH溶液相混合，生成 $Fe(OH)_2$ 凝胶，然后加入 $KNO_3$ 溶液（它是 $Fe^{2+}$ 的温和氧化剂），这时凝胶内有很多非常细小的 $Fe_3O_4$ 粒子（$<0.1\mu m$）生成，由于凝胶网状结构的隔离作用，这些粒子既无明显的生长也不聚沉。当这些一级粒子积累了相当多以后，构成凝胶网状结构骨架的 $Fe(OH)_2$ 中 $Fe^{2+}$ 的氧化，使得凝胶网状结构部分溶解，它们就突然开始聚沉成簇，这些簇包含一定数量的一级粒子，并作为二级粒子的核团聚邻近的一级粒子。而余下的未溶解的部分凝胶网络则阻止隔离的二级粒子聚沉，从而形成单分散的球形 $Fe_3O_4$ 粒子，其生成机理可用图2-13示意，粒子的电镜图见图2-14。

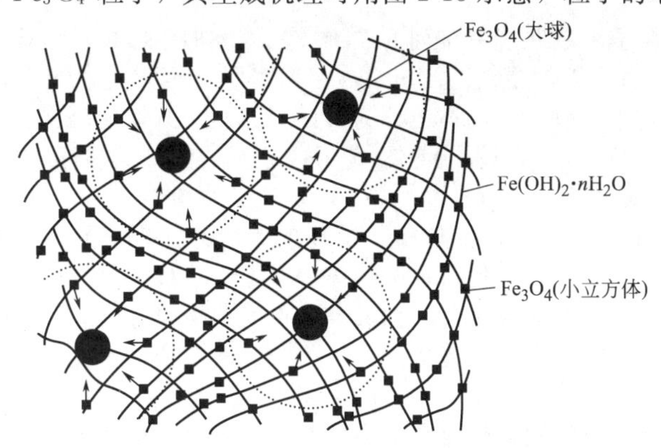

图2-13 $Fe_3O_4$ 单分散球形粒子生成机理

---

[1] 王笃金，吴谨光．粉体技术，1994（1）：30.

[2] 张波，王保国．高分子通报，2005，（6）：30.

[3] Lianos P，et al. J Colloid Interface Sci，1987，117（2）：505.

[4] 郝策，王泽新等. 高等学校化学学报，1993，14（5）：714.

[5] Sugimoto T. Adv Colloid Interface Sci，1987（28）：65～108.

(5) 乳液聚合法制备高分子聚合物单分散粒子

以水为介质时，在乳化剂和机械搅拌下，大分子单体一部分进入表面活性剂胶束中，大部分单体被乳化成小油珠，少量单体溶于介质水中。水溶性引发剂分解成自由基进入含单体的胶束引发单体聚合反应，生成单体-聚合物胶粒。反应不断进行时，被乳化成小油珠的单体向水相和含聚合物胶粒的胶束中扩散，聚合反应一直进行到含单体的油珠消失，胶束中的单体完全变为聚合物胶粒。这种由乳液聚合反应形成的聚合物胶粒在水介质中如同乳状分散系统，称为胶乳（latex）。聚苯乙烯胶乳和聚甲基丙烯酸甲酯胶乳都极易制成含单分散聚合物粒子的胶乳[1]。图 2-15 是单分散聚苯乙烯胶乳粒子电镜图。这类胶乳粒子表面在水中呈负电性，且表面并非十分光滑。

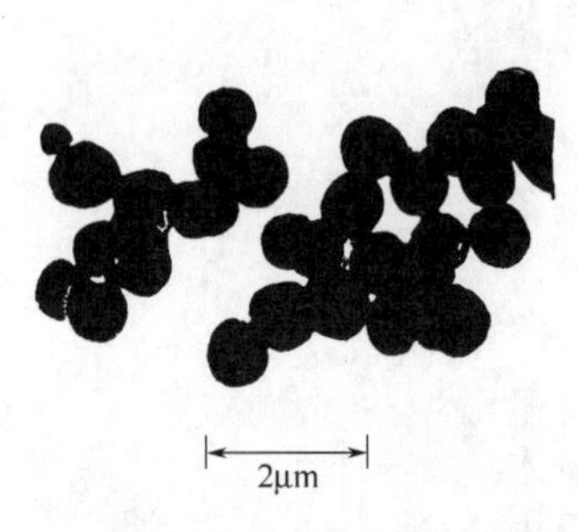


图 2-14 $Fe_3O_4$ 单分散球粒透射电镜图

体系中含 $2.5\times10^{-2}mol\cdot dm^{-3}Fe(OH)_2$

并过剩 $5\times10^{-3}mol\cdot dm^{-3}FeSO_4$

老化温度 90℃；老化时间 120min

图 2-15 聚苯乙烯单分散胶乳粒子

# 第四节 胶体晶体

## 一、胶体晶体[2]

由一种或多种单分散胶体粒子组装并规整排列的二维或三维类似于晶体的有序结构称为胶体晶体（colloidal crystals）。由于天然蛋白石（opal，一种多彩宝石）是由单分散二氧化硅球形粒子密堆积而成的胶体晶体，故胶体晶体也称为合成蛋白石。与普通晶体比较，胶体晶体中占据每个晶格点的是胶体粒子，而不是分子、离子或原子。图 2-16 是蛋白石的照片及一种人工蛋白石的微观结构电镜照片。

近 20 年来，光子晶体研究的发展给胶体晶体赋予了新的生命力。光子晶体的典型结构是折射率成周期性变化的三维物体。光子晶体可像半导体控制电子一样控制光子的传送，即在特定方向上光子晶体阻止一定频率的光波透过，而其他频率光波可以透过。光子晶体的这一功能使其具有广阔的应用前景，如可望用于光子开光、光子频率变换器、光波选频滤波器等元器件的制造。

胶体晶体是由胶体粒子与空气介质周期性排列的有序结构，具有折射率周期性变化的特点，符合光子晶体的结构要求。

除了可能作为光子晶体的应用之外，胶体晶体也可作为模型体系用于晶体的成核与生长、熔化等过程的基础研究。这是因为以纳米级、微米级的单分散胶体粒子代替原子、分子

[1] Liu B Y，Krieger I M. Emulsions，laticex and dispersions. New York：Marcel Dekker，1978.

[2] 李澄，齐利民. 大学化学，2006，21 (5)：1.

(a) 自然界中的蛋白石

(b) 澳洲蛋白石细部

(c) 密堆积型人工蛋白石的SEM照片

图 2-16 胶体晶体及其微观结构

研究上述过程，可以使不能直接观测的微观相行为变为可直接观测的。

## 二、胶体晶体的制备

在某些条件下，原子、分子、胶体粒子、纳米粒子等结构单元间以价键或非价键的弱相互作用，构成更为复杂的有序结构称为自组装。自组装一般能自发进行。在各种界面上形成的物理吸附膜可以视为应用最早的自组装技术。

### (一) 胶体粒子的简单自组装

单分散胶体粒子经简单自组装可以构成二维和三维胶体晶体。

(1) 沉降法自组装 当单分散胶体粒子与分散介质密度差别较大时（前者大于后者），胶体粒子在重力场中自然缓慢沉降可以形成底面为（111）晶面的具有面心立方密堆积结构的三维胶体晶体［图 2-17(a)］。这一方法对胶体粒子大小、粒子密度、沉降速度等要求严格。改变分散介质的密度和黏度对改善沉降法组装是有意义的。重力沉降法的缺点是用时长(几周至几个月)，有时会出现“多层”沉降，即在重力场方向可能形成一些不同密度和排序的不规则层。

过滤沉降法类似于减压过滤，可加速沉降。离心沉降法常可制备较大尺寸胶体晶体，但可能使内部缺陷增加，结晶质量较差。为减少沉降时间和提高结晶质量，近来有人采用振荡剪切、超声波扰动等手段提高胶体粒子排列的有序性。

(2) 蒸发诱导法自组装 将固体基片（如玻璃片）以一定倾斜角（或垂直）插入胶体溶液中，利用基片上润湿薄膜中溶剂的蒸气，胶体粒子在毛细作用和对流迁移的共同作用下在基片-空气-溶液三相界面逐渐沉积，最终可形成单层或多层的二维或三维胶体晶体［图 2-17(b)］。该法也称为垂直沉积法。胶体溶液浓度、胶体粒子的大小、溶剂蒸发速度、基片插入溶胶的倾斜角度、基片和分散介质的性质等对生成胶体晶体的厚度和质量有影响。近来有人利用温度梯度驱动蒸发诱导自组装成功由大的 $SiO_2$ 胶体粒子构成的大面积胶体晶体薄膜。也有人在研究温度、相对湿度、干燥工艺条件等对胶体晶体生长的影响，并认为基片与胶体间的亲和性和表面电性质是这种方法制备胶体晶体成功的关键。

(3) 狭缝过滤法自组装　用两块平行的固体板狭缝对胶体溶液过滤，得到厚度与狭缝间距相等的胶体晶体［图 2-17(c)］。

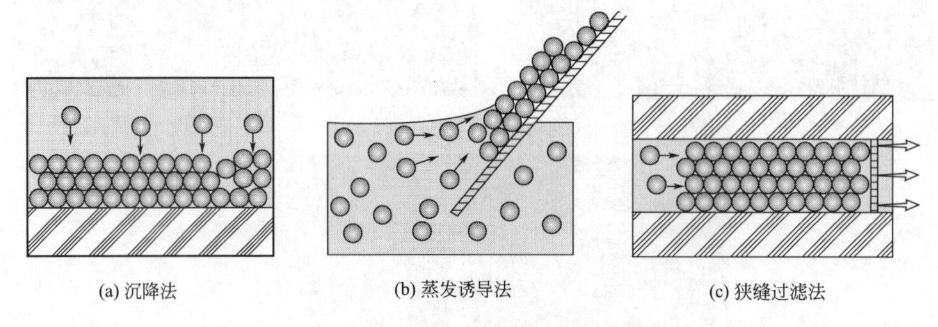


图 2-17　三维胶体晶体制备方法❶

(4) 外电场法自组装　当胶体粒子太大或太小时利用上述方法有时会遇到困难。粒子太小，沉降时间太长；粒子太大，所得晶体有序性差。如果胶体粒子带有电荷，可在外电场作用下，利用电泳原理控制沉降速度，以得到满意的胶体晶体（图 2-18）。粒子过大时应用此法也有困难。

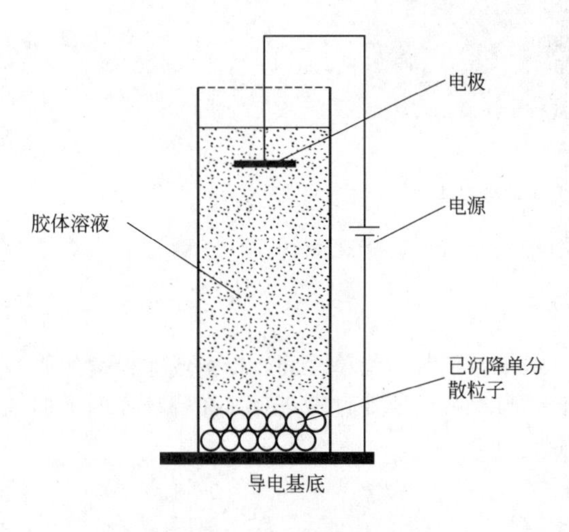


图 2-18　外电场下的自组装

(5) 静电力法自组装　若胶体粒子表面带有一定电荷密度的电荷，溶胶体系中粒子浓度也适当，在静电力作用下粒子自组装成周期性结构，形成胶体晶体。显然，粒子间是静电斥力的作用，形成的胶体晶体中粒子并未完全接触。用这种方法自组装条件十分苛刻。但是近来有人利用聚焦离子光束使不导电的基底上有序带有电荷，这些带电荷点可靠静电作用吸引溶胶中带反号电荷的单分散粒子并在其上沉积，形成胶体晶体❷。

## (二) 模板法胶体粒子自组装

简单自组装成的胶体晶体结构简单，为二维或三维密堆积结构。要得到复杂晶格结构常需应用不同的模板。根据模板的类型可将这种方法分为硬模板法和软模板法，前者多以在硬质聚合物基片刻蚀图案为模板，后者多为以乳状液液滴为模板。

(1) 硬模板法　在 20 世纪末，有人以用平版印刷图案方法刻蚀的聚甲基丙烯酸甲酯基底为模板，制备了具有面心立方结构的胶体晶体。方法是先在聚合物基片上用电子束刻蚀出按面心立方（110）或（100）面排列的直径与胶体粒子直径接近的孔，然后在此图案上用沉降法组装胶体粒子，最后得到面心立方胶体晶体的晶格常数与刻蚀图案的一致。

---

❶ Velev O D，Lenhoff A M. Curr Opin Colloid Interface Sci，2000，5：56.

❷ Fudouzi H，Kobaayashi M，Shinya N. Adv Mater，2003，12：693.

Xia 等对硬模板沉积法[1]进行了改进，利用有特定凹槽结构的平面基底作为图案化模板，通过胶体溶液的流动沉积，制备出有复杂结构的胶体晶体（图 2-19）。当 0.9μm 的聚苯乙烯（PS）单分散粒子在直径 2μm、深度 1μm 的圆柱状孔中沉积时，得到三角形排列的胶体粒子聚集体［图 2-19(a)］。当 0.7μm 的 PS 粒子在与图 2-19(a) 相同大小的孔中沉积时，得五角形聚集体［图 2-19(b)］。当溶胶中分散相体积分数较大时，2μm 的 PS 粒子在直径 5μm、深度 1.5μm 的圆柱状孔中沉积，可得到双层结构聚集体［图 2-19(c)］。当 1μm PS 粒子在宽度为 2.72μm 的 V 形凹槽中沉积时，可得到螺旋链状结构聚集体［图 2-19(d)］。显然，模板图案的形状对所得胶体晶体的结构形状有直接影响。如利用有一维孔道结构的硅基底作为图案化模板，制备出了有管状堆积结构的二氧化硅胶体晶体；用微接触印刷技术实现了图案化二维胶体晶体和非密堆积结构的二维胶体晶体的制备。

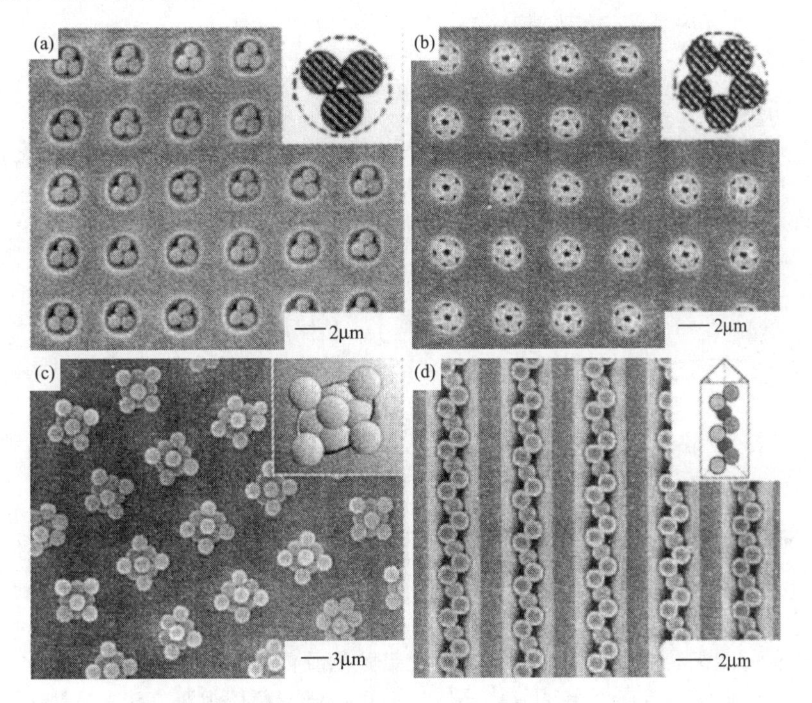


图 2-19　图案化表面模板法组装的 PS 胶体晶体的复杂结构

（2）软模板法　以乳状液液滴为软模板进行胶体粒子自组装有两种方式：粒子吸附于液滴表面或粒子包裹于液滴内部进行组装。

图 2-20 是乳状液滴表面吸附法组装胶体晶体的过程示意图。这一方法是先制成乳状液，在分散介质（乳状液连续相）中有分散的胶体粒子［图 2-20(a)］。胶体粒子吸附于乳状液液滴表面，形成一层紧密排列的球壳［图 2-20(b)］。加入稳定剂或用其他方法（如烧结）使球壳层稳定，并用离心法将液滴分离，转移至与原乳状液连续相不相混溶的液体中［图 2-20(c)］。干燥后可得球壳形胶体晶体胶囊。图 2-21 是由 0.9μm PS 粒子组装干燥后所得胶囊的 SEM 图。

将胶体粒子包裹于乳状液液滴内，并附着于液滴表面，使液滴内液体蒸发，最后也可得球形紧密结构。

[1] Xia Y N, Gates B, Yin Y D, et al. Adv Mater, 2000, 14: 1649.

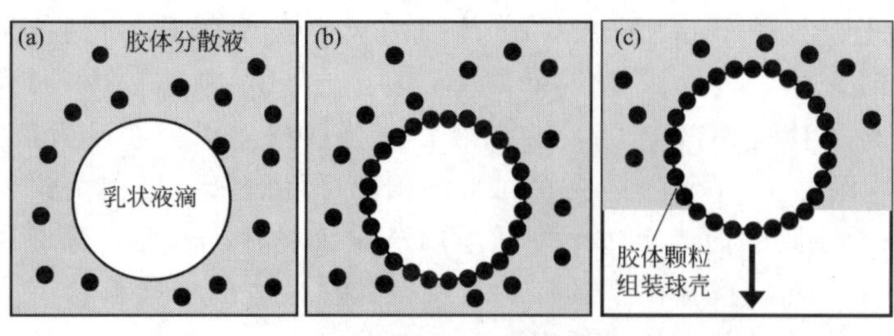


图 2-20 乳状液模板法组装球壳状胶体晶体过程示意图

图 2-21 乳状液法组装的 PS 粒子胶体晶体干燥后胶囊的 SEM 图

## (三) 胶体晶体的应用

### 1. 光子晶体

光子在光子晶体中的行为与电子在半导体中的行为相似，即光子晶体在各个方向能阻止一定频率范围的光传播（称为“完全带隙”）。由亚微米级或微米级胶体粒子组装的胶体晶体是具有特定光子带隙（光子晶体对入射光的布拉格衍射产生的光子禁带）的光子晶体，即一定频率范围的光将因受到强烈的布拉格衍射而不能透过胶体晶体。因此，某些胶体晶体可作为光开关材料。图 2-22 是聚苯乙烯胶体晶体多层膜的透射谱。实际上，制备产生完全带隙的胶体晶体还有一定的困难。首先，面心立方密堆积排列的胶体晶体结构上是完全对称的，只能形成不完全带隙，即只能在某些方向阻止禁带频率范围光的传播。为此，改变胶体晶体结构的对称性，组装非球形粒子的胶体晶体可能是有益的。其次，选择更多材质的单分散胶体粒子有可能组装成具有完全带隙或可控带隙的胶体晶体。现已研制出许多由金属和半导体材料的单分散球形粒子组装的胶体晶体。最后，研究新的组装方法，实现非球形胶体粒子组装胶体晶体尚处于探索阶段。

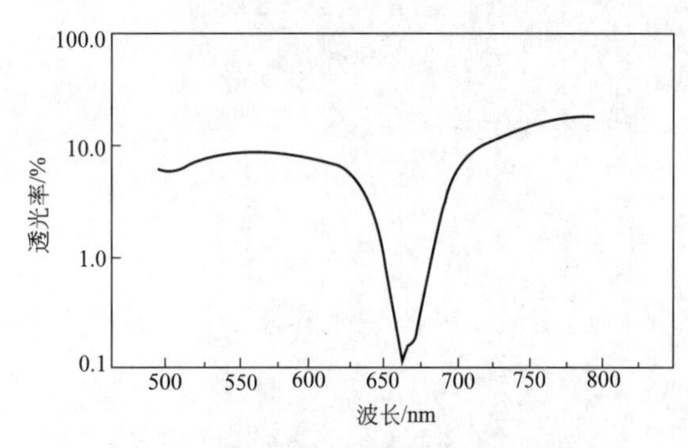


图 2-22 聚苯乙烯胶体晶体多层膜的透射谱

### 2. 传感器

传感器是指利用一定规律使不易被直接检测的量转换成便于检测和处理的物理量的器件。既然胶体晶体是一种光子晶体，故其对特定波长的光有强烈的布拉格衍射现象，即胶体晶体晶格间距变化会引起布拉格衍射峰的移动。有时这种光谱峰的移动可被直接用裸眼观察。胶体晶体因外界条件变化而晶格间距的变化也必将引起颜色的改变。据此，胶体晶体可制成能反映外界环境变化的传感器。例如，在胶体晶体粒子的间隙中以共聚合方式引入能螯合某种金属离子的冠醚功能单体，该体系晶面间距和衍射峰位置将随离子浓度大小而变化。因而可根据衍射峰的位移确定离子浓度。

### 3. 制备有序大孔材料的模板功能

以胶体晶体为模板，在胶体粒子间隙中填充另一种材料，去除模板后可得到与模板结构相反的三维有序大孔材料。这一制备方法的一般步骤如图 2-23 所示。首先用单分散胶体粒子组装成三维胶体晶体，再用各种手段（如溶胶-凝胶、电化学沉积、化学气相沉积、离心、浸渍、垂直共沉积等）使在胶体晶体的间隙中填充某种待制备物质或其前驱体形成复合体；最后用化学腐蚀（对无机物粒子构成的胶体晶体）或高温煅烧（对有机物粒子构成的胶体晶体）等方法除去复合体中的胶体晶体模板（若应用前驱体时需使其转化为最终产物），可得三维有序大孔材料。图 2-24 是用此方法得出的几种典型有序大孔材料的 SEM 图像。应用胶体晶体模板制备的三维有序大孔材料是模板的反向复制，故称其为反蛋白石（opal）结构。反蛋白石结构大孔材料的孔结构由胶体晶体结构决定，而其孔壁组成受填充物料性质、前驱体的性质、填充手段、模板去除方法及条件等制约。

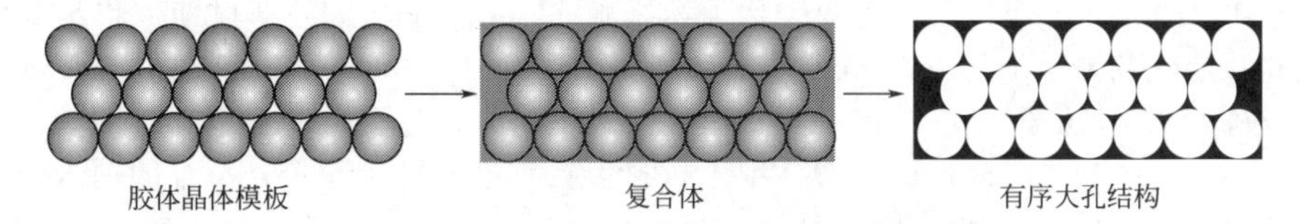


图 2-23　胶体晶体模板法制备三维有序大孔材料过程示意图

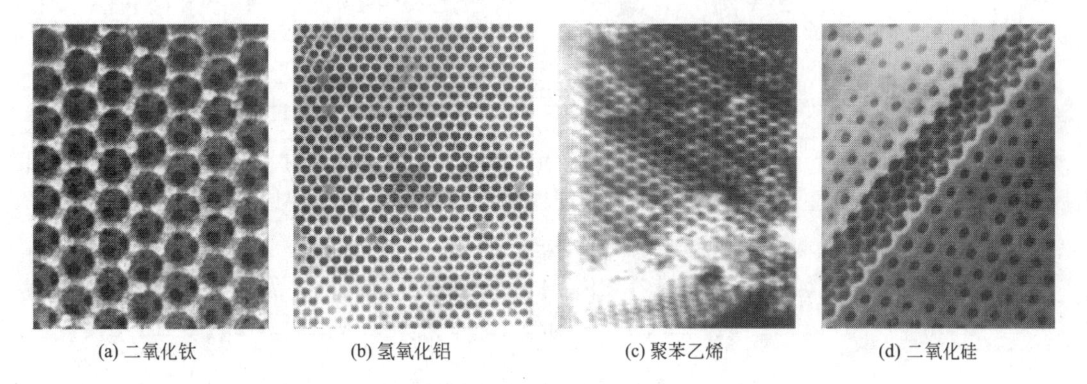


图 2-24　胶体晶体模板法制备的几种大孔材料的 SEM 图像

反蛋白石结构大孔材料也是完全带隙光子晶体的一种形式，不仅因其孔径大小可由形成模板的胶体粒子大小控制而有效调节光子带隙的位置，而且可通过填充高介电常数物质，提高两种介质的介电常数之比，从而加宽带隙或促成完全带隙。

反蛋白石结构大孔材料在大分子催化、分离与提纯、半导体和电池材料、光波导器件等方面有应用前景。例如 Stein 等报道了大块碳三维有序大孔材料的合成及其在锂离子二级电池阳极材料方面的应用 Blanco 等制备的单晶硅大孔材料有望用于制作光波导器件。

#### 4. 制备有序二维纳米结构模板功能

将单分散胶体粒子在固体基底上组装成六方密堆积排列，可得二维胶体晶体。在二维胶体晶体中，每三个相邻的粒子间有三角形空隙，这些空隙也是二维有序排列的。以二维胶体晶体为模板，将其他物质以各种方法沉积于未被遮掩的基底上，除去二维胶体晶体模板，可得到沉积物的二维纳米结构排列。由于二维胶体晶体中胶体粒子为球形的，故所得沉积物的二维图案十分复杂。这一过程与图 2-23 类似，只是将胶体晶体模板视为二维的。

二维胶体晶体模板也可以由双层纳米粒子排列构成。各种物质在二维胶体晶体上的沉积方法有多种。如以单层或双层胶体晶体为模板，在聚苯乙烯微米球粒二维阵列蒸镀沉积上 Au 形成各种图案。用化学沉积法使 Cu 沉积于单层胶体晶体上，得到 Cu 的二维纳米结构。用活性离子刻蚀法得到非球形状体粒子的二维有序结构。

二维纳米有序结构对于制造微纳电子器件、光学器件、生物芯片和化学传感器有重要意义。

虽然胶体晶体的研究近年来取得可喜的进展，在制备多种物质单分散胶体粒子及组装相应的胶体晶体方面国内外学者均有突破性的成果，但在研究构筑可控复杂结构胶体晶体的新方法、制备有实用价值的光子晶体器件、探索纳米粒超晶格的组装及新型纳米器件的开发、发现胶体晶体的新功能等方面无疑还有许多工作要做。

# 第五节　纳米粒子的制备

## 一、纳米粒子概念

在1～100nm大小范围内的粒子称为纳米粒子（nanoparticle）。早期也将纳米粒子称为超微粉、超细粉（ultrafine powder）、超细粒子（ultrafine particle）等。也有人将小于1μm的粒子称为超细粒子。至少有一维大小在1～100nm范围内的固体材料称为纳米材料（nanosize material，nanomaterial）。纳米材料包括零维的纳米粒子，一维的纳米线，二维的纳米薄膜，三维的纳米块体等。

纳米粒子的大小范围基本上与溶胶中胶体粒子的大小范围一致（图2-25）。纳米粒子的大小是属于介于原子、分子的微观系统和一般易观察到的宏观系统之间的介观系统。

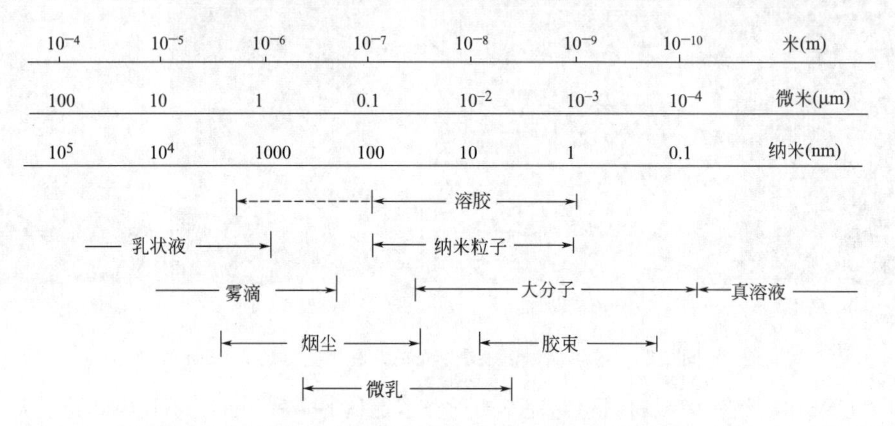


图2-25　纳米粒子与分散系统中分散相粒子大小的比较

## 二、纳米粒子的特性

纳米粒子的特性与粒子尺寸紧密相关，因此它的许多特性可表现在表面效应与体效应两方面。首先，由于粒子分散度提高到一定程度后，分布于粒子表面的原子数与总原子数之比随粒径变小而急剧增加（见图2-26）。由图可见，当粒径降至10nm时，表面原子所占的比例为20%，而粒径为1nm时，几乎全部原子都集中在粒子的表面。据此可以理解，表面原子配位不足及高的表面能必将成为影响其化学特性的重要因素。同时由于表面原子数增加，粒子内包含的原子数减少，使能带中能级间隔加大，并影响其电子行为，从而必产生体效应，影响粒子的熔点和磁性、电性、光学性能等。目前一些比较清楚的特性可归纳如下[1][2]。

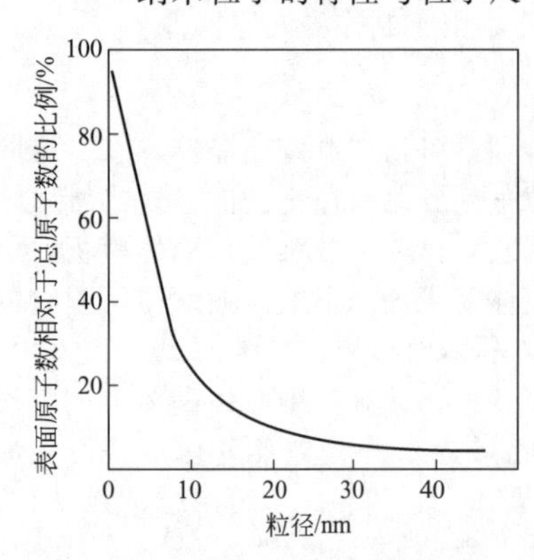


图2-26　表面原子数与粒径的关系

（1）比表面积大　例如平均粒径为10～100nm的纳米粒子，其比表面积为10～70$m^2/g$，故具有优良的吸附和化学反应活性。像耐热耐蚀的TiN陶瓷材料，当平均粒径降

❶ 李良果．现代化工，1993，13（8）：3.

❷ 张池明．化学通报，1993（8）：20.

至45nm时在大气中加热便可燃烧成 $TiO_2$。

（2）易形成团聚体　由于纳米粒子的表面能很大，粒子间易形成团聚体，这给粉体的收集带来困难。为此经常采用分散在溶液中进行收集，或对其进行表面有机化改性以降低表面能。

（3）熔点低　金属纳米粒子的熔点随粒径减小而下降。例如块状Au的熔点为1064℃，若粒径降至2～5nm，则熔点为300℃左右（图2-27）。

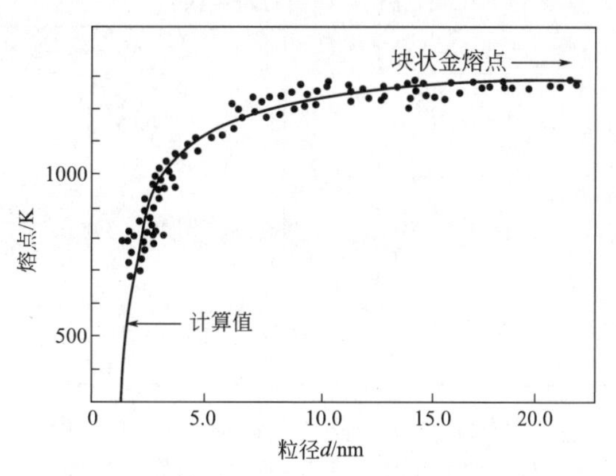


图2-27　金的熔点与粒子直径的关系

（4）磁性强　铁系合金的纳米粒子的磁性比其块状的强得多。

（5）光吸收强　大块金属由于对可见光的反射和吸收能力不同而具有不同颜色的光泽。但金属纳米粒子对可见光反射率低、吸收率强，故几乎呈黑色。

（6）热导性能好　纳米粒子在低温或超低温度下几乎没有热阻。

## 三、纳米粒子的制备

### （一）纳米粒子制备方法分类

由于疏液胶体系统中胶体粒子的大小与纳米粒子大小范围一致，故溶胶的制备方法均可用于制备纳米粒子。从20世纪末期，纳米科技的兴起，对这一领域的研究已不限于物理化学家。陶瓷等材料科学、电子元器件的开发、生物科学及医学、环境及能源科技等领域的研究人员都对纳米科技产生浓厚兴趣，并进行了更广泛、深入的研究，纳米粒子的制备方法又有许多创新。

近来有人认为将纳米粒子的制备方法分为气相法、液相法和固相液是科学的[1][2]。

#### 1. 气相法

（1）物理气相沉积法（physical vapor deposition，PVD）　用物理手段（如电弧、高频、等离子体等）使块状物体加热分散成气态再骤冷成纳米粒子。此法主要用于制备金属、合金及个别金属氧化物的纳米粒子。

（2）化学气相沉积法（chemical vapor deposition，CVD）　将金属化合物蒸发，在气相中进行化学反应以制备纳米粒子。此法的优点是产物纯度高，分散性好，粒度分布窄等。除能制备金属氧化物粒子外，还可制备金属、氮化物、碳化物等非氧化物类纳米粒子（表2-2）。

#### 2. 液相法

液相法的基本原理是，使均相溶液中的某种或几种组分通过物理或化学方法形成小粒子，并能与溶剂分离，得到前驱体粒子；再经适当方法处理得到纳米粒子。液相法是当前化学实验室制备纳米粒子最常用的方法，主要用于金属氧化物、各种氢氧化物、碳酸盐、氮化物等纳米粒子的制备。常用的液相法有沉淀法、水解法、水热法、氧化还原法、微乳法、乳状液法、溶胶-凝胶法等。

#### 3. 固相法

固相法是指将块状固体用机械法粉碎，或通过固-固相间化学反应、热分解等方法形成

[1] 王世敏等．纳米材料制备技术．北京：化学工业出版社，2002.

[2] 施利毅等．纳米科技基础．上海：华东理工大学出版社，2005.

表 2-2 CVD 法制备超细材料实例

| 反应物 | 反应条件/℃ | 生成物 | 粒径/nm |
|---|---|---|---|
| $Mg$-$O_2$ | 900～1100 | $MgO$ | 20～400 |
| $TiCl_4$-$O_2$ | 1000 | $TiO_2$ | 20～100 |
| $SiH_4$ | | Si | |
| $WCl_6$-$H_2$ | | W | |
| $ZrCl_4$-$NH_3$ | 1000～1500 | ZrN | <100 |
| $VCl_4$-$NH_3$ | 700～1200 | VN | 10～100 |
| $Si(CH_3)_4$ | 900～1400 | SiC | 10～200 |
| $MoO_3$-$CH_4$ | 1350 | $Mo_2C$ | 10～30 |
| $TiI_4$-$CH_4$ | 1200～1400 | TiC | 10～160 |

纳米粉体的方法。此法所得粒子与原块状物的化学组成可能相同，也可能不同。一般固相法所得粉体较粗大，难以得到很细的纳米粒子。

若用气相法和液相法制备时，需先得到前驱体粒子，再经后处理（如热处理）方可得纳米粒子，此后处理过程也常属固相法。

## （二）纳米粒子制备方法举例

纳米粒子的具体制法很多，因原料及产物性而异。现仅举出目前化学实验室常用的几种方法以示一般。更多的方法请参阅相关书籍和近期文献。

（1）沉淀法　沉淀法是通过化学反应使原料的有效成分生成沉淀（沉淀颗粒的大小和形状可由反应条件来控制），然后再经过滤、洗涤、干燥、有时还需经过加热分解等工艺过程而得到纳米材料。加热分解时，温度是决定因素。沉淀法又包括直接沉淀法、共沉淀法、均相沉淀法、水解法、螯合物分解法等。

a. 共沉淀法[1]　共沉淀法是把沉淀剂加入到含有多种阳离子的混合溶液中产生均质的混合沉淀物的方法。利用本方法可以合成含有两种以上金属元素的复合氧化物纳米材料。例如，向 $BaCl_2$ 和 $TiCl_4$ 的混合溶液中滴加草酸，可得到高纯度的 $BaTiO(C_2O_4)_2 \cdot 4H_2O$ 沉淀，过滤、洗涤后在 550℃以上的高温下热分解，可获得纳米 $BaTiO_3$ 粉末，该材料的烧结性能很好。目前，共沉淀法已被广泛用于制备钙钛矿型、尖晶石型、$BaTiO_3$ 系材料、敏感材料、铁氧体和荧光材料等。

b. 均相沉淀法[2]　向金属盐溶液中直接添加沉淀剂，易造成沉淀剂的局部浓度过高，使沉淀中夹杂其他杂质。均相沉淀法是在溶液中加入某种物质，使之通过溶液中的化学反应缓慢地生成沉淀剂。只要控制好生成沉淀剂的速度，就可避免浓度不均匀现象，使过饱和度控制在适当的范围内，从而控制粒子的生长速度，获得粒度均匀、纯度高的纳米粒子。常用的试剂是尿素，其水溶液在 70℃左右发生分解作用：

$$(NH_2)_2CO + 3H_2O \longrightarrow 2NH_4OH + CO_2\uparrow$$

生成的 $NH_4OH$ 起沉淀剂作用，可得到金属氢氧化物或碱式盐沉淀。采用氨基磺酸可制得金属硫酸盐沉淀。如合成的球形含水碱式硫酸铝，是制取纳米 $Al_2O_3$ 颗粒的原料。

（2）金属醇盐水解法　一些金属盐溶液在高温下可水解生成氢氧化物或水合氧化物沉淀，经加热分解后可得到氧化物粉末。如 $NaAlO_2$ 水解可得 $Al(OH)_3$ 沉淀、$TiOSO_4$ 水解可得 $TiO_2 \cdot nH_2O$ 沉淀，加热分解后可分别制得氧化铝和 $TiO_2$ 纳米粒子。该法也可制备复合氧化物纳米粒子。如将 $ZrOCl_2$ 和 $YCl_3$ 混合溶液经水解、热分解后可得到粒径小于 100nm 的 $Y_2O_3$ 和 $ZrO_2$ 的固溶体。

利用金属醇盐的水解制备纳米材料已有人深入研究，并开始应用。金属醇盐是金属与醇

[1] 赵振国，马季铭，程虎民，羌笛．应用化学，1999，10（2）：99．

[2] 李玲．表面活性剂与纳米技术．北京：化学工业出版社，2004．

反应生成的含有 Me—O—C 键的金属有机化合物，其通式为 $Me(OR)_n$，Me 为金属；R 为烷基或烯丙基。金属醇盐易水解，生成金属氧化物、氢氧化物或水合物沉淀。金属醇盐一般具有挥发性，故易精制。水解时只加水，不需添加其他物质，因而生成的沉淀纯度高。如用 $Ba(OC_3H_7)_2$ 和 $Ti(OC_5H_{11})_4$ 混合液水解得到的 $BaTiO_3$ 粒子粒径小于 15nm（平均 5nm），纯度达 99.98%。该方法可制备 $PbTiO_3$、$SrTiO_3$ 和 $ZrO_2$ 等一系列陶瓷纳米材料。缺点是成本较高。

金属醇盐水解法是制备复合金属氧化物纳米粒子的好方法❶。用两种金属醇盐的混合溶液进行水解通常可以得到均一组成的复合金属氧化物粒子。例如，以水合乙酸铅和钛酸四丁酯为原料在乙二醇独乙醚中反应制备 Pb-Ti 复合醇盐。将该复合醇盐用异丙醇稀释后，搅拌下加入水中直接水解。沉淀物经过滤分离，90℃恒温干燥 48h，得 PT 前体粉。再以 8℃/min 的速率升温至 500℃，恒温 2h，得 $PbTiO_3$ 纳米粉体。

(3) 溶胶-凝胶法❷❸　溶胶-凝胶过程就是由溶胶转变为凝胶的过程。作为溶胶目前使用和研究最多的前驱体是金属醇盐，如钛酸（或硅酸）酯类 $Ti(OR)_4$（R 为 $C_2H_5$、$i\text{-}C_3H_7$、$n$-Bu 或 $t$-Bu 等），它首先在一定酸度条件下水解、聚合形成≡Ti—O—Ti≡的钛酸溶胶，其中胶粒大小取决于溶胶 pH、$[H_2O]/[Ti(OR)_4]$ 的比率和温度等，溶胶进一步聚合可形成具有三维网状结构的凝胶，凝胶网络中充满水和醇。凝胶经适当老化则强度增加，并有部分液体从网络中排出，最后经干燥、烧结（sintering）使无定形的干凝胶转变为晶态的氧化物纳米粒子。目前用此法已制成 $TiO_2$、$SiO_2$、$Al_2O_3$、MgO 等纳米粒子。为防止凝胶干燥过程因内部收缩应力而开裂，并使凝胶网络的质点和孔隙具有较均匀的分布，实验时常在溶胶中加入化学添加剂，即所谓的干燥控制化学添加剂（DCCA），通常使用的有有机胺、稀硝酸或乙二醇等。此法还可制备复合纳米粒子。但从目前来说，科技发展得相当快，为更方便有效地制备纳米粒子，已广泛使用超临界干燥法（supercritical drying procedure）。为此，这里首先介绍有关此法的基本概念、原理和应用。

a. 超临界状态和超临界流体概念❹　在大学化学和物理化学中已介绍过相图概念。图 2-28 就是常见的 $CO_2$ 相图（$p$-$T$ 图）。由图可见，当物质的温度和压力均处于临界点以上时的状态就是超临界状态，也就是临界点 $C$ 以上的阴影区。因为在临界点时已经气、液不分，显然在超临界状态下的物质实际上就是超临界流体（supercritical fluid，SCF）。SCF 是一种高密度气体（比一般气体的密度大两个数量级），与液体的密度相近，但其黏度比液体小一个数量级，而扩散系数比液体大两个数量级，所以它有较好的流动性和热传导性能。当增加 SCF 压力时，其介电常数增大，有利于溶解一些极性物质。这些基本特性就为超临界流体的实际应用奠定了基础。例如，超临界 $CO_2$ 可从烟草中脱除尼古丁，这就是化工中常说的超临界萃取的一个例子，其基本依据也就是利用各种物质在 SCF 中的溶解度不同而获得分离的。

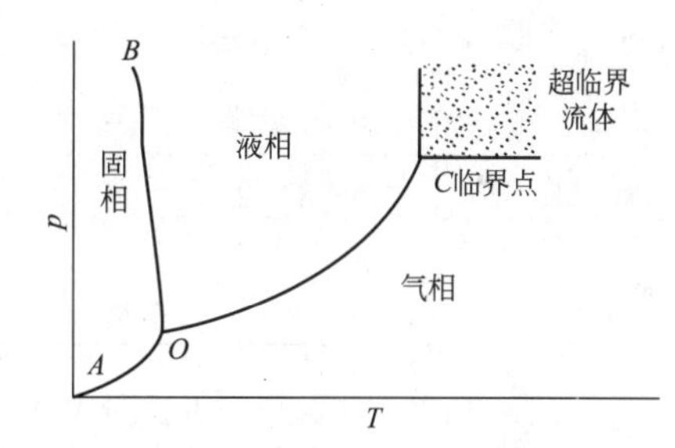


**图 2-28　$CO_2$ 的相图（示意图）**

$OA$—气-固平衡曲线；$OB$—固-液平衡曲线；$OC$—气-液平衡曲线；$C$—临界点；$O$—三相点（气、液、固三相平衡）

❶ 齐利民，马季铭，程虎民，赵振国. 高等学校化学学报，1994，15：1834.

❷ 见参考书目 2，p. 996。

❸ 见参考书目 2，p. 997。

❹ 见参考书目 18，p. 55。

b. 超临界干燥法[1,2,3] 前已述及，任何溶液反应法（特别是溶胶-凝胶法）制备纳米粒子时均涉及湿颗粒的干燥问题。众所周知，湿颗粒包括沉淀和凝胶，其中均含有大量水分，在通常条件下干燥，由于湿颗粒之间表面上形成的气-液界面是凹液面，随着不断的蒸发，凹液面也可发生在湿颗粒或凝胶的内部，由于液体表面张力的作用，便产生毛细管收缩力，将颗粒压向一起（见图 2-29），使湿颗粒紧缩或凝胶骨架塌陷，并产生新的聚集粒子，或者说粒子变大了。因此湿颗粒在通常条件下干燥不可能制得纳米粒子。为解决此问题，十几年来发展了超临界干燥法。可以理解超临界流体（SCF）是一种高密度或超高压气体，在此状态下无气-液界面，分子间作用力极小，因此也就不存在表面张力和毛细管作用力的问题。在实验室中实施时，可在高压釜中进行。例如，在湿凝胶加热前先充入一定压力的惰性气体，临界态压力主要靠惰气（如 $N_2$ 等）升温膨胀产生，若温度超过临界温度，则凝胶中的液相直接通过表面张力为零的临界态转变为超临界流体，然后缓慢地等温减压，放出流体，便制得纯的纳米粉体。当然也可将凝胶和用于超临界干燥的溶剂一起放入高压釜中加热，液体挥发使釜内压力增加，当温度超过溶剂的临界温度（注意：要加入过量的液体）时，则转变为超临界流体，同上所述放出流体，即制得纳米粒子。表 2-3 为制备无机胶体时常用溶剂的临界温度与压力值。由表可见，前四种溶剂的 $T_c$ 相当低，常被认为是温和的超临界干燥溶剂，尤其是 $CO_2$，无毒、无臭、无公害，所以是最常用的溶剂。但也要注意，用铝、硅的醇盐进行水解会得到含大量水和醇的凝胶，因为水的 $T_c$、$p_c$ 特别高，其胶溶作用特别强，会导致粒子的晶化或再结晶使粒子长大。为此，将凝胶先浸入乙醇中置换其中的水分，再将凝胶放入高压釜中，注入液体 $CO_2$，对乙醇进行萃取，待出口处无乙醇时，关闭阀门进行升温，在 8.0MPa、40℃下维持一段时间后进行等温减压，便得到低密度、松散的 $3Al_2O_3 \cdot 2SiO_2$ 纳米粉体。若用丙酮代替乙醇再用 $CO_2$ 进行超临界干燥会取得更好的效果。

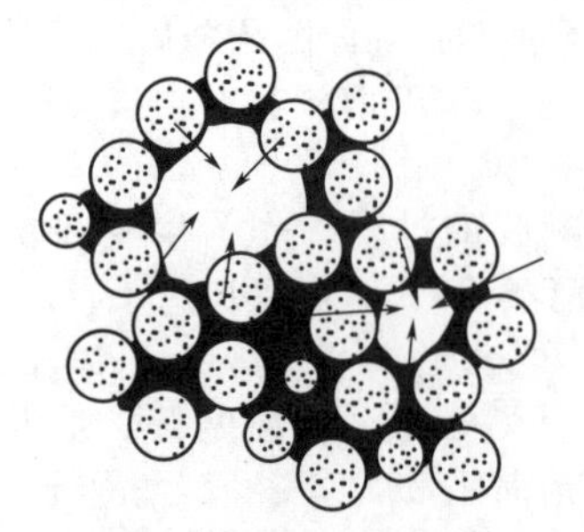

图 2-29 湿颗粒干燥过程中毛细收缩力示意图

表 2-3 常用溶剂的临界温度 $T_c$ 和临界压力 $p_c$ 值

| 项 目 | $CO_2$ | 氟利昂 | $N_2O$ | $SO_2$ | 水 | 乙醇 | 丙酮 |
|---|---|---|---|---|---|---|---|
| $T_c$/℃ | 31.1 | 28.9 | 36.5 | 158 | 374 | 241 | 235 |
| $p_c$/MPa | 7.3 | 3.8 | 7.2 | 7.9 | 22.0 | 6.1 | 4.6 |

前已述及，由于超临界流体具有独特的溶解能力和传质特性而被广泛应用于萃取和纳米粒子的制备。差不多与此同时，十几年来，国外又发展了超临界流体沉析制备纳米粒子的技术[4,5,6]，这也是在超临界流体用作萃取分离的基础上拓展的。

这一技术系利用超临界流体作萃取剂，萃取或溶解目标物形成超临界溶液（通常非挥发性物质在超临界流体中的溶解度比在相同温度、压力下的理想状态气体中的溶解度大几个到十几个数量级），然后令此溶液通过孔径为几十微米的特制喷嘴，以极大的流速（通常达超音速）在极短时间（$10^{-8}$～$10^{-5}$s）内快速膨胀至常压甚至真空时，由于压力的变化导致流体溶解能力发生巨大变化而形成很大的过饱和度，物质很快沉析。所以此过程称为超临界快速膨胀过程（rapid expansion of supercritical solution，RESS）。RESS 过程中影响颗粒形

[1] 宁桂玲，吕秉玲. 化工进展，1996（5）：22.
[2] 黄驰，黄荣华，席美云. 中国化学会 2005 年中西部十五省（区）、市无机化学化工学术交流会议文集，2005.
[3] 徐国财，张立德. 纳米复合材料. 北京：化学工业出版社，2002.
[4] 蔡建国，周展云. 化工进展，1996（6）：53
[5] 程耀，平其能. 药学进展，2004（2）：63.
[6] 王静岱，阳永荣. 现代化工，2003（3）：60

态、大小和粒度分布范围的因素很多，主要是超临界流体压力、温度（包括膨胀室压力、温度）、溶质的浓度、溶液的膨胀程度及速率、喷嘴结构等。此法的优点是，如选用超临界流体适当，操作可在温和的惰性气氛中进行，且可得高纯度产品。如条件控制恰当，此技术不仅可用于制备无机或有机非晶型纳米粒子、纳米催化剂，还可应用于无机薄膜、缓释药物等领域。

（4）水热法[1] 将反应物（金属盐、金属氢氧化物等）和水置于高压容器中，加热至水的正常沸点以上（压力通常大于$10^5$Pa）。在此条件下可进行水热氧化、还原、分解、结晶、合成等反应，其中有些反应可形成纳米粒子。如用碱式碳酸镍及氢氧化镍水热还原制备纳米镍粉；锆粉水热氧化制纳米$ZrO_2$。

水热法制备纳米粒子的特点是：反应在高温下进行，可实现常温常压难以进行的反应；改变反应条件（温度，pH值、原料配比等）可能生成不同结构、不同组成、不同形貌的产物；产物一般为晶态，无需焙烧晶化。

（5）反胶束法和微乳法[2][3] 在非极性溶剂中形成的表面活性剂反胶束内核可增溶少量水，此水核可作为制备纳米粒子的微反应器。W/O型微乳液与反胶束很相似，只是水核较反胶束的大。

由于反胶束聚集数小，极性内核很小（即使增溶水也很有限），在很小的极性内核中难以形成大的球形粒子和其他不对称粒子。但是有文献报道，在反胶束中可制备出柱状、立方形、椭球形的纳米粒子。在非离子型表面活性剂的反胶束中还生成了轴比达23～29的棒状$BaCO_3$粒子，齐利民等还在非离子型表面活性剂含4个氧乙烯基的十二醇聚氧乙烯醚（$C_{12}E_4$）反胶束中，反应生成直径为10～30nm、长达100μm的$BaCO_3$纳米线（图2-30），他们认为纳米线是在反胶束体系中定向聚集而生成的[4]

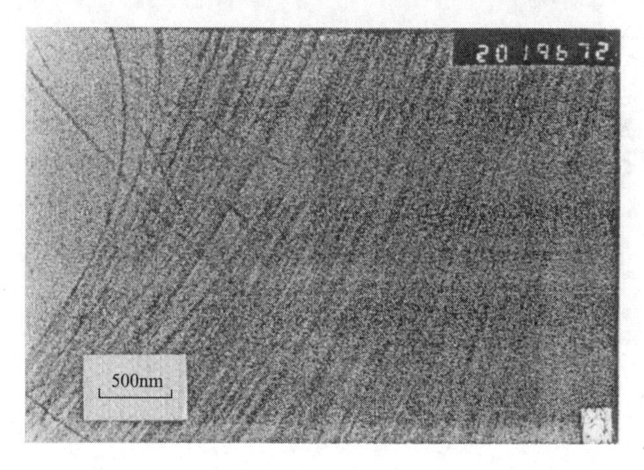


图2-30 在$C_{12}E_4$反胶束体系中陈化2天所得$BaCO_3$纳米线的TEM图

微乳液中液滴大小比反胶束的极性内核大（一般总小于100nm），当以W/O型微乳液为模板制备纳米粒子时，总是将两种能生成沉淀物的试剂水溶液构成微乳液的水核相，含两种试剂的微乳液水滴互相碰撞、渗透和聚结，发生成沉淀的反应，沉淀物在水核中生成，显然生成的粒子大小受水核大小的限制。已知W/O型微乳液中水核半径随系统中水与表面活性剂之摩尔比$w$增大而增大。因而，一般来说在其他条件相同时$w$增大，所得纳米粒子的大小越大。

由于形成微乳液需大量表面活性剂和助表面活性剂，成本高。故近来有颇多用乳状液制

---

[1] 程虎民，吴立军，马季铭等，J Mater Sci Lett，1996，15：895.

[2] 郑兴芳．无机盐工业，2009（8）：9.

[3] 参见参考书目41，p25.

[4] Qi L M，Cheng H M，Ma J M，et al. J Phys Chem B，1997，101：3460.

备纳米粒子的报道[1][2]。

上述利用反胶束、微孔液、乳状液等表面活性剂有序组合体的有限空间微环境及利用表面活性剂的吸附影响纳米粒子的形态、大小等方法现均作为“软模板法”。但应说明，反应微环境空间大小并不一定表示生成纳米粒子的大小。因为生成的小粒子还可能相互聚集成较大粒子，或者在一定条件下小粒子可能发生继续长大或定向长大的过程，图 2-31 中长的纳米线的生成即为一例。

(6)“硬模板”法　如果将表面活性剂有序组合体称为“软模板”，那么许多天然的或人工合成的多孔性物质（如各种吸附剂）可以用做纳米粒子制备的“硬模板”。用“硬模板”法制备纳米材料，产物的大小和形态受到孔结构的制约，可以得到纳米粒子、纳米线和三维结构的纳米材料。作为“硬模板”的孔性固体，在制备纳米材料的反应完成后有时可以将模板物破坏，得到纯的纳米材料，有时模板物质与形成的纳米材料形成复合物。近来，又有以孔性有机物为模板，进行矿化反应，得到具有一定结构的无机材料的报道。

沸石分子筛早在 20 世纪 80 年代就用做制备 Au、Ag、Se 等金属纳米粒子的模板。若在沸石分子筛孔隙中全部形成纳米粒子，可能得到通过各孔腔窗口连接的三维结构材料。

在 MCM-41 分子筛孔道中合成聚苯胺分子导线的过程如图 2-31 所示。经真空干燥的苯胺，在 40℃下被 MCM-41 气相吸附 24h。达饱和吸附（1g MCM-41 可吸附 0.5g 苯胺）后，浸入氧化剂过硫酸铵水溶液 4h（0℃）。氧化剂过硫酸铵与苯胺的摩尔比为 1∶1。反应完成后，孔道中有聚苯胺的 MCM-41 外观颜色为深绿色。水洗，并真空干燥。用 0.5%氢氟酸溶去 MCM-41（聚苯胺与 HF 无反应），可得约含 190 个苯胺单元的聚苯胺分子导线[3]

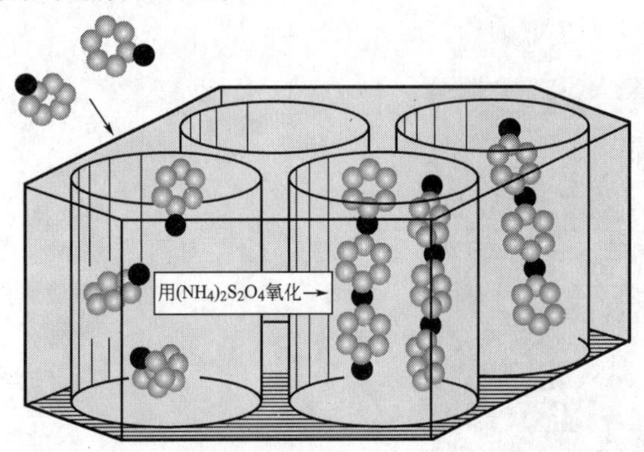


图 2-31　在 MCM-41 孔道中进行苯胺聚合反应过程的示意图

多孔氧化铝膜是一种人造多孔材料，其孔径均匀，排列规则，为柱状孔。已有通过气相反应，在多孔氧化铝膜中合成氮化镓纳米丝的报道。图 2-32 是多孔氧化铝模板及模板中生长出的碳纳米管图[4]。

活性炭是常用的吸附剂，有丰富的微孔和介孔结构。选用优质原料制造的活性炭经适当的化学处理，可除去 99%以上的灰分。在这种低灰分炭的孔隙中进行某种能产生不溶物的反应，由于受活性炭孔大小的限制，可在其中生成纳米粒子。赵振国等将等摩尔的乙酸铅和钛酸四丁酯在一定条件下制成澄清的混合液，然后在其中浸入经纯化处理的低灰分活性炭，经超声波处理后静置，倾出多余液体，用玻璃砂漏斗过滤、$HNO_3$ 酸化的水洗涤，抽滤后在 110℃下干燥 12h。冷却后将样品在管式炉中于 600℃下通氮处理 4h。再经冷却后将其在瓷舟中铺成薄层于空气气氛中于 600℃短时间处理 5min 或 1.5h 以除去碳质，即得淡黄色

---

[1] 黄宵滨，马季铭，程虎民等．应用化学，1997，14（1）：117.

[2] 郑鑫，贺高红，李祥村等．渤海大学学报（自然科学版），2007，28（3）：215.

[3] Wu C C，Bein T．Science，1994，254：1757.

[4] Jeong S H，Hwang H Y，Lee K H，et al．Appl Phys Lett，2001，78：2052.

$PbTiO_2$ 微粉[1]。也可得到 $LaFeO_3$ 微粉（图 2-33）。

实验证明，这样制得的微粉为纯的钙钛矿型 $PbTiO_3$。若高温下短时间（5min）除碳，所得粒子直径较小（约 40～60nm）；若长时间（1.5h）除碳，因粒子烧结所得 $PbTiO_3$ 的粒子直径较大（约 80～120nm）。

显然，此法最大的特点是简单，但反应物浓度、反应温度、活性炭孔径等因素的影响尚待进一步研究。

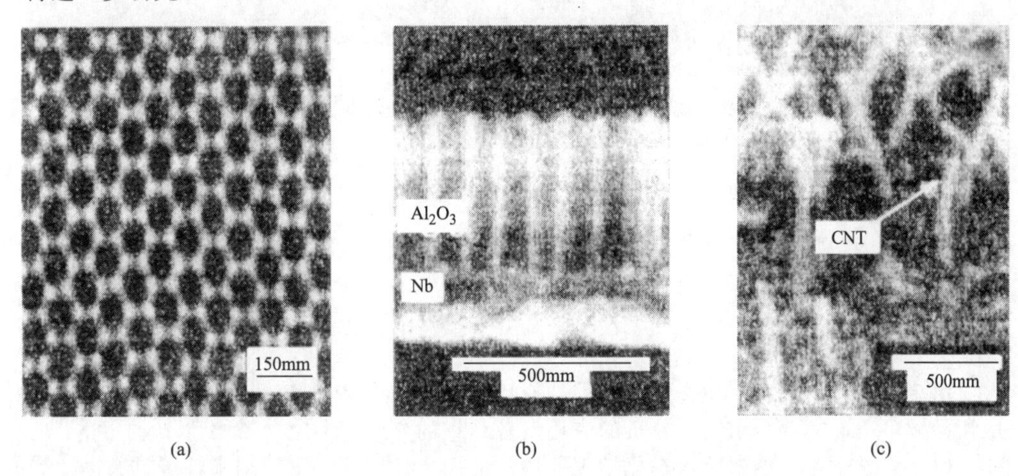


图 2-32　多孔氧化铝模板［(a)俯视图，(b)剖面图］及在模板中生成的碳纳米管(CNT)(c)

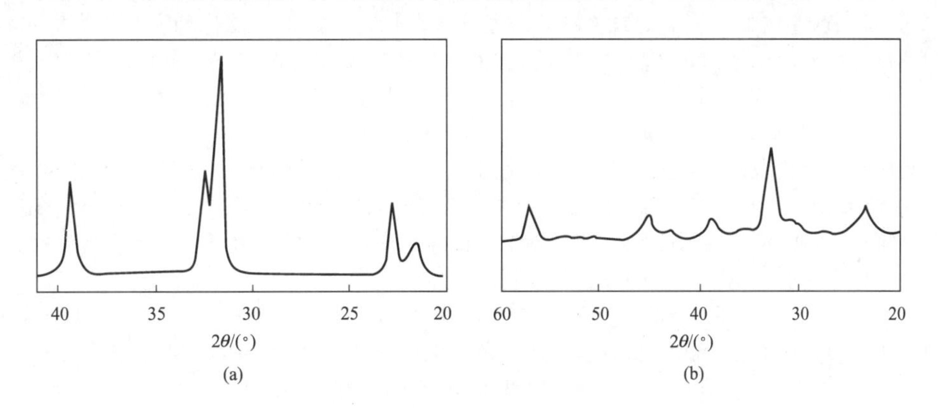


图 2-33　在活性炭孔隙中生成的 $PbTiO_3$（a）和 $LaFeO_3$（b）微粉的 XRD 图

（7）微波法和超声波法　微波是频率为 $3\times10^8\sim3\times10^{11}$ Hz（波长为 1mm～1m）的电磁波，其对化学体系的作用是将电磁能转化为热能。微波加热可使样品内外同时受热。用微波辐射法可制备氧化物、氮化物及金属纳米粒子。如用金属盐水解法制备纳米粒子时用微波加热可使盐溶液短时间内均匀受热，沉淀相瞬间成核，粒子小而均匀。用微波水热法更易于控制产物形态和大小。图 2-34 是用常规水热法和微波介电加热法将 $Zn(NO_3)_2$ 水溶液在封闭体系中发生水解反应形成的纳米级和亚微米级 ZnO 粒子的比较[2]。

超声波是频率大于 20kHz 的机械波，其功率远大于一般声波。超声波的非线型可产生锯齿效应有粉碎作用，作用于液体介质可产生空化气泡，导致高压和冲击粉碎作用，并促进某些化学反应的进行。在纳米粒子制备中，超声波空化作用可使水热解产生·OH 和·H 自由基，它们可与含硫、含硒有机物作用生成 $H_2S$（或 $H_2Se$），从而与金属离子反应生成硫

[1] 赵振国，程虎民，马季铭，齐利民．高等学校化学学报，1995，16（6）：950.

[2] 薛宽宏，包建春．纳米化学——纳米体系的化学构筑及应用．北京：化学工业出版社，2006.

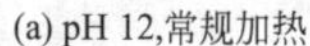

(a) pH 12,常规加热

(b) pH 8, 微波介电加热

**图 2-34　不同条件下制备的 ZnO 粉体的 SEM 图**

化物纳米粒子。此外，超声波分散作用还能明显降低 $PbTiO_3$ 的晶化温度和晶粒大小[1]。提高 $LaCoO_3$ 微晶比表面，粒径变小，晶化温度降低[2]。

## 四、纳米粒子的应用[3]

由于纳米粒子具有前述特性，使其在应用中表现出许多优越的性能并开拓出许多新颖的应用领域。下面简单介绍纳米粒子的应用，较详细的介绍请参阅参考书目 17。

(1) 化学工业　纳米粒子在化学工业中的应用十分广泛。由于纳米粒子具有高比表面积和表面能，活性点多，因而由其制备的催化剂的活性和选择性均大大高于传统催化剂，是一种高效催化剂。例如，用 Rh 纳米粒子作光解水催化剂，比常规催化剂产率提高2～3 个数量级。用粒径为 30nm 的 Ni 作环辛二烯加氢生成环辛烯反应的催化剂，其选择性为 210，而用传统 Ni 催化剂时其选择性仅为 24。当然，由于纳米粒子单独存在时不稳定，实际应用时常将其负载于某种载体上。其他像 Al、β-高铬酸铵、Cu-Zn、Pt、Pd、Ag、$Fe_3O_4$、Fe、Au、钨碳酸酯等均可制成纳米粒子的高效催化剂。这类催化剂的催化作用常称为纳米催化。

纳米粒子还可应用于电极（Ni、Ag）、微细过滤器（Ni）、导电纤维（Cu、Ni）、导电橡胶（Cu、Ni）、涂料、润滑剂、黏合剂、填料（8～9nm 粒径的 Si 用于冰箱隔热）、显像管（石墨）、磨料（$Al_2O_3$、SiC）等方面。

(2) 电子工业　纳米粒子还可用于磁记录材料（Fe、Co、Ni）、传感器，其中有 X 射线用的 $(Ca \cdot Cd)_{10}(PO_4)_6$，照相机自动曝光用的 CdS，测温度用的 NiO、FeO、MnO、$BaTiO_3$，测压力用的 $LiNbO_3$ 与 ZnO，测湿度用的 $ZnO\text{-}Li_2O\text{-}V_2O_5\text{-}Cr_2O_3$ 与 ZnO-NiO。纳米粒子还可用于电磁波与光波的吸收材料（钨钴微粒、铁氧体微粒），低温烧结导电浆料（Cu、Ag、Fe、Ni），精密陶瓷的原材料，其中有集成电路基板用的 $Al_2O_3$、电容用的 $BaTiO_3$、延展性陶瓷用的 $TiO_2$ 及 $Ca_{10}(PO_4)_6(OH)_2$、发动机耐热部件用的 $Al_2O_3$ 及 AlN、结构陶瓷用的 SiC 与 $Si_3N_4$，高强度材料用的 SiC 与 $Si_3N_4$。

(3) 新型光学材料　纳米粒子的小尺寸、表面效应和缺陷的存在可使其光吸收带蓝移或红移：粒径越小，蓝移越明显；空位、杂质存在，能隙减小，内应力增大导致红移明显。有时大的界面和缺陷存在还可能形成新的光吸收带。纳米粒子引起的吸收峰蓝移和宽化现象可使其用做光吸收材料。如 $TiO_2$ 纳米粒子树脂膜和 $Fe_2O_3$ 纳米粒子树脂膜对 400nm 和 600nm 以下的紫外线有吸收能力，将 ZnO、$TiO_2$、$SiO_2$、$Al_2O_3$ 等纳米粉掺入防晒油和某些化妆品可有助于防止紫外线对人体的伤害。利用某些氧化物纳米粉体的强红外吸收能力，

---

[1] 赵振国，程虎民，马季铭．高等学校化学学报，1994，15：1063.

[2] 梁新义，秦永宇，齐晓周．化学物理学报，1998，11：375.

[3] 都有为．化工进展，1993 (4)：21.

陈建新，梅海军等．无机盐工业，2001，33 (1)：26.

将其与纤维混纺制成衣物可用做防红外线探测的隐身服或增强衣服的保暖性能等。已知，现用白炽灯的 2/3 电能转化为红外线，以热能方式散失，若用醇盐水解法在白炽灯泡内壁形成 $SiO_2$ 和 $TiO_2$ 多层膜，不仅透光率好，且有良好的红外线反射能力，用作卤素灯泡涂膜，在相同亮度下，至少可节省电力 15%。

（4）$TiO_2$ 纳米粒子的光催化作用　用于光催化降解水体中有害物质（如农药、表面活性剂、卤代烃等）的催化剂多为 $n$ 型半导体纳米粒子。纳米粒子比常规半导体的光催化活性高的原因是量子尺寸效应使其导带和价带能级变成分立能级、能隙变宽，导带电位变得更负，价带电位更正，即纳米半导体粒子有更强的氧化还原能力。常用的光催化半导体粒子有 $TiO_2$、$ZnO_2$、$Fe_2O_3$、CdS、$WO_3$ 等，其中 $TiO_2$ 是目前公认的最佳光催化反应的催化剂。有光催化活性的 $TiO_2$ 有锐钛矿型和金红石型两种，其中以锐钛矿型的活性最高。

锐钛矿型 $TiO_2$ 为 $n$ 型半导体，它的禁带宽度为 3.2eV，当吸收光子后，价带中电子被激发到导带，形成带负电的高活性电子（$e^-$），同时价带上产生带正电的空穴（$h^+$）。电子有还原性，空穴有氧化性，空穴可使吸附于 $TiO_2$ 表面的 $OH^-$ 和 $H_2O$ 氧化成自由基 ·OH。活泼的 ·OH 自由基能氧化许多有机物使其降解为 $CO_2$ 和 $H_2O$ 等无害物质。在水中，在以 $TiO_2$ 为载体的 Pt 催化剂发生的碳氢有机化合物光催化氧化反应可表述为[1][2]：

$$(TiO_2) + h\nu \longrightarrow e^- + h^+$$

$$H_2O + h^+ \longrightarrow \cdot OH + H^+$$

$$H^+ + e^- \longrightarrow H\cdot$$

$$O_2 + e^- \longrightarrow \cdot O_2^- \xrightarrow{H^+} \cdot HO_2$$

$$2\cdot HO_2 \longrightarrow H_2O_2 + O_2 \xrightarrow{\cdot O_2^-} \cdot OH + OH^- + O_2$$

$$RH + \cdot OH\ (\text{或}\ \cdot OH_2) \longrightarrow ROH + \cdot H$$

$$RH + h^+ \longrightarrow RH^+ \xrightarrow{h^+} RH^{2+}$$

$$RH + \cdot OH + O_2 \longrightarrow CO_2 + H_2O + \text{其他产物}$$

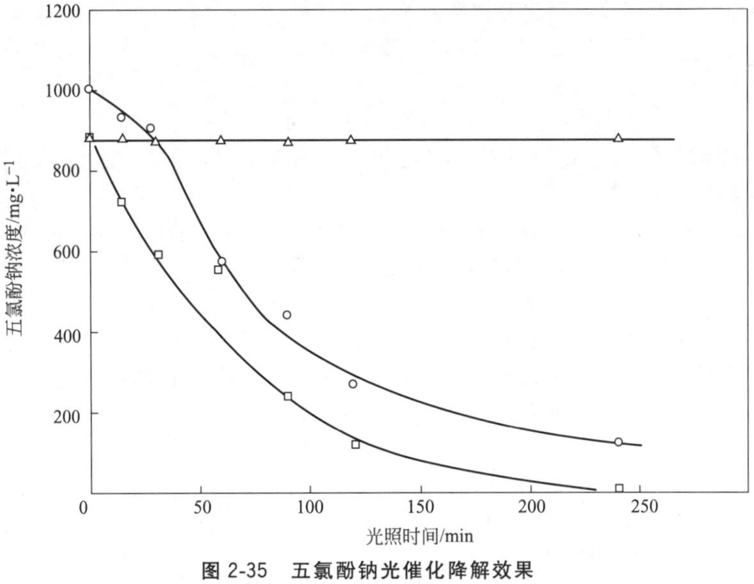

**图 2-35　五氯酚钠光催化降解效果**

□ —0.5 克 $TiO_2$ 纳米粒子存在下，磁力搅拌，紫外光照射；△ —0.5 克 $TiO_2$ 纳米粒子，磁力搅拌，无紫外光照射；○ —无 $TiO_2$，磁力搅拌，紫外光照射

❶ 参见参考书目 32，p. 738.

❷ 参见薛宏宽，包建春. 纳米化学——纳米体系的化学构筑及应用. 北京：化学工业出版社，2006.

$TiO_2$ 纳米粒子（及纳米管）广泛用于光催化降解脂肪族和芳香族有机污染物。

十二烷基苯磺酸钠（SDBS）是合成洗衣粉的主要活性组分，大量排放可造成水体环境的破坏，且其本身具有微毒性。利用由多孔氧化铝模板制备的 $TiO_2$ 纳米管可有效降解（光解）SDBS。

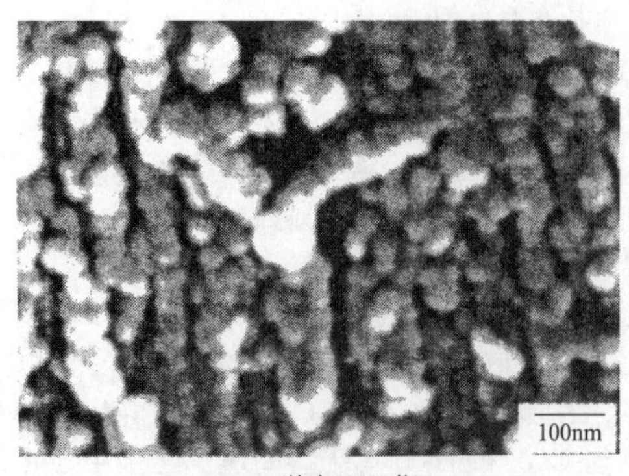


(放大50000倍)

图 2-36　由孔性氧化铝模板制备的 $TiO_2$ 纳米管局部放大 SEM 图

五氯酚钠有毒，对皮肤有刺激性，性质稳定，难生物降解，是用光催化降解的代表性试剂。图 2-35 是对一定浓度的五氯酚钠水溶液在三种条件下处理所得结果的比较。由图 2-33 可见，只有在有 $TiO_2$ 纳米粒子存在，且有紫外光照射时光催化效果最好。

一些研究证明，由孔性氧化铝模板制成 $TiO_2$ 纳米管比在模板表面形成的 $TiO_2$ 膜有更好的光催化活性。如 $TiO_2$ 膜不能光催化降解 SDBS，而 $TiO_2$ 纳米管却有活性，且纳米管长度增加，催化活性也增大。这可能是由于孔性氧化铝模板制成的 $TiO_2$ 纳米管管壁粗糙（由许多细小球状 $TiO_2$ 晶粒组成），因而有较高光催化活性（图 2-36）。

# 第六节　纳米材料与纳米污染

## 一、纳米材料

纳米材料就是纳米粒子的材料。广义地说，在三维空间内至少有一维处于规定的纳米尺度范围内（1～100nm），则此种材料即为纳米材料。

### （一）纳米材料的分类

纳米材料按几何形态（或维数）可分为以下四类。

（1）纳米粒子（或纳米粉体）　它们在空间的三维尺度均在纳米尺度内（均$<$100nm），所以称为零维纳米材料。

（2）纳米纤维　是指此纤维在空间有一维可以任意延伸，但其直径被限定在纳米尺度内，所以也称一维纳米材料，如纳米线、纳米碳管等。

（3）纳米薄膜　是指由纳米粒子组成的薄膜，但也可以在纳米粒子间有较多的孔隙构成的多孔薄膜，如纳米涂层和超晶格等。因为此薄膜在空间有两维可以任意延伸，但厚度均限定在纳米尺度内，所以也称二维纳米材料。如蒙脱土的层片状结构，其中每一个层片厚度都在纳米尺度内，所以蒙脱土是天然的二维纳米材料。

（4）纳米块体　是指由纳米粒子经高压形成的三维凝聚体或块状材料（包括介孔材料），如纳米陶瓷材料。值得注意的是：在此三维块状材料结构中，晶粒、晶界以及它们之间的结合都处于纳米尺寸水平，因此如何防止纳米粒子的团聚长大，是三维块体制备的必要前提，否则材料的性能将受到极大的影响。

纳米材料的分类，还可以从其属性、功能等方面加以区分，这已非本书讨论的范围。

### （二）纳米材料的结构

无论是纳米块体材料还是纳米粒子，其结构都相当复杂。

（1）纳米粒子　纳米粒子的外形可以有球形、板状、棒状、角状或海绵状等，而粒子的内部结构是由单晶或多晶组成的，晶粒间有大量的界面。一般来说，粒子的内部结晶完好，但也有大片的孪晶存在，这就使得纳米粒子的表面形成许多台阶和扭折，从而增加了比表面积和活性中心的数目。例如，用高分辨透射电镜（HRTEM）可以观察到纳米Cu颗粒表面上存在的孪晶[1]。另外，用物理方法由过饱和蒸气来制备纳米粒子时，通过HRTEM还观察到已超出原子分子数量级的原子簇（cluster）（单个原子或分子只能通过以后要介绍的扫描隧道显微镜才能观察到），原子簇的粒径小于1nm，通常由几个到$10^4$个原子或分子构成[2]，但小的原子簇会相互碰撞长大而形成纳米粒子。原子簇的研究有利于人们认识从原子、分子逐渐过渡到凝聚态的过程。典型的非金属原子团簇是由60个碳原子组成的形如足球的$C_{60}$，其直径为0.7nm。

用化学合成法制备纳米粒子时，一般来说也是原子、分子从过饱和溶液中析出一个个单个的单元（如一个单晶），但也可能是由亚单元组成的团聚体。小的亚单元通常称为一次粒子，由一次粒子组成的团聚体称为二次粒子，两者之间的关系可用图2-37示意。若用扫描电镜观察，通常仅可决定二次粒子的尺寸。对于晶体，一次粒子的尺寸可由X射线衍射峰的半高宽的量来决定，但也可用HRTEM的格子像来决定（特别是对非晶态颗粒），但受其他因素的影响较大。

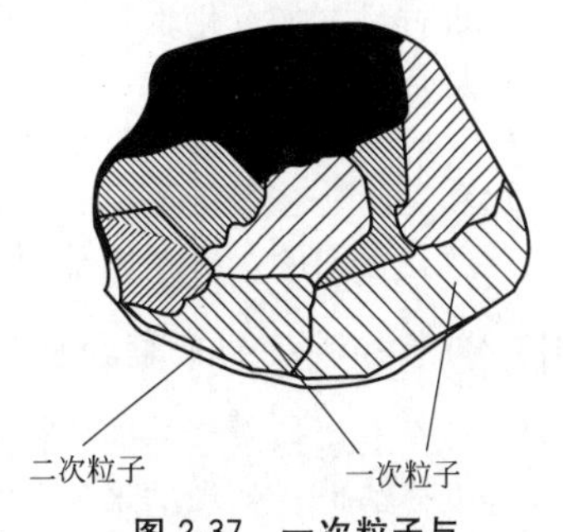

图2-37　一次粒子与二次粒子的示意图

实际上，一次粒子就是上述的原子团簇或分子团簇，或者说是一些极小的纳米粒子。由于表面能的关系，它们极易团聚成较大的纳米粒子，甚至可团聚成亚微米粒子或微米粒子，从而对粒子的性能产生不良影响，因此，如何防止纳米粒子进一步团聚仍然是当前重要的研究课题。

（2）纳米块体材料　纳米块体材料主要由晶粒和晶界组成，但实际的结构比较复杂。

① 晶粒　长期以来，普遍认为纳米块体材料中的晶粒具有完整的晶体结构。但最近的高分辨电镜证明：经压缩的块体中的晶粒与完整晶格有很大差异，它基本上是等轴的，与形成此结构的原子团簇类似。但其密度超过球密堆积的理论值（0.74），这表明至少有部分团簇填充了晶粒间的气孔，使晶粒尺寸发生变化，但晶粒形状和方向保持不变。

② 晶界　因为纳米块体材料中的晶粒处于纳米级，因此，晶界原子所占的比例（%）相当高，从而晶界区的原子性质或者晶界的微观结构，对纳米材料的性质将产生直接影响。关于晶界的结构模型，有无序说、有序说和介于两者之间的有序无序说，且都有一定的依据。这些只能说明纳米晶界的微观结构可能非常复杂，它与材料的成分、键合类型、制备方法、成型条件等密切相关，很难用一个统一的模型来说明。关于这个问题，可参阅潘颐等[3][4]的讨论。但从实验角度来说，可以认为纳米材料的晶界是由平面构成的台阶组成的低能组态，即晶界原子在压制时有足够的移动性来调整自己处于低能组态。尽管纳米相材料的晶界中储存大量能量，但晶粒长大的局域推动力仍然是相对小的。

## （三）纳米复合材料及其分类

（1）纳米复合材料的定义　通常所说的复合材料是由两种或两种以上物理性质不同的物质组合而成的一种多相固体材料。其中一相为连续相，称为基体；另一相为分散相，它以独立的相态分散在整个基体中，分散相可以是颗粒状、纤维状或是弥散的填料。据此可以理

❶ 见参考书目19，p.38。

❷ 但也有专家认为：原子团簇是指几个至几百个原子的聚集体（粒径≤1nm）。见：张立德，牟季美．纳米材料和纳米结构．北京：科学出版社，2001，23．

❸ 潘颐，吴希俊．材料科学与工程，1993，11（4）：16

❹ 袁斌，曾美琴．材料导报，2002，16（12）：3．

解：纳米复合材料可以是由两种或两种以上的不同材料的纳米粒子复合而成的，也可以是复合材料中的分散相至少有一维在纳米尺度范围内（＜100nm），亦可称为纳米复合材料(nano composite)。

(2) 纳米复合材料的分类和命名　按纳米复合材料的构成形式通常可分为三类：第一类是不同成分的纳米粒子与纳米粒子之间的复合，称为0-0复合；第二类是把纳米微粒分散到二维的薄膜材料中，称为0-2复合；第三类是把纳米粒子分散到通常的三维固体中，称为0-3复合。其他还有按分散相（含各类无机物）和基体材料（含各类有机高聚物）的成分加以分类，或以纳米复合材料的制备方式、性能甚至用途来分类的。关于纳米复合材料的命名，有用某纳米粒子（如氧化锌）与某基体材料（如环氧树脂）复合而成的复合材料，可称为“纳米氧化锌环氧树脂复合材料”；也有以“纳米复合材料”作为后缀词尾的，例如，用纳米无机材料（如氧化铁）与有机基体（如聚氯乙烯）复合，则可表达为“氧化铁-聚氯乙烯纳米复合材料”。

应该指出，纳米复合材料无论怎样分类和命名，材料的性质绝不是各个组分性能的简单加和，而是在保持各组分材料的某些特点的基础上，产生出具有协同作用的新的综合性能，这就为它们的实际应用开创了新的局面，也是当今研究开发的热点。

### (四) 纳米材料及纳米复合材料实例

在上述纳米粒子的制备和应用的介绍中，已简单涉及一些实例，这里主要介绍几种典型的重要纳米材料和纳米复合材料。

**【实例 1】** 纳米陶瓷[1]

陶瓷在我国有悠久的历史。所谓陶瓷实际上就是“经高温热处理所合成的无机非金属材料”。众所周知，陶瓷能耐高温、耐腐蚀、耐磨，并有高的硬度等，但其最大的弱点是具有脆性（这主要是因其分子结构中具有共价键与离子键），因此受到外力作用时极易碎裂或产生裂纹。为此，长期以来人们一直在寻找对陶瓷增韧的方法，但进展不大。直至1987年，国外学者用晶粒尺寸为12nm的$TiO_2$才制得具有良好形变和断裂韧性的陶瓷，这实际就是一种纳米陶瓷。目前已制备的纳米陶瓷还有纳米ZnO陶瓷、纳米$ZrO_2$陶瓷和纳米SiC陶瓷等。

① 纳米陶瓷的特点和性能　从纳米陶瓷的结构看，其中的晶粒和晶界以及它们之间的结合都处在纳米尺寸水平。由于晶粒细，晶界数量大幅度增加。例如晶粒尺寸为1$\mu$m的传统陶瓷，其晶界所占的体积仅为总体积的0.3%；而晶粒尺寸为5～20nm的纳米陶瓷，其晶界所占的体积分数可达15%～60%。由于晶粒尺寸减小到纳米尺寸时，陶瓷的某些理化性质将发生突变，特别是塑性方面极为显著。例如，普通陶瓷只有在1000℃以上才表现出一定的塑性，而纳米$TiO_2$陶瓷在室温下就可发生塑性形变，在180℃下塑性形变可达100%，这表明它具有超塑性。产生超塑性的原因，通常认为是由于晶界界面增大，其扩散蠕变速率和扩散系数增大，从而引起晶界滑移所致。

② 纳米陶瓷材料的制备　纳米陶瓷的制备，首先要制备纳米陶瓷粉体，然后对其均匀压缩成型，以利于坯体具有更高的密度。也可采用脉冲磁力在纳米粉体（例如$Al_2O_3$）上产生2～10GPa持续几微秒的压力脉冲，使样品达到62%～85%的理论密度，最后再进行烧结。由于纳米陶瓷粉体有巨大的比表面积，这可视为烧结的高驱动力，使烧结势垒降低，烧结速率加快，烧结温度降低（可比普通陶瓷降低几百摄氏度）。为防止烧结过程晶粒长大，可采取真空（加压）烧结技术等办法。例如，纳米$ZrO_2$在970℃下致密化，其晶粒尺寸＜100nm。施加外压后不仅可进一步降低烧结温度和纳米材料的晶粒尺寸，更重要的是纳米陶瓷烧结致密化后，其强度和硬度都明显超过同种材质的常规陶瓷，这样就能制造出打不碎的陶瓷碗了。

---

[1] 见参考书目17，p.172。

目前采用不同方法除已制备出钛、铝、铁、锆等氧化物纳米陶瓷外，还制备了其他新型特种陶瓷，例如用于火箭技术的硼化锆陶瓷和硼化钛陶瓷等。

如前所述，单组分纳米陶瓷具有超塑性，但仅靠高压不可能获得高致密度块体材料，原则上讲它仍属于陶瓷坯体，没有实际应用价值。实践证明，要达到使用性能的要求，可在普通陶瓷基体中引入纳米第二相粒子进行复合，制成纳米复合陶瓷（ceramic nanocoposite），便能使陶瓷的力学性能得到极大的改善。其中最突出的是断裂强度、断裂韧性和耐高温性能得到大幅度的提高，同时纳米复合还能提高陶瓷的硬度、弹性模量等。

纳米第二相粒子通常多选用热稳定性高的 SiC（或 $Si_3N_4$）纳米粒子，它们弥散地分布在普通陶瓷（晶粒在 1$\mu$m 以上）的基体中，能抑制氧化物基体晶粒的生长，减轻晶粒的异常长大，这些都有利于增强其韧性等力学性能。另外，纳米 SiC 粒子在高温下可牵制位错移动，从而使高温力学性能（如硬度、强度和抗蠕变性能）得到改善。

纳米 SiC 粒子对非氧化物基体（如 $Si_3N_4$）纳米复合陶瓷的增韧机理不同于氧化物基体，这里不再介绍。

最后，应该提一下关于纳米抗菌陶瓷。纳米抗菌陶瓷实际上是在陶瓷中引入纳米级的无机抗菌剂，如纳米银粉。有光催化性的纳米 $TiO_2$、纳米 ZnO、纳米 CdS 等，使陶瓷产品具有杀菌、防污和除臭的功能。目前，纳米抗菌陶瓷正被应用于医院、食堂和高级住宅，并将逐渐进入普通家庭。

**【实例 2】** 有机-无机纳米复合材料[1]

这是当前纳米复合材料中研究得最多的一类课题。这里以天然的蒙脱土（二维纳米材料）为例介绍相关的知识。

蒙脱土是层片状的硅酸盐矿物，其片层厚度约为 1nm，但层间的距离可随外界条件变化而改变（被拉开），使其分散后可在有机聚合物中形成所谓的插层复合结构。它通常有以下两种类型。

a. 层间插入复合型　这主要是有机聚合物插入蒙脱土的夹层中，在一定条件下发生原位聚合，因聚合时会放出大量热，可克服硅酸盐片层间的库仑力，使其剥离而成为有机-无机纳米复合材料，例如聚环氧乙烷（PEO）-蒙脱土的纳米复合材料。X 射线衍射实验证明：当 PEO-蒙脱土质量比达到 0.3 左右时，片层的层间距可由原来的 1nm 增大到 1.77nm，增加了约 0.8nm，这表明 PEO 分子只可能以单分子层螺旋型构象排列于蒙脱土晶层之间［见图 2-38(a)］。另外，IR、NMR 等还证明 PEO 单元中的氧原子与夹层间可交换的阳离子发生了离子-偶极子的相互作用。由于 PEO 只能在夹层中呈线性无序排列，不形成三维结晶，

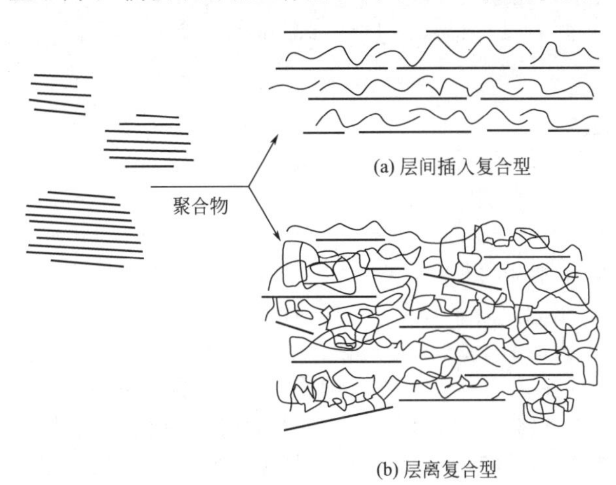


**图 2-38　插层纳米复合物结构示意图**

[1] 洪伟良，刘剑洪等. 中国塑料，2000，14 (5)：9.

这有利于层间阳离子的迁移，从而提高了聚合物的导电性，成为极有应用前景的离子导电材料。

b. 层离复合型　有机单体在受空间原位聚合或聚合物直接嵌入，可导致黏土层崩塌，剥离成单层而均匀分散于连续相的聚合物中，形成层离型纳米复合材料［见图 2-38(b)］。聚合物熔融插层制备的尼龙 6-蒙脱土复合体系即属于这种结构。此纳米复合材料的力学性能和耐热性能较纯尼龙 6 均有显著提高，所以它是一种优良的工程塑料，可用于制造汽车部件。另外，此复合材料对水气、氧等有很好的阻透性能，故又可用于食品包装材料等。

关于有机-无机纳米复合材料的制备，还可将蒙脱土“钠化”后再用有机铵阳离子等在水溶液中进行有机化改性，先制成“有机土”，然后再用物理插层法或化学插层法与有机单体或聚合物相互作用，制成有机-无机纳米复合材料。插层方法较多，涉及的聚合物也不少，如聚甲基丙烯酸甲酯-黏土、聚丙烯-黏土、聚苯乙烯-黏土、环氧树脂-黏土等均有报道，在参考书目 19 中作了详细的介绍。

从目前看，蒙脱土是制备聚合物-黏土纳米复合材料最具有竞争力的原料，文献报道也很多。

**【实例 3】** 纳米 $TiO_2$

二氧化钛（$TiO_2$）俗称钛白粉，是重要的白色颜料，主要用于涂料工业，也可用于光催化、防紫外线照射等。$TiO_2$ 主要有金红石型和锐钛型等，前者质量好，是目前重要的白色高档颜料，但价格高，这是众所周知的。这里介绍的纳米 $TiO_2$ 是一种新型无机功能材料，在工业中有广泛的应用。

a. 纳米 $TiO_2$ 的制备　纳米 $TiO_2$ 的制备和研究，是现今刊物报道最多的题材之一。有气相法、液相法、W/O 微乳法以及前述的溶胶-凝胶法（钛醇盐水解法）等，方法很多。但在胶体化学中仍以溶胶-凝胶法研究得最多。

近年来，张梅等[1]以钛酸丁酯为前驱体，用溶胶-凝胶法制备了纳米 $TiO_2$，具体方法如下。将无水乙醇总体积的 1/2 与钛酸丁酯充分混合，制成原液，再将余下的乙醇与水及盐酸混合配成滴加溶液，在室温下将此酸液缓慢滴入原液中，并连续搅拌 30min，再超声波分散 20min，形成溶胶，自然冷却成凝胶。烘干后，在不同温度下热处理 3h，即得不同粒度的纳米 $TiO_2$。实验证明：若胶凝后立即于 450℃或 500℃下热处理所得纳米 $TiO_2$ 均为锐钛矿型，于 600℃下热处理开始有金红石出现，于 700℃下热处理锐钛矿型接近消失，于 800℃下热处理均为金红石型，且随热处理温度的升高，粒度增大。例如，于 900℃下热处理 $TiO_2$ 的平均粒径为 53.4nm（粒径用 X 射线粉末衍射法确定）。有趣的是，若凝胶保持 1 个月后，于 450℃下处理所得纳米 $TiO_2$ 均为金红石型，但随着热处理温度的升高，平均粒径也逐渐增大（见表 2-4 数据）。

**表 2-4　用 XRD 谱图半高宽法测得的平均粒径**

| 温度/℃ | 450 | 500 | 600 | 700 | 800 | 900 |
|---|---|---|---|---|---|---|
| 平均粒径/nm | 18.4 | 20.7 | 31.5 | 38.1 | 45.2 | 53.4 |

b. 纳米 $TiO_2$ 的性能和用途　由于纳米 $TiO_2$ 颗粒太小，与相同质量的非纳米颗粒相比，表面原子急增（见前），表面活性增大。它不仅是一种高效光催化剂（利用其光催化性能可降解大多数有机物），并可与细菌内的有机物反应（生成 $CO_2$ 和 $H_2O$ 等），从而具有杀菌功能；若将其分散到涂料中则可制成抗菌涂料。另外，纳米 $TiO_2$ 对紫外线（波长 200～350nm）有很强的吸收能力，若将其加入到丙烯酸涂料中，加入量仅为 0.5%左右便能使此涂料的紫外线透过率显著降低（见图 2-39，图引自参考书目 19，p.297），因此，它是很好的紫外线防护材料。它不仅可用于制作防紫外线遮阳伞，还广泛应用于化妆品中作防晒剂。

[1] 张梅，杨绪杰，汪信等. 化工新型材料，2002，30 (1)：35.

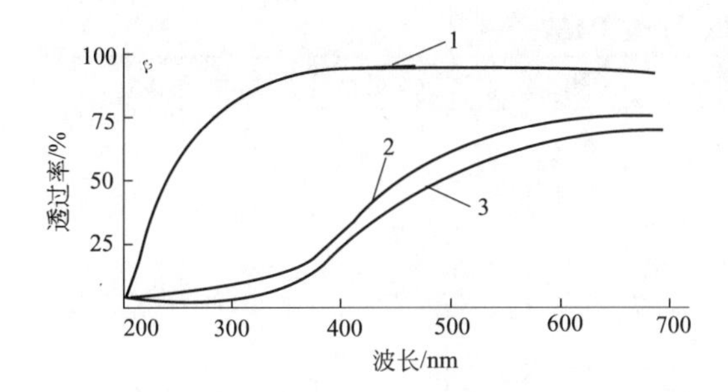


**图 2-39　含纳米 $TiO_2$ 的丙烯酸酯涂料的紫外-可见光谱图**

纳米 $TiO_2$ 含量：1—0％；2—0.5％；3—0.75％

由于纳米 $TiO_2$ 能让波长较长的光透过，故将其与闪光的铝粉或云母珠光颜料并用于涂料或汽车面漆中，则在光照区呈金黄色，在侧光区反射蓝色乳光，从而产生随着角度异色效应，呈现丰富的颜色变化。特别重要的是，由于纳米 $TiO_2$ 具有吸收雷达波并使其散射衰减的性能，故可制作吸波材料，这在国防建设中具有重大意义。

**【实例 4】** 纳米 $CaCO_3$

纳米 $CaCO_3$ 是 20 世纪 80 年代发展起来的一种新型纳米材料。它广泛用于橡塑、纸张、涂料、高档油墨、牙膏等工业领域。由于它是纳米粒子，所以其小尺寸效应、表面效应等均有所体现。将其填充于橡塑材料中不仅能使制品表面光艳，而且由于补强性能好，还可使制品的力学性能大为提高；在高档油墨和涂料中具有良好的光泽和亮度；在造纸工业中，能有效地提高纸的白度和不透明度，改善纸的使用质量；纳米 $CaCO_3$ 用做填料制备的塑料制品易于生物降解，在国外已有应用。

关于纳米 $CaCO_3$ 的制造方法，目前皆使用液相合成法，并以成本低廉的 $Ca(OH)_2$-$H_2O$-$CO_2$ 反应系统为原料，可制造出多种晶体形状的产品。这里以高档油墨用纳米 $CaCO_3$ 为例，简要说明其生产过程、工艺控制条件和产品性能❶。

用碳化反应制备纳米 $CaCO_3$ 的关键技术是，在碳（酸）化反应中添加一定量的螯合剂（如脂肪族多羟基羧酸类、含氧羧酸类、芳香族磺酸类等）和分散剂（主要有铝盐、钠盐、锌盐等）。具体操作如下：在一定浓度的石灰乳中加入一定量的螯合剂和分散剂，在一定温度范围内通入 $CO_2$ 气体进行反应，直至反应终点，此过程可用图 2-40 示意。具体工艺控制条件示于表 2-5 中。

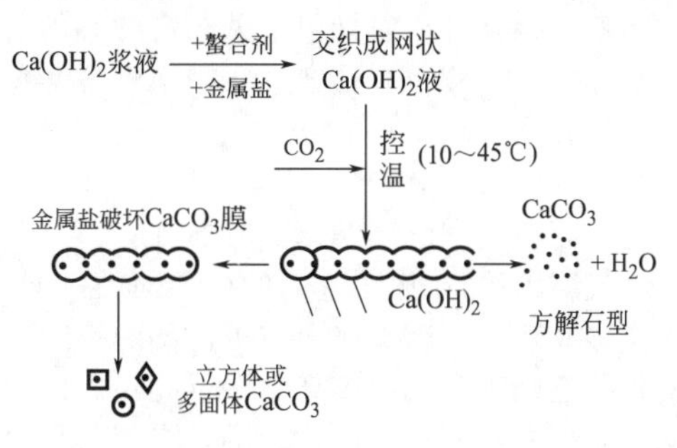


**图 2-40　采用添加剂生产纳米碳酸钙示意图**

用此法生产的 206# 纳米 $CaCO_3$，通过电镜观察其平均粒径≤20nm，形状为立方体或多面体。此产品与通常的 200# 微细 $CaCO_3$ 的性能对照列于表 2-6 中。206# 纳米 $CaCO_3$ 系用间歇鼓泡法生产的。产品用不同的表面活性剂处理后可有不同的用途。

**表 2-5　工艺控制指标一览表**

| 名　称 | 技 术 指 标 | 备 注 |
|---|---|---|
| 石灰乳 $Ca(OH)_2$ 质量分数/% | 10～20 | |
| 碳化温度/℃ | 0～45 | |
| 二氧化碳气体体积分数/% | 50～98 | |
| 螯合剂用量[以 $Ca(OH)_2$ 计]/$g\cdot(100g)^{-1}$ | 0.1～10 | |
| 分散剂用量[以 $Ca(OH)_2$ 计]/$g\cdot(100g)^{-1}$ | 0.05～5 | |
| 碳(酸)化方式 | 在搅拌下进行鼓泡碳(酸)化 | 控制温度 |
| 碳(酸)化终点控制 pH 值 | 7～8 | |

❶ 曹运长. 无机盐工业，2000，32 (1)：23.

表 2-6 206# （纳米）$CaCO_3$ 与 200# （微细）$CaCO_3$ 性能对照表

| 项 目 | 206#（纳米）$CaCO_3$ | 200#（微细）$CaCO_3$ |
|---|---|---|
| 吸油值/g·$(100g)^{-1}$ | 40～65 | 25～35 |
| 表观密度/g·$ml^{-1}$ | ≤0.35 | 0.6～0.8 |
| 透明度 | 透明 | 不透明 |
| 光泽度 | 有光泽 | 无光泽 |
| 流动度/mm | 24～32 | ≥35 |
| 平均粒径/μm | ≤0.02 | 0.1～1① |
| 晶型 | 立方体或多面体 | 纺锤形或无定形 |
| 比表面积/$m^2$·$g^{-1}$ | ≥70 | ≤45 |

① 按 $CaCO_3$ 行业习惯，将粒径为 0.1～1μm 的 $CaCO_3$ 称为微细 $CaCO_3$。

姚超等用电导仪跟踪碳（酸）化反应历程，讨论了制备纳米 $CaCO_3$ 所应控制的最佳反应条件[1]。

纳米 $CaCO_3$ 还可用连续碳（酸）化生产。此法适于连续大规模工业生产。生产中除严格控制反应物浓度、温度、碳（酸）化工艺等条件外，也需加入螯合剂和分散剂。控制条件不同，可得锁链形、立方形、纺锤形或球形的纳米粒子。有关制造细节和用途，有兴趣的读者可阅读参考书目 17，p.207～211。据报道[2]，我国广东恩平市嘉维化工厂，目前对纳米 $CaCO_3$ 的年生产量已达 9 万吨，在一定程度上缓解了国内的供需要求。

## 二、纳米污染

随着纳米科技的兴起，纳米污染必须引起足够的重视。所谓纳米污染，简单地说就是由纳米微粒对环境和人类健康所带来污染和危害。实际早在 1987 年人们便注意到水环境中的微量污染物（pollutant），如重金属、农药等对水生物和人体健康的危害，且它们大部分是结合在胶体微粒上[3][4]，即以其为载体而起作用的。另一方面，现今由于纳米科技正走向生产化和商业化，由于纳米微粒极细，“无孔不入”，即使是一些微米级可吸入颗粒物（如烟雾、气溶胶等），由于它们的微界面大，能富集环境中对生态和人体有害的毒物，并随着水质迁移或随着气流漂浮而在更广阔的空间产生污染效应，因而其危害更大。此类问题在国外文献报道已很多，但多集中在近几年。而我国在这方面的报道较少，最近，汤鸿霄等[5]对此从环境纳米污染物（ENP）的定义、共同特征、微界面行为到纳米污染的鉴定等都作了深入的研究，值得纳米和环境工作者认真阅读。

2009 年《中国青年报》报道[6]北京朝阳医院宋玉果大夫发现某些接触含纳米粒子涂料的工人发生胸腔积液、肺间质纤维化、胸膜肉芽肿等病变，他们从变质肺提取液中发现有大小不同的纳米粒子，甚至在病人皮肤细胞里也发现直径为 30nm 的纳米粒子。他们的研究论文在《欧洲呼吸杂志》上发表。报道中称，由于纳米粒子直径小，易穿透人的皮肤细胞，进入肺上皮细胞，粘贴于细胞质，并围绕着细胞膜产生毒性。某些纳米物可能还在人体内开始“环球旅行”，将母体存放于各个器官。

对于宋玉果的论文评价不一。《自然》杂志认为，该论文是首次记录了纳米粒子导致人类疾病；有的科学家认为纳米粒子存在危害根据不足，女工们的患病可能是由于生产环境不规范或其他有害物质所致[7]。

---

❶ 姚超，俞志敏等. 无机盐工业，2000 (1)：3.
❷ 沈镇平. 化工新型材料，2003 (1)：48
❸ 汤鸿霄. 安徽大学学报（胶体与界面化学专辑），1987 (总 27)：13
❹ 曲久辉，贺弘. 环境科学学报，2009，29 (1)：2.
❺ 汤鸿霄. 环境科学学报，2003，23 (2)：146
❻ 周凯莉. 中国青年报，209-09-19.
❼ 化学通讯，2009 (6)：29.

尽管在具体事例上尚有不同看法，但由于纳米粒子体积很小，具有与大粒子不同的物理、化学性质，因而可能会对人体及生态环境带来危害的认识是共同的，即纳米技术风险不容忽视。当然，也应认识到这种风险取决于多种因素。评价纳米粒子的风险打破了量度普通物质风险和毒性的传统标尺。在研究纳米材料的毒理时，仅控制剂量是不够的，其形态、体积、面积和纯度同样重要。

## 第七节　纳米液滴与纳米气泡

一般认为纳米粒子是指固体物质，其实，“粒子”（particle）泛指小圆球形或小碎块形的东西，既可以是固体的，也可以是液体的或气体的。因而纳米液滴和纳米气泡均为纳米粒子。

### 一、纳米液滴[1][2] (nano-droplet, ND)

纳米液滴是一种大小为10～100nm，包含约$10^4$～$10^7$个液体分子的介观液滴，纳米液滴既不同于几个分子构成的团簇，也不同于宏观液体。

纳米液滴广泛存在于人类生产生活和自然界中，如微乳液中分散相液滴的大小多小于50nm，是为纳米液滴，即为零维纳米液体。在植物枝叶导管（直径约为几十纳米）中流动的液体为一维纳米液体，而凝聚态物体表面形成的几十纳米厚的液体薄膜为二维纳米液体。[3][4]

从胶体分散系统来说，在以液体为分散相的气溶胶（如云雾、油雾等）、微乳状液中分散相液体（W/O型中的水滴、O/W型中的油滴）、凝胶中固体骨架中的液体介质都可以看作是纳米液滴。因此，应用气溶胶、微乳液和凝胶的制备方法就可以得到纳米液滴，这些一般的制备方法可参见本书的有关章节。

纳米液滴与固体纳米粒子有许多类似性质，如表面效应、量子尺寸效应、小尺寸效应等。但由于液体与固体性质的差异，纳米液滴还有一些更为独特的性质，如纳米液滴总是球形的；纳米液滴内的分子基本处于无序状态；纳米液滴的界面是柔性的，通过界面可发生液滴内部与外部物质和能量的交换。换言之，纳米液滴可以作为某些反应的微反应器，以进行相关反应的机理研究。

纳米液滴有如下应用前景。

① 用做微反应器进行某些化学反应微观机理研究，如研究反应过程中物质能量和结构的变化，实现某些在宏观系统中难以实现的反应或提高反应速率[5]。

② 通过对气体及化学物质与空气中纳米水滴相互作用研究，了解生物体中营养物的传输及吸收过程，并可能模拟生命起源过程中化学物质的相互作用，从而深化对生命起源的认识。

③ 通过对纳米液滴的生成与破坏的研究，以解决气溶胶对大气环境影响的问题和土壤保护的相关问题（土壤的毛细管束中的液体即为纳米液体）。

### 二、纳米气泡[6] (nanobubble, nanoscale gaseous state)

在液体中或在固-液界面上存在的纳米尺度的气泡，称为纳米气泡。适当放宽尺寸，将

---

❶ 沙健，沈飙，郭骅．化学世界，1998，(1)：7.

❷ 马坤金，刘静．前沿世界，2007，36 (4)：295.

❸ 王笃金，吴瑾光，徐光宪．化学通报，1995，(11)：6

❹ 许海燕，孔桦．基础医学与临床，2002，22 (2)：97.

❺ 参见赵振国．胶束催化与微乳催化．北京：化学工业出版社，2006.

❻ Zhang X H，Ducker W A，Khan A．12 Internatinal Conference on Surface and Colloid Science，book of abstracts. Beijing：2006：11.

几十微米与数百纳米之间的气泡混合状态称为微纳米气泡。

纳米气泡可将水泵、空压机、精滤器、高效气水混合器、搅拌混合器联合使用而生成。较常规气浮法制备气泡泡沫要复杂。

纳米气泡的研究尚处于起步阶段。论文❶在北京召开的第12届国际表面与胶体科学大会上报告后，第二年即在澳大利亚《物理评论快报》上发表。在此之前和以后有许多相关论文和专利报道，特别是有许多对纳米气泡的应用性工作开展。我国华东师范大学陈邦林教授的团队开展了卓有成效的工作❷。

除一般纳米粒子的特性外，由于纳米气泡的分散相为气体，它还有一些更为独特的性质。

① 纳米气泡破裂时的冲击作用。根据Laplace公式知，纳米气泡的曲率半径极小，故内外压很大，在气泡破裂时局部范围内产生高温高压，甚至发生暴沸（但是，近来有的研究工作证明纳米气泡内部压力并无想象得那么大，而是与大气压差不多，这也是良好的纳米气泡系统可维持几天保持稳定的原因）。

② 纳米气泡生成时表面带有负电荷，有一定的表面活性，对除臭、脱色有益，并有一定的杀菌作用。

③ 空气和氧气的纳米气泡可对周围环境（土壤和水体）产生影响：提高水体中溶解氧量，形成富氧活性水，改善土壤中氧气供应状况，影响土壤结构、土壤肥力及植物根系活力，促进生物生长和环境的改善。

现已有一些纳米气泡实际应用的初步报道。

(1) 水环境治理　利用纳米气泡处理饮用水、地下水、各种工业、农业、污水和废水。华东师范大学、上海亘晖水处理技术公司与日本、美国合作，昆明浮法水治理科技有限公司生产有多种型号的纳米气泡发生装置，对水处理有明显效率，在上海新渔浦河、宁波黄骊河、华东师范大学校内丽娃河的水处理中均有应用。据报道，用纳米气泡处理后，水的COD降低达90%以上，氨氮降低约在60%～85%之间。

(2) 在水稻栽培中的应用　利用纳米气泡的水灌溉水稻能有效促进水体和土壤中有益微生物活性，提高植物根部氧气利用率，进而影响养分吸收代谢光合作用，提高产量。

(3) 在医疗方面的应用　将纳米气泡技术与射频技术结合可提高某些疑难病的诊断率。

(4) 建材方面的应用　用含纳米气泡的水制作建材构件，其抗压强度和抗渗能力有明显提高。

(5) 固-液界面上存在纳米气泡　纳米气泡布满管道内壁可减少抽取液体时的摩擦力，节省能耗、降低成本。纳米气泡的存在还可提高从油砂中分离油的效率。

---

❶ Zhang X H，Ducker W A，Khan A. 12 Internatinal Conference on Surface and Colloid Science，book of abstracts. Beijing：2006：11.

❷ 中国化学会第十届胶体与界面化学会议论文摘要集. 西安：2004：357.

# 第三章

# 胶体系统的基本性质

胶体系统（colloid system）的性质不同于真溶液。本章介绍胶体系统具有的独特的运动性质、光学性质、电学性质和流变性质。此外，胶体系统既具有一定的稳定性，也能够在一定条件下发生聚沉。其性质与胶体粒子大小和形状密切相关。本章还简要介绍研究粒子大小和形状的常用几种显微镜。

## 第一节　溶胶的运动性质

溶胶中的粒子和溶液中的溶质分子一样，总是处在不停地、无秩序地运动之中。从分子运动的角度看，胶粒的运动和分子运动并无本质区别，它们都符合分子运动理论，不同的是胶粒比一般分子大得多，故运动强度小。在这一节中主要介绍胶粒的布朗运动（Brownian motion）、扩散（diffusion）和沉降（sedimentation）等性质。这些性质统属于溶胶的运动性质（kinetic properties）。

### 一、扩散

和真溶液中的小分子一样，溶液中的质点也具有从高浓度区向低浓度区的扩散作用，最后使浓度达到“均匀”。当然，扩散过程也是自发过程。若胶粒大小相同，且沿 $x$ 方向胶粒浓度随距离的变化率为 $\mathrm{d}c/\mathrm{d}x$（亦即浓度梯度），如图 3-1 所示，在 $x$ 方向上的扩散速度应与 $\mathrm{d}c/\mathrm{d}x$ 成正比：

$$\frac{\mathrm{d}m}{\mathrm{d}t}=-D\frac{\mathrm{d}c}{\mathrm{d}x}A \qquad (3\text{-}1)$$

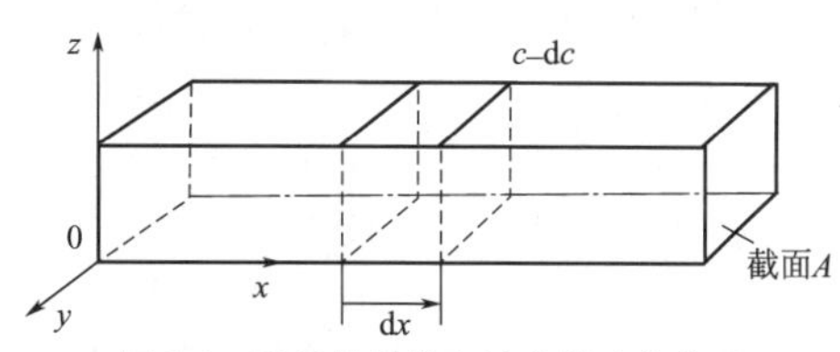

图 3-1　胶粒的扩散和浓度梯度的关系

这就是 Fick 第一扩散定律。式中，$\mathrm{d}m/\mathrm{d}t$ 表示单位时间通过截面 $A$ 扩散的物质数量。因为在扩散的方向上，浓度梯度为负值，故式(3-1) 右端加一负号，使扩散速度为正值。比例常数 $D$ 为扩散系数（diffusion coefficient），$D$ 越大，质点的扩散能力越大。Einstein 指出，扩散系数 $D$ 与质点在介质中运动时阻力系数（frictional coefficient）$f$ 之间的关系为：

$$D=\frac{RT}{N_{\mathrm{A}}f} \qquad (3\text{-}2)$$

式中，$N_A$ 为 Avogadro 常数；$R$ 为气体常数。若颗粒为球形，可据 Stokes 定律确定阻力系数 $f$：

$$f=6\pi\eta r \tag{3-3}$$

式中，$\eta$ 为介质的黏度；$r$ 为质点半径。将式(3-3) 代入式(3-2) 得：

$$D=\frac{RT}{N_A}\cdot\frac{1}{6\pi\eta r} \tag{3-4}$$

此式常称为 Einstein 第一扩散公式。据此式可以求出扩散系数 $D$（$m^2/s$）。反之，若已知 $D$ 和 $\eta$，则亦可求出质点半径 $r$，并计算出"质点量"。

由以上介绍可知，就系统而言，浓度梯度越大，质点扩散越快；就质点而言，半径越小，扩散能力越强，扩散速度越快。

胶体质点之所以能自发地由浓度大的区域向浓度小的区域扩散，其根本原因在于存在化学位。胶粒扩散的方式与布朗运动有关。

测定扩散系数的常用方法有孔片法、自由交界法和光子相关谱法 3 种，其中以光子相关谱法又快又准。

扩散属于物质在无外力场时的传质过程，故有着广泛的应用。

(1) 计算球形胶粒的半径　从式(3-4) 可知，有了 $D$ 数据，就可算出 $r$。此处，$r$ 为胶粒的流体力学半径，对多分散系统而言，$r$ 为平均值。

(2) 计算非球形胶粒的轴比值　当胶粒形状偏离球体时，通常可视其为椭球体（它指的是一个椭圆平面围绕自身的一个轴旋转而成的空间体）。描述椭球体需要两个参量，即旋转半径 $a$ 和最大旋转半径 $b$。轴比 $a/b$ 表示胶粒偏离球形的程度。$a/b=1$ 时，即为球体；$a/b>1$时，属长椭球体；$a/b<1$ 时，为扁椭球体；$a/b\gg 1$ 时，胶粒为棒状；$a/b\ll 1$ 时，为盘状或片状；胶粒又长又扁时，则呈带状。

由扩散公式确定非球形胶粒的轴比值的具体步骤如下。

第一步，用其他方法测出待研究粒子未溶剂化时的"质点量"或相对分子质量，由此计算等效圆球的阻力系数 $f_0$。

第二步，按式(3-2)，自扩散系数 $D$ 算出阻力系数 $f_0$。

第三步，自 $f$ 与 $f_0$ 计算阻力系数比 $f/f_0$，由此确定轴比。非球形胶粒的 $f/f_0$ 永远大于 1，其值与轴比（$a/b$）有关。胶粒越不对称，则 $f/f_0$ 偏离 1 的程度越大。

(3) 估算胶粒的最大溶剂化量　以马血清白蛋白为例，每个马血清白蛋白分子的质量为 $1.16\times10^{-19}$g，即其相对分子质量为 70000g·$mol^{-1}$。以密度为 1.34kg·$dm^{-3}$计，则可算出未溶剂化等效球的半径为 2.75nm，相应的阻力系数 $f_0$ 为 $5.15\times10^{-8}$g·$s^{-1}$。自扩散系数 $D$ 算出的阻力系数 $f$ 为 $6.6\times10^{-8}$g·$s^{-1}$，所以 $f/f_0=1.28$。采用球模型，这相当于每克干蛋白质结合 0.8g 水；若属未溶剂化的长椭球体，则轴比为 5.5。再辅之以特性黏度的测定，可以确定该蛋白质分子的轴比为 5.0，蛋白质的水溶剂化量为 0.2g·$g^{-1}$。

## 二、布朗运动

1827 年，英国植物学家布朗（Brown）在显微镜下观察到悬浮在水中的花粉粒子处于不停地无规则的运动之中，后来发现其他微粒（如炭末和矿石粉末等）也有这种现象。如果在一定时间间隔内观察某一颗粒的位置，则可得如图 3-2 所示的情况，这种现象称为布朗运动。

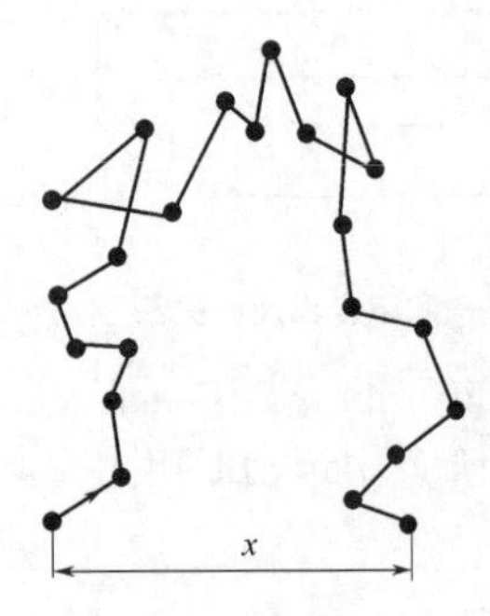

图 3-2　布朗运动

关于布朗运动的起因，经过几十年的研究，才在分子运动学说的基础上作出了正确的解释。悬浮在液体中的颗粒处在液体分子的包围之中，液体分子一直处于不停的热运动状态，撞击着悬浮粒子。如果粒子相当大，则某一瞬间液体分子从各方向对粒子的撞击可以彼此抵消；但当粒子相当小（例如胶粒那样大）时，此种撞击可以是不均衡的。这意味着在某一瞬间，粒子从某一方向得到的冲量要多些，因而粒子向某一方向运动，而在另一时刻，又从另一方向得到较多的冲量，因而又使粒子向另一方向运动。这样我们就能观察到微粒作如图 3-2 所示的、连续的、不规则的折线运动（zigzag motion）。

由于布朗运动是无规则的，因而就单个质点而言，它们向各方向运动的概率均等。但在浓度较高的区域，由于单位体积内质点数较周围多，因而必定是“出多进少”，使浓度降低，而低浓度区域则相反，这就表现为扩散。所以扩散是布朗运动的宏观表现，而布朗运动是扩散的微观基础。

1905 年，Einstein 曾研究过在布朗运动中，粒子的平均位移 $\overline{X}$ 与粒子半径 $r$、介质黏度 $\eta$、温度 $T$ 和位移时间 $t$ 之间的关系为：

$$\overline{X}=\sqrt{\frac{RT}{N_A}\cdot\frac{t}{3\pi\eta r}} \tag{3-5}$$

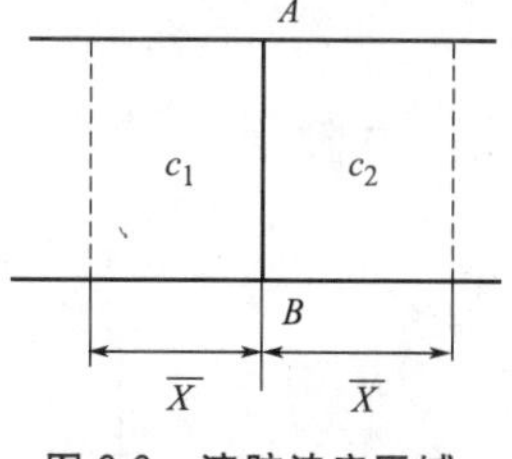

图 3-3　溶胶浓度区域

此式常称为“Einstein 布朗运动”公式。式(3-5) 简单推导过程如下。

设某截面 $AB$（其截面积为 $S$，$cm^2$）将溶胶分为浓度为 $c_1$ 和 $c_2$ 两个区域（图 3-3），且 $c_1>c_2$。若某质点沿垂直于 $AB$ 的方向，在时间 $t$ 内的平均位移为 $\overline{X}$，由于质点向右或向左扩散的概率相等，故向右扩散的质点数量为 $\frac{1}{2}\overline{X}c_1S$，向左的质点数量为 $\frac{1}{2}\overline{X}c_2S$，从而在时间 $t$ 内，由左至右通过 $AB$ 单位面积上的净质点数量为：

$$m=\frac{(c_1-c_2)\overline{X}}{2}=\frac{(c_1-c_2)\overline{X}^2}{2\overline{X}}$$

若 $\overline{X}$ 很小，则

$$\frac{(c_1-c_2)}{\overline{X}}=-\frac{dc}{dx}$$

所以

$$m=-\frac{1}{2}\cdot\frac{dc}{dx}\overline{X}^2$$

由式(3-1) 得：

$$m=-D\frac{dc}{dx}\cdot t$$

结合上两式得：

$$\overline{X}=\sqrt{2Dt} \tag{3-6}$$

式(3-6) 常称为 Einstein 第二扩散公式。显然，将式(3-4) 代入式(3-6) 即得“Einstein 布朗运动”公式(3-5)：

$$\overline{X}=\sqrt{\frac{RT}{N_A}\cdot\frac{t}{3\pi\eta r}}$$

式(3-5) 表明，当其他条件不变时，微粒的平均位移的平方 $\overline{X}^2$ 与时间 $t$ 及温度 $T$ 成正比，与 $\eta$ 及 $r$ 成反比。由于式中诸变量均可由实验确定，故利用此式可以求出微粒半径 $r$，当然也可求得 Avogadro 常数 $N_A$。用这个公式求出的 $N_A$ 值与用其他方法求得的 $N_A$ 值相当一致，这不仅表明此公式本身是正确的，同时又反过来证明全部分子运动学说的正确性。这也是研究布朗运动的理论意义。

例如，Perrin 在 290K、以粒子半径为 0.212μm 的藤黄水溶胶（水的黏度为 1.1mPa·s）进行实验，经 30s 后，测得粒子在 $x$ 轴方向上的平均位移 $\overline{X}$ 为 7.09cm/s，根据这些数据算得 $N_A=6.5\times10^{23}mol^{-1}$。

Svedberg 用超显微镜把半径为 27nm 和 52nm 的两种金溶胶粒摄影在感光片上，测定 $\overline{X}$ 值和曝光相隔时间 $t$，得到如表 3-1 所示的结果。由此可见，计算结果和实验结果相当一致。无论是 Perrin 的工作，还是 Svedberg 的工作，都证明了 Einstein 布朗运动公式的正确性。

**表 3-1　Einstein 布朗运动公式的验证**

| 相隔时间 $t$/s | 位移 $\overline{X}/\mu m$ | | | |
|---|---|---|---|---|
| | 粒子半径 $r$=27nm | | 粒子半径 $r$=52nm | |
| | 观察值 | 计算值 | 观察值 | 计算值 |
| 1.48 | 3.1 | 3.2 | 1.4 | 1.7 |
| 4.44 | 5.3 | 5.4 | 2.9 | 2.9 |
| 8.80 | 7.8 | 7.6 | 4.5 | 4.2 |

总之，在运动性质方面，胶体系统和分子分散系统并无本质区别，其中的质点运动都服从同样的普遍规律——分子运动理论。

## 三、沉降

分散于气体或液体介质中的微粒，都受到两种方向相反的作用力：重力和扩散力。

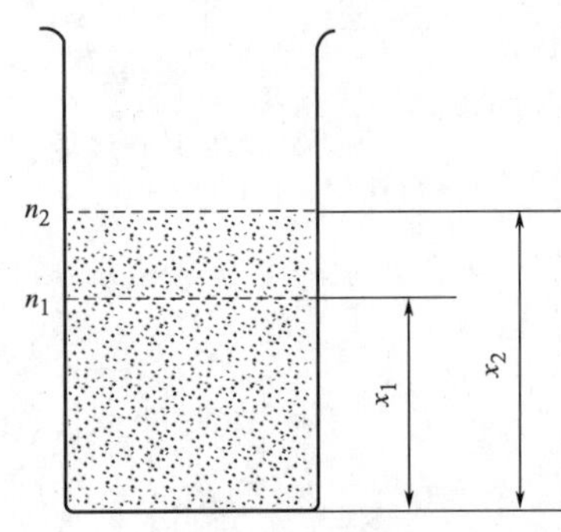


图 3-4　沉降平衡

重力，如微粒的密度比介质的大，微粒就会因重力而下沉，这种现象称为沉降。扩散力（由布朗运动引起）与沉降作用相反，扩散力能促进系统中粒子浓度趋于均匀。当这两种作用力相等时，就达到平衡状态，谓之“沉降平衡”。平衡时，各水平面内粒子浓度保持不变，但从容器底部向上会形成浓度梯度（见图 3-4）。

胶粒质点沉降分布情况与地面上大气分布的情况一样，离地面越远，大气越稀薄，大气压越低。大气压随高度的分布为

$$p_h = p_0 \cdot e^{-Mgh/RT} \tag{3-7}$$

式中，$p_0$ 为地面大气压力；$p_h$ 为 $h$ 高度处的大气压力；$M$ 为大气的平均相对分子质量；$g$ 为重力常数；$R$ 为气体常数；$T$ 为热力学温度。

［例］ 试计算离地面 137km 高处的大气压力为多少？（设温度为－70℃，空气的平均相对分子质量为 29）

［解］ 式(3-7) 可改写为：

$$\ln \frac{p_h}{p_0} = -\frac{Mgh}{RT}$$

按 SI 制，$M=0.029\text{kg}\cdot\text{mol}^{-1}$，$g=9.8\text{m}\cdot\text{s}^{-2}$，$h=137\times10^3\text{m}$，$p_0=1.01\times10^5\text{Pa}$。将这些数据代入上式得：

$$\ln \frac{p_h}{1.01\times10^5} = -\frac{0.029\times9.8\times137\times10^3}{8.314\times203}$$

所以

$$p_h = 9.67\times10^{-6}\text{Pa}$$

因为胶体粒子的布朗运动与气体分子的热运动实质上相同，因此胶粒随高度变化的分布规律也可用式(3-7) 的形式加以描述。但为使这个公式适用于胶体系统，需要进行以下几点修正：①式(3-7) 中的压力比 $p_h/p_0$ 即为气体分子的浓度比，对胶体来说即为不同高度处的胶粒浓度比 $n_2/n_1$；②$M$ 在此为胶粒的“摩尔质量”，在数值上等于 $N_A \cdot \frac{4}{3} \cdot \pi r^3(\rho-\rho_0)$。式中，$N_A$ 为 Avogadro 常数；$r$ 为胶粒半径；$\rho$ 为胶粒密度；$\rho_0$ 为介质的密度；③$h$ 表示胶粒浓度为 $n_1$ 和 $n_2$ 两层间的距离，即 $h$ 等于 $x_2-x_1$（图 3-4）。因此胶粒的浓度随高度的变化为：

$$n_2 = n_1 e^{-\left[\frac{N_A}{RT}\times\frac{4}{3}\pi r^3(\rho-\rho_0)\right](x_2-x_1)g} \tag{3-8}$$

由式(3-8) 可见，胶粒浓度因高度而改变的情况与粒子的半径 $r$ 和密度差（$\rho-\rho_0$）有

关，粒子半径越大，浓度随高度变化越明显。表 3-2 为几种分散系统中粒子浓度随高度变化的情形。

**表 3-2　粒子浓度随高度的变化**

| 系　统 | 粒子直径/nm | 粒子浓度降低一半时的高度 |
|---|---|---|
| 氧气 | 0.27 | 5km |
| 高度分散的金溶胶 | 1.86 | 215cm |
| 粗分散金溶胶 | 186 | $2\times10^{-5}$cm |
| 藤黄悬浮体 | 230 | $2\times10^{-3}$cm |

表 3-2 数据表明，粒度为 186nm 的粗分散金溶胶在沉降平衡时，只要高度上升 $2\times10^{-5}$ cm，粒子浓度就减少一半，这说明实际上已完全沉降，也说明这种系统的布朗运动极为微弱，动力学不稳定性——沉降是其主要特征。随着粒子的大小减小到胶体范围，扩散能力显著增加，达到沉降平衡时，浓度分布要均匀得多。例如，粒子直径为 1.86nm 的金溶胶，实际已看不出明显的沉降。下面分别介绍在重力和离心力作用下的沉降情况。

## （一）沉降速度

研究质点的沉降速度（sedimentation velocity），不仅能使我们更全面地认识到分散系统的动力稳定性，而且还可以得到关于粒子大小和其他重要物理量的数据。

由表 3-3 数据可见，当粒子相当大时，放置一段时间以后，似乎都会沉降到容器底部。但实际上，一些粗分散的溶胶，甚至悬浮液，仍能在较长时间内保持稳定而不沉降。这是因为达到沉降平衡需要一定的时间。粒子越小，所需时间越长。有许多因素（如介质的黏度、外界的振动、温度波动所引起的对流等）都会妨碍沉降平衡的建立。也正因为如此，许多溶胶往往需要几天甚至几年才能达到沉降平衡。这个事实不仅说明了溶胶在相当长的时间内能保持稳定而不沉降的原因，而且也从根本上说明了为什么溶胶是不平衡系统。

**表 3-3　球形金属微粒在水中的沉降速度**

（按$\rho=10\text{g}\cdot\text{cm}^{-3}$，$\rho_0=1\text{g}\cdot\text{cm}^{-3}$，$\eta=1.5\text{mPa}\cdot\text{s}$时的计算值）

| 粒子半径 | $v/\text{cm}\cdot\text{s}^{-1}$ | 沉降 1cm 所需时间 | 粒子半径 | $v/\text{cm}\cdot\text{s}^{-1}$ | 沉降 1cm 所需时间 |
|---|---|---|---|---|---|
| $10^{-3}$cm | $1.7\times10^{-1}$ | 5.9s | 10nm | $1.7\times10^{-7}$ | 68d |
| $10^{-4}$cm | $1.7\times10^{-3}$ | 9.8min | 1nm | $1.7\times10^{-9}$ | 19a |
| 100nm | $1.7\times10^{-5}$ | 16h | | | |

在重力作用下，介质中粒子所受的重力为：

$$F_1=V_0(\rho-\rho_0)g \tag{3-9}$$

式中，$V_0$ 为粒子体积。对于半径为 $r$ 的球形质点：

$$F_1=\frac{4}{3}\pi r^3(\rho-\rho_0)g \tag{3-10}$$

Stokes 导出，粒子沉降时所受的阻力为：

$$F_2=6\pi\eta rv \tag{3-11}$$

式中，$v$ 为粒子的沉降速度。当 $F_1=F_2$ 时，粒子以匀速下降，且

$$r=\sqrt{\frac{9\eta v}{2(\rho-\rho_0)g}} \tag{3-12}$$

或

$$v=\frac{2r^2(\rho-\rho_0)g}{9\eta} \tag{3-13}$$

这就是球形质点在液体中的沉降公式，也称 Stokes 公式。

由式(3-13) 可见，在其他条件相同时，$v$ 和 $r^2$ 成正比，即半径增大时，沉降速度显著增加。粒子越小，沉降速度将很快降低（表 3-3）。

［例］ 设微粒半径为$10^{-3}$cm，粒子密度$\rho$为$10g \cdot cm^{-3}$，介质水的密度为$1g \cdot cm^{-3}$，水的黏度为1.15mPa·s，试计算沉降速度$v$。

［解］ 将有关数据代入式(3-13)得：

$$v=\frac{2\times(10^{-3})^2\times(10-1)\times980}{9\times1.15\times10^{-3}\times10}=0.17\ (cm \cdot s^{-1})$$

自式(3-13)还可以看出，沉降速度$v$与介质的黏度成反比。因此增加介质的黏度，可以提高粗分散粒子在介质中的稳定性。生产中常常利用这一道理，加入增稠剂，以使粗分散系统稳定。

另外，沉降公式中各种物理量都是可以测定的，因此，若测出沉降速度$v$等的数据，便可求得粒子半径$r$。反之，若已知粒子的大小，则可以从测定一定时间内沉降的距离来计算$\eta$，落球式黏度计就是根据这个原理设计的。

### （二）沉降分析——称重法

粒子的沉降速度与粒子大小等因素有关。对于较粗粒子的分散系统，其沉降速度可进行实际的测定，并可据此求出粒子大小。但对一个具体的悬浮液来说，往往是多级的分散系统，即其中的粒子有大有小，我们无法测出单个粒子的沉降速度，但可以求出其中某一定大小粒子所占的质量分数（即通常所说的粒度分布），此种工作，通常称为沉降分析。

沉降分析通常是在沉降天平中进行的。常用的沉降天平是一种扭力天平（torsion balance，图3-5）。试验时测定不同的时间$t$时粒子在小盘上的净沉降量$p$，并据此作出$p$-$t$曲线，亦即所谓的沉降曲线（图3-6）。在沉降曲线上选定不同时间$t$，并于其上作切线，令其交于纵轴，求截距，再据小盘至液面的高度$h$，并结合沉降公式(3-12)便可求出不同时间下系统中半径大小和相应于某一$r$值的粒子所占的质量分数$Q$，作$Q$-$r$曲线［亦称积分分布曲线，图3-7(a)］。由$Q$-$r$曲线可以进一步作出$dQ/dr$-$r$曲线［亦称微分分布曲线，图3-7(b)］，这就是通称的粒子大小分布曲线。

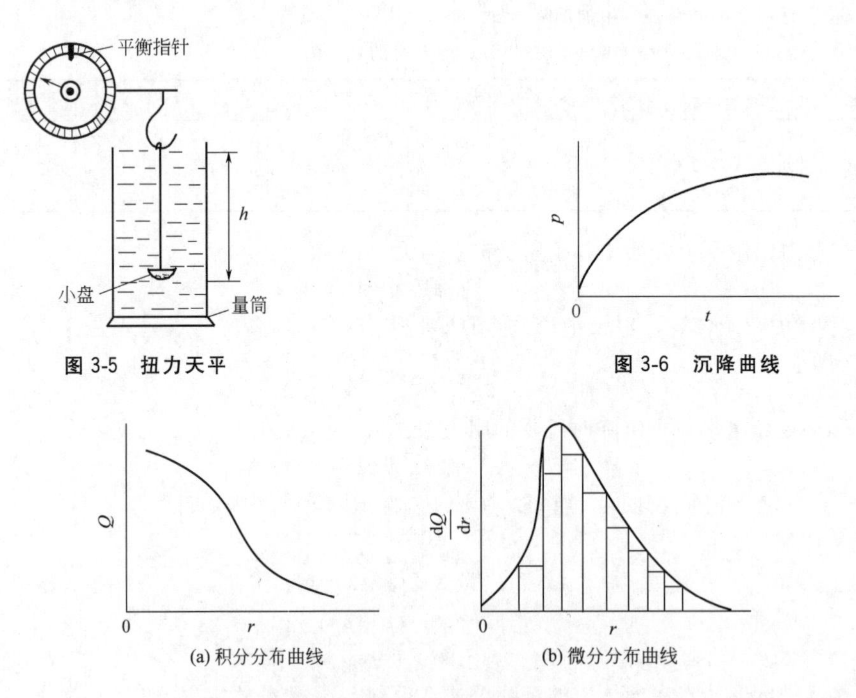


图3-5 扭力天平

图3-6 沉降曲线

图3-7 粒子大小分布曲线

沉降分析在许多部门，特别是土壤学研究、颜料、硅酸盐等工业中有着广泛的应用。

## （三）离心力场中的沉降

由表 3-3 数据可见，对典型胶体溶液来说（其粒子大小在 1～100nm），在重力场下其沉降速度太小，完全可以忽略不计。这意味着溶胶具有动力学稳定性，同时也说明沉降公式(3-12) 和式(3-13) 或上述沉降分析实际上不能应用于溶胶。溶胶中的胶粒，只能在超离心力场中才能以显著的速度沉降出来。

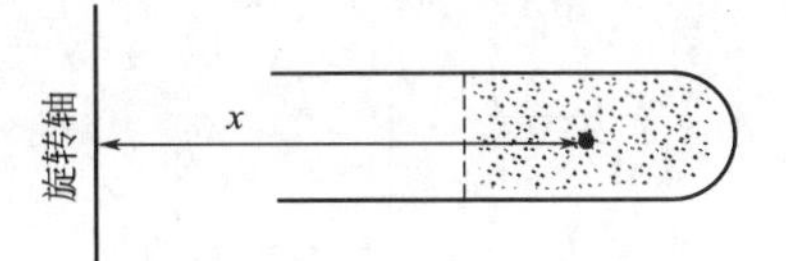

图 3-8　旋转轴与粒子的距离

在分析化学中，普通离心机的转速约为 3000r · $\text{min}^{-1}$（或 50r · $\text{s}^{-1}$）。若 $\omega$ 为离心机的角速度，$x$ 为旋转轴至粒子的距离（设为 20cm，图 3-8），则离心加速度为 $\omega^2 x=(50\times 2\pi)^2\times 20=1.974\times 10^6$（cm · $\text{s}^{-2}$），这说明，此离心机的效率比地心引力大 $1.974\times 10^6/980=2000$ 倍。

1924 年，瑞典科学家 Svedberg 发明了超离心机，使转速大大提高。新型超离心机的转速可达 10 万～16 万转每分钟，其离心力约为重力的 100 万倍。在这样大的离心力场中，胶粒或高分子物质（如蛋白质分子）都可以较快地沉降。

在离心力场中，沉降公式仍可应用，只是用离心加速度 $\omega^2 x$ 代替重力加速度 $g$。同时，粒子在沉降过程中，$x$ 会改变，$v$ 也是个变值，故须将 $v$ 改成 $\mathrm{d}x/\mathrm{d}t$。当离心力和阻力相等时，则：

$$\frac{4}{3}\pi r^3(\rho-\rho_0)\omega^2 x=6\pi\eta r\frac{\mathrm{d}x}{\mathrm{d}t} \tag{3-14}$$

将式(3-14) 作定积分：

$$6\pi\eta r\int_{x_1}^{x_2}\frac{\mathrm{d}x}{x}=\frac{4}{3}\pi r^3(\rho-\rho_0)\omega^2\int_{t_1}^{t_2}\mathrm{d}t$$

于是

$$\ln\frac{x_2}{x_1}=\frac{2r^2(\rho-\rho_0)\omega^2(t_2-t_1)}{9\eta}$$

或

$$r=\sqrt{\frac{9}{2}\eta\times\frac{\ln(x_2/x_1)}{(\rho-\rho_0)\omega^2(t_2-t_1)}} \tag{3-15}$$

式中，$x_1$ 和 $x_2$ 分别为离心时间 $t_1$ 和 $t_2$ 时界面和旋转轴之间的距离。显然，测出此种数据并取得其他有关数据，按式(3-15) 便可求得粒子的半径 $r$。

必须指出，在超离心机作沉降试验时，系统中含有大量粒子，而且在许多情况下，粒子也不一定是球形的，因此，人们常以 1mol 粒子为基准，并求出粒子或大分子的摩尔质量 $M$。为此可将式(3-14) 的左端改写为：

$$N_A\frac{4}{3}\pi r^3(\rho-\rho_0)\omega^2 x=V(\rho-\rho_0)\omega^2 x$$
$$=\frac{M}{\rho}(\rho-\rho_0)\omega^2 x=M(1-\overline{V}\rho_0)\omega^2 x$$

式中，$V$ 为粒子比体积。因此，式(3-14) 也可写作：

$$M(1-\overline{V}\rho_0)\omega^2 x=6\pi\eta r N_A\frac{\mathrm{d}x}{\mathrm{d}t} \tag{3-16}$$

将式(3-4) 代入式(3-16)，得：

$$\frac{RT}{D}\cdot\frac{\mathrm{d}x}{\mathrm{d}t}=M(1-\overline{V}\rho_0)\omega^2 x \tag{3-17}$$

将式(3-17) 稍加整理后积分得：

$$M=\frac{RT\ln(x_2/x_1)}{D(1-\overline{V}\rho_0)(t_2-t_1)\omega^2} \tag{3-18}$$

式中所有符号的意义均同前。

用式(3-15）或式(3-18）求出的粒子半径或粒子的摩尔质量，都是基于“沉降速度法”求出的。在离心加速度较低时（例如约为重力加速度的 $10^4 \sim 10^5$ 倍），可采用所谓“沉降平衡法”来测定粒子的摩尔质量。在这种情况下，由于粒子向管底沉降时产生浓度差，故反方向的扩散作用（或者说渗透压力）足以与沉降力抗衡，这样在一定时间后即达沉降平衡。

溶胶也有渗透压力（尽管很小）：

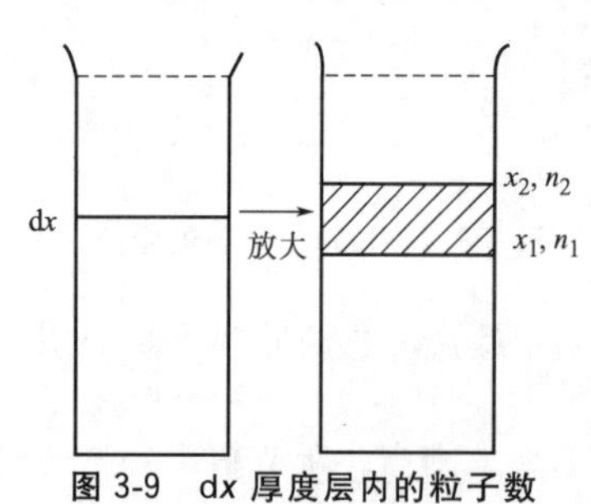


图 3-9　d*x* 厚度层内的粒子数

$$dp = RTdc = RT\frac{dn}{N_A} \tag{3-19}$$

式中，$c$ 为摩尔浓度；$n$ 为粒子数；$N_A$ 为 Avogadro 常数；$R$ 为气体常数。若在沉降池中考虑 $1cm^2$ 之截面，则在 $dx$ 厚度的一层内的粒子数为 $ndx$（见图 3-9），故离心力为：

$$\begin{aligned} &\frac{4}{3}\pi r^3(\rho-\rho_0)\omega^2 x(ndx) \\ &= \frac{4}{3}\pi r^3(\rho-\rho_0)\omega^2 x(cN_A dx) \\ &= M(1-\overline{V}\rho_0)\omega^2 xc\,dx \end{aligned} \tag{3-20}$$

平衡时，渗透压力与超离心力相等，即

$$RTdc = M(1-\overline{V}\rho_0)\omega^2 xc\,dx \tag{3-21}$$

积分

$$\int_{c_1}^{c_2}\frac{dc}{c} = \frac{M(1-\overline{V}\rho_0)\omega^2}{RT}\int_{x_1}^{x_2} x\,dx$$

得：

$$\ln\frac{c_2}{c_1} = \frac{M(1-\overline{V}\rho_0)\omega^2}{2RT}(x_2^2 - x_1^2) \tag{3-22}$$

或

$$M = \frac{2RT\ln(c_2/c_1)}{(1-\overline{V}\rho_0)\omega^2(x_2^2 - x_1^2)} \tag{3-23}$$

显然，测出平衡时距旋转轴不同距离处 $x_1$ 和 $x_2$ 的浓度 $c_1$ 和 $c_2$，代入式(3-23)，便可计算出质点的摩尔质量 $M$。测 $M$ 时，沉降平衡法比沉降速度法的优点是不必测定扩散系数 $D$，但此法主要缺点是达到平衡所需时间较长。

## 四、渗透压与 Donnan 平衡

### （一）渗透压

将溶液和溶剂（或两不同浓度的溶液）用只容许溶剂分子透过的半透膜（如火棉胶膜、赛珞玢膜）分开，为使膜两侧的化学势趋于相等（或使两侧不同浓度溶液的浓度趋于相等），溶剂将透过半透膜扩散。为阻止这种溶剂扩散的反向压力称为渗透压。在图 3-10 所示的装置中，当半透膜两侧的溶剂与溶液达到平衡时，渗透压表现为溶液一侧有比溶剂一侧大的压强，高出的压强即为渗透压。渗透压通常以 $\pi$ 表示，单位为 Pa。设渗透平衡时纯溶剂上的压力为 $p_1$，溶液上的压力为 $p_2$，显然，$\pi = p_2 - p_1$。若 $p_2 - p_1 < \pi$，溶剂将继续渗透；$p_2 - p_1 > \pi$，溶液中的溶剂将反向渗透，称为反渗透。

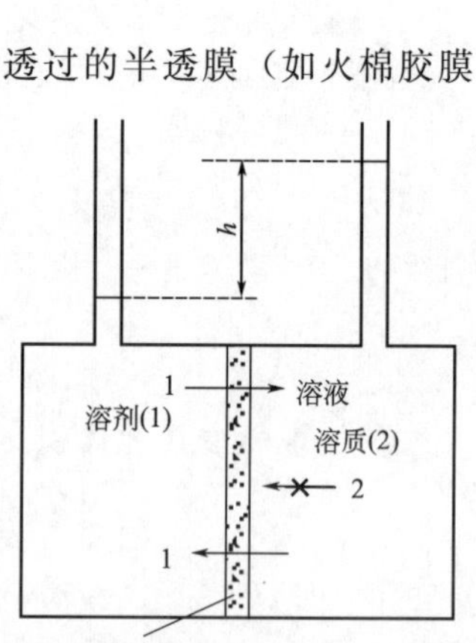

图 3-10　渗透压现象示意图

在恒定温度 $T$ 和达到渗透平衡时半透膜两侧溶剂的化学势相等，故

$$\mu_1^{\ominus}(p_1) = \mu_1(p_1+\pi, x_1) \tag{3-24}$$

式中，$x_1$ 为溶液中溶剂的摩尔分数。对于理想溶液，有

$$\mu_1(p_1+\pi, x_1) = \mu_1^{\ominus}(p_1+\pi) + RT\ln x_1 \tag{3-25}$$

而

$$\mu_1(p_1+\pi, x_1)=\mu_1^{\ominus}(p_1)+\int_{p_1}^{p_1+\pi}\overline{V}\mathrm{d}p \tag{3-26}$$

式中，$V$ 为溶剂的偏摩尔体积。结合式(3-24)、式(3-25) 和式(3-26)，得

$$-RT\ln x_1=\pi\overline{V} \tag{3-27}$$

由于 $x_1=1-x_2$（$x_2$ 为溶液中溶质的摩尔分数），且对于稀溶液有

$$\ln x_1=\ln(1-x_2)\approx -x_2=-n_2/(n_1+n_2)\approx -n_2/n_1 \tag{3-28}$$

$n_2$ 和 $n_1$ 分别为溶液中溶质和溶剂的物质的量。故由式(3-27) 可得

$$\pi=\frac{RTx_2}{\overline{V}}=\frac{RTn_2}{n_1\overline{V}}\approx RT\frac{n_2}{V}=\frac{RTc}{M} \tag{3-29}$$

式中，$V$ 为溶液体积；$c$ 为溶液的质量浓度（$\mathrm{kg\cdot L^{-1}}$）；$M$ 为溶质相对分子质量。

渗透压是稀溶液依数性质中最为灵敏的一种，可用于测定相对分子质量。渗透压 $\pi$ 与大分子相对分子质量的关系式为：

$$\pi=cRT\left(\frac{1}{M}+A_2c+A_3c^2+\cdots\right) \tag{3-30}$$

或

$$\frac{\pi}{c}=RT\left(\frac{1}{M}+A_2c+A_3c^2+\cdots\right) \tag{3-31}$$

式(3-30) 和式(3-31) 称为维利方程，式中 $A_2$、$A_3$、…称为维利系数。对于大分子的稀溶液，$c^2$ 项以后各项可忽略不计，故可用以下关系式计算相对分子质量。

$$\frac{\pi}{c}=RT\left(\frac{1}{M}+A_2c\right) \tag{3-32}$$

**（二）Donnan 平衡**

若在图 3-10 中溶液一侧含有可透过半透膜的小离子，也有不能透过半透膜的大离子（大分子电解质或称聚电解质），在达到渗透平衡时，膜两侧的小离子浓度因大离子的存在而不相等。这种现象称为 Donnan 平衡。若含大离子一侧称膜内侧，不含大离子一侧称膜外侧，开始时膜内侧大离子浓度为 $m_{大}$，膜外侧小离子浓度为 $m_{小}$，对于稀溶液，在达到渗透平衡时，膜两侧小离子浓度有下述关系：

$$\frac{[小离子]_{膜外侧}}{[小离子]_{膜内侧}}=1+\frac{Zm_{大}}{m_{小}} \tag{3-33}$$

式中，$Z$ 为大离子的净电荷数。

由式(3-33) 可知：

① 当 $Z=0$，即大分子不带电时，膜两侧的小离子浓度相等。

② $Z$ 越大，膜两侧的小离子浓差越大。

③ 当 $m_{大}\ll m_{小}$ 时，膜两侧的小离子浓度近似相等。

④ 当 $m_{大}\gg m_{小}$ 时，$[小离子]_{膜外侧}\gg[小离子]_{膜内侧}$。

由于大离子存在使得膜两侧小离子浓度不等而产生的附加渗透压，在应用式(3-32) 计算大离子相对分子质量时需校正如下：

$$\frac{\pi}{c_{大}}=RT\left(\frac{1}{M}+\frac{1000Z^2c_{大}}{4M^2y}\right) \tag{3-34}$$

式中，$c_{大}$ 为大离子质量浓度，$\mathrm{kg\cdot L^{-1}}$；$c_{大}=m_{大}M/1000$；$M$ 为大离子分子量；$m$ 为摩尔浓度，$\mathrm{mol\cdot L^{-1}}$；$y$ 为膜内侧正或负的小离子浓度。

Donnan 平衡在土壤、植物生长（施肥）和医药等方面都有重要的应用。

# 第二节　溶胶的光学性质

溶胶的光学性质（optical properties）是其高度分散性和不均匀性的反映。通过光学性

质的研究，不仅可以帮助我们理解溶胶的一些光学现象，而且还能使我们直接观察到胶粒的运动，对确定胶体的大小和形状具有重要意义。

当光线射入分散系统时，只有一部分光线能自由通过，另一部分被吸收、散射或反射。对光的吸收主要取决于系统的化学组成，而散射和反射的强弱则与质点大小有关。低分子真溶液的散射极弱；当质点大小在胶体范围内时，则发生明显的散射现象（即通常所说的光散射，light scattering）；当质点直径远大于入射光波长（如悬浮液中的粒子）时，则主要发生反射，系统呈现浑浊。

## 一、丁道尔效应

许多溶胶外观常是有色透明的。以一束强烈的光线射入溶胶后，在入射光的垂直方向可以看到一道明亮的光带（见图 3-11），这个现象首先被 Tyndall 发现，故称为丁道尔效应（Tyndall effect）或丁道尔现象。用纯水或真溶液做试验，用肉眼观察不到此种现象。悬浮液中的粒子大于入射光波长，故主要是反射光，系统呈浑浊状。丁道尔现象在日常生活中能经常见到。例如，夜晚的探照灯或由放映机所射出的光线在通过空气中的灰尘微粒时，就会产生丁道尔现象。丁道尔现象是溶胶的特征。

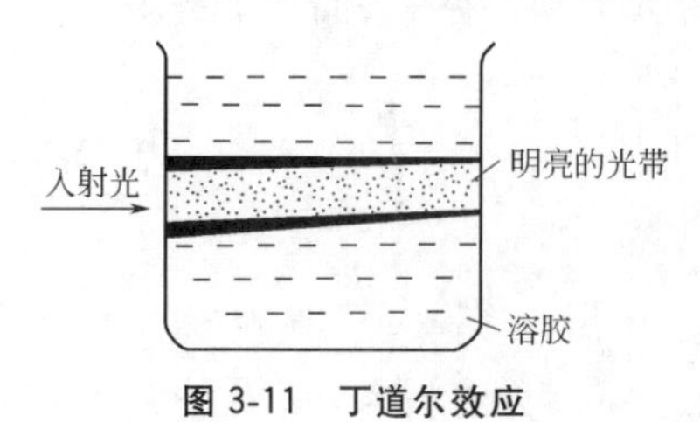

图 3-11　丁道尔效应

溶胶为什么会有丁道尔效应？简言之，是胶粒对光的散射的结果。所谓散射，就是在光的前进方向之外也能观察到光的现象。

光本质上是电磁波。当光波作用到介质中小于光波波长的粒子上时，粒子中的电子被迫振动（其振动频率与入射光波的频率相同），成为二次波源，向各个方向发射电磁波，这就是散射光波，也就是我们所观察到的散射光（亦称乳光）。在正对着入射光的方向上我们看不到散射光，这是因为背景太亮，就像我们白天看不到星光一样，因此，丁道尔效应可以认为是胶粒对光的散射作用的宏观表现。

## 二、Rayleigh 散射定律

Rayleigh 曾详细研究过丁道尔现象，并发现非导电性球形粒子（如硫溶胶）的散射光强度 $I$ 与入射光强度 $I_0$ 之间有如下关系：

$$I=\frac{24\pi^3 cV^2}{\lambda^4}\cdot\left(\frac{n_2^2-n_1^2}{n_2^2+2n_1^2}\right)^2\cdot I_0 \tag{3-35}$$

式中，$c$ 为单位体积中的质点数；$V$ 为单个粒子的体积（其线性大小应远小于入射光波长）；$\lambda$ 为入射光波长；$n_1$ 和 $n_2$ 分别为分散介质和分散相的折射率。

式(3-35) 称为 Rayleigh 散射定律。由此定律可知：

① 散射光强度与入射光波长的 4 次方成反比，即波长越短的光越易被散射（散射的越多）。因此，当用白光照射溶胶时，由于蓝光（$\lambda$ 约 450nm）波长较短，较易被散射，故在侧面观察时，溶胶呈浅蓝色。波长较长的红光（$\lambda$ 约 650nm）被散射的较少，从溶胶中透过的较多，故透过光呈浅红色。人们曾用这个事实来解释天空呈蓝色，以及日出日落时太阳呈红色的原因。

② 散射光强度与单位体积中的质点数 $c$ 成正比，通常所用的“浊度计”就是根据这个原理设计而成的。当测定两个分散度相同而浓度不同的溶胶的散射光强度时，若知一种溶胶的浓度，便可计算出另一种溶胶的浓度。

目前测定污水中悬浮杂质的含量时，主要使用浊度计。

③ 散射光强度与粒子体积的平方成正比。在粗分散系统中，由于粒子的线性大小大于可见光波长，故无乳光，只有反射光。在低分子溶液中，由于分子体积甚小，故散射光极弱，不易被肉眼所观察，因此利用丁道尔现象可以鉴别溶胶和真溶液。

④ 粒子的折射率与周围介质的折射率相差越大，粒子的散射光越强。若 $n_1=n_2$，则应无散射现象，但实验证明，即使纯液体或纯气体，也有极微弱的散射。Einstein 等认为，这是由于分子热运动所引起的密度涨落造成的。局部区域的密度涨落，也会引起折射率发生变化，从而造成系统的光学不均匀性。因此，光散射是一种普遍现象，只是胶体系统的光散射特别强烈而已。

应当注意，式(3-35) 中的散射光强度是粒子所散射的光的总能量。实际上散射光在各个方向上的强度是不同的。细小粒子各方向的散射光强度 $I_\theta$ 可以用式(3-36) 表示：

$$I_\theta=\frac{9\pi^2cv^2}{2\lambda^4R^2}\cdot I_0\times\left(\frac{n_2^2-n_1^2}{n_2^2+2n_1^2}\right)^2\cdot(1+\cos^2\theta) \tag{3-36}$$

式中，$I_\theta$ 为 $\theta$ 方向的散射光强度；$\theta$ 为观察者与入射光方向的夹角；$R$ 为观察者距样品的距离；其他符号的意义均同式(3-35)。据式(3-36) 可以画出不同角度 $\theta$（亦即不同方向）的散射光强度（图 3-12）。图 3-12 中向量的长度表示散射光强度的相对大小。由图 3-12 可见，散射光强度在与入射方向 $MN$ 垂直的方向上（$\theta=90°$）最小，随着与 $MN$ 线相接近而逐渐增加，且这种增加是完全对称的，亦即在 $\theta$ 或（$180°-\theta$）的方向上散射光强度相同。显然在 $\theta=0°$或 $\theta=180°$时散射光强度最大。

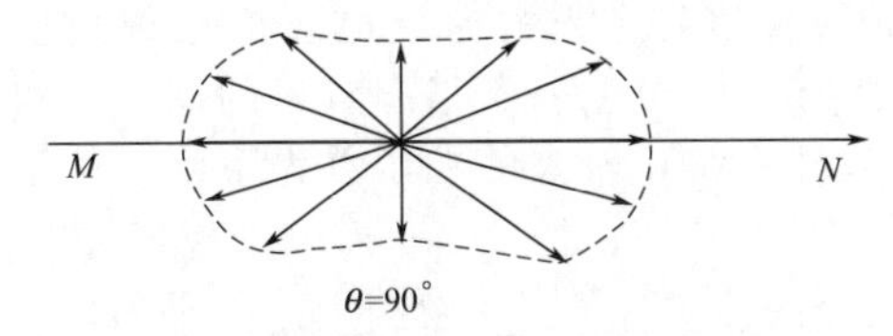

图 3-12　散射光的角分布（对小粒子系统）

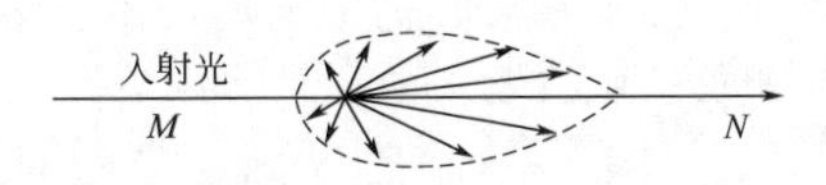

图 3-13　散射光的角分布（对大粒子系统）

若质点较大，例如线性大小$>\lambda/10$，超过 Rayleigh 定律的限制，则散射光强度的角分布将发生改变，其对称性受到破坏，在这种情况下，在与入射光射出的方向呈锐角时，散射光强度最大（图 3-13）。根据这个现象，人们可以估计溶胶的分散度和粒子形状。

## 三、溶胶的颜色

很多溶胶是无色透明的。但许多溶胶常有各种颜色，例如 $Fe(OH)_3$ 溶胶是红色的，CdS 溶胶是黄色的，金溶胶因粒子大小不同可以是红色的、紫色的或蓝色的。溶胶产生各种颜色的主要原因是溶胶中的质点对可见光产生选择性吸收。金属溶胶的散射光强度和波长与粒子大小的关系相当复杂，不符合 Rayleigh 散射定律。

这里首先介绍溶胶对光的选择吸收的问题。若溶胶对可见光（波长为 400～700nm）的各部分吸收很弱，且大致相同，则溶胶是无色的；若溶胶能较强地选择性吸收某一波长的光，则透过光中该波长部分变弱，这时透过光就不再是白光，而会呈现某种颜色。例如，红色的金溶胶，是由于质点对波长 500～600nm 的可见光（即绿色光）有较强的吸收，因而透过光呈现它的补色——红色。

质点对光的吸收主要取决于其化学结构。当光照射到质点上时，如果光子的能量与使分子从基态跃迁到较高能态所需的能量相同时，这些光子的一部分将被吸收，而能量较高和较低的光子不被吸收。与跃迁所需的能量相对应，每种分子都有自己的特征吸收波长。如果其特征吸收波长在可见光范围内，则此物质显色。例如，AgCl 几乎不吸收可见光，所以它是白色的；AgBr 和 AgI 只吸收蓝色光，所以它们呈黄色和深黄色。

前已述及，溶胶的颜色除与粒子对光的选择吸收有关外，还与胶粒的散射有关。分析化学中曾介绍过 Beer 光吸收定律，用来讨论在纯液体和真溶液中光吸收的基本规律。例如在溶液中，Beer 定律可表示为：

$$I=I_0\mathrm{e}^{-Ecd} \tag{3-37}$$

式中，$I$ 和 $I_0$ 分别为透过光和入射光的强度；$c$ 为溶液浓度；$E$ 为吸收系数，与所选用的浓度单位有关，它表示物质对光的吸收能力，反映物质的本性；$d$ 为吸收层厚度。

溶胶是非均相系统，粒子除有光的吸收外，还有散射作用。因此，Beer 定律须改写为：

$$I=I_0 e^{-cd(E+A)} \tag{3-38}$$

式中，$E$ 为吸收系数，若胶粒无色（不吸收这种光线），则 $E=0$；$A$ 为散射系数，它是粒子半径的函数，即 $A=f(r)$；$(E+A)$ 是消光系数；式中其他符号的意义与式(3-37) 中的相同。

在金属溶胶中，散射光强与粒子大小和波长有关。由于金属胶粒对光有强的选择吸收作用，所以有鲜艳的颜色。Rayleigh 定律在此不适用。实验证明，金溶胶的散射光强度，在一定波长下，与粒子大小之间的关系均有一极大值。散射光强度极大值随粒子变大向长光波方向移动，即主要散射长光波；散射光强度极大值随粒子变小移向短波长方向，即主要散射短光波（图 3-13），金溶胶的颜色主要取决于光被粒子的吸收和散射。一般来说，粒子较小时，吸收占优势（散射很弱），长波长的光不易被吸收，所以透过光趋向于波长较长的红光部分，溶胶显红色；当粒子较大时，散射增强，且峰值向长波长方向移动，所以透过光趋向于波长较短的蓝光部分，故溶胶显蓝色。图 3-14 中与粒子半径为 20nm、50nm 和 70nm 的金溶胶相对应的消光最大值处在光谱为绿光、黄光和红光区，故溶胶分别呈现其补色，即红色、紫色和蓝色。有人曾做过一个很有意思的试验：将蓝色的金溶胶在离心机中分离，由于溶胶是多分散性系统，较大的粒子首先下沉，故溶胶的颜色由蓝变紫，最后呈深红色。

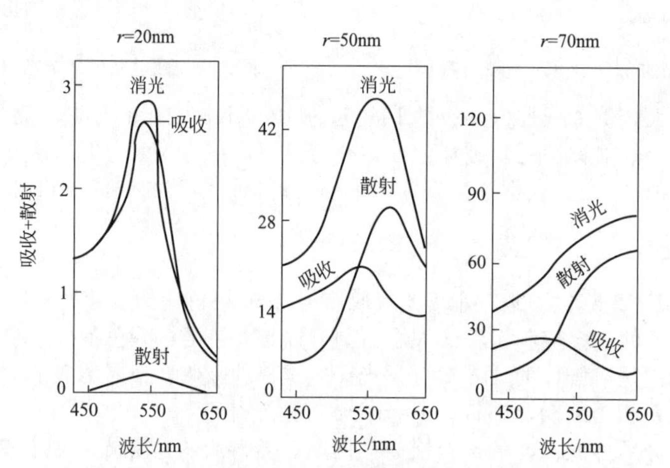


**图 3-14　三种大小不同粒子的金溶胶的消光系数与波长的关系**

银溶胶也是一个比较典型的例子。其对光的吸收和散射，也因分散度改变而变化（表 3-4）。

**表 3-4　不同大小粒子的银溶胶的颜色**

| 粒子直径/nm | 透射光 | 侧面光 | 粒子直径/nm | 透射光 | 侧面光 |
|---|---|---|---|---|---|
| 10～20 | 黄 | 蓝 | 50～60 | 蓝紫 | 黄 |
| 25～35 | 红 | 暗绿 | 70～80 | 蓝 | 棕红 |
| 35～45 | 红紫 | 绿 | | | |

透射光的颜色主要由光的吸收决定，并且要对着光线的入射方向进行观察；而散射光必须在溶胶的侧面进行观察，这两种颜色常常是互补的。

总之，溶胶的颜色是一个相当复杂的问题，它与粒子大小、分散相与分散介质的性质、光的强弱、光的散射和光的吸收等问题有关。目前还没有一个能说明溶胶颜色的包括多种因素在内的定量理论。

# 第三节　溶胶的电学性质

这里所说的电学性质主要指胶体系统的电动现象（electrokinetic phenomena）。

## 一、电动现象

早在1809年，Рейсс就发现，在一块湿黏土上插入两只玻璃管，用洗净的细砂覆盖两管的底部，加水使两管的水面高度相等，管内各插入一个电极，接上直流电源（图3-15），经过一段时间后便发现：在正极管中，黏土微粒透过细砂层逐渐上升，使水变得浑浊，而水层却慢慢下降。与此同时，在负极管中，水不浑浊，但水面渐渐升高。这个实验充分说明，黏土颗粒带负电，在外电场的作用下，向正极移动。后来发现，任何溶胶中的胶粒都有这样的现象：带负电的胶粒向正极移动，带正电的胶粒向负极移动，人们把这种现象称为电泳（electrophoresis）。在Рейсс实验中，水在外加电场的作用下，通过黏土颗粒间的毛细通道向负极移动的现象称为电渗析（electroosmosis）。试验证明，液体通过其他多孔性物质（如素瓷片、凝胶甚至棉花等）皆有电渗析现象。

电泳和电渗析都是外加直流电场作用于胶体系统所引起的电动现象。与这些现象相反，人们还发现：在无外加电场作用的情况下，若使分散相粒子（如黏土粒子）在分散介质（如水）中迅速沉降，则在沉降管的两端会产生电势差，此谓之沉降电势（sedimentation potential，图3-16）。显然，这种现象是电泳的逆过程。面粉厂、煤矿等的粉尘爆炸可能与沉降电势有关，当然还有其他的一些因素。

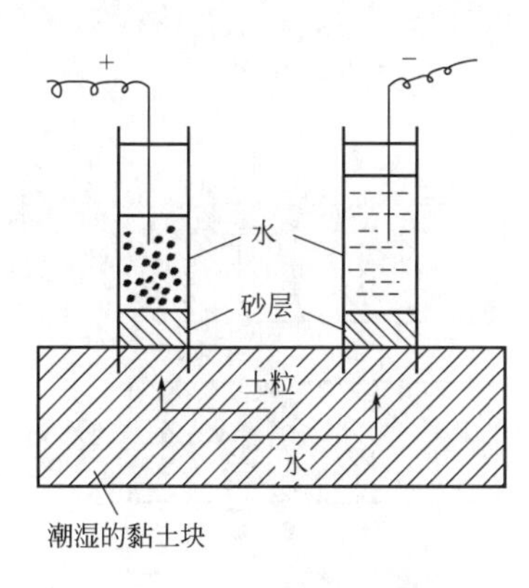


图3-15　Рейсс实验

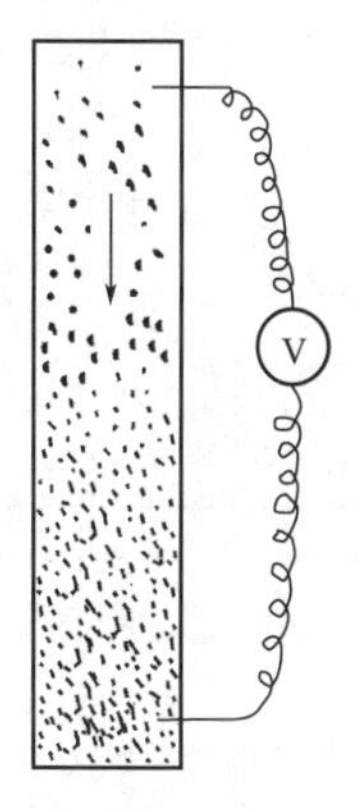


图3-16　沉降电势

与电渗析相反，若用压力（如使用压缩空气）将液体挤过毛细管网或由粉末压成的多孔塞，则在毛细管网或多孔塞的两端也会产生电势差，此谓之流动电势（streaming potential，图3-17）。显然，此现象是电渗析的逆过程。在多孔地层中，水通过泥饼小孔所产生的流动电势在油井电测工作中具有重要意义。此外，在通过硅藻土、黏土等滤床的过滤中，流动电势也可沿管线造成危险的高电势，因此，这种管线往往需要接地。

电泳、电渗、沉降电势和流动电势统称为电动现象。

### （一）电泳仪及应用

通过电泳实验可以确定胶粒的电荷符号。研究胶粒电泳的仪器称为电泳仪。常用的界面移动电泳仪示于图3-18中。有色溶胶可直接观察溶胶界面的移动，无色溶胶可在仪器的侧面用光照射，使产生Tyndall现象以判定胶粒的泳动方向。实验证明，氢氧化铁、氢氧化铝

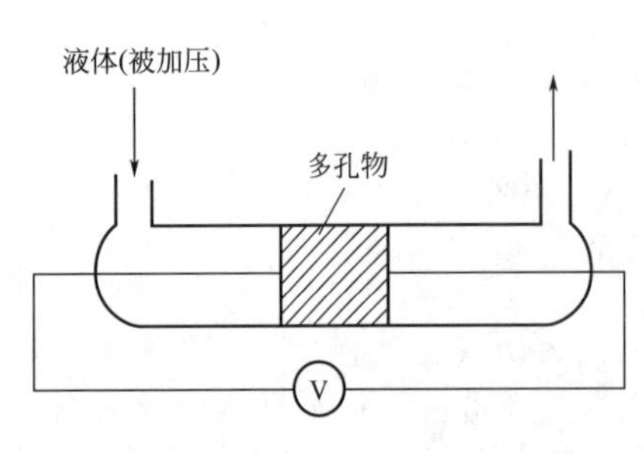

图 3-17　流动电势

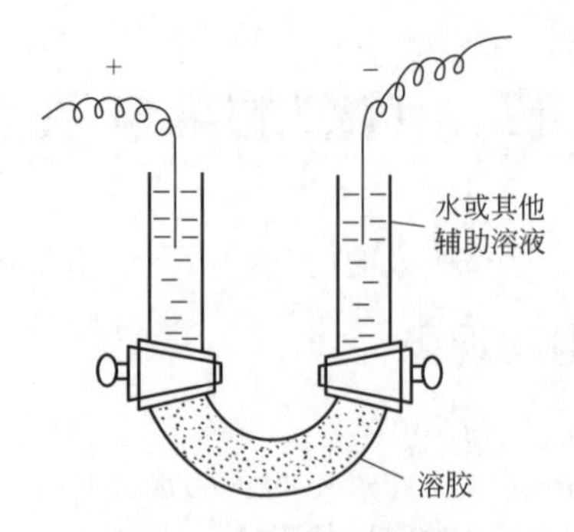

图 3-18　界面移动电泳仪

溶胶以及亚甲基蓝等碱性染料荷正电，而金、银、铂、硫、硅酸等溶胶以及淀粉颗粒、微生物等常荷负电。要注意的是，胶体颗粒所带电荷往往与溶胶制备的条件和介质的 pH 值有关，如碘化银溶胶，当 $AgNO_3$ 过量时，胶粒荷正电；当 KI 过量时，胶粒荷负电（原因见后）。而高分子电解质——蛋白质，当介质的 pH 值大于等电点时荷负电，小于等电点时荷正电。

通过电泳实验发现，胶粒的绝对泳动速度与普通离子的泳动速度非常相近。这就说明，胶粒所带的电荷量是相当多的，否则质量比离子大很多倍的胶粒不可能具有和普通离子相似的运动速度。

电泳的应用相当广泛，生物化学中常用电泳来分离各种氨基酸和蛋白质等，医学中利用血清的“纸上电泳”可以协助诊断患者是否有肝硬变。

所谓纸上电泳，是按图 3-19 所示装置，将血清样品点在湿的滤纸条上，通电后，血清中荷负电的清蛋白以及 α、β、γ 三种球蛋白，由于其相对分子质量和电荷密度不同，向正极的泳动速度不同，故可将它们彼此分离。各蛋白在滤纸上分离后，再经显色等处理，便可获得如图 3-20 所示的电泳图谱。

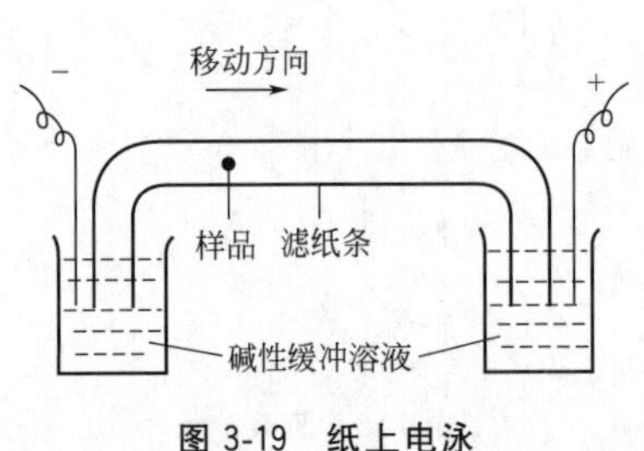

图 3-19　纸上电泳

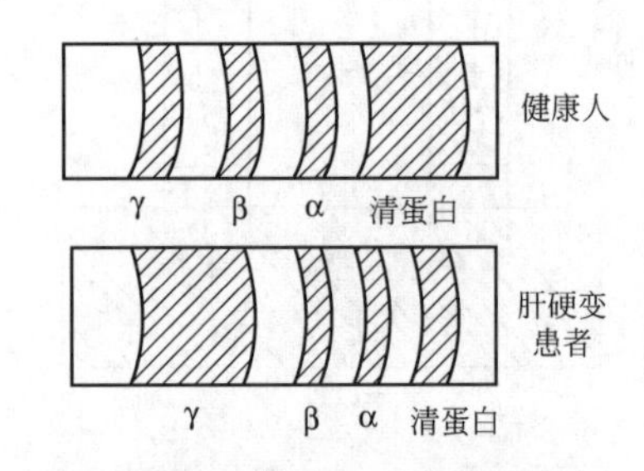

图 3-20　血清蛋白质电泳图谱

显然，纸上电泳是用惰性的滤纸作胶体泳动时的支持体，实验时不仅样品用量少（微量），而且可避免电泳时扩散和对流的干扰，因此特别适合于混合物的分离和组分含量的测定。近年来已用醋酸纤维膜、淀粉凝胶、聚丙烯酰胺凝胶和琼脂多糖等代替滤纸，以提高分辨能力。特别是利用凝胶作支持体，由于凝胶具有三维空间的多孔性网状结构，故混合物中因分子大小和形状不同被分离时除有“电泳”作用外，还有“筛分”作用，因而具有很高的分辨能力。例如，血清在纸上电泳时（缓冲液 pH 值为 8.6）一般能分离出 6～7 个组分，而在淀粉凝胶上则可分离出 20～30 个组分。目前“凝胶电泳”在医学和生物化学中被广泛应用。例如，临床上用醋酸纤维薄膜代替纸上电泳，不仅对蛋白质的吸附作用小，且能消除纸电泳中的“拖尾”现象，染色后背景清晰，分离速度也快，对那些病理情况下的微量异常蛋白等物质亦可被检测。而琼脂多糖凝胶电泳，目前在许多医院中不仅可用来分离、检测血清蛋白，在生物化学中还可用于分离、鉴定和纯化 DNA（脱氧核糖核酸）片断，它对核酸的分离作用主要依赖于核酸的相对分子质量和分子构型。此类电泳仪国内外均有定型生产，如国产的垂直板凝胶电泳装置，国外生产的Sebia电泳仪。进口仪器自动化程度高，但价格昂贵。垂直板聚丙烯酰胺凝胶电泳仪系将两块平板玻璃，用垫片分开，并夹紧，再灌注制好的凝胶溶液，胶凝后即成平板凝胶备用。关于溶液的浓度、电泳条件、染色鉴定等细节详见何忠效等[1]主编的《电泳》一书。

电泳技术在农业（如基因分析、遗传育种、种子纯度等）和法医（如亲子鉴定、指纹分析）等方面都有重要的应用。

下面简单介绍"显微电泳"。所谓显微电泳（亦称颗粒电泳）就是在显微镜下直接观察粒子的电泳速度，此法对在显微镜下能看到的质点（如悬浮体、乳状液等）比较合适。对于可溶性物质（如蛋白质分子等），可令其吸附于适当的载体质点上来研究。利用黑暗背景上产生的光散射现象，可以考察更小质点的电泳速度。图 3-21 是显微电泳仪装置的示意图。实验时可观察一个粒子移动一定距离（约 100nm）所需时间，并据此计算泳动速度。控制电场强度可以调节泳动速度。

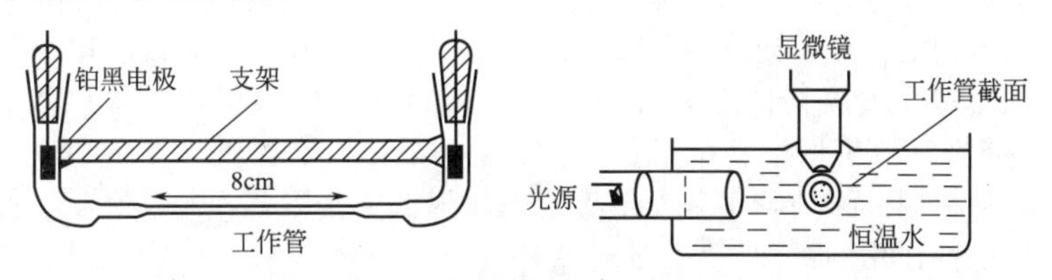


**图 3-21 显微电泳仪装置**

显微电泳的主要优点是方法简单，样品用量少，测定速度快。在实验过程中还要考虑同时产生的电渗作用的影响。电泳池（即工作管）的内壁总是带电的，通电时管壁附近的液体必然产生电渗流动，由于管子是封闭的，电渗流动必然引起液体的反向流动，因此必须找到一个位置，该处的液体电渗流动与反流恰好抵消，这个位置可视为"静止层"（据计算，若电泳池的毛细管半径为 $r$，则从离毛细管内壁 $0.292r$ 处的地方直到毛细管的中心都是静止层）。只有在静止层内测定质点的泳动速度才是真正的电泳速度。

关于微电泳仪的设计与制造，华东师范大学陈邦林教授的团队曾作过卓有成效的研究，在不断改进的基础上，先后制作过多种型号的微电泳仪。测量一个样品的 Zeta 电势仅需几分钟。

目前工业上的"静电除尘"实际上就是烟雾气溶胶的电泳现象。带有尘粒的气流在高压直流电场（30～60kV）下因电极放电而使气体电离，尘粒吸附阴离子而荷负电并迅速向正极（集尘极）移动，最后尘粒也因放电而下落。静电除尘的效率可达99%，但成本较高。

陶瓷工业中利用电泳使黏土与杂质分离，可得很纯的黏土，用以制造高质量瓷器。

电泳电镀在工业上也有广泛的应用。例如，电泳镀漆就是将油漆配成稀乳状液，以欲镀之金属部件为一电极，通电后，油漆质点因电泳而均匀地沉积在镀件上。天然橡胶、胶乳电镀也有很好的效果。

## （二）电渗析仪及应用

当固体与液体接触时，固-液两相界面上就会带有相反符号的电荷（原因见后），并形成双电层。因此，在外电场的作用下，异电离子及其溶剂化层将向某电极移动（图 3-22），从而使该极区水面上升，这种现象就是前节所说的电渗析。实际上，实验时用的是充满液体的多孔填料，或由粉末（如 $SiO_2$）拌成的糊状物（图 3-23）。在这种情况下，多孔物为连续相，表面带有某种电荷，而孔洞中的液相是高度分散的（其中含有异电离子），所以也可将电渗析看成是电泳的反现象。

电渗析在科学研究中应用很多，在生产上目前应用较少。对于一些难于过滤的浆液（如黏土浆、纸浆等）的脱水可用电渗析法；用金属丝切砖坯时，为防止黏土附于金属丝上，可

[1] 何忠效，张树政．电泳．第2版．北京：科学出版社，1999．

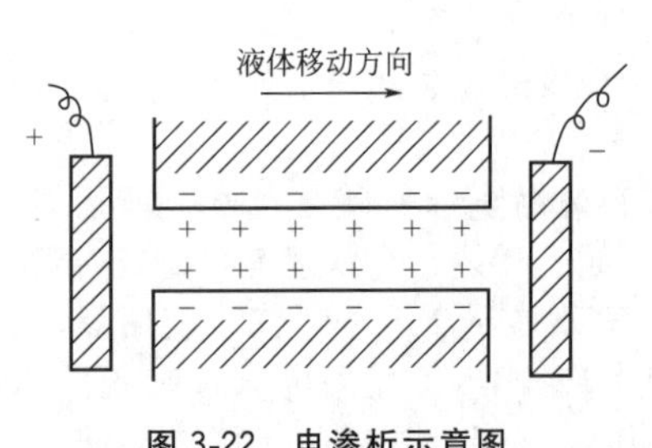

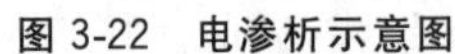
图 3-22　电渗析示意图

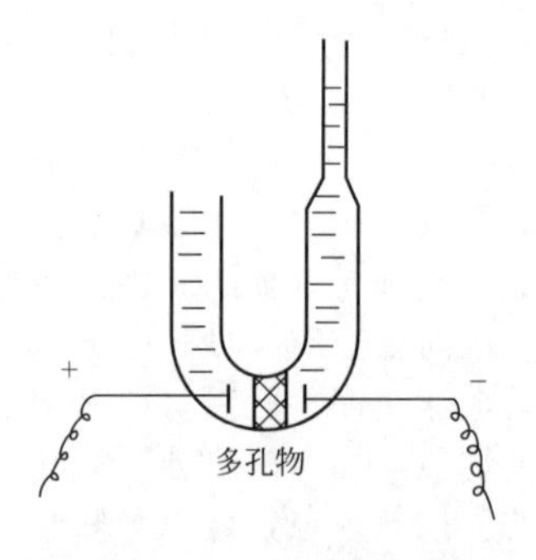

图 3-23　电渗析仪图示

将切砖用的金属丝连于电源负极，砖坯连于正极，因电渗析可使一层水膜附于金属丝的表面，它起到润滑剂的作用，使切出的砖十分光洁。在电泳涂装中，既有电泳、电沉积，也有电渗析作用，沉积在被涂物件上湿膜中的水分就是通过电渗析从膜内渗入液相的[1]。近年来，何玉英等[2]将电渗析用于药物 $Al(OH)_3$ 混悬液 ζ 电势的测定，并据此设计片剂处方。他们发现，几种常用赋形剂与主药配伍后能明显降低主药原有 ζ 电势值，这表明片剂在崩解过程中存在着电性作用的机理。

## 二、质点表面电荷的来源

电动现象的存在，说明了胶体质点在液体中是带电的。质点表面电荷的来源大致有以下几个方面。

### （一）电离

黏土颗粒、玻璃等皆属硅酸盐，其表面在水中能电离，故其表面荷负电，而与其接触的液相荷正电。硅溶胶在弱酸性和碱性介质中荷负电，也是因为质点表面上硅酸电离的结果。高分子电解质和缔合胶体的电荷，均因电离而引起。例如，蛋白质分子含有许多羧基（—COOH）和氨基（$—NH_2$），当介质的 pH 值大于其等电点（*iso*-electric point）时，蛋白质荷负电；反之，当介质的 pH 值小于其等电点时，蛋白质荷正电。

肥皂属缔合胶体（亦称胶体电解质），在水溶液中它是由许多可电离的小分子 RCOONa 缔合而成的，由于 RCOONa 可以电离，故质点表面可以荷电。

### （二）离子吸附

有些物质（例如石墨、纤维、油珠等）在水中不能离解，但可以从水或水溶胶中吸附 $H^+$、$OH^-$ 或其他离子，从而使质点带电，许多溶胶的电荷常属于此类。凡经化学反应用凝聚法制得的溶胶，其电荷亦来源于离子选择吸附。实验证明，能和组成质点的离子形成不溶物的离子，最易被质点表面吸附，这个规则通常称为 Fajans 规则。根据这个规则，用 $AgNO_3$ 和 KBr 反应制备 AgBr 溶胶时，AgBr 质点易于吸附 $Ag^+$ 或 $Br^-$，而对 $K^+$ 和 $NO_3^-$ 吸附极弱。AgBr 质点的带电状态，取决于 $Ag^+$ 或 $Br^-$ 中哪种离子过量。

### （三）晶格取代

晶格取代是一种比较特殊的情况。例如，黏土晶格中的 $Al^{3+}$ 往往有一部分被 $Mg^{2+}$ 或 $Ca^{2+}$ 取代，从而使黏土晶格带负电。为维持电中性，黏土表面必然要吸附某些正离子，这些正离子又因水化而离开表面，并形成双电层。晶格取代是造成黏土颗粒带电的主要原因。

---

[1] 曲敬信等. 表面工程手册. 北京：化学工业出版社，1998：125.

[2] 何玉英等. 第六届全国胶体与界面化学学术会议论文摘要集. 北京：1993：380.

在水溶液中质点荷电的原因大致有上述3方面。

### （四）非水介质中质点荷电的原因

对非水介质中质点荷电的原因研究得比较少。比较古老的说法是，质点和介质间两相对电子的亲和力不同时，在因热运动摩擦中可使电子从一相流入另一相而引起带电。但此种说法并无直接的证据。Coehn曾研究过非水介质中质点的荷电规律。他认为，当两种不同的物体接触时，相对介电常数（dielectric constant）$D$较大的一相带正电，另一相带负电。例如，玻璃（$D=5\sim6$）在水（$D=81$）中或丙酮（$D=21$）中带负电，在苯（$D=2$）中带正电。这个规则常称为Coehn规则。但玻璃在二氧杂环己烷（二氧六环，$D=2.2$）中荷负电，不符合Coehn规则。因此，Coehn规则并没有得到公认。

目前有许多人认为，非水介质中质点的电荷也起源于离子选择吸附。系统中离子的来源，有可能是某些有机液体本身或多或少地有些解离，也可能是含有某些微量杂质（如微量水所产生的解离吸附而产生的界面电荷）造成的。

## 三、双电层结构模型和电动电势（$\zeta$电势）

胶粒表面带电时，因整个体系是电中性的，所以在液相中必有与表面电荷数量相等而符号相反的离子存在，这些离子称为反离子。反离子一方面受静电引力作用有向胶粒表面靠近的趋势；另一方面受分子热运动及扩散作用有在整个液体中均匀分布的趋势。两种作用的结果使反离子在胶粒表面区域的液相中形成一种平衡分布，越靠近界面反离子浓度越高，越远离界面反离子浓度越低，到某一距离时反离子浓度与同号离子浓度相等。胶粒表面的电荷与周围介质中的反离子就构成双电层。胶粒表面与液体内部的电势差称为胶粒的表面电势。

在讨论电渗时，实际上已经应用了双电层概念。这里简单介绍双电层结构的Stern模型和$\zeta$电势概念。

Stern认为（1924年），Gouy Chapman的扩散双电层可分为两层，一层为紧靠粒子表面的紧密层（亦称Stern层或吸附层），其厚度$\delta$由被吸附离子的大小决定。显然，在此层中电势变化的情况与平行板模型相似，成直线下降。另一层类似于Gouy Chapman双电层中的扩散层（电势随距离的增加呈曲线下降），其浓度由体相溶液的浓度决定。由于质点表面总有一定数量的溶剂分子与其紧密结合，因此在电动现象中，这部分溶剂分子与粒子将作为一个整体运动，在固-液相之间发生相对移动时也有滑动面存在。尽管滑动面的确切位置并不知道，但可以合理地认为它在Stern层之外，并深入到扩散层之中。Stern模型及电势变化示于图3-24中。图中$\psi_s$为Stern电势，它是Stern层与扩散层之间的电势差。由图3-24可见，$\zeta$电势略低于Stern电势。在足够稀的溶液中，由于扩散层厚度相当大，而固相所束缚的溶剂化层厚度通常只有分子大小的数量级，因此$\zeta$和$\psi_s$可近似认为相等，并无多大差别。但当电解质浓度很大时，$\zeta$和$\psi_s$的差别也将增大，不能再视为相同了。倘若质点表面上吸附了非离子型表面活性剂或高分子物质，则滑动面明显外移，此时，$\zeta$与$\psi_s$也会有较大的差别。特别要注意的是，当溶液中含有高价反离子（counter-ion）或表面活性剂离子时，质点将对它们发生强的选择性吸附，此吸附目前常称特性吸附（specific adsorption）。由于特性吸附吸附了大量的这些离子，从而使Stern层的电势反号［图3-25(a)］，即$\psi_s$的电势符号将与$\psi_0$的电势符号相反，这时胶粒所带电荷符号也相反。同理，若能克服静电斥力而吸附了大量的同号离子（*co*-ion，也常常是一些表面活性剂离子），则可能使Stern层的电势高于表面电势$\psi_0$［图3-25(b)］。

确定反离子在粒子表面上是否产生特性吸附最方便的方法是，在被研究的系统中加入该反离子并同时测量Zeta电势，若能使粒子电荷反号，表明有特性吸附。例如，在含有高岭土的污水（污水的pH值为7.5，高岭土的等电点为3.8）中加入铝聚沉剂，当加入量超过$40\times10^{-6}$（质量分数）时，则电荷反号，Zeta电势由负值转变为正值［图3-26(a)］；在pH值为8.9的白炭黑混悬液中加入阳离子表面活性剂，当其浓度超过30$\mu$mol/L时亦可使电荷

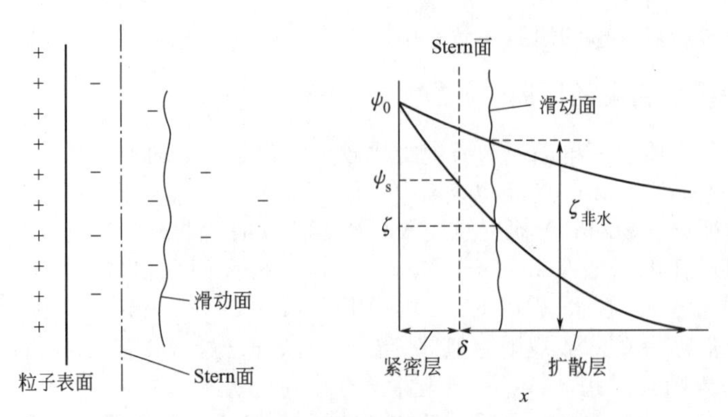


**图 3-24　Stern 双电层模型及电势变化**（含非水系统）

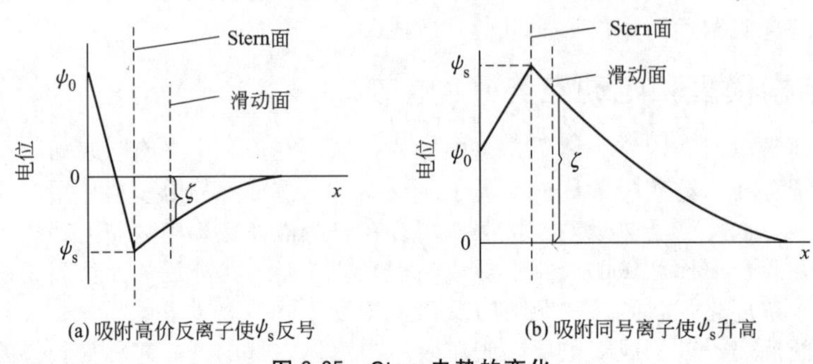


**图 3-25　Stern 电势的变化**

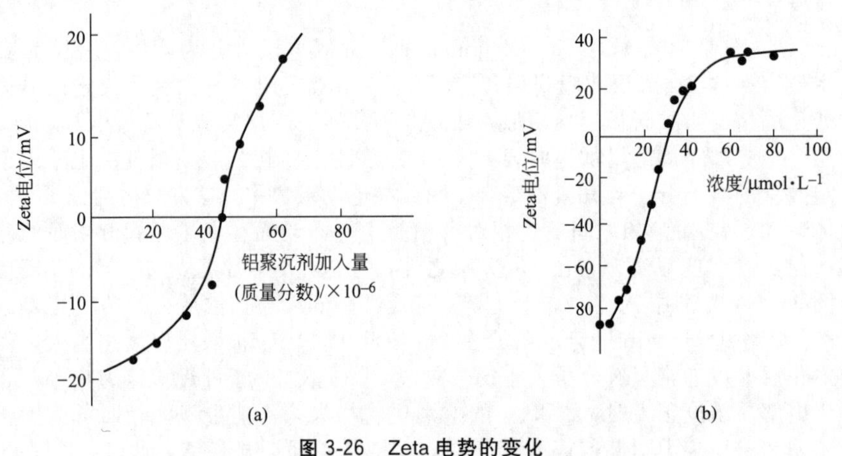


**图 3-26　Zeta 电势的变化**

(a) 高岭土的 Zeta 电势与铝聚沉剂加入量的关系（pH=7.5）[1]；

(b) 白炭黑的 Zeta 电势与阳离子表面活性剂浓度的关系（pH=8.9）[2]

反号［图 3-26(b)］。这些结果都说明铝聚沉剂或阳离子表面活性剂可在荷负电的高岭土或白炭黑表面上发生特性吸附。关于特性吸附的问题，还可通过等电点的移动规律来确定，细节请阅顾惕人等编著的《表面化学》一书[3]。

Stern 模型至少在定性上能较好地解释电动现象，反映更多的实验事实。但此理论的定量计算尚有困难。关于吸附层的详细结构、介质的介电常数随离子浓度和双电层电场的变化

[1] 韩庆平，陈邦林等．分散系统界面电性质理论与应用研讨会论文汇编．上海：华东师范大学，1995.

[2] 沈钟，邵长生等．江苏石油化工学院学报，1995（4）：1.

[3] 见参考书目 6，p.141。

以及表面电荷的不均匀分布等问题均未解决，所以该理论仍在发展中。

目前，比较受重视的理论是1947年Grahame提出的双电层详细模型。他进一步发展了Stern的双电层概念。将溶液相中的电层分为内层和扩散层。内层中又分为两层：①内Helmholtz层，其中有未水化的离子，也有一层水分子，它们紧贴在粒子表面上。水的介电常数仅为6，这一层实际上就是Stern模型中的Stern层；②外Helmholtz层，其中有水化离子，它们与粒子吸附较紧，且可随粒子一起运动，此层和溶液间有滑动面。在此种模型中，Grahame强调，电荷在粒子表面上的分布是不均匀的，是一簇簇地分布着的，当离子在Stern层中吸附后，周围表面电荷又会重新分布等。看来双电层模型有向更复杂、更“混乱”的方向发展。

## 四、扩散双电层的数学处理

要进行双电层的数学处理，模型必须清楚而合理。Stern模型虽然比较清楚，但以此模型为基础所导出的扩散双电层公式相当复杂，公式中的许多参数无法直接求定，这就使它难于定量计算。但此模型的扩散层部分完全可以用Gouy Chapman理论处理，因此目前普遍讨论Gouy Chapman扩散双电层模型的数学计算。此种计算主要解决怎样计算扩散双电层的厚度，探寻扩散双电层中电势随距离的变化规律以及表面电荷密度和表面电势的关系等问题。

### （一）扩散双电层的厚度和电势随距离的分布规律

在对扩散双电层进行定量处理时，Gouy Chapman作了以下假设：①质点表面是无限大的平面，表面电荷分布均匀；②扩散层中的反离子是点电荷，并按Boltzmann公式分布；③溶剂的介电常数到处相同。

为简便起见，假设溶液中只有一种对称型电解质，正负离子$i$的价数均为$Z_i$，粒子的表面电势为$\psi_0$，扩散层内某点处的电势为$\psi$，据Boltzmann分布定律，该处$i$离子的浓度为：

$$n_i=n_{i0}\exp(-Z_ie\psi/kT) \tag{3-39}$$

式中，$n_i$为扩散层中距表面$x$处的离子浓度（离子数/ml）；$n_{i0}$为离表面很远处（即$\psi=0$处）的离子浓度（常称体相浓度）；$e$为单位电荷；$k$为Boltzmann常数。因为单位体积内的电荷密度$\rho$为Zieni，故

$$\rho=\sum_i Z_ien_i=\sum_i Z_ien_{i0}\exp(-Z_ie\psi/kT) \tag{3-40a}$$

当溶液很稀时，$\psi$很小，上式可简化为：

$$\rho=\sum_i Z_ien_{i0}-\sum_i \frac{n_{i0}Z_i^2e^2\psi}{kT} \tag{3-40b}$$

因为系统是电中性的，于是式(3-40b)成为

$$\rho=\frac{-e^2\psi}{kT}\sum_i n_{i0}Z_i^2 \tag{3-40c}$$

为求解$\psi$，需要找出另外一个联系$\zeta$和$\psi$的关系式，此即电学上的Poisson方程：

$$\frac{\partial^2\psi}{\partial x^2}+\frac{\partial^2\psi}{\partial y^2}+\frac{\partial^2\psi}{\partial z^2}=-\frac{4\pi\rho}{\varepsilon} \tag{3-40d}$$

式中，$\varepsilon$为介质的介电常数。联立方程得：

$$\frac{\partial^2\psi}{\partial y^2}=0,\quad \frac{\partial\psi}{\partial Z^2}=0$$

即

$$\frac{d^2\psi}{dx^2}=-\frac{4\pi\rho}{\varepsilon} \tag{3-40e}$$

将式(3-40c)代入(3-40e)，得

$$\frac{d^2\psi}{dx^2}=\frac{4\pi e^2\psi}{\varepsilon kT}\sum_i n_{i0}Z_i^2=\kappa^2\psi \tag{3-40f}$$

式中，$\kappa^2=\dfrac{4\pi e^2}{\varepsilon kT}\sum_i n_{i0}Z_i^2$ (3-40g)

在双电层中 $\kappa$ 是一个很重要的参数。

据式(3-40f) 可得

$$\frac{d^2\psi}{dx^2}-\kappa^2\psi=0$$

其通解为

$$\psi=A\exp(-\kappa_x)+A'\exp\kappa_x \quad (3\text{-}40h)$$

欲求积分常数 $A$ 和 $A'$ 必须引入边界条件：

当 $x\to\infty$ 时，$\psi=0$，代入(3-40h) 得：

$$\psi=Ae^{-\kappa_x}$$

当 $x\to0$ 时（粒子表面上），$\psi\to A=\psi_0$，于是：

$$\psi=\psi_0 e^{-\kappa_x} \quad (3\text{-}40i)$$

因为指数 $\kappa_x$ 无量纲，所以"$1/\kappa$"具有长度单位，人们常用它来代表扩散双电层的厚度（以后再讨论它为什么是双电层厚度）。式(3-40i) 十分重要，它表明扩散层内的电势 $\psi$ 随离表面的距离 $x$ 而指数下降，下降的快慢由 $\kappa$ 的大小决定。

因为 $n_{i0}$ 的浓度单位为离子个数/ml，若以常用浓度 $c_{i0}$ （mol・L$^{-1}$）表示，则 $n_{i0}=\dfrac{c_{i0}N_A}{1000}$ （$N_A$ 为 Avogadro 常数），以此代入式(3-40g)，得：

$$\kappa=\left(\frac{4\pi e^2 N_A}{1000\varepsilon kT}\sum_i c_{i0}Z_i^2\right)^{1/2} \quad (3\text{-}40j)$$

于是

$$\frac{1}{\kappa}=\left(\frac{1000\varepsilon kT}{4\pi e^2 N_A\sum_i c_{i0}Z_i^2}\right)^{1/2} \quad (3\text{-}40k)$$

例如，某电解质水溶液，$T=298.2$K，$\varepsilon=78.54$，$e=4.802\times10^{-10}$ esu，$k=1.380\times10^{-16}$ erg・K$^{-1}$，代入式(3-40j) 和式(3-40k)，则

$$\kappa=3.29\times10^7|Z|c_{i0}^{1/2}\ (\text{cm}^{-1})$$

$$\frac{1}{\kappa}=3.04\times10^{-8}|Z|^{-1}c_{i0}^{-1/2}\ (\text{cm})$$

据此可以计算出对称型电解质在不同浓度和不同价时的 $\kappa$ 和 $1/\kappa$ 值（见表 3-5）。

**表 3-5 几种电解质水溶液在不同浓度和价数时的 $\kappa$ 和 $1/\kappa$ 值**（298.2K）

| 浓度/mol・L$^{-1}$ | $Z_+:Z_-$ | $\kappa$/cm$^{-1}$ | $\kappa^{-1}$/cm |
|---|---|---|---|
| 0.001 | 1:1 | $1.04\times10^6$ | $96.1\times10^{-8}$ |
| | 2:2 | $2.08\times10^6$ | $48.1\times10^{-8}$ |
| | 3:3 | $3.12\times10^6$ | $32.1\times10^{-8}$ |
| 0.01 | 1:1 | $3.29\times10^6$ | $30.4\times10^{-8}$ |
| | 2:2 | $6.58\times10^6$ | $15.2\times10^{-8}$ |
| | 3:3 | $9.87\times10^6$ | $10.1\times10^{-8}$ |
| 0.1 | 1:1 | $1.04\times10^7$ | $9.61\times10^{-8}$ |
| | 2:2 | $2.08\times10^7$ | $4.81\times10^{-8}$ |
| | 3:3 | $3.21\times10^7$ | $3.2\times10^{-8}$ |

由表 3-5 数据可见，无论哪种电解质，都是溶液浓度越大，扩散双电层厚度越小；当溶液浓度相同时，离子价越高，扩散双电层厚度越小。

显然，已知 $\kappa$ 值并据式(3-40i) 便可作出各类电解质在不同浓度和价数时的电势分布曲线（图 3-27）。图 3-27 中黑点代表 $\kappa^{-1}$ 值。这些曲线再次表明，电解质浓度越大，离子价越高，电势分布曲线下降越快，扩散层厚度越薄。

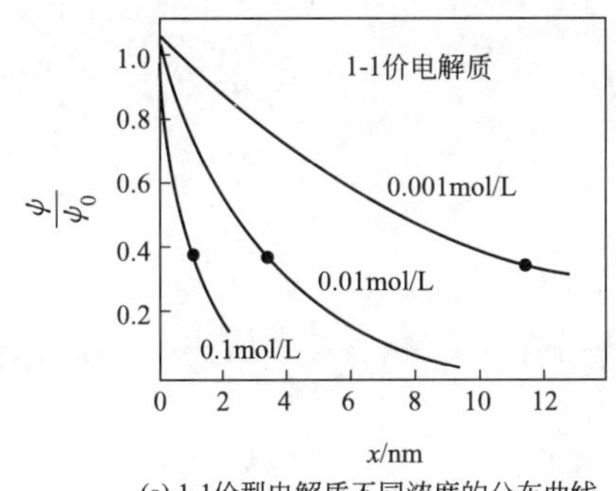


(a) 1-1价型电解质不同浓度的分布曲线

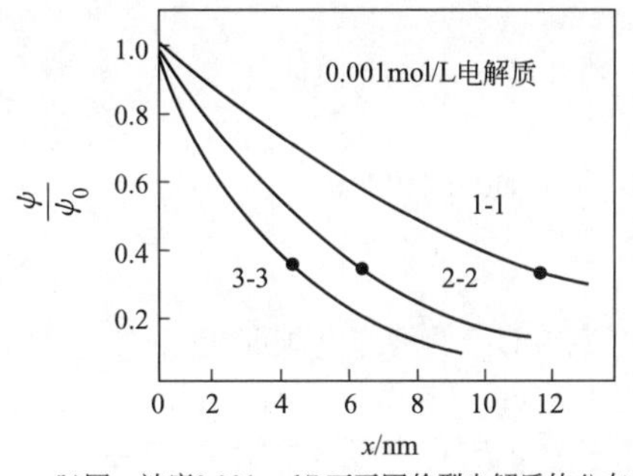


(b)同一浓度0.001mol/L下不同价型电解质的分布曲线

**图 3-27　双电层电势分数与表面距离的关系**

## (二）表面电荷密度和表面电势的关系

根据电中性原理，固体表面上的电荷数与在扩散双电层中的异号电荷数相等，所以，固体表面电荷密度（即单位面积上的电荷数）必然等于从固体表面到无穷远处在溶液内那部分体积中的电荷数，但电荷符号相反，所以

$$\sigma = -\int_0^{\infty} \rho \mathrm{d}x \tag{3-40l}$$

将式(3-40e）代入，得：

$$\sigma = \frac{\varepsilon}{4\pi}\int_0^{\infty} \frac{\mathrm{d}^2\psi}{\mathrm{d}x^2}\mathrm{d}x$$

积分得 $\sigma = \frac{\varepsilon}{4\pi} \times \frac{\mathrm{d}\psi}{\mathrm{d}x}\Big|_0^{\infty}$

因为在无穷远处$\frac{\mathrm{d}\psi}{\mathrm{d}x}=0$，故

$$\sigma = -\frac{\varepsilon}{4\pi}\left(\frac{\mathrm{d}\psi}{\mathrm{d}x}\right)_0 \tag{3-40m}$$

显然，在表面电势 $\psi_0$ 很低的情况下，对式(3-40i）微分则得：

$$\left(\frac{\mathrm{d}\psi}{\mathrm{d}x}\right)_0 = \lim_{x\to 0}[-\kappa\psi_0 \exp(-\kappa x)] = -\kappa\psi_0$$

将此结果代入式(3-40m)，得

$$\sigma = \frac{\varepsilon\kappa}{4\pi} \times \psi_0 = \frac{\varepsilon}{4\pi\kappa^{-1}} \times \psi_0 \tag{3-40n}$$

式(3-40n）表达了粒子的表面电荷密度 $\sigma$ 和表面电势 $\psi_0$ 的关系。显然，此结果和平行板电容器所代表的结果在形式上完全相同，即 $\kappa^{-1}$ 相当于平行板模型的厚度 $\delta$，所以 $\kappa^{-1}$ 常称为扩散双电层的厚度。

## (三）$\zeta$ 电势的计算

胶体的 $\zeta$ 电势通常是由电泳速度或电渗速度的数据计算的。

### 1. 由电泳速度数据计算 $\zeta$ 电势

设胶粒带电荷 $q$，在电场强度为 $E$ 的电场中（若两电极间的距离为 $l$、电势差为 $\Delta V$，则 $E=\Delta V/l$，即单位距离上的电势差)，作用在粒子上的静电力为：

$$f = qE \tag{3-41a}$$

若球形粒子的半径为 $r$，泳动速度为 $v$，按 Stokes 定律，其摩擦阻力为：

$$f' = 6\pi\eta r v \tag{3-41b}$$

当粒子恒速泳动时式(3-41a）与式(3-41b）两式相等，即

$$qE = 6\pi\eta r v$$

或

$$v=\frac{qE}{6\pi\eta r} \tag{3-42}$$

式(3-34) 也可改写为：

$$\frac{v}{E}=\frac{q}{6\pi\eta r} \tag{3-43}$$

式中，$v/E(=U)$ 为单位电场强度下带电粒子的泳动速度，称为粒子的绝对运动速度，亦称电泳淌度 $U$（electrophoretic mobility），其单位为 $m^2 \cdot V^{-1} \cdot s^{-1}$。

一般胶粒的带电性质不常用其带有多少个电荷来表示，而用 $\zeta$ 电势的大小来表示。按静电学定律：

$$\zeta=\frac{q}{Dr} \tag{3-44}$$

式中，$D$ 为双电层间液体的介电常数。将式(3-43) 代入式(3-44)，得：

$$\zeta=\frac{6\pi\eta v}{DE} \tag{3-45}$$ [❶]

可见在一定条件下测出胶粒的泳动速度 $v$，便可据式(3-45) 计算出溶胶的 $\zeta$ 电势。

必须注意，式(3-45) 仅适用于球形胶粒。对于棒状胶粒，通常在式(3-45) 中乘以一个校正系数 2/3，即

$$\zeta=\frac{4\pi\eta v}{DE} \tag{3-46}$$ [❷]

**[例]** 在 $Sb_2O_3$ 溶胶（设为棒形粒子）的电泳实验中，两电极之间的距离为 0.385m，电压为 182V，通电 40min 后溶胶界面向正极移动 0.032m。已知该溶胶的黏度为 $1.03\times10^{-3}$ Pa·s，介质的介电常数 $D$ 为 $9.02\times10^{-9}$ F·m$^{-1}$（1F=1C·V$^{-1}$），试计算 $\zeta$ 电势。

**[解]** 据题给数据，胶粒的泳动速度 $v=\frac{0.032}{40\times60}=1.333\times10^{-5}$（m·s$^{-1}$），$E=\frac{182}{0.385}=472.7$（V·m$^{-1}$）。将有关数据代入式(3-46)，得：

$$\zeta=\frac{4\pi\eta v}{DE}=\frac{4\times3.14\times1.03\times10^{-3}\times1.333\times10^{-5}}{9.02\times10^{-9}\times472.7}$$

$$=0.0404\ (V)=40.4\ (mV)$$

表 3-6 列出了一些常见的溶胶和悬浮粒子的 $\zeta$ 电势。

由表 3-6 数据可见，胶体质点的 $\zeta$ 电势一般在几十毫伏左右，而且电泳速度与质点大小的关系不大，这只能用质点越大，所带电荷越多的观点来解释。$\zeta$ 电势的正负号由质点泳动方向确定。

**表 3-6 各种质点在 1V/cm 时的电泳速度和 $\zeta$ 电势**

| 项目 | 质点大小/μm | $v/\times10^3$ cm·s$^{-1}$ | $\zeta$/mV | 项目 | 质点大小/μm | $v/\times10^3$ cm·s$^{-1}$ | $\zeta$/mV |
|---|---|---|---|---|---|---|---|
| 油滴 | 2 | 32 | −46 | 金溶胶 | <0.1 | 40 | 58 |
| 石蜡颗粒 | 0.72 | 22.4 | −57.4 | 铂溶胶 | <0.1 | 30 | 44 |
| 石英颗粒 | 1 | 30 | −44 | 氢氧化铁溶胶 | <0.1 | 30 | 44 |
| 泥土悬浮体 | 1 | 19.9 | −48.8 | | | | |

**2. 由电渗速度数据计算 $\zeta$ 电势**

由电渗速度数据也可以计算 $\zeta$ 电势。由电渗计算 $\zeta$ 电势的公式也可用类似于推导电泳公

❶ Alexander A E, Johnson P. Colloid Science, 1950, 300.

❷ 在 SI 单位中，介电常数 $D$ 应为介质的相对介电常数（无量纲）与真空的绝对介电常数（$=8.854\times10^{-12}$ F·m$^{-1}$）之乘积。

式的方法导出。但更方便的办法是将式(3-46) 直接应用于电渗，此时式中的 $v$ 应指液体的流动线速度。设实验时，单位时间流过毛细管的液体体积为 $V'$(ml)，毛细管的截面积为 $A$ ($cm^2$)，则 $v=\frac{V'}{A}$。又据 Ohm 定律和电导公式，可得

$$电位差=IR=I\left(\frac{1}{L}\right)=I\left(\frac{l}{KA}\right)$$

又因电场强度 $E=\frac{电位差}{l}$，将这些关系代入式(3-46)，得：

$$\zeta=\frac{4\pi\eta v}{DE}=\frac{4\pi\eta(V'/A)}{D(I/KA)}=\frac{4\pi\eta KV'}{DI} \tag{3-47}$$

式中，$K$ 为液体的电导率；$I$ 为电流；其余符号的意义均同前。

显然，由实验测得在一定电流 (A) 下，电渗一定时间 (s) 流过毛细管的液体体积 $V'$ (ml/s)，并知 $D$、$\eta$ 和 $K$ 便可算出 $\zeta$ 电势。

由式(3-46) 和式(3-47) 可以看出，无论电泳速度或电渗速度均与外加的电场强度、$\zeta$ 电势和液体的介电常数成正比，与液体的黏度成反比，而与粒子大小或毛细管的长度无关。这些结论均已被实验所证实。

原则上胶体系统的任何一种电动或动电现象（包括电泳、电渗、沉降电势和流动电势），都可用来测定 $\zeta$ 电势，但最方便、最常用的是从电泳试验来测定。

$\zeta$ 电势反映了质点表面带电的情况，与胶体系统的稳定性密切相关。

## 五、非水介质中的双电层理论

上面讲了水介质中的双电层理论和数学计算，因为许多概念和公式在非水系统中同样适用[1]，所以这里也作简单介绍。从目前看有几点比较明确。

① 在非水系统中胶体颗粒的表面也带有电荷，原因上面已经简单提到。有些系统的 $\zeta$ 电势可高达数十毫伏。

② 通常的溶胶稳定性理论（DLVO 理论，见后）在非水介质中照样适用。因此，上述式(3-46j) 和(3-46k) 也适用，式中 $\kappa$ 仍是双电层厚度的倒数。由于非水系统中的离子浓度 $n_0$（或 $c_0$）很低，所以 $\kappa$ 值很小，双电层厚度很大，电势随距离的降低比水介质中缓慢得多(见图 3-28)。因此，在非水介质中可放心地用 $\zeta_{非水}$ 代替 $\psi_0$ 或 $\psi_s$。虽然非水介质中胶粒表面的电荷密度很低，但介质的介质常数和离子浓度很低，致使 $\zeta_{非水}$ 较高。

③ 在稀的非水系统中，系统的稳定性取决于 $\zeta_{非水}$，$\zeta_{非水}$ 越高，系统越稳定；在浓的系统中，双电层的稳定作用减弱，有的研究结果表明，$\zeta$ 电势与稳定性无关，这可能与高分子或表面活性剂在胶粒表面上的吸附所产生的空间稳定作用有关。在聂福德等[2]的综述中，也讨论了非水系统中分散粒子的稳定性和 $\zeta$ 电势问题。有兴趣的读者可以参阅。

# 第四节　胶体系统的流变性质

所谓流变性质 (rheologic properties)，是指物质在外力作用下的变形 (deformation) 和流动 (flow) 的性质。胶体系统的流变性质有许多特点。许多重要的生产问题（如油漆、钻井用泥浆、照相乳剂的涂布、陶土的成形等）都与胶体的流变性质有关。此外，从胶体溶液的流变性质，常常可估计质点的大小、形状以及质点与介质间的相互作用。这些都说明了研究胶体系统流变性质的重要性。本节将着重介绍溶胶和悬浮液的流变性质及其在生产中的应用。

---

[1] 见参考书目 4，p. 43。

[2] 聂福德，李风生，宋洪昌等. 化工进展，1996 (4)：24.

## 一、基本概念和术语

### （一）切变速度与切应力

我们最熟悉的流变性质是黏度（viscosity）。所谓黏度，定性地说就是物质黏稠的程度，它表示物质在流动时内摩擦的大小。为了给黏度一个确切的定义，下面首先分析一下液体的流动状况。

我们都有这样的经验，在流速较慢的河里，河道各处的水流方向虽然一致，但速度很不相同，中心处的水流最快，越靠河岸，水流越慢。因此，在流速不太快时，可以把流动着的液体看作是许多相互平行移动的液层（见图 3-28），由于各层的速度不同，便形成速度梯度$\frac{\mathrm{d}v}{\mathrm{d}x}$，这是流动的基本特征。因为有速度梯度存在，流动较慢的液层阻滞着较快液层的运动，因此产生流动阻力。为了使液层能维持一定的速度梯度流动，就必须对它施加一个与阻力相等的反向力，在单位液层面积上所需施加的这种力称为切应力（shearing force），简称切力，单位为 $N/m^2$，常用 $\tau$ 表示。速度梯度也叫切变速度，简称切速，习惯上用 $D$ 表示，单位为 $s^{-1}$。切应力与切变速度是表征系统流变性质的两个基本参数。

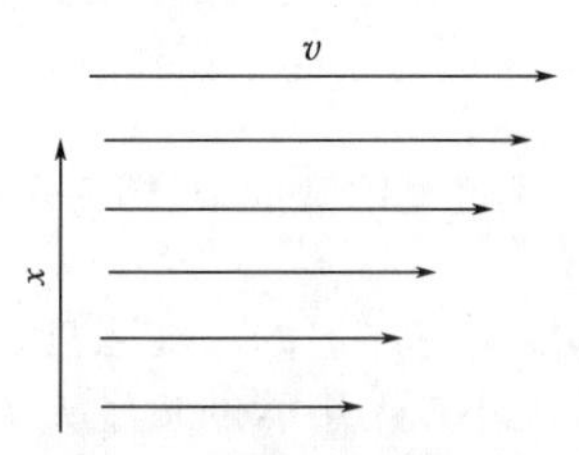


图 3-28　流动时形成速度梯度

### （二）牛顿公式

因为流动时在液体内形成速度梯度，故产生流动阻力。反映此阻力大小的切力 $\tau$ 应和切变速度 $D$ 有关。实验证明，纯液体和大多数低分子溶液在层流条件下的切应力与切变速度成正比：

$$\tau=\eta\frac{\mathrm{d}v}{\mathrm{d}x}=\eta D \tag{3-48}$$

这就是著名的牛顿公式，式中的比例常数$\eta$称为液体的黏度。液体的黏度标准是这样规定的：将两块面积为 $1m^2$ 的板浸于液体中，两板距离为 1m，若加一个 1N 的切应力，能使两板之间的相对速度为 1m/s，则此液体的黏度为 1Pa・s，其因次为 kg/(m・s)。

凡符合牛顿公式的流体称为牛顿流体（Newtonian fluid），反之则称为非牛顿流体（non-Newtonian fluid）。非牛顿流体的切应力与切速间无正比关系，比值 $\tau/D$ 不再是常数，而是切速的函数。人们用$\eta_a$ 表示此时的 $\tau/D$，称为表观黏度（apparent viscosity）。

测定黏度的方法主要有毛细管法、转筒法及落球法。下面简单介绍前两种方法。

(1) 毛细管黏度计　实验室中测定液体、溶液或胶体溶液的黏度时，用毛细管黏度计最方便。从物理学知道，毛细管黏度计的基本公式是 Poiseuille 公式：

$$\eta=\frac{\pi r^4 p}{8lV}\cdot t \tag{3-49}$$

式中，$r$、$l$ 分别为毛细管的半径和长度；$V$ 为在时间 $t$(s) 内液体所流过的毛细管体积；$p$ 为毛细管两端的压力差。据此式可以测出液体的黏度。但液体黏度的绝对值不易测定，一般都用已知黏度的液体测出黏度计的毛细管常数，然后令待测液体在相同条件下流过同一支毛细管。因为同一毛细管的 $r$、$l$、$V$ 一定，故液体在毛细管中的流动仅受压力差 $p$ 的影响，在此处压力差即为重力，即 $p=h\rho g$，故可据下式求出待测液体的黏度：

$$\frac{\eta}{\eta_0}=\frac{\rho t}{\rho_0 t_0} \tag{3-50}$$

式中，$\eta_0$、$\rho_0$、$t_0$ 分别为标准液体（如纯水、纯苯等，其黏度已知）的黏度、密度和使一定体积标准液体流过毛细管所经过的时间；$\eta$、$\rho$、$t$ 为待测液体的黏度、密度和使同一体积待测液体流过毛细管所经过的时间。若溶液很稀，则$\rho\approx\rho_0$，这时

$$\eta=\frac{t}{t_0}\times\eta_0 \tag{3-51}$$

所以，只要测出标准液体（$\eta_0$ 已知）和待测液体的流经时间，便可据式(3-51) 算出待测液体的黏度。

常常用作标准液体的水和苯在 20℃时的黏度分别为 $1.009\times10^{-3}$Pa·s 和 $6.47\times10^{-4}$Pa·s。

(2) 转筒式黏度计 转筒式黏度计特别适用于非牛顿型液体黏度的测定，在实际工作中主要用它来确定流体的流型。

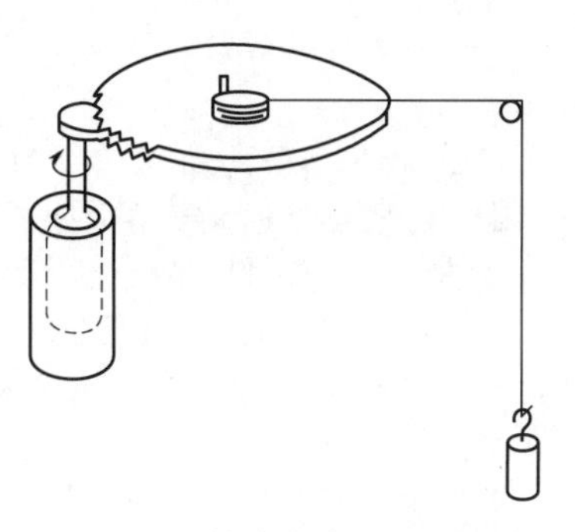

图 3-29 转筒式黏度计示意图

转筒式黏度计由两个同心筒组成，两筒间保持一定的间隙（例如 1～3mm 左右），此间隙为待测样品所充满。两筒中一筒转动，另一筒固定，这样在样品液体内部存在速度梯度，并产生流动阻力。作用于单位面积上的阻力亦即切应力的大小，可用下面的方法测定：若外筒不动，靠外加重量（砝码）使内筒转动（见图 3-29），就可由砝码重量、力臂长度、筒侧面积求出切应力值。

转筒式黏度计的类型较多，较常用的是 Stormer 黏度计。无论哪种类型，系统黏度、筒的转速和所加重量 $W$（有些仪器是根据弹簧丝的偏转角 $\theta$）之间的关系为：

$$\eta=K\frac{W}{\Omega} \tag{3-52}$$

或

$$\eta=\frac{\theta}{\Omega}$$

式中，$K$ 为仪器常数，与转筒的半径、高度以及两筒间间隙等有关。用已知黏度的牛顿液体（通常用甘油）进行测量，以 $W$ 对转速 $\Omega$（r/min）作图，便可从直线的斜率求出仪器常数 $K$。对同一台仪器测量不同转速下所需外加的重量，便可画出流变曲线，并可据此确定系统的流型。

### (三) 层流与湍流

只有在层流条件下牛顿公式才成立。层流的特点是系统的流动处于稳恒状态，系统中任何一点的流速（大小和方向）不随时间而改变。当流速超过某一限度时，层流就变为湍流，有不规则的或随时间而改变的漩涡生成，这时牛顿公式就不适用了。

液体的流动状况可以用一个无因次的数来表示，这就是雷诺数（Reynolds number，通常以 $Re$ 表示)。$Re$ 超过某一临界值时，层流就变为湍流。对于在管中流动的液体，$Re$ 可用下式表示：

$$Re=\frac{vd\rho}{\eta} \tag{3-53}$$

式中，$v$ 为流速；$d$ 为管直径；$\rho$为液体的密度。临界 $Re$ 约在 1400～2000。

## 二、稀胶体溶液的黏度

液体流动时，为克服内摩擦需要消耗一定的能量。倘若液体中有质点存在，则液体的流线在质点附近受到干扰，这就要消耗额外的能量，因此，溶胶或悬浮液的黏度均高于纯溶剂的黏度。通常将$\eta_{溶液}/\eta_{溶剂}$称为相对黏度$\eta_r$。$\eta_r$ 的大小与质点的大小、形状、浓度、质点与介质的相互作用以及它在流场中的定向程度等因素有关，情形相当复杂。这里先讨论比较简单的稀胶体溶液的黏度。

### (一) 分散相浓度的影响

对于稀的溶胶或悬浮液，Einstein 曾导出下列关系式：

$$\eta=\eta_0(1+2.5\Phi) \tag{3-54}$$

式中，$\eta$为溶胶的黏度；$\eta_0$为介质的黏度；$\Phi$为分散相所占的体积分数。在推导此式时曾假定：①质点是远大于溶剂分子的圆球；②质点是刚体，且与介质无相互作用；③溶胶很稀，液体经过质点时，各层流所受到的干扰不相互影响；④无湍流。

许多实验证明，对于浓度不大于 3%（体积分数）的球形质点，$\eta_r$ 与 $\Phi$ 间确有线性关系，但式(3-54) 中常数往往大于 2.5。这可能是由于质点溶剂化，从而使实际的体积分数变大的缘故。

倘若浓度较大，由于质点间的相互干扰，系统的黏度将急剧增加，Einstein 公式就不再适用了。

### (二) 温度的影响

温度升高，液体分子间的相互作用减弱，因此，液体的黏度随温度升高而降低（具体数据见表 3-7）。因此，测量液体的黏度必须十分注意控制温度。

**表 3-7 液体黏度随温度的变化**

| 黏度/Pa·s　温度/℃<br>液体 | 0 | 20 | 50 | 100 |
|---|---|---|---|---|
| 甲醇 | $8.08\times10^{-4}$ | $5.93\times10^{-4}$ | $3.95\times10^{-4}$ | — |
| 水 | $1.794\times10^{-3}$ | $1.008\times10^{-3}$ | $5.49\times10^{-4}$ | $2.84\times10^{-4}$ |
| 甘油 | 12.04 | 1.45 | 0.176 | 0.01 |

溶胶的黏度也随温度升高而降低，由于溶剂的黏度也相应降低，故$\eta_r$ 随温度的变化往往不大。但对于较浓的胶体系统，由于在低温时质点间常形成结构，甚至胶凝，而在高温时结构又常被破坏，故黏度随温度变化的幅度要大得多。

### (三) 质点形状的影响

早就发现，像 $V_2O_5$、硝化纤维等胶体即使是浓度很稀时，溶胶的黏度也比 Einstein 公式所预期的高得多。这些系统的共同特点是质点具有不对称的形状。倘若质点是球形的，则黏度之增加主要是由于液体经过质点时流线受到干扰所造成的。若质点是不对称的，则在液体流经时质点发生转动，消耗额外的能量，同时质点之间也可以发生相互干扰，因而黏度大大增加。刚性棒状质点在速度梯度的定向作用可以忽略的条件式：

$$\eta_r=1+\left(2.5+\frac{J^2}{16}\right)\Phi \tag{3-55}$$

式中，$J$ 为分子的长短轴之比。与 Einstein 公式比较可以看出，质点越不对称，溶液的黏度越高，此结论从图 3-30 即可一目了然。对于其他形状的质点，虽然定量关系的形式不同，但溶胶黏度都随质点轴比（axial ratio）的增加而变大。

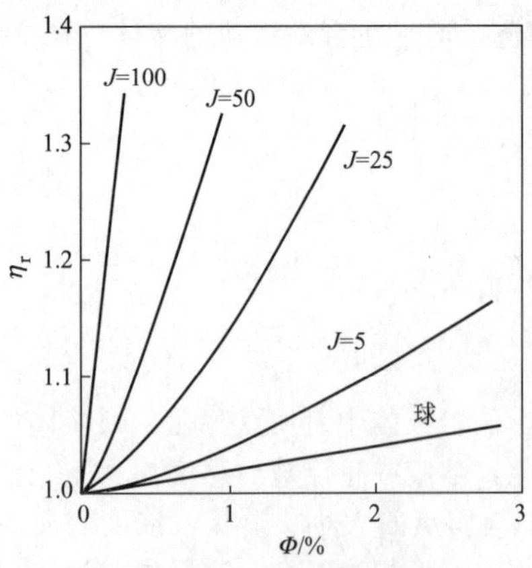


图 3-30 玻璃球和轴比不同的玻璃毛悬浮液的黏度

质点形状不对称的必然结果是偏离牛顿公式，此时切应力与切变速度的比值不再是常数，而是随切速增加而下降，这主要是由于不对称质点在速度梯度场中的定向所造成的。图 3-31 表示一个棒状质点处于速度梯度场中（凡是流动必存在速度梯度）的情况。由图 3-31 可见，在棒状质点两端处液体的流速不同，故质点受到一个转矩作用，促使其轴与流线平行定向，但布朗（Brown）运动能使质点作无规取向，这两个相反作用的结果使质点与流线成一定的取向。速度梯度越大，定向作用越强。定向的结果，往往可使质点与流动方向趋于一致，这当然会减小对液体流动的干扰，因此，表观黏度随速度梯度增加而下降。

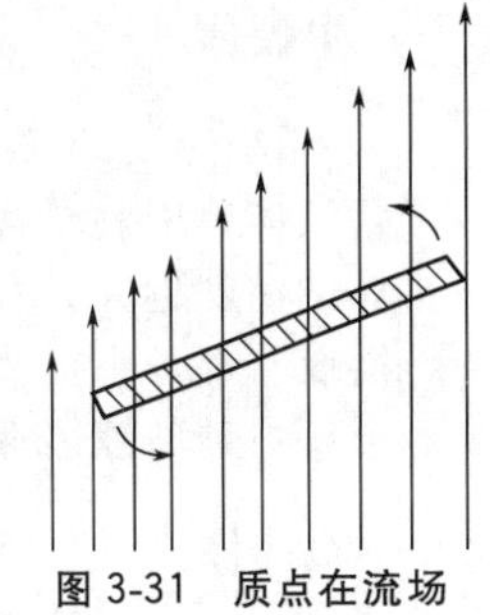

图 3-31 质点在流场中的定向

### （四）黏度与质点大小的关系

由 Einstein 公式可见，球形质点稀溶液的黏度仅与质点的体积分数有关，与质点大小无关，因此不能由黏度的测定来确定质点大小。

若质点形状很不对称时，则黏度与质点大小很有关系，因为质点变大的结果常使其不对称性增大（如线性高聚物分子就是这样），故溶液的黏度也随之增大，因而有可能将黏度和质点大小定量地联系起来。例如，用黏度法测定线性高分子溶液中高分子的相对分子质量，已是实验室中最经常采用的一种方法。

对于像 $V_2O_5$ 这样的无机胶体，目前还没有普遍适用的定量关系式。

### （五）电荷对黏度的影响

若粒子带电，则溶液的黏度增加，这种额外的黏度通常称为电黏滞效应（electroviscous effect）。Смолуховский 曾导出了溶液黏度$\eta$和粒子半径$r$以及$\zeta$电势之间的关系式：

$$\frac{\eta-\eta_0}{\eta_0}=2.5\Phi\left[1+\frac{1}{\eta_0 r^2 k}\left(\frac{\varepsilon\zeta}{2\pi}\right)^2\right] \tag{3-56}$$

式中，$k$ 为电导率；$\varepsilon$ 为介电常数；$\zeta$ 为 Zate 电势；其他符号的意义均同前。显然，当粒子带电时，粒子大小直接影响溶液的黏度。当$\zeta$电势为零时，则式(3-56) 又转变为 Einstein 公式。这也说明电黏滞效应与$\zeta$电势共存。例如，在两性的蛋白质或白明胶溶液中，调节介质的 pH 值使质点处于等电点（isoelectrie point），此时溶液的黏度最小。图 3-32 为白明胶溶液黏度和 pH 值的关系（白明胶的等电点 pH 值为 4.7）。两性质点在等电点 pH 值的两侧均荷电，会造成某些附加的溶剂化作用（使$\Phi$增大），同时也可能增加溶胶在流动时粒子运动的不规则程度。

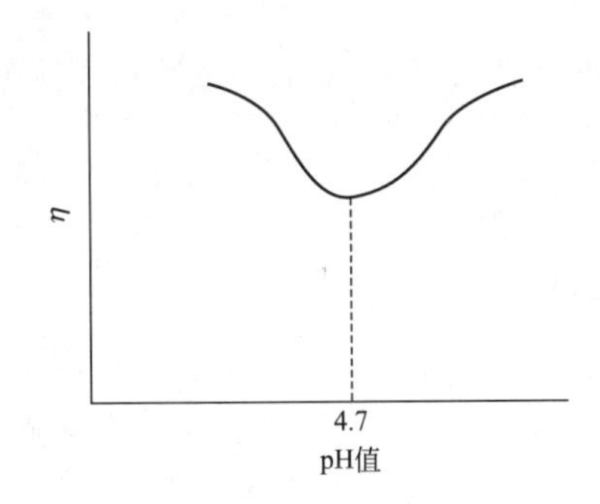


图 3-32 pH 值对白明胶溶液黏度的影响

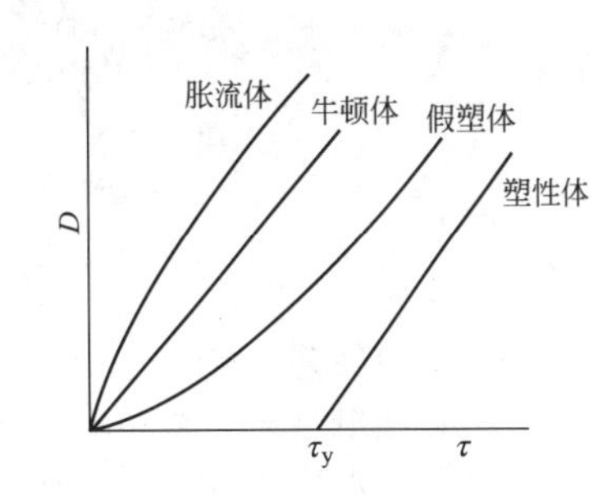


图 3-33 4 种基本流型

## 三、浓分散系统的流变性质

以上所讨论的情况，只适用于稀溶胶或稀的悬浮液。但生产中遇到的大多是浓分散系统，它们的流变性质要复杂得多，在实用上也更为重要。

以切变速度 $D$ 对切应力 $\tau$ 作图（不同 $\tau$ 下的 $D$ 值常由转筒式黏度计测得），可得如图 3-33所示的流变曲线，它表示了系统的流变特性。按流变曲线的类型，可将流体分成 5 种。下面介绍 5 种流型。

## （一）牛顿体

$D$-$\tau$ 关系为直线，且通过原点。即在任意小的外力作用下，液体就能发生流动。对于牛顿液体单用黏度就足以表征其流变特性。另外，从 $D$-$\tau$ 直线关系可见，直线的斜率越小，液体的黏度越大。大多数纯液体（如水、甘油❶、低黏度油以及许多低分子化合物溶液和稀的溶胶）都是牛顿液体。

牛顿型液体常称为真液体。

## （二）塑性体

塑性体（plastic fluid）也叫 Bingham 体。大致说，其流变曲线也是直线，但不经过原点，而是与切力轴交在 $\tau_y$ 处，亦即只有当 $\tau > \tau_y$ 时，系统才流动，$\tau_y$ 称为屈服值（yield value）。下面讨论塑性体的特点。

我们在挤牙膏时，若用力很轻，牙膏并不流出，只是膏面由平变凸，一松手又变平；若用力稍大时，牙膏就会从管中流出，再也不能缩回。也就是说，像牙膏这类流体，当外加切应力较小时它不流动，只发生弹性变形；而一旦切应力超过某一限度时，系统的变形就是永久的，表现出可塑性，故称其为塑性体。使塑性体开始流动所需加的临界切应力，即为屈服值。

塑性体流变曲线的直线部分可表示为：

$$\tau - \tau_y = \eta_{塑} D (\tau > \tau_y) \tag{3-57}$$

式中，$\eta_{塑}$ 称为塑性黏度（或结构黏度），它和屈服值 $\tau_y$ 是塑性体的两个重要流变参数。

对于塑性体流变曲线的解释是，当悬浮液浓到质点相互接触时，就形成三维空间结构（见图 3-34），$\tau_y$ 就是此结构强弱的反映。只有当外加切应力超过 $\tau_y$ 后，才能拆散结构使系统流动，所以 $\tau_y$ 相当于使液体开始流动所必须多消耗的力。由于结构的拆散和重新形成总是同时发生的，所以在流动中，可以达到拆散速度等于恢复速度的平衡态，即总的来看结构拆散的平均程度保持不变，因此系统有一个近似稳定的塑性黏度 $\eta_{塑}$。

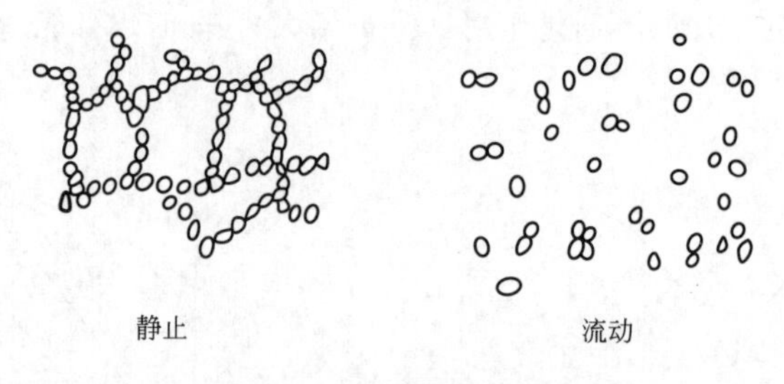


图 3-34　塑性体的解释

石油工业中钻井用泥浆是一种典型的塑性流体。由于黏土颗粒的不规则形状和表面的不均匀性，极易形成结构。泥浆在高速循环时结构被拆散，流动阻力减小；而在停止循环（如停钻）时又重新形成结构。这时泥浆的屈服值 $\tau_y$ 保证了它能悬浮钻屑（如细石块等），不致使其沉入井底而引起卡钻，同时也可防止泥浆渗入地层，造成漏失。因此，泥浆的塑性流动特点在钻井中起着十分重要的作用。

油墨、油漆、牙膏等都是塑性体。

## （三）假塑体

假塑体（pseudoplastic fluid）无屈服值，其流变曲线通过原点，表观黏度 $\eta_a$ 随切力增

❶ 有人发现在低切应力时，甘油不完全是牛顿流体。

加而下降，亦即搅得越快，显得越稀。其流变曲线为一凹向切力轴的曲线（见图 3-33）。

假塑体也是一种常见的非牛顿流体。大多数高分子溶液和乳状液都属于此类。对于这种流体，其 $D$-$\tau$ 关系可用指数定律表示：

$$\tau=KD^n \quad (0<n<1) \tag{3-58}$$

式中，$K$ 和 $n$ 是与液体性质有关的经验常数。$K$ 是液体黏稠度的量度，$K$ 越大，液体越黏稠。$n$ 值小于 1，是非牛顿性的量度，$n$ 与 1 相差越多，则非牛顿行为越显著。按式(3-58) 若以 $\lg\tau$ 对 $\lg D$ 作图，应有直线关系，据此可求出 $K$ 和 $n$。

假塑体的形成原因有二：①这类系统倘若有结构也必然很弱，故 $\tau_y$ 几乎为零，在流动中结构不易恢复，故表观黏度 $\eta_a$ 总是随切速增加而减小；②这类系统也可能无结构，$\eta_a$ 的减小是不对称质点在速度梯度场中定向的结果。

流体的假塑性质在生产中有很多应用。例如，油井进行压裂处理时，为使压裂液具有较强的携砂能力和产生较大的压裂应力，希望压裂液在地层中具有较高的黏度；但压裂液在管道中高速流动时又希望其黏度要小，以减小能量消耗，假塑体的流动特性正符合这些要求。生产中使用的压裂液有聚丙烯酰胺稠化水压裂液以及稠化的水包油压裂液等。图 3-35 为甲基纤维素、藻蛋白酸钠等高分子水溶液的假塑体流变曲线。

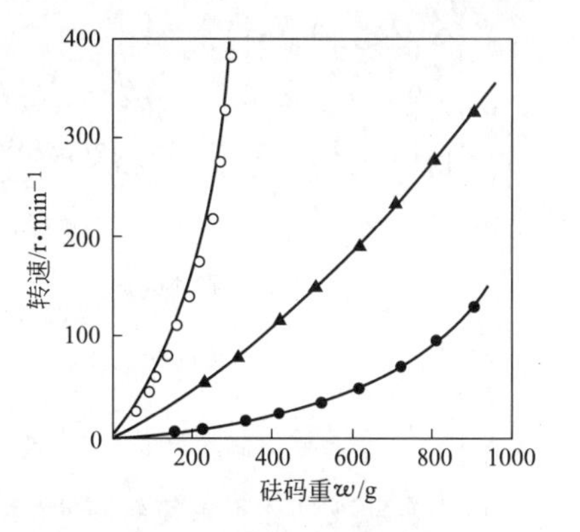


**图 3-35 假塑体的流变曲线**

$T=30℃$，

●—2%藻蛋白酸钠水溶液；

▲—2.29%甲基纤维素水溶液；

○—1%木质素磺酸钠水溶液

血液在高切速时是牛顿流体，但在低切速时则表现为假塑体。血液流变学的研究对许多疾病的诊断和治疗具有重要意义。

## （四）胀流体

胀流体（dilatant fluid）的流变曲线也通过原点，但与假塑体相反，其流变曲线为一凸向切速轴的曲线（见图 3-33）。胀流体的表观黏度 $\eta_a$ 随切速增加而变大，也就是说，这类系统搅得越快，显得越稠。式(3-58) 在此也适用，但 $n>1$。

胀流体通常需要满足以下两个条件：(1) 分散相浓度需相当大，且应在一狭小的范围内。例如，淀粉大约在 40%～50%的浓度范围内可表现出明显的胀流体特征。分散相浓度较低时为牛顿体，较高时为塑性体；(2) 颗粒必须是分散的，而不是聚集的。这两个条件不难理解，设切力不大时颗粒全是散开的，故黏度较小。切力大时，许多颗粒被搅在一起，虽然此种结合并不稳定，但大大增加了流动阻力，搅得越剧烈结合越多，阻力也越大，也就显得越稠（见图 3-36）。当分散相浓度太小时结构不易形成，当然无胀流现象；浓度太大时颗粒本来已经接触了，搅动时，内部变化不多，故胀流现象也不显著。做馒头的面团具有胀流性质。钻井时如遇到胀流性很强的地层，会发生卡钻的严重事故。图 3-37 为氧化铁木质素磺酸钠、淀粉等悬浮液胀流体的流变曲线。

## （五）触变流型

流变类型属于塑性体的系统，这类系统大多有一特点，即所谓之触变性（thixotropy）。若将浓度相当大的 $Fe_2O_3 \cdot xH_2O$ 或 $V_2O_5$ 的水溶胶或铝皂在苯中的溶胶于试管中静置一些时间，即呈半固体的状态，将试管倒置，样品并不流出；若将试管激烈摇动，又可恢复到原来的流体状态。此种现象可任意重复，人们把这种摇动变成流体、静置后又变成半固体的性质叫做触变性。泥浆、油漆等都有触变性。利用泥浆的触变性可将岩屑自井中运到井外，油

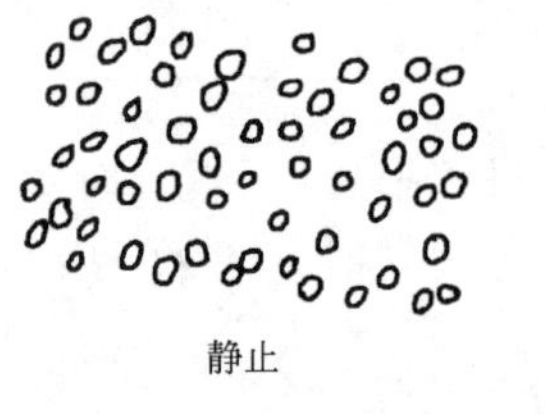

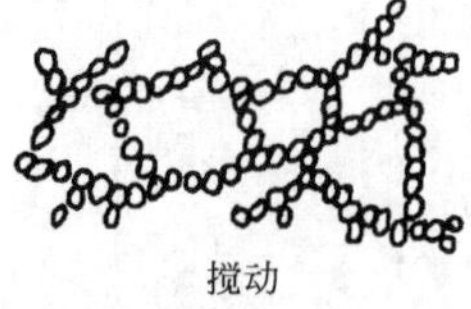


图 3-36 胀流的产生

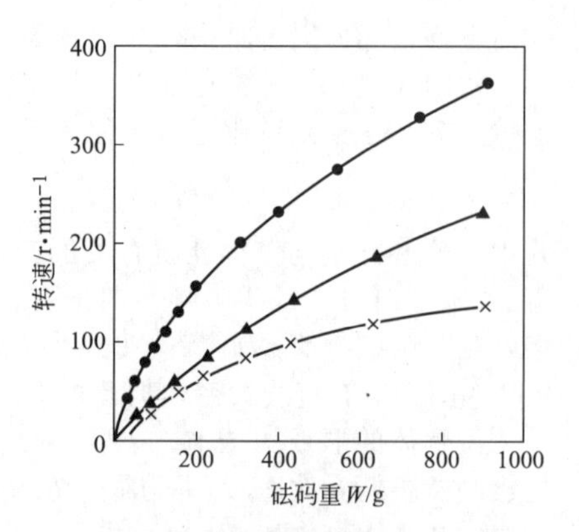


图 3-37 胀流体的流变曲线

$T=30℃$，

×—12.4%氧化铁木质素磺酸钠水溶液；

▲—46.9%淀粉乙二醇溶液；

●—39.2%硫酸钡木质素磺酸钠水溶液

漆因有触变性才不致使新刷的油漆立即从器壁上流下来。

关于触变性产生的原因，解释很多。比较流行的看法是，针状或片状质点较之球形质点更易于表现触变性，这是由于它们的边角和末端间的相互吸引易于搭成架子。流动时结构被拆散，但被拆散的质点要靠布朗运动使边角相碰才能重建结构，这个过程需要时间，因此表现出触变性。触变系统的流变曲线和塑性流型大体相似，但较复杂，流变曲线上都出现滞后圈（见图 3-38）。所谓滞后圈是指用转筒法测定不同切力下的切速时，从低到高直至达到预先选定的某一最高值（例如图中的 $C$ 点）后，再逐步减小 $\tau$ 值，并同时记录相应的 $D$ 值。实验表明，上行线 $ABC$ 与下行线 $CA$ 形成一个月牙形的圈，这个圈就是滞后圈。一般来说，滞后圈的大小可以作为触变性大小的度量。尽管人们用“拆散的颗粒要搭成架子（结构）需要时间”的观点来说明触变滞后现象，但有些触变系统相当复杂，不少问题还难于说明原因，有待于进一步的研究。

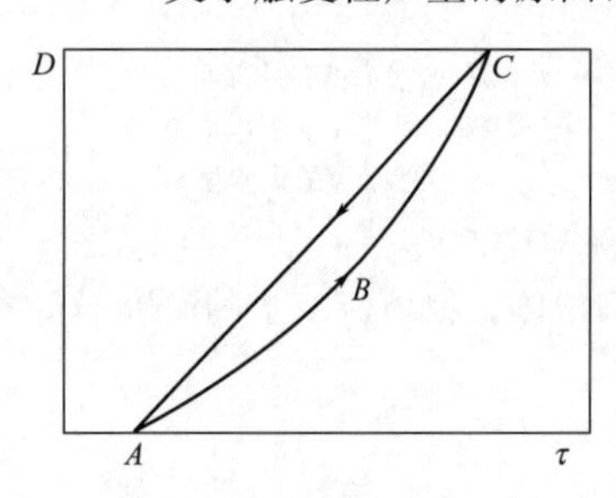


图 3-38 触变流型的滞后圈

## 四、高分子溶液的黏度与相对分子质量

高分子溶液与溶胶相比，最大的区别在于黏度特别高。这是由于高分子长链之间相互有作用、无规线团占有较大体积以及溶剂化作用等原因，使高分子链在流动时受到较大的内摩擦阻力。

高分子溶液的黏度是一个非常有实用意义的参数。通过黏度测定不仅可知道高聚物的相对分子质量，而且可了解分子链在溶液中的形状以及支化程度等。溶液的黏度测定具有实验设备简单、操作方便、精度高等优点，因此，高分子溶液黏度的测定是科研和生产中不可缺少的手段之一。

高分子溶液的特性黏度 $[\eta]$ 和高分子相对分子质量之间的关系，通常用带有两个参数的 Mark-Houwink 经验公式表达：

$$[\eta]=KM^{\alpha} \tag{3-59}$$

式中，$K$ 值一般在 $(5\sim200)\times10^{-3}$ 之间，单位是 $dm^3\cdot kg^{-1}$ 或 $cm^3\cdot g^{-1}$；$\alpha$ 值在 1～0.5 之间，良溶剂时 $\alpha>0.5$。在良溶剂内加入不良溶剂后，无规线团紧缩，$\alpha$ 值逐渐减小。到接近沉淀点时，$\alpha$ 总是接近于 0.5。$K$ 与 $\alpha$ 的数值可从有关手册中查到，但一定要注意这两个参数的测定条件（如使用的温度、溶剂、适用的相对分子质量范围、单位以及用什么方法测定的）。表 3-8 列出一些系统的 $K$ 值、$\alpha$ 值。

**表 3-8　一些典型系统的 K 值、α 值**

| 聚合物 | 溶剂 | 温度/℃ | $K\times10^3/cm^3\cdot g^{-1}$ | $\alpha$ |
|---|---|---|---|---|
| 聚乙烯醇 | 水 | 25 | 20 | 0.76 |
| 聚甲基丙烯酸甲酯 | 丙酮 | 30 | 7.7 | 0.70 |
| 聚苯乙烯 | 甲苯 | 34 | 9.7 | 0.73 |
| 天然橡胶 | 苯 | 30 | 18.5 | 0.74 |
| 聚丙烯腈 | 二甲基甲酰胺 | 20 | 17.7 | 0.78 |
| 聚氯乙烯 | 四氢呋喃 | 20 | 3.63 | 0.92 |

$K$ 值和 $\alpha$ 值均由实验测定。方法是先将高分子相对分子质量较均一的若干级分，用其他独立方法（如光散射、渗透压法等）测出各级相对分子质量，并测出各级分在同一溶剂中的 $[\eta]$，根据式(3-59)，以 $\lg[\eta]$ 对 $\lg M$ 作图，求出 $K$ 值和 $\alpha$ 值。因而黏度法测定相对分子质量是一种相对方法。

为了求得高分子溶液的特性黏度 $[\eta]$，必须进行一系列黏度测定，即

相对黏度　$\eta_r=\eta/\eta_0$

增比黏度　$\eta_{sp}=\dfrac{\eta-\eta_0}{\eta_0}=\eta_r-1$

比浓黏度　$\eta_{red}=\dfrac{\eta_{sp}}{c}$

比浓对数黏度　$\eta_{int}=\dfrac{\ln\eta_r}{c}$

特性黏度　$[\eta]=\lim\limits_{c\to0}\dfrac{\eta_{sp}}{c}=\lim\limits_{c\to0}\dfrac{\ln\eta_r}{c}$

以上各式中，$\eta$ 为高分子溶液的黏度；$\eta_0$ 为纯溶剂的黏度；$c$ 为高分子溶液的浓度$[g\cdot(100mL)^{-1}]$。

相对黏度、增比黏度、比浓黏度、比浓对数黏度和特性黏度只是习惯上的名称，它们并非黏度。相对黏度和增比黏度为无因次数值，比浓黏度、比浓对数黏度、特性黏度的因次是浓度的倒数。

根据 Huggins 公式，可得：

$$\frac{\eta_{sp}}{c}=[\eta]+K'[\eta]^2c \tag{3-60}$$

作 $\dfrac{\eta_{sp}}{c}-c$ 图应得一直线，截距即为特性黏度 $[\eta]$。

同时也可以根据 Kraemer 公式：

$$\frac{\ln\eta_r}{c}=[\eta]-\beta[\eta]^2c \tag{3-61}$$

作 $\dfrac{\ln\eta_r}{c}-c$ 图可得一直线，截距也是特性黏度 $[\eta]$。以上两式只对稀溶液适用。

式(3-60) 中 $K'$ 称为 Huggins 常数，在良溶剂中柔顺性好的线型高聚物 $K'$ 通常在 0.35 左右。式(3-61) 中 $\beta$ 称为 Kraemer 常数，数值约为 0.15 左右。因此，$K'+\beta=0.5$。式(3-60) 所得直线的斜率大于式(3-61) 所得直线的斜率。

只要实验做得足够准确，上述两直线外推到 $C\to0$（即无限稀释），两条直线会在纵坐标上交于一点，其截距即是 $[\eta]$，如图 3-39 所示。

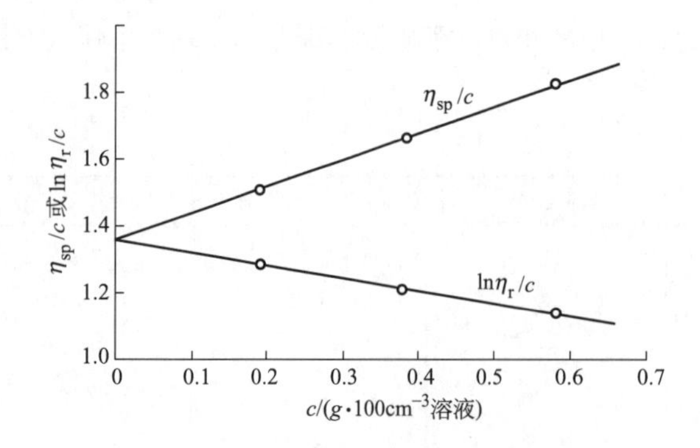


**图 3-39　稀释外推法求［η］**
298K 时聚氯乙烯在环己烷溶液中 $\eta_{sp}/c$ 和 $\ln\eta_r/c$ 对 $c$ 作图

［例］　今测得 25℃时不同浓度聚乙烯醇水溶液的增比黏度$\eta_{sp}$和相对黏度$\eta_r$值，计算聚乙烯醇相对分子质量。

| 浓度/(g·(100ml)$^{-1}$) | 0.219 | 0.291 | 0.445 | 0.602 | 0.704 | 0.844 |
|---|---|---|---|---|---|---|
| $\eta_{sp}$ | 0.112 | 0.153 | 0.241 | 0.341 | 0.410 | 0.509 |
| $\eta_r$ | 1.112 | 1.153 | 1.241 | 1.341 | 1.410 | 1.509 |

［解］　由所给数据计算出比浓黏度$\eta_{sp}/c$ 和 ($\ln\eta_r$)/$c$，作$\eta_{sp}/c$ 对 $c$ 和 ($\ln\eta_r$)/$c$ 对 $c$ 的图（如图 3-40）。

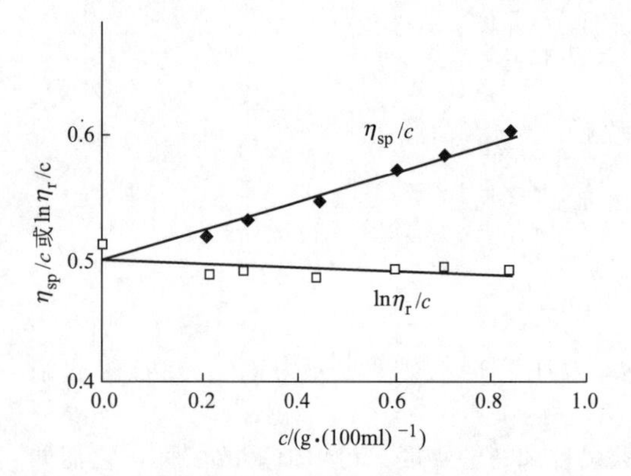


**图 3-40　聚乙烯醇水溶液的$\eta_{sp}/c\sim c$ 和 ($\ln\eta_r$)/$c\sim c$ 关系图**

由图可见，量关系均为直线，且交纵轴于一点，交点处之值即为特性黏度［η］。［η］＝0.486 (100ml·g$^{-1}$)。

根据式(3-59)，并由表 3-8 中查出该体系的 $K=2.0\times10^{-4}$ (100ml·g$^{-1}$)，$\alpha=0.76$，代入式(3-59) 得 $M=28500$。

## 五、生物体液与血液的流变性

生物体中的许多重要生命活动，如血液和淋巴液的循环，胃肠液、乳汁和胆汁的分泌等都伴随着流体的流动，呼吸运动中气管、支气管在正常情况下也产生一定的分泌液——黏液，也是流体，有一定的流动性，因此也表现出一定的黏度[1]。这里主要介绍血液的流变学特性，因为它直接关系到人的健康和心脑血管病等问题。关于痰液的黏度只简单述。

### (一) 血液的流变性

(1) 有关血液的几个基本概念　血液是由有形成分（如红血球、白血球、血小板等）和无形成分（如蛋白质、糖、盐类等）组成的，因此，它实质上是一种悬浮系统。众所周知，

❶ 曹宗顺，卢凤琦. 化学通报，1991，(10)：21.

血液极易凝固，凝固后适当离心，即有上清液渗出，这就是血清，其中主要是蛋白质等。若在新鲜血液中加入一定量的抗凝剂（临床上主要用肝素），则血液不会凝固，此时用离心法可分离掉有形物，而成为血浆。临床上所测的血液黏度（或称全血黏度），均指加了抗凝剂的血液黏度。为全面考察血液的流变性，也常同时测定血浆黏度等项目。

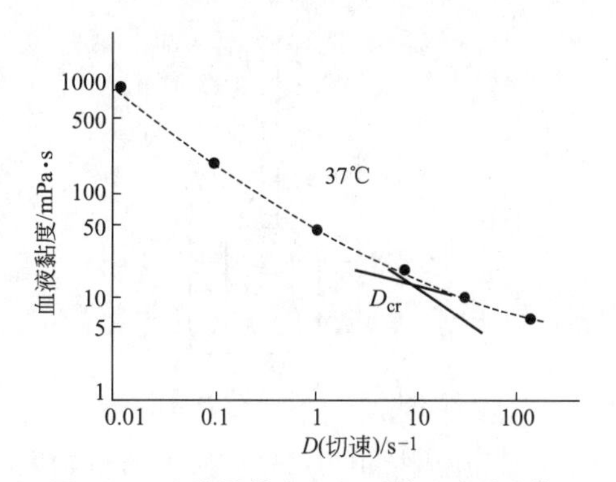


图 3-41　正常男性在 37℃ 时的血液黏度[1]

（2）血液的流变特性及影响因素　从前面讨论的浓分散系统的流变特性可以理解：既然血液是悬浮系统，这就从理论上确定了在流场中它不可能是牛顿流体，或者说，其表观黏度$\eta_a$会随切速而改变。虽然血浆中已无有形成分，其$\eta_a$必然较低，但也不是真正的牛顿流体，而实验证明，在高切速时可近似看作牛顿流体，而低切速时则不是。图 3-41 是正常人 37℃时血液在不同切速 $D$ 下的表观黏度$\eta_a$。

图 3-41 表明，血液的流变曲线属于假塑体，在 $D>100s^{-1}$时近似于牛顿流体，当 $D$ 在 $0.1\sim0.5s^{-1}$范围内，特别是 $D<0.1s^{-1}$时，$\eta_a$ 随 $D$ 的降低而直线上升，这说明此时红细胞形成了聚集体，具有一定程度的三维网状结构，可表现出黏弹性，也就是前面讨论的具有触变性。另外，从此流变曲线可见，血液似乎还有一个临界切速 $D_{cr}$ 值，对正常人来说，此值一般在 $10s^{-1}$以下，此时全部红细胞无聚集现象，而严重高血脂症患者的 $D_{cr}$值可高达 $50s^{-1}$或 $100s^{-1}$，甚至更高。显然，若红细胞表面负电荷减少（由电泳速度确定），则其聚集数增加，必引起$\eta_a$ 增大；若红细胞变形性降低（由通过微孔滤膜的速度确定），则刚性增加（糖尿病患者往往如此），则$\eta_a$ 也会升高。当然，高血脂、高胆固醇患者，其血黏度也往往升高。由于血黏度升高，其在血管中的流动阻力增大，会加重心脏负担，长期如此，当然有害健康。因此，高血黏度患者必须积极治疗，降低血液黏度。当然，如血液黏度较正常值降低过多，也是一种疾病表现（如贫血或低蛋白血症等），也应积极治疗。

（3）血液黏度测定方法　上面已介绍过流体黏度测定方法，例如转筒式黏度计虽可测定不同切速下的黏度，但样品耗量大，且有 Weisenbeg 效应[2]等缺点，所谓 Weisenbeg 效应，是指在同心圆筒黏度计的内桶高速旋转时，会在绕轴处有液体上升，在黏度大的系统中表现尤为突出，会影响测量的精确性。图 3-42 为 Weisenbeg 效应示意图。为此临床上广泛采用专门设计的、原理与转筒黏度计相似的同轴锥板式黏度计或圆锥式黏度计等。目前国内大中型医院普遍使用同轴锥板式黏度计（见图 3-43）。此种黏度计的平板部分为样品杯，它与调速电动机相连，血液加于锥体与平板间的狭窄间隙中，当平板以一定转速 $\Omega$ 旋转时，给样品施加一定的切应力，使之形成流层，由于流层之间的内摩擦作用，把旋转形成的力矩传递到锥板，使之偏一定的角度 $\theta$，由于偏转角与力矩及力矩与样品黏度间均呈正比关系，所以据式(3-52) 即可计算被测液体的黏度。目前国内也有不少医院使用锥板黏度计，一般黏度测量范围为 $0.6\sim50mPa\cdot s$，切速范围为 $1\sim200s^{-1}$，血液用量约为 $1\sim2ml$，有的装置有自动清洗系统，测量结果直接由计算机、彩色显示器、打印机打出。锥板黏度计的最大优点是：用量少，能大大减弱 Weisenbeg 效应，狭缝各处切速相同，测量精度高。

---

[1] 此图引自［澳］L·丁坦法思. 血液流变学在诊断及预防医学中的应用. 廖福龙，翁维良译. 北京：科学出版社，1981：60（此数据系圆锥黏度计测定结果）。

[2] 见参考书目 3，p196.

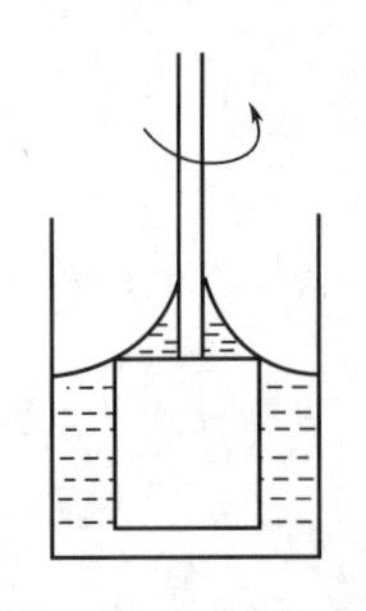

图 3-42　Weisenbeg 效应示意图

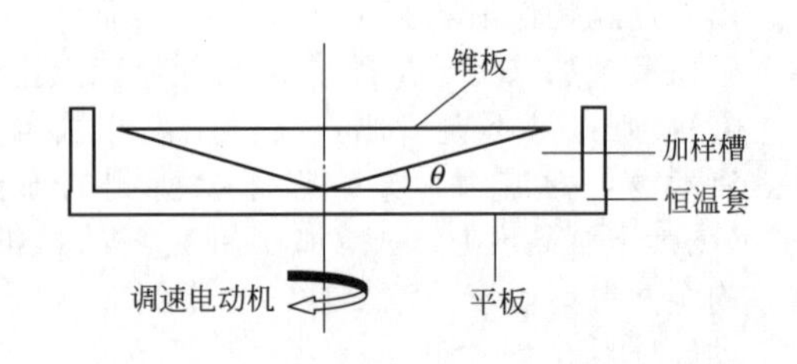


图 3-43　锥板式黏度计示意图

应当指出，一个健康人的血黏度除内在因素外，还和黏度计类型、测定方法和条件有关。因此，特定厂家生产的黏度计皆附有其所检定项目的“正常参考值”。例如，某公司生产的锥板黏度计所附的在 37℃时健康男性的血黏度和切速的关系，示于图 3-44 中。

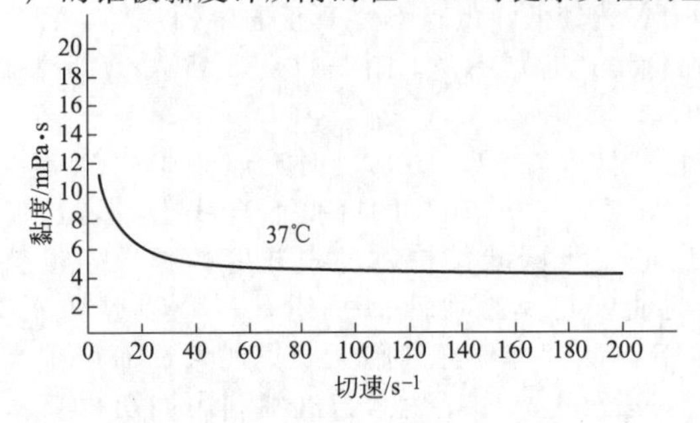


图 3-44　健康男性全血黏度曲线（正常参考值）

### （二）痰液的黏度

最后简单介绍痰液的黏度[1]。正常情况下，呼吸道不断分泌少量黏液，它对气管、支气管黏膜起保护作用，但当呼吸道受刺激或有炎症时，则分泌物增多，痰量增多。呼吸道黏液分泌物中含有水、糖和脂类物质，痰液是下呼吸道的分泌物，通常认为其成分（特别是稠痰）主要是黏多糖纤维。实际上，其成分复杂，其中有碎屑组分、细胞、纤维蛋白和各类糖蛋白等。当痰中酸性糖蛋白含量升高时，则痰的黏稠度增高。从化学结构说，它是一种以蛋白质为主键，由二硫键（—S—S—）交联结合到含糖的蛋白质侧键上，形成一种聚合性纤维网状结构，故黏度增高，严重时使痰难于咳出。不少老慢性支气管炎患者都有这样的经验：在玻璃杯中放置咳出的黏稠痰液，经过一定时间后，则可观察到上层为泡沫状黏液，下层可呈现半透明的近似凝胶状半固体，这可能是咳出的稠痰块之间通过氢键形成了痰凝胶。特别是当支气管发生急性感染时，腺体肥大，气管黏膜纤毛运动减弱，使痰液的清除功能受损，稠痰更难于咳出。此时除消炎外，还必须使用化痰、祛痰药。例如，盐酸溴己新等药物能分解糖蛋白的多糖纤维部分而使痰的黏度降低；又如乙酰半胱氨酸等，可直接分裂糖蛋白分子间的二硫键，使分子变小而降低黏度等。总之，通过痰的流变性变化，不仅可以判定病变状态，还可了解和研究药物的疗效。

## 第五节　胶体稳定性

胶体系统的稳定性是一个具有理论意义与应用价值的课题，历来受到人们的重视。P.

---

❶ 俞森洋. 现代呼吸治疗学. 北京：科学技术文献出版社，2003.

Hiemenz[1] 认为："胶体化学是在研讨胶体稳定性过程中发展起来的"。此话虽有些过头，但有一定的道理。随着工农业的迅猛发展，这一课题将日益突出并持续地讨论下去。

本节所涉及的胶体稳定性，均指系统是化学稳定的，即其中不涉及化学反应，尽管该问题非常重要，但限于篇幅，只能简要介绍。

"稳定性"一词在胶体科学中随处可见，若欲确切理解其含义，必须注意三点：①稳定性只具有动力学意义，故而是相对的；②在该领域中，国内外使用术语亦未完全统一，特别是不同行业的从业人员出于传统的或职业上的原因对同一现象而有不同的称呼，那是不足为奇的；③必须要知道问题的来龙去脉，否则，容易产生误解。

## 一、溶胶的稳定性与 DLVO 理论

### （一）溶胶的稳定性

胶体溶液的稳定性实指其某种性质（如分散相浓度、颗粒大小、系统黏度和密度等）有一定程度的不变性。正是由于这些性质在"一定程度"内的变化不完全相同，就必然对稳定性有不同的理解。为此，宜用热力学稳定性、动力学稳定性和聚集稳定性三者来表征。

（1）热力学稳定性　胶体系统是多相分散系统，有巨大的界面能，故在热力学上是不稳定的。现已知道，微乳液在热力学上是稳定的，因而也不排斥在一定条件下可以制取热力学稳定的溶胶。

（2）动力学稳定性　实指在重力场或离心力场中，胶粒从分散介质中析离的程度。胶体系统是高度分散的系统，分散相颗粒小，有强烈的布朗运动，能阻止其因重力作用而引起的下沉，因此，在动力学上是相对稳定的。

（3）聚集稳定性　系指系统的分散度是否随时间变化而言。例如，系统中含一定数目的细小胶粒，由于某种原因，团聚在一起形成一个大粒子并不再被拆散开，这时系统中不存在细小胶粒，即分散度降低，这种现象称为系统的聚集稳定性差；反之，若系统中的细小胶粒长时间不团聚，则系统的聚集稳定性高。

在 20 世纪 40 年代以前，人们以研究聚沉的现象为主，所用药剂多为无机化合物，有机化合物次之。那时，高分子化合物品种不多，且绝大部分为天然产物及其衍生物，人工合成者甚鲜。人们在观测胶体沉淀物的形成与性状过程中，积累了大量感性知识和可贵的数据，既导出了以无机聚沉为对象的 DLVO 理论，又发现无机电解质和高分子化合物之间的沉淀规律有很大差异。不过，那时区别两者的社会需求并不迫切，在造词用句上无须严格区分，有时把沉淀过程叫作聚集作用（aggregation）、或聚沉作用（coagulation）、或絮凝作用（flocculation）。直到 1963 年，LaMer 等建议用聚沉作用定义无机电解质使胶体沉淀的作用；用絮凝作用定义高分子化合物使胶体沉淀的作用；在不知为何种药剂，但能使胶体沉淀时，则笼统地称为聚集作用。约定俗成，至今仍为大多数胶体科学工作者沿用。

胶体本质上是热力学不稳定系统，但又具有动力学稳定性，这是一对矛盾。在一定条件下，它们可以共存；在另一条件下，它们又可以转化。制备出来的溶胶之所以能在相当长的一段时间内保持稳定（例如，Faraday 制备的金溶胶放置了几十年才聚沉下来），或许就是由于这个原因。

### （二）DLVO 理论

从扩散双电层观点来说明溶胶的稳定性已普遍为人们所采用。它的基本观点是胶粒带电（有一定的 $\zeta$ 电势），使粒子间产生静电斥力。同时，胶粒表面水化，具有弹性水膜，它们也起斥力作用，从而阻止粒子间的聚结。关于胶体稳定性的研究，最初只注意到质点上的电荷及静电作用，后来才注意到溶胶中粒子间也有 Van der Waals 引力，这就使人们对胶体稳定

---

[1] 见参考书目 1。

性的概念有了更深入的认识。多年来，经过许多学者的工作，在扩散层模型的基础上，Derjaguin和 Landau，Verwey 和 Overbeek 于 20 世纪 40 年代初分别独立提出关于疏液溶胶稳定性的理论（通常称为 DLVO 理论）。该理论认为，溶胶在一定条件下是稳定存在还是聚沉，取决于粒子间的相互吸引力和静电斥力。若斥力大于吸力则溶胶稳定，反之则不稳定。

（1）胶粒间的相互吸引　胶粒间的相互吸引本质上是 van der Waals 引力。但胶粒是许多分子的聚集体，因此，胶粒间的引力是胶粒中所有分子引力的总和。一般分子间的引力与分子间距离的 6 次方成反比，而胶粒间的吸引力与胶粒间的距离的 3 次方成反比。这说明胶粒间有“远距离”的 van der Waals 引力，即在比较远的距离时胶粒间仍有一定的吸引力。

因为胶粒是大量分子的聚集体，故此 Hamaker 假设，胶粒间的相互作用等于组成它们的各分子对之间相互作用的加和。据此可以导出不同形状粒子间的 van der Waals 引力势能。

对于大小相同的两个球形粒子，其引力势能 $E_A$ 为：

$$E_A=-\frac{Aa}{12H} \tag{3-62}$$

式中，$a$ 为球半径；$H$ 是两球间的最短距离；$A$ 是 Hamaker 常数；式中负号是因为引力势能皆规定为负值。

对于两个彼此平行的平板粒子，其引力势能 $E_A$ 为：

$$E_A=-\frac{A}{12\pi D^2} \tag{3-63}$$

式中，$D$ 为两板之间的距离。

以上两式均表明，$E_A$ 随距离增大而下降。Hamaker 常数 $A$ 是一个重要的参数，它与粒子的性质有关，是物质的特性常数，具有能量单位，其值常在 $10^{-20}$J 左右。$A$ 值大，表示吸引力大，某些物质的 Hamaker 常数列于表 3-9。

**表 3-9　某些物质的 Hamaker 常数**

| 物质 | $A/\times10^{-20}$J（宏观法） | $A/\times10^{-20}$J（微观法） | 物质 | $A/\times10^{-20}$J（宏观法） | $A/\times10^{-20}$J（微观法） |
|---|---|---|---|---|---|
| 水 | 3.0～6.1 | 3.3～6.4 | 石英 | 8.0～8.8 | 11.0～18.6 |
| 离子晶体 | 5.8～11.8 | 15.8～41.8 | 碳氢化合物 | 6.3 | 4.6～10 |
| 金属 | 22.1 | 7.6～15.9 | 聚苯乙烯 | 5.6～6.4 | 6.2～16.8 |

式(3-62) 和式(3-63) 是两个粒子在真空中的引力势能。对于分散在介质中的粒子，$A$ 必须用有效的 Hamaker 常数 $A_{121}$ 代替。对于同一物质的两个粒子：

$$A_{121}=(A_{11}^{1/2}-A_{22}^{1/2})^2 \tag{3-64}$$

式中　$A_{11}$ 和 $A_{22}$ 分别表示粒子和介质本身的 Hamaker 常数。$A_{121}$ 的值大约为 $10^{-20}$J 数量级，因此，习惯上人们还是用真空条件下的 Hamaker 常数。值得注意的是，由于 $A$ 总是正值，所以 $A_{121}$ 也是正值，这表明介质的存在使粒子彼此间的吸引力减弱，且介质的性质与质点的越接近，粒子间的吸引力越弱，越有利于该胶体稳定。

（2）胶粒间的相互排斥　根据扩散双电层模型，胶粒是带电的，其四周为离子氛（ionic atmosphere）所包围（如图 3-45 所示）。图 3-45 中胶粒带正电，外圆圈表示正电荷的作用范围。由于离子氛中的反离子（counterion）的屏蔽效应，胶粒所带电荷的作用不可能超出扩散层离子氛的范围，即图中外圆圈以外的地方不受胶粒电荷的影响。因此，当两个胶粒趋近而离子氛尚未接触时，胶粒间并无排斥作用。当胶粒相互接近到离子氛发生重叠（见图 3-46）时，处于重叠区中的离子浓度显然较大，破坏了原来电荷分布的对称性，引起了离子氛中电荷重新分布，即离子从浓度较大的重叠区间向未重叠区扩散，使带正电的胶粒受到斥力而相互脱离。计算表明，这种斥力是胶粒间距离的指数函数。

关于同号粒子间的静电斥力，不少书籍中已有公式的推导过程，这里仅列出其结果。

对于大小相同的球形粒子，其斥力位能 $E_R$ 为：

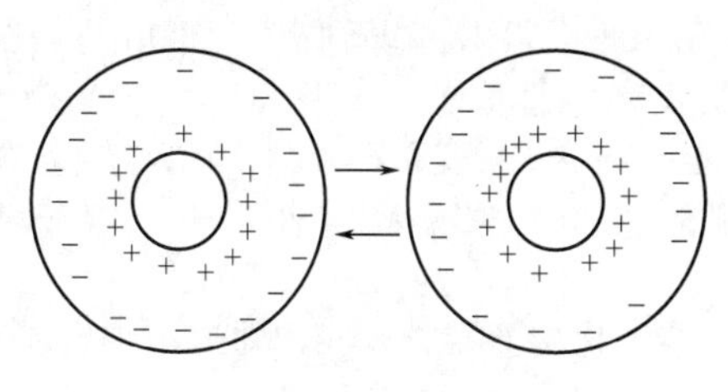

图 3-45　离子氛示意图

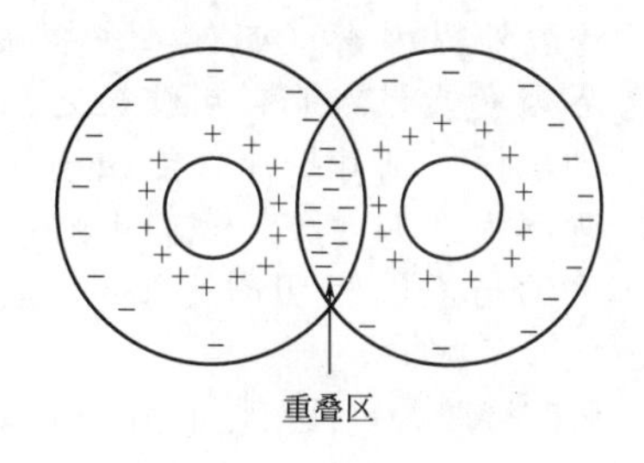


图 3-46　离子氛重叠

$$E_{\mathrm{R}}=\frac{64\pi rn_0kTv_0^2}{\kappa^2}\exp(-\kappa H) \tag{3-65}$$

式中，$r$ 为球半径；$\kappa$ 的意义同前，其倒数为双电层厚度；$H$ 为两球间的最短距离；$v_0$ 的意义在 Stern 双电层模型中：

$$v_0=\frac{\exp\left(\frac{Ze\psi_{\mathrm{s}}}{2kT}\right)-1}{\exp\left(\frac{Ze\psi_{\mathrm{s}}}{2kT}\right)+1} \tag{3-66}$$

对于两个平行的等同板状粒子，$E_{\mathrm{R}}$ 为：

$$E_{\mathrm{R}}=\frac{64n_0kTv_0^2}{\kappa}\exp(-\kappa d) \tag{3-67}$$

式中，$d$ 为两板间的距离。

（3）胶粒间的总相互作用能　当两个胶粒相互接近时，系统相互作用的能量（吸引能＋排斥能）变化的情况可用图 3-47 表示。图 3-47 中曲线 $E_{\mathrm{R}}$ 表示两胶粒靠近时排斥能（repulsive energy）增加的情况；曲线 $E_{\mathrm{A}}$ 表示吸引能（attractive energy）变化的情况。显然，$E_{\mathrm{R}}$ 和 $E_{\mathrm{A}}$ 之间的关系是相反的，以相斥为正，相吸为负。曲线 $E_{\mathrm{T}}$ 代表总势能（total potential energy，$E_{\mathrm{R}}+E_{\mathrm{A}}$）与胶粒间距离的关系。由图 3-47 可知，当两胶粒相距较远时，离子氛尚未重叠，粒子间“远距离”的吸引力在起作用，即引力占优势，曲线在横轴以下，总势能为负值；随着胶粒间距离变近，离子氛重叠，斥力开始起作用，总势能逐渐上升为正值，至一定距离处，总势能最大，出现一个能峰 $E_0$。位能上升意味着两胶粒不能进一步靠近，或者说它们碰撞后又会分离开来。如越过位能峰 $E_0$，位能即迅速下降，说明当胶粒间距离很近时，吸引能 $E_{\mathrm{A}}$ 随胶粒间距离的变小而激增，使引力占优势，总势能下降为负值，这意味着胶粒将发生聚集。由此可以得出结论：如要使胶粒聚集在一起，必须通过位能峰 $E_0$，这就是胶体系统在一定时间内具有“稳定性”的原因。习惯上将这种稳定性称为溶胶的“聚集稳定性”。聚集稳定性是保持溶胶分散度不易自行降低的一种性质。聚集稳定性和前述的动力学稳定性是两个不同的概念，请读者加以区别。

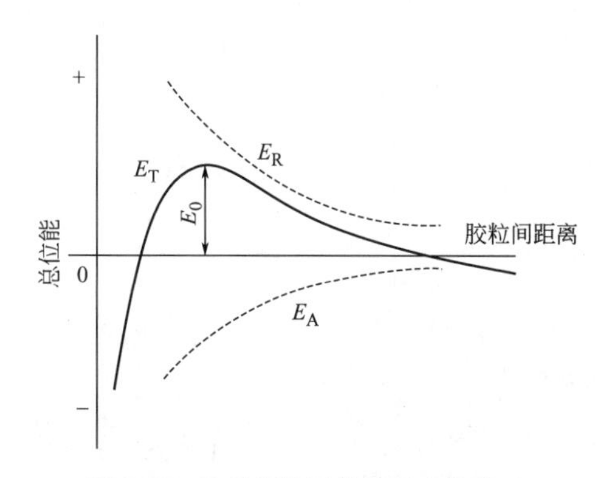


图 3-47　胶粒间作用能和距离的关系

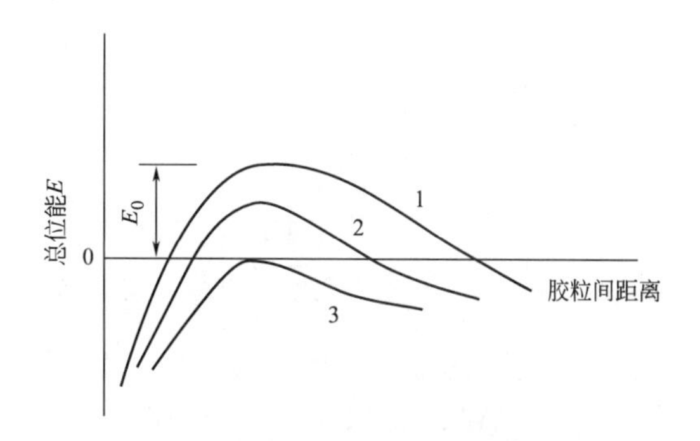


图 3-48　能峰 $E_0$ 逐渐减小

一般外界因素（如分散系统中电解质的浓度等）对 van der Waals 引力影响很小，但外界因素能强烈地影响胶粒之间的排斥位能 $E_R$。例如，若降低胶粒的 $\zeta$ 电势，减少粒子的电性，则其排斥位能减小（$E_0$ 减少），聚集稳定性降低（见图 3-48 曲线 2）。这可以理解为，如果胶粒表面电势降低到某个程度（在极端情况下，$\zeta$ 电势为零），使能峰降到约与横轴相切时（$E_0=0$，曲线 3），则此溶胶的聚集稳定性最低，溶胶将很快聚沉。

研究溶胶稳定性问题的另一个要考虑的因素是溶剂化层的影响。我们知道，胶粒表面因吸附某种离子而带电，并且此种离子及其反离子都是溶剂化的，这样，在胶粒周围就好像形成了一个溶剂化膜（水化膜）。许多实验表明，水化膜中的水分子是比较定向排列的，当胶粒彼此接近时，水化膜就被挤压变形，而引起定向排列的引力力图恢复水化膜中水分子原来的定向排列，这样就使水化膜表现出弹性，成为胶粒彼此接近时的机械阻力。另外，水化膜中的水较之系统中的“自由水”还有较高的黏度，这也成为胶粒相互接近时的机械障碍。总之，胶粒外的这部分水膜客观上起了排斥作用，所以也常称为“水化膜斥力”。胶粒外水化膜的厚度应该和扩散双电层的厚度相当，估计约为 1～10nm。水化膜的厚度受系统中电解质浓度的影响，当电解质浓度增大时，扩散双电层的厚度减小，故水化膜变薄（参考表 3-5 数据）。

## 二、溶胶的聚沉

疏液胶体是热力学不稳定体系，其“稳定”是有条件的，一旦稳定条件被破坏，溶胶中的粒子就合并（聚集）、长大，最后从介质中沉出，这种现象称为聚集作用（aggregation）。有人将因加入无机电解质引起的聚集称为聚沉（coagulation），将加入聚合物引起的聚集称为絮凝（floculation），前者形成的聚集体较为紧密，易分离，不易重新分散；后者的聚集体较松散，不易分离，易重新分散。

### （一）Scbulze-Hardy 规则和聚沉值

在溶胶中加入电解质时，电解质中与扩散层反离子电荷符号相同的那些离子将把反离子压入（排斥）到吸附层，从而减小了胶粒的带电量，使 $\zeta$ 电势降低，$E_0$ 减小（见图 3-48），故溶胶易于聚沉。当电解质浓度达到某一定数值时，扩散层中的反离子被全部压入吸附层内，胶粒处于等电状态，$\zeta$ 电势为零，胶体的稳定性最低。如加入的电解质过量，特别是一些高价离子，则不仅扩散层反离子全部进入吸附层，而且一部分电解质离子也因被胶粒强烈地吸引（即前述的特性吸附）而进入吸附层，这时胶粒又带电，但电性和原来的相反，这种现象称为“再带电”。显然，再带电的结果使 $\zeta$ 电势反号。再带电现象可用图 3-49 来说明。电解质对 $\zeta$ 电势的影响示于图 3-50 中（同时可参阅图 3-49）。

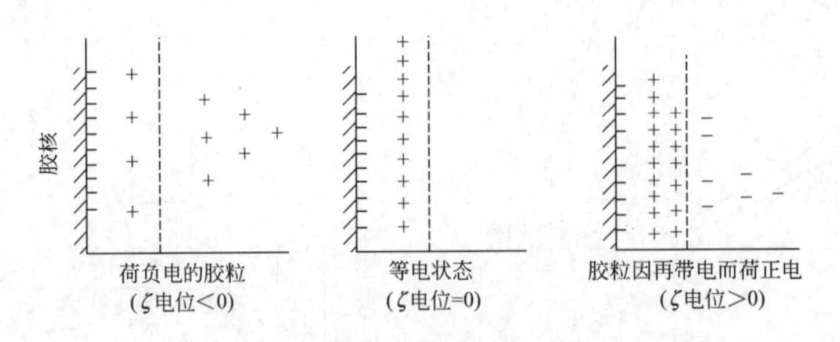


**图 3-49　再带电现象**

前已述及，电解质对溶胶稳定性的影响不仅取决于其浓度，还与离子价有关。在相同浓度时，离子价越高，聚沉能力越大，“聚沉值”（coagulation value）越小。所谓聚沉值是指，能引起某一溶胶发生明显聚沉所需外加电解质的最小浓度（mmol/L）。聚沉值也常称为临界聚沉浓度（critical coagulation concentration, ccc）。Дерягин 等曾导出电解质的聚沉值 $r_c$ 和反离子价 $Z$ 之间的关系为：

$$r_c = C\frac{D^3(\kappa T)^5}{A^2 e^6 Z^6} \tag{3-68}$$

式中，$C$ 为与电解质阴离子、阳离子性质有关的常数；$D$ 为介质的介电常数；$\kappa$ 为 Boltzmann 常数；$T$ 为绝对温度；$A$ 为 van der Waals 引力常数；$e$ 为单位电荷；$Z$ 为反离子价数。可见，在其他条件相同时，电解质的聚沉值为：

$$r_c \propto \frac{1}{Z^6} \tag{3-69}$$

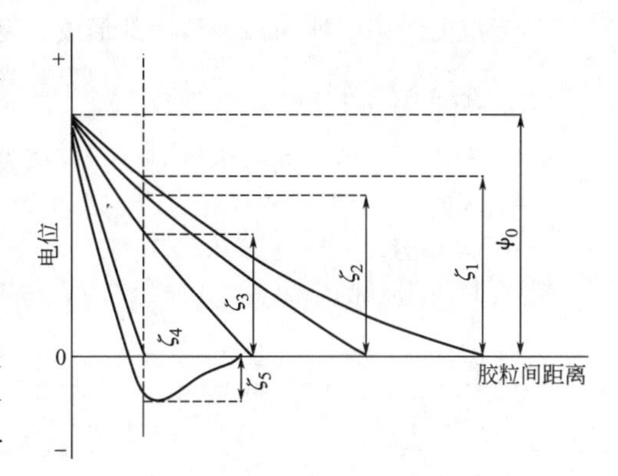


**图 3-50 电解质对 ζ 电势的影响**

$\zeta_1$—加电解质前（$\zeta_1>0$）；$\zeta_2$、$\zeta_3$—加电解质后（ζ 减小，后者电解质浓度较大）；$\zeta_4$—等电状态（$\zeta_4=0$）；$\zeta_5$—再带电（$\zeta_5<0$）

此即 Schulze Hardy 规则，具体数据见表 3-10。

**表 3-10 反离子价和聚沉值之间的关系**

| 反离子价 | 聚沉值 | 聚沉值比 | 按式(3-69)的计算值 |
|---|---|---|---|
| 1 | 55 | 1 | 1 |
| 2 | 0.69 | 0.013 | 0.016 |
| 3 | 0.091 | 0.0017 | 0.0013 |

表 3-10 所列聚沉值分别是 $NaCl$、$MgCl_2$、$AlCl_3$ 对荷负电的 $As_2S_3$ 溶胶聚沉的实验结果。应当指出，此种结果只是相对的，因为制备条件如稍有不同，所得溶胶之浓度及胶粒上的电荷多少也不同，况且聚沉试验本身也有它的相对性，所以该值实际上是一种相对的变化趋势。因此企图将这种关系定量化［例如，式(3-68）是从理论上导出的］，并不能获得精确的结果。

关于电解质中不同价的阴离子对荷正电的溶胶的聚沉值，也有大致的变化规律。例如，$KCl$、$K_2CrO_4$、$K_3Fe(CN)_6$ 对荷正电的 $Fe_2O_3$ 溶胶，其聚沉值分别为 103、0.325、0.096。

相同价数离子的聚沉能力不同。例如，具有相同阴离子的各种阳离子，其对负电性溶胶的聚沉能力为：

$$H^+ > Cs^+ > Rb^+ > K^+ > Na^+ > Li^+$$

显然，这种顺序与离子的水化半径有关，$Li^+$ 半径最小，水化能力最强，水化半径最大，故聚沉能力最小。

具有相同阳离子的各种阴离子，其对正电性溶胶的聚沉能力为：

$$Cl^- > Br^- > NO_3^- > I^-$$

这种将同符号、同价的离子按聚沉能力排成的顺序，通常称为感胶离子序（lyotropic series）。

离子型有机物（如脂肪酸盐、季铵盐等表面活性物质）以及一些所谓的“高分子絮凝剂”（如水解聚丙烯酰胺等），它们都有很强的聚沉能力，几乎与溶胶的电性无关，这主要是因为它们能在胶粒表面上强烈地吸附，并使许多胶粒通过高聚物的链节“桥联”在一起，联成质量较大的聚集体而发生聚沉。

利用电解质使胶体聚沉的实例很多，在豆浆中加入卤水做豆腐就是一例。豆浆是荷负电的大豆蛋白胶体，卤水中含有 $Ca^{2+}$、$Mg^{2+}$、$Na^+$ 等离子，故能使荷负电的胶体聚沉。又如江海接界处，常有清水和浑水的分界面，这实际上是海水中的盐类对江河中荷负电的土壤胶体聚沉的结果，而小岛和沙洲的形成正是土壤胶体聚沉后的产物。

### （二）溶胶的相互聚沉

将两种电性不同的溶胶混合，可以发生相互聚沉作用。但仅在这两种溶胶的数量达到某一比例时才发生完全聚沉，否则可能不发生聚沉或聚沉不完全。表3-11是荷正电的$Fe(OH)_3$溶胶（浓度为3.036g/L）和带负电的$As_2S_3$溶胶（浓度为2.07g/L）以不同比例混合时所得到的结果。

**表3-11　溶胶的相互聚沉混合物**

| 混合物/ml | | 现象 | 混合后粒子的电荷 | 混合物/ml | | 现象 | 混合后粒子的电荷 |
|---|---|---|---|---|---|---|---|
| $Fe(OH)_3$ | $As_2S_3$ | | | $Fe(OH)_3$ | $As_2S_3$ | | |
| 9 | 1 | 无变化 | + | 3 | 7 | 完全聚沉 | 不带电 |
| 8 | 2 | 长时间后微浑 | + | 2 | 8 | 发生聚沉 | — |
| 7 | 3 | 立即发生聚沉 | + | 1 | 9 | 发生聚沉 | — |
| 5 | 5 | 立即发生聚沉 | + | 0.2 | 9.8 | 浑浊但不聚沉 | — |

溶胶的相互聚沉在日常生活中经常见到。例如，明矾的净水作用就是利用明矾$[KAl(SO_4)_2 \cdot 12H_2O]$在水中水解生成荷正电的$Al(OH)_3$溶胶使荷负电的胶体污物（主要是土壤胶体）聚沉，在聚沉时生成的絮状沉淀物又能夹带一些机械杂质，使水获得净化。不同牌号的墨水相混可能产生沉淀、医院里利用血液的能否相互凝结来判明血型，这些都与胶体的相互聚沉有关。

### （三）微波对溶胶稳定性的影响[1]

微波是一种高频电磁波（频率为2450MHz）。众所周知，微波可用来加热，有热效应。微波也能有效地加快化学反应速度，这已为实验所证实。但微波对一个过程（物理或化学的）的影响比较复杂。例如：经典的AgI、AgBr、磷酸铁等溶胶经加热，或在微波场中处理，均可使其破坏，产生沉淀；而$Fe(OH)_3$胶体经加热不被破坏，但在微波场中处理，特别是在提高功率的情况下，则吸光度增加，并有少量沉淀产生。这些现象说明，微波对胶体稳定性的影响，除有热效应外，还有“非热效应”现象。$Fe(OH)_3$溶胶的例子充分说明了这个问题。

关于“非热效应”的机理还有待深入研究。但从结果说，从DLVO理论看，它能改变由DLVO理论建立的平衡使其更易被打破，相似于降低了化学反应系统的活性能，在此处是降低了系统总势能曲线的能峰高度，故易于聚结沉降。

## 三、聚合物对胶体的稳定与絮凝作用

### （一）空间稳定作用

在胶体中加入一定浓度的聚合物（或非离子型表面活性剂）虽常使粒子的电动电势降低，但体系稳定性却能提高。这是因为聚合物在粒子表面吸附时，大分子的部分链节留在介质中形成空间位垒，从而使体系稳定。一般来说，聚合物吸附层越厚、聚合物分子与介质的亲和性越强，稳定效果越好。这种因聚合物吸附而使胶体稳定性提高的作用称为空间稳定作用（steric stabilization）。

对空间稳定作用的解释有下面几种。

（1）体积限制效应　吸附聚合物的粒子相碰撞时，吸附层被压缩。若各粒子吸附层中的分子互不交叉，只是接触处分子发生变形，则聚合物构型数减少，构型熵降低，体系自由能

---

[1] 苏跃增，孙晓娟等．化学世界，2001，42（10）：514.

增加，粒子间排斥作用增强，使体系稳定。

(2) 混合效应　若带有吸附层的粒子接触时，聚合物分子互相渗透、交叉，类似于不同浓度聚合物溶液的混合。如果这一过程熵变、焓变引起的自由能增大，粒子将互相排斥，使体系稳定，聚合物吸附层起保护作用；若自由能减小，粒子相互吸引，稳定性破坏，发生絮凝作用。

### （二）絮凝作用

当向胶体中加入低于能使其稳定所需的聚合物数量时，聚合物不仅不能使胶体稳定，而且能使体系的临界聚沉浓度降低。这种作用称为敏化作用（sensitiazation）。有时少量聚合物的加入直接引起胶体的聚沉，称为絮凝作用。

保护作用（protective action）与敏化作用都是指聚合物的加入对胶体稳定性的影响。前者使体系稳定，后者使体系易聚沉；前者需较大量聚合物，后者只需少量聚合物。这是胶体化学研究中由量变到质变的实例之一。

# 第六节　显微镜及其对胶体粒子大小和形状的测定

胶体胶粒大小及形状决定胶体的诸多性质，准确测定胶粒大小及形状对胶体研究具有重要意义。本节介绍显微镜的基本原理及应用，最后介绍分型理论在胶体表征方面的应用。

## 一、普通显微镜

首先，我们先熟悉一下普通显微镜的分辨率（resolving power）。据 Abbe 理论，分辨率 $A$ 为：

$$A=\frac{\lambda}{2n\sin\alpha} \tag{3-70}$$

式中，$\lambda$ 为入射光波长；$n$ 为物体和接物镜间介质的折射率；$\alpha$ 为被观察物体轴点发出的光与射于接物镜上边缘线间的夹角（常称孔径角），在一般估算中近似按 90°计算。例如，当使用 500nm 的入射光时，

在空气中（$n=1$）　$A=\frac{500}{2\times1\times1}=250$（nm）

在水中（$n=1.333$）　$A=\frac{500}{2\times1.333\times1}=188$（nm）

在油中（$n=1.575$）　$A=\frac{500}{2\times1.575\times1}=159$（nm）

使用波长为 350nm 的紫外光　$A=\frac{350}{2\times1.575\times1}=110$（nm）

可见，普通显微镜的分辨率约为 200nm，在极端条件下也只能看到 110nm 大小的粒子，因而普通显微镜不能直接用来观察胶体颗粒。

## 二、超显微镜

超显微镜是在普通显微镜的基础上，采用了特殊的聚光器，使光线不直接进入物镜，背景是黑的。这样，我们便可在黑暗的背景上看到胶粒因光散射而呈现的闪烁亮点（就像夜晚看星星一样）。尽管超显微镜（ultramicroscope）实质上没有提高显微镜的分辨率，但由于胶粒发出强烈的散射光信号，所以即使小至 5～10nm 的胶粒亦可被观察到。

超显微镜通常有两种类型，即狭缝式超显微镜（图 3-51）和具有心形聚光器或抛面镜聚光器（图 3-52）的超显微镜。在狭缝式超显微镜中，以电弧为光源，经过透镜和可调节的狭缝（光栏）使细小的光束从侧面照射溶胶。

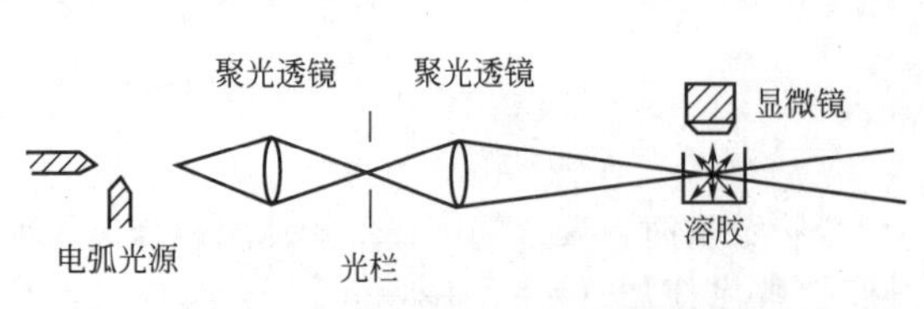

图 3-51　狭缝式超显微镜示意图

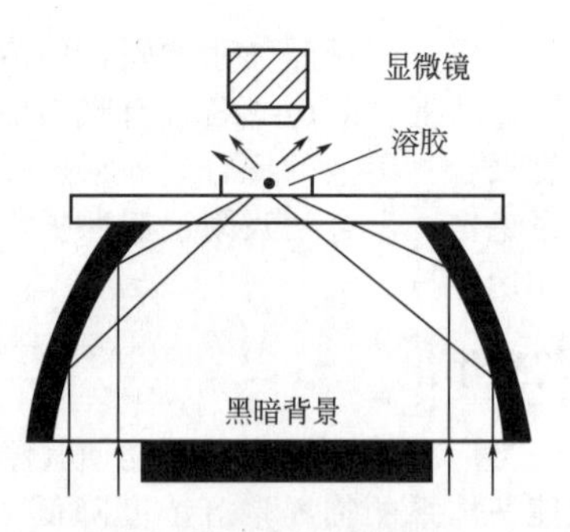

图 3-52　抛面镜聚光器

抛面镜聚光器也必须和普通显微镜配合使用，通常将聚光器放在显微镜的普通聚光器位置上，由反光镜来的光在其中改变方向后汇聚于一点（此处放置溶胶），从而可在黑暗的背景上通过显微镜观察到胶粒的布朗运动。

超显微镜在胶体化学的发展历史上曾起了很大的作用。尽管我们在超显微镜下不能直接看到胶粒的大小和形状，但结合其他数据仍可计算出粒子的平均大小并推断出胶粒的形状。例如，在超显微镜下数出视野中粒子的平均个数，然后再换算出每毫升溶胶所含的胶粒数 $n$。若胶粒的密度为$\rho$，每个胶粒的体积为 $V$，则每毫升溶胶中胶粒的总质量 $m$ 应为 $m=nV\rho$。若胶粒是球形的，其半径为 $r$，则

$$V=\frac{m}{n\rho}=\frac{4}{3}\pi r^3$$

或

$$r=\sqrt[3]{\frac{3m}{4\pi n\rho}} \tag{3-71}$$

式中，胶粒的总质量 $m$ 通过定量分析求得。显然，求得胶粒半径 $r$ 后，据式(3-30) 便可求出胶体粒子的“粒子质量”$M$：

$$M=\frac{4}{3}\pi r^3\rho N_A \tag{3-72}$$

式中，$N_A$ 为 Avogadro 常数。

用超显微镜也可以推断粒子的形状。例如，在视野中若看到的“光点”（胶粒的散射光）闪烁不定，时明时暗，则表明此种粒子为不对称的棒状（如 $V_2O_5$ 等）或片状物（如蓝色的金溶胶等）；如散射光亮度不变，即“光点”不产生闪烁现象，则表明此为对称的球形或立方体胶粒（如 Ag、Pt 等胶粒）。请读者考虑为什么会得出这样的结论？

总之，超显微镜在胶体研究中的应用相当广泛，除上述应用外，它还能给出关于布朗运动、沉降平衡、电泳淌度以及絮凝进程等方面的知识。但要真正了解胶体的形状和大小，还必须应用电子显微镜。

## 三、电子显微镜

电子显微镜和光学显微镜在主要原理方面有类似之处（图 3-53），例如，用电子波代替光波，以电磁聚光镜代替普通聚光镜等。此外，显微镜中的物像多用肉眼直接观察，而电子显微镜中的物像是在荧光屏或感光片上显示出来的。

下面介绍电子显微镜的种类和原理。

电子显微镜是一种电子光学微观分析仪器。它是将聚焦成很细的电子束打到试样上待测定的一个微小区域，产生不同的信息，加以收集、整理和分析，得出试样的微观形貌、结构和化学成分等相关信息的仪器。自 1933 年，德国 Ruska 和 Knoll 等在柏林制成第一台电子显微镜后，几十年来，有许多用于表面结构分析的现代仪器先后问世，如透射电子显微镜

(TEM)、扫描电子显微镜（SEM)、扫描隧道显微镜(STM)、场电子显微镜（FEM)、场离子显微镜(FIM)、低能电子衍射（LEED)、俄歇谱仪（AES)、光电子能谱（ESCA)、电子探针、原子力显微镜(AFM)、激光力显微镜（LFM)、静电力显微镜(EFM）等，这些工具在表面科学各领域的研究中起着重要的作用。但任何一项技术在应用上都会存在这样或那样的局限性，这里只介绍常见的3种：TEM、SEM和STM。

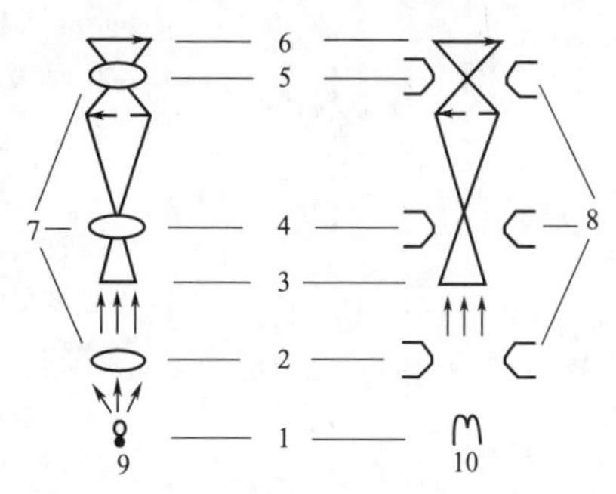


(a) 光学显微镜　(b) 电子显微镜

图3-53　光学显微镜与电子显微镜的比较

1—光源；2—聚光镜；3—物体；4—物镜；5—目镜（或投影透镜）；6—像；7—一般透镜；8—电磁铁；9—灯泡；10—灯丝

电子光学仪器的分辨率有两重意思：一是对成像而言，分辨率指观察时能分清两个点的中心距离的最小尺寸，称为分辨率或仪器的分辨能力；另一则是在分析微区成分时，能够分析的范围的最小尺寸。

正常人的眼睛在距离观察物25cm时，能分清两点的中心之间的最小距离为$2\times10^5$nm，因此人眼的分辨率为0.2mm。

以可见光为光源（波长以500nm计)，光学显微镜的分辨率约为200nm，即用光学显微镜观察胶粒的细节是不可能的。

为了突破光学显微镜在分辨率等方面的局限性，人们发明了利用电子束为光源的电子显微镜，电子的波长比光的波长短得多，故可大大提高分辨率。电子波的波长$\lambda$与加速电势差$V$有关：

$$\lambda=\sqrt{1.5/V}\ (\text{nm}) \tag{3-73}$$

可见，加速电势差越大，电子速度越快，电子波波长越短。例如，$V$为50000V的加速电势差，波长仅为$5.47\times10^{-3}$nm，可见电子显微镜的分辨率极高。在显微镜中，常采用一种与分辨率有关的指标，即所谓的“放大率”。放大率是指人眼可以分辨的最小距离（通常为$2\times10^5$nm）与所用显微镜的分辨率之比。若某显微镜的分辨率为200nm，则放大率为$2\times10^5/200=1000$（倍)。普通光学显微镜的最大放大率约为2500倍，即使用波长更短的紫外线，也只能提高到3500倍。但电子显微镜的放大率一般可达25万～30万倍，甚至50万倍。因此，利用电子显微镜不仅可以直接观察到胶粒的大小和形状，而且利用扫描电镜还可以直接观察到多孔性物质（如硅胶）中孔洞的大小。

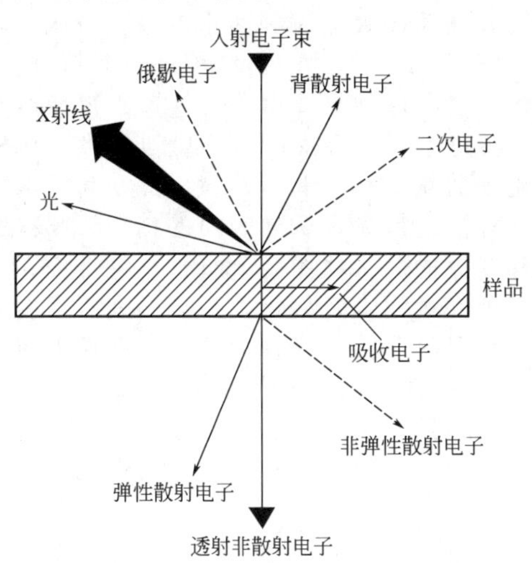


图3-54　电子束与固体物质相互作用产生的信息示意图

当一束聚焦的高速电子沿一定方向轰击样品时，电子与固体物质中的原子核和核外电子发生作用，产生很多信息（图3-54)，有二次电子、背散射电子、俄歇电子、吸收电子、透射电子等。当样品厚度小于入射电子穿透的深度时，一部分入射电子穿透过样品从下表面射出。TEM就是利用穿透样品的透射电子成像的。若样品很薄（几十纳米的厚度)，则透射电子的主要部分是弹性散射电子，这时成像清晰，电子衍射斑点明锐，在白色背景上可观察到样品的黑色颗粒。若样品较厚，则透射电子数减少，且含一部分非弹性散射电子，这时成像模糊，电子衍射斑点也不明锐。图3-55为透射电镜电子光学部分结构示意图，最好的分辨率大约为0.2～0.5nm。

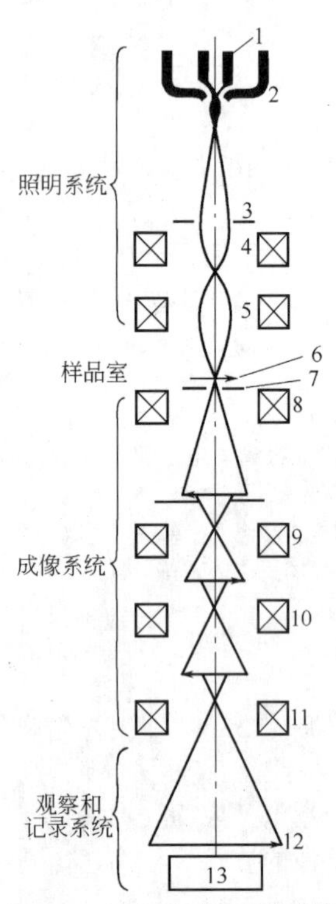


**图 3-55　透射电镜电子光学部分结构示意图**

1—灯丝；2—栅极；3—加速阳极；4—第一聚光镜；5—第二聚光镜；6—样品；7—物镜光阑；8—物镜；9—中间镜；10—第一投影镜；11—第二投影镜；12—荧光屏；13—照相机

SEM 技术是在试样表面的微小区域形成影像的，图 3-56 为其结构示意图，图 3-57 为其电子图像成像过程示意图。图 3-56 中的电子枪与透镜系统的作用是形成直径 5～10nm 的电子束，经中间的扫描线圈（图 3-57 中的 21）使电子束在试样上逐点扫描，以便电子束轰击试样表面，使其发射出二次电子、背散射电子、X 射线等（图 3-54）。不同的信息反映试样本身不同的物理、化学性质，采用不同的信号探测器接收从试样发出的这些信息后，经放大送到显像管上，形成二次电子信号。由于试样高低不平，从其表面上发出的二次电子信号随形貌不同而变化。由于显像管和电镜镜筒中的扫描线圈受同一扫描发生器控制，所以是严格同步的，因此，试样上每一点的二次电子信号与显像管上的亮度强弱也是一一对应的。试样上电子束扫描区是可控的，扫描区域越小，放大倍数就越大。例如，在试样上扫描区域为 1mm×1mm，经放大后在显像管上为 100mm×100mm，放大倍数为 100 倍；如果扫描区域为 0.001mm×0.001mm，则放大倍数为 10 万倍。

SEM 是研究固体材料表面三维结构形态的有效工具之一，虽然其分辨率不如 TEM，但对粗糙的试样表面仍可以构成细致的图像，分辨率极限可达 6nm，且具有景深长、富有立体感、放大倍数连续可变（一般是 1 万～15 万倍），可放置大块试样直接进行观察的优点。SEM 图在黑色的背景上可观察到白色颗粒。此外，SEM 若配上其他专用附件，即可实现一机多用，从而具有 TEM、EPMA（电子探针 X 射线显微分析仪）和 ED（电子衍射仪）等功能。

STM❶ 的基本原理是利用量子理论中的隧道效应，将原子线度的极细探针和被研究物质的表面作为两个电极，当试样与针尖非常接近（通常小于 1nm）时，在外加电场作用下，电子会穿过两个电极之间的势垒，流向另一电极，这种现象即隧道效应。待测试样应具有一定的导电性才可以产生隧道电流。隧道电流强度对针尖与试样表面间距非常敏感，距离若减小 0.1nm，隧道电流将增加一个数量级，因此，利用电子反馈线路控制隧道电流的恒定，并用压电陶瓷材料控制针尖在试样表面的扫描，则探针在垂直于样品方向上高低的变化就反映出了试样表面的起伏［图 3-58(a)］。将针尖在试样表面扫描时运动的轨迹直接在显像管或记录纸上显示出来，就得到了试样表面密度的分布或原子排列的图像。这种扫描方式可用于观察表面形貌起伏较大的试样，且可通过加在 $z$ 向驱动器上的电压值推算表面起伏高度的数值。对于起伏不大的试样表面，则可控制针尖高度守恒扫描，通过记录隧道电流的变化亦可得到表面态密度的分布［图 3-58(b)］。这种扫描方式的特点是扫描速度快，能够减少噪声和热漂移对信号的影响，但一般不能用于观察表面起伏大于 1nm 的试样。

STM 具有以下优点。

① 具有原子级的高分辨率。在平行与垂直于试样表面方向的分辨率分别为 0.1nm 和 0.01nm，即可分辨出单个原子。

② 可实时地得到空间中表面的三维图像，可用来研究具有周期性或不具有周期性的表面结构、表面吸附和表面扩散等动态过程。

③ 能观察单个原子层的局部表面结构，而不是体相或整个表面的平均性质，因而可直

❶ 见参考书目 19。

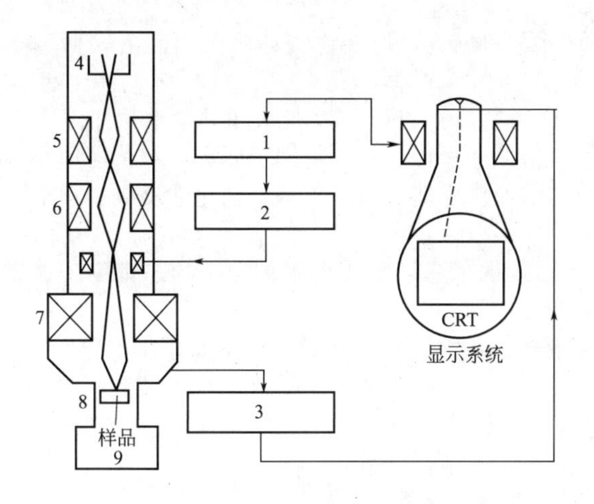


**图 3-56　扫描电子显微镜结构图**

1—扫描电源；2—放大装置；3—信号放大器；4—电子枪；
5—第一聚光镜；6—第二聚光镜；7—物镜；8—样品室；
9—真空系统

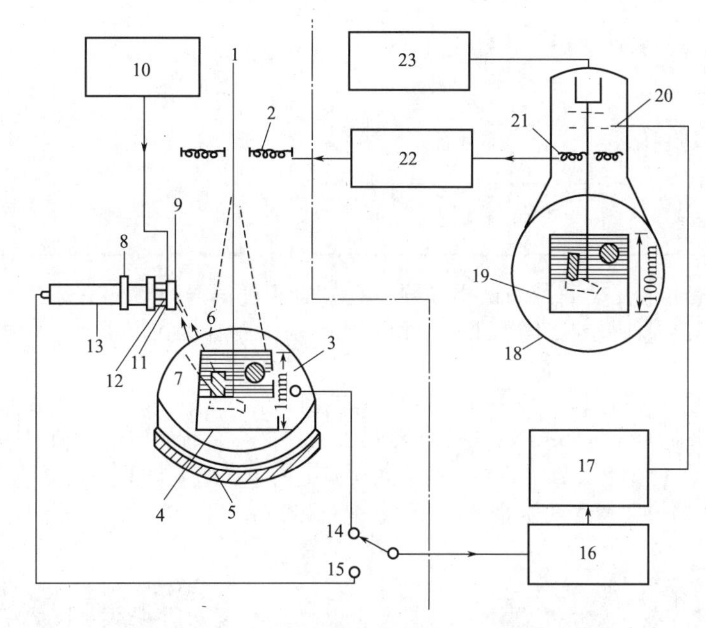


**图 3-57　扫描电子显微镜电子图像成像过程的示意图**

1—电子束；2—偏转线圈；3—样品；4—样品表面扫描范围；5—绝缘板；6—背散射电子；7—二次电子；8—闪烁探测器；9—栅偏压（0～500V）环状收集器；10—正 10kV 闪烁器电源；11—闪烁体；12—光导管；13—光电倍增管；14—吸收电子图像开关；15—背散射电子、二次电子图像开关；16—直流放大器；17—强度调制线路；18—阴极射线管；19—荧光屏上扫描范围；20—栅极；21—扫描线圈；22—扫描电源；23—显示单元电子网络

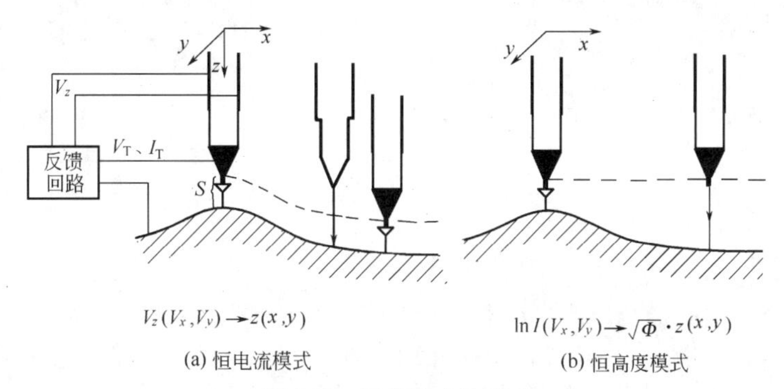


**图 3-58　扫描模式示意图**

$S$—针尖与样品间距；$I_T$、$V_T$—隧道电流和偏置电压；$V_z$—控制针尖在 $z$ 方向高度的反馈电压

接观察到表面缺陷、表面重构、表面吸附体的形态和位置，以及由气体吸附引起的表面重构等。

④ 可在真空、大气、常温等不同环境下工作，甚至可将样品浸在水和其他溶液中，不需要特别的制样技术，并且探测过程对试样无损伤。这些特点特别适用于研究生物试样和在不同实验条件下对试样表面的评价，也适用于多相催化机理、超导机理、电化学反应过程中电极表面变化的监测、LB膜缺陷的检测等。

⑤ 配合扫描隧道谱可以得到有关表面电子结构的信息，如表面不同层次的态密度、表面电子阱、电荷密度波、表面势垒的变位和能隙结构等。

表3-12列出STM与TEM、SEM的几项综合性能指标，从其对比中不难看出STM的优点。

**表3-12 STM与TEM、SEM的各项性能指标比较**

| 检测技术 | 分辨率 | 工作环境 | 样品环境温度 | 对样品破坏程度 | 检测深度 |
|---|---|---|---|---|---|
| STM | 原子级(垂直0.01nm)(横向0.1nm) | 惰性气体、大气、溶液、真空 | 室温或低温 | 无 | 1～2个原子层 |
| TEM | 点分辨(0.3～0.5nm)<br>晶格分辨(0.1～0.2nm) | 高真空 | 室温 | 小 | 接近扫描电镜，但实际上为样品厚度所限，一般小于100nm |
| SEM | 6～10nm | 高真空 | 室温 | 小 | 10mm(10倍时)<br>1μm(10000倍时) |

STM也有其不足之处，如试样必须具有一定程度的导电性，它无法直接观察绝缘体；另一个是对试样表面微粒之间的某些沟槽不能准确探测（指在恒电流工作模式），这一点不如TEM。

下面列举了用STM和TEM观察到的实际图像。

图3-59为在大气条件下用STM观察到的Au(Ⅲ)表面的原子图像。图3-60系用STM观察的有机分子卟啉在I-Au(Ⅲ)(碘-金)表面上的单层吸附结果。图3-61为微波辅助4-十二烷氧基苄胺保护的憎水纳米金TEM观察排列结果。

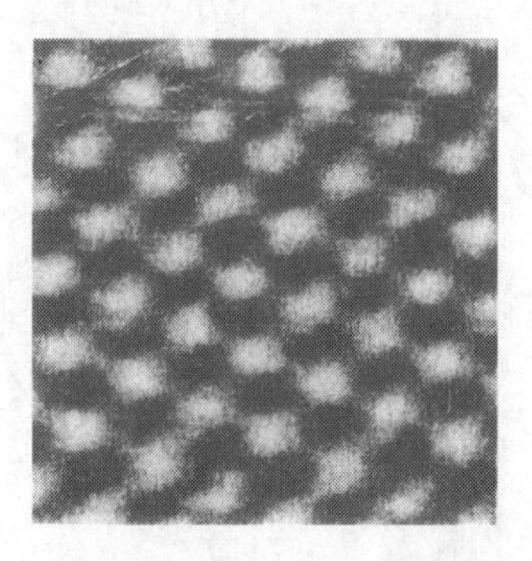

图3-59 用STM观察的Au(Ⅲ)表面的原子图像
(图片的尺寸为2nm×2nm)

图3-60 用STM观察的卟啉分子在I-Au(Ⅲ)表面上单层吸附图像
(图片尺寸为15nm×15nm)

## 四、胶粒的形状

在胶体科学中，胶粒的形状对系统的性能有十分重要的影响。例如球形的聚苯乙烯胶乳浓度虽高达10%～20%，但其黏度比介质的高出有限，流动性很好。针状的$V_2O_5$溶胶(图3-62)，当其浓度仅为0.01%时就已不能流动而形成冻胶。

胶粒形状固然是表征胶体的一个重要的结构参数，但由于胶粒形状很复杂，故引入适当

图 3-61 微波辅助 4-十二烷氧基苄胺保护的憎水纳米金的 TEM 照片[1]

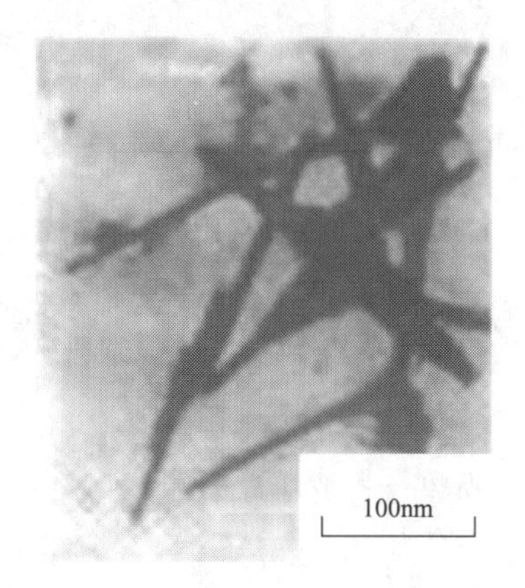


图 3-62 针状 $V_2O_5$ 颗粒的 TEM 照片[2]

几何模型近似地描述较为恰当。胶粒最简单的形状是球体，如天然的或人工合成的胶乳、球蛋白分子、金溶胶、$SiO_2$ 溶胶等，只需要用半径 $r$ 这样一个参量表征。图 3-63 为紧密排列的呈球形的 PS 胶晶颗粒，有些胶粒虽不呈球形，但形状对称，可以近似地视为球形。

胶粒为椭球形时（如氧化铁溶胶），可用轴比来表征（参见本章第一节一、扩散）。

线形大分子则视为无规线团，可用均方回转半径或均方根末端距表征（参见第八章第三节）。

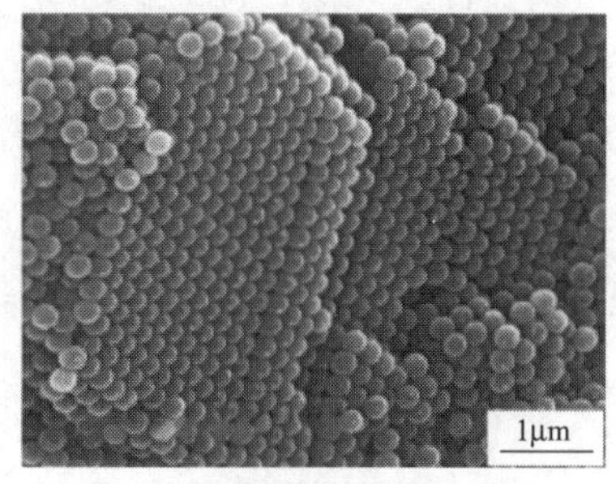


图 3-63 紧密排列的 PS 胶晶模板的 SEM 图[3]

## 五、胶粒的平均大小与多分散度

胶粒大小完全均一的系统称为单分散系统。但实际上除非特意制备，绝大多数胶体系统是多分散的，即胶粒大小是不均匀的。表征多分散系统的方法，最直接的是用图或表的形式将系统中各种大小的胶粒分布情况列出，但这一做法太费事，而且能够得到粒子大小分布的准确可靠实验方法有限。为此，通常用胶粒的平均大小和分布宽度来表征多分散系统。

在胶体科学中，常用胶粒直径（或半径）的平均值表征胶粒。平均值的含义随实验方法而异，这是由于不同的实验方法进行统计平均所用的加权因子的性质不同之故。

（1）数均直径（$\bar{d}_n$）

$$\bar{d}_n=\frac{\sum n_i d_i}{\sum n_i}=\sum f_i d_i \tag{3-74}$$

式中，$n_i$ 代表直径为 $d_i$ 的胶粒数目；$f_i(=n_i/\sum n_i)$ 是此种胶粒在胶粒总数中占的分数，亦即加权因子。用显微镜法测得的胶粒平均直径具有数均性质。

（2）面均直径（$\bar{d}_s$） 测定胶粒总数后，自吸附实验可求得胶粒的平均表面积 $\overline{A}$，再由表面积折算胶粒直径：

$$\overline{A}=\frac{\sum n_i A_i}{\sum n_i}=\frac{\pi\sum n_i d_i^2}{\sum n_i}=\pi\sum f_i d_i^2$$

---

[1] 朝莹，李恒恒，沈阳，李亮，徐桂英：化学学报，2010，68(18)：1819.

[2] 杨绍利，徐楚韶，陈厚生，王晶，王金超. 硅酸盐学报，2003，31(3)：313.

[3] 赵铁鹏，高德淑，雷铁刚，李朝晖. 化学学报，2009，67(17)：1959.

因为 $\overline{A}=\pi(\bar{d}_s)^2$

所以表面积平均直径

$$\bar{d}_s=(\sum f_i d_i^2)^{1/2} \tag{3-75}$$

(3) 体均直径($\bar{d}_v$) 测定胶粒总数后，自密度测量可得胶粒的平均体积($\overline{V}$)：

$$\overline{V}=\frac{\sum n_i V_i}{\sum n_i}=\frac{\pi\sum n_i d_i^3}{6\sum n_i}=\frac{\pi}{6}\sum f_i d_i^3$$

因为 $\overline{V}=\frac{\pi}{6}(\bar{d}_v)^3$

所以体积平均直径

$$\bar{d}_v=(\sum f_i d_i^3)^{1/3} \tag{3-76}$$

对于单分散系统，$\bar{d}_n=\bar{d}_s=\bar{d}_v$；对于多分散系统，则是 $\bar{d}_n<\bar{d}_s<\bar{d}_v$，它们之间的差别越大，表明分布越宽。通常用 $\bar{d}_s/\bar{d}_n$ 表示多分散度。

(4) 其他胶粒直径 还有用沉降分析求得的胶粒直径，称之为水力直径等。

此外，还有其他表征胶粒大小和分布的方法与理论。

# 第四章

# 表面张力、毛细作用与润湿作用

## 第一节　表面张力和表面能

### 一、净吸力和表面张力的概念

#### （一）净吸力

凝聚态物质的分子在体相内部与界面上所处的环境是不同的。例如在图 4-1 中，液体表面上的某分子 M 受到如图中所示的各个方向的吸引力，其中 $a$、$b$ 可抵消，$e$ 向下，并有 $c$、$d$ 的合力 $f$（向下），故分子 M 受到一个垂直于液体表面、指向液体内部的“合吸力”，通常称为净吸力。由于有净吸力存在，致使液体表面的分子有被拉入液体内部的倾向，所以任何液体表面都有自发缩小的倾向，这也是液体表面表现出表面张力的原因。

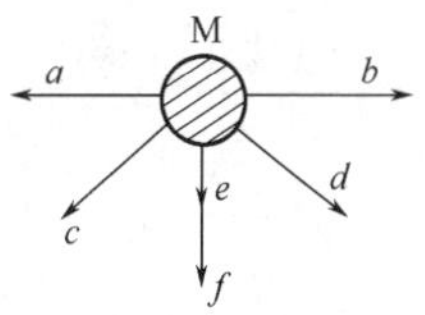

图 4-1　表面分子所处的环境

#### （二）表面张力

为说明表面张力的问题，首先看图 4-2 的示意图。由图 4-2 可见，当球形液滴被拉成扁平后（假设液体体积 V 不变），液滴表面积 $A$ 变大，这就意味着液体内部的某些分子被“拉到”表面并铺于表面上，因而使表面积变大。当内部分子被拉到表面上时，同样要受到向下的净吸力，这表明，在把液体内部分子搬到液体表面时，需要克服内部分子的吸引力而消耗功。因此，表面张力（$\sigma$）可定义为增加单位面积所消耗的功（表面张力在许多教材中用 $\gamma$ 表示，请读者注意。）：

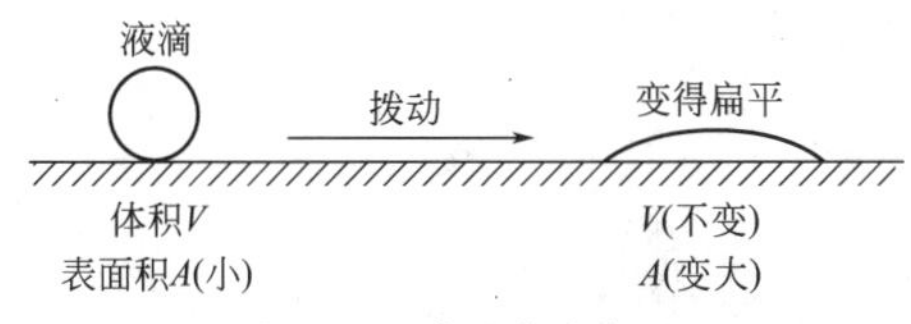

图 4-2　球形液滴变形

$$\sigma=\frac{\text{所消耗的功}}{\text{增加的面积}}=\frac{-dw'_{\text{可}}}{\mathrm{d}A} \tag{4-1}$$

按能量守恒定律，外界所消耗的功储存于表面，成为表面分子所具有的一种额外的势能，也称为表面能。

因为恒温恒压下，

$$-\mathrm{d}G=dw'_{可}$$

式中，$G$ 为表面自由能。$w'_{可}$ 为消耗功。将其代入式（4-1），得

$$\mathrm{d}G=\sigma\mathrm{d}A$$

或

$$\sigma=\left(\frac{\partial G}{\partial A}\right)_{T,p} \tag{4-2}$$

所以表面张力又称为比表面自由能。在物理化学中由热力学定律极易导出表面张力定义的其他表达式，请读者自行复习。

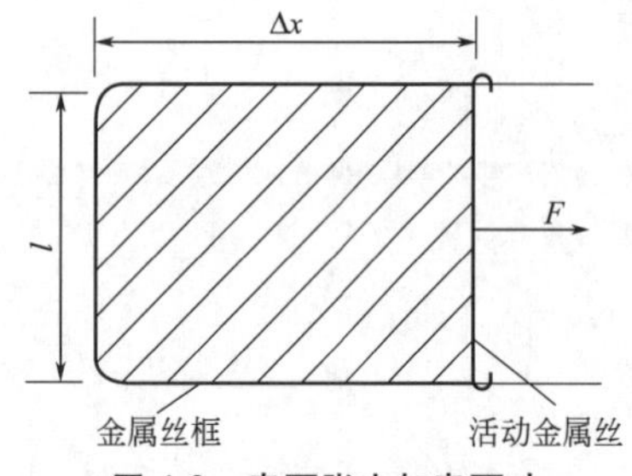

图 4-3 表面张力与表面功

表面张力的 SI 单位为 N/m。可以用图 4-3 的演示来说明表面张力是作用在单位长度长的力。图 4-3 为一带有活动金属丝的金属丝框。将金属丝框蘸上肥皂水后缓慢拉活动金属丝。设移动距离为 $\Delta x$，则形成面积为 $2l\Delta x$ 的肥皂膜（因为金属丝框上的肥皂膜有两个表面，所以要乘以 2）。此过程中，环境所消耗的表面功为：

$$-w'_{可}=F\Delta x \tag{4-3}$$

与式(4-1) 比较，则

$$-w'_{可}=F\Delta x=\sigma\Delta A=\sigma\times 2l\Delta x$$

或

$$\sigma=\frac{F}{2l} \tag{4-4}$$

从这个演示可以看到，扩大肥皂膜时表面积变大；肥皂膜收缩时，表面积变小，这意味着表面上的分子被拉入液体内部。肥皂膜收缩时，力的方向总是与液面平行（相切）的。因此，从力学角度看，表面张力是在液体（或固体）表面上，垂直于任一单位长度并与表面相切的收缩力。常用单位为 $\mathrm{mN\cdot m^{-1}}$。

综上所述，可以得出结论：分子间力可以引起净吸力，而净吸力引起表面张力。表面张力永远和液体表面相切，而和净吸力相互垂直。

## 二、影响表面张力的因素

表面张力是液体（包括固体）表面的一种性质，而且是强度性质。有多种因素可以影响物质的表面张力。

### 1. 物质本性

表面张力起源于净吸力，而净吸力取决于分子间的引力和分子结构，因此，表面张力与物质本性有关。例如水是极性分子，分子间有很强的吸引力，常压下，20℃时水的表面张力高达72.75$\mathrm{mN\cdot m^{-1}}$。而非极性分子的正己烷在同温下其表面张力只有18.4$\mathrm{mN\cdot m^{-1}}$。水银有极大的内聚力，故在室温下是所有液体中表面张力最高的物质（$\sigma_{Hg}=485\mathrm{mN\cdot m^{-1}}$）。当然，其他熔态金属的表面张力也很高（一般是在高温熔化状态时的数据），例如，1100℃熔态铜的表面张力为 879$\mathrm{mN\cdot m^{-1}}$。

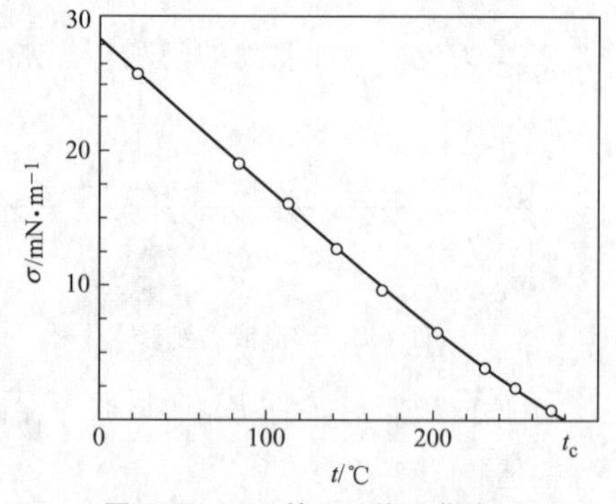

图 4-4 $CCl_4$ 的 $\sigma$-$t$ 关系曲线

### 2. 温度

温度升高时一般液体的表面张力都降低，且 $\sigma$-$t$ 有线性关系（图 4-4）。当温度升高到接近临界

温度 $t_c$ 时，液-气界面逐渐消失，表面张力趋近于零。温度升高，表面张力降低的定性解释，是因为温度升高时物质膨胀，分子间距离增大，故吸引力减弱，$\sigma$ 降低。当然也可用温度升高时气-液两相的密度差别减小这个事实来说明。

关于表面张力和温度的关系式，目前主要采用一些经验公式。实验证明，非缔合性液体的 $\sigma$-$t$ 关系基本上是线性的，可表示为：

$$\sigma_T = \sigma_0[1-K(T-T_0)] \tag{4-5}$$

式中，$\sigma_T$、$\sigma_0$ 分别为温度 $T$ 和 $T_0$ 时的表面张力；$K$ 为表面张力的温度系数。

当温度接近于临界温度时，液-气界面即行消失，这时表面张力为零。由此 Ramsay 和 Shields 提出了以下关系式：

$$\sigma \widetilde{V}^{2/3} = K(T_c - T - 6.0) \tag{4-6}$$

式中，$\widetilde{V}$为液体的摩尔体积；$T_c$ 为临界绝对温度；$K$ 为常数，非极性液体的 $K$ 约为 $2.2 \times 10^{-7} J \cdot K^{-1}$。式(4-6) 是比较常用的公式。

某些液体在不同温度下的表面张力列于表 4-1 中。

**表 4-1 几种液体在不同温度下的表面张力** 单位：$mN \cdot m^{-1}$

| 液体 | 0℃ | 20℃ | 40℃ | 60℃ | 80℃ | 100℃ |
|---|---|---|---|---|---|---|
| 水 | 75.64 | 72.75 | 69.56 | 66.18 | 62.61 | 58.85 |
| 乙醇 | 24.05 | 22.27 | 20.60 | 19.01 | — | — |
| 甲苯 | 30.74 | 28.43 | 26.13 | 23.81 | 21.53 | 19.39 |
| 苯 | 31.6 | 28.9 | 26.3 | 23.7 | 21.3 | — |

### 3. 压力

从气-液两相密度差和净吸力考虑，气相压力对表面张力是有影响的。因在一定温度下液体的蒸气压不变，因此研究压力的影响只能靠改变空气或惰性气体的压力来进行。可是空气和惰性气体都在一定程度上（特别在高压下）溶于液体并为液体所吸收，当然也会有部分气体在液体表面上吸附，而且压力不同，溶解度和吸附量也不同，故用改变空气或惰性气体压力所测得的表面张力变化应是包括溶解、吸附、压力等因素的综合影响。严继民等[1]测过压力对表面张力的影响，例如，水在 0.098MPa 压力下的表面张力 $\sigma$ 为72.82$mN \cdot m^{-1}$，在 9.8MPa 下为 66.43$mN \cdot m^{-1}$；苯在 0.098MPa 压力下的表面张力为 28.85$mN \cdot m^{-1}$，在 9.8MPa 下为 21.58$mN \cdot m^{-1}$。可见表面张力随压力的增大而减小，但当压力改变不大时，压力对液体表面张力的影响很小。

## 三、测定液体表面张力的方法

测定液体表面张力的方法很多，这里只简单介绍几种常用测定方法的原理，细节可参阅物理化学或胶体化学实验类书籍[2]。

### 1. 毛细上升法

这是一种理论根据清楚，实验方法简单，结果准确的方法。当干净的玻璃毛细管插入液体中时，若此液体能润湿毛细管壁，则因表面张力的作用，液体沿毛细管上升，直到上升的力（$2\pi r\cos\theta$）被液柱的重力（$\pi r^2 \rho g h$）所平衡（见图 4-5）而停止上升，这时

$$2\pi r\sigma\cos\theta = \pi r^2 \cdot \rho g h$$

或

$$\sigma = \frac{\rho g h r}{2\cos\theta} \tag{4-7}$$

式中，$r$ 为毛细管半径；$\sigma$ 为表面张力；$g$ 为重力加速度；$h$ 为液柱高；$\theta$ 为接触角，当液体能完全润湿毛细管时，$\theta=0°$。因此测得液柱上升高度便能计算表面张力。精确测定时尚需

---

[1] 严继民，胡日恒．化学学报，1964，30（2）：1.

[2] 参见参考书目 24。

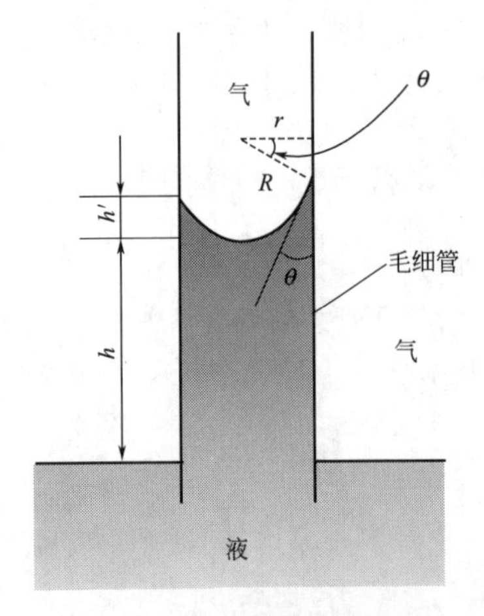

图 4-5 毛细上升法测表面张力

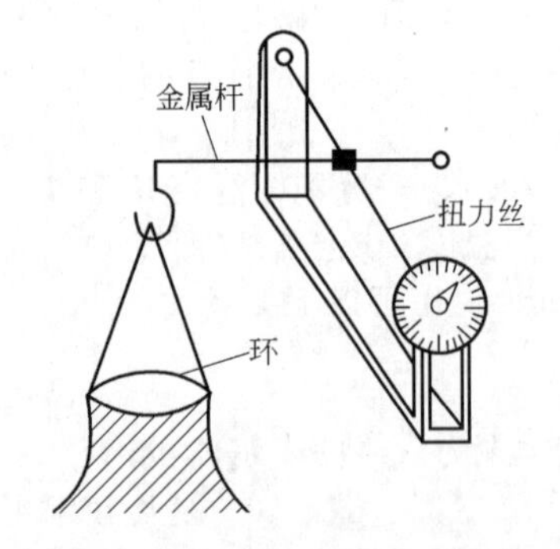

图 4-6 du Noüy 表面张力计示意图

对凹液面凹形部分液体体积的重量予以校正。可得

$$\sigma=r\left(h+\frac{r}{3}\right)\frac{\rho g}{2\cos\theta} \tag{4-8}$$

2. **环法**

环法（也称 du Noüy 法）通常用铂丝制成圆环，将它挂在扭力秤上，然后转动扭力丝，使环缓缓上升，这时拉起来的液体呈圆筒形（图 4-6）。当环与液面突然脱离时（随时保持金属杆的水平位置不变），所需的最大拉力为 $F$，它和拉起液体的重力 $mg$ 相等，也和沿环周围的表面张力反抗向上的拉力 $F$ 相等。因为液膜有内外两面，所以圆环的周长为 $4\pi R$，故

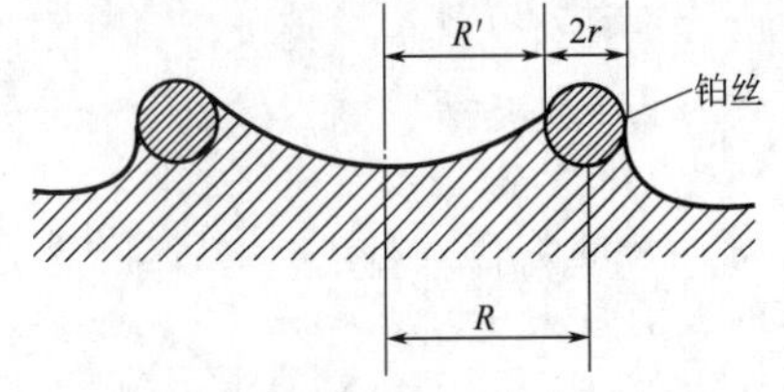

图 4-7 铂环的平均半径 $R$

$$F=mg=4\pi R\sigma \tag{4-9}$$

式中，$m$ 为拉起液体的质量；$R$ 为环的平均半径。设环的内半径为 $R'$，铂丝本身的半径为 $r$，环的平均半径即为 $R=R'+r$（见图 4-7）。由式（4-9）可得：

$$\sigma=\frac{F}{4\pi R}$$

若实验测出 $F$ 便可以求得 $\sigma$。但实际上拉起的液体并不是圆筒形，故式(4-9）必须乘上一个校正因子 $f$，从而

$$\sigma=\frac{F}{4\pi R}\cdot f \tag{4-10}$$

大量实验表明，校正因子 $f$ 是 $\frac{R^3}{V}$ 和 $\frac{R}{r}$ 的函数。此外，$V$ 是圆环拉起的液体体积，$V$ 可自 $F=mg=V\rho g$ 的关系求出。$f$ 值可自相关的数据表查到。可查阅有关专著[1]和实验书。[2]

3. **气泡最大压力法**

本法装置示于图 4-8。实验时令毛细管管口与被测液体的表面接触，然后从 A 瓶放水抽气，随着毛细管内外压差的增大，毛细管口的气泡慢慢长大，泡的曲率半径 $R$ 开始时从大变小，直到形成半球形（这时曲率半径 $R$ 与毛细管半径 $r$ 相等），$R$ 达最小值（此时压差最大）；而后 $R$ 又逐渐变大，在泡内外压差最大（即泡内压力最大）时压差计上的最大液柱差为 $h$，则

$$\Delta p_{\max}=\rho gh \tag{4-11}$$

---

[1] 见参考书目 10。

[2] 见参考书目 24，p. 336～337.

实验证明，最大压差与液体的表面张力成正比，与曲率半径成反比，即

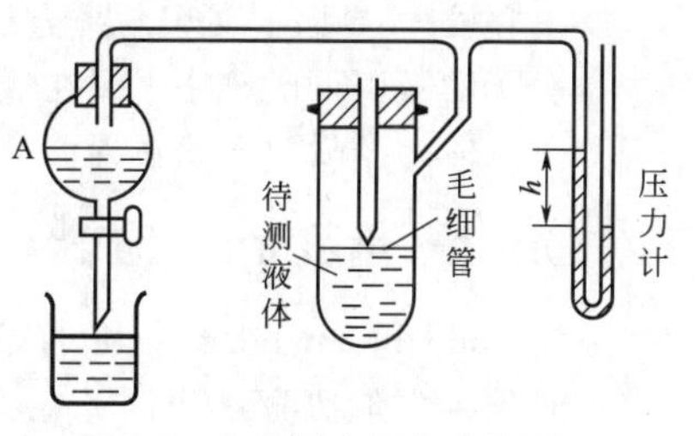

图 4-8　气泡最大压力法装置图

$$\Delta p_{\max} \propto \frac{\sigma}{\gamma}$$

或
$$\Delta p_{\max} = \frac{K\sigma}{r} \tag{4-11a}$$

实验和理论都证明比例常数 $K$ 为 2，故

$$\Delta p_{\max} = \frac{2\sigma}{r} = \rho g h$$

或
$$\sigma = \frac{r}{2}\rho g h \tag{4-11b}$$

实验时若用同一支毛细管和压力计对表面张力分别为 $\sigma_1$ 和 $\sigma_2$ 的两种液体进行测试，其相应的液柱差为 $h_1$ 和 $h_2$，则据式(4-11b) 可得：

$$\frac{\sigma_1}{\sigma_2} = \frac{h_1}{h_2} \tag{4-11c}$$

由此可从已知表面张力的液体求得待测液的表面张力。

本方法与接触角无关，也不需要液体密度数据，而且装置简单，测定迅速，因此被广泛应用。

液体表面张力的测定方法还有很多，有兴趣的读者可参阅本书所列参考书目 10、11、12、24、26、30 等。

# 第二节　液-液界面张力

液-液界面是指两种不相混溶的液体（如油和水）接触时形成边界区域。乳状液和微乳液存在大面积的液-液界面。在液-液界面上可以发生许多物理的和化学过程，如吸附作用、界面上的化学反应、透过界面的各种物质的迁移等。液-液界面张力的定义与液体表面张力的定义相似。界面张力的大小对界面的形成、在界面上发生的各种过程有重要意义。界面张力除应用特定实验方法测定外，也可根据一定模型由形成界面的两种液体的表面张力估算。

## 一、Antonoff 规则

Antonoff 发现，两互相饱和的液体所形成界面的界面张力是两液体表面张力之差，即

$$\sigma_{1,2} = \sigma_1' - \sigma_2' \tag{4-12}$$

式中，$\sigma_{1,2}$ 为界面张力；$\sigma_1'$、$\sigma_2'$ 分别为两互相饱和的液体的表面张力、式(4-12) 即为 Antonoff（经验）规则。

表 4-2 为几种有机液体与水的界面张力的计算值和实测值。

**表 4-2　有机液体与水之间的界面张力**　　单位：$mN \cdot m^{-1}$

| 液　体 | 表面张力 | | | 界面张力 | | 温度/℃ |
|---|---|---|---|---|---|---|
| | 水层 $\sigma_1'$ | 有机液层 $\sigma_2'$ | 纯有机液体 | 计算值 | 实验值 | |
| 苯 | 63.2 | 28.8 | 28.4 | 34.4 | 34.4 | 19 |
| 乙醚 | 28.1 | 17.5 | 17.7 | 10.6 | 10.6 | 18 |
| 氯仿 | 59.8 | 26.4 | 27.2 | 33.4 | 33.3 | 18 |
| 四氯化碳 | 70.9 | 43.2 | 43.4 | 24.7 | 24.7 | 18 |
| 戊醇 | 26.3 | 21.5 | 24.4 | 4.8 | 4.8 | 18 |
| {5%戊醇<br>95%苯 | 41.4 | 28.0 | 26.0 | 13.4 | 16.1 | 17 |

在液-气界面上，表面张力是液体分子相互吸引所产生的净吸力的总和，空气分子对液体分子的吸引可以忽略。但在液$_1$-液$_2$界面上，两种不同的分子也要相互吸引，因而降低了每种液体的净吸力，使新界面的张力比原有两个表面张力中较大的那个小些。

## 二、Good-Girifalco 公式[1]

Good 和 Girifalco 认为，两种液体形成界面可视为两液体的黏附过程，此过程的自由能降低即为黏附功 $W_A$，即

$$W_A = \sigma_1 + \sigma_2 - \sigma_{1,2} \tag{4-13}$$

式中，$\sigma_1$ 和 $\sigma_2$ 为两液体的表面张力；$\sigma_{1,2}$为 1，2 液体形成之界面的界面张力。

同种液体（如液体 1 或液体 2）的相似过程为自黏过程，自黏过程自由能降低称为自黏功 $W_C$，即

$$W_C = \sigma_1 + \sigma_1 = 2\sigma_1 (\text{或 } 2\sigma_2) \tag{4-14}$$

Good 和 Girifalco 受到在 van der Waals 方程中两种分子引力常数与同种分子引力常数间有几何平均值关系的启发，认为形成界面的黏附过程的黏附功与同种液体的自黏功（也称内聚功）间也有几何平均关系，即

$$W_{A(1,2)} = [W_{C(1)} \cdot W_{C(2)}]^{1/2} \tag{4-15}$$

结合式(4-13) 和 (4-14)，立得

$$\sigma_{1,2} = \sigma_1 + \sigma_2 - 2(\sigma_1 \cdot \sigma_2)^{1/2} \tag{4-16}$$

式(4-16) 即为 Good-Girifalco 方程，适用于碳氢化合物与碳氟化合物形成的界面，对多数体系需引入参数 $\phi$：

$$\sigma_{1,2} = \sigma_1 + \sigma_2 - 2\phi(\sigma_1 \cdot \sigma_2)^{1/2} \tag{4-17}$$

参数 $\phi$ 与构成界面的两液体分子的体积、分子的极性等有关。

式(4-17) 对水与低分子有机液体界面应用较好，对多数体系仍有相当大的偏差[2]。

## 三、Fowkes 的理论[3]

Fowkes 认为，在分子间的各种相互作用（如色散力、氢键、金属键等）都对表面张力有贡献，亦即液体表（界）面张力是各种相互作用的总和。在各种作用中可归为两类：色散力的非极性作用和极性作用。因而，液体的表（界）面张力等于表面张力色散力贡献 $\sigma^d$ 和表面张力极性作用贡献 $\sigma^p$ 之和，即

$$\sigma = \sigma^d + \sigma^p \tag{4-18}$$

无论何种分子间色散力都是普遍存在的，且色散力的贡献可以几何平均关系联系，因此 1，2 两种液体形成的界面的界面张力 $\sigma_{1,2}$ 应为：

$$\sigma_{1,2} = \sigma_1 + \sigma_2 - 2(\sigma_1^d \cdot \sigma_2^d)^{1/2} \tag{4-19}$$

对于非极性液体，只有色散力作用，即 $\sigma = \sigma^d$，因而两种非极性液体间的界面张力可方便地按式(4-19) 计算。对于有极性液体参与形成的界面，计算界面张力则需已知极性液体表面张力的色散力贡献。

当分子间除有色散力还有极性作用贡献时，式(4-19) 可写作：

$$\sigma_{1,2} = \sigma_1 + \sigma_2 - 2(\sigma_1^d \cdot \sigma_2^d)^{1/2} - 2(\sigma_1^p \cdot \sigma_2^p)^{1/2} \tag{4-20}$$

以上两式均为 Fowkes 公式。由 Fowkes 的理论，只需已知两液体的表面张力及各自的 $\sigma^d$ 和 $\sigma^p$，即可计算出界面张力。而且当测出一种非极性液体与任一种极性液体的表面张力和二者形成的界面的界面张力，即可应用 Fowkes 公式计算出极性液体的 $\sigma^d$ 和 $\sigma^p$。

---

[1] Girifalco L A，Good R J. J Phys Chem，1957，61：904.

[2] 参见参考书目 7，p. 140。

[3] Fowkes F M. Ind Eng Chem，1964，56 (12)：40.

## 四、液-液界面张力的测定

液-液界面张力大小的变化范围很大，从小于 $10^{-3}$mN·m$^{-1}$到几十毫牛每米，界面张力在 $10^{-2}$～$10^{-1}$mN·m$^{-1}$时称为低界面张力；低于 $10^{-3}$mN·m$^{-1}$时称为超低界面张力。

一般来说，当界面张力不是太小时可用一些常用于测液体表面张力的方法进行测定。但动态法不适用。

低界面张力可用滴外形法（躺滴法、悬滴法）测定。

超低界面张力现时用旋滴法（spinning drop method）测定。此法的基本原理是在根据低密度液体在充满高密度液体的密封旋转管中形成液滴的形状测液体间界面张力。图 4-9 是旋滴法样品管示意图，管中先装入高密度液体 A，再加入少量低密度液体 B，样品管安装于仪器上，样品管与旋转轴同心且平行。当旋转轴以 $\omega$ 角速度旋转时，低密度液体成球形或圆柱状（图 4-9），转速越高越趋向成圆柱状，此时 $A$、$B$ 两液体所成界面之界面张力可由下式求出：

$$\sigma_{A/B}=0.25(\rho_B-\rho_A)\omega^2 r^3 \tag{4-21}$$

式中，$\rho_A$、$\rho_B$ 分别为 $A$、$B$ 液体密度；$r$ 为圆柱状液滴半径。

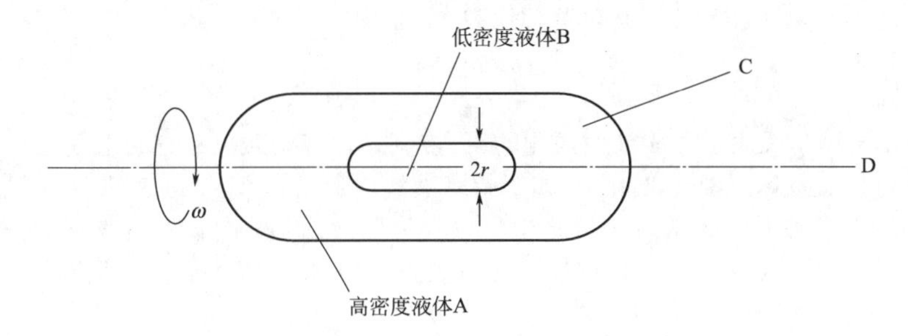


图 4-9 旋滴法测界面张力样品管内液体示意图

# 第三节 毛细作用与Laplace公式和Kelvin公式

## 一、毛细作用

人们在日常生活中经常见到液体中气泡的上浮、水的自然滴落等现象，这些滴状物的形成都是因液体表面张力的存在引起的。将垂直的干净玻璃毛细管插入水中，在管中的水面会自发上升到一定高度，这种液体在自身表面张力和界面张力作用下的宏观运动被称为毛细作用（capillary）（拉丁语中 capillus 是毛发的意思，表示水只有在很细的毛细管中才发生液面上升的现象）。毛细作用不限于毛细上升的现象，而是泛指因液体表面张力的存在而引起的液体表面形态、性质变化的各种现象。

下文介绍的 Laplace 公式和 Kelvin 公式及接触角的形成等都是毛细现象的表现和应用。

## 二、弯曲界面的内外压力差， Laplace 公式

众所周知，一杯水的液面是平面，而滴定管或毛细管中的水面是弯曲液面。在细管中液面为什么是曲面？弯曲液面有些什么性质和现象？或者说，液面弯曲将对体系的性质产生什么影响？这些都是这一节里要讨论的基本问题，也是界面现象中十分重要的问题。日常生活中常见的毛巾会吸水、湿土块干燥时会裂缝以及实验中的过冷和工业装置中的暴沸等现象都与液面或界面弯曲有关。

## (一) 弯曲界面两侧压力差

在一杯水界面层处，界面内外两侧的压力是平衡、相等的。但弯曲界面内外两侧的压力就不相同，有压力差。为分析弯曲界面两侧为什么有压力差，首先按图 4-10 所示来规定凹面和凸面。

现在分析处于平衡态下的一个液滴（图 4-11）。

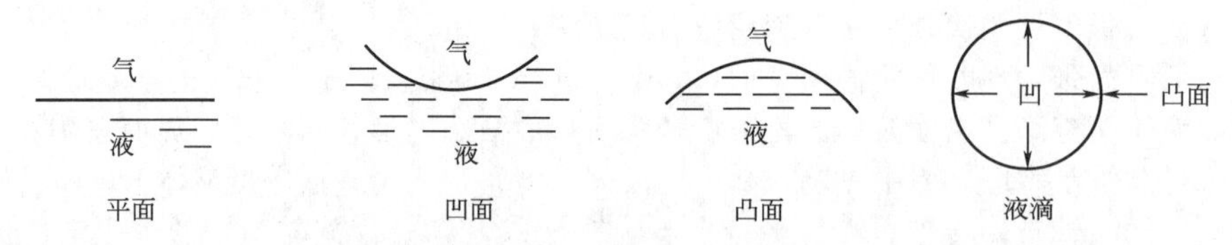


图 4-10 凹面、凸面的规定

设图 4-11 中的液滴的曲率半径为 $R$；液面上某分子因受净吸力的作用而产生一个指向液滴内部的压力为 $p_{收}$（通常称为收缩压，也称附加压力）；液滴的外部压力（即大气压，也就是凸面的压力）为 $p_{凸}$。此液滴所受到的压力为 $p_{收}+p_{凸}$。因液滴处于平衡态，故液滴的凹面上必有一个向外的与之相抗衡的压力 $p_{凹}$，即

$$p_{凹}=p_{收}+p_{凸}$$

或

$$p_{收}=p_{凹}-p_{凸}=\Delta p \tag{4-22}$$

显然，收缩压 $p_{收}$ 代表了弯曲液面两侧的压力差 $\Delta p$，有些人也称它为毛细压力。

上面讨论的是球形液滴的情况，$p_{收}$ 指向液滴内部，且 $p_{凹}>p_{凸}$，即表面层处液体分子所受到的压力必大于外部压力。与此相反，若为凹液面，则 $p_{收}$ 指向液体外部（即指向大气），或者说，$p_{收}$ 总是指向凹面内部，这时关系式(4-22) 依然成立（见图 4-12），且 $p_{凹}>p_{凸}$，但表面层处液体分子所受到的压力将小于外部压力。

总之，由于表面张力的作用，在弯曲表面下的液体与平面不同，在曲界面两侧有压力差，或者说表面层处的液体分子总是受到一种附加的指向凹面内部（球心）的收缩压力 $p_{收}$，且在曲率中心这一边的体相的压力总是比曲面另一边体相的压力大（图 4-12）。

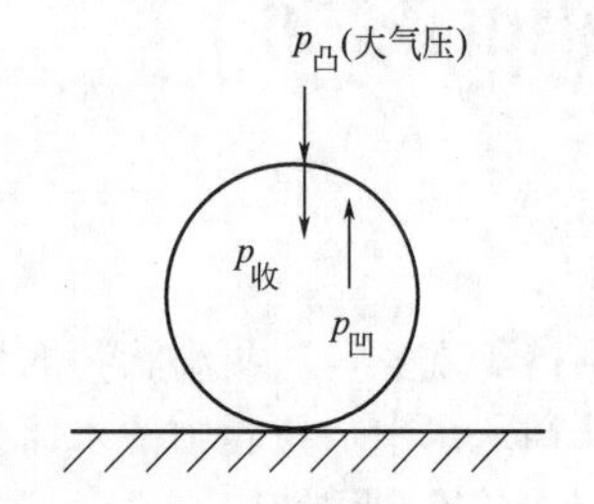


图 4-11 液滴所受到的压力

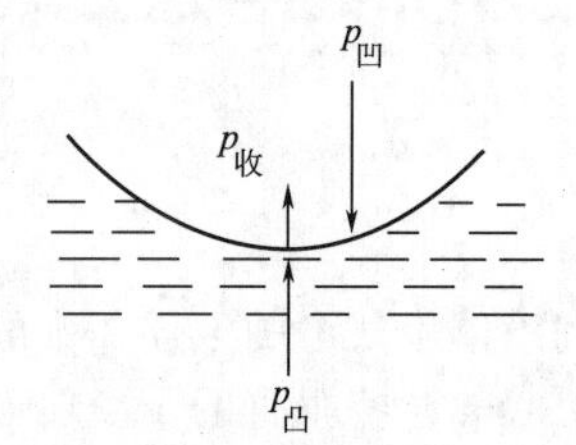


图 4-12 凹液面的 $p_{收}$ 方向

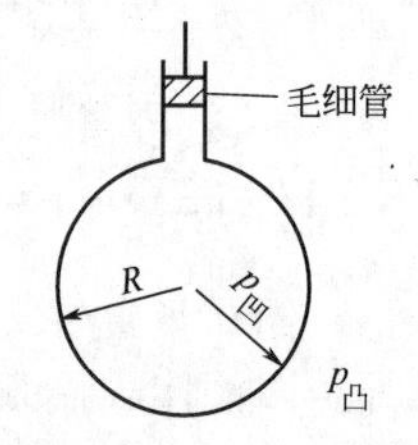


图 4-13 收缩压与曲率半径的关系

## (二) 弯曲界面两侧压力差与曲率半径的关系——Laplace 公式

设有一毛细管（图 4-13）内充满液体，管端有一半径为 $R$ 的球状液滴与之成平衡。如果对活塞稍稍施加压力减少了毛细管中液体的体积，而使液滴的体积增加 $\mathrm{d}V$，相应地其表面积增加 $\mathrm{d}A$，此时为了克服表面张力，环境所消耗的体积功应为 $p_{收}\,\mathrm{d}V$ [即 $(p_{凹}-p_{凸})\,\mathrm{d}V$]。当体系达到平衡时，此功的数值和表面能 $\sigma\mathrm{d}A$ 相等，即

$$(p_{凹}-p_{凸})\,\mathrm{d}V=\Delta p\mathrm{d}V=\sigma\cdot\mathrm{d}A \tag{4-23}$$

因为

$$球面积\ A=4\pi R^2；\ \mathrm{d}A=8\pi R\mathrm{d}R$$

$$球体积\ V=\frac{4}{3}\pi R^3；\ \mathrm{d}V=4\pi R^2\mathrm{d}R$$

代入式(4-14)，得：

$$\Delta p=\frac{2\sigma}{R} \tag{4-24}$$

式(4-24) 表明：①液滴越小，液滴内外压差越大，即凸液面下方液相的压力大于液面上方气相的压力；②若液面是凹的（即 $R$ 为负），此时凹液面下方液相的压力小于液面上方气相的压力；③若液面是平的（即 $R$ 为$\infty$），压差为零。

式(4-24) 同样适用于气相中的气泡（如肥皂泡）。但肥皂泡有两个气-液界面，且两个球形界面的半径基本相等，此时气泡内外的压力差即为

$$\Delta p=\frac{4\sigma}{R} \tag{4-25}$$

如果液面不是球形的一部分而是任意曲面，且曲面的主曲率半径为 $R_1$ 和 $R_2$，则曲界面两侧压力差为

$$\Delta p=\sigma\left(\frac{1}{R_1}+\frac{1}{R_2}\right) \tag{4-26}$$

式(4-26) 为 Laplace 公式的一般形式。显然，当液面为球形时，式(4-26) 即变为式(4-24)。

Laplace 公式说明，由于液体表面张力的存在，弯曲液面对内相有附加压力，此附加压力的大小与液体表面张力和液面曲率有关：当液面为凹形时，弯曲液面曲率半径为负值，$\Delta p$ 为负值，即液体内部压力小于外压；当液面为凸形时，$\Delta p$ 为正值，内压高于外压。换言之，弯曲液面的内外压差存在使得体相的一些性质随液滴大小和曲面形状而变化。根据 Laplace 公式，球形气泡液面，半径越小，$\Delta p$ 越大。表 4-3 列出水中小气泡的半径与泡内外压差的关系。

**表 4-3 水中小气泡半径与泡内外压差关系**

| 半径 $r$/nm | 1 | 2 | 10 | 1000 |
|---|---|---|---|---|
| $\Delta p$/Pa | $1440\times10^5$ | $720\times10^5$ | $144\times10^5$ | $1.44\times10^5$ |

## (三) Laplace 公式的应用——毛细上升和毛细下降现象

如图 4-14(a) 所示，若液体能很好地润湿毛细管壁，则毛细管内的液面呈凹面。因为凹液面下方液相的压力比同样高度具有平面的液体中的压力低，因此，液体将被压入毛细管内使液柱上升，直到液柱的静压$\rho gh$（$\rho$为液体的密度）与曲界面两侧压力差 $\Delta p$ 相等时即达平衡，此时

$$\Delta p=\frac{2\sigma}{R}=\rho gh$$

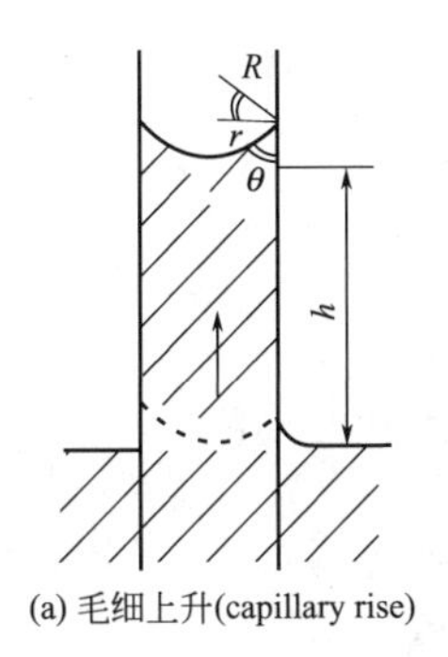

(a) 毛细上升(capillary rise)

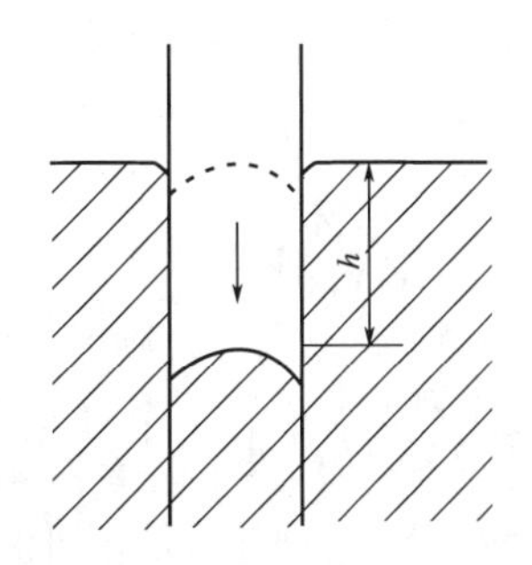

(b) 毛细下降(capillary depression)

**图 4-14 毛细现象**

所以

$$h=\frac{2\sigma}{\rho g R} \tag{4-27}$$

式中，$R$ 为曲率半径。由图 4-14(a) 可见，$R$ 和毛细管半径 $r$ 之间的关系为 $R=r/\cos\theta$（$\theta$ 为润湿角），将此关系代入式(4-27)，得：

$$h=\frac{2\sigma\cos\theta}{\rho g r} \tag{4-28}$$

显然，若 $\theta=0°$，则

$$h=\frac{2\sigma}{\rho g r}$$

这就是以前讨论的式(4-11b)。

同样，若液体不能润湿管壁，则毛细管内的液面呈凸面［见图 4-14(b)］。因凸液面下方液相的压力比同高度具有平面的液体中的压力高，亦即比液面上方气相压力大，所以管内液柱反而下降，下降的深度 $h$ 也与 $\Delta p$ 成正比，且同样服从式(4-28)。

## 三、弯曲液面上的饱和蒸气压，Kelvin 公式

在一定温度下液体有一定的饱和蒸气压。我们的问题是：若将液体分散成粒子半径为 $r$ 的小液滴时，小液滴的饱和蒸气压和平面液体的是否一样？若不一样，它和液滴半径 $r$ 有什么关系？

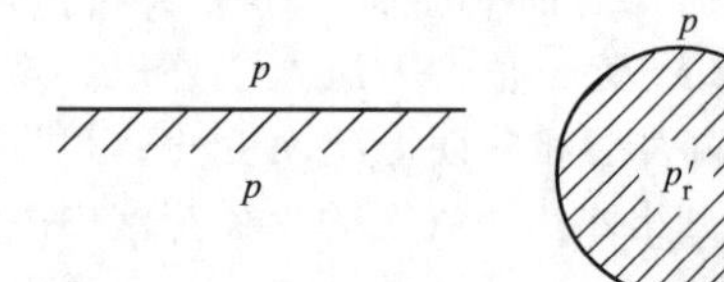


图 4-15　平液面液体与小液滴

如果图 4-15 中具有平液面的液体与分散成半径为 $r$ 的小液滴的外压均为 $p$，小液滴凹面上所受的压力为 $p'_r$，则小液滴因液面弯曲其曲界面两侧就有压力差 $\Delta p$（等于 $p'_r-p$）。据式(4-24) 可得：

$$\Delta p=p'_r-p=\frac{2\sigma_{液-气}}{r}$$

在恒温下，如果把 1mol 水平液面的液体转变成半径为 $r$ 的小液滴，则自由能的变化为：

$$\Delta G=\widetilde{V}\Delta p=\widetilde{V}(p'_r-p)=\widetilde{V}\,\frac{2\sigma_{液-气}}{r} \tag{4-29}$$

式中，$\widetilde{V}$ 为液体的摩尔体积。此处自由能的变化是小液滴的化学位 $\mu_r$ 与平面液体的化学位 $\mu$ 之差，即 $\Delta G=\mu_r-\mu$。

设小液滴和平面液体的饱和蒸气压分别为 $p_r$ 和 $p_0$（注意 $p_0$ 和 $p_r$ 与外压 $p$ 及液滴凹面上所受压力 $p'_r$ 不同）。根据气-液平衡条件：$\mu_{液}=\mu_{气}$，以及液体化学位与其饱和蒸气压的关系式应有 $\mu_r=\mu_0+RT\ln p_r$；$\mu=\mu_0+RT\ln p_0$，所以

$$\Delta G=\mu_r-\mu=RT\ln\frac{p_r}{p_0} \tag{4-30}$$

比较式(4-29) 和式(4-30)，并考虑 $\widetilde{V}=\frac{M}{\rho}$（$M$ 为液体的分子量，$\rho$ 为液体的密度），则得

$$\ln\frac{p_r}{p_0}=\frac{2\sigma_{液-气}M}{RT\rho r} \tag{4-31}$$

这就是著名的 Kelvin 公式。

显然，由式(4-31) 可见，液滴半径 $r$ 越小，与之相平衡的蒸气压 $p_r$ 越大。当 $r\to\infty$ 时，$p_r=p_0$。表 4-4 列出了 20℃下不同半径水滴的饱和蒸汽压与平液面水的饱和蒸汽压之比值，这个事实常被用来说明人工降雨的基本原理。例如在高空中如果没有灰尘，水蒸气可以达到相当高的过饱和程度（即比平液面时液体的饱和蒸汽压高许多倍）而不致凝结成水。因为此时高空的水蒸气压力虽然对平液面的水来说已是过饱和了，但对于将要形成的小水滴来说却尚未饱和，这意味着微小水滴难以形成。可以设想，这时如果在空中撒入凝结核心（如 AgI

小晶粒），使凝聚水滴的初始曲率半径加大，则其对应的蒸汽压可以小于高空中已有的水蒸气压力，因此水蒸气将迅速凝成水滴，形成人工降雨。

**表 4-4　水滴半径与相对蒸汽压的关系**

| 水滴半径 $r$/cm | $p_r/p_0$ | 水滴半径 $r$/cm | $p_r/p_0$ |
|---|---|---|---|
| $10^{-4}$ | 1.001 | $10^{-6}$ | 1.111 |
| $10^{-5}$ | 1.011 | $10^{-7}$ | 2.95 |

必须注意，当液体在毛细管中形成凹月面时，情况正好相反。此时曲率半径为负值，由式(4-31) 可见，$p_r<p_0$，亦即在凹液面上方或小气泡中液体的蒸气压将小于平面时的蒸气压。且凹面越弯曲或气泡半径越小，泡内饱和蒸气压越低。众所周知，平液面的水达到沸点时其饱和蒸汽压等于外压。在沸腾时液体形成的气泡必须经过从无到有、从小到大的过程。最初形成的半径极小的气泡内其蒸气压远小于外压，这意味着在外界压迫下小气泡难于形成，致使液体不易沸腾而成为过热液体。过热较多时容易发生暴沸，这也是实验室或工业上经常造成事故的原因之一。为防止暴沸，在加热液体时要加入沸石或插入毛细管。这是因为多孔的沸石中已有曲率半径较大的气泡存在，因此泡内压力不致很小，故在达到沸腾温度时液体即沸腾而不致过热。

Kelvin 公式还可用来说明溶液的过饱和和液体的过冷现象等。

# 第四节　润湿作用和杨方程

## 一、润湿现象和润湿角

手入水即湿，但涂油后入水就不湿了。干净玻璃上有水倒掉后，玻璃是湿的，但玻璃上有汞倒掉后玻璃上无汞。这些现象都是经常遇到的。要解释这些现象必须弄清楚什么叫润湿(wetting) 和润湿角（亦称接触角[1]，contact angle)。

### （一）液体对固体的润湿——黏附概念的提出

液体与固体接触时液体能否润湿固体？从热力学观点看，就是恒温恒压下体系的表面自由能是否降低？如果自由能降低就能润湿，且降低越多润湿程度越好。图 4-16 表示界面均为一个单位面积，固-液接触时体系表面自由能 $\Delta G$ 的变化。

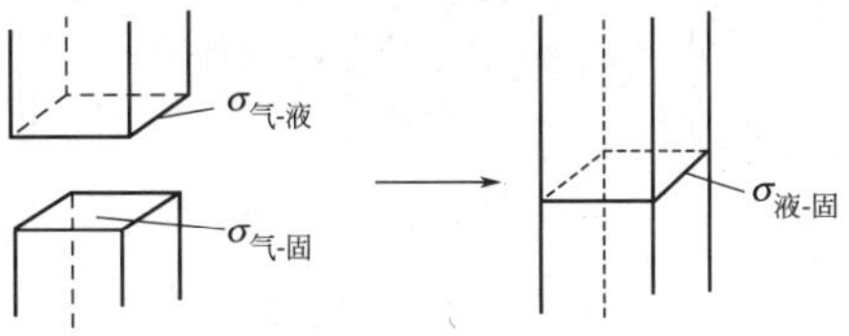

此处

$$\Delta G=\sigma_{液-固}-\sigma_{气-液}-\sigma_{气-固} \tag{4-32}$$


图 4-16　固-液接触时表面自由能的变化

当体系自由能降低时，它向外做的功为：

$$W_a=\sigma_{气-液}+\sigma_{气-固}-\sigma_{液-固} \tag{4-33}$$

式中，$W_a$ 称为黏附功。$W_a$ 越大，体系越稳定，液-固界面结合越牢固，或者说此液体极易在此固体上黏附（adhesion）。所以，$\Delta G<0$ 或 $W_a>0$ 是液体润湿固体的条件。广义地说，润湿是用一种流体（如液体）取代固体表面上存在的另一种流体（如气体）的过程。固体的表面张力 $\sigma_{气-固}$ 和 $\sigma_{液-固}$ 难于测定，因此难于用式(4-32) 或式(4-33) 进行计算和衡量润湿程度。幸而人们发现润湿现象还与润湿角有关，而润湿角是可以通过实验测定的。

[1] 在文献中接触角比润湿角应用更广泛。

### (二) 杨方程

让液体的固体表面形成液滴（如图 4-17 所示），达到平衡时，在气、液、固三相接触的交界点 $O$ 处，沿气-液界面画切线，此切线与固-液界面之间的夹角称为润湿角 $\theta$。

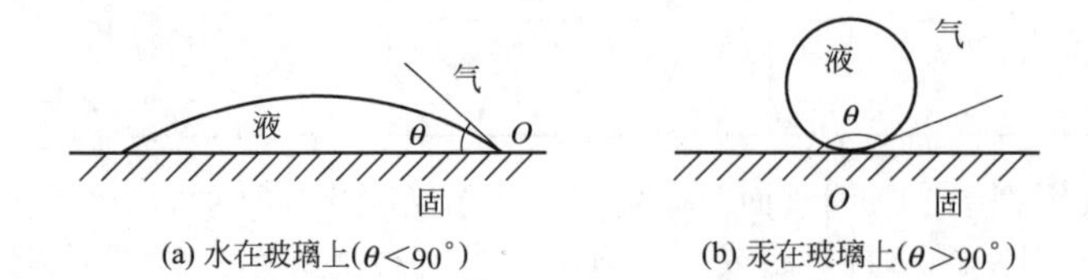


图 4-17 润湿角图示

根据界面张力的概念，在平衡时，3 个界面张力在 $O$ 点处相互作用的合力为零，此时液滴保持一定的形状，且界面张力与润湿角之间的关系为：

$$\sigma_{气\text{-}固}=\sigma_{液\text{-}固}+\sigma_{气\text{-}液}\cos\theta \tag{4-34}$$

式(4-34) 常称为杨（T. Young）方程或润湿方程。将式(4-34) 代入式(4-32)，得：

$$-\Delta G=\sigma_{气\text{-}液}+\sigma_{气\text{-}液}\cos\theta=\sigma_{气\text{-}液}(1+\cos\theta) \tag{4-35}$$

可见，$\theta$ 越小，$-\Delta G$ 越大，润湿性越好。当 $\theta=0°$时，$-\Delta G$ 最大，此时液体对固体“完全润湿”，液体将在固体表面上完全展开，铺成一薄层。当 $\theta=180°$时，$-\Delta G$ 最小，此时液体对固体“完全不润湿”，当液体量很少时则在固体表面上缩成一个圆球。故通常把 $\theta=90°$作为分界线，$\theta<90°$时能润湿［如水在玻璃上，图 4-17(a)］；$\theta>90°$时不能润湿［如汞在玻璃上，图 4-17(b)］。

## 二、润湿角的测量方法

### (一) 角度测量法

(1) 液滴法　用细的毛细管将液体滴加在固体表面 2 上（图 4-18），由幻灯机 1 射出的一束很强的平行光通过液滴和双凸透镜 3 将放大的像投影在幕 4 上（实际上可投在贴了纸的墙上），调节 2、3 之间的距离，使图像清晰，然后用铅笔描图，再用量角器直接测出 $\theta$ 的大小。当然，实验中最好用感光纸摄成照片后量角比较精确。

(2) 浮泡法　将图 4-18 中的 2 改成光学玻璃槽，将欲测之液体盛入槽中，再把欲测之固体浸入槽内液体里，然后将小气泡由弯曲毛细管中放出，使其停留在被测固体的表面下成为浮泡（图 4-19），再用光学法测出润湿角。

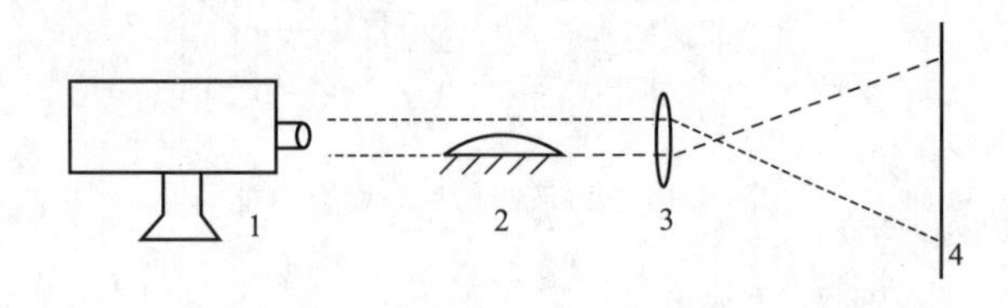


图 4-18 润湿角测定装置图

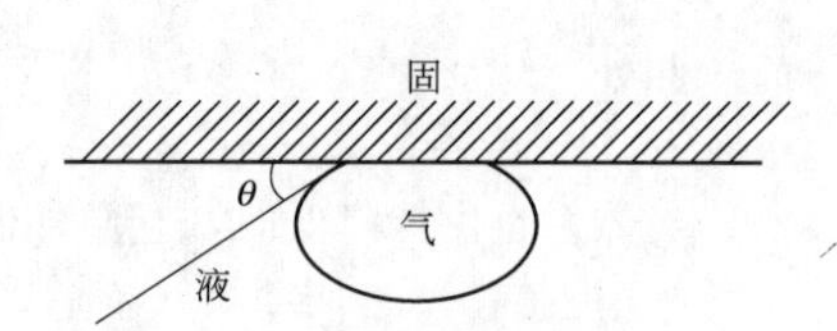


图 4-19 在固-液界面下的浮泡

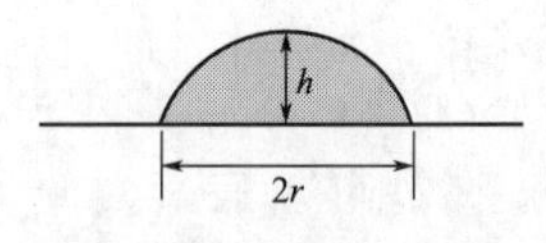


图 4-20 小液滴示意图

### (二) 长度测量法

对于小液滴，可忽略重力对液滴形状的影响，液滴可当做球冠处理，测出球冠（液滴）高度 $h$ 和液滴宽度 $(2r)$（图 4-20）可得出与润湿角 $\theta$ 的关系

$$\sin\theta=2hr/(h^2+r^2) \tag{4-36}$$

$$\tan(\theta/2)=h/r \tag{4-37}$$

### （三）用动态法测定粉末-液体体系的润湿角[1][2]

上述（一）、（二）两种方法适用于液体对大块固体润湿角的测定，但在实际工作中常遇到固体粉末和液体的润湿问题，这时直接测量润湿角就困难了。目前应用较多的是 Washburn 的动态法测量前进润湿角（关于前进润湿角概念请见参考书目 8，p. 42）。此法系称一定量粉末（样品）装入下端用微孔板封闭的玻璃管内，并压紧至某固定刻度。然后将测量管垂直放置，并使下端与液体接触（图 4-21），记录不同时间 $t$(s) 时液体润湿粉末的高度 $h$ (cm)，再按下式：

$$h^2=\frac{C\,\bar{r}\sigma\cos\theta}{2\,\eta}\times t \tag{4-38}$$

以 $h^2$ 对 $t$ 作图（式中，$C$ 为常数；$\bar{r}$ 为粉末间孔隙的毛细管平均半径，对指定的体系来说 $C$ 和 $\bar{r}$ 为定值；$\sigma$ 为液体表面张力；$\eta$ 为黏度）。显然 $h^2$-$t$ 之间有直线关系（图 4-22，图中直线未通过原点是因为微孔板的影响），由直线斜率、$\eta$ 和 $\sigma$ 便可求得 $C\,\bar{r}\cos\theta$ 值。在指定粉末的液体系列中，选择最大 $C\,\bar{r}\cos\theta$ 值作为形式半径 $C\,\bar{r}$ 并由此计算润湿角 $\theta$。如硅胶［H］-正己烷（$C\,\bar{r}\cos\theta$）值为最大，即假定正己烷对硅胶粉完全润湿，$\cos\theta=1$。这样做显然有点勉强，但有一定的相对性和实用意义。用此法可以计算出不同液体（如正己烷、甲苯、四氯化碳和乙醇等）在层析用硅胶［H］上的 $\theta$ 分别为 0°、18°、31°和 39°。若某液体在此粉末柱上完全不上升（完全憎液），则 $\theta$ 为 90°，所以此法所得结果只有相对意义。

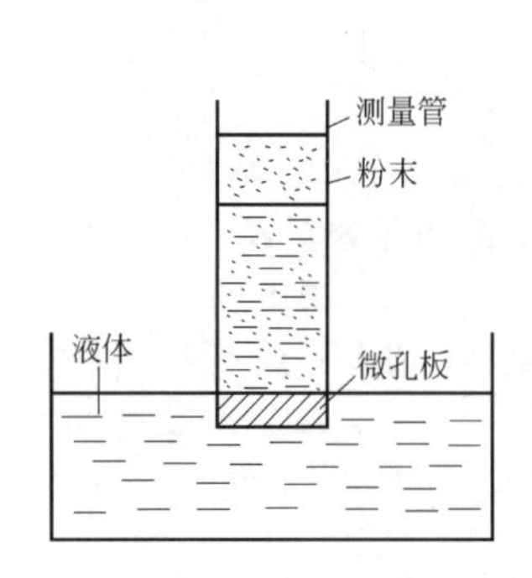


图 4-21 粉末润湿角测定装置示意图

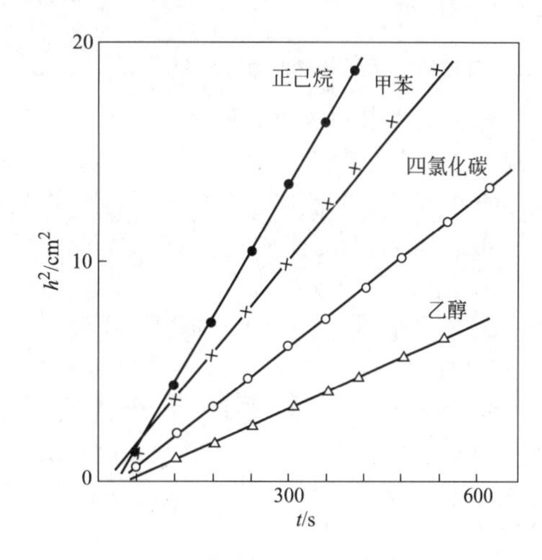


图 4-22 层析用硅胶［H］-液体的 $h^2$ 与 $t$ 的关系（20℃）

## 三、影响润湿角大小的一些因素

#### 1. 物质的本性

毛细作用是流体（液体与气体）在表（界）面张力作用下的宏观运动。在液体与固体接触时形成固体-液体、液体-气体的界面和固-液-气的三相交界线，达到平衡时形成平衡润湿角 $\theta$，显然 $\theta$ 的大小是由固体、液体和气体的物质本性［表现为相应的表（界）面张力］所决定。换言之，$\theta$ 仅取决于三相的组成，与物质的量关系不大，当然，这要忽略重力的影响。一般来说对于指定固体，液体表面张力越小，$\theta$ 越小；对于相同液体，固体表面能越

[1] 蒋子铎等．化学通报，1987 (7)：31.

[2] 任兰正等．化学工业与工程，2003，20 (4)：200.

大，$\theta$越小。表4-5列出几种液体在三种固体上的润湿角。

**表4-5 几种体系的润湿角**（度）

| 液体 | $\sigma_{lv}$[①]/mN·m$^{-1}$ | 正三十六烷[②] | 石蜡[②] | 聚乙烯[②] |
|---|---|---|---|---|
| 正十四烷 | 26.7 | 41 | 23 | 铺展 |
| 正癸烷 | 23.9 | 28 | 7 | 铺展 |
| 苯 | 28.9 | 42 | 24 | 铺展 |
| 水 | 72.8 | 111 | 108 | 94 |
| 甘油 | 63.4 | 97 | 96 | 79 |

① $\sigma_{lv}$应为液-蒸气界面的表面张力，不严谨时常与$\sigma_{lg}$混用。

② 正三十六烷、石蜡、聚乙烯的表面能依次为19.1mN·m$^{-1}$、25.4mN·m$^{-1}$和33.1mN·m$^{-1}$。

**2. 润湿角的滞后现象**

在固体表面上增大液滴时或使有液滴的固体表面倾斜时形成的较大润湿角称为前进润湿角（advancing contact angle）。与此类似，从固体表面抽减液滴中液体时，或使有液滴的固体表面倾斜时形成的较小润湿角称为后退润湿角（receding contact angle）。前进角与后退角常不相等的现象称为润湿角的滞后（contact angle hysteresis），一般情况下，总是前进角大于后退角（见图4-23）。

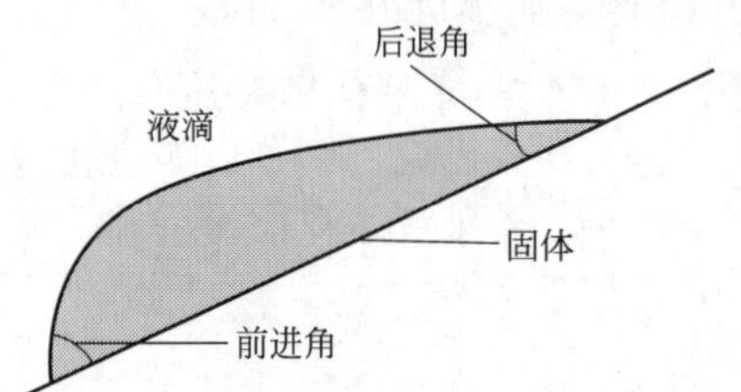

**图4-23 前进角、后退角与润湿角滞后**

**3. 固体表面的粗糙性和不均匀性**

固体表面的粗糙性可以粗糙因子（也称粗糙度，roughnees）度量。粗糙因子以真实粗糙表面面积与相同体积固体完全平滑的表面面积之比表示。由于粗糙表面面积总是大于完全平滑的理想面积，故粗糙因子$r$总是大于1的，$r$越大，表示表面越粗糙。液体在粗糙表面与在平滑表面上的润湿角不相等。设某液体在粗糙因子为$r$的表面上的润湿角为$\theta'$，在同一种固体平滑表面上的润湿角为$\theta$，它们之间的关系服从Wenzel方程：

$$r\cos\theta=\cos\theta' \tag{4-39}$$

Wenzel方程说明：当$\theta \geqslant 90°$时，$r$越大（即表面越粗糙）润湿角越大，表面润湿性越差；当$\theta < 90°$时，$r$越大，润湿角越小，表面润湿性越好。例如，水在某平滑的聚合物固体表面上润湿角为109°，而在分维$D=2.29$的该聚合物表面上的润湿角达174°。这是因为水在聚合物上的$\theta > 90°$，分维$D=2.29$表示表面较平滑表面粗糙（即$r>1$），故润湿角增大。分维$D$是表征体系分形性质的定量参数，对于近于二维的表面$D$应在2～3间，$D$越大表面越粗糙。[1][2]

对于混合物表面（如不同材料的混纺织物），其表面有不同表面能区域，因而润湿角也不同。某种液体在各纯相物质1和2上的润湿角为$\theta_1$和$\theta_2$，若表面由此二物质构成，且已知各物质占的表面分数为$f_1$和$f_2$，则在混合表面上的润湿角$\theta$为：

$$\sigma_{lg}\cos\theta=f_1\cos\theta_1+f_2\cos\theta_2 \tag{4-40}$$

式中，$\sigma_{lg}$为所用液体的表面张力。此式称为Cassie方程。

**4. 环境的影响**

固体表面（特别是高能表面）在实验环境中易自气相或液相中吸附某种组分而降低表面能，同时也改变表面性质，从而影响润湿角。如水在干净的玻璃上应是完全铺展的（即无平衡润湿角，或不严谨地认为$\theta=0°$），而在实验室气氛中放置的玻璃上$\theta$可能高达几十度。因

❶ Kaye B H. 分形漫步. 徐新阳等译. 沈阳：东北大学出版社，1995.

❷ 任新成，郭立新. 物理学报，2009，58（3）：1627.

此实验测定润湿角要求要净化固体表面，且要避免环境因素的干扰。保持严格实验条件实际上十分困难，这就使得同一系统的润湿角文献报道有很大差别的原因。

## 四、铺展

**1. 铺展（spreading）过程**

铺展过程表示在液-固界面取代了气-固界面的同时，气-液界面也扩大了同样的面积。如图 4-24 所示，原来 *ab* 界面是气-固界面，当液体铺展后，*ab* 界面转变为液-固界面，而且增加了同样面积的气-液界面。在恒温恒压下当铺展面积为一个单位面积时，体系表面自由能的降低或对外做的功 *S* 为

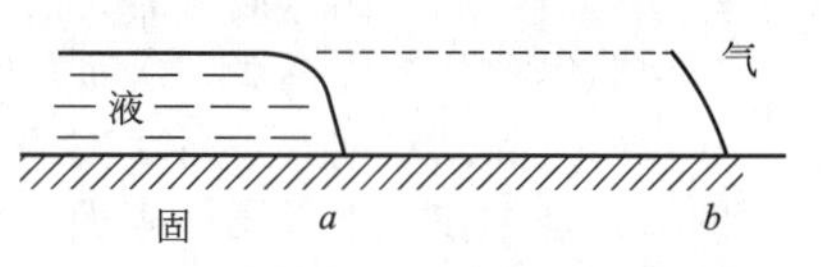


**图 4-24 液体在固体表面上自动铺展**

$$S=\sigma_{气\text{-}固}-(\sigma_{液\text{-}固}+\sigma_{气\text{-}液}) \tag{4-41}$$

式中，*S* 为铺展系数（spreading coefficient，实为铺展功）。铺展系数是一种液体在另一种不相混溶的液体或固体表面上铺展能力大小的量度，也称润湿力（wetting power）。当铺展不能瞬间完成时，刚开始铺展时之铺展系数称为初始铺展系数（intial spreading coefficient）。当 $S>0$ 时，液体可以在固体表面上自动铺展。*S* 越大，铺展能力越大。当然也表示该液体在固体表面上的润湿能力越强。虽然上面介绍了几种接触角的测定方法，但准确测定比较困难，因此可通过铺展系数的测定来表征液体在固体表面上润湿能力的大小。具体测定方法见有关参考书目[1]。

至于一种液体油（O）能否在另一种互不相溶的液体水（W）上铺展，这就要由各液体本身的表面张力以及两液相之间的界面张力大小来决定。与固-液界面上铺展的情况相似，若以 $S_{O/W}$ 表示油-水界面的铺展系数，则

$$S_{O/W}=\sigma_W-\sigma_O-\sigma_{W/O} \tag{4-42}$$

当 $S_{O/W}>0$ 时，即恒温恒压下体系表面自由能 $\Delta G$ 降低，则该种油能在水面上铺展。反之，若 $S_{O/W}<0$，即 $\Delta G>0$，则表示油不能在水面上铺展，而是在水面上形成一个“透镜”形状的油滴。

表 4-6 列出的是若干种液体在水面上的铺展系数。苯、长链醇、酸、酯等都能在水面上铺展，而 $CS_2$ 和 $CH_2I_2$ 等不能在水面上铺展。

**表 4-6 若干种液体在水面上的铺展系数**（20℃）

| 液　体 | $S_{O/W}$ | 液　体 | $S_{O/W}$ |
|---|---|---|---|
| 异戊醇 | 44.0 | 硝基苯 | 3.8 |
| 正辛醇 | 35.7 | 己烷 | 3.4 |
| 庚醇 | 32.2 | 邻溴甲苯 | −3.3 |
| 油酸 | 24.6 | 二硫化碳 | −8.2 |
| 苯 | 9.3 | 二碘甲烷 | −26.5 |

应当注意，所谓两液体不溶，实际上有时也会有少许溶解，这时铺展系数就不能只由纯液体的液-液界面张力来决定，还要考虑溶解后溶液的表面张力及界面张力。表 4-6 是纯液体在水面上的铺展系数。若液-液发生少量互溶，则铺展系数就会改变，例如，纯水的 $\sigma_W$ 为 $72.75\text{mN}\cdot\text{m}^{-1}$，纯苯的 $\sigma_O$ 为 $28.9\text{mN}\cdot\text{m}^{-1}$，但二者互相饱和后，$\sigma'_W$ 为 $62.2\text{mN}\cdot\text{m}^{-1}$，$\sigma'_O$ 为 $28.8\text{mN}\cdot\text{m}^{-1}$，据式(4-40) 可得：

$$S_{O/W}=72.75-28.9-34.6=9.3$$

$$S'_{O/W}=62.2-28.8-34.6=-1.2$$

$S_{O/W}$ 为 9.3，此数据可以认为是最初的铺展系数，即将苯滴加于水面，开始时苯可以在水面

---

[1] 见参考书目 24，p.161。

上铺展，但经过一段时间互溶达饱和后，$S'_{O/W}=-1.2$，即最后的铺展系数又变为负值，此时已经铺展的苯又缩回形成“透镜”状油滴。

**2. 铺展系数的测定**

(1) 接触角法　将铺展系数的定义式［式(4-41)］与润湿方程［式(4-34)］结合，可得

$$S=\sigma_{气-液}(\cos\theta-1) \tag{4-43}$$

因而，通过测定液体的表面张力 $\sigma_{气-液}$ 和液体在固体上的接触角 $\theta$，便可计算出该液体在指定固体上的铺展系数，从而判断铺展能否进行。

(2) 滴高法（液饼高度法）[1]　这是一种避免测定接触角而测量长度的一种方法。此法的原理是，在一水平固体表面上滴加液体，若液体不能完全铺展，则将形成液滴。增加液体，液滴变大、变高。继续增加液体量，形成一固定高度的液饼，液体量增加，只是增大液饼的直径，不改变液饼的高度。液饼的高度 $h$ 与铺展系数有下述关系：

$$S=-\frac{1}{2}\rho g h^2 \tag{4-44}$$

式中，$\rho$ 为液体密度；$g$ 为重力加速度。显然，这一方法只要用一能测量长度的仪器（如测高仪、读数显微镜）即可，但要求固体表面干净、均匀、水平。对于黏度大的液体则要注意保证达到铺展平衡。

## 五、润湿热

液体和固体接触时能否润湿，这要由润湿角 $\theta$ 的大小来决定。粉末固体虽可压片后再测定与液体的润湿角，但压缩程度及表面粗糙度不同会直接影响 $\theta$ 测定结果的准确性。用动态法虽然可以求得粉末的润湿角，但误差相当大而且求得的是相对值。

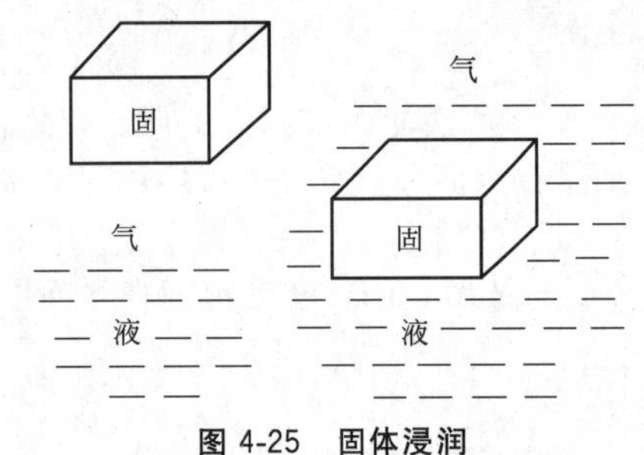

图 4-25　固体浸润

固体和液体接触时，特别是粉末固体，实际上可看作气-固界面转变为液-固界面的过程（见图 4-25），而液体表面并没有变化。因此这个过程也可以称为浸润过程(immersion)，故润湿热（heat of wetting）实际上是浸润热。与前述讨论相似，在恒温恒压下，若浸润面积为一个单位面积，则此过程中体系表面自由能的变化为

$$\Delta G=\sigma_{液-固}-\sigma_{气-固} \tag{4-45}$$

或

$$W_i=\sigma_{气-固}-\sigma_{液-固} \tag{4-45a}$$

式中，$W_i$ 为浸润功，它的大小可以作为液体在固体表面上取代气体能力的量度。显然，$W_i>0$ 是液体浸润固体的条件。另一方面，当液体浸润固体时，由于固-液分子间的相互作用必然要释放出热量，此热量称为润湿热（或浸润热），它来源于表面自由能的减少。既然润湿热能反映固-液分子间相互作用的强弱，因此，极性固体（如硅胶、二氧化钛等）在极性液体中的润湿热较大，在非极性液体中的润湿热较小。而非极性固体（如石墨、高温热处理的炭或聚四氟乙烯等）的润湿热一般总是很小的。例如，硅胶在水中的润湿热为 117.15J/g，但随着表面憎水化程度的增加，润湿热显著减小[2]。固体润湿热的大小还与固体的粒子大小和比表面积有关，所以润湿热的单位也可用单位表面积所释放的热量表示，关于这方面的数据可参阅有关资料[3]。

综上所述，通常所说的“润湿”是总称。实际上视具体情况的不同，有黏附、浸润和铺展 3 种类型。若将润湿方程式(4-34) 分别依次代入各类功的公式——式(4-33)、式(4-45a)和式(4-41)，且假定这些润湿过程都能自发进行，即各形式的功均为正值。据此，如以接触角 $\theta$ 的大小作为各类润湿过程能否进行的判据，则

---

[1] 见参考书目 24，p.161。

[2] 沈钟. 化学通报，1961 (4)：51.

[3] 见参考书目 13（上册），p.348；亦见参考书目 7，p.230。

| | | θ判据 |
|---|---|---|
| 黏附功 | $W_a=\sigma_{气-液}(1+\cos\theta)\geqslant 0$ | $\leqslant 180°$ |
| 浸润功 | $W_I=\sigma_{气-液}\cos\theta\geqslant 0$ | $\leqslant 90°$ |
| 铺展系数 | $S=\sigma_{气-液}(\cos\theta-1)\geqslant 0$ | $=0°$（$<0°$不存在） |

由此可见，若液体在固体上能黏附，必须 $\theta\leqslant 180°$；欲浸润，$\theta\leqslant 90°$；欲铺展，$\theta=0°$，要求最高。因此，人们常说：铺展是润湿的最高标准，凡能铺展，必能浸润，更能黏附。

# 第五节　固体的表面能

## 一、固体的表面

液体和固体都是凝聚态物质，也是生产、生活中应用最为广泛的物质。但是，固体与液体相比较有一些很大的区别，各有其独特的性质，特别是固体的表面与液体表面比较更为不同，固体表面主要有以下的特点。

（1）表面原子活动性小　液体表面的分子与其体相内部分子及气相中分子都有剧烈的交换运动。根据分子运动论和设水分子的截面积为 $0.1nm^2$，可以计算出每个水分子25℃在水表面上的停留时间仅为 $10^{-7}s$，而常温下钨原子在固态钨表面上的停留时间达 $10^{24}$ 年。这就是说液体表面分子与气相中气态分子激烈交换，而固体表面原子则难以发生可觉察的交换。固体表面原子室温下进行沿表面的二维移动也十分困难，只有升高温度至近于熔点时，固体表面原子的活动性才大大提高。因此，在形成新的固体表面时（如将块状固体剖开），新表面上的原子保持其原在大块固体体相时相同的位置，或者说固体的新表面原子保持其形成时的位置和状态，而这种位置和状态并不一定是平衡态，达到平衡态需时很长。

（2）固体表面势能的不均匀性　固体表面不同区域原子密度、原子的性质可能不同，表面势能分布大多是不均匀的，即使同一晶体，不同晶面的势能分布也不相同。

## 二、固体的表面张力与表面能

固体的表面自由能虽可与液体类似，定义为形成单位新表面时外力所做的可逆功，但因为以下原因，不能笼统地将固体的表面能与表面张力混为一谈。

① 固体可能存在各向异性，向不同方向施力以形成新表面做的功不同；

② 固体表面因原子间距离的改变而引起表面积的变化，不需对体相原子做功将其拉到表面；

③ 表面不均匀性表示不同表面区域原子所处微环境有差异，受到周围原子的作用力也不相同。

由于上述原因，尽管时常将固体的表面自由能与表面张力等同对待，但似乎用表面能更为贴切。实验上固体表面能不能像液体表面张力那样精确测定，多是在一定条件下用一种测定方法多次测定的平均值，不同实验室用同种方法所得结果也可有相当大的差别。这就说明，除实验方法外还有许多因素需要考虑。

人为界定小于 $100mJ\cdot m^{-2}$ 的固体（多是有机固体）称为低表面能固体，其表面称为低能表面；大于 $100mJ\cdot m^{-2}$ 的固体（多为无机固体）称为高表面能固体，其表面为高能表面。

固体表面能的大小与其可润湿性质有关：液体表面张力越小、固体表面能越高，液体一般越易于在这种固体表面铺展。

表征低能表面润湿性质的经验参数是临界（润湿）表面张力。临界表面张力（critical surface tension）常以 $\sigma_c$ 表示。其物理意义是：表面张力低于 $\sigma_c$ 的液体方能在此低能表面上铺展。显然 $\sigma_c$ 越小，能在其表面铺展的液体越少。表4-7是几种低能固体表面的 $\sigma_c$ 值。

**表 4-7 几种固体临界表面张力** 单位：$mN \cdot m^{-1}$

| 固体 | 全氟十二烷酸 | 聚四氟乙烯 | 萘 | 正十六烷 | 聚乙烯 | 聚苯乙烯 | 聚氯乙烯 | 尼龙 |
|---|---|---|---|---|---|---|---|---|
| $\sigma_c$ | 6 | 18 | 25 | 29 | 31 | 33～43 | 39 | 42～46 |

## 三、固体表面能的实验估测[1][2]

至今仍无精确、可靠、通用的测定固体表面能的方法。现报道的方法均是在一定条件下对特定系统进行的，虽然同一固体用不同方法所得结果可有相当大差异，但半定量甚至定性结果对了解固体表面性质也常是有意义的。

(1) 熔融外推法　测定某一固体在高于其熔点时不同温度的表面张力（用经改进的常规测定液体表面张力的一些方法即可），外推到低温固态时的数据。此方法假设固态和液态时表面张力温度系数相同（此假设对有的固体是不适用的）。此法可用于无定形固体、碱性卤化物、有机聚合物等的表面能测定。图 4-26 是线性聚乙烯（L-PE）、聚二甲基硅氧烷（PDMS）、聚异丁二烯（PIB）的表面能 $\sigma$ 与温度 $t$ 的关系图。用这种方法所得结果只能是近似的。

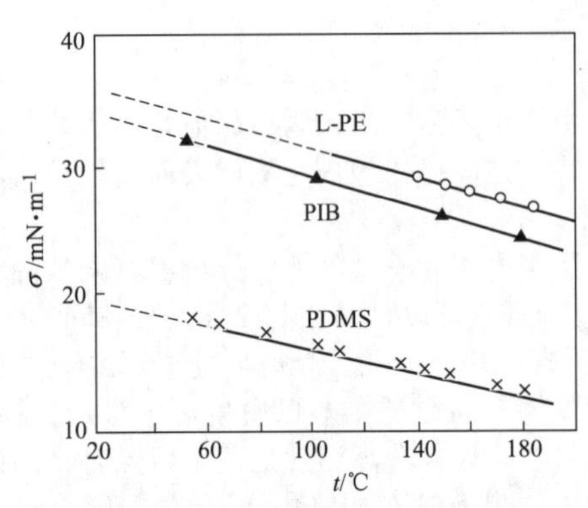

图 4-26　几种高聚物的 $\sigma$-$t$ 关系

(2) 应力拉伸法　在低于固体熔点若干度时，测定薄片或丝状固体应变速度与应力关系，求出应变速度为零时之应力，此应力恰等于沿薄片或丝周线的表面张力值。此法求得的是表面应力，在熔点时，表面应力可近似视为表面张力（表面能）。用这种方法测得金在 920℃、970℃、1020℃时表面能为 $1680mJ \cdot m^{-2}$、$1280mJ \cdot m^{-2}$、$1409mJ \cdot m^{-2}$。

(3) 解理劈裂法　直接测量劈裂某些晶体所施加负荷所形成新表面的大小计算表面能。此法可用于盐、金属、半导体材料表面能测定，这种方法难度大，精度差，测定环境使得形成新表面有不同的吸附膜，所得结果差别很大。

(4) 溶解热法　高度分散的粉体有大的表面积，在良溶剂中溶解时，大表面消失，表面能释放出来。因此，用同一物质的高分散粉体和一般粉体测定溶解热，由其差值和比表面积可计算出表面能。此法要求高灵敏度量热技术和极细粉体（至少应为微米级）。

(5) 接触角法　将 Fowkes 的液-液界面张力设想（参见本章第五节）应用于固-液界面，并假设固-液界面间只有色散力作用，式(4-19) 可写为：

$$\sigma_{sl}=\sigma_{lg}+\sigma_s-2(\sigma_s^d\sigma_{lg}^d)^{1/2} \tag{4-46}$$

式中，各 $\sigma$ 下角标分别表示固-液（sl）、液-气（lg）、固（s）的相应值。

因吸附气体而引起固体表面能的降低，对于低能表面可以忽略，即 $\sigma_s=\sigma_{sg}$。

将式(4-46) 与式 Young 方程（参见本章第四节）结合，立得

$$\cos\theta=-1+\frac{2(\sigma_s^d\sigma_{lg}^d)}{\sigma_{lg}} \tag{4-47}$$

根据式(4-47)，以同系列已知表面张力及其色散分量的液体在固体上的接触角 $\cos\theta$ 对 $(\sigma_{lg}^d)^{1/2}/\sigma_{lg}$ 作图，应得直线，直线的截距为 $-1$，斜率为 $2(\sigma_s^d)^{1/2}$。对于低能表面，$\sigma_s^d \approx \sigma_s$。图 4-27 为多种液体在四种低能表面上的实验结果。

如果固体表面还有极性作用成分，Fowkes 的公式应该用式(4-20)，同样与 Young 方程结合，可得

---

❶ Butt H J, Raiteri R, Miling A J. Surface Characterization Methods. New York: Marcel Dekker, 1999.

❷ 赵振国. 高等化学教学成果撷英. 西安：西北大学出版社，2000：122.

$$\cos\theta = -1 + 2(\sigma_{sg}^{p}\sigma_{lg}^{p})^{1/2}/\sigma_{lg} + 2(\sigma_{sg}^{d}\sigma_{lg}^{d})/\sigma_{lg} \tag{4-48}$$

和

$$\frac{\sigma_{lg}(1+\cos\theta)}{2(\sigma_{lg}^{d})^{1/2}} = (\sigma_{sg}^{d})^{1/2} + (\sigma_{sg}^{p})^{1/2}(\sigma_{lg}^{p}\sigma_{lg}^{d})^{1/2} \tag{4-49}$$

根据式(4-48)，以 $\cos\theta$ 对 $(\sigma_{lg}^{d})^{1/2}/\sigma_{lg}$ 作图应得截距为 $-1+2(\sigma_{sg}^{p}\cdot\sigma_{lg}^{p})^{1/2}/\sigma_{lg}$ 的直线，斜率为 $2(\sigma_{g}^{d})^{1/2}$，由斜率和截距可求出 $\sigma_{sg}^{d}$ 和 $\sigma_{sg}^{p}$。根据式(4-49)，以 $[\sigma_{lg}(1+\cos\theta)]/2(\sigma_{lg}^{d})^{1/2}$ 对 $(\sigma_{lg}^{p}/\sigma_{lg}^{d})^{1/2}$ 作图得直线斜率为 $(\sigma_{sg}^{p})^{1/2}$，截距为 $(\sigma_{sg}^{d})^{1/2}$。而 $\sigma_{sg}=\sigma_{sg}^{p}+\sigma_{sg}^{d}$。

图 4-28 是用式(4-28) 估算玻璃片表面能的结果。由图直线的斜率与截距可求出玻璃表面的 $\sigma_{sg}^{d}=31\text{mJ}\cdot\text{m}^{-2}$，$\sigma_{sg}^{p}=64\text{mJ}\cdot\text{m}^{-2}$。

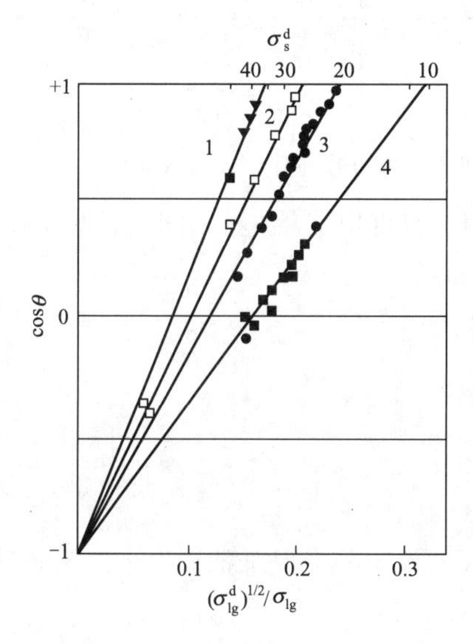


图 4-27 聚乙烯 (1)、石蜡 (2)、正三十六烷 (3)、丹桂酸单层 (4) 上多种液体的 $\cos\theta$ 对 $(\sigma_{lg}^{d})^{1/2}/\sigma_{lg}$ 图

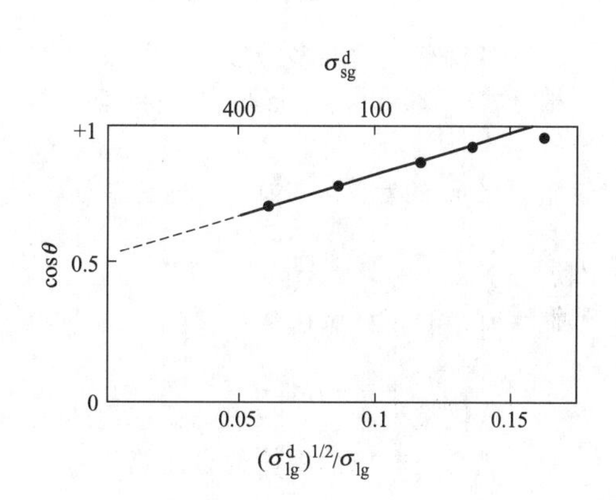


图 4-28 不同液体在玻璃片的 $\cos\theta$ 对 $(\sigma_{lg}^{d})^{1/2}/\sigma_{lg}$ 图

表 4-8 中列出一些 20℃用接触角法测出的多种固体的表面能组成。表中一种固体列出的不同数值是不同文献的结果。由此也可知，这种方法误差很大，这不仅是由于接触角测准的困难，而且理论处理上也有缺陷。

**表 4-8 接触角法测出的固体表面能组成** (20℃) 单位：$\text{mJ}\cdot\text{m}^{-2}$

| 固　体 | $\sigma_{sg}$ | $\sigma_{sg}^{d}$ | $\sigma_{sg}^{p}$ | 固　体 | $\sigma_{sg}$ | $\sigma_{sg}^{d}$ | $\sigma_{sg}^{p}$ |
|---|---|---|---|---|---|---|---|
| 石蜡 | 25.4 | 25.4 | 0.0 | 聚苯乙烯 | 42.0 | 41.4 | 0.6 |
| | 25.1 | 25.1 | 0.0 | | 23～41 | 17～34 | 6～7 |
| 聚乙烯 | 33.1 | 32.1 | 1.1 | 聚四氟乙烯 | 14.0 | 12.5 | 1.5 |
| | 32.8 | 32.1 | 0.7 | | 21.8 | 21.7 | 0.1 |
| | 23～33 | 22～33 | 0～1 | | 16～29 | 15～28 | 1 |
| 聚甲基丙烯酸甲酯 | 40.2 | 35.9 | 4.3 | 聚氯乙烯 | 41.5 | 40.0 | 1.5 |
| | 44.9 | 39.0 | 5.9 | 碳纤维 | 35～38 | 28～38 | 0～9 |
| | 23～48 | 14～34 | 9～14 | 云母 | 120 | 30 | 90 |

(6) 临界表面张力的测定　20 世纪 60 年代初，Zisman 等发现将一系列已知表面张力的液体滴于表面能较低的有机固体（如聚合物固体）表面上，测定它们的润湿角 $\theta$，各液体表面张力和 $\theta$ 的余弦间有近似的直线关系（同系物液体线性最好，非同系物为有一定分布的窄带），外延直线或窄带至 $\cos\theta=1$ 处，相应之表面张力（或窄带表面张力下限）即为该固体之 $\sigma_c$（临界表面张力）。图 4-29(a) 是正构烷烃系列在聚四氟乙烯表面上的结果，直线关系好，所得聚四氟乙烯之 $\sigma_c=18\text{mN}\cdot\text{m}^{-1}$。图 4-29 (b) 是非同系有机物液体在聚乙烯表面上的结果，直线关系较差，为一窄带，由窄带下限得相应 $\sigma_c=31\text{mN}\cdot\text{m}^{-1}$。

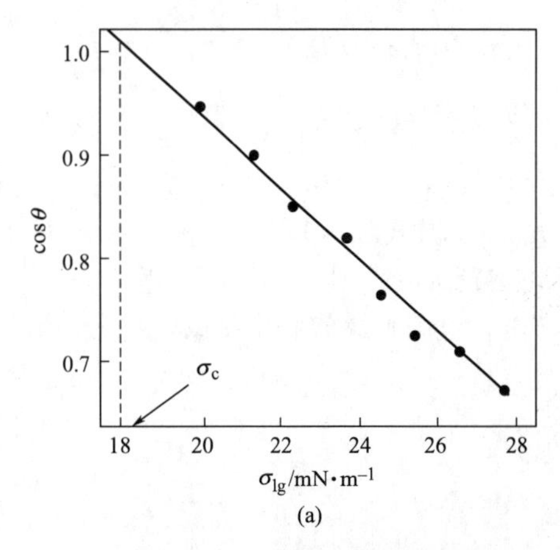


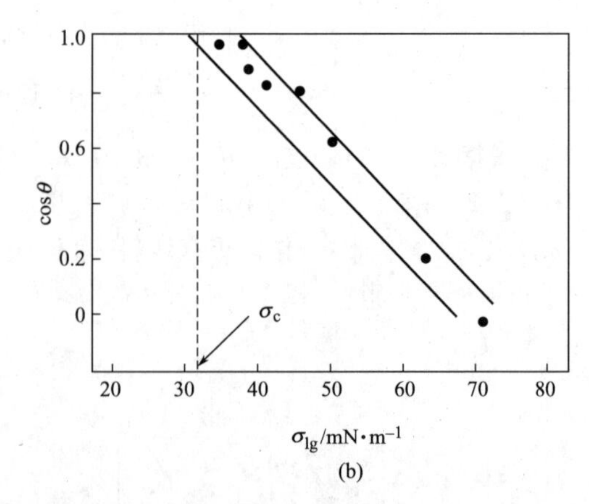


图 4-29　聚四氟乙烯/正构烷烃 (a)、聚乙烯/非同系有机物 (b) 的 Zisman 图

当没有合适的多种液体进行某固体 $\sigma_c$ 的测定时，也可用一种液体所测之 $\theta$ 做近似计算。根据式(4-16)，对于形成固-液界面之界面张力 $\sigma_{sl}$ 应为：

$$\sigma_{sl}=\sigma_{sg}+\sigma_{lg}-2(\sigma_{sg}\cdot\sigma_{lg})^{1/2} \tag{4-50}$$

而根据 $\sigma_c$ 的定义，$\cos\theta=1$ 时 $\sigma_{sg}=\sigma_c$，得

$$\cos\theta=2(\sigma_c/\sigma_{lg})^{1/2}-1$$

或

$$\sigma_c=(1+\cos\theta)^2\sigma_{lg}/4 \tag{4-51}$$

对于非极性固体❶

$$\sigma_{sg}=\sigma_{sg}^d=\sigma_c$$

这就是说，$\sigma_c$ 不仅表征低能固体表面润湿特点，而且 $\sigma_c$ 就是低能固体表面能的色散分量，或者是非极性固体的表面能。

❶ 参见参考书目 7，p. 228。

# 第五章

# 表面活性剂溶液

本章介绍表面活性剂的概念、结构特点、分类及其溶液的体相性质和表面性质。表面活性剂能够形成各种聚集体，如胶束、反胶束、囊泡等；表面活性剂具有增溶、吸附等作用，在洗涤、润湿、渗透、分散、乳化、起泡、消泡等方面应用广泛。讨论表面活性剂的亲水亲油平衡值、毒性及生物降解性，最后介绍几种新型表面活性剂。

## 第一节　表面活性剂

### 一、表面活性剂定义

人们在长期的生产实践中发现，有些物质的溶液甚至在浓度很小时就能大大改变溶剂的表面性质，并使之适合于生产上的某种要求，如降低溶剂的表面张力或液-液界面张力、增加润湿、洗涤、乳化及起泡性能等。日常生活中，很早使用的肥皂即是这类物质中的一种。肥皂这类物质的一个最显著的特点是，加少量到水中时就能把水的表面张力降低很多，例如，油酸钠浓度很稀时，可将水的表面张力自 $72mN \cdot m^{-1}$ 降至约 $25mN \cdot m^{-1}$（图 5-1）。而一般的无机盐（如 NaCl 之类）水溶液浓度较稀时，对水的表面张力几乎不起作用，甚至使表面张力稍为升高。通过大量的研究，人们把各种物质的水溶液（浓度不大时）的表面张力和浓度之间的关系总结为如图 5-2 所示的 3 种类型。第一类（图 5-2 中曲线 1）是表面张力在稀溶液范围内随浓度的增加而急剧下降，表面张力降至一定程度后（此时溶液浓度仍很稀）便下降很慢，或基本不再下降。第二类（图 5-2 中曲线 2）是表面张力随浓度增加而缓慢下降。第三类（图 5-2 中曲线 3）是表面张力随浓度增加而稍有上升。

一般的肥皂、洗衣粉、油酸钠等水溶液具有图 5-2 中曲线 1 的性质；乙醇、丁醇、乙酸等低分子量极性有机物的水溶液具有曲线 2 的性质；而 NaCl、$KNO_3$、HCl、NaOH 等无机盐和多羟基有机物的水溶液则有曲线 3 的性质。

第二类物质虽能降低水的表面张力，但却不适合生产上的其他许多要求，如洗涤、乳化、起泡、加溶等作用。在降低溶剂表面张力上第一类物质和第二类物质也有质的差异，第一类物质在浓度很小时表面张力便降至最小值并趋于不变，而第二类物质则无此情况。所以不能仅从是否能降低溶液表面张力一个方面来确定某物质是否是表面活性剂。随着科学技术

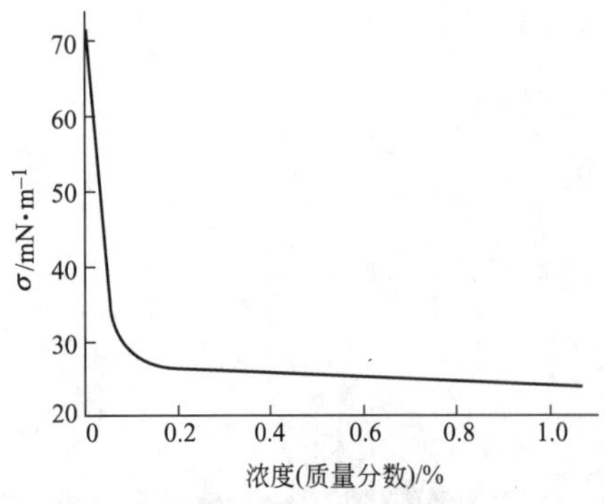


图 5-1　油酸钠水溶液的表面张力与浓度的关系（25℃）

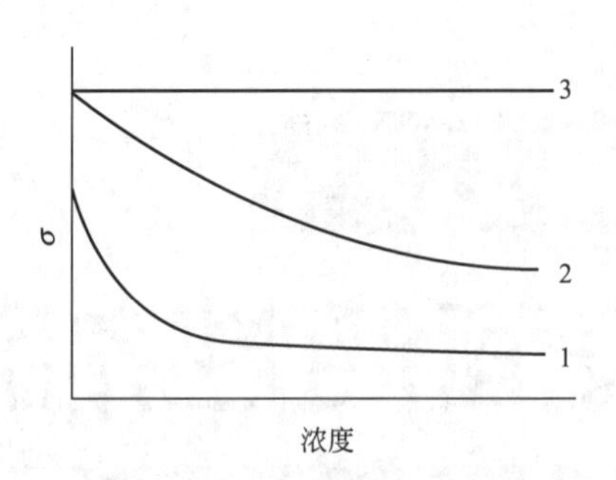


图 5-2　表面张力等温线的类型

的进步和生产的发展，人们合成了许多能满足生产要求的第一类物质，并对它们的性质和作用进行了深入的研究，从而给表面活性剂下了比较确切的定义：即表面活性剂是一种在很低浓度即能大大降低溶剂（一般为水）表面张力（或液-液界面张力）、改变体系的表面状态从而产生润湿和反润湿、乳化和破乳、分散和凝聚、起泡和消泡以及增溶等一系列作用的化学物质。溶质使溶剂表面张力降低的性质，称为表面活性。上述第一类物质和第二类物质都有表面活性，笼统称为表面活性物质，但只有第一类物质才称为表面活性剂。

## 二、表面活性剂的结构特点

表面活性剂分子由性质截然不同的两部分组成，一部分是与油有亲和性的亲油基（也称憎水基），另一部分是与水有亲和性的亲水基（也称憎油基）。由于这种结构特点，表面活性剂也被称为两亲物质。表面活性剂的这种两亲特点使它溶于水后，亲水基受到水分子的吸引，而亲油基受到水分子的排斥。为了克服这种不稳定状态，就只有占据到溶液的表面，将亲油基伸向气相，亲水基伸入水中（图 5-3）。

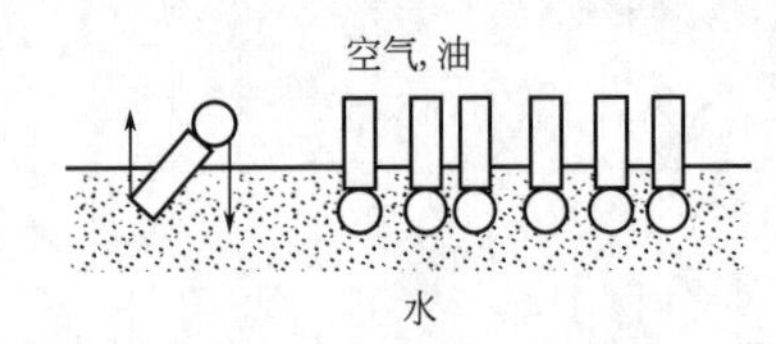


图 5-3　表面活性剂分子在油（空气）-水界面上的排列示意图

—表面活性剂分子；○—亲水基；▭—亲油基

表面活性剂的种类很多，作用不同，应用的方面和范围不同。肥皂和洗衣粉有效成分结构分别示于图 5-4 和图 5-5 中，肥皂的亲水基是羧酸钠（—COONa）；洗衣粉的活性成分是烷基苯磺酸钠，其亲水基是磺酸钠（$—SO_3Na$）。亲水基有许多种，而实际能做亲水基原料的只有较少的几种，能做亲油基原料的就更少。从某种意义来讲，表面活性剂的研制就是寻找价格低廉、货源充足而又有较好理化性能的亲油基和亲水基原料。

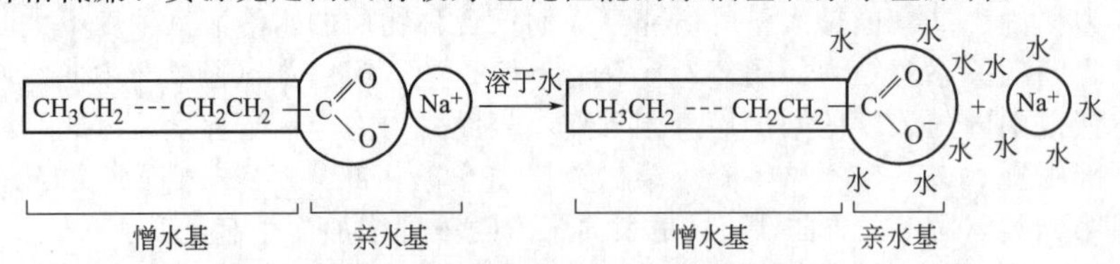


图 5-4　肥皂的亲油基与亲水基示意图

亲水基（如羧酸基等）常连接在表面活性剂分子亲油基的一端（或中间）。作为特殊用途，有时也用甘油、山梨醇、季戊四醇等多元醇的基团做亲水基。亲油基多来自天然动植物油脂和合成化工原料，它们的化学结构很相似，只是碳原子数和端基结构不同。表 5-1 列出的是具有代表性的亲水基和亲油基。

虽然表面活性剂分子结构的特点是两亲性，但并不是所有的两亲性分子都是表面活性剂，只有亲油部分有足够长度的两亲性物质才是表面活性剂。例如在脂肪酸钠盐系列中，碳原子数少的化合物（甲酸钠、乙酸钠、丙酸钠、丁酸钠等）虽皆具有亲油基和亲水基，有表面活性，但不起肥皂作用，故不能称之为表面活性剂。只有当碳原子数增加到一定程度后，脂肪酸钠才表现出明显的表面活性，具有一般的肥皂性质。大部分天然动植物油脂都是含$C_{10}$～$C_{18}$的脂肪酸酯类，这些酸如果结合一个亲水基就会变成有一定亲油性、亲水性的表面活性剂，且有良好的溶解性。因此，通常以$C_{10}$～$C_{18}$作为亲油基的研究对象。图5-6反映了表面活性剂性能与亲油基中碳原子数的关系。从图5-6可见，碳原子数越多，洗涤作用越强，而起泡性却以$C_{12}$～$C_{14}$左右最佳。如果碳原子数过多，则将成为不溶于水的物质，也就无表面活性了。

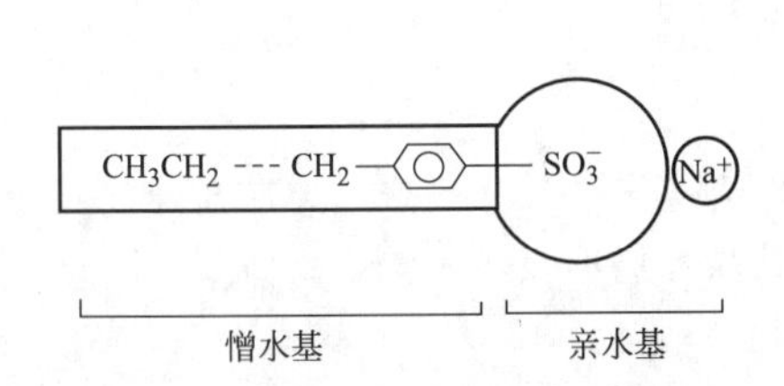


**图5-5 洗衣粉有效成分（十二烷基至十四烷基苯磺酸钠）的亲油基和亲水基示意图**

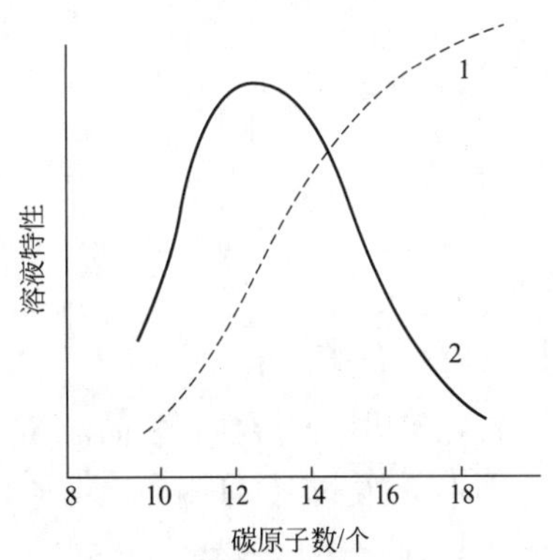


**图5-6 亲油基的碳原子数与性能的关系**

1—洗涤力；2—起泡性

**表5-1 表面活性剂的主要亲油基和亲水基**

| 亲油基原子团① | 亲水基原子团 | 亲油基原子团① | 亲水基原子团 |
|---|---|---|---|
| 石蜡烃基 R— | 磺酸基—$SO_3^-$ | 马来酸烷基酯基 | 磷酸基 |
| 烷基苯基<br>R—$C_6H_4$— | 硫酸酯基—O—$SO_3^-$<br>氰基—CN | R—OOC—CH—<br>R—OOC—$CH_2$ | —$PO_3^{2-}$（—P(=O)(O⁻)O⁻） |
| 烷基萘基<br>R—$C_{10}H_6$— | 羧基—$COO^-$<br>酰胺基—C(=O)—NH— | 烷基酮基<br>R—$COCH_2$—<br>聚氧丙烯基—O—($CH_2$—CH($CH_3$)—O)$_n$ | 巯基—SH<br>卤基—Cl、—Br等<br>氧乙烯基<br>—$CH_2$—$CH_2$—O— |
| 全氟(或高氟代)烷基 | 羟基—OH | | |
| 聚硅氧烷基<br>—Si—O—Si— | 铵基<br>—$N^+$— | | |

① R为石蜡烃链，碳原子数为8～18。

## 三、表面活性剂的分类

### （一）按离子类型分类

离子类型分类法是常用的分类法，它实际上是化学结构分类法。表面活性剂溶于水时，凡能离解成离子的叫做离子型表面活性剂，凡不能离解成离子的叫做非离子型表面活性剂。而离子型表面活性剂按其在水中生成的表面活性离子种类，又可分为阴离子表面活性剂、阳离子表面活性剂、两性离子表面活性剂，共四大类。如表 5-2 所示。

**表 5-2 表面活性剂按离子类型的分类及实例**

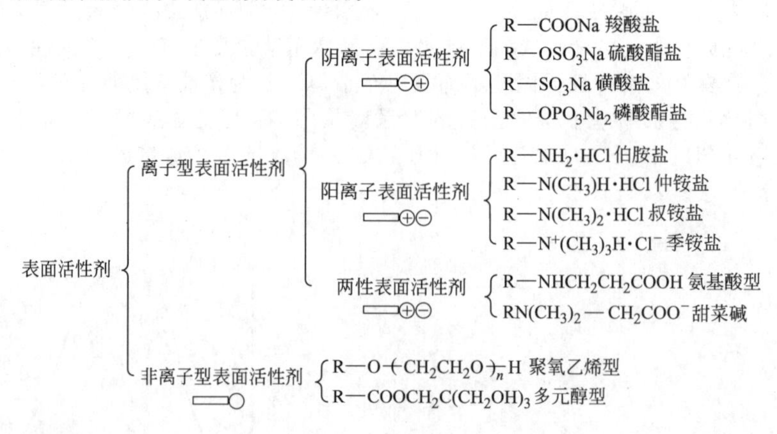


### (二) 按溶解性分类

按在水中的溶解性，表面活性剂可分为水溶性表面活性剂和油溶性表面活性剂两类，前者占绝大多数，油溶性表面活性剂日显重要，但其品种仍不很多。

### (三) 按相对分子质量分类

相对分子质量大于 10000 者称为高分子表面活性剂，相对分子质量在 1000～10000 的称为中分子表面活性剂，相对分子质量在 100～1000 的称为低分子表面活性剂。

常用的表面活性剂大都是低分子表面活性剂。中分子表面活性剂有聚醚型的，即聚氧丙烯与聚氧乙烯缩合的表面活性剂，在工业上占有特殊的地位。高分子表面活性剂的表面活性并不突出，但在乳化、增溶特别是分散或絮凝性能方面有独特之处，很有发展前途。

### (四) 按用途分类

表面活性剂按用途可分为表面张力降低剂、渗透剂、润湿剂、乳化剂、增溶剂、分散剂、絮凝剂、起泡剂、消泡剂、杀菌剂、抗静电剂、缓蚀剂、柔软剂、防水剂、织物整理剂、匀染剂等类。

此外，还有有机金属表面活性剂、含硅表面活性剂、含氟表面活性剂和特种表面活性剂。

## 四、表面活性剂的溶解性质

### (一) 离子型表面活性剂的溶解性与 Krafft 点

在实用中，表面活性剂的水溶性或油溶性（即所谓的亲水性和亲油性）的大小对于合理选择表面活性剂是一个重要的依据，而现在主要靠经验。一般来说，表面活性剂的亲水性越强其在水中的溶解度越大，亲油性越强则越易溶于“油”，因此表面活性剂的亲水性、亲油性也可以用溶解度或与溶解度有关的性质来衡量。离子型表面活性剂在低温时溶解度较低，随着温度的升高其溶解度缓慢地增加，达到某一温度后其溶解度突然迅速增加（图 5-7），这个温度也称 Krafft 点[1]。由图可见，同系物的碳氢链越长，其 Krafft 点的温度越高，因此，通过 Krafft 点可以衡量表面活性剂的亲水性、亲油性。常用表面活性剂 $C_{12}SO_3Na$、

[1] 关于 Krafft 点的实质可参阅:. 朱步瑶. 日用化学工业，1988 (1)：36。

$C_{12}SO_4Na$ 和 $C_{16}N(CH_3)_3Br$ 的 Krafft 点分别为 38℃、16℃和 25℃。表 5-3 中列出一些典型离子型表面活性剂的 Krafft 点。

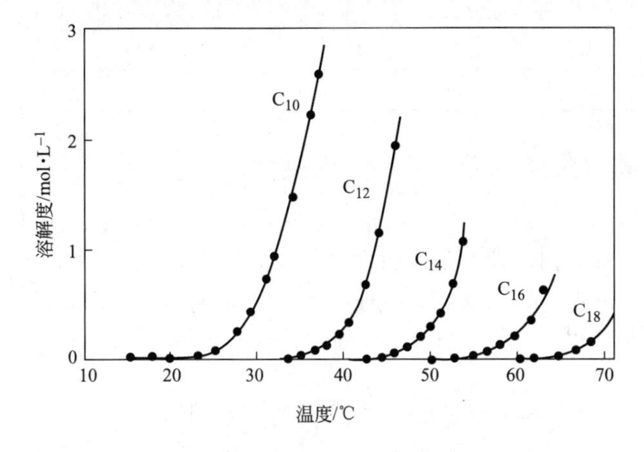


图 5-7 系列烷基苯磺酸盐的溶解度与温度的关系

表 5-3 典型离子型表面活性剂的 Krafft 点

| 表面活性剂 | Krafft 点/℃ | 表面活性剂 | Krafft 点/℃ |
| --- | --- | --- | --- |
| $C_{12}H_{25}SO_3^-Na^+$ | 38 | $C_{10}H_{21}COOC(CH_2)_2SO_3^-Na^+$ | 8 |
| $C_{14}H_{29}SO_3^-Na^+$ | 48 | $C_{12}H_{25}COOC(CH_2)_2SO_3^-Na^+$ | 24 |
| $C_{16}H_{33}SO_3^-Na^+$ | 57 | $C_{14}H_{29}COOC(CH_2)_2SO_3^-Na^+$ | 36 |
| $C_{12}H_{25}OSO_3^-Na^+$ | 16 | $C_{10}H_{21}OOC(CH_2)_2SO_3^-Na^+$ | 12 |
| $C_{14}H_{29}OSO_3^-Na^+$ | 30 | $C_{12}H_{25}OOC(CH_2)_2SO_3^-Na^+$ | 26 |
| $C_{16}H_{33}OSO_3^-Na^+$ | 45 | $C_{14}H_{29}OOC(CH_2)_2SO_3^-Na^+$ | 39 |
| $C_{10}H_{21}CH(CH_3)C_6H_4SO_3^-Na^+$ | 32 | $n$-$C_7F_{15}SO_3^-Na^+$ | 56 |
| $C_{12}H_{25}CH(CH_3)C_6H_4SO_3^-Na^+$ | 46 | $n$-$C_8F_{17}SO_3^-Li^+$ | $<0$ |
| $C_{14}H_{29}CH(CH_3)C_6H_4SO_3^-Na^+$ | 54 | $n$-$C_8F_{17}SO_3^-Na^+$ | 75 |
| $C_{16}H_{33}CH(CH_3)C_6H_4SO_3^-Na^+$ | 61 | $n$-$C_8F_{17}SO_3^-K^+$ | 80 |
| $C_{16}H_{33}OCH_2CH_2OSO_3^-Na^+$ | 36 | $n$-$C_8H_{17}SO_3^-NH_4^+$ | 41 |
| $C_{16}H_{33}(OC_2H_4)_2OSO_3^-Na^+$ | 24 | $n$-$C_7F_{15}COO^-Li^+$ | $<0$ |
| $C_{16}H_{33}(OC_2H_4)_3OSO_3^-Na^+$ | 19 | $n$-$C_7F_{15}COO^-Na^+$ | 8 |

## (二) 非离子型表面活性剂的溶解性与浊点

非离子型表面活性剂的亲水基主要是聚氧乙烯基。升高温度会破坏聚氧乙烯基同水分子的结合，往往使非离子型表面活性剂的溶解度下降甚至析出。从实验中可以观察到，缓慢加热非离子型表面活性剂的透明水溶液，到某一定温度后溶液发生浑浊，表示表面活性剂开始析出。溶液呈现浑浊的最低温度叫做“浊点”（cloud point）。

在亲油基相同的同系物中，加成的环氧乙烷分子数越多，亲水性越强，浊点就越高（图 5-8）。如图 5-8 所示，壬基酚聚氧乙烯醚的 8mol 环氧乙烷加成物的 1% 水溶液浊点约为 30℃，9mol、10mol、11mol、16mol 环氧乙烷加成物 1% 水溶液的浊点分别约为 50℃、65℃、75℃和 96℃。反之，环氧乙烷的物质的量相同时，亲油基的碳原子数越多，亲油性越强，浊点越低（表 5-4）。因此可利用浊点来衡量非离子型表面活性剂的亲水性、亲油性。

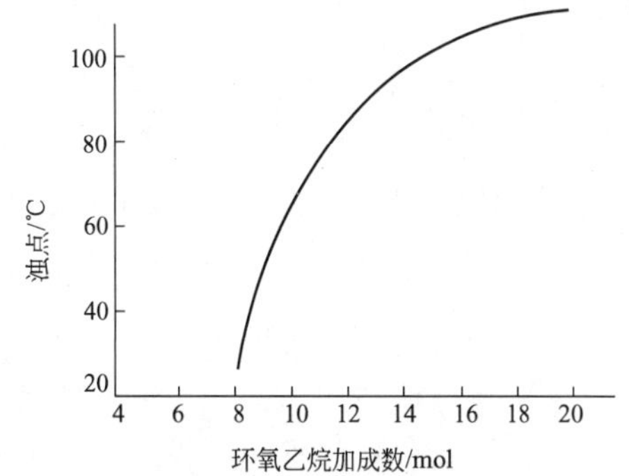


图 5-8 壬基酚聚氧乙烯醚中环氧乙烷加成数与浊点的关系

■ 表 5-4　两种 1% 浓度非离子型表面活性剂的浊点

| 表面活性剂 | $C_{13}H_{27}O(CH_2CH_2O)_nH$ | | $C_9H_{19}-C_6H_4-O(CH_2CH_2O)_nH$ | | | | | |
|---|---|---|---|---|---|---|---|---|
| $n$ | 9.5 | 15 | 8 | 9 | 10 | 11 | 12 | 16 |
| 浊点/℃ | 40 | 98 | 30 | 50 | 65 | 75 | 81 | 96 |

## 五、表面活性剂的亲水亲油平衡值 (HLB 值)

由于表面活性剂的亲水基有阳离子的、阴离子的、两性的及非离子的等不同种类，故其性质也各不相同。如果从憎水基的种类和表面活性剂整体的亲水性以及分子形状和分子量等考虑，则表面活性剂的性质就会有更大的差异。因此，从各种不同角度和不同的方法来考察表面活性剂的分子结构与其性质的关系是很重要的，也有助于针对不同的用途选用合适的表面活性剂。

表面活性剂的性质是其分子结构中多种因素所决定的，必须综合考虑各种因素，才能较全面理解其分子结构与性质的关系。

据结构相似原理，表面活性剂分子中的憎水基与被作用的基团越相似，则它们间的亲和力愈好。

为了使表面活性剂分子能定向保持在水面上，要求两亲分子的亲水基团的力量与亲油的碳氢链的力量之间能保持平衡。如果分子的极性基越强，越易被拉入水中，需要有足够长的碳氢链才能使它保持在水面上，例如离子型极性基—COONa—的分子在水面上保持定向平衡就需要有 18 个碳原子以上的碳氢链，反之，非离子型亲水力量较弱的极性基如—CH—CH—，则需要几个这样的极性基能与一个较短碳氢链达到定向平衡。分子在油-水界面上定向平衡保持越好，溶液的表面活性就越大。怎样知道分子的亲水亲油力量的强弱呢？Griffin 提出来用所谓的亲水亲油平衡值（Hydrophile-Lipophile Balance，简称 HLB）来衡量，其值实际上表征了它的亲水亲油性。

从亲油基来考虑，当表面活性剂的亲水基不变时，亲油部分越长（即分子量越大），则水溶性就愈差，因此，憎水性可用亲油基的分子量大小来表示。

至于亲水性，对于聚氧乙烯性非离子表面活性剂来说，当亲油部分相同时，分子量越大，其亲水性也越大。

聚氧乙烯型非离子表面活性剂的 HLB 质可以用下法计算：

$$\begin{aligned}\text{非离子表面活性剂的 HLB 值} &= \frac{\text{亲水基部分的分子量}}{\text{表面活性剂的分子量}}\times\frac{100}{5}\\ &= \frac{\text{亲水基质量}}{\text{憎水基质量}+\text{亲水基质量}}\times\frac{100}{5}\\ &= (\text{亲水基质量}\%)\times\frac{1}{5}\end{aligned}$$

由于石蜡完全没有亲水基，所以 HLB=0，而全是亲水基的聚乙二醇，其 HLB=20。所以非离子表面活性剂 HLB 介于 0～20 之间，HLB 在 10 附近，亲水亲油力量均衡。

例如，1mol 的壬基酚与 9 个环氧乙烷加成的非离子表面活性剂，其 HLB 值为

$$\text{HLB}=\frac{44\times9}{220+44\times9}\times\frac{100}{5}=12.8$$

对多数多元醇的脂肪酸酯非离子表面活性剂，可用下式计算其 HLB 的近似值

$$\text{HLB}=20\times\left(1-\frac{S}{A}\right)$$

式中，$S$ 是酯的皂化值；$A$ 为原料脂肪酸的酸值。

例如，甘油硬脂酸酯的 $S=161$，$A=198$，则其 $\text{HLB}=20\left(1-\frac{161}{198}\right)=3.8$

至于离子型表面活性剂的 HLB，就不能用上述的计算方法，需用实验方法来测定。测定 HLB 值的方法很多，而以浊度法最为简便。该法是将表面活性剂加到一定量水中，仔细观察溶解过程的情况，根据分散溶解程度的不同，可按表 5-5 中的标准进行对照估计。如何通过 HLB 值来选择合适的表面活性剂，表 5-6 可提供参考。

**表 5-5　浊度法测 HLB 值对照表值**

| 加水后情况 | HLB 值 | 加水后情况 | HLB 值 |
|---|---|---|---|
| 不分散 | 1～4 | 稳定乳白色分散体 | 8～10 |
| 分散得不好 | 3～6 | 半透明至透明分散体 | 10～13 |
| 剧烈振摇后成乳剂 | 6～8 | 全透明 | >13 |

**表 5-6　HLB 范围及应用**

| 范围 | 应用 | 范围 | 应用 |
|---|---|---|---|
| 3～6 | 油包水型乳化作用 | 12～15 | 润湿作用 |
| 7～18 | 水包油型乳化作用 | 13～15 | 去污作用 |
| 1～3 | 消泡作用 | 15～18 | 增溶作用 |

此外，Davies 把表面活性分子结构理解为一些基团，每个基团对 HLB 值都有一定的贡献，自已知实验结果，可得出各种基团的 HLB 值，称其为 HLB 基团数，表 5-7 就是一些基团的 HLB 基团数。将基团数代入下式中，即可计算表面活性剂的 HLB 数值。这一公式适合于离子型表面活性剂。

$$\mathrm{HLB}=7+\sum(\text{亲水的基团数})-\sum(\text{亲油的基团数})$$

**表 5-7　一些基团的 HLB 基团数**

| 亲　水　基 | 基　团　数 | 亲　油　基 | 基　团　数 |
|---|---|---|---|
| $-SO_4Na$ | 38.7 | $-\overset{\vert}{C}H-$ | 0.475 |
| $-COOK$ | 21.1 | $-CH_2$ | |
| $-COONa$ | 19.1 | $-CH_3$ | |
| $-SO_3Na$ | 11.0 | $=CH-$ | |
| $\rangle N$(叔胺) | 9.4 | $-C_3H_6O-$ | |
| 酯(失水山梨醇环) | 6.8 | $-CF_2-$ | 0.150 |
| 酯(自由) | 2.4 | $-CF_3$ | 0.870 |
| $-COOH$ | 2.1 | | |
| $-OH$ | 1.9 | | |
| $-O-$ | 1.3 | | |
| $-OH$(失水山梨醇环) | 0.5 | | |
| $-C_2H_4O-$ | 0.33 | | |

应用 HLB 基团数的方法，虽然仍是经验的，但只要对表面活性剂的化学结构有所了解，就可以方便地计算出 HLB 数。特别是对于一般大量常用的离子表面活性剂，早期的 HLB 数表中很少登录，用此法则可较方便地求出。

# 第二节　表面活性剂水溶液的性质

## 一、胶束与临界胶束浓度

表面活性剂水溶液的许多性质（如表面张力、渗透压、当量电导、密度、去污能力等）随表面活性剂浓度改变而改变。浓度低时，多为渐变，一定浓度或在某浓度范围以上时许多性质发生急剧的变化（图 5-9）。

1914 年，McBain 在大量实验基础上提出，表面活性剂溶液性质发生突变的浓度（或一不大的浓度范围）称临界胶束浓度（critical micelle concentritiom，简写为 CMC）后所出现的反常现象（如图 5-9 所示），溶液性质的突变是由于表面活性剂分子或离子自动缔合成胶体大小的质点引起的，胶体质点和离子之间处于平衡状态❶。从热力学观点看，这种具有表面活性的缔合胶体溶液和一般胶体体系不同，是稳定体系。这种缔合的胶体质点叫做胶束，它具有特殊的结构❷❸。

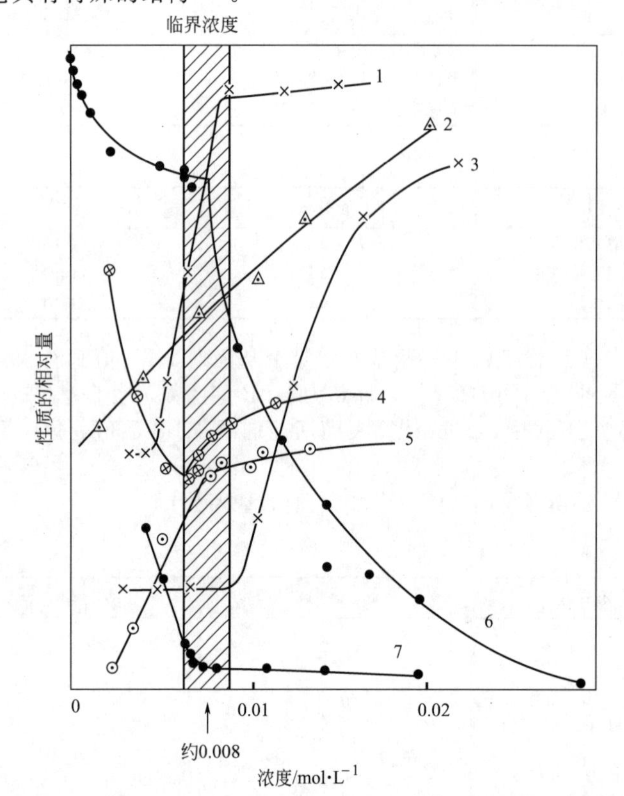


**图 5-9　十二烷基硫酸钠溶液性质与浓度的关系**

1—去污作用；2—密度；3—电导率；4—表面张力；5—渗透压；6—当量电导；7—界面张力

表面活性剂的浓度很低时每个表面活性剂分子的活动范围比较大，水分子在亲油的碳氢链周围排列是整齐的，导致体系的熵降低。这个熵降低一方面被表面活性剂分子的均匀分布所造成的熵增加而抵消，另一方面由于部分表面活性剂占据表面而使体系自由能维持最低。当表面活性剂浓度增加后，大量的亲油碳氢链捕获更多的水分子（造成更厚的“冰壳”），熵降低已不能被溶解过程所补偿，只有大量表面活性剂被吸附于溶液表面使体系自由能大幅度降低才能补偿体系熵的降低。当表面活性剂浓度进一步增加时，溶液表面上吸附的表面活性剂分子也相当拥挤了，脱附速度变大，表面自由能已不能再有所下降，这时体系熵的增加已无从抵偿，就要求亲油的碳氢链形成新相来减少对水分子的影响。但由于表面活性剂的亲水基同亲油基是连体的，亲油基无法单独形成新相，因此为了降低体系自由能只有形成胶束，此时大量亲油基集聚在一起，周围由亲水基与水分子直接接触。据研究，每 1 个—$CH_2$—基发生缔合，自由能将降低 2～5kJ。

单个的表面活性剂分子溶于水后完全被水分子包围，其亲水基受到水的吸引，亲油基受到排斥而有自水中逃离的趋势，这就意味着表面活性剂分子占据溶液表面——在表面上吸附，将其亲油基伸向空气。当表面吸附达到饱和后，如果溶液浓度仍继续增加，则溶液内部

❶ McBain J W, Martin J T. J Chem Soc, 1914, 105: 957.

❷ McBain J W, Salmon C S. J Am Chem Soc, 1920, 43: 426.

❸ 关于胶束概念提出的历史过程，参考书目 11，p. 225 作了颇为精彩的描述，很有启发性。

的表面活性剂分子则采取另一种逃离方式，以使体系的能量达到最低（即达到另一种新的平衡状态），此时分子中长链的亲油基通过分子间的吸引力相互缔合在一起，而亲水基则朝向水中。这样，亲水基将与水分子结合，亲油基则自身相互抱成团，形成“各得其所”的新的平衡状态。在较浓溶液中所形成的聚集体（即上面提到的胶体质点）在表面活性剂中被称为胶束（micelle）。

胶束概念的建立，有助于我们对表面活性剂溶液的性质有更清楚的认识。根据实验数据分析可以认为，当溶液浓度达到一定值后胶束开始形成，浓度越大形成的胶束数目越多。溶液中也有单个表面活性剂分子（或离子）与胶束之间成平衡。

用胶束理论可对表面活性剂溶液的性质作出合理的解释。当溶液浓度在CMC以下时，溶液中基本上是单个表面活性剂分子（或离子），表面吸附量随浓度增大而逐渐增加，直至表面上再也挤不下更多的分子，此时表面张力不再下降。也就是说，$\sigma$-$c$曲线上$\sigma$不再下降时的浓度可能正是开始形成胶束的浓度，这应该是各种性质开始与理想性质发生偏离时的浓度。浓度继续增加并超过CMC后，单个的表面活性剂离子的浓度基本上不再增加，而胶束浓度或胶束数目增加。因胶束表面是由许多亲水基覆盖的，故胶束本身不是表面活性的，因而不被溶液表面吸附。而胶束内部皆为碳氢链所组成的亲油基团，有溶解不溶于水的有机物的能力。胶束的形成使溶液中的质点（离子或分子）数目减少，因此依数性（如渗透压等）的变化减弱（图5-9）。

对于离子型表面活性剂，表面活性离子形成的胶束带有很高的电荷，由于静电引力的作用，在胶束周围将吸引一些相反电荷的小离子，这就相当于有一部分正电荷与负电荷互相抵消。另外，形成高电荷胶束后，反离子形成的离子氛的阻滞也大大增加。基于这两个原因，使得溶液的当量电导在CMC之后随浓度的增加而迅速下降。

非离子型表面活性剂水溶液的表面张力和浓度的关系也有转折点，这意味着也形成了胶束，也有CMC。由于非离子型表面活性剂在水中不电离，所以没有像离子型表面活性剂水溶液那样的特殊导电性。另外，在溶解度性质上也与离子型表面活性剂不同（参见本章第一节）。

两亲性高聚物同低分子表面活性剂一样，由于水溶液表面吸附亲油基而使表面张力降低，在溶液内部缔合成胶束。低分子表面活性剂表面吸附的推动力是因亲油基的富集而减少表面自由能，胶束形成的推动力是亲油基与水的相互作用，而高聚物链的非相容性排斥力，亦将成为形成高分子表面活性剂胶束的一个重要因素。

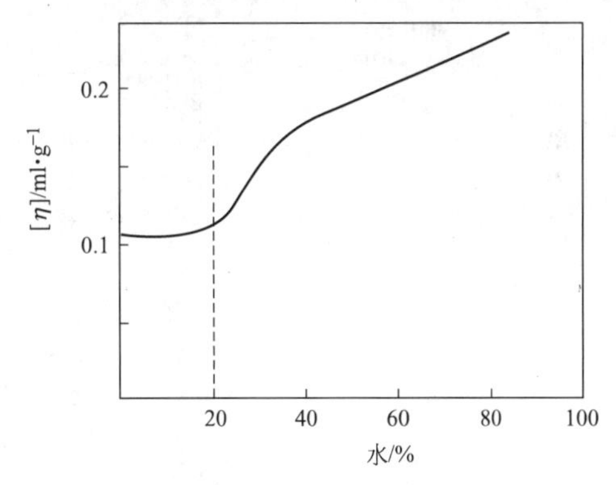

**图5-10　在甲醇-水中苯乙烯-乙烯吡啶季铵化物的嵌段高聚物的黏度**

对嵌段高聚物胶束的形成进行研究时发现，在对苯乙烯-环氧乙烷嵌段高聚物的一方是良溶剂而对另一方是不良溶剂的溶剂中，凝缩的高聚物链进行缔合并形成胶束。嵌段高聚物的溶液浓度在CMC以上时，形成胶束并产生相分离，显示特有的彩虹色。随着胶束的形成，大都发生黏度急剧上升（图5-10）。可利用这种现象制作水的增黏剂或润滑剂的增黏剂。在嵌段链的两种成分的良溶剂中，如果没有相当高的浓度就不能形成胶束，例如苯乙烯-丁二烯嵌段高聚物的乙苯溶液的CMC值是9%，而在其稀溶液中若加入乙醇，则能使聚丁二烯链凝聚并形成胶束。苯乙烯-环氧乙烷嵌段高聚物在甲醇中能形成胶束，聚苯乙烯链越长、聚氧乙烯链越短，其CMC值就越低。

在高分子表面活性剂水溶液中，亲油基凝聚成胶束，可使不溶于水的油溶性物质变成具有可溶性。在非水溶液中，因为亲水性链作为胶核形成反胶束，使水或亲水性物质可能具有可溶性。

以上所有这些能形成胶束的溶液，常被称作缔合胶体溶液。

## 二、胶束的结构及聚集数

胶束的结构问题迄今仍未完全搞清，这里介绍一些目前普遍的看法。

在离子型表面活性剂溶液中，单个表面活性剂离子与胶束之间可以建立平衡。此种平衡应受溶液浓度的影响，当浓度较小（即低于 CMC）时，溶液中主要是单个的表面活性剂离子；当浓度较大或接近 CMC 时，溶液中将有少量小型胶束，如二聚体或三聚体等［图 5-11(a)］（有人称为预胶束）；在浓度为 CMC 或略大于 CMC 时胶束为球形［图 5-11(b)］；在浓度 10 倍于 CMC 或更大的浓溶液中，胶束一般不是球形。Gebye 根据光散射数据，提出棒状胶束模型［图 5-11(c)］，这种模型使大量表面活性剂分子的碳氢链与水接触面积缩小，有更高的热力学稳定性。表面活性剂的亲水基团构成棒状胶束的表面，内核由亲油基团构成。某些棒状胶束还有一定的柔顺性，可以蠕动，随着溶液浓度的不断增加，棒状胶束聚集成束［图 5-11(d)］，周围是溶剂。当浓度更大时，就形成巨大的层状胶束［图 5-11(e)］。当表面活性剂浓度增加或在稀的表面活性剂溶液中外加盐时，则胶束的不对称性增加，通常为棒状。若在表面活性剂浓水溶液中加入适量的非极性油和醇，则可能形成微乳液［图 5-11(h)］、囊泡［图 5-11(i)］等。

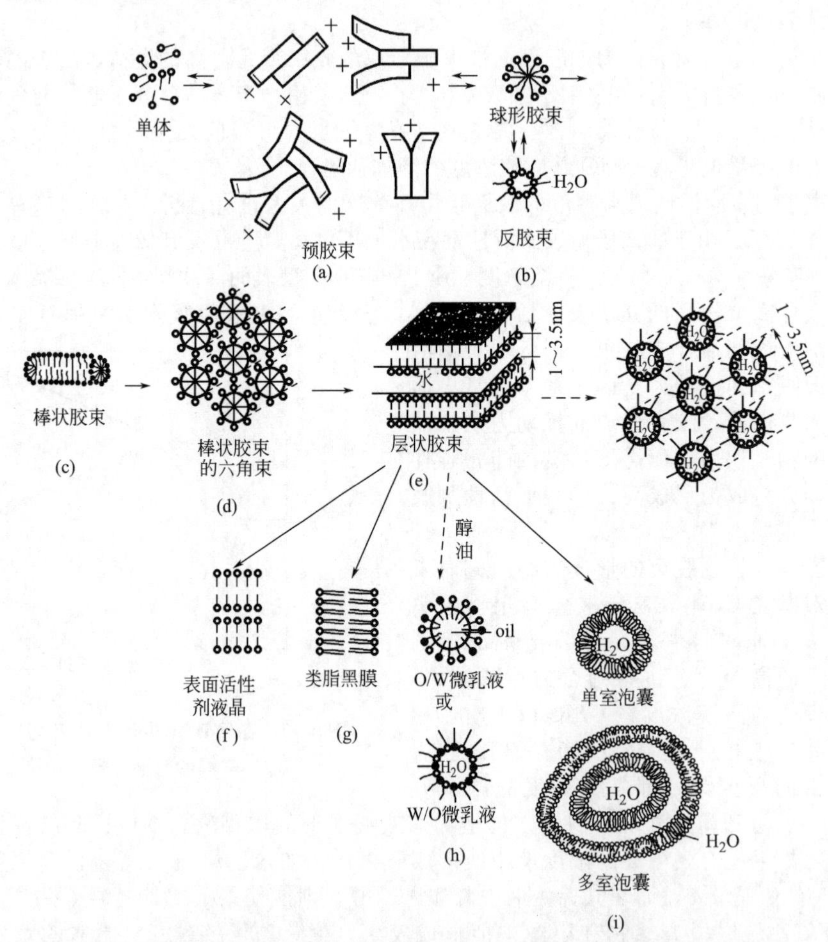


**图 5-11　表面活性剂溶液中的胶束及其它有序聚集体的结构形成示意图**

胶束大小的量度是胶束聚集数胶束量，胶束聚集数是缔合成一个胶束的表面活性剂分子（或离子）平均数。一般常用光散射法测量，即先用光散射法测出胶束“相对分子质量”——胶束量，再除以表面活性剂单体的相对分子质量就得到胶束聚集数。也可用扩散-

黏度法、电泳淌度法、超离心法等测定胶束聚集数。某些表面活性剂的胶束量与聚集数列于表 5-8 中。

**表 5-8 离子型表面活性剂在水溶液中的胶束聚集数**

| 表面活性剂① | 介　质 | 胶束量 | 聚集数 | 测定方法 |
|---|---|---|---|---|
| $C_8SO_4Na$ | $H_2O$ | 4600 | 20 | 光散射 |
| $C_{10}SO_4Na$ | $H_2O$ | 13000 | 50 | 光散射 |
| $C_{12}SO_4Na$ | $H_2O$ | 17800 | 62 | 光散射 |
| $C_{12}SO_4Na$ | 0.02mol/L,NaCl | 19000 | 66 | 光散射 |
| $C_{12}SO_4Na$ | 0.02mol/L,NaCl | 29500 | 101 | 光散射 |
| $C_{12}SO_4Na$ | $H_2O$ | 23200 | 80 | 电泳淌度 |
| $C_{10}N(CH_3)_3Br$ | $H_2O$ | 10200 | 36.4 | 光散射 |
| $C_{12}N(CH_3)_3Br$ | $H_2O$ | 15400 | 50 | 光散射 |
| $C_{12}NH_3Cl$ | $H_2O$ | 12300 | 55.5 | 光散射 |
| $C_{12}NH_2Cl$ | 0.0157mol/L,NaCl | 20500 | 92 | 光散射 |
| $C_9COONa$ | 0.013mol/L,NaBr | 740 | 38 | 光散射 |
| $C_{11}COOK$ | $H_2O$ | 11900 | 50 | 光散射 |
| $C_{11}COOK$ | 1.6mol/L,KBr<br>0.1mol/L,$K_2CO_3$ | (90000)<br>27000 | 360<br>110 | 扩散-黏度<br>扩散-黏度 |
| $C_{11}COONa$ | 0.013mol/L,KBr | 12400 | 56 | 光散射 |
| $C_{15}COONa$ | 0.013mol/L,KBr | 47300 | 170 | 光散射 |
| 二丁基苯磺酸钠 | $H_2O$ | 66600 | 170 | 光散射 |

① 表中略去各表面活性剂主碳链氢原子数。

非离子型表面活性剂在水溶液中胶束的形状目前尚无定论。但从已有的数据分析，当溶液浓度较稀时可能是球形胶束。由于非离子型表面活性剂中的亲水基团（聚氧乙烯基团）比具有相同亲油基团的离子型表面活性剂的亲水基团大，故其球形胶束的外面有一层相当厚的聚氧乙烯外壳，相对地说，由碳氢链构成的内核小得多；而离子型表面活性剂的内核主要是由碳氢链构成的。

上述模型是可以理解的。例如，十二醇聚氧乙烯醚 $C_{12}H_{25}OCH_2CH_2OH$ 的 $n$ 数通常在 6 以上，甚至高达 30。显然，一个伸展的 $CH_2CH_2O_6H$ 链长肯定超过 $C_{12}H_{25}O$—链长，若 $n=30$ 则超过得更多。所以说，这时胶束"外壳"的厚度必然大于"内核"的直径。

低分子和高分子非离子型表面活性剂有一个相同的倾向，亲油基越长且亲水基（聚氧乙烯基）越短时，所形成的胶束直径越大。

## 三、临界胶束浓度测定原理及其影响因素

由图 5-9 可见，在 CMC 时溶液的许多性质发生突变，因此原则上可以从任何性质的突变来确定 CMC。但应当注意，由于所根据的溶液性质、实验方法、原料的纯度等不同，对于同一表面活性剂也不可能使所得到的 CMC 值完全一致，但突变点总落在一个很小的浓度范围内。常用的测定 CMC 的方法有表面张力法、电导法、折光指数法和染料增溶法等。

### （一）表面张力法

表面活性剂溶液表面张力的降低仅出现在浓度小于 CMC 以前。当浓度达到 CMC 时，溶液内单个分子的浓度保持恒定，表面吸附达到动态平衡，吸附量不再随表面活性剂浓度的增加而增加，表面张力开始平缓下降或不再改变，在 $\sigma$-$c$ 图上出现明显的转折，此点即 CMC。此法测出的 CMC 均方根误差约 2%～3%。测定时要注意在平衡状态下测定表面张力，否则误差大。

### （二）电导法

当离子型表面活性剂溶液的浓度小于 CMC 时，溶液的电导同强电解质溶液一样，符合

$$\lambda=\lambda_0-K\sqrt{c} \tag{5-1}$$

式中，$\lambda_0$ 和 $K$ 均为常数。当量电导（$\lambda$）同浓度（$c$）的关系如图 5-12 所示。当浓度达到或超过 CMC 时，胶束生成。溶液的当量电导在 CMC 之后随浓度的增加而迅速下降的原因请参看本章第二节。在测定时若用比电导与浓度的关系曲线（图 5-13）实际上更方便些。图 5-13 中 $CMC_1$ 是临界胶束浓度，表示胶束开始形成；$CMC_2$ 是第二临界胶束浓度，表示在此浓度时胶束重组成更大的结构。

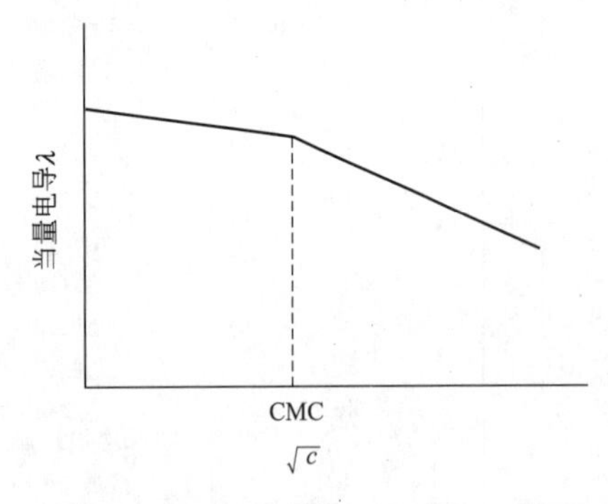


图 5-12 从 $\lambda$-$\sqrt{c}$ 关系曲线求 CMC

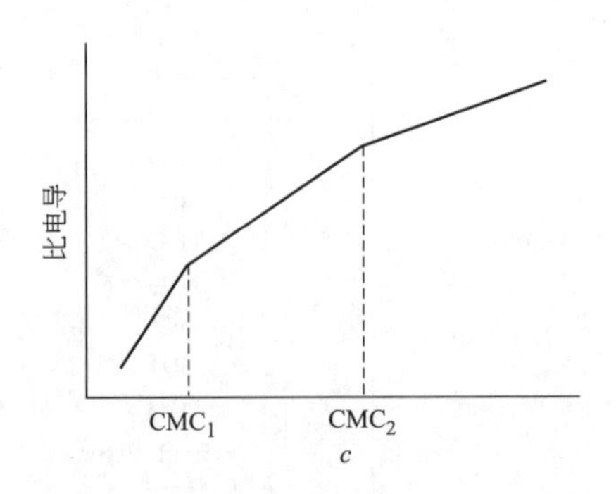


图 5-13 从比电导-浓度关系曲线求 CMC

电导法不适于非离子型表面活性剂。用电导法测定离子型表面活性剂的 CMC 的均方根误差小于 2%。

## （三）折光指数法

表面活性剂分子的缔合必然会引起溶液折光指数的变化。折光指数变化差值与浓度关系曲线上的转折点即 CMC 点。该法测定 CMC 的均方根误差小于 1%。

## （四）染料增溶变色法

许多染料在水溶液中和在有机溶液中的颜色不同。先在水中加一些染料，然后再往其中滴定较浓的表面活性剂溶液，如果胶束开始生成，则染料将从水相转入胶束的亲油“内核”，从而使溶液颜色发生改变，此时表示已达到胶束临界浓度（即滴定终点），从而可得 CMC。只要染料选择合适，操作十分简便。

## （五）CMC 的影响因素

表面活性剂的 CMC 通常都比较低，尤其是非离子型的。杂质对 CMC 有很大的影响。了解影响表面活性剂 CMC 的因素，对用好表面活性剂有重要意义。

① 同系物中，若亲水基相同，亲油基中的碳氢链越长则 CMC 越小。离子型和非离子型的表面活性剂都如此。

② 亲油基中的烷烃基相同时，非离子型表面活性剂的 CMC 比离子型的小得多（二者约相差 100 倍）。

③ 亲油基中烷烃基相同时，无论是离子型还是非离子型表面活性剂，不同的亲水基对 CMC 影响较小。一般来说，亲水基的亲水性强时，其 CMC 较大。

④ 分子中原子种类和个数皆相同的表面活性剂，亲水基支化程度高者，其 CMC 也大（表 5-9）。

⑤ 含氟表面活性剂（特别是全氟的）比同类型、同碳原子数的碳氢表面活性剂的 CMC 小得多。例如，$C_9H_{19}COOK$ 的 CMC 约为 $0.1mol \cdot L^{-1}$，而 $C_9F_{19}COOK$ 的 CMC 则为 $0.90\times10^{-3}mol \cdot L^{-1}$。

⑥ 无机盐对表面活性剂的 CMC 影响显著。图 5-14 示出 $Na^+$ 对十二烷基硫酸钠 CMC

**表 5-9　十四烷基硫酸钠的 CMC 与亲水基位置的关系**（40℃）

| 亲水基位置 | CMC/mol·$L^{-1}$ | 亲水基位置 | CMC/mol·$L^{-1}$ |
| --- | --- | --- | --- |
| $C_{13}H_{27}CH_2OSO_3Na$ | 0.00240 | $C_{10}H_{21}-\underset{OSO_3Na}{CH}-CH_2-CH_2-CH_3$ | 0.00515 |
| $C_{12}H_{25}-\underset{OSO_3Na}{CH}-CH_3$ | 0.00330 | $C_9H_{19}-\underset{OSO_3Na}{CH}-C_4H_9$ | 0.00675 |
| $C_{11}H_{23}-\underset{OSO_3Na}{CH}-CH_2-CH_3$ | 0.00430 | $C_7H_{15}-\underset{OSO_3Na}{CH}-C_6H_{13}$ | 0.00970 |

的影响。因为在工业生产过程中，未反应完全的十二醇以及中和时生成的 $Na_2SO_4$ 总可能混在产品中，因此，无机盐对表面活性剂 CMC 的影响不容忽视。从图 5-14 可以看出，加入 $Na^+$后，十二烷基硫酸钠的 CMC 显著降低，当 $Na^+$ 浓度为 0.2mol/L 时，可使 CMC 下降约一半。所有离子型表面活性剂都如此，但在无机盐中起决定性作用的离子应是与表面活性剂电性相反的离子，这些离子的价数越高，作用越强烈。在低浓度时，无机盐对非离子型表面活性剂不敏感。

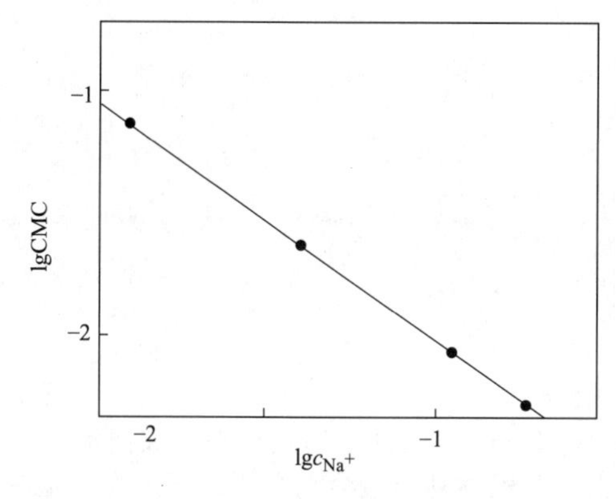


**图 5-14　$Na^+$ 浓度对十二烷基硫酸钠 CMC 的影响**

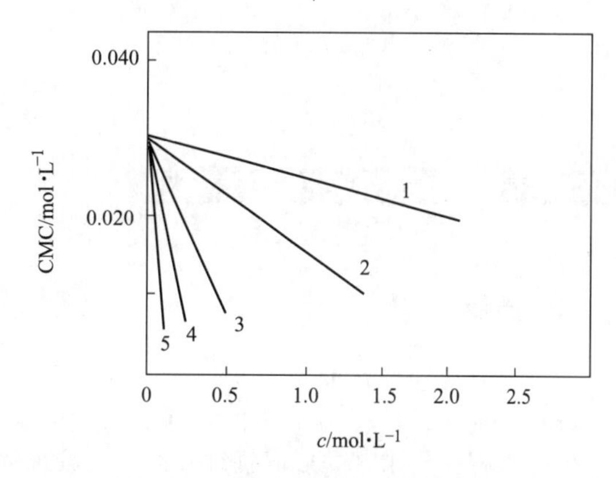


**图 5-15　不同的醇浓度对十四酸钾溶液 CMC 的影响**

1—乙醇；2—正丙醇；3—正丁醇；4—异戊醇；5—正己醇

⑦ 长链极性有机物对表面活性剂的 CMC 也有显著影响。图 5-15 为醇类对十四酸钾水溶液 CMC 的影响。醇的碳氢链越长，降低其 CMC 的能力越大。其他长链有机酸或胺类也有类似性质。醇对非离子型表面活性剂 CMC 的影响不同于对离子型的，醇浓度越大使其 CMC 增加得越多。例如，$C_{12}H_{25}O(C_2H_4O)_{23}H$的 CMC 为 $9.1\times10^{-5}$mol·$L^{-1}$，当溶液中乙醇含量为 0.9mol·$L^{-1}$时 CMC 为 $9.9\times10^{-5}$mol·$L^{-1}$，当乙醇浓度为 3.4mol·$L^{-1}$时，CMC 增至 $2.4\times10^{-4}$mol·$L^{-1}$。由此可见，醇对非离子表面活性剂 CMC 的影响正好和离子型表面活性剂的情况相反。

⑧ 表面活性剂混合物对 CMC 的影响的问题起因于工业生产的表面活性剂往往是表面活性剂的混合物，因为原料本身就是某一组分的混合物。对于非离子型的表面活性剂，往往还有聚氧乙烯基聚合度不同的问题，因此需要对表面活性剂混合物的 CMC 有所了解。

离子型表面活性剂的混合物对 CMC 的影响示于图 5-16 中。由图可见，两个链长不同的表面活性剂的同系混合物，链长者吸附作用较强，降低 CMC 的能力亦强。非离子型表面活性剂也有相似的情况（图 5-17 曲线 1）。若亲油基相同，仅聚氧乙烯链长不同，则混合物（两组分）的 CMC 随成分的变化而变化的关系较平缓（图 5-17 曲线 2），这是由于聚氧乙烯链的长短对 CMC 的影响不很大之故。

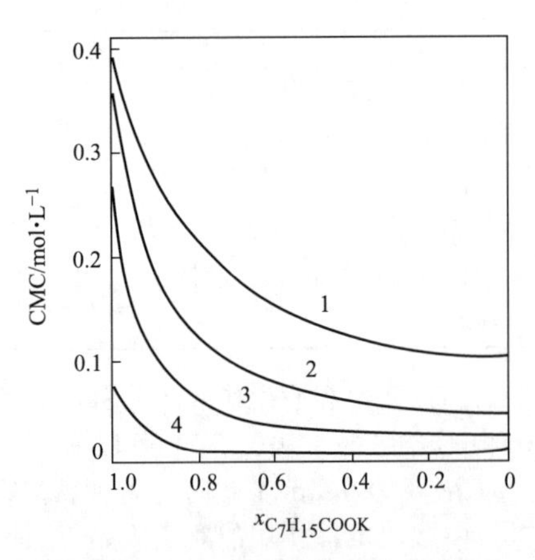


**图 5-16　$C_7H_{15}COOK$ 与 RCOOK 混合物的 CMC 与 RCOOK 含量关系图（25℃）**

RCOOK：1—$C_9H_{19}COOK$；2—$C_{10}H_{21}COOK$；3—$C_{11}H_{23}COOK$；4—$C_{13}H_{27}COOK$

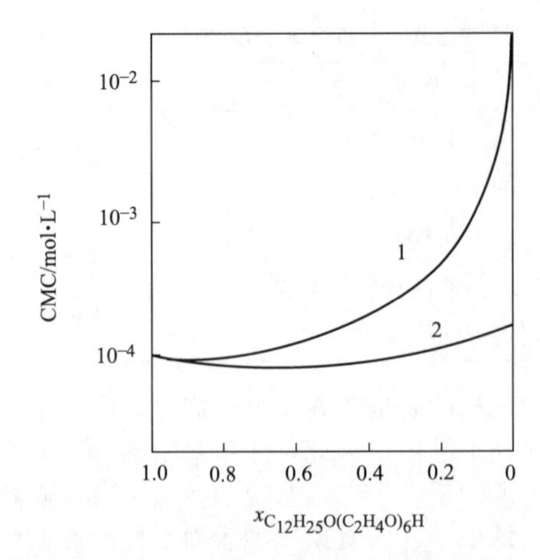


**图 5-17　$RO(C_2H_4O)_nH$ 混合物的 CMC（25℃）**

1—$C_{12}H_{25}O(C_2H_4O)_{12}H$ 与 $C_{12}H_{25}O(C_2H_4O)_6H$

2—$C_8H_{17}O(C_2H_4O)_6H$ 与 $C_{12}H_{25}O(C_2H_4O)_6H$

# 第三节　反胶束与囊泡

## 一、反胶束

表面活性剂在非水溶剂（主要是非极性和弱极性溶剂）中形成的聚集体称为反胶束(reverse micelle)。在非极性溶剂中离子型表面活性剂也以中性分子形式存在。表面活性剂极性基相互作用（如形成氢键）形成反胶束的内核，非极性基留在溶剂中。由于可溶于非极性溶剂的表面活性剂都有大的疏水基，而极性基较小，故反胶束的聚集数多在几个到几十之间，比在水中的胶束的聚集数小得多。

反胶束的形态只有球形或椭球形，如图 5-18 所示。

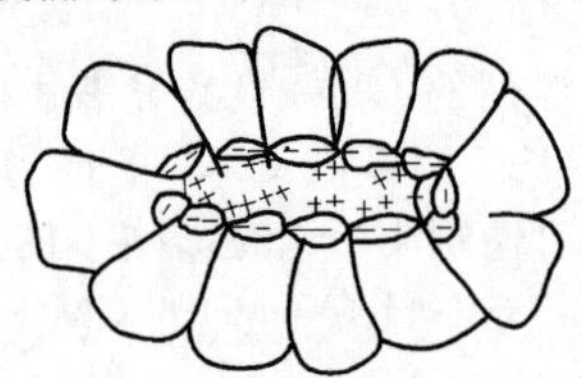

**图 5-18　反胶束形态示意图**

形成反胶束的浓度（也称临界胶束浓度）范围很宽，甚至没有明显的数值。而且，此数值可因溶剂不同而变化。表 5-10 中列出一些表面活性剂反胶束的临界胶束浓度和聚集数。

和在水中的表面活性剂胶束一样，反胶束也有一定的增溶能力，被增溶物主要是水、水溶液和极性有机物。水及水溶液的增溶位置在反胶束的内核，即反胶束的极性区域；极性有机物可增溶于形成反胶束的表面活性剂分子间，极性有机物的增溶可使反胶束长大。

被反胶束增溶的水和水溶液形成反胶束的“水池”，在“水池”中又可增溶某些极性物质和生物活性物质，从而可实现它们的分离。同时，作为特殊的微环境，在反胶束的“水池”中可进行一些化学反应或得到特定的产物，如可利用反胶束制备纳米粒子[1]。

---

[1] Qi L M，Ma J M，Cheng H M，Zhao Z G. J Phys Chem B，1997，101：3460.

**表 5-10　一些表面活性剂反胶束的临界胶束浓度（CMC）和聚集数 N**

| 表面活性剂 | 溶剂 | $CMC/mmol\cdot L^{-1}$ | $N$ |
|---|---|---|---|
| $n\text{-}C_{12}H_{25}(OC_2H_4)_2OH$ | 苯 | 7.6 | 34 |
| $n\text{-}C_{12}H_{25}(OC_2H_4)_6OH$ | 苯 | | 1.22 |
| $n\text{-}C_{12}H_{25}NH_3^+C_2H_5COO^-$ | 四氯化碳 | 23 | 42 |
| $n\text{-}C_{12}H_{25}NH_3^+C_2H_5COO^-$ | 苯 | 6 | 42 |
| $n\text{-}C_{12}H_{25}NH_3^+C_3H_7COO^-$ | 苯 | 3 | 3 |
| $(C_9H_{19})_2C_{10}H_5SO_3^-Li^+$ | 环己烷 | 质量分数 0.5% | 8 |
| 二壬基萘磺酸钠 | 苯 | $10^{-3}\sim10^{-4}$ | 7 |
| 琥珀酸二(2-乙基己基)酯磺酸钠 | 四氯化碳<br>苯<br>环己烷 | 0.6<br>3<br>1.6 | 20<br>23 |
| $C_9H_{19}C_6H_4(OC_2H_4)_9OH$ | 甲酰胺<br>乙二醇 | 0.157<br>0.125 | 45～65 |

## 二、囊泡

囊泡（vesicle，也译作泡囊）和脂质体（liposome）两个术语很含混。笼统地说，两亲分子形成的封闭双层结构均可称为囊泡或脂质体。也有的书上将吸附双层稳定的液滴定义为囊泡[1][2]。多数人将天然的或合成的磷脂所形成的椭球形的、球形的、单室或多室的封闭双层结构称为脂质体，将人工合成的表面活性剂形成的这种结构称为囊泡。图 5-19 是单室和多室囊泡的示意图。单室囊只有一个封闭双层包围着水相。多室囊泡有多个封闭双层环环套装，各双层间也为水相。囊泡多为球形或椭球形，管状的极为少见。囊泡直径常约几十纳米，也有大到微米级的。

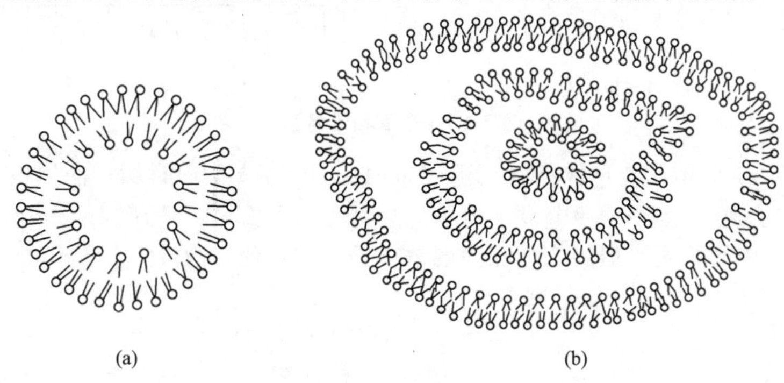


**图 5-19　单室（a）和多室（b）囊泡示意图**

通常认为，表面活性剂的临界排列参数 $P$ 略小于 1 时可形成囊泡。

$$P=V_c/l_cA_o$$

式中，$V_c$ 为疏水基体积；$l_c$ 为疏水基碳氢链长度；$A_o$ 为亲水基在紧密单层排列时的平均占据面积。有双碳氢尾和较大亲水基（如卵磷脂、脑磷脂）的物质，合成的双烷基表面活性剂（如双烷基季铵盐），混合单疏水基正离子表面活性剂、负离子表面活性剂可以自发形成囊泡。

囊泡具有良好的相对稳定性，这种稳定性包括双层结构稳定和构成囊泡的分子与液相中分子交换的缓慢。在囊泡中有极性大小不同的各种位置，因而对多种物质均可包容。在一定温度时，囊泡中的两亲分子碳氢链构型会发生变化（相变），这种变化对有些物质通过双层的速度影响很大。

---

❶ Becher P. Dictionary of Colloid and Surface Science. New York: Arcel Dekker, 1990.

❷ 赵国玺，朱珧瑶. 表面活性剂作用原理. 北京：中国轻工业出版社，2003：291.

用做某些药物的载体是囊泡的最现实的应用。水溶性或油溶性药物均可包容于无毒的脂质体或囊泡中，将药物输送到靶向器官。若改变脂质体表面化学性质，可达到定向给药的目的❶。

# 第四节　Gibbs吸附公式及表面活性剂吸附层结构

表面活性剂既然能大幅度地降低溶液的表面（界面）张力，它就必然有往表面（界面）吸附的趋热。本节将讨论在一定的温度和压力下这种吸附与溶液浓度和表面（界面）张力之间的关系，同时也讨论吸附层结构以及液面吸附层的状态方程式。

## 一、Gibbs 吸附公式

设有 $\alpha$ 相和 $\beta$ 相，其界面为 $SS$ [图 5-20(a)]。实验证明，在两相交界处交界面不是一个几何界面，而是一个约有几个分子层厚的过渡层，此过渡层的组成和性质都不均匀，是连续地变化着的。为便于介绍，将该薄层视作平面。在该薄层附近（但又在体相之中）画两个平行面 $AA$ 和 $BB$ [见图 5-20(b)]，使 $AA$ 处的性质与 $\alpha$ 相一样，$BB$ 处的性质和 $\beta$ 相一样，这样，界面上发生的所有变化都包括在 $AA$ 面和 $BB$ 面之间。人们将此薄层称为表面相(surface phase)。

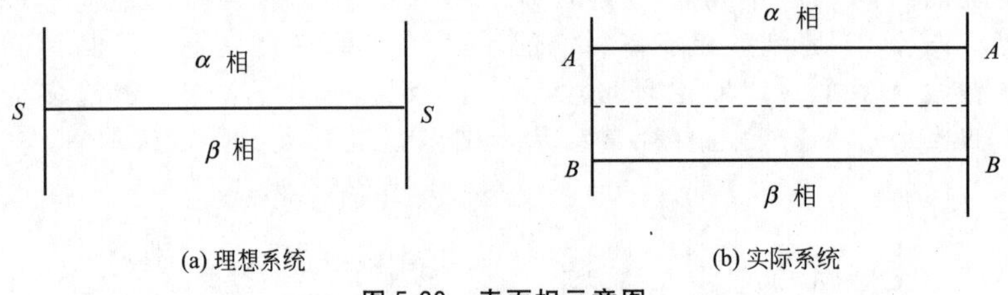


图 5-20　表面相示意图

以 $V_\alpha$ 和 $V_\beta$ 分别代表自体相（bulk phase）$\alpha$ 和 $\beta$ 到 $SS$ 面时两相的体积。若在 $V_\alpha$ 和 $V_\beta$ 中浓度皆是均匀的，则整个系统中 $i$ 组分的总物质的量为 $c_i^\alpha V^\alpha + c_i^\beta V^\beta$，$c_i^\alpha$ 和 $c_i^\beta$ 分别为 $i$ 组分在 $\alpha$ 相和 $\beta$ 相中的浓度。但因表面相中的浓度是不均匀的，故此值与实际的物质的量（mol）$n_i$ 有差异，以 $n_i^\sigma$ 表示此差值，则

$$n_i^\sigma = n_i - (c_i^\alpha V^\alpha + c_i^\beta V^\beta) \tag{5-2}$$

这个差值叫表面超量（过去常称表面过剩）。单位面积上的表面超量，或者说组分 $i$ 的表面超量为：

$$\Gamma_i = \frac{n_i^\sigma}{A} \tag{5-3}$$

式中，$A$ 为 $SS$ 的面积。

在物理化学课程中，曾导出过二组分系统的下列公式：

$$G = n_1\mu_1 + n_2\mu_2 \tag{5-4}$$

式中，$G$ 为自由能；$\mu$ 为化学位。式(5-4) 表示在恒温、恒压下，系统自由能等于系统内各组分化学位与物质的量乘积之和。

对于表面相，表面能 $\sigma A$ 对 $G^\sigma$ 也有贡献，故

$$G^\sigma = n_1^\sigma\mu_1^\sigma + n_2^\sigma\mu_2^\sigma + \sigma A \tag{5-5}$$

式中，$G^\sigma$ 为表面相的自由能；$\sigma$ 为表面张力。因为系统在一定温度和压力下达到了平衡，故在各相和界面中，各成分的化学位 $\mu_1$ 和 $\mu_2$ 是一定的。若在恒温恒压下，系统发生一无限小

❶ 参考书目 36.

变化，则据式(5-5)，得：

$$dG^{\sigma}=n_1^{\sigma}d\mu_1^{\sigma}+\mu_1^{\sigma}dn_1^{\sigma}+n_2^{\sigma}d\mu_2^{\sigma}+\mu_2^{\sigma}dn_2^{\sigma}+\sigma dA+Ad\sigma \tag{5-6}$$

若在恒温恒压下系统中只有界面面积发生微小变化，则界面上组分 1 和组分 2 的数量有变化，从而超量 $n_1^{\sigma}$ 和 $n_2^{\sigma}$ 也相应地变化。表面自由能的微小变化应为：

$$dG^{\sigma}=\mu_1^{\sigma}dn_1^{\sigma}+\mu_2^{\sigma}dn_2^{\sigma}+\sigma dA \tag{5-7}$$

比较式(5-7) 和式(5-6)，得

$$n_1^{\sigma}d\mu_1^{\sigma}+n_2^{\sigma}d\mu_2^{\sigma}+Ad\sigma=0 \tag{5-8}$$

两端除以 $A$，得

$$-d\sigma=\frac{n_1^{\sigma}}{A}d\mu_1^{\sigma}+\frac{n_2^{\sigma}}{A}d\mu_2^{\sigma}$$

即

$$-d\sigma=\Gamma_1 d\mu_1^{\sigma}+\Gamma_2 d\mu_2^{\sigma} \tag{5-9}$$

假如表面的位置选择在溶剂（组分 1）的超量为零之处，即 $\Gamma_1=0$，则式(5-9) 为：

$$-d\sigma=\Gamma_2 d\mu_2^{\sigma} \tag{5-10}$$

因为在平衡时，溶质（组分 2）在表面相和体相中化学位相等，即$\mu_2^{\sigma}=\mu_2$（体相中）。在体相中，$d\mu_2=RT\ln a_2$，代入式(5-10)，得

$$\Gamma_2=-\frac{1}{RT}\left(\frac{\partial\sigma}{\partial\ln a_2}\right)_T=\frac{a_2}{RT}\left(\frac{\partial\sigma}{\partial a_2}\right)_T \tag{5-11}$$

式(5-11) 即 Gibbs 吸附公式。式中，$\Gamma_2$ 为溶质的吸附量，其意义是：相应于相同量的溶剂时，表面层中单位面积上溶质的量比溶液内部多出的量（亦即所谓的表面超量，表面过剩量），而不是单位表面上溶质的表面浓度。若溶液的浓度很低（如小于 $0.1mol\cdot L^{-1}$），则表面超量将远大于溶液内部的浓度，这时，吸附量 $\Gamma$ 可近似地看作表面浓度。式(5-11) 中，$a_2$ 是溶液中溶质的活度；$\sigma$ 为溶液的表面张力；其他符号意义如常。如果溶液的浓度不大，则可用浓度 $c$ 代替活度 $a_2$，于是，在恒温条件下略去脚注，式(5-11) 可写作：

$$\Gamma=-\frac{c}{RT}\cdot\frac{d\sigma}{dc} \tag{5-12}$$

## 二、Gibbs 公式的物理意义和有关注意事项

若一种溶质能降低溶剂的 $\sigma$（即$\frac{d\sigma}{dc}$是负值），则据式(5-12)，$\Gamma$ 为正值，即溶质在表面层中的浓度大于在溶液内部的浓度，这叫正吸附。反之，若溶质能增加溶剂的 $\sigma$（即$\frac{d\sigma}{dc}$是正的），则 $\Gamma$ 为负值，这时，溶质在表面层中的浓度小于溶液内部的浓度，这叫负吸附。显然，前述的表面活性剂都能产生正吸附。

在具体计算吸附量时，需首先通过实验作出如图 5-2 中曲线 1 和曲线 2 所示的 $\sigma$-$c$ 曲线，然后用作图法求出一定浓度时的$\frac{d\sigma}{dc}$值，再据式(5-12) 计算一定温度 $T$ 时的吸附量。

Gibbs 公式的应用范围很广，在推导时并未规定任何界面，这就表示它能适用于任何两相界面。但使用时须注意，公式中的 $\Gamma$ 和 $\sigma$ 指的是同一界面。倘若欲求液-液界面上的吸附却利用气-液界面的表面张力数据，那就错了。

对于非离子型表面活性剂以及其他在水中不电离的有机物（如醇），其表面吸附量可直接用式(5-11) 计算。但对离子型表面活性剂以及在水中能电离的化合物，则不能简单地应用式(5-11)，而必须考虑在水中电离的情况。例如，十二烷基硫酸钠、十二烷基磺酸钠以及 $C_{12}H_{25}N(CH_3)Br$ 等离子型表面活性剂，在水溶液中不水解，都电离为正离子、负离子，这时，Gibbs 公式应写成

$$\Gamma_{+}=-\frac{c_{+}}{2RT}\cdot\frac{d\sigma}{dc_{+}}\text{或}\Gamma_{-}=-\frac{c_{-}}{2RT}\cdot\frac{d\sigma}{dc_{-}} \tag{5-13}$$

式中，$\Gamma_+$ 和 $\Gamma_-$ 分别为表面活性剂中正离子、负离子的吸附量；$c_+$ 和 $c_-$ 分别为正离子、负离子在溶液中的浓度。

此外，在推导时对吸附层的厚度未作规定，故 Gibbs 公式无论对单层吸附还是多层吸附都适用。

关于 Gibbs 公式中的单位问题，若 $\sigma$ 的单位是 $dyn \cdot cm^{-1}$（$=erg \cdot cm^{-2}$），$R$ 的单位是 $8.31\times10^7 erg \cdot mol^{-1} \cdot K^{-1}$，则 $\Gamma$ 的单位是 $mol \cdot cm^{-2}$；若 $\sigma$ 的单位是 $mN \cdot m^{-1}$（$=mJ \cdot m^{-2}$），$R$ 的单位是 $8.31 J \cdot mol^{-1} \cdot K^{-1}$，则 $\Gamma$ 的单位是 $mol \cdot 10^{-3} \cdot m^{-2}$。

**［例］** 25℃下，乙醇水溶液的表面张力与浓度 $c(mol \cdot L^{-1})$ 的关系为 $\sigma=72-0.5c+0.2c^2$，计算浓度为 $0.5mol \cdot L^{-1}$ 时乙醇的表面超量 $\Gamma(mol \cdot cm^{-2})$。

**［解］** 根据已知条件

$$\frac{d\sigma}{dc}=-0.5+0.2\times2c=-0.5+0.2\times2\times0.5=-0.3$$

代入式(5-12)，可得

$$\Gamma=-\frac{c}{RT}\cdot\frac{d\sigma}{dc}=-\frac{0.5}{8.31\times10^7\times298}\times(-0.3)=6\times10^{-12}(mol \cdot cm^{-2})$$

## 三、表面活性剂在气-液界面的吸附层结构

从 $\sigma$-$c$ 曲线可求出吸附量 $\Gamma$。若求出不同浓度下的 $\Gamma$ 值，可绘出 $\Gamma$-$c$ 曲线，叫作吸附等温线。表面活性剂溶液的 $\Gamma$-$c$ 曲线与 Langmuir 型吸附等温线相似，其特点是：①浓度低时，$\Gamma$ 和 $c$ 呈线性关系；②浓度高时，$\Gamma$ 为常数，即 $\Gamma$ 不随浓度而变化，表明溶液界面上的吸附已达饱和，饱和吸附量通常用 $\Gamma_\infty$ 表示；③浓度适中时，$\Gamma$ 与 $c$ 的关系为曲线形状。整个 $\Gamma$-$c$ 曲线可用 Langmuir 经验公式表达

$$\Gamma=\Gamma_\infty\cdot\frac{Kc}{1+Kc} \tag{5-14}$$

式中，$K$ 为经验常数，它与表面活性剂的表面活性大小有关。当 $c$ 很小时，$\Gamma=\Gamma_\infty Kc=K'c$；当 $c$ 很大时，$\Gamma=\Gamma_\infty$，即吸附量为饱和吸附量。

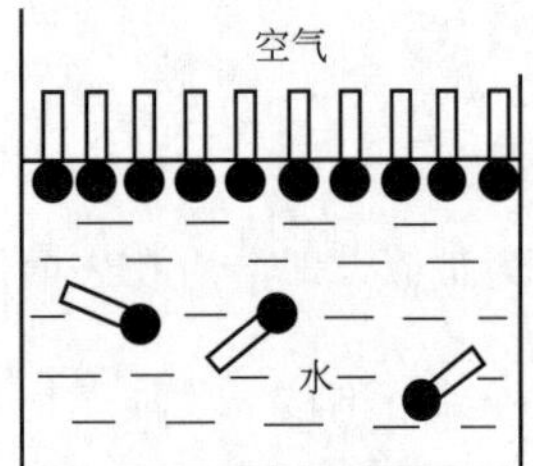

**图 5-21 液面上饱和吸附层中两亲性有机分子的定向排列**

▭—分子的非极性部分；●—分子的极性部分

对直链脂肪酸 RCOOH、醇 ROH、胺 $RNH_2$ 等来说，不管碳氢链的长度如何，由 $\sigma$-$c$ 曲线上算出的 $\Gamma_\infty$ 基本相同，这说明在饱和吸附时每个分子在表面上所占的面积 $S$ 是相同的，所以

$$S=\frac{1}{\Gamma_\infty N_A} \tag{5-15}$$

式中，$N_A$ 是 Avogadro 常数；$\Gamma_\infty$ 的单位是 $mol \cdot cm^{-2}$。由式(5-15)求出的 ROH 的 $S=0.274\sim0.289nm^2$，RCOOH 的 $S=0.302\sim0.310nm^2$，$RNH_2$ 的 $S=0.27nm^2$。以上事实说明，在饱和吸附时，表面上吸附的分子是定向排列的（图 5-21），否则就无法解释不论链长短如何（如 $C_2H_5COOH$ 和 $C_6H_{13}COOH$ 链长之比为 1∶2）每个分子所占的面积都基本相同这个实验结果。液面上分子的定向方式是亲水基向水，亲油基向空气。在油-水界面上表面活性剂分子的定向与此相似，只是亲油基（即碳氢链）伸入油相。分子在油相和水相中的分布取决于分子中极性部分和非极性部分强弱程度的对比，非极性部分大者分子进入油相的倾向大，分子极性部分强者分子进入水相的倾向大。分子在表面上的定向是表面化学中一个很普遍、很重要的现象，表面活性剂的许多作用也是以此为根据。

除了分子面积之外，自 $\Gamma_\infty$ 数据还可求出饱和吸附层的厚度 $\delta$。若吸附物的相对分子质量为 $M$，密度为$\rho$，则

$$\delta=\frac{\Gamma_\infty M}{\rho} \tag{5-16}$$

饱和吸附层中吸附分子是定向排列的，因此直链脂肪族同系物链长增加时，厚度也必然

相应增大。计算结果表明，同系物每增加一个—$CH_2$—基时 $\delta$ 约增加 0.13～0.15nm，这与 X 射线结构分析的结果相符。

当浓度适中或较小时，由于表面吸附量也较小，所以表面上有足够的地方让吸附分子活动。研究结果表明，每个分子在表（界）面上占据的面积随表面活性剂浓度的增加而减少，直到最后接近分子的横截面积为止。十二烷基硫酸钠是棒状分子，长度为 1.7nm，亲水基直径约 0.6nm，因此一个平躺着的分子应占据约 $1nm^2$ 的面积，直立的分子占据 $0.28nm^2$ 的面积。分子占据的最小面积与分子形状有关，如果十二烷基硫酸钠的分子是球形的，则平均每个分子占据的最小面积将是 0.28÷74.02%＝0.38（$nm^2$）。对照表 5-11 的实验数据，只有当浓度小于 $3.2\times10^{-5}mol\cdot L^{-1}$ 时，其分子才有可能完全平躺在表面上；当浓度超过 $3.2\times10^{-5}mol\cdot L^{-1}$ 时，表面上的表面活性剂分子必须有一部分是直立的。随着浓度的增加，直立的分子越来越多，当浓度增加到 $8.0\times10^{-4}mol\cdot L^{-1}$ 后，表面的表面活性剂分子都直立着（图 5-21）。由此对吸附层结构可作这样的推测：当表面活性剂浓度很低时，在表面上只有少数表面活性剂分子在活动，它们躺、立自如，空气和水几乎直接接触，水的表面张力下降不多［图 5-22(a)］。当表面活性剂浓度逐渐增加时，表面上吸附的分子增多，溶液表面张力急剧下降，吸附分子躺着的越来越少，直立的越来越多［图 5-22(b)］，这时溶液内部的表面活性剂分子也在三三两两地把亲油基靠在一起向多聚体过渡。当浓度高到达到饱和吸附时，表面活性剂分子占据的面积接近其分子的截面积，整个表面被栅式表面活性剂分子覆盖，表面张力降至最低点，而在溶液的内部多聚体也开始形成，这种多聚体就是下面将要介绍的胶束［图 5-22(c)］。这种吸附显然符合 Langmuir 单层吸附模型。

**表 5-11　十二烷基硫酸钠分子在表面上占据的面积与溶液浓度的关系**

| 表面活性剂浓度/$mol\cdot L^{-1}$ | $5\times10^{-6}$ | $1.26\times10^{-5}$ | $3.2\times10^{-5}$ | $5.0\times10^{-5}$ | $8.0\times10^{-5}$ | $2.0\times10^{-4}$ | $4.0\times10^{-4}$ | $8.0\times10^{-4}$ |
|---|---|---|---|---|---|---|---|---|
| 分子占据面积/$nm^2$ | 4.75 | 1.75 | 1.00 | 0.72 | 0.58 | 0.45 | 0.39 | 0.34 |

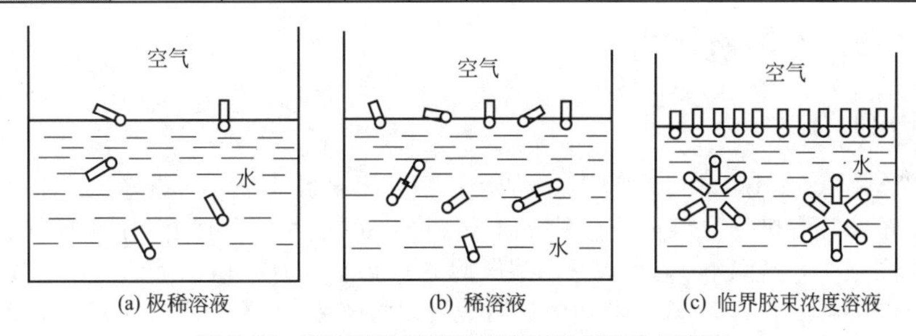


**图 5-22　表面活性剂溶液表面吸附层结构示意图**

从上述分析可以看出，一个较好的表面活性剂应该是在其浓度较稀时就能达到吸附饱和状态，即浓度较稀时就有最低的表（界）面张力。也就是说，可以用达到最低表面张力时的浓度大小来衡量表面活性剂的表面活性。当然，不同类型的表面活性剂该浓度数值是不同的。对同一类型表面活性剂的同系物来说，如 $R_8SO_4Na$（$R_8$ 代表 $C_8H_{17}$—）、$R_{10}SO_4Na$、$R_{12}SO_4Na$、$R_{14}SO_4Na$ 和 $R_{16}SO_4Na$ 等，它们的表面活性随碳原子数的增加而增加，其表面张力达最低时的浓度分别为 $1.3\times10^{-1}mol/L$、$3\times10^{-2}mol/L$、$8\times10^{-3}mol/L$、$2.4\times10^{-3}mol/L$ 和 $6\times10^{-4}mol/L$。这些数据说明，在同系物中每增加一个碳原子，达到最低表面张力时的浓度约减小 2/3，这意味着每增加一个碳原子其表面活性约增加 2 倍。此种规律在其他类型的表面活性剂中也存在。应当注意，此规律是指亲油基为直链烷基的情况；若亲油基为支链或其他特殊结构，此规律不适用。

对于非离子型表面活性剂［如 $R—O\leftarrow CH_2CH_2O\rightarrow_n H$］，其在溶液表面上吸附的情况与离子型的不同。当亲油基相同而聚氧乙烯的聚合度 $n$ 不同时，在饱和吸附时表面上吸附分子的平均面积不同，分子所占面积随 $n$ 值的增加而增加。表 5-12 为 $C_{12}H_{25}\leftarrow CH_2CH_2O\rightarrow_n H$ 的实验数据。

表 5-12 $C_{12}H_{25}\!-\!(CH_2CH_2O)_n\!-\!H$ 在其水溶液表面吸附的实验数据

| $n$ | 4 | 7 | 14 | 23 | 30 |
| --- | --- | --- | --- | --- | --- |
| $\Gamma_\infty/\times10^{-10}mol\cdot cm^{-2}$ | 5.2 | 3.86 | 2.82 | 2.07 | 1.79 |
| 饱和吸附时的分子面积/$nm^2$ | 0.32 | 0.43 | 0.59 | 0.80 | 0.93 |

X射线结构分析表明，聚氧乙烯链越长卷曲越厉害，这意味着它们在表面上定向时并非是完全伸直或直立的。聚氧乙烯链越长，卷曲构型的成分越多，杂乱无章的排列分布也越显著，所以极限的分子面积也越大。

根据上述关于各种表面活性剂分子面积的讨论，可以对表面活性剂在溶液表面的吸附做一简要小结：①溶液浓度从小变大时，表面活性剂分子在溶液表面上从基本是无一定方向的、平躺的状态，逐步过渡到基本是直立、定向排列的状态；②表面活性剂的亲水基团相同或相似时，亲油基团的酯链碳氢基的碳原子数越大则越易于在表面吸附；即在相同的溶液浓度时，碳氢链中碳原子数多者表面吸附量大；③亲油部分为直链碳氢基的离子表面活性剂同系物，在最大吸附时分子面积很接近，这表示分子在表面有比较紧密的直立定向排列，即表面吸附层一般是单分子层的；④亲油部分相同而聚氧乙烯链长不同的非离子表面活性剂，其聚氧乙烯链越长则表面吸附量越小，同时在最大吸附时的表面分子面积越大。这表示聚氧乙烯链不是完全伸直的或完全卷曲的定向排列，而可能有杂乱的、各种不同定向分布的卷曲构型。

# 第五节　表面活性剂的增溶作用与胶束催化

## 一、表面活性剂的增溶作用

### （一）增溶作用的特点

增溶作用（solubilization）[1]，或称加溶作用。很早以前，人们就知道浓的肥皂水溶液可以溶解甲苯酚等有机物，但只是在系统研究缔合胶体的性质后才对其本质有所认识。苯在水中的溶解度很小，室温下100g水只能溶解约0.07g苯，而在皂类等表面活性剂溶液中苯却有相当大的溶解度，100g 10%的油酸钠溶液可以溶解约9g苯。不仅对苯，对其他非极性碳氢化合物的溶解也有同样的现象。这种难溶性和不溶性有机物在表面活性剂胶束水溶液中溶解度增大的现象叫做增溶作用。

增溶作用与乳化作用（详见第六章）不同。乳化时，不溶性有机物是以小液滴形式分散在水中的。显然乳状液系统具有较大的界面，是热力学不稳定系统，最终不溶性有机物和水是要分层的。实验证明，发生增溶作用时，被增溶物的蒸气压下降。由热力学公式 $\mu=\mu^0+RT\ln P$ 可知，当 $P$ 降低时，化学位也随之降低，系统将更加稳定。增溶作用是一个可逆的平衡过程，无论用什么方法，达到平衡后的增溶结果都是一样的，而乳状液或其他胶体溶液却无此性质。

增溶作用与真正的溶解也不相同。真正的溶解作用会使溶剂的依数性（例如冰点降低、渗透压等）出现很大的变化。但增溶（例如异辛烷溶于油酸钾溶液）后对依数性影响很小，这表明增溶时溶质并未拆散成单个分子或离子，而很可能是“整团”地溶解在肥皂溶液中，因为只有这样，质点的数目才不致有显著的增加。所以一个很自然的想法是，增溶作用可能与胶束有关。实验证明，在低于临界胶束浓度时基本上无增溶作用，只是在高于CMC以后

[1] 参考书目4。

增溶作用才明显地表现出来（图 5-23）。由图 5-23 可见，溶解度突然增加处的浓度就是 CMC，对于十二酸钾其值为 0.53%，相当于 $0.022mol \cdot L^{-1}$，这数据与用其他方法测得的相一致。

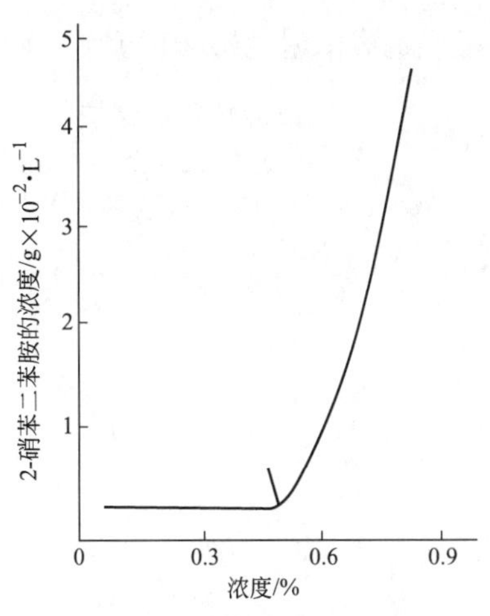


**图 5-23　十二酸钾溶液浓度对 2-硝基二苯胺增溶作用的影响**

## （二）增溶机理

根据“相似相溶”规律可说明被增溶物在胶束中的溶解，但怎样溶入胶束以及胶束的构造等问题仍待解决。自 20 世纪 50 年代起，据 X 射线、紫外光谱以及核磁共振谱等的研究，从增溶过程中胶束大小的变化以及被增溶物环境的变化等方面对增溶方式有了进一步认识。图 5-24 为不同表面活性剂对不同增溶物增溶的几种可能方式。

图 5-24(a) 为非极性碳氢链溶于胶束内部；图 5-24(b) 为极性长链有机物（如醇类、胺类等）与胶束中的表面活性剂分子一起穿插排列而溶解；图 5-24(c) 为一些不易溶于水也不易溶于油的有机物（如某些染料、苯二甲酸二甲酯等）以吸附于胶束表面的形式而溶解；图 5-24(d) 为极性有机物（如甲苯酚等）被包在非离子型表面活性剂胶束的聚氧乙烯“外壳”中，亦即溶于亲水性链中。

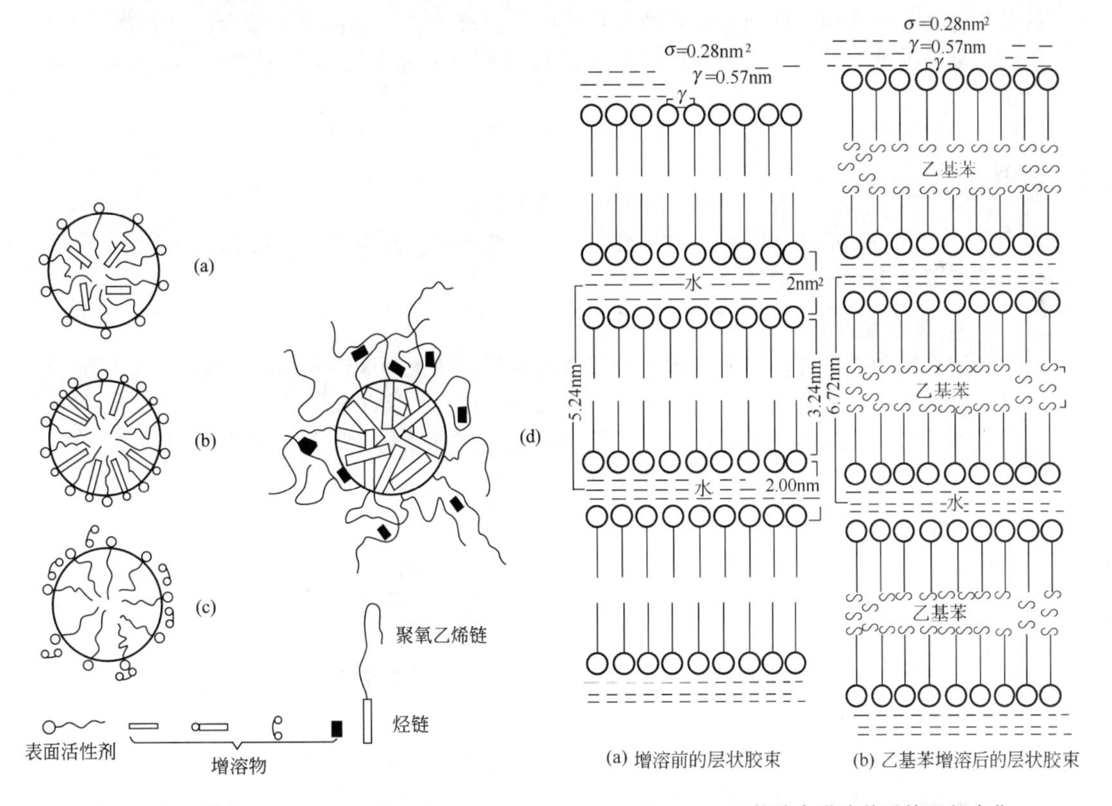


**图 5-24　增溶的几种可能方式示意图**

**图 5-25　层状胶束增溶前后的层间变化**

当表面活性剂浓度大时，胶束也可以是层状的［图 5-25(a)］，因此，有人认为被增溶物可能钻入碳氢链的层状夹隙里［图 5-25(b)］，这样层间距必然增大，这已被 X 射线实验证实。球状胶束增溶后直径亦增大，也已被实验证实。

### (三) 增溶作用的影响因素

#### 1. 表面活性剂的结构

这个问题相当复杂，有许多具体规律。同系的钾皂中碳氢链越长，对甲基黄增溶的能力越大（图 5-26）。对乙基苯的增溶也有相似的规律。

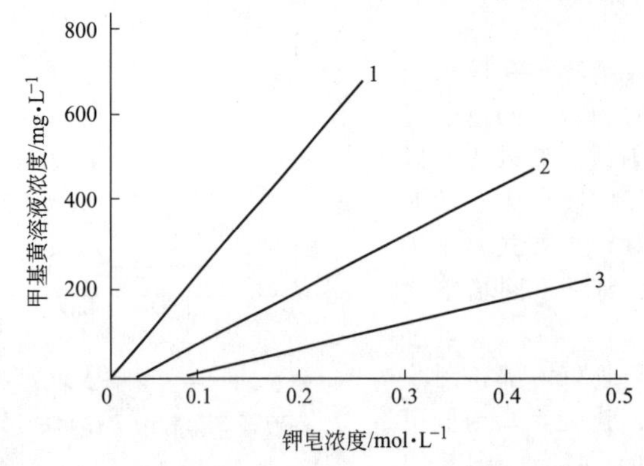


**图 5-26　在钾皂中甲基黄的增溶作用**

1—十四酸钾；2—十二酸钾；3—癸酸钾

对于烃类，2 价金属烷基硫酸盐较之相应的钠盐有较大的增溶能力，因为前者具有较大的胶束聚集数和体积。但直链的表面活性剂较相同碳原子数的支链表面活性剂的增溶能力大，因为后者的有效链长较短。

聚乙二醇醚类非离子型表面活性剂在一定温度下对脂肪烃类的增溶量与表面活性剂本身的结构有关，当表面活性剂中的亲油基长度增加或聚氧乙烯链的长度减少时增溶能力增加。当然，极稀溶液中非离子型表面活性剂有较低的 CMC，故较之离子型表面活性剂有较强的增溶能力。

当表面活性剂具有相同的亲油链长时，不同类型表面活性剂增溶烃类和极性化合物的顺序为：

非离子型＞阳离子型＞阴离子型

阳离子型表面活性剂之所以比阴离子型表面活性剂的增溶能力大，可能是由于在胶束中的表面活性剂分子堆积较松的缘故。

#### 2. 被增溶物的结构

脂肪烃类和烷基芳基烃类的增溶量随链长增加而减少，稠环芳烃的增溶量随相对分子质量增大而减小。总之，对于被增溶物，一般是极性化合物比非极性化合物易于增溶；芳香族化合物比脂肪族化合物易于增溶；有支链的化合物比直链化合物易于增溶。但需注意的是，对于具体的表面活性剂，上述规律可能有所变化。

#### 3. 电解质

往离子型表面活性剂中加无机盐，能降低其 CMC，有利于加大表面活性剂的增溶能力。

往非离子型表面活性剂中加中性电解质，能增加烃类的增溶量，这主要是因为加入电解质后胶束的聚集数增加。

关于电解质对极性物质增溶作用的机理还不很清楚，有待进一步研究。

#### 4. 温度

升温能增加极性物质和非极性物质在离子型表面活性剂中的增溶量，这是由于温度升高后热扰动增强，从而增大了胶束中提供增溶的空间。

对非离子型表面活性剂来说，升温的影响与被增溶物的性质有关。若被增溶物为非极性物质（如脂肪烃类和卤代烷），随着温度的升高溶解度增加，接近于浊点时胶束聚集数剧增，必然会使它们的增溶量提高。但对极性物质来说，随着温度的升高而至浊点时，被增溶物的量常出现一最大值。例如，当温度升高超过 10℃时，增溶量首先有一定程度的增加；温度进一步升高时，增溶量减少，因为聚氧乙烯链脱水，减少了亲水链的“外层”空间。

关于各种有机添加剂对增溶作用的影响，因过于复杂，此处不予讨论。

### (四) 增溶作用的应用

人们在了解增溶作用的机理之前，就在许多方面应用了增溶作用，合成橡胶的乳液聚合就是应用增溶作用的一例。乳液聚合是将单体分散在水中形成水包油型乳状液，在催化剂的作用下进行的聚合反应。若单体直接聚合，因聚合过程放热和体系黏度的大大增高而使操作温度不易控制，易于产生副产品。若采用乳液聚合，将使单体大部分形成分散的单体液滴，一部分增溶于表面活性剂的胶束中，极少部分溶于水中。溶于水中的催化剂在水相中引发反应，引发产生的单体自由基主要进入胶束，聚合反应即在胶束中进行，而分散的单体液滴则成了提供原料单体的仓库。当聚合反应逐渐完成时，分散的液滴逐渐消耗掉，胶束中的单体因逐渐聚合成所需的高聚物而使胶束逐渐长大，形成所谓的“高聚物胶束”。此反应体系经酸或盐处理，可分离出高聚物。乳液聚合可用图 5-27 示意。

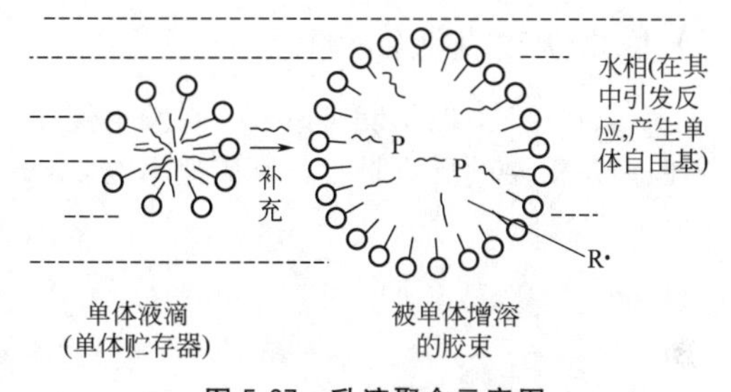


图 5-27 乳液聚合示意图

—表面活性剂分子; 〰—单体分子;
P—聚合物分子; R·—单体自由基

在采油工业中，利用增溶作用可提高采收率，即所谓“胶束驱油”工艺。首先配制含有水、表面活性剂（包括辅助活性剂，如脂肪醇等）和油组成的“胶束溶液”，它能润湿岩层，溶解大量原油，故在岩层间推进时能有效地洗下附于岩层上的原油，从而大大提高了原油的采收率。此法的缺点是成本太高，目前用的不多。

洗涤过程也与增溶作用有关。被洗下的污垢增溶于增溶剂胶束内部，便可防止重新附着于织物上。

在生理过程中，增溶作用更具有重要的意义。例如，小肠不能直接吸收脂肪，但却能通过胆汁对脂肪的增溶而将其吸收。

## 二、胶束催化

任何化学反应的速率均与发生反应的环境性质有密切关系。对于一种易溶于水和一种易溶于油的反应物之间的化学反应，其反应速率在某些表面活性剂胶束存在时可有明显提高。

### (一)、胶束催化的一般机理[1][2]

引起胶束催化（micellar catalysis）的因素很多，其中以浓集作用和介质效应最为直观和重要。

(1) 浓集作用　通过疏水效应和静电作用反应底物在胶束内或胶束表面浓集，从而提高反应速率。对于双分子反应，反应是在增溶于胶束中的反应底物与 Stern 层结合的反离子间进行的。图 5-28 是在碱存在下萘磺酸甲酯水解反应被季铵盐阳离子表面活性剂胶束催化的二维示意图[3]。由图可见，反应底物增溶于胶束表面层，反应基团—$SO_3CH_3$ 朝向水相，反应离子 $OH^-$ 易被带正电的胶束吸引，从而加速水解反应进行。

(2) 介质效应　作为反应介质，胶束的性质对催化反应起极重要作用。如胶束的极性与

---

[1] 参考书目 37。
[2] 参考书目 12。
[3] Tascioglu S. Tetrahedron，1996，52：11113.

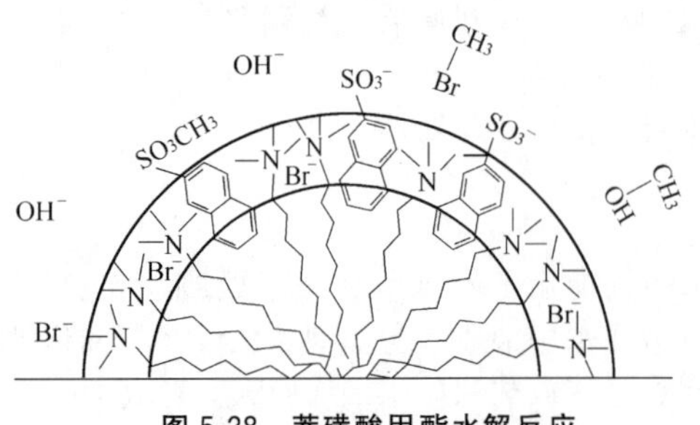

图 5-28　萘磺酸甲酯水解反应胶束催化二维示意图

体相溶液大不相同。从胶束表面至其内核极性由大至小，反应底物可有适宜的增溶位置，对那些对介质极性敏感的反应起重要作用。离子型表面活性剂胶束的静电作用，常可降低那些形成带电中间体的反应的活化能和活化熵。这是阳离子表面活性剂胶束可催化加速亲核阴离子与中性底物反应的原因之一。在胶束中某些反应底物大多以有利于反应进行的定向方式增溶，图 5-28 所示即为一实例。胶束的微黏度比体相介质的黏度大得多，这将减小进入胶束的反应底物分子的平动自由度和转动自由度，从而影响反应的区域、空间选择性和反应速率常数。

## （二）胶束催化的理论处理

（1）胶束催化反应速率　在胶束催化中，基质（反应物）与胶束之间的结合或基质进入胶束是重要的反应阶段，反应速率按 Michaelis-Menton 式：

$$\begin{array}{ccc} M+S & \overset{K}{\rightleftharpoons} & MS \\ \downarrow K_0 & & \downarrow K_m \\ P & & P \end{array}$$

式中，M 为胶束；S 为基质（反应物）；MS 为胶束-基质缔合物；P 为反应产物；$K_0$ 及 $K_m$ 分别为在溶剂中及在胶束相中生成产物的速率常数；$K$ 称为结合常数（即胶束催化反应的平衡常数）。基质在时间 $t$ 的计算浓度为 $[S]_t$，则

$$[S]_t=[S]+[MS],$$

$$-\frac{d([S]+[MS])}{dt}=-\frac{d[S]_t}{dt}=\frac{d[P]}{dt}=K_0[S]+K_m+[MS] \quad (5\text{-}17)$$

观察到的产物生成的总速率常数为：

$$K_p=\frac{-d[S]_t/dt}{[S]_t}=K_0F_0+K_mF_m \quad (5\text{-}18)$$

式中，$F_0$ 与 $F_m$ 分别为未缔合的与缔合的基质分数。

反应平衡常数 $K$ 可用浓度表示，也可用缔合的与未缔合的基质分数来表示：

$$K=\frac{[MS]}{([S]_t-[MS])[M]}=\frac{F_m}{[M](1-F_m)}$$

$$=\frac{F_m}{[M]F_0} \quad (5\text{-}19)$$

在临界胶束浓度 CMC 以上时，若表面活性剂的单体浓度保持不变，则胶束的浓度［M］为

$$[M]=\frac{c_D-CMC}{N} \quad (5\text{-}20)$$

式中，$c_D$ 为表面活性剂的总浓度；$N$ 为聚集数。自式(5-18）与式(5-19)，可得

$$K_p=\frac{K_0+K_mK[M]}{1+K[M]} \quad (5\text{-}21)$$

合并式(5-20）与式(5-21)，得

$$\frac{1}{K_0-K_p}=\frac{1}{K_0-K_m}+\frac{1}{K_0-K_m}\cdot\frac{N}{K(c_D-CMC)} \quad (5\text{-}22)$$

或

$$\frac{K_p-K_0}{K_m-K_p}=\frac{K(c_D-CMC)}{N} \quad (5\text{-}23)$$

以 $1/(K_0-K_p)$ 对 $1/K(c_D-CMC)$ 作图，可算出 $K_m$ 与 $K$ 值；$K_p$ 及 $K_0$ 皆可自动力学实验得到；聚集数 $N$ 则可自其他实验中求出。因此，从图中的截距 $1/(K_0-K_m)$ 算出 $K_m$，再从斜率 $N/(K_0-K_m)$ 算出 $K_0$。

（2）假相离子交换模型的定量处理[1] 假相离子交换（pseudophase ion exchange，PIE）模型是胶束催化研究中提出最早、应用最广的理论模型，其基本假设是：①胶束和水是分离的两相，各反应物种在两相间快速分配并达到平衡；②在胶束溶液中，化学反应速率常数由反应物在胶束相和水相间的分配所决定，是在两相中分别进行的反应速率之和；③影响化学反应速率的主要参数，是参与形成胶束的表面活性剂浓度 $[D_n]$ 和反应底物与胶束的结合常数 $K_S$。

显然，$[D_n]=[D]-CMC$，$[D]$ 和 CMC 是表面活性剂的总浓度和临界胶束浓度。$K_S=[S_M]/([S_W][D_n])$，$[S_M]$ 和 $[S_W]$ 表示反应底物 S 在胶束相和水相的浓度。

对于单分子反应，其总一级速率常数 $K_1$ 为：

$$K_1=\frac{K_W+K_MK_S[D_n]}{1+K_S[D_n]} \tag{5-24}$$

式中，$K_W$ 和 $K_M$ 分别为水相和胶束相的一级速率常数。

对于双分子反应，若其中一个反应物浓度足够大，可用假一级反应处理

$$K_1=\frac{K_2^W[Nu_T]+K_2^MK_S[D_n]m_{Nu}^S}{1+K_S[D_n]} \tag{5-25}$$

式中，$K_2^W$ 和 $K_2^M$ 是在水相和胶束相中的二级速率常数；$m_{Nu}^S$是胶束 Stern 层结合的反离子浓度，即胶束相中另一反应物 Nu 的浓度 $[Nu_M]$ 与 $[D_n]$ 之比，即 $m_{Nu}^S=[Nu_M]/[D_n]$，$m_{Nu}^S$称为 Nu 的摩尔比浓度；$[Nu_T]$ 为 Nu 在水相和胶束相的总浓度。

PIE 模型涉及参数较多，一般是假定一些参数在一定范围内的合理初始值，再根据反应速率的实验数据通过计算机程序拟合，将得到的参数与独立方法之测定值或文献值比较[2]。

### （三）胶束催化的一些影响因素

（1）表面活性剂的分子结构和类型 对于常见的许多反应，随表面活性剂亲水端基体积的增加胶束催化活性增加。反应底物与表面活性剂结合越强，催化活性越差。离子型和非离子型表面活性剂混合胶束常能提高对某些反应的催化活性。但单一的非离子型表面活性剂胶束对有活性离子参与的双分子反应没有催化活性，因为这种胶束不能吸引反应离子。

（2）反应底物的分子结构 底物的反应活性与其在胶束中的位置有关，当催化反应在胶束内核进行时，底物若只增溶于胶束表面，则对反应不利；反之亦然。而增溶位置与底物的分子结构有关。底物的极性取代基的性质与位置对胶束催化活性影响很大。

（3）盐的影响 在外加盐浓度不大时通常会减小胶束催化活性。其原因可能有：盐的加入降低 CMC，胶束聚集数和体积增大，胶束总数目减少；盐解离生成的与活性离子同号的惰性离子在胶束上的竞争吸引降低催化反应速率；有机盐的有机反离子阻碍活性反离子在胶束上的浓集。

（4）有机添加物的影响 在大多数情况下，小分子有机添加物常对胶束催化不利。这是因为这些添加物可改变水相性质，增加反应底物在水相中的溶解度；小分子添加物进入胶束可使胶束溶胀，减小胶束表面电荷密度，从而不利于活性反离子在胶束表面的浓集。

### （四）胶束催化反应实例

（1）酯的水解反应 在胶束溶液中，有机反应速度的增加或降低取决于基质在胶束相及溶液内部的不同反应速度，以及基质在此二相中的分布。对反应起重要作用的分子间力是氢

---

[1] Bunton C A，Faruk N，Quina F H，et al. Acc Chem Res，1991，24：357.

[2] Ruan K，Zhao Z G，Ma J M. Colloid Polym Sci，2001，298：813.

键、静电相互作用、电荷移动相互作用以及亲油键等，而胶束的亲油键和静电相互作用特别重要。由于这些相互作用致使基质浓集，引起碰撞频率增加，迁移状态稳定化，加速反应。并可预期：阳离子表面活性剂胶束将增加亲核阴离子与未带电基质的反应速度；阴离子胶束则降低此种反应速度；而非离子胶束及两性离子胶束对反应速度无作用或效应不显著。

例如，酯的水解反应：

$$R—\overset{O}{\overset{\|}{C}}—OR'+OH^- \rightleftharpoons \left[R—\overset{O^-}{\underset{OH}{C}}—OR'\right] \longrightarrow R—\overset{O}{\overset{\|}{C}}—O^-+HOR'$$

有机酯可能被增溶于胶束之中，而酯基则处于胶束-溶液界面区域，水解的中间物带负电荷（由于 $OH^-$ 的加入），邻近的阳离子胶束的正电荷将使其稳定，易于形成；若为阴离子胶束，其负电荷将使其不稳定，就不易于生成。这就是阳离子表面活性剂加速酯水解、阴离子表面活性剂抑制酯水解反应的原因，图 5-29 足以说明此问题。相反，对于酯的酸性水解反应，阴离子表面活性剂有促进作用，而阳离子表面活性剂起抑制作用。

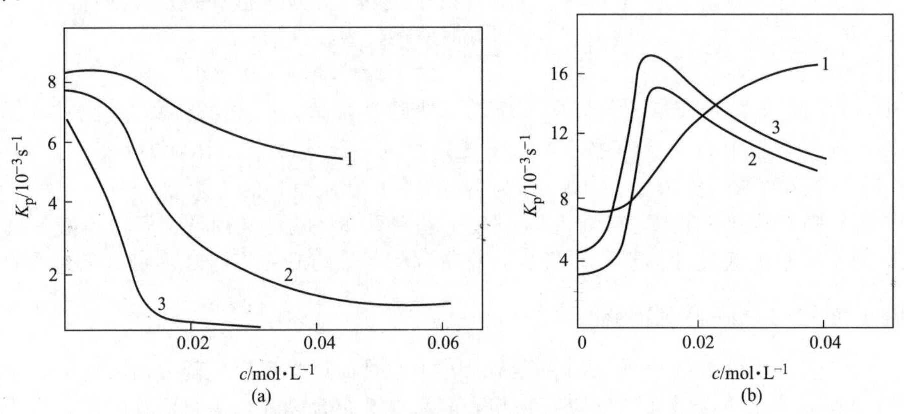


**图 5-29 酯水解反应速度与表面活性剂浓度的关系（50℃）**

(a) pH=9.59，离子强度 $\mu$=0.1，（阴离子）月桂酸钠胶束；

(b) pH=10.49，离子强度 $\mu$=0.2，（阳离子）CTAB 胶束；

1—对硝基苯乙酸酯；2—对硝基苯十二烷二酸单酯；3—对硝基苯辛酸酯

（2）有机取代反应　卤代烷与 $CN^-$（或 $S_2O_3^{2-}$）反应：

$$RBr+CN^- \longrightarrow RCN+Br^-$$

或芳香性亲核取代反应：

$$NO_2—C_6H_3(NO_2)—Cl(或F)+OH^- \longrightarrow NO_2—C_6H_3(NO_2)—OH+Cl^-(或F^-)$$

十六烷基三甲基溴化铵（CTAB）对这些反应有促进作用，十二烷基硫酸钠（SDS）起抑制作用。

（3）各种离子反应和自由基反应　在 6-硝基苯并异唑-3-羧酸酯脱羧基反应中，CTAB 使反应速度常数增大约 95 倍，而 SDS 却无甚影响。

胶束加速反应速度很少有超过 100 倍的，这是由于单个表面活性剂分子与胶束之间呈动平衡状态，在毫秒级时间内反复进行生成与分解。此外，表面活性剂分子的亲油性烃链的运动性甚强，在胶束的内部可以存在不同形式的水合状态。因此，为了提高胶束催化的效果，在利用具有各种官能团的功能性胶束和多电荷表面活性剂胶束的同时，还须深入研究保持胶束骨架、基质的反应点以及分离基质的结合点等问题。

# 第六节　表面活性剂的其他重要作用与应用

## 一、洗涤作用

表面活性剂的洗涤作用是一个很复杂的过程，它与渗透、乳化、分散、增溶以及起泡等各种因素有关。就其中某一种作用而言，在去污过程中究竟起了何种程度的作用，目前还不十分清楚，因为这些作用的效果受污垢的组成、纤维的种类和污垢附着面的性状等的影响。以污垢为例，可分为油污、尘土或它们的混合污垢。不同的污垢，要求不同的洗涤剂。

一种优良的洗涤剂，需具备下列4种性质：

① 好的润湿性能，要求洗涤剂能与被洗的固体表面密切接触；

② 有良好的清除污垢能力；

③ 有使污垢分散或增溶的能力；

④ 能防止污垢再沉积于织物表面上或形成浮渣漂于液面上。

一种好的洗涤剂应能吸附在固（如织物）-水界面和污垢-水界面上。表面活性剂一般都能吸附在水-气界面上，使表面张力 $\sigma$ 降低，有利于形成泡沫，但这并不表示它必然是一种好的洗涤剂。根据起泡的多少来判断洗涤剂的好坏实际上是人们的一种误解。例如，非离子型表面活性剂一般有很好的洗涤效果，但并不是好的起泡剂。表面活性剂产生泡沫的多少不是唯一判断洗涤剂好坏的指标，在工业上或用洗衣机洗涤时人们都喜欢用低泡洗涤剂。

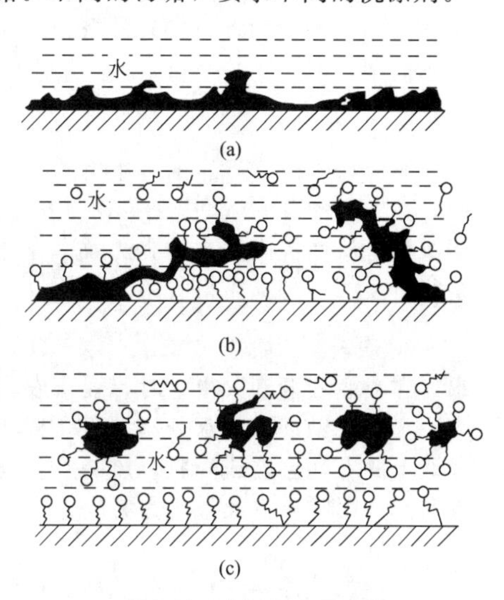


图 5-30　去污机理示意图

图5-30为去污机理示意图，它说明油质污垢是如何从固体表面上被洗涤剂清除的。图5-30(a) 表明由于水的 $\sigma$ 大，而且润湿性差，只靠水是不能去污的；图5-30(b) 说明加入洗涤剂后，洗涤剂分子以亲油基朝向固体表面或污垢的方式吸附，结果在机械力作用下污垢开始从固体表面脱落；图5-30(c) 是洗涤剂分子在干净固体表面和污垢粒子表面上形成吸附层或增溶，使污垢脱离固体表面而悬浮在水相中，很容易被水冲走，达到洗涤目的。

单独使用洗涤剂中的有效成分（如 $C_{12}$～$C_{14}$ 烷基苯磺酸钠）其去污效果并不一定最好，添加某些助剂后可进一步提高去污力。助剂有无机助剂和有机助剂两种。无机助剂有 $Na_2CO_3$、三聚磷酸钠、焦磷酸钠、硅酸钠以及 $Na_2SO_4$ 等；有机助剂有羧甲基纤维素或甲基纤维素，它们常称为污垢悬浮剂，对洗下的污垢起到分散作用。

无机助剂还能降低CMC，可使表面活性剂在较低浓度下发挥去污效能。助剂在碱性条件下也能增进表面活性剂的去污效果。三聚磷酸钠等是最好的和应用最广的助剂，它与水中 $Ca^{2+}$ 和 $Mg^{2+}$ 形成不被织物吸附的可溶性螯合物，有助于避免形成浮渣和防止污垢再沉积。由于含磷洗衣粉对江河水的富营养化的缺点，因而已逐渐被无磷助剂所替代。

洗涤的基本原理如上所述。目前我国洗涤剂品种繁多，选用时应结合实际情况多方面慎重考虑，方能获得良好的去污、洗涤效果。

## 二、润湿的应用

### 1. 泡沫浮选

许多重要的金属（如Mo、Cu等）在矿脉中的含量很低，冶炼前必须设法提高其品位。

为此，采用“泡沫浮选”方法。浮选过程大致如下。先将原矿磨成粉（0.01～0.1mm），再倾入盛有水的大桶中，由于矿粉通常被水润湿，故沉于桶底。若加入一些促集剂（如黄原酸盐 ROCSSNa 之类的表面活性剂），因其易被硫化矿物（Mo、Cu 等在矿脉中常为硫化物）吸附，致使矿物表面成为亲油性的（即 $\theta$ 增加），鼓入空气后，矿粉则附在气泡上并和气泡一起浮出水面并被捕收，而不含硫化物的矿渣则仍留桶底。据此，可将有用的矿物与无用的矿渣分开。若矿粉中含有多种金属，则可用不同的促集剂和其他助剂使各种矿物分别浮起而被捕收。

促集剂的作用是改变矿粉的表面性质，其极性基团吸附在矿物表面上，而非极性基团朝向水中，由于矿粉表面由亲水变为亲油，当不断加入促集剂时，固体表面上即生成一个亲油性很强的薄膜。不过，促集剂不宜加量过多，一般以达饱和吸附即可，如加得过多，有可能使原来已是亲油的表面反而转变为亲水性的。总之，泡沫浮选过程比较复杂，虽然有些机理尚不清楚，但它是一个对国民经济有重要意义的课题。

#### 2. 采油

原油贮于地下砂岩的毛细孔中，油与砂岩的接触角通常都大于水与砂岩的接触角，因此，在生产油井附近钻一些注水井，注入含有润湿剂的“活性水”以进一步增加水对砂岩的润湿性，从而提高注水的驱油效率，增加原油产量。尤其是低渗油藏开采，其中润湿性改变是很重要的一种提高采收率方法。

#### 3. 农药

在喷洒农药消灭虫害时，要求农药对植物枝叶表面有良好的润湿性，以便液滴在枝叶的表面上易于铺展，待水分蒸发后，枝叶的表面上即留有薄薄一层农药。若润湿性不好，枝叶表面上的农药会聚成滴状，风一吹就滚落下来，或水分蒸发后枝叶表面上留下若干断续的药剂斑点，影响杀虫效果。为解决这个问题，均在农药中加入少量润湿剂，以增强农药对树叶的润湿性。

其他如油漆中颜料的分散稳定性问题、机器用润滑油、彩色胶片中感光剂的涂布等都要用到与润湿作用有关的问题。

### 三、渗透的应用

渗透广泛应用于印染和纺织工业中。

染料溶液或染料分散液中须使用渗透剂，以使染料均匀地渗透到织物中。

纺织品在树脂整理液中处理时浸渍时间很短，很难被树脂液渗透，会造成整理渗透不匀和外部树脂偏多的现象，降低了整理效果。为改善此种情况，采用渗透剂 Triton X-100 最为合适，它是一种聚氧乙烯型非离子型的表面活性剂。

近年来，由于漂白工艺连续化，漂白速度加快，次氯酸漂白液不易均匀渗透被漂织物，达不到预期的漂白效果，因此，渗透剂的好坏直接影响织物的白度。漂白时多使用非离子型表面活性剂，因为它泡沫少，且不受大量盐的影响。

棉布的丝光过程要用 20%～30% 苛性钠溶液进行短时间浸渍，要求碱液对棉布迅速而均匀地渗透。目前常用 $\alpha$-乙基己烯磺酸钠，并与助剂乙二醇单丁醚复合使用。

在纺织工业中，常用纱带沉降法测定渗透力。此法系用 5g 未经煮练的纱带，系上砝码后，浸入表面活性剂溶液，记录纱带逐步被溶液润湿而沉降的时间，此时间可以表示渗透力的大小，沉降时间越短，渗透力越强。

### 四、分散和絮凝

固体粉末均匀地分散在某一种液体中的现象，称为分散。粉碎好的固体粉末混入液体后往往会聚结而下沉，而加入某些表面活性剂后便能使颗粒稳定地悬浮在溶液之中，这种作用称为表面活性剂的分散作用。例如，洗涤剂能使油污分散在水中；表面活性剂能使颜料分散在油中而成为油漆，使黏土分散在水中成为泥浆等。

另一方面，生产中经常需要使悬浮在液体中的颗粒相互凝聚，用表面活性剂也能达到这一目的，这就叫表面活性剂的絮凝作用。例如，可用絮凝作用来解决工业污水的净化问题。

表面活性剂产生分散作用的原因有以下几个方面。

(1) 降低表面张力　表面活性剂吸附于固-液界面上，降低了界面自由能，也就是减弱了自发凝聚的热力学过程［图 5-31(a)］。

(2) 位垒　低分子表面活性剂吸附在固-液界面上时形成一层结实的溶剂化膜，阻碍颗粒互相接近［图 5-31(b)］。对聚乙二醇醚类表面活性剂来说，吸附在固体表面上的聚氧乙烯长链延伸入水相，限制颗粒运动的位能也阻挡了颗粒的聚结。由于热运动，分散的颗粒始终处于相互碰撞的状态，因此表面活性剂的表面薄膜必须具有足够的黏附性以免发生解吸作用，并且必须有足够的浓度以产生能量垒，防止由碰撞动能引起的颗粒聚结。

(3) 电垒　离子型表面活性剂吸附在固体颗粒表面上后，由于离子化的亲水基朝向水相［图 5-31(c)］，使所有的颗粒获得同性电荷，它们互相排斥，因此，颗粒在水中保持悬浮状态。

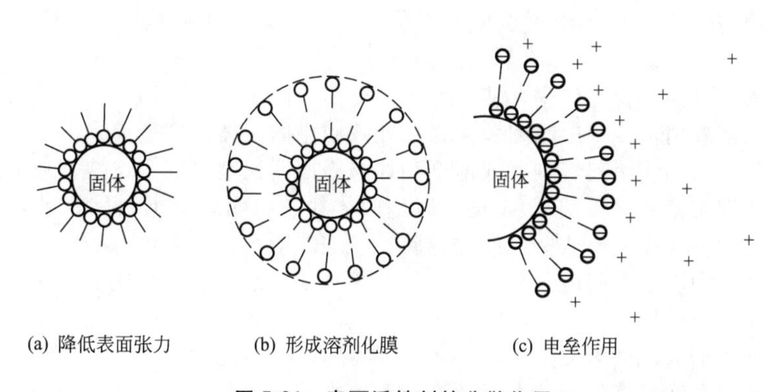


**图 5-31　表面活性剂的分散作用**

具有单个直链亲油基和一个末端亲水基的表面活性剂，可使非极性物质颗粒（如炭黑等）很容易在水中分散，此时，亲水基朝向水相。极性颗粒或离子型的颗粒较难分散，因为吸附后的亲油基朝向水相，颗粒是和表面活性剂分子的亲水基相互作用而导致吸附的，这样的吸附会使颗粒迅速地聚结。因此，用作极性或离子型固体分散剂的表面活性剂，其亲油基应由各种极性的芳香族环或醚链取代非极性的烷基链，极性基就可以在固体颗粒的极性场或离子场上发生作用，使朝着水相的亲水基的表面活性剂发生吸附。此外，若表面活性剂含有置于分子的几个不同方位上的两个或两个以上的极性基，而不是只含有单个离子或极性基，这样的复合基团除了能提高电垒或位垒的高度外，还可以在有的基团朝着固体颗粒的情况下，使有的基团朝着水相。

絮凝作用同分散作用相反。例如，黏土颗粒表面荷负电，故极性水分子能在黏土周围形成水化膜，若于其中加入阳离子型表面活性剂（如季铵盐类），则与黏土结合后能中和黏土表面上的负电荷，并使黏土表面具有亲油性，从而增大了与水的界面张力，故黏土颗粒易于絮凝。另外，还有一类高分子表面活性剂具有吸附基团（如聚丙烯酰胺类），它能与许多颗粒一起产生架桥吸附而使颗粒絮凝。

综上所述，一个表面活性剂是起分散作用还是絮凝作用，与固体表面性质、介质性质以及表面活性剂性质有关。例如，上述季铵盐是黏土在水中的絮凝剂，但若加入季铵盐的量大到黏土离子交换容量的 2 倍以上时，则又可使黏土颗粒发生再分散。又如低分子量的聚丙烯酸可作黏土在水中的分散剂，而高分子量的聚丙烯酸则为黏土在水中的絮凝剂。

## 五、起泡和消泡

泡沫是气体分散在液体中所形成的体系。通常，气体在液体中能分散得很细，但由于表面能的原因，又由于气体的密度总是低于液体，因此进入液体的气体要自动地逸出，所以泡沫也是一个热力学不稳定体系。借助于表面活性剂（起泡剂）使之形成较稳定的泡沫，这种作用称为起泡。目前对于起泡的作用机理尚不能解释得很清楚，大体说来，有以下 4 个方面。

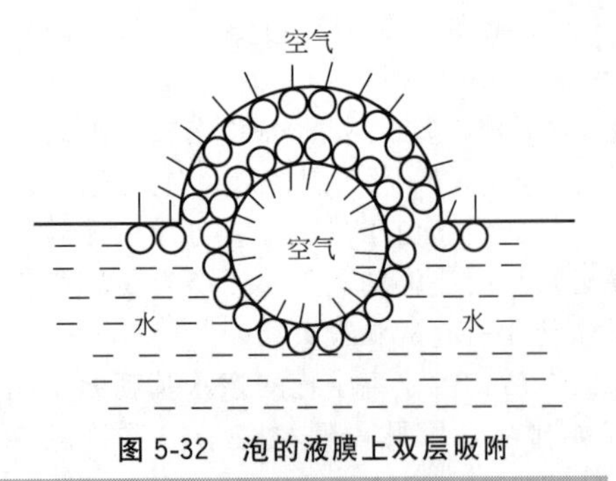

图 5-32 泡的液膜上双层吸附

① 表面活性剂能降低气-液界面张力，使泡沫体系相对稳定。

② 在包围气体的液膜上形成双层吸附，亲水基在液膜内形成水化层，液相黏度增高，使液膜稳定（图 5-32）。

③ 表面活性剂的亲油基相互吸引、拉紧，而使吸附层的强度提高。

④ 离子型表面活性剂因电离而使泡沫荷电，它们之间的相互斥力阻碍了它们的接近和聚集。

这些因素对气泡起稳定作用，使气泡不易变薄而破裂。这些因素中，最重要的是由于表面活性剂的相互吸引，使双层吸附膜的强度和液膜中的液体黏度增大。

起泡性能好的物质叫起泡剂。起泡剂往往是表面活性剂（如十二烷基羧酸酸钠、十四烷基硫酸钠、十四烷基苯磺酸钠等），也可以是固体粉末和明胶等蛋白质，后者的表面活性不大，但能在气泡的界面上形成坚固的保护膜，使泡沫稳定。

在泡沫体系中除了有起泡剂外，还必须有某种稳泡剂，它使生成的泡沫更加稳定。稳泡剂不一定都是表面活性剂，它们的作用主要是提高液体黏度，增强泡沫的厚度与强度。泡沫钻井泥浆中所加的起泡剂为 $C_{12}$～$C_{14}$ 烷基苯磺酸钠或烷基硫酸盐，稳泡剂是 $C_{12}$～$C_{16}$ 的脂肪醇以及聚丙烯酰胺等高聚物。在日用洗发香波中普遍加脂肪醇酰胺类稳泡剂。在实际工作中起泡剂常与稳泡剂复配使用。

在许多过程中，由于产生泡沫给工作增添了不少麻烦。在这种情况下，须加消泡剂。消泡剂实际上是一些表面张力低、溶解度较小的物质，如 $C_5$～$C_6$ 的醇类或醚类、磷酸三丁酯、有机硅等。消泡剂的表面张力低于气泡液膜的表面张力，容易在气泡液膜表面顶走原来的起泡剂，而其本身由于链短又不能形成坚固的吸附膜，故产生裂口，泡内气体外泄，导致泡沫破裂，起到消泡作用。

## 六、强化采油中的应用

强化采油（enhanced oil recovery，简称 EOR）或三次采油提高原油采收率的化学驱油技术都要用到表面活性剂。以表面活性剂体系作为驱油剂的一种提高原油采收率的方法称表面活性剂驱。驱油用的表面活性剂体系有稀表面活性剂体系和浓表面活性剂体系。前者包括活性水和胶束溶液；后者包括水外相微乳和中相微乳（总称为微乳）。因此，表面活性剂驱又可分为活性水驱、胶束溶液驱和微乳驱。

通过降低油水界面张力到超低程度（小于 $10^{-2}$mN·m$^{-1}$）使残余油流动的方法，叫做低界面张力采油法。又可分为水外相胶束驱、油外相胶束驱及中相微乳液驱方法，它是通过混溶、增溶油和水形成中相微乳液，它与油、水都形成超低张力，而使残余油流动。表面活性剂溶液以段塞形式注入，为保护此段塞的完整性，后继以聚合物段塞，因此统称为胶束/聚合物驱。从技术上讲，表面活性剂驱最适合三次采油，是注水开发的合理继续，基本上不受含水率的限制，可获得很高的水驱残余油采收率。但由于表面活性剂的价格昂贵、投资高、风险大，因而其使用范围受到很大限制。从技术角度来看，目前，只是温度和含盐度还有一定的限制，其他限制都属于经济问题。随着技术的提高、成本的降低，其使用范围会大大展宽。

### （一）活性水驱

以活性水作为驱油剂的驱油法叫做活性水驱。它是最简单的一种表面活性剂驱。活性水驱是表面活性剂浓度小于临界胶束浓度的表面活性剂驱。活性水驱中常用的活性剂为非离子表面活性剂或耐盐性较好的磺酸盐型和硫酸酯盐型负离子表面活性剂。活性水不断富集残余油而形成油墙，油墙在推进驱替过程中不断扩大，进一步驱替残余油，从而提高洗油效率而提高采收率，见图 5-33。

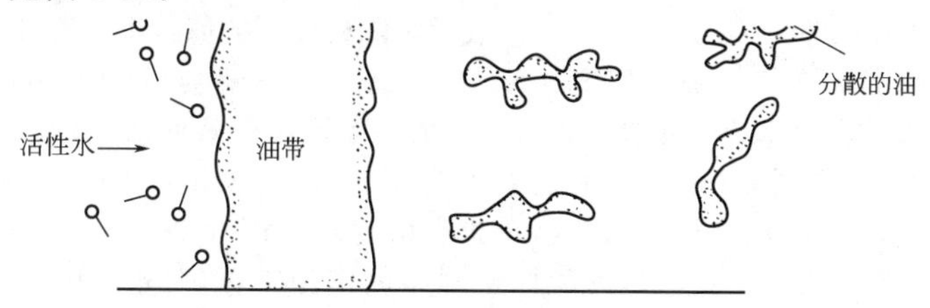


图 5-33　油带在向前移动中不断扩大

### （二）胶束溶液驱

以胶束溶液作为驱油剂的驱油法叫胶束溶液驱。它是介于活性水驱和后面就要讲到的微乳驱之间的一种表面活性剂驱。

与活性水相比，胶束溶液有两个特点：一个是表面活性剂浓度超过临界胶束浓度，因此溶液中有胶束存在；另一个是胶束溶液中除表面活性剂外，还有醇和（或）盐等助剂的加入。胶束溶液驱油有活性水驱的全部作用机理。不同的是，胶束溶液还增加了一个由于胶束存在而产生的增溶机理。因胶束可增溶油，提高了胶束溶液的洗油效率。

### （三）微乳驱

微乳属浓表面活性剂体系，它有两种基本类型和一种过渡类型。前者为水外相微乳和油外相微乳，后者为中相微乳。关于微乳液可以参见本书第六章。

微乳驱是以微乳液作驱油剂的驱油法。即表面活性剂含量大于 2%、水含量大于 10%的表面活性剂驱。

微乳驱的驱油机理比较复杂，与活性水驱有所不同，因为被驱替的水和油进入微乳液中使微乳状液产生了相应的相态变化。例如，若驱油剂为水外相微乳，当微乳与油层接触时，其外相的水与水混溶，而其胶束可增溶油，即也可与油混溶。因此水外相微乳与油层刚接触时是混相驱油，微乳与水和油都没有界面，没有界面张力的存在，所以其波及系数很高；与油完全混溶，所以洗油效率也很高。当油在微乳的胶束中增溶达到饱和时，微乳液与被驱替液间产生界面，转变为非混相微乳驱，此时驱油机理与活性水相同，但因其活性剂浓度仍较高，所以驱油效果好于活性水驱。当进入胶束中的被驱替油进一步增加时，原来的胶束转化为油珠，水外相的微乳状液转变为水包油型乳状液。其驱油机理同泡沫驱。

此外，为提高驱油效果也将化学剂组合起来形成二元复合驱、三元复合驱。

## 第七节　表面活性剂与环境

随着世界经济以及科学技术的迅猛发展，表面活性剂的应用领域正从日用化学工业发展到了环境、石油、纺织、食品、农业以及新型材料等方面，近年来在环境保护中的应用有较大的突破，而且其应用范围还在不断地开拓。表面活性剂对环境有两项至关重要的指标，即毒性和生物降解性。

## 一、表面活性剂的毒性

表面活性剂开发半个多世纪以来，作为洗涤剂大量使用的当初就发现其对皮肤产生明显的刺激作用，后来逐步认识到在接触过程中对人体安全性的潜在危险以及随着废水排入河流中对环境生态系统的影响。

表面活性剂的毒性或安全性常以试验动物口喂的半数致死剂量（$LD_{50}$，$g\cdot kg^{-1}$）表示，$LD_{50}$在$1g\cdot kg^{-1}$以上一般认为急性毒性较低。而废水或污水中残留表面活性剂对水生生物的危害则用半数致死浓度（$LC_{50}$，$mg\cdot L^{-1}$）表示影响程度，数值越小，毒性越大。鱼类能安全生存的活性剂浓度应在$0.5mg\cdot L^{-1}$以下，$1\sim5mg\cdot L^{-1}$就会对敏感的鱼类致病。水体中$1mg\cdot L^{-1}$的浓度就会对水蚤引起慢性中毒。与大多数阴离子表面活性剂和非离子表面活性剂相比，阳离子表面活性剂毒性更大，它们对鱼类的$LC_{50}$ 48～96h 为$0.6\sim2.6mg\cdot L^{-1}$，对水蚤的$LC_{50}$ 48h 为$0.16\sim1.06mg\cdot L^{-1}$，5 天的抑藻浓度为$0.1\sim1.0mg\cdot L^{-1}$。

另外，还应考虑它在生物体内的积聚，例如鱼在含有$0.02mg\cdot L^{-1}$的阳离子表面活性剂二硬脂酰二甲基氯化铵柔软剂残液中生存 49 天后，在其食用部分中富集的浓度增至 4 倍多，而在非食用部分中却积聚到 260 倍，为食用部分的 52 倍，那是相当惊人的。可见，表面活性剂对水生生物的影响是值得关注的。

## 二、表面活性剂的生物降解性

残留在处理液中的表面活性剂随着废水排出，应该说大部分在污水处理场经受分解，但如果未经处理而直接排入河道，则表面活性剂的生物降解性就显得特别重要。表面活性剂的生物降解性，在开始使用合成洗涤剂时，为解决烷基苯磺酸钠（ABS）产生大量泡沫的问题而已经引起人们的注意。经过对表面活性剂分子结构与生物降解性关系及分解机理的研究，后来采用易生物分解的直链烷基苯磺酸钠（LAS）代替高度支链的 ABS，泡沫问题迎刃而解。

关于生物降解性的评价，已经提出的主要有两种方法，一种是用甲基蓝活性物质（MBAS）作为指标的初级（一级）评价法，和以 TOC（总有机碳）、BOD/TOD（生化需氧量/总需氧量）作为指标的最终评价法。

基于环保、安全和节能的考虑，表面活性剂绿色化学的研究得到越来越多的重视。与表面活性剂的绿色化学有关的研究主要包括以下内容。

（1）表面活性剂生产原料的绿色化　主要指运用可再生资源生产表面活性剂，以利于可持续发展。

（2）表面活性剂生产过程的绿色化　主要指改进表面活性剂的合成路线和工艺条件，提高反应转化率，避免或降低表面活性剂中的有害成分，实现生产过程中无“三废”（废气、废液、废渣）排放。

（3）表面活性剂产品的环境友好化　主要指表面活性剂的生物降解。

（4）表面活性剂的安全性　主要指表面活性剂的毒性。

（5）表面活性剂的温和性　主要指对皮肤和黏膜的刺激性。

（6）表面活性剂的回收和再利用。

# 第八节　三种新型表面活性剂

近一二十年来，特别是 20 世纪 90 年代以来，一些具有特殊结构的新型表面活性剂被相继开发。它们有的是在普通表面活性剂的基础上进行结构修饰（如引入一些特殊基团），有的是对一些本来不具有表面活性的物质进行结构修饰，有些是从天然产物中发现的具有两亲性结构的物质，更有一些是合成的具有全新结构的表面活性剂。这些表面活性剂不仅为表面活性剂结构与性能关系的研究提供了合适的对象，而且具有传统表面活性剂所不具备的新性质，特别是具有针对某些特殊需要的功能。本节介绍几种具有新型结构和特殊功能的表面活性剂。

## 一、Gemini 型表面活性剂

Gemini 型表面活性剂是一类带有两个疏水链、两个亲水基团和一个桥联基团的化合物，也称为“孪生表面活性剂”、“双生表面活性剂”、“双子表面活性剂”等[1][2]。其典型化合物具有如图 5-34 所示的结构。

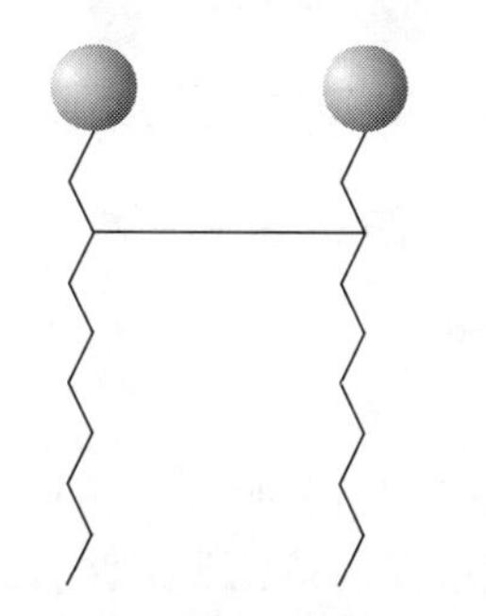

图 5-34 Gemini 型表面活性剂分子示意图

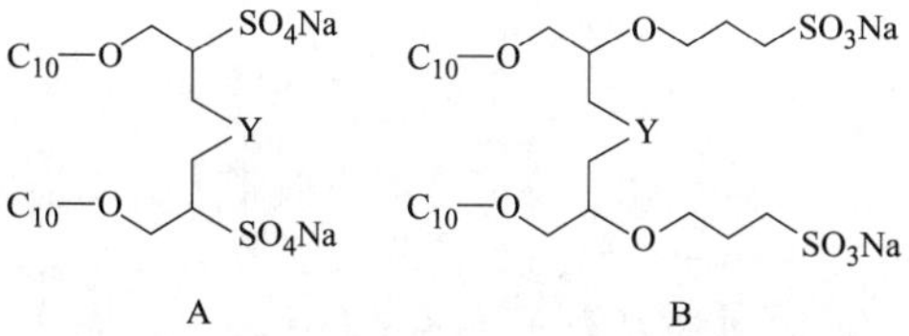

图 5-35 Gemini 型表面活性剂 A、B 结构

与相应的单链表面活性剂相比，Gemini 型表面活性剂具有极高的表面活性。不同种类 Gemini 型表面活性剂的性质差别较大，下面以具有图 5-35 所示结构的 Gemini 型表面活性剂为例阐述其物理化学性质。表 5-13 列出一些典型 Gemini 型表面活性剂的 CMC、$c_{20}$（表面张力达 20mN·m$^{-1}$时的浓度）及 $\gamma_{CMC}$。为便于比较，表中同时列出了普通表面活性剂 $C_{12}H_{25}SO_4Na$ 和 $C_{12}H_{25}SO_3Na$ 的表面活性数据。

表 5-13 Gemini 型表面活性剂的表面性质

| 类型 | Y | CMC/mmol·L$^{-1}$ | $\gamma_{CMC}$/mN·m$^{-1}$ | $c_{20}$/mmol·L$^{-1}$ |
|---|---|---|---|---|
| A | —$OCH_2CH_2O$— | 0.013 | 27.0 | 0.0010 |
| B | —O— | 0.033 | 28.0 | 0.008 |
| B | —$OCH_2CH_2O$— | 0.032 | 30.0 | 0.0065 |
| B | —$O(CH_2CH_2O)_2$— | 0.060 | 36.0 | 0.0010 |
| $C_{12}H_{25}SO_4Na$ | | 8.1 | 39.5 | 3.1 |
| $C_{12}H_{25}SO_3Na$ | | 9.8 | 39.0 | 4.4 |

注：A、B、Y 含义同图 5-35。

Gemini 型表面活性剂的联结基用化学键将两个离子头基连接起来，减少了具有相同电性的离子头基的静电斥力以及头基水化层的障碍，促进了表面活性剂离子的紧密排列。因此，与传统的表面活性剂相比，Gemini 型表面活性剂具有很好的表面活性，表 5-13 中的 Gemini 型表面活性剂的 $c_{20}$ 值比普通表面活性剂降低 2～3 个数量级；CMC 值比普通表面活性剂降低 1～2 个数量级。

此外，具有上述结构的 Gemini 型表面活性剂的 Krafft 点都很低，一般在 0℃以下。

---

❶ 赵剑曦. 化学进展，1999，(11)：348.

❷ 赵忠奎，乔卫红，李宗石. 化学通报，2002，(8)：W057.

## 二、Bola 型表面活性剂

Bola 是南美土著人的一种武器的名称，其最简单的形式是一根绳的两端各连接一个球。Bola 型两亲化合物是一个疏水部分连接两个亲水部分构成的两亲化合物。作为 Bola 化合物的极性基既有离子型（阳离子或者阴离子），也有非离子型。作为 Bola 化合物的疏水基既有直链饱和碳氢基团或碳氟基团，也可以是不饱和的、带分支的或带有芳香环的基团。Bola 化合物的分类方法有多种。根据连接两个亲水基团的疏水链情况来划分，有双链型、单链型及半环型 Bola 化合物；根据疏水链两端离子基团的结构、大小、组成等的同异，可将 Bola 化合物分为对称型和非对称型两大类，如图 5-36 所示。

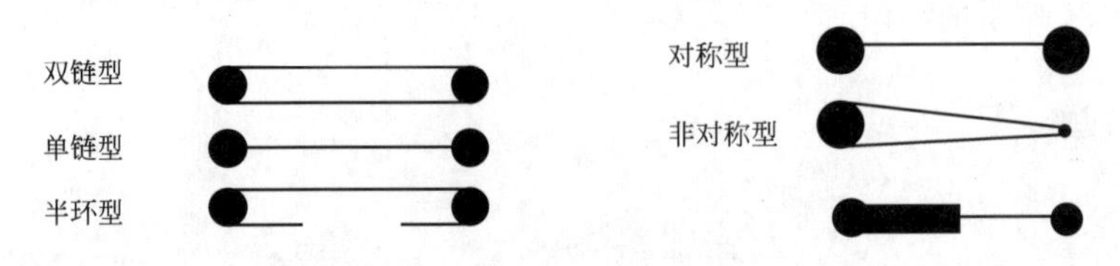


图 5-36 Bola 型表面活性剂分子示意图

Bola 化合物溶液的表面张力有以下两个特点。

第一个特点是，降低水表面张力的能力不是很强。例如，十二烷基二硫酸钠水溶液的最低表面张力为 47～48mN·$m^{-1}$，而十二烷基硫酸钠水溶液的最低表面张力是 39.5mN·$m^{-1}$。这可能是因为 Bola 化合物具有两个亲水基，表面吸附分子在溶液表面将采取倒 U 形构象，即两个亲水基团伸入水中，弯曲的疏水链伸向气相。于是，构成溶液表面吸附层的最外层是亚甲基；而亚甲基降低水的表面张力的能力弱于甲基，所以，Bola 化合物降低水表面张力的能力较差。

第二个特点是，Bola 化合物的表面张力-浓度曲线往往出现两个转折点。如二硫酸盐的表面张力-浓度对数图和微分电导-浓度图上都有两个转折点，被称为第一 CMC 和第二 CMC。实验表明，二硫酸盐在第一 CMC 和第二 CMC 之间只形成聚集数很小的“预胶束”，几乎没有加溶能力。第二 CMC 以上，溶液中形成非常松散的、强烈水化的胶束，加溶量增大，但仍小于十二烷基硫酸钠胶束的加溶量。上述结果表明，Bola 两亲化合物的离子性基团在聚集时保持了大部分的结合水，故聚集体十分松散。相比而言，通常所称的胶束均具有水不能渗入的疏水核。

与疏水基碳原子数相同、亲水基也相同的一般表面活性剂相比，Bola 型表面活性剂的 CMC 较高，Krafft 点较低，常温下具有较好的溶解性。不过，如与按亲水基与疏水基碳原子数之比值来看，在比值相同时，Bola 型表面活性剂的水溶性仍较差。从其结构来看，更易于形成囊泡、双层脂膜等。

## 三、树枝状高分子表面活性剂

树枝状高分子（Dendrimer）是 1985 年由美国 Dow 化学公司的 Tomilia 博士和 South Florida 大学的 Newkome 教授几乎同时独立开发的一类三维、高度有序并且可以从分子水平上控制、设计分子的大小、形状、结构和功能基团的新型高分子化合物，它们高度支化的结构和独特的单分散性使这类化合物具有特殊的性质和功能（见图 5-37 和图 5-38）。

树枝状高分子表面活性剂的端基多为亲水基，从核心向外支化的链节多为亲油基，它们被端基包围在分子内部，形成一个亲油“洞穴”，虽然结构特殊，但它们具有较高的表面活性，同时具有胶束的性质。

树枝状高分子随着支化代数的增加，分子结构逐渐接近于球形。虽然与传统的表面活性剂的分子结构不同，但由于分子中也含有亲油基和亲水基，故它们具有相近的性质。与传统

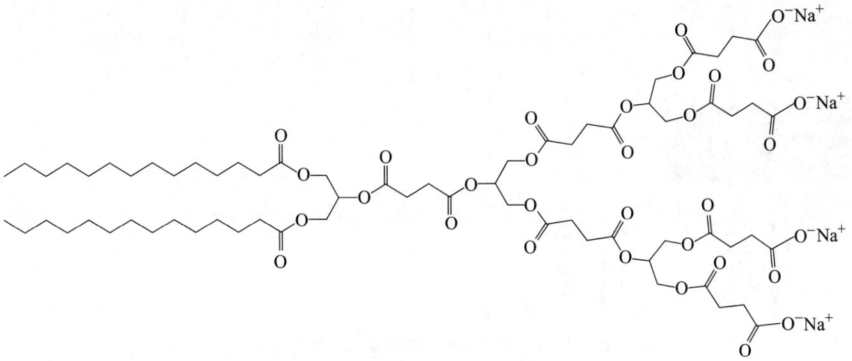

图 5-37　一种树枝状高分子表面活性剂

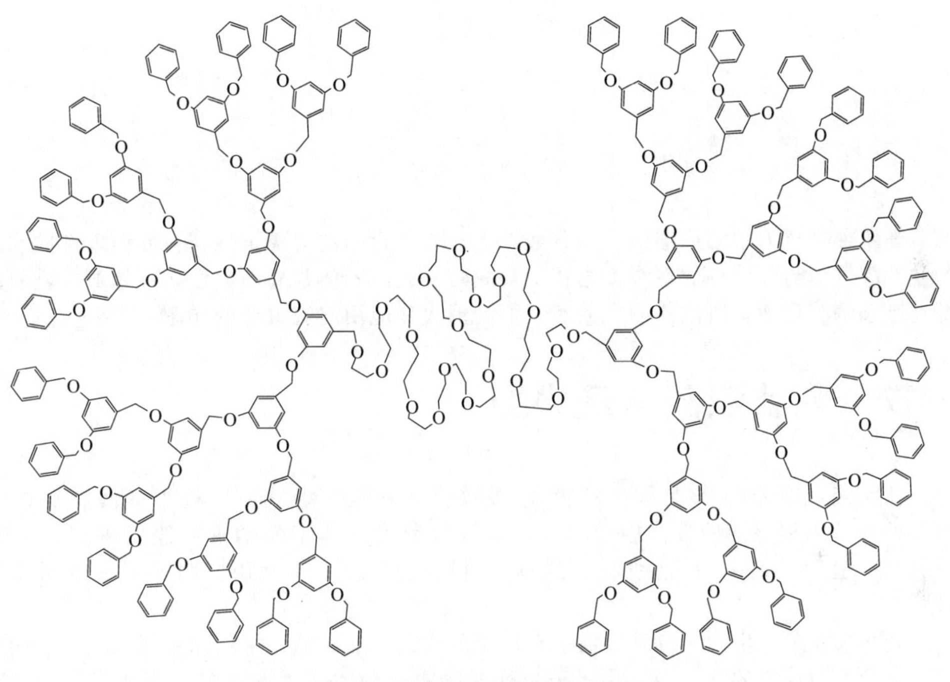

图 5-38　多支化代的树枝状高分子❶

高分子相比，树枝状高分子具有结构明确、非结晶性、黏度低、溶解性能好、末端可导入大量的反应性或功能性基团等特点，所以作为新型表面活性剂将具有广阔的应用前景。

❶ 王莉莉；赵辉；谌东中线形—树状体杂化嵌段共聚物的分子设计、超分子组装及应用，高分子通报，2007，1：24.

# 第六章

# 乳 状 液

乳状液是热力学不稳定的多相分散系统，有一定的动力稳定性，在界面电性质和聚结不稳定性等方面与胶体分散系统极为相似，故将它纳入胶体与界面化学研究领域。乳状液同样存在巨大的相界面，所以界面现象对它们的形成和应用起着重要的作用。

## 第一节 乳状液概念及类型

乳状液（emulsion）是一种多相分散系统[1]，它是一种液体以极小的液滴形式分散在另一种与其不相混溶的液体中所构成的，其分散度比典型的憎液溶胶低得多，分散相粒子直径一般在0.1～50μm之间，有的属于粗分散体系，甚至用肉眼即可观察到其中的分散相粒子。

乳状液在工业生产和日常生活中有广泛的用途。油田钻井用的油基泥浆是一种用有机黏土、水和原油构成的乳状液。为了节省药量和提高药效，常将许多农药制成浓乳状液或乳油，使用时掺水稀释成乳状液。雪花膏以及面霜等也是浓乳状液。油脂在人体内的输送和消化也与形成乳状液有关。

凡由水和“油”（广义的油）混合生成乳状液的过程，称为乳化（emulsification）。但有时也需要破乳（demulsion），即将乳状液破坏，使油、水分离。如牛奶脱脂制奶油、原油输送和加工前除去原油中乳化的水、在某些药物的提取过程中要设法防止因乳化所造成的分离效率降低等均需破乳。

在乳状液中，一切不溶于水的有机液体（如苯、四氯化碳、原油等）统称为“油”。乳状液可分为三大类。

（1）油/水型（O/W）即水包油型　分散相也叫内相（inner phase）为油；分散介质也叫外相（outer phase）为水。

（2）水/油型（W/O）即油包水型　内相为水，外相为油。

（3）多重乳状液（即W/O/W或O/W/O等）　有其特殊用途，如液膜分离技术等（见

---

[1] Becher P. Emulsions：Theory and Practice. 2nd ed. New York：Reinhold，1965（本书有中文译本，第一版由傅鹰院士译，第二版由北京大学化学系胶体化学教研室译，先后于1965年和1978年由科学出版社出版）。

本章第九节)。

以上几种乳状液，可用图 6-1 示明。

当液体分散成许多小液滴后，体系内两液相间的界面积增大，界面自由能增高，体系成为热力学不稳定的，有自发地趋于自由能降低的倾向，即小液滴互碰后聚结成大液滴，直至变为两层液体。为得到稳定的乳状液，必须设法降低分散体系的界面自由能，不让液滴互碰后聚结。为此，主要的是要加入一些表面活性剂，通常也称为乳化剂。此外，某些固体粉末和天然物质也可使乳状液稳定，起到乳化剂的作用。

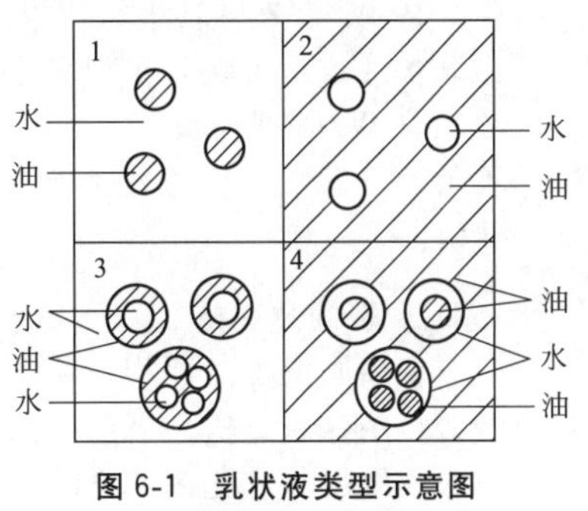


**图 6-1 乳状液类型示意图**

1—油/水型；2—水/油型；
3—水/油/水型；4—油/水/油型

# 第二节 乳状液的制备和物理性质

## 一、乳状液的制备

在工业生产和科学研究中，必须用一定的方式来制备乳状液，因为不同的混合方式或分散手段常直接影响乳状液的稳定性甚至类型。

### (一) 混合方式

#### 1. 机械搅拌

用较高速度（4000～8000r·$min^{-1}$）螺旋桨搅拌器制备乳状液是实验室和工业生产中经常使用的一种方式。胶片生产中油溶性成色剂的分散采用的就是这种方式。此法的优点是设备简单、操作方便，缺点是分散度低、不均匀，且易混入空气。

#### 2. 胶体磨

将待分散的系统由进料斗加入到胶体磨中，在磨盘间切力的作用下使待分散物料分散为极细的液滴，乳状液由出料口放出。上下磨盘间的隙缝可以调节，国内的胶体磨可以制取 10μm 左右的液滴。

#### 3. 超声波乳化器

用超声波乳化器制备乳状液是实验室中常用的乳化方式，它是靠压电晶体或磁致伸缩方法产生的超声波破碎待分散的液体。大规模制备乳状液的方法则是用哨子形喷头，将待分散液体从一小孔中喷出，射在一极薄的刀刃上，刀刃发生共振，其振幅和频率由刀的大小、厚薄以及其他物理因素来控制。

#### 4. 均化器

均化器（homogenizer）实际是机械加超声波的复合装置。将待分散的液体加压，使之从一可调节的狭缝中喷出，在喷出过程中超声波也在起作用。均化器设备简单，操作方便，其核心是一台泵，可加压到 60MPa，一般在 20～40MPa 下操作。均化器的优点是分散度高，均匀，空气不易混入。国产均化器已在轻工、农药等行业中普遍使用。目前高剪切混合乳化机，集乳化、均化、粉碎于一体，可使液滴的细度高达 0.5μm 左右，所制备的乳液在长达 2 年的时间内不分层。

### (二) 乳化剂的加入方式

#### 1. 转相乳化法

将乳化剂先溶于油中，在剧烈搅拌下慢慢加水，加入的水开始以细小的液滴分散在油中，是 W/O 型乳状液。再继续加水，随着水量的增多，乳状液变稠，最后转相变成 O/W 型乳状液。也可将乳化剂直接溶于水中，在剧烈搅拌下将油加入，可得 O/W 型乳状液。如欲制取 W/O 型乳状液，则可继续加油，直至发生变型。用这种方法制得的乳状液液滴大小不匀，且偏大，但方法简单。若用胶体磨或均化器处理一次，可得均匀而又较稳定的乳状液。

#### 2. 瞬间成皂法

将脂肪酸加入油相，碱加入水相，两相混合，在界面上即可瞬间生成作为乳化剂的脂肪酸盐。用这种方法只需要稍微搅拌（甚至不搅拌）即可制得液滴小而稳定的乳状液。但此法只限于用皂作乳化剂的系统。

#### 3. 自然乳化法

将乳化剂加入油中，制成乳油溶液，使用时，把乳油直接倒入水中并稍加搅拌，就形成 O/W 型乳状液。一些易水解的农药都用此法制得 O/W 型乳状液而用于大田喷洒。医药上常用的消毒剂“煤酚皂”（亦称来苏尔，是含肥皂的甲酚溶液）即用此法制成。

#### 4. 界面复合物生成法

在油相中溶入一种乳化剂，在水相中溶入另一种乳化剂。当水和油相混并剧烈搅拌时，两种乳化剂在界面上形成稳定的复合物，此法所得乳状液虽然十分稳定但使用上有一定局限性。

#### 5. 轮流加液法

将水和油轮流加入乳化剂中，每次少量加入，形成 O/W 型或 W/O 型乳状液。这是食品工业中常用的方法。

### （三）影响分散度的因素

#### 1. 分散方法

用不同的分散方法所制得的乳状液，其液滴大小不同（表 6-1）。

**表 6-1 分散方法与液滴大小**

| 分散方法 | 液滴大小/μm | | |
|---|---|---|---|
| | 1%乳化剂 | 5%乳化剂 | 10%乳化剂 |
| 螺旋桨 | 不乳化 | 3～8 | 2～5 |
| 胶体磨 | 6～9 | 4～7 | 3～5 |
| 均化器 | 1～3 | 1～3 | 1～3 |

#### 2. 分散时间

对同一系统和分散方法，随着分散时间的延长液滴变小，但小到一定程度后即不再随时间的延长而变化了（图 6-2）。这在生产中很有意义，可以在最短的时间内取得最佳效果，提高经济效益。

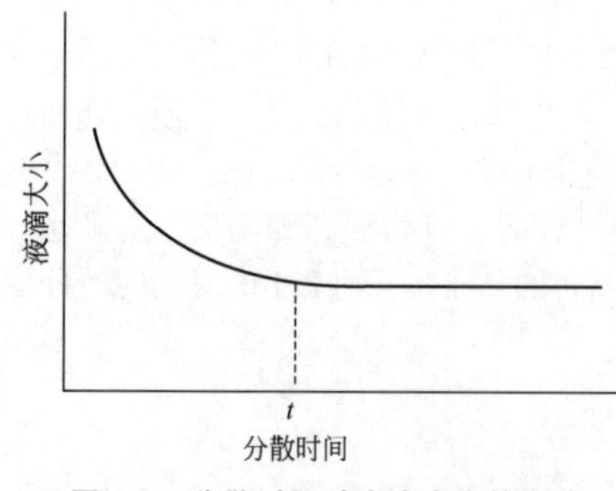

图 6-2 分散时间对液滴大小的影响

#### 3. 乳化剂浓度

用不同浓度的油酸钠制取甲苯-水乳状液时，甲苯液滴的大小与油酸钠的浓度有图 6-3 所示的关系。图 6-3 表明，在一定范围内增加乳化剂的浓度对分散有利，过此浓度并无益处。

除了上述制备乳状液的一般方法外，工业上还采用高速混合器，可以在有乳化剂情况下迅速获得稳定的乳状液，但其机理还不很清楚。实验室还常用手摇的方式制备乳状液，所得乳状液是多分散性的，即液滴大小很不均匀且较粗大，常在 50～100μm 范围内。有趣的是，在制备乳状液过程中，间歇振荡的效果远比连续振荡的好。图 6-4 表明，两次振荡之间相隔时间以 10s 为宜，振荡过于激烈或振荡时间过长，效果未必好。此结果可能是因为乳化剂吸附到新形成的液滴界面上需要时间。若体系在液滴稳定前受到扰动，将会使液滴相互碰撞而合并的机会增多。

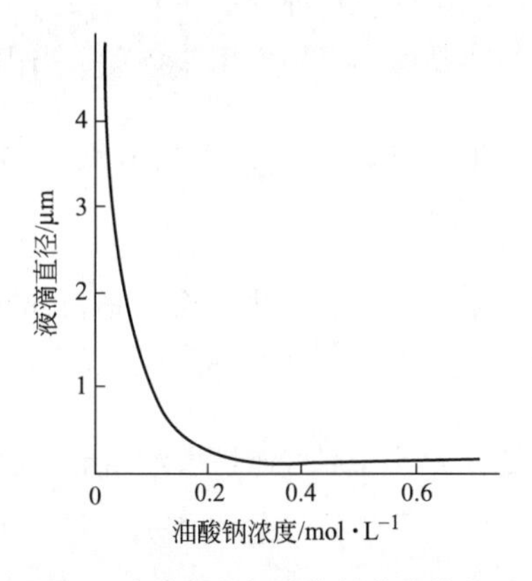


图 6-3 液滴大小与乳化剂浓度的关系

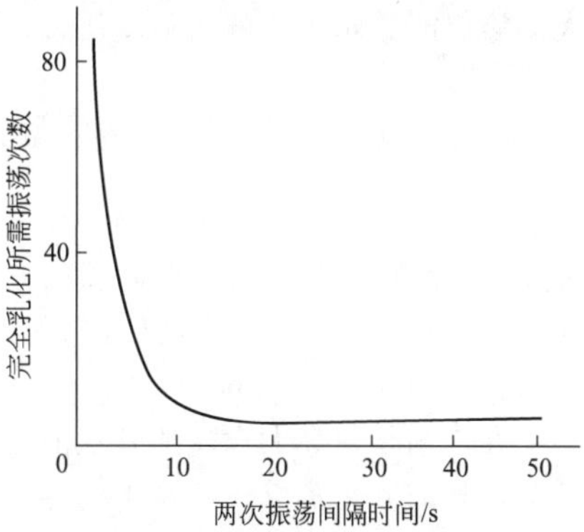

图 6-4 间断振荡的效率

另一方面，振荡时分散相和分散介质同时被分散，因此采用间歇振荡在间歇时分散介质有时间连接起来，变成连续相，故而比连续振荡效果好。

在乳状液的制备中，乳化剂的用量常在 1%以下，油与水的比例可以任意配合。在许多情况下，分散相液体的体积可以达到 90%甚至 99%以上而仍然具有良好的稳定性，此时被分散的液滴必然变形，它们已经不是圆球而是被分散介质薄膜隔开的不规则多面体。

## 二、乳状液的物理性质

乳状液的某些物理性质是判别乳状液类型、测定液滴大小、研究其稳定性的重要依据。

### （一）液滴的大小和外观

由于制备方法不同，乳状液中液滴的大小也不尽相同。不同大小的液滴对于入射光的吸收、散射也不同，从而表现出不同的外观（表 6-2）。由表 6-2 所列外观大致可判断乳状液中液滴的大小范围。

表 6-2 乳状液液滴的大小和外观

| 液滴大小/μm | 外 观 | 液滴大小/μm | 外 观 |
| --- | --- | --- | --- |
| ≥1 | 可以分辨出两相 | 0.05～1 | 灰色半透明 |
| >1 | 乳白色 | <0.05 | 透明 |
| 0.1～1 | 蓝白色 | | |

### （二）光学性质

一般来说，乳状液中分散相和分散介质的折光指数是不同的，当光线射到液滴上时，有可能发生反射、折射或散射等现象，也可能有光的吸收，这取决于分散相液滴的大小。当液滴直径远大于入射光波长时，发生光的反射；若液滴透明，可能发生折射；当液滴直径远小于入射光波长时，光线完全透过，此时乳状液外观是透明的；若液滴直径略小于入射光波长（即与波长是同一数量级），发生光的散射。可见光波长在 0.4～0.8μm，而一般乳状液液滴直径在 0.1～10μm，故光的反射现象比较显著。液滴较小时，也出现光散射，外观呈半透明蓝灰色，而面对入射光的方向观察时呈淡红色。

乳状液一般是不透明的，呈乳白色。但若分散相与分散介质的折光指数相同，也可得透明的乳状液。

### （三）黏度

从乳状液的组成可知，外相黏度、内相黏度、内相的体积浓度、乳化剂的性质、液滴的大小等都能影响乳状液的黏度。在这些因素中，外相的黏度起主导作用，特别是当内相浓度不很大时。

研究证明，O/W 型乳状液的黏度$\eta$和外相黏度$\eta_0$以及内相体积分数$\phi$间有如下的关系：

$$\eta=\eta_0\left[\frac{1}{1-(h\phi)^{1/3}}\right] \tag{6-1}$$

式中，$h$为校正系数，称为体积因子，大约在 1.3 左右。$h$一般随内相含量的增加而降低。式(6-1) 说明，$\eta$与$\eta_0$成正比，并且$\eta$随$\phi$变化剧烈。例如，当$\phi=0.1$时，$\eta/\eta_0=2(h=1.3)$；$\phi=0.5$时，$\eta/\eta_0=7.2$；$\phi=0.75$时，$\eta/\eta_0=120$。

乳化剂往往会大大增加乳状液的黏度，这主要是因为乳化剂可能进入油相形成凝胶，或是水相中的乳化剂胶束增溶了油等。

### （四）电导

乳状液的导电性能决定于外相，故 O/W 型乳状液的电导率远大于 W/O 型乳化液的，这可以作为鉴别乳状液类型及型变的依据。利用电导率可以测定含水量较低原油中的水量。

# 第三节　乳状液类型的鉴别和影响类型的因素

## 一、乳状液类型的鉴别

### （一）稀释法

将数滴乳状液滴入蒸馏水中，若在水中立即散开则为 O/W 型乳状液，否则为 W/O 型乳状液。

### （二）染色法

往乳状液中加数滴水溶性染料（如亚甲蓝溶液），若被染成均匀的蓝色，则为 O/W 型乳状液，如内相被染成蓝色（这可在显微镜下观察），则为 W/O 型乳化状液。

### （三）导电法

O/W 型乳状液的导电性好，W/O 型乳状液差。但使用离子型乳化剂时，即使是 W/O 型乳状液，或水相体积分数很大的 W/O 型乳状液，其导电性也颇为可观。

## 二、决定和影响乳状液类型的因素

影响乳状液类型的理论大多是定性的或半定量的看法。这些理论主要有以下 4 种。

### （一）相体积与乳状液类型

从立体几何知识可知，某一油-水体系，相体积分数在 0.26～0.74 之间，W/O 和 O/W 型乳状液均可形成，在 0.74 以上和 0.26 以下则只能得到一种类型的乳状液。此种说法有很多实验证据，例如，橄榄油在 0.001mol/L KOH 溶液中形成乳状液时此规则适用。但是也有人用非离子型乳化剂制备了只含4%水的稳定的O/W型乳状液。

#### （二）几何因素（或定向楔）与乳状液类型

乳化剂在油-水界面吸附并成紧密排列时，若其亲水基和疏水基体积相差很大，大的一端亲和的液相将构成乳状液的外相，另一液相成内相。如1价金属皂为乳化剂时，则得O/W型乳状液；若为高价金属皂时，则得W/O型乳状液。几何因素说常称其为定向楔理论，这是因为乳化剂在油-水界面的定向排列如同定向楔。这一理论有助于理解于1价皂稳定的O/W型乳状液中加入高价金属盐可使乳状液转变为W/O型的道理。当然，也有实例与此理论不符的，如银皂形成的是W/O型乳状液。

#### （三）液滴聚结速度与乳状液类型

将油、水、乳化剂共存的体系进行搅拌时，乳化剂吸附于油-水界面，形成的油滴、水滴都有自发聚结减小表面能的趋势。在界面吸附层中的乳化剂，其亲水基有抑制油滴聚结的作用，其亲油基则阻碍水滴聚结。因此，与乳化剂亲水基或亲油基占优势一侧亲和的液相将构成乳状液的外相。如乳化剂亲油性占优势则形成W/O型乳状液。

#### （四）乳化剂的溶解度与乳状液类型

在形成乳状液的油和水两相中，乳化剂溶解度大的一相构成乳状液的外相，形成相应类型的乳状液。此经验规则称为Bancroft规则。对此规则可做如下解释。在油-水界面定向吸附的乳化剂，疏水基与油相和亲水基与水相可看作各形成一界面，界面张力大的一侧力图减小界面面积，收缩成乳状液内相液滴，另一相则为外相。

## 第四节　乳化剂的分类与选择

### 一、乳化剂的分类

乳化剂是乳状液赖以稳定的关键，乳化剂的品种繁多，大致可分为4类。

#### （一）合成表面活性剂

这类目前用得最多，它又可分成阴离子型、阳离子型和非离子型三大类。阴离子型应用普遍，非离子型的近年发展很快，因其有不怕硬水、不受介质pH限制等优点。

#### （二）高分子聚合物乳化剂

合成的聚乙烯醇、聚氧乙烯-聚氧丙烯嵌段共聚物等可看作高分子聚合物乳化剂。这些化合物的相对分子质量大，在界面上不能整齐排列，虽然降低界面张力不多，但它们能被吸附在油-水界面上，既可以改进界面膜的机械性质，又能增加分散相和分散介质的亲和力，因而提高了乳状液的稳定性。

常用的高分子聚合物乳化剂有聚乙烯醇、羧甲基纤维素钠盐以及聚醚型非离子表面活性物质等。其中有些相对分子质量很大，能提高O/W型乳状液水相的黏度，增加乳状液的稳定性。

#### （三）天然产物

磷脂类（如卵磷脂）、植物胶（如阿拉伯胶）、动物胶（如明胶）、纤维素、木质素、海藻胶类（如藻朊酸钠）等可作O/W型乳状液的乳化剂。羊毛脂和固醇类（如胆固醇）等可作W/O型乳状液的乳化剂。天然乳化剂的乳化性能较差，使用时常需与其他乳化剂配合。

天然乳化剂的价格较高，且有易于水解、对 pH 敏感等缺点。但是，人造食品乳状液和药物乳剂等还缺不了它们，因它们无毒甚至有益，这是合成乳化剂难以比拟的。

### （四）固体颗粒乳化剂

20 世纪初，Ramsden 发现胶体尺寸的固体颗粒也可以稳定乳液。之后，Pickering 对这种乳液体系展开了系统的研究工作，因而此类乳液又被称为 Pickering 乳状液。目前，公认的 Pickering 乳液的稳定机理主要为固体颗粒吸附于油-水界面并形成固体颗粒单层/多层膜，从而稳定乳液。

对 Pickering 乳液的研究，主要考察形状规则、粒径均一的球形胶体颗粒，常用的有黏土（主要是蒙脱土）、二氧化钛、二氧化硅、氧化铁、金属氢氧化物、炭黑、石墨、碳酸钙、硫酸钡和有机乳胶等。

## 二、乳化剂的选择

### （一）选择乳化剂的一般原则

要制备有一定相对稳定性的乳状液，必须加入第三种物质，即乳化剂。由于油相、水相的性质，乳化方法和欲得到乳状液类型不同，不可能有万能的优良乳化剂。因而，选择乳化剂都是指对一定体系、乳化方法和要求的乳状液的类型而言的。尽管如此，选择乳化剂仍有一些可供参考的通用原则。这些原则是：

① 大多有良好的表面活性，能降低表面张力，在欲形成的乳状液外相中有良好的溶解能力；

② 乳化剂在油-水界面上能形成稳定的和紧密排列的凝聚膜；

③ 水溶性乳化剂和油溶性乳化剂的混合使用有更好的乳化效果；

④ 乳化剂应能适当增大外相黏度，以减小液滴的聚结速度；

⑤ 满足乳化体系的特殊要求，如食品和乳液药物体系的乳化剂要求无毒和有一定的药理性能等；

⑥ 要能用最小的浓度和最低的成本达到乳化效果；乳化工艺简单。

### （二）选择乳化剂的常用方法

选择乳化剂的常用方法有两种：HLB 法和 PIT 法。前者适用于各类表面活性剂，但未涉及温度、油/水体积比等因素的影响；后者只适用于非离子型表面活性剂。

（1）HLB 法

HLB（hydrophile and lipophile balance）表示表面活性剂的亲水亲油平衡，是影响表面活性剂性能的重要参数。表面活性剂的亲油或亲水程度可以用 HLB 值的大小判别，HLB 值越大代表亲水性越强，HLB 值越小代表亲油性越强，一般而言 HLB 值在 1～40 之间。HLB 在实际应用中有重要参考价值。

表 6-3　乳化各种油所需乳化剂的 HLB 值

| 油相 | HLB值 | | 油相 | HLB值 | |
|---|---|---|---|---|---|
| | O/W | W/O | | O/W | W/O |
| 石蜡 | 10 | 4 | 苯 | 15 | — |
| 蜂蜡 | 9 | 5 | 甲苯 | 11～12 | — |
| 石蜡油 | 7～8 | 4 | 油酸 | 17 | — |
| 芳烃矿物油 | 12 | 4 | DDT | 11～13 | — |
| 烷烃矿物油 | 10 | 4 | DDV | 14～15 | — |
| 煤油 | 14 | — | 十二醇 | 14 | — |
| 棉籽油 | 7.5 | — | 硬脂酸 | 17 | — |
| 蓖麻油 | 14 | — | 四氯化碳 | 16 | — |

HLB 法的原则是乳化系统所需的 HLB 值（参见表 6-3）与乳化剂的 HLB 值应尽可能一致。混合乳化剂则可用第五章中所述方法计算其 HLB 值。

① 确定被乳化系统所需之 HLB 值的方法。选择一对 HLB 值相差较大的乳化剂按不同比例混合，得不同 HLB 值的系列混合乳化剂。用这些混合乳化剂分别乳化被乳化系统，测定乳化效率（测定液滴的生存时间、乳状液分层时间、液滴大小及分布），以乳化效率对这些混合乳化剂的 HLB 值作图，得钟形曲线。曲线最高峰相对应之 HLB 值，即为将指定被乳化系统乳化时所需之 HLB 值。图 6-5 为一实例。由图可知该系统被乳化所需之 HLB 值为 10.5。

② 最佳混合乳化剂的选择。多选择几对乳化剂混合，使各混合乳化剂之 HLB 值与被乳化系统乳化所需之 HLB 相等。用这些混合乳化剂乳化指定系统，测定乳化效率。以图 6-5 实例为例，各混合乳化剂之 HLB 值均为 10.5，乳化效率为图中实心圆黑点。显然，在后来选择的混合乳化剂中，有的乳化效率可能高于确定被乳化系统所需 HLB 值时选用的混合乳化剂。图 6-5 中最高的实心圆黑点所用的混合乳化剂为相对最佳乳化剂。

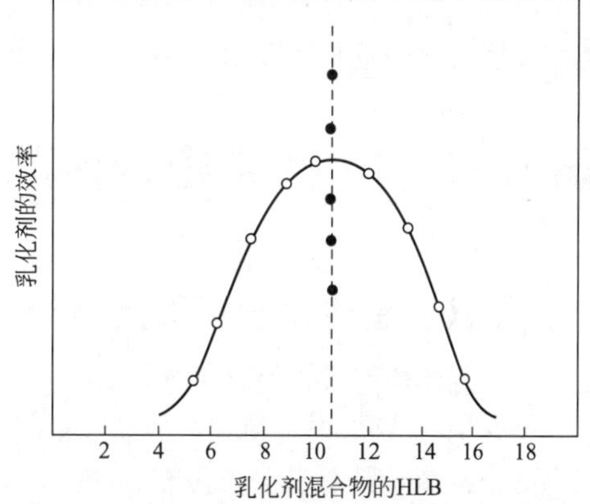


**图 6-5 待乳化体系所需 HLB 值之确定和乳化剂的选择**

钟形曲线是用一对乳化剂确定的（○）；
●点是用不同的混合乳化剂测定的，
最高的黑实心点所用乳化剂为最合适的乳化剂

(2) PIT 法

转相温度（PIT）是另一种表示乳化剂亲水亲油性质的量度，是指在某一特定系统中乳化剂的亲水和亲油性质达到适当的平衡时的温度。虽然 HLB 值有很大的实用价值，但其最大的问题是没有考虑其他因素对该数值的影响，尤其是温度的影响，这在近年来用量很大的非离子型乳化剂上表现尤为突出。低温时它们是亲水的，形成 O/W 型乳状液；高温时是亲油的，形成 W/O 型乳状液，可见，它们的亲水亲油性质随温度而变。在转相温度（PIT）下，乳化剂的亲水亲油性质恰好平衡，故 Shinoda 称其为亲水亲油平衡温度，写作 HLB 温度或 $T_{HLB}$。

研究表明，表面活性剂的亲水链越长，PIT 越高。对于给定的系统，例如，由 $C_9H_{19}-C_6H_4-(OC_2H_4)_nOH$、$C_{12}H_{25}(OC_2H_4)_nOH$ 及 $C_8H_{17}(OC_2H_4)_nOH$ 等构成的系统，其 $T_{HLB}$与 HLB 值（以 $N_{HLB}$表示）间存在线性关系：

$$T_{HLB}=K_{油}(N_{HLB}-N_{油}) \tag{6-2}$$

式中，$K_{油}$ 和 $N_{油}$ 为常数，不同的“油”类数值相异。$T_{HLB}$随 HLB 值增加而提高。乳化剂分子中聚氧乙烯链越长，则分子的亲水性越高，需要较高的温度方能降低分子的水化度，故 $T_{HLB}$就高些。$T_{HLB}$与油相的性质也有关，它随油相的极性降低而增高。

$T_{HLB}$可以帮助我们选择合适的非离子型表面活性剂作乳化剂。对于 O/W 型乳状液，合适的乳化剂的 $T_{HLB}$应该比乳状液保存温度高 20～60℃。对于 W/O 型乳状液，则应选用 $T_{HLB}$低于乳状液保存温度 10～40℃的乳化剂。

由一种非离子型乳化剂、两种油以及水组成的四元体系乳状液的 $T_{HLB}$为：

$$T_{HLB}^{(A+B)}=T_{HLB}^{A}\phi^{A}+T_{HLB}^{B}\phi^{B} \tag{6-3}$$

式中，$T_{HLB}^{A}$和 $T_{HLB}^{B}$分别为只有 A 油和只有 B 油时的 $T_{HLB}$；$\phi^{A}$ 和 $\phi^{B}$ 分别为混合油相中的体积分数。

对于由两种非离子型乳化剂、油及水组成的四元体系，如以 $T_{HLB}^{(1)}$和 $T_{HLB}^{(2)}$分别表示乳化剂（1）和（2）的 PIT，由于两种乳化剂配比不同，在 $T_{HLB}^{(1)}$和 $T_{HLB}^{(2)}$中间的每一个温度都相应于某一确定的配比，即

$$T_{HLB}^{(1)+(2)}=T_{HLB}^{(1)}W^{(1)}+T_{HLB}^{(2)}W^{(2)} \quad (6\text{-}4)$$

式中，$W^{(1)}$和$W^{(2)}$分别是乳化剂（1）和乳化剂（2）在总的表面活性剂中的质量分数。

据研究，在具体油中，由$T_{HLB}$法和Griffin法计算所得的同一乳化剂的HLB值相近；由$T_{HLB}$法和Griffin法计算的各类油相所需HLB值也很近似。

应用PIT法选择非离子型表面活性剂用做乳化剂的具体方法是，取等量的油相和水相，加入3%～5%的表面活性剂不断振荡，制备乳状液。在加热条件下观察乳状液由O/W型转变为W/O型时之温度，此温度即为PIT。对于指定的油相，在实际制备乳状液时，若欲得O/W型乳状液应选择PIT比乳状液保存温度高20～60℃的表面活性剂作乳化剂；欲得W/O型的，则选择PIT比保存温度低10～40℃的表面活性剂为好。

# 第五节　乳状液稳定性的影响因素

## 一、乳状液是热力学不稳定系统

乳状液是高度分散的系统，为使分散相分散，就要对它作功，所作功即以表面能形式贮存在油-水界面上，使系统的总能量增加。例如将$10cm^3$正辛烷在水中分散成半径为$0.1\mu m$的小液滴，其总表面积为$300m^2$，正辛烷-水的界面张力为50.8mN/m，故系统的表面能为15.24J。显然，表面自由能增加的过程不是自发的，而其逆过程（即液滴自动合并以减小表面积的过程）是自发的，故从热力学观点看，乳状液是不稳定的系统。

在分散度不变的前提下，为使乳状液的不稳定程度有所减少，必须降低油-水界面张力，加入表面活性剂可以达到此目的。例如，煤油-水的界面张力为40mN/m，加入适当表面活性剂后界面张力可降至$1mN\cdot m^{-1}$以下，也就是说，该系统易于将油分散，油滴重新聚结困难，系统相对地也就稳定了。

## 二、油-水间界面膜的形成

在油-水系统中加入表面活性剂后，它们在降低界面张力的同时必然在界面上吸附并形成界面膜，此膜有一定的强度，对分散相液滴起保护作用，使其在相互碰撞后不易合并。

当表面活性剂浓度较低时，界面上吸附的分子较少，界面张力降低较小，吸附膜的强度也差，乳状液的稳定性也差。表面活性剂浓度增高时，膜的强度较好，乳状液的稳定性也较好。显然，要达到最佳乳化效果，所需加入的表面活性剂的量是一定的，不同乳化剂的加入量不同，这与所形成膜的强度有关。吸附分子间相互作用越强，一般所形成界面膜的强度越大。

人们发现，混合乳化剂形成的复合膜具有相当高的强度，不易破裂，所形成的乳状液很稳定。例如，将含有胆甾醇的液体石蜡分散在十六烷基硫酸钠水溶液中，可得到很稳定的O/W型乳状液，而只用胆甾醇或只用十六烷基硫酸钠则只生成不稳定的O/W型乳状液。又如，在甲苯－$0.01mol\cdot L^{-1}$十二烷基硫酸钠水溶液中加入十六醇，界面张力可降低至接近零的程度，这有利于乳化。表面活性剂在界面上吸附量的增加导致界面张力降低，再加上乳化剂分子与极性有机分子之间的相互作用，使界面膜中分子的排列更紧密，膜强度因此增加。对于离子型表面活性剂，界面吸附量的增加还使界面上的电荷增加，促使液滴间的排斥力增大。凡此种种因素都使乳状液的稳定性增加。

复合膜理论表明，只有界面膜中的乳化剂分子紧密地排列形成凝聚膜，方能保证乳状液稳定。一般凡能在空气-水界面上形成稳定复合膜的，也能增强乳状液的稳定性，例如，十六烷基硫酸钠与胆甾醇就是这样。而十六烷基硫酸钠与油醇因油醇空间构型关系不能形成紧密的复合膜，得到的乳状液很不稳定。

## 三、界面电荷

大部分稳定的乳状液液滴都带有电荷。这些电荷的来源与通常的溶胶一样，是由于电离、吸附或液滴与介质间摩擦而产生的。对乳状液来说，电离与吸附带电同时发生。例如阴离子表面活性剂在界面上吸附时，伸入水中的极性基团因电离而使液滴带负电，而阳离子表面活性剂使液滴带正电荷，此时吸附和电离是不可分的。以上皆指 O/W 型乳状液。W/O 型乳状液或由非离子型乳化剂所稳定的乳状液，其电荷主要是由于吸附极性物质和带电离子产生的，也可能是两相接触摩擦产生的。按经验，介电常数较高的物质带正电，而水的介电常数通常均高于“油”，因此 O/W 型乳化液中油滴常带负电；反之，在 W/O 型乳状液中水滴常带正电。

因乳状液中液滴带电，故液滴接近时能相互排斥，从而防止它们合并，提高了乳状液的稳定性。关于乳状液的带电性质，亦可用扩散双电层理论解释。和溶胶一样，其 $\zeta$ 电位也可通过电泳实验计算出来。

## 四、乳状液的黏度

增加乳状液的外相黏度，可减少液滴的扩散系数，并导致碰撞频率与聚结速率降低，有利于乳状液稳定。另一方面，当分散相的粒子数增加时，外相黏度亦增加，因而浓乳状液比稀乳状液稳定。

工业上，为提高乳状液的黏度，常加入某些特殊组分，如天然的增稠剂或合成的增稠剂。乳白鱼肝油（O/W 型乳状液）中用的阿拉伯胶和黄芪胶既是乳化剂也是良好的增稠剂。

## 五、液滴大小及其分布

乳状液液滴大小及其分布对乳状液的稳定性有很大影响，液滴尺寸范围越窄越稳定。当平均粒子直径相同时，单分散的乳状液比多分散的乳状液稳定。

## 六、粉末乳化剂的稳定作用

许多固体粉末（如 $CaCO_3$、$BaSO_4$、黏土、炭黑、某些金属的碱式硫酸盐，甚至淀粉等）也是良好的乳化剂。粉末乳化剂和通常的表面活性剂一样，只有当它们处在内外两相界面上时才能起到乳化剂的作用。

固体粉末处在油相、水相还是两相界面上，取决于粉末的亲水亲油性。若粉末完全被水润湿，就会进入水相；粉末完全被油润湿，就会进入油相；只有当粉末既能被水润湿同时又能被油润湿时，才会停留在油-水界面上。目前普遍用接触角 $\theta$ 来衡量粉末的亲水亲油性。

若粉末处在油-水界面上（图 6-6），这时有固-油、固-水和油-水 3 个界面，也存在 $\sigma_{固-油}$、$\sigma_{固-水}$ 和 $\sigma_{油-水}$ 三个界面张力。当这 3 个界面张力在固、油、水三相接触处（图 6-6 上 $A$ 点）达到平衡时，应服从如下关系：

$$\sigma_{固-油} - \sigma_{固-水} = \sigma_{油-水} \cos\theta \tag{6-5}$$

式中，$\theta$ 为在水相方面的接触角。

显然，当 $\theta > 90°$ 时，$\cos\theta < 0$，则 $\sigma_{固-水} > \sigma_{固-油}$，粉末大部分在油相中，即它的亲油性强，应得 W/O 型乳状液［图 6-6(a)］。

当 $\theta < 90°$ 时，$\cos\theta > 0$，则 $\sigma_{固-水} < \sigma_{固-油}$，粉末大部分在水相中，即它的亲水性强，应得 O/W 型乳状液［图 6-6(c)］。

当 $\theta = 90°$ 时，$\cos\theta = 0$，则 $\sigma_{固-水} = \sigma_{固-油}$，固体粉末在油相和水相中各占一半［图 6-6(b)］，即既可以是 O/W 型乳状液也可以是 W/O 型乳状液，实际上得不到稳定的乳状液。

据上述原则，在油-水体系中加入易为水所润湿的粉末（如 $SiO_2$，氢氧化铁以及铜、锌、铝等的碱式硫酸盐）易形成 O/W 型乳状液，而炭黑、煤烟、松香等易被油润湿的粉末易形成 W/O 型乳状液。用粉末乳化的乳状液之所以能够稳定，主要是由于粉末集结在油-水界面上形成坚固的界面膜（图 6-7），它保护了分散相液滴，使乳状滴得以稳定。

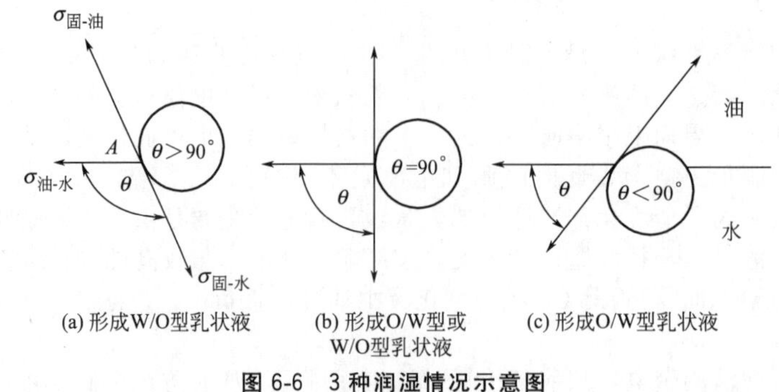


图 6-6　3 种润湿情况示意图

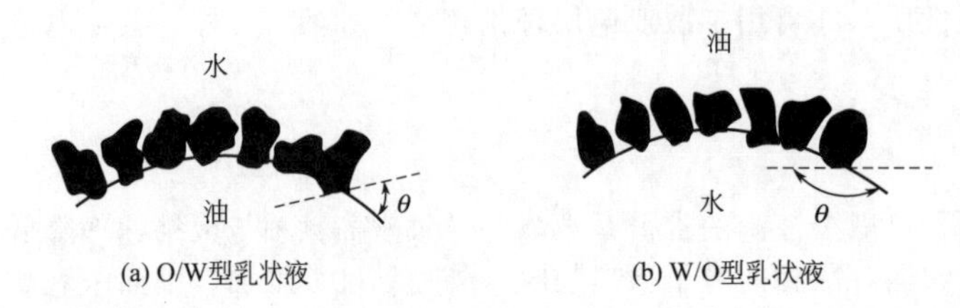


图 6-7　固体粉末的乳化作用

Pickering 对这种胶体尺寸的固体颗粒稳定的乳液体系开展了系统的研究工作，因而此类乳液又被称为 Pickering 乳状液。人们对 Pickering 乳液的研究，主要考察形状规则、粒径均一的球形胶体颗粒，如 $SiO_2$、硫酸钡、碳酸钙、氧化铁、有机乳胶和二氧化钛等。研究的内容主要包括：①固体颗粒的表面润湿性、浓度、初始位置和油-水相体积比、油-水相组成、水相盐浓度和 pH 值等因素对 Pickering 乳液性质的影响；②Pickering 乳液的转相行为；③油-水界面上吸附颗粒的排列、覆盖度以及界面颗粒膜的流变性对 Pickering 乳液性质的影响；④颗粒与表面活性剂或具有表面活性的聚合物复配对 Pickering 乳液性质的影响。

此外，人们还研究了各向异性的片状胶体颗粒稳定的乳液，主要考察带负电的片状黏土颗粒稳定的乳液，如 Na-蒙脱土、高岭土、合成锂皂石等。由于自身的特点，黏土作为稳定乳液的固体材料具有很多优势：①黏土颗粒尺寸较小（$<2\mu m$），来源广泛且价格低廉；②在水溶液中分散的黏土颗粒具有较高的固-液界面面积；③与球形胶体粒子相比，各向异性的黏土颗粒悬浮体系有更加丰富的相行为，在一定条件下，水分散体系中的黏土粒子互相连接形成三维网架结构。此网架结构将乳滴束缚于其中，从而阻止乳滴的分层和聚结，提高乳液稳定性；④黏土颗粒的疏水性易于通过吸附、离子交换或化学接枝的方法来改善。最近，杨飞等人对各相异性的片状纳米颗粒（层状双金属氢氧化物，简称 LDHs）在稳定Pickering 乳状液的作用中，详细研究了无机盐、体相 pH 值以及颗粒杂凝聚对乳状液稳定性的影响，揭示了通过降低固体颗粒的表面电位促进颗粒在油-水界面的吸附从而提高乳状液稳定性的客观规律。此外，在考察 LDHs 颗粒与 SDS（十二烷基硫酸钠）协同稳定的乳状液的性质时，还发现了 Pickering 乳状液的双转相现象[1]。

# 第六节　乳状液的变型和破乳

## 一、乳状液的变型

变型也叫反相，是指 O/W 型（W/O 型）乳状液变成 W/O 型（O/W 型）的现象。变

[1] 杨飞，王君等. Pickering 乳状液的研究进展. 化学进展，2009，(7/8)：1418.

型需在某些因素作用下才能发生。在显微镜下观察变型过程，大体如图 6-8 所示。由图 6-8 可见，处于变型过程中的（b）和（c）是一种过渡状态，它表示一种乳状液类型的结束及另一种类型的开始。在变型过程中，很难区别分散相和分散介质。

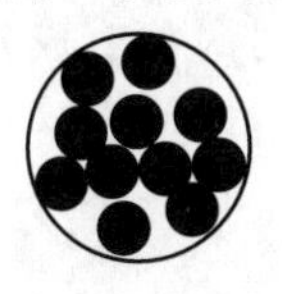
(a) O/W型乳状液

(b) 变型过程

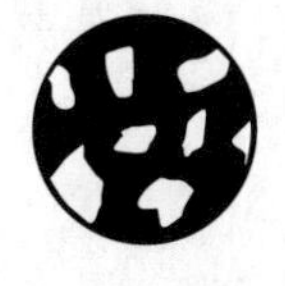
(c) 变型过程

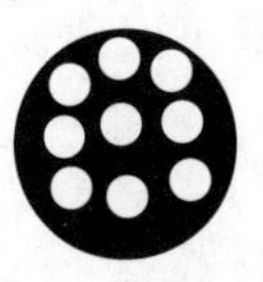
(d) W/O型乳状液

**图 6-8　乳状液变型示意图**

变型过程究竟是怎样进行的？Schulman 曾研究过荷负电的 O/W 型乳状液，在其中加入多价阳离子用以中和液滴上的电荷，这时液滴聚结，水相被包在油滴中，油相逐渐成为连续相，最后变成 W/O 型乳状液。此变型过程的机理可用图 6-9 示意[1]。

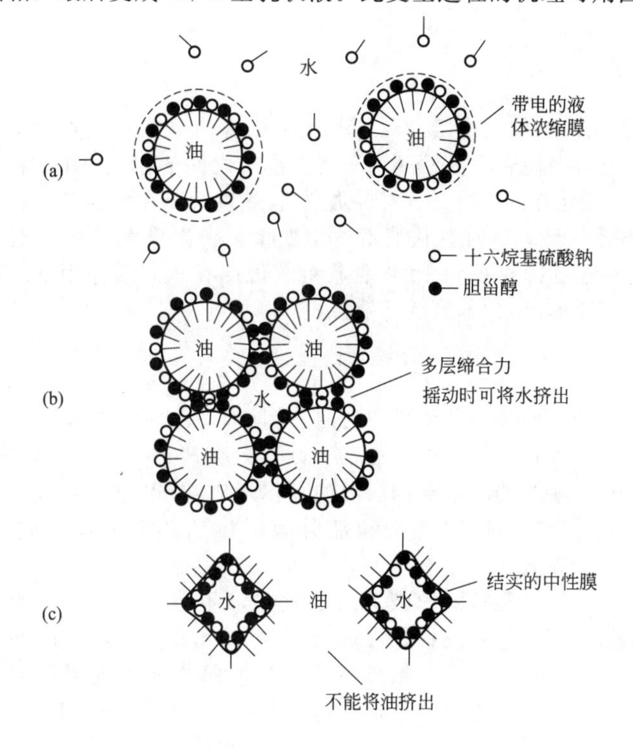


**图 6-9　O/W 型乳状液变型机理示意图**

(a) 乳状液为胆甾醇和十六烷基硫酸钠所成的混合膜所稳定，表面的负电荷使乳状液更加稳定；
(b) 表面电荷被高价离子中和，界面膜的重新排列导致形成不规整的水滴；
(c) 油滴聚结成连续相，完成变型过程

## 二、影响乳状液变型的因素

### (一) 乳化剂类型

在钠皂稳定的 O/W 型乳状液中加入钙、镁或钡等 2 价正离子 $M^{2+}$，便能使乳状液变型成 W/O 型乳状液，因为钠皂和 $M^{2+}$ 反应生成另一种构型的 2 价金属皂：

钠皂＋$M^{2+}$ ⇔ 2 价金属皂＋$2Na^{+}$

显然，当 $M^{2+}$ 的数量不够多时，钠皂占优势，乳状液不会变型；只有当 $M^{2+}$ 的数量相当大（即 2 价金属皂占优势）时，才能使乳状液变型。当钠皂数量与 2 价金属皂数量不相上下时，乳状液是不稳定的。

---

[1] Schulman J H, Cookbain E G. Trans Faraday Soc, 1940, 36: 661.

### (二) 相体积比

据球形液滴的密堆积观点，人们很早就发现，在某些系统中当内相体积在74%以下时体系是稳定的，当继续加入内相物质使其体积超过74%时则内相变成外相，乳状液发生变型。

### (三) 温度

有些乳状液在温度变化时会变型。例如，由相当多的脂肪酸和脂肪酸钠的混合膜所稳定的W/O型乳状液升温后，会加速脂肪酸向油相中扩散，使膜中脂肪酸减少，因而易变成由钠皂稳定的O/W型乳状液。用皂作乳化剂的苯/水乳状液，在较高温度下是O/W型乳状液，降低温度可得W/O型乳状液。发生变型的温度与乳化剂浓度有关。浓度低时，变型温度随浓度增加变化很大，当浓度达到一定值后，变型温度就不再改变。这种现象实质上涉及了乳化剂分子的水化程度。

### (四) 电解质

在用油酸钠乳化的苯/水乳状液中加入适量NaCl后变为水/苯乳状液，这是由于加入电解质后减少了分散相粒子上的电势，使表面活性剂离子和反离子之间的相互作用增强，降低了亲水性，有利于变为W/O型乳状液。在上述实验中加入电解质时，在水相和油相中都有部分皂以固体状态析出，析出量小于20%时乳状液不发生变型，析出量大于20%时才发生变型。将水相和油相中析出的皂过滤掉，得到苯/水乳状液，说明在电解质作用下固体皂析出，而且只有在固体皂参加下才能形成水/苯型乳状液。

## 三、乳状液的破坏[1]

在许多生产过程中，往往遇到如何破坏乳状液的问题。例如，原油加工前必须将其中的乳化水尽可能除去，否则设备会严重腐蚀。又如汽缸中，凝结的水常会和润滑油乳化形成O/W型乳状液，为避免事故，必须将水和油分离。将油和水分离的过程叫做破乳。

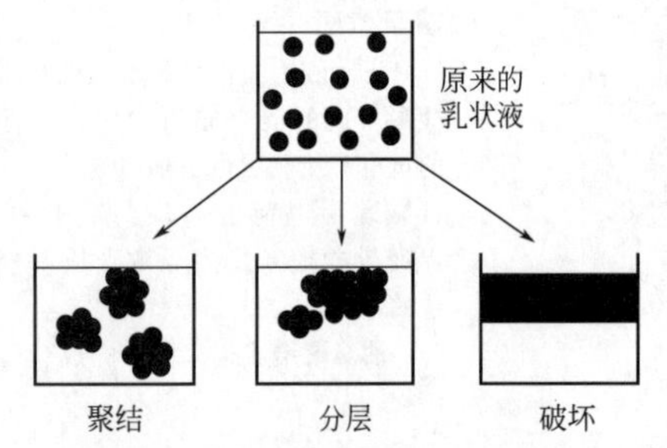

图6-10　乳状液不稳定的3种表现

乳状液的破坏表示乳状液不稳定。乳状液的不稳定有多种表现：它可以分层（creaming），较轻的油滴上浮但并不改变分散度（如浮在新鲜牛奶上的奶油粒子轻轻摇动后仍可分散到牛奶中去）；它可以絮凝（flocculation）或聚结（coalescence），此时液滴聚结成团，但各液滴仍然存在并不合并；它也可以破乳，使油、水完全分离。这3种情况如图6-10所示。当然，乳状液不稳定的这几种情况有区别（特别是分层和破坏），但又互相有联系，有时很难完全分清，因为聚结之后往往会导致其中的小液滴相互合并，并不断长大，最后甚至引起破坏。

### (一) 分层

分层是由分散相和连续相之间密度差引起的液滴上浮或下沉现象，它使乳状液的浓度上下变得不均匀。对于O/W型的原油乳状液，因油珠上浮，使上层中的油珠浓度比下层大得多。而对于W/O型的原油乳状液，则水珠下沉，使乳状液下部的含水率大于乳状液上部的含水率。分层时，乳状液未被真正破坏，轻微摇动，上下浓度可变得均匀。通常分层速度的大小与内外两相的密度差、液珠大小、外相黏度等有关。

---

[1] 贝歇尔P. 乳状液——理论与实践. 北京大学化学系胶体化学教研室译. 北京：科学出版社，1978.

### （二）絮凝

絮凝则是分散相的液滴聚集成团但在团中各液滴皆仍然存在，这些团是可逆的，经搅动后可以重新分散。乳状液中液滴的絮凝是由于它们之间的范德华力在较大的距离起作用的结果，液滴的双电层重叠时的电排斥作用将对絮凝起阻碍作用。从分层的角度考虑，絮凝作用形成的团类似于一个大液滴，它能加速分层作用。

### （三）聚结

聚结是多个小液滴的油-水界面破裂，合并成大液滴的过程，此过程是一个不可逆过程，它将导致液滴数目逐渐减少和液滴平均直径不断增大，最后使乳状液完全破坏——相分离。一般来说，分层、絮凝是聚并的前奏，而聚结则是乳状液破坏的直接原因。

### （四）相分离

相分离是乳状液完全破坏的最终结果，油、水彻底分成上下两层。

在实际的乳状液破坏的过程中，上述四种现象可同时发生，并且相互促进和影响。由于液珠大小不同，上浮或下沉的速度差异很大，其结果会使絮凝加剧，而絮凝又会促进分层、聚结和相分离，聚结形成的大液珠反过来又会促进分层。在一定条件下，有的乳状液表现为明显分层，有的则絮凝严重，而有的聚并较快，使乳状液迅速破坏，两相彻底分离，这将取决于这些过程的速率大小。

### （五）破乳方法

乳状液稳定的主要因素是应具有足够机械强度的保护膜。因此，只要是能使保护膜减弱的因素原则上都有利于破坏乳状液。下面介绍几种常用的破乳方法。

#### 1. 化学法

在乳状液中加入反型乳化剂，会使原来的乳状液变得不稳定而破坏，因此，反型乳化剂即是破乳剂。例如，在用钠皂稳定的O/W型乳状液中加入少量$CaCl_2$（加多了将会变为W/O型乳状液），可使原来的乳状液破坏。

在用金属皂稳定的乳状液中加酸亦可破乳，这是因为所生成的脂肪酸的乳化能力远小于皂类。此法常称为酸化破乳法。在橡胶汁中加酸得到橡胶即为应用实例之一。

在稀乳状液中加入电解质能降低其$\zeta$电位，并减少乳化剂在水相中的水化度，亦能促使乳状液破坏。

#### 2. 顶替法

在乳状液中加入表面活性大的物质，它们能吸附到油-水界面上，将原来的乳化剂顶走。它们本身由于碳氢链太短，不能形成坚固的膜，导致破乳。常用的顶替剂有戊醇、辛醇、乙醚等。

#### 3. 电破乳法

此法常用于W/O型乳状液的破乳。由于油的电阻率很大，工业上常用高压交流电破乳（电场强度2000$V \cdot cm^{-1}$以上）。高压电场的作用为：①极性的乳化剂分子在电场中随电场转向，从而能削弱其保护膜的强度；②水滴极化（偶极分子的定向极化）后，水滴相互吸引，使水滴排成一串，成珍珠项链式，当电压升至某一值时，这些小水滴瞬间聚结成大水滴，在重力作用下分离出来。

#### 4. 加热法

升温一方面可以增加乳化剂的溶解度，从而降低它在界面上的吸附量，削弱了保护膜；另一方面，升温可以降低外相的黏度，从而有利于增加液滴相碰的机会，所以升温有利于破乳。冷冻也能破乳。但只要是由足够量的乳化剂制得的乳状液，或者用效率较高的乳化剂制得的乳状液，一般在低温下都可保持稳定。

5. **机械法**

机械法破乳包括离心分离、泡沫分离、蒸馏和过滤等，通常先将乳状液加热再经离心分离或过滤。过滤时，一般是在加压下将乳状液通过吸附剂（干草、木屑、砂土或活性炭等）或多孔滤器（微孔塑料、素烧陶瓷），由于油和水对固体的润湿性不同，或是吸附剂吸附了乳化剂等，都可以使乳状液破乳。

泡沫分离是利用起泡的方法，使分散的油滴附着在泡沫上而被带到水面并分离之，此法通常适用于 O/W 型乳状液的破乳。

总之，破乳的方法多种多样，究竟采用哪种方法，需根据乳状液的具体情况来确定，在许多情况下常联合使用几种方法。例如，油田要使含水原油破乳，往往是加热、电场、表面活性剂三者并举。原油是 W/O 型乳状液，它是借皂、树脂（胶质）等表面活性物质而稳定的。同时，沥青质粒子和微晶石蜡等固体粉末也有乳化作用，且是 W/O 型乳化剂。能使原油破乳的物质具有以下特点：

① 能将原来的乳化剂从液滴界面上顶替出来，而自身又不能形成牢固的保护膜；

② 能使原来作为乳化剂的固体粉末（如沥青质粒子或微晶石蜡）完全被原油或原油中的水润湿，使固体粉末脱离界面进入润湿它的那一相，从而破坏了保护层；

③ 破乳的物质是一种 O/W 型乳化剂，目前常用的是聚醚型表面活性剂——聚氧乙烯-聚氧丙烯的嵌段共聚物，国内常用的破乳剂商品名称是 SP-169。它们能强烈地吸附在油-水界面上，顶替原来存在的保护膜，使保护作用减弱，有利于破乳。表面活性剂分子链上聚氧乙烯基团较多，而且用于破乳的量不多，故在界面上吸附的分子大致是平躺着的，分子间的引力不大，界面膜厚度较薄、强度差，因而易于破乳。

# 第七节　微乳状液

通常所说的乳状液颗粒大小常在 0.1～50μm 之间，在普通光学显微镜下可观测到。从外观看，除极少数分散相和分散介质的折光指数相同的情况外，一般都是乳白色、不透明的体系，故有人称之为“粗乳状液”（macroemulsion），简称乳状液。1943 年，Schulman 等往乳状液中滴加醇，制得透明或半透明、均匀并长期稳定的体系。经大量研究发现，此种乳状液中的分散相颗粒很小，常在 0.01～0.20μm 之间。此种由水、油、表面活性剂和助活性剂（如醇类）等四个组分以适当的比例自发形成的透明或半透明的稳定体系，称之为微乳状液（microemulsion），简称微乳液或微乳[1]。

实际上微乳状液在生产上早就有应用，早期的一些地板抛光蜡液、机械切削油等都是微乳状液。20 世纪 60 年代中期，在石油开采的三次采油中利用微乳状液使采收率有很大的提高。用微乳状液驱油采收率普遍提高 10% 以上，油层的砂岩经处理后，其渗透率亦大为提高并长期保持不变。这项研究引起国内外石油行业的普遍重视，正在积极开展研究。常见微乳状液的配方是：原油-石油磺酸钠-低碳醇（丙醇、丁醇、戊醇）-水。但要想取得大规模的应用，还有相当多的问题有待解决。

## 一、微乳状液的微观结构

在乳状液中，有 O/W、W/O 及多重乳状液（如 W/O/W 等），计有 3 种类型。微乳状液也有 3 个结构类型，即 O/W、W/O 与双连续相结构，如图 6-11 所示。

双连续相结构是经理论与实验证实了的。在其结构范围内，任何一部分油形成的油珠链网组成油连续相。同样，体系中的水也形成水珠链网连续相。油珠链网与水珠链网相互贯穿与缠绕，形成了油、水双连续相结构，它具有 O/W 和 W/O 两种结构的综合特性。

---

[1] 参考书目 39。

(a) W/O型微乳状液
(油连续相型)

(b) 双连续相型
(亦称中相微乳型)

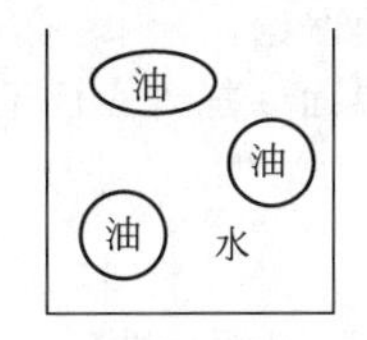

(c) O/W型微乳状液
(水连续相型)

**图 6-11 微乳状液 3 种结构示意图**

## 二、助表面活性剂的作用

在微乳状液形成过程中，助表面活性剂的作用可能有以下 3 方面。

### 1. 降低界面张力

对单一表面活性剂而言，当其浓度增至 CMC 后，其界面张力（$\sigma$）不再降低，而加入一定浓度的助表面活性剂（通常为中等链长的醇），则能使 $\sigma$ 进一步降低，甚至可能为负值。热力学稳定的微乳状液，通常是在 $\sigma<10^{-2}\mathrm{mN\cdot m^{-1}}$ 后自发生成。

某些离子型表面活性剂｛如 AOT［二(2-乙基己基）磺基琥珀酸钠］｝亦能使油-水界面的 $\sigma$ 降至 $10^{-2}\mathrm{mN\cdot m^{-1}}$ 以下，因而不需要助表面活性剂也能形成微乳状液（W/O 型）。非离子型表面活性剂在 HLB 值附近，也具有此性能。

### 2. 增加界面膜流动性

加入助表面活性剂可增加界面膜的柔性，使界面更易流动，减少微乳状液生成时所需的弯曲能，使微乳状液液滴容易生成。

### 3. 调节表面活性剂的 HLB 值

这点不是主要的，但起到微调表面活性剂 HLB 值的作用，使之更合适些。

## 三、微乳状液形成机理❶

### 1. 增溶理论

微乳状液的颗粒直径介于乳状液与胶束之间，因此，在浓的胶束溶液中，加入一定量的油和助表面活性剂，也可以使胶束溶液变成微乳状液，故曾有人将微乳状液称为“胶束乳状液”。图 6-12 描述了从胶束经过微乳状液变成粗乳状液的情况。当表面活性剂水溶液从胶束溶胀（a）转变成微乳状液液滴（b）和（c），直至成粗乳状液（d）的过程的浓度大于其 CMC 值后，就会形成胶束，此时加入油，就会被增溶［图 6-12(a)］。随着这一过程的进行，进入胶束中的油量增加，使胶束溶胀而变成小油滴——微乳状液［图 6-12(b)、(c)］。过程继续进行就变成粗乳状液滴［图 6-12(d)］。注意图中颗粒尺寸不是按比例的，但可看出从（a）到（d）是逐渐放大的。因为增溶是自动进行的，故微乳化能自动发生也是理所当然的事。

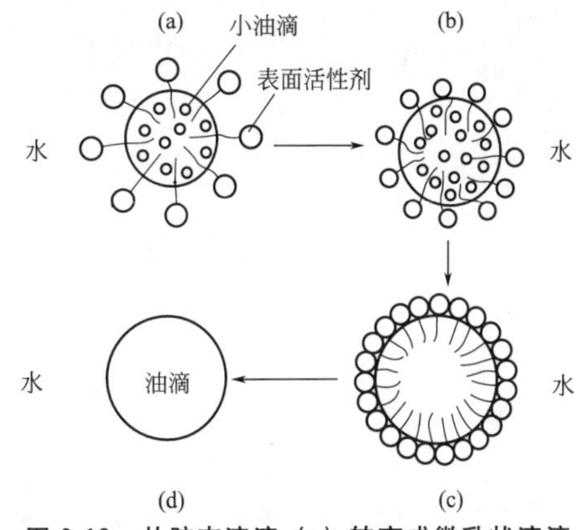

**图 6-12 从胶束溶液（a）转变成微乳状液滴（b)、(c)，到最后变成乳状液滴（d）的过程**

上述过程很生动，实验数据也确认，但缺乏理性阐述。

---

❶ 郭荣等. 日用化学工业，1989，(6)：44.

## 2. 混合膜理论

在油-水界面中加入表面活性剂后，则在界面上形成一层单分子膜。若油-水界面张力为$\sigma_{O/W}$，加入表面活性剂后降至$\sigma_1$，则相应的表面压$\pi$与它们的关系为

$$\sigma_1=\sigma_{O/W}-\pi \tag{6-6}$$

若再加入助表面活性剂，则界面膜就是由表面活性剂、助表面活性剂及油所组成的混合膜，如图6-13所示。在混合界面膜的两侧，形成了具有不同特性油/膜界面（O/M）和水/膜界面（W/M），因此，这种膜又叫双层膜。在此油-双层膜-水的三相平衡体系中，有了助表面活性剂后，$\sigma_{O/W}$降至$\sigma_{(O/W)_a}$，$\pi$升至$\pi_G$［表面压$\pi$源于定向排列在界面上的表面活性剂和助表面活性剂热运动所引起的侧向扩散力，以及油相内油分子（十二烷烃）对双层膜内碳氢部分的穿透］，总的界面张力$\sigma_t$为

$$\sigma_t=\sigma_{(O/W)_a}-\pi_G \tag{6-7}$$

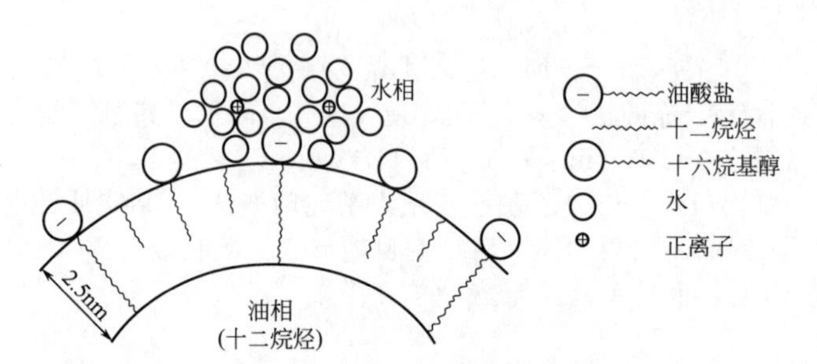


图6-13 被油酸盐及十六烷基醇稳定的十二烷烃/水微乳状液滴的结构示意图

在图6-13中，令油/膜界面的界面张力为$\sigma_{O/M}$，水膜界面的界面张力为$\sigma_{W/M}$。若$\sigma_{O/M}=\sigma_{W/M}$，图6-14 O/W型微乳状液混合膜的$\pi$-$A$曲线$AO$、$AW$分别为双层膜油侧与水侧的每个表面活性剂分子的表观面积即膜两边所受到的应力相同，则膜呈平面状，不会弯曲；但事实上，$\sigma_{O/M}\neq\sigma_{W/M}$，因为双层膜两边的性质不一样，必然发生弯曲，直至弯曲膜两边的应力相等为止，可用图6-14来说明。

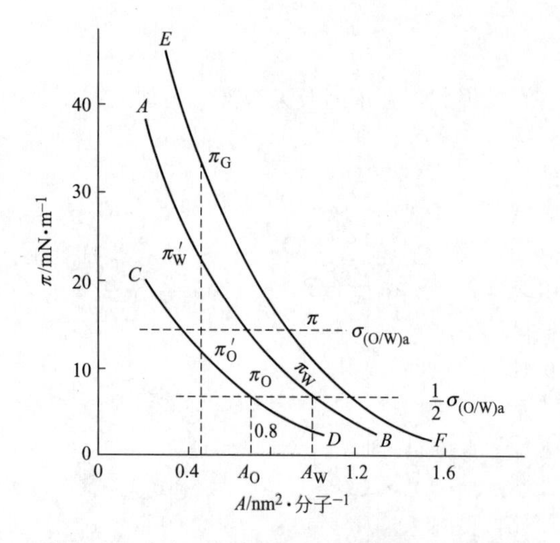


图6-14 O/W型微乳状液混合膜的$\pi$-$A$曲线

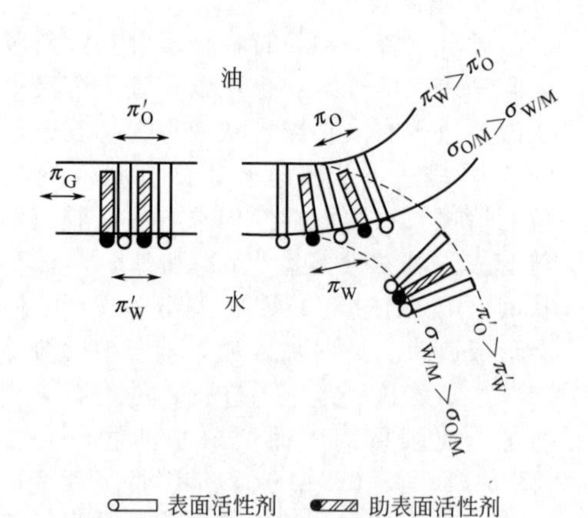


图6-15 混合双层膜弯曲机理

图6-14中的$AB$曲线为混合膜水侧的$\pi$-$A$曲线（$A$为双层膜中每一个表面活性剂分子的表观面积，即$A_O$、$A_W$分别为双层膜油侧与水侧的每个表面活性剂分子的表观面积，已考虑到助表面活性剂与油的影响）；$CD$曲线为混合膜油侧的$\pi$-$A$曲线；$EF$曲线系由Langmuir膜天平实测的双层膜$\pi$-$A$曲线，它等于$AB$与$CD$曲线之和。图中$\pi'_W$和$\pi'_O$为平面混合双层膜水侧与油侧的表面膜压，而$\pi_W$和$\pi_O$则表示弯曲混合双层膜相应的表面膜压。由于

$\pi'_W \neq \pi'_O$，故在平面混合双层膜中产生压力梯度 $\pi_G$，迫使油分子渗入膜中而使膜两边自动膨胀。这一膨胀是连续的，但在膜的两边发生的程度不同，直到两边的表面膜压相等为止，即 $\pi_W = \pi_O$。此时，弯曲的混合双层膜的总膜压 $\pi$ 等于 $\sigma_{(O/W)a}$，即

$$\pi = \pi_O + \pi_W = \sigma_{(O/W)a} \tag{6-8}$$

显然，导致双层膜弯曲的力是 $\pi_G - \pi$。在弯曲前，若 $\pi_G - \pi > 0$，则总界面张力 $\sigma_t < 0$，满足了微乳状液形成的条件。

另一方面，在平板双层膜时，虽 $\pi'_W > \pi'_O$，但膜两侧每个表面活性剂分子的表观面积相等，即 $A_O = A_W$。形成弯曲膜后，则 $A_O < A_W$，油侧表面活性剂分子展开的程度比水侧小，形成 O/W 型微乳状液（图 6-15）。

相反，若 $\pi'_W < \pi'_O$，油侧膜的展开程度比水侧大，导致 $A_O > A_W$，从而形成 W/O 型微乳状液，如图 6-15 所示。若体系中部分膜为 $\pi'_W > \pi'_O$，另一部分膜 $\pi'_W < \pi'_O$，则形成双连续相结构。若 $\pi'_W = \pi'_O$，则生成层状液晶结构。

可以认为，在油-双层膜-水三相平衡体系中，$\pi_G - \pi = \sigma_{(O/W)a} > 0$ 是微乳状液形成的必要条件；而 $\pi'_W \neq \pi'_O$ 或 $\sigma_{O/M} \neq \sigma_{W/M}$ 则是形成微乳状液的充分条件。

## 四、微乳状液的制备

微乳状液形成时不需要外力，主要是匹配体系中的各种成分。目前采用 HLB 法、PIT 法、表面活性剂分配法、盐度扫描法等来寻找这种匹配关系。

盐度扫描法可以使我们对微乳状液有较多的了解。

当体系中油的成分、油水体积比（通常为 1）、表面活性剂与助表面活性剂的比例及浓度确定后，改变体系中的盐度（若由低往高增加），往往可得到 3 种状态，即 Winsor Ⅰ、Winsor Ⅲ与 Winsor Ⅱ，如图 6-16 所示。Winsor Ⅰ 指 O/W 型微乳状液和剩余油达到平衡的状态；Winsor Ⅲ 指双连续型微乳状液（也称中相微乳液）与剩余油及剩余水达到三相平衡的状态；Winsor Ⅱ 指 W/O 型微乳状液和剩余水达到平衡的状态。

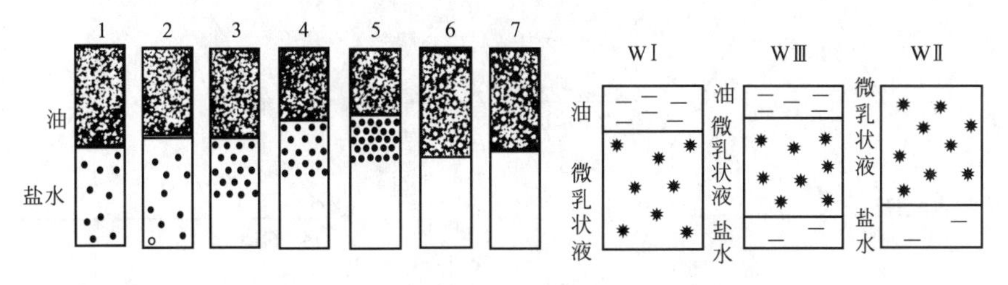


**图 6-16　石油磺酸钠（TRS-10-410）/异丁醇/油/盐水的系统相态随盐度的变化（从 1→7，盐度增加）**

●—O/W 微乳液；○—W/O 微乳液

1，2—Winsor Ⅰ 型；3，4，5—Winsor Ⅲ 型；6，7—Winsor Ⅱ 型

当系统中盐量增加时，水溶液中的表面活性剂和油受到“盐析”而析离，盐也压缩微乳状液的双电层，斥力下降，液滴易接近，故含盐量增加，使 O/W 型微乳状液进一步增溶油的量，使微乳状液中油滴密度下降而上浮，导致形成新“相”。

## 五、微乳状液相图

相图是用相律来讨论平衡体系中相组成随温度、压力、浓度的改变而发生变化的关系图。若温度与压力恒定，两组分体系可用直角坐标、三组分体系用正三角形、四组分体系用正四面体表示。由于相图很直观，对理解微乳状液的形成和各种缔合胶体间的关系，是一个非常有用的工具，如图 6-17～图 6-20 所示。

图 6-17 为含有非离子型表面活性剂的拟二元系温度相图，图中横坐标代表各含表面活性剂的水和油的比例。随着温度的升高，体系中会出现各种类型的微乳状液。图 6-19 的拟三元相图实为四组分体系。实际工作时为方便计，常把表面活性剂（S）和助表面活性剂

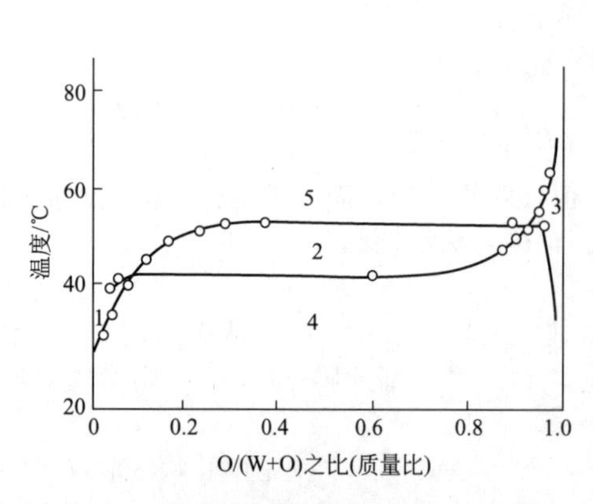


**图 6-17　烷基醇聚氧乙烯醚、水、十四烷系统的状态及其随温度的变化**

1—O/W 型微乳；2—三相区（油、中相微乳、水），Winsor Ⅲ型；3—W/O 型微乳；4—两相区 Winsor Ⅰ型；5—两相区 Winsor Ⅱ型

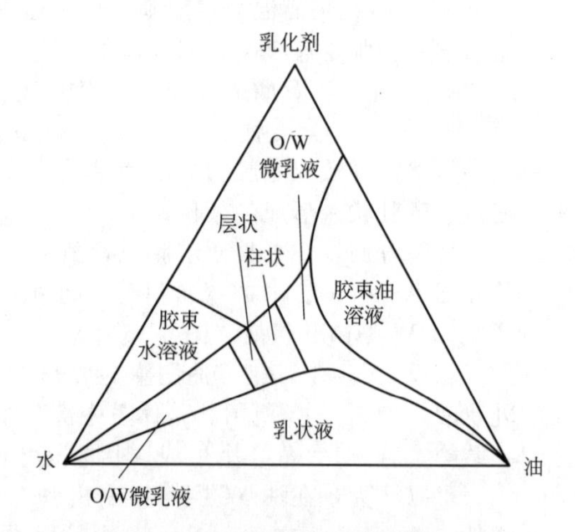


**图 6-18　普林斯假想的，能显示出胶束溶液、乳状液、微乳液存在区域的水、油、乳化剂三元平衡相图**

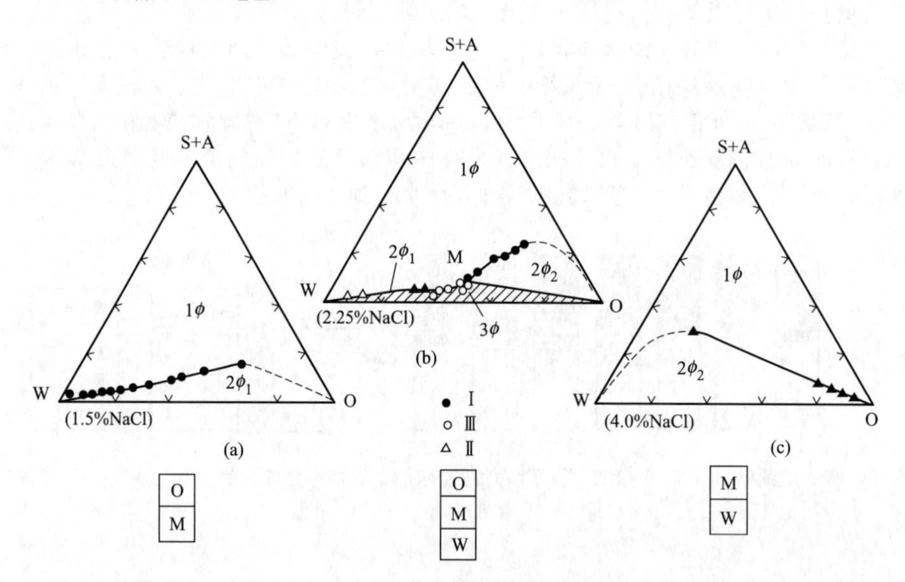


**图 6-19　四组分的拟三元相图**

(a) 单相微乳液区 (1)，Winsor Ⅰ型区 (2-1)；(b) 单相微乳液区 (1)，Winsor Ⅰ型区 (2-1)，Winsor Ⅱ型区 (2-2)，Winsor Ⅲ型区 (3)；(c) 单相微乳液区 (1)，Winsor Ⅱ型区 (2-2)

(A) 作为一个组分置于三角相图的一个顶点来处理，并用此拟三元相图来描述微乳状液体系的性质。图 6-19 中 O 代表油相，M 代表微乳状液，W 代表水相。图中 (a) 表示水外相微乳液与过剩油相的平衡相图，虚线以下区域是两相平衡区；图中 (b) 表示中相微乳液与过剩油相、过剩水相共平衡相图，图中 M 点是三相点，存在两个两相区、一个单相区；图中 (c) 表示油外相微乳液与过剩水相的平衡相图，存在一个两相区和一个单相区。如果要分别考察表面活性剂和助表面活性剂的作用，则需应用如图 6-20 所示的四组分相图。在此相图中由实验确定的微乳液区，不再是一个平面区域，而是处于正四面体内部的一个或两个不规则的柱形或锥形，具体形状以及它们在四面体中的位置完全由实验确定。通常 O/W 型

微乳液区域在水顶点附近，W/O区在助表面活性剂和油顶点之间的棱附近。关于微乳液区域图的画法比较麻烦[1]，有兴趣的读者可参阅有关文献。关于能为化妆品配方提供信息的拟三元相图更为复杂，可参阅有关文献[2]。

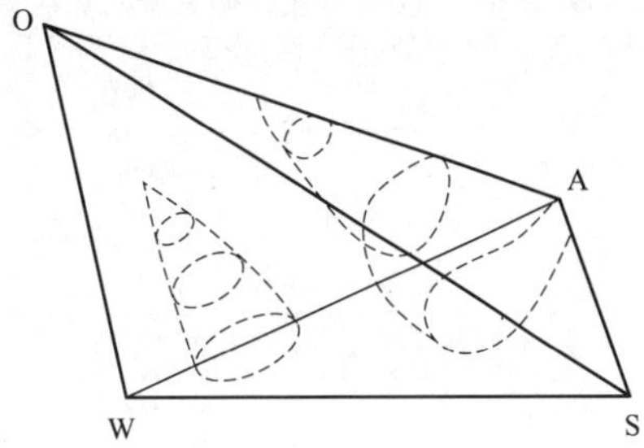

图6-20　四组分相图

A—醇；W—水；O—油；S—表面活性剂

## 六、微乳状液的性质

为了解微状液的本质，下面根据一些实验结果，归纳出若干微乳状液的理化性质。

### 1. 光学性质

微乳状液为澄清、透明或半透明的分散系统，多数有乳光，颗粒大小常在0.2μm以下，故在普通光学显微镜下不能观察到其颗粒。

### 2. 颗粒大小及均匀性

据光散射、超离心沉降及电子显微镜等方法的研究，发现颗粒一般都小于0.1μm。用电子显微镜观察微乳状液时，发现颗粒越细分散度越窄，当颗粒大小为0.03μm时，颗粒皆为同样大小的圆球。一般的乳状液的粒度分布较宽，即颗粒大小非常悬殊。

### 3. 导电性质

与一般的乳状液相似，若外相为水导电性就大；若外相为油则导电性差，因此，不能据导电性来区分粗乳状液和微乳状液。

### 4. 稳定性

微乳状液很稳定，长时间放置亦不分层和破乳。若把它放在100个重力加速度的超离心机中旋转5min也不分层，而粗乳状液这时是要分层的。

### 5. 超低界面张力

表面活性剂加入水中后水的表面张力一般从$72mN \cdot m^{-1}$降至$30 \sim 40mN \cdot m^{-1}$，在油-水界面上其界面张力下降得更低，可从$50mN \cdot m^{-1}$左右降至几毫牛每米或十几毫牛每米。此时，再加如醇类等辅助剂，界面张力还可进一步降低，甚至达到超低界面张力，即$10^{-6} \sim 10^{-2} mN \cdot m^{-1}$，这已被众多实验证实。

### 6. 碳链数的相关性

正构阴离子表面活性剂中碳原子数目，应等于油分子中碳原子数目加上辅助剂分子中的碳原子数目，若符合此相关性，可得较合适的微乳状液组分匹配。

为了区别粗乳状液、微乳状液和胶束溶液，将它们的异同列于表6-4中，以便比较。

## 七、微乳状液的应用

微乳状液在许多情况下的应用是和乳状液的应用联系在一起的。许多配方实际上是形成粗乳状液。微乳液只有在一定条件下才获得稳定、高度分散的系统，并在某些特定方面取得良好效果。

（1）化妆品　粗乳状液的稳定性不是令人非常满意的，若更换成微乳状液则不论是稳定性还是外观（透明性）和功能都会有改善。

（2）脱模剂　过去用无机粉体作脱模剂较多，给操作人员带来不便。现今在橡胶、塑料等行业改用喷涂粗乳状液或微乳状液，既提高了工效、改善了成品质量，又减少了环境污

[1] 李干佐等. 日用化学工业，1989（5）：40.

[2] 王秀文等. 日用化学工业，1991（2）：38.

■ 表 6-4 粗乳状液、微乳状液和胶束溶液的性能比较

| 性能＼系统 | 粗乳状液 | 微乳状液 | 胶束溶液 |
| --- | --- | --- | --- |
| 颗粒大小 | $>0.1\mu m$ | 10～几百纳米 | 1～几十纳米 |
| 类型 | O/W 型，W/O 型，多重型 | O/W 型，双连续相型，W/O 型 | 胶束，反胶束 |
| 界(表)面张力 | 几十毫牛每米 | $10^{-6}\sim10^{-2}mN\cdot m^{-1}$ | $1\sim40mN\cdot m^{-1}$ |
| 颗粒形状 | 通常为球形 | 球形 | 各种形状 |
| 透光性 | 不透明 | 透明 | 透明 |
| 稳定性(用 100 个重力加速度超离心机) | 分层 | 不分层 | 不分层 |
| 表面活性剂用量 | 少，不必加辅助剂 | 多，需加辅助剂 | 可多可少，超过 CMC 所需的量即可 |
| 组成 | 三组分：表面活性剂、水、油 | 三组分：非离子型表面活性剂、油、水(或盐水)<br>四组分：离子型表面活性剂、油、辅助剂、水(或盐水) | 二组分：表面活性剂、水(或油) |

染，深受欢迎。

(3) 洗井液 油井在生产一段时间以后，由于蜡、沥青、胶质等的黏附，使出油量下降，这就需要用一种液体注入井中清洗，使出油量恢复正常。洗井液的配方很多，而微乳状液是其中之一，它对地层压力系数较低的油井更为有利，因为它的密度低并且不使地层膨胀。

(4) 三次采油 油井自喷称为一次采油。注水、注蒸汽、火烧、动力机械抽油等依附于动力而出油者称为二次采油。在注水驱油等方法中，再附加化学药剂或生物制剂而出油的措施称为三次采油。三次采油的办法也是多种多样的，微乳状液是办法之一，且成功的希望较大。因为微乳液在一定范围内既能和水混溶又能和油混溶，能消除油、水间的界面张力，故洗油效率最高。德国、美国等都已有单井成功的先例。我国除石油系统外，山东大学胶体化学研究所、中国科学院感光化学研究所等单位和油田结合，在这方面也开展了许多工作，取得不少成果。但它能否大面积推广使用，则受技术上和经济上诸多因素制约。不过，三次采油势在必行，因为三次采油所采收的是残存于油层中多达 60%以上的原油。21 世纪将会有更多的石油开采人员从事这方面的工作。

(5) 超细粒子及复杂形态无机材料的制备 将微乳状液作为微反应器可进行纳米粒子制备。在 Triton X-100/正己醇/环己烷/水的 W/O 型微乳状液中制备了球形和立方形硫酸钡纳米粒子[1]。在双连续相的微乳液通道中进行矿化反应制备了微米级网状结构的磷酸钙。在双连续相微乳薄膜中制备出文石型碳酸钙蜂窝状薄膜。

(6) 微乳状液中的催化作用 某些发生在有机物和无机物之间的反应，由于它们在水和有机溶剂中的溶解度相差太大，难以找到适当的反应介质。在微乳状液中却可使这类反应进行。微乳液使某些化学反应得以进行和加速的原因有：①微乳液体系对有机物和无机盐都有良好的溶解能力，且微乳液为高度分散的体系，有极大的相接触面积，对促使反应物接触和反应十分有利，例如在 O/W 型微乳液中，半芥子气氧化为亚砜的反应仅需 15s，而在相转移催化剂作用下的两相体系中进行需 20min；②某些极性有机物在微乳中可以一定的方式定向排列，从而可控制反应的方向，如在水溶液中苯酚硝化得到邻位和对位硝基苯酚的比例为 1∶2；在 AOT 参与形成的 O/W 型微乳中苯酚以其酚羟基指向水相，因而使水相中的 $NO_2^+$ 易攻击酚羟基的邻位，可得到 80%的邻硝基苯酚；③微乳中表面活性剂端基若带有电荷，

[1] Qi L M, Ma J M, Cheng H M, Zhao Z G. Colloids and Surfaces A, 1996, 108: 117.

常可使有一定电荷分布的有机反应过渡态更稳定，而过渡态稳定利于反应进行和速率常数增大，例如，已知苯甲酸乙酯水解反应的过渡态是负电分散的，实验测得在阳离子表面活性剂十六烷基三甲基溴化铵参与形成的O/W型微乳中，该反应的活化能大大降低。表面活性剂、助表面活性剂的性质，微乳的组成比，外加电解质等都可影响微乳对化学反应的作用。这些影响都表现在改变微乳相区的面积和形状，以及改变微乳液滴的大小和界面层性质❶。

关于微乳状液的应用，在崔正刚、殷福珊编写的《微乳化技术及应用》一书中作了极为详细的介绍，在约400余页的总篇幅中占了近1/3，读者从这里或许能查到所需参阅的内容。

总之，关于微乳状液的研究和应用，虽然已经取得不少成果，但关于深层次的问题仍有待进一步探索和总结。

## 第八节　乳状液的应用

乳状液在工农业生产、日常生活以及生理现象中都有广泛的应用❷。

### 一、控制反应

许多化学反应是放热的，反应时温度急剧上升，能促进副反应的发生，从而影响产品质量。若将反应物制成乳状液后再反应，即可避免上述缺点。因为反应物分散成小滴后，在每个小滴中反应物数量较少，产生热量也少，并且乳状液的相界面面积大、散热快，因而温度易于控制。高分子化学中常使用乳液聚合反应（如合成橡乳），以制得较高质量的产品。

### 二、农药乳剂

将杀虫药、灭菌药制成O/W型乳剂使用，不但药物用量少，而且能均匀地在植物叶上铺展，提高杀虫、灭菌效率。也有将农药与乳化剂溶在一起制成乳油的，使用时配入水中即成乳状液。

### 三、沥青乳状液

沥青的黏度很大，不便于在室温下直接用于铺路面。若用阳离子型乳化剂将其制成O/W型乳状液，则表观黏度大大降低，并改善了对砂石的润湿性，操作简便，效果好。应用阳离子型表面活性剂做乳化剂主要是因为砂石表面荷负电，易于吸引荷正电的沥青乳状液液滴，并使其破乳，水分蒸发后沥青将砂石粘连在一起。

### 四、稠油的乳化降黏

我国不少地区的原油是稠油，黏度高到常温下是固体，甚至可以雕刻成艺术品。当黏度大于2Pa·s时，用抽油机无法抽取。乳化降黏是解决办法之一，即在抽油井的套管环形空间注入一定量的表面活性剂溶液，使其与稠油混合形成不太稳定的O/W型乳状液，原油黏度即大为降低，不但能用抽油机抽出，而且还能在管线中输送到集油站进行下一工序处理。

### 五、纺织工业

天然纤维与人造短纤维在纺前要用油剂处理，合成纤维在纺纱、织布时也要施用油剂，以增加纤维的机械强度、减少摩擦和增加抗静电性能等。在实际使用时，为了节省油剂，都加水配成O/W型乳状液使用。

---

❶ Menger F M，Elrington A R．J Am Chem Soc，1991，113：9621.

❷ 贝歇尔P．乳状液——理论与实践．北京大学化学系胶体化学教研室译．北京：科学出版社，1978.

常用的油剂成分是润滑剂（天然动植物油，使纤维平滑）、乳化剂（一方面起乳化作用，另一方面还有诸如润湿、抗静电性等功能）和添加剂（有防氧化、防锈、防毒等功能）。

各种纤维的理化性质及加工方法不同，所用油剂的组成也有差异。现举一化纤用油剂配方：

| 化纤用油剂成分 | 质量分数/% |
| --- | --- |
| 锭子油 | 70 |
| 聚氧乙烯烷基醚($C_{10}\sim C_{14}$，$n=3$) | 10 |
| 聚氧乙烯烷基醚($C_{12}$，$n=5.5$) | 15 |
| 烷基磺酸钠 | 5 |

## 六、制革工业

在皮革鞣制、鞣后处理的上油、填充和修饰工序中常使用乳状液。这些工序是将油脂、高分子聚合物等挤入皮革纤维或粒面层，将染料涂在皮革表面上，从而提高皮革的牢固度、柔软性和拉伸性能。

皮革是一种亲水的蛋白质纤维，因此要把憎水的油脂加进去需将油脂制成 O/W 型乳状液，这样既便于操作，也节省油脂用量，皮革粒面常带正电，故乳化剂多用阴离子型的，使乳状液油滴带负电以便于处理。现今也常用非离子型乳化剂以提高其润湿性。

## 七、乳化食品和医药用乳剂

牛乳和豆浆是天然 O/W 型乳状液，其中的脂肪以细滴分散在水中，乳化剂均是蛋白质，故它们易被人体消化吸收。根据这一道理，人们制造了“乳白鱼肝油”，它是鱼肝油分散在水中的一种 O/W 型乳状液。由于鱼肝油为内相，口服时无腥味，便于儿童服用。日常生活中的冰激凌、人造奶油以及营养豆奶等大多是 W/O 或 O/W 型乳剂。冰激凌由奶油、椰子油等原料与水乳化而成。人造奶油不含动物脂肪中易引起心血管疾病的胆固醇，且成本低，广泛用于糕点行业。这些食品中所用的乳化剂多为甘油-硬脂酸酯、蔗糖酯等。

目前临床上给严重营养缺乏患者使用的静脉滴注用脂肪乳剂，主要是含有精制豆油、豆磷脂和甘油的 O/W 型乳状液。药房中许多用作搽剂的药膏，以往多以凡士林为基质，使用时易污染衣服，目前常制成“霜剂”，实为浓的 O/W 型乳状液，极易被水清洗，所用乳化剂常为聚氧乙烯（5～50）硬脂酸酯等。

## 八、微粉制备

以乳状液为反应介质可制备球形不团聚陶瓷粉粒子[1]和纳米级粒子。已有在水/Span 80 Tween 80/甲苯乳状液中制备 ZnS 微粉粒子的报道；并且当在 Span 80-Tween 80 中再加入阳离子表面活性剂时能显著改善形成的 ZnS 粒子的形貌及粒度[2]。

# 第九节　多重乳状液和液膜分离

## 一、多重乳状液

将由分散相和分散介质形成的某种类型的乳状液（初级乳状液）再分散到分散相介质中形成的多重液-液分散体系称为多重乳状液（multiple emulsions）。如将 W/O 型初级乳状液再分散到水相中，则形成 W/O/W 型多重乳状液。多重乳状液分为 W/O/W 和 O/W/O 两种基本类型。在此二类型中的两个水相和油相可以是不相同的，表示为 $W_1/O/W_2$ 和 $O_1/$

[1] Lopez Quintela M A, Rivas J. J Colloid Interface Sci, 1993, 158: 446.

[2] 黄宵滨，马季铭，程虎民等. 应用化学，1997，14：17.

$W/O_2$ 型。图 6-21 是 W/O/W 型多重乳状液示意图。

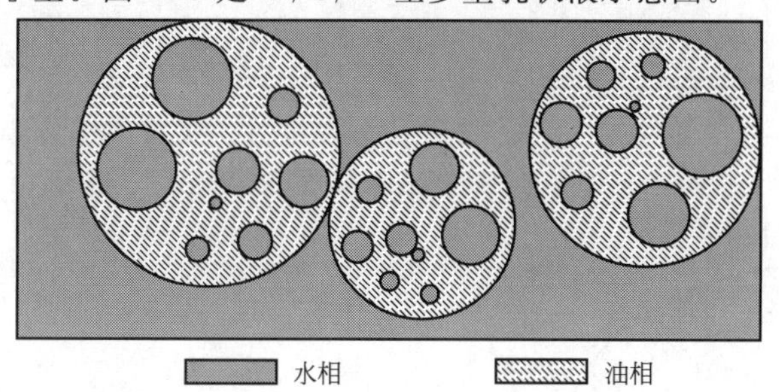


图 6-21　W/O/W 型多重乳状液示意图

欲制备多重乳状液先要制备初级乳状液。将较稳定的初级乳状液分散于与初级乳状液分散相性质相同的介质中，即得多重乳状液。以制备 W/O/W 型多重乳状液为例，先用低 HLB 的乳化剂制成 W/O 型初级乳状液，再将其分散于溶解有高 HLB 乳化剂的水相中，即得 W/O/W 型多重乳状液。

多重乳状液也是热力学不稳定体系。多重乳状液中的初级乳状液液滴和初级乳状液中的分散相小液滴都有相互碰撞、自动聚结、减小界面面积、降低界面能的趋势。外界条件的变化和电解质的加入都可影响多重乳状液的稳定性。

多重乳状液主要用于医药制剂、化妆品的制造和液膜分离技术。

## 二、液膜分离

液膜分离[1][2]（liquid membrance separation）技术是综合萃取法和渗透法的优点，在 20 世纪 60 年代由美国黎念之提出的新的分离方法。液膜分离分为支撑液膜和多重乳状液液膜两大类，本节只介绍后一类。

### （一）多重乳状液液膜及其组成

在多重乳状液中介于被封闭的初级乳状液内相液滴与连续的多重乳状液外相之间的区域，称为液膜（相）。如 W/O/W 型多重乳状液的油相，或 O/W/O 型多重乳状液的水相均为液膜，前者称油膜，后者称水膜。两种液膜如图 6-22 所示。用于液膜分离的多重乳状液中的初级乳状液内相，微滴直径约 100μm，初级乳状液大液滴直径约 1mm，液膜厚度约为 1～10μm 不等。液膜的厚度比大多数其他类型人工薄膜薄 9/10 以上。

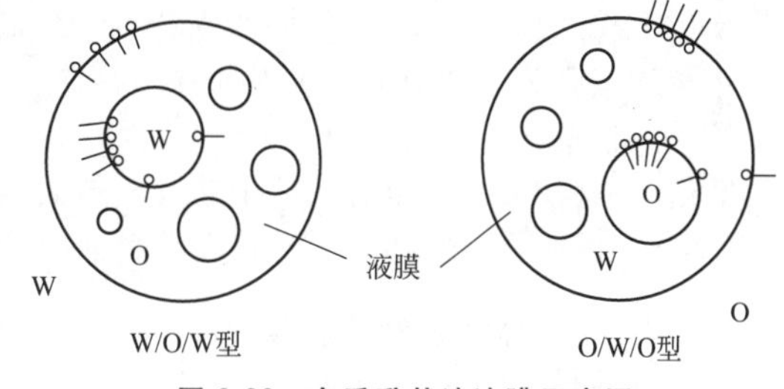


图 6-22　多重乳状液液膜示意图

多重乳状液的基本组成是油、水和表面活性剂。用于液膜分离时有时在内相和液膜相加入某些能与被分离物发生反应的试剂。为了有助于被分离物在液膜相中的迁移而加入的物质称为流动载体。因而，多重乳状液液膜分离分为无流动载体和有流动载体的两类。

液膜的基本成分是溶剂和表面活性剂。溶剂占液膜总量 90% 以上。表面活性剂的主要作用是使多重乳状液稳定，油膜常选用低 HLB 的乳化剂，水膜则用高 HLB 的乳化剂。对流动载体的要求是，既能与被分离物形成溶于膜相的配合物，又要使形成的络合物不能太稳定，以便于其在透过液膜后能分解。常用的流动载体有大环状聚醚、环烷酸、肟类化合物、三辛胺等。

---

❶ 参考书目 42。

❷ 参考书目 41。

## （二）液膜分离机理

### 1. 无载体液膜分离机理（参见图 6-23）

（1）选择性渗透［图 6-23(a)］ 料液中有 A、B 二待分离组分。A 可溶于液膜，B 不溶于液膜。A 将透过液膜进入膜外连续相，最终使 A 在液膜两侧浓度相等。B 仍留于原料液中。可用这种方法分离烃类化合物。

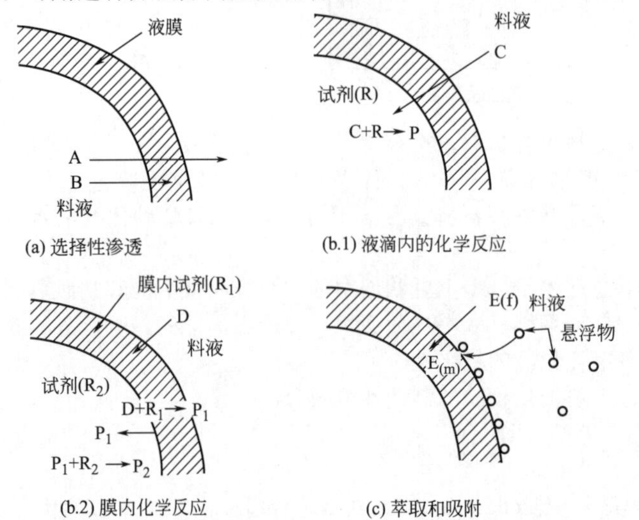


图 6-23 无载体液膜分离机理示意图

（2）液滴内的化学反应［图 6-23(b.1)］ C 为料液中待分离组分。在制备初级乳状液时内相微滴中加入可与 C 反应的试剂 R。而 C 与 R 反应的产物 P 又不能透过液膜。这样，料液中的 C 透过液膜与 R 反应，产物留在微滴中达到分离目的。废水中的有机酸、有机碱可用此机理去除。

（3）液膜内的化学反应［图 6-23(b.2)］ D 为料液中待分离组分。制备初级乳状液时微滴内加入试剂 $R_2$，外相（即多重乳状液液膜相）内加入试剂 $R_1$。D 溶入液膜相，与 $R_1$ 反应生成产物 $P_1$。$P_1$ 不能回渗入料液，只能进入微滴内，进而与 $R_2$ 反应生成产物 $P_2$，$P_2$ 不溶于液膜相，从而使 D 从料液中分离。

（4）萃取与吸附［图 6-23(c)］ 根据待分离物的溶解度可进行膜相萃取（如漂浮的有机物溶于油膜相）。多重乳状液中连续相与液膜相间有大的相界面，可以吸附料液中的悬浮物（如悬浮的固体或液体粒子）使其从料液中分离。

### 2. 有载体液膜分离机理

流动载体是一种试剂，它溶于液膜中，能与被分离物在液膜与料液界面上形成弱配合物，然后有方向性地向液膜另一侧迁移，在内相微滴与液膜界面上弱配合物与微滴内的某试剂作用，将被分离物释放于微滴中，流动载体恢复原状，并再向液膜另一侧迁移。如此重复上述过程达到被分离物从料液中分离的目的。

在下面液膜分析实例中，从工业污水脱 $Cr^{6+}$ 就属于有流动载体液膜分离类型。

### 3. 液膜分离实例

（1）废水处理[1][2][3] 典型的液膜分离例子是除去废水中的中低含量苯酚。由于苯酚可部分地溶于油，所以容易从膜外水相透过油膜（98% S100N 脱蜡中性油＋2% Span80）进入膜内碱水（约 2% NaOH 溶液）液滴中，苯酚被中和，生成不溶于油的酚钠，从而不能再

---

[1] Li N N，Shrier A L. in：Recent Developments in Separation Science. Vol 1. Cleveland：CRC Press .

[2] 杨品钊，沈力人等. 上海环境科学，1987（3）：13.

[3] 沈力人，杨品钊，陈丽亚. 水处理技术，1997，23（1）：45.

扩散到膜外相中去，如图 6-24 所示。

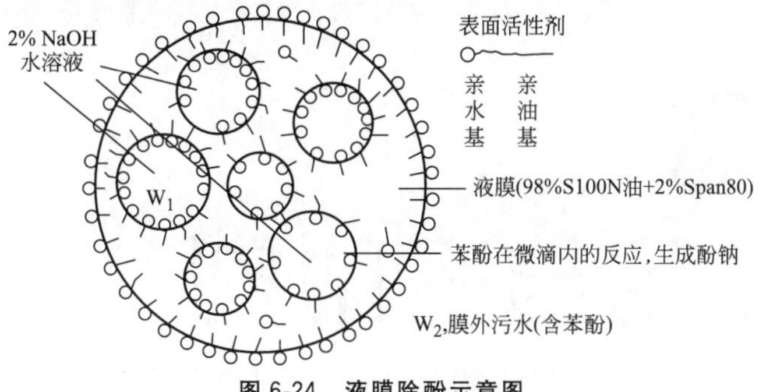


**图 6-24 液膜除酚示意图**

又如从工业污水中脱 $Cr^{6+}$。所用乳状液的油相为煤油（内含三辛胺和聚胺），水相为 NaOH 水溶液。上述两液体形成 W/O 型乳状液后，再注入含 $Cr^{6+}$ 的污水，这时煤油为液膜（内含三辛胺及聚胺），污水中的 $Cr^{6+}$ 则以下列表面反应形成盐而进入油膜：

$$2R_3N+H_2Cr_2O_7 \longrightarrow (R_3N)_2Cr_2O_7$$

胺盐在油膜表面上浓度增高后，逐渐向水内相迁移，并与 NaOH 作用形成不能迁移的盐且游离出三辛胺：

$$(R_3N)_2Cr_2O_7+4NaOH \longrightarrow 2R_3N+2Na_2CrO_7+3H_2O$$

三辛胺又扩散到油膜中再提取 $Cr^{6+}$，如此往复，就可把 $Cr^{6+}$ 富集到水相中。富集的 $Cr^{6+}$ 浓度可达 $160g \cdot L^{-1}$。然后将乳状液取出破乳，把 $Cr^{6+}$ 从水相中分离出来。

（2）医学、药物学和生物化学中的应用[1][2]　在医学中的应用实例之一是用于急救。如苯巴比妥（鲁米那）是一种常用镇静剂，用于治疗失眠、惊厥、高血压等症。此药物为酸性药物，易溶于碱液，不电离时有较大油溶性。过量服用有生命危险。用包封有 NaOH 水溶液的液膜捕集，在最好的条件下，5min 后可除去 95％的苯巴比妥。用液膜分离技术，9min 可除去 100％的阿司匹林。

用液膜包封某些酶，常可提高其活性。如包封尿素酶使其在肠道中定期释放，除氨速度加快，对治疗尿毒症有益。

在需体外给血液供氧时，用碳氟化合物球形液膜包裹的氧气泡通入待补氧血液中，氧通过液膜进入血液，而血液中的 $CO_2$ 向相反方向扩散，从而减少血液中 $CO_2$ 而增加其氧含量。

液膜法可用于某些药物和有机物生产工艺的改进。如以 Span 80、乙酸丁酯的煤油溶液为油膜相，以 $Na_2CO_3$ 水溶液为膜内相的液膜，萃取模拟发酵液中的青霉素可以改进传统的萃取工艺，使操作可在 pH4 和室温下进行。

此外，以 1.0％的磷酸三丁酯为萃取剂、兰州炼油厂生产的 L113B（W/O 型乳化剂，用量为 3％）为表面活性剂的煤油溶液为有机膜相，NaOH 水溶液为膜内相，可制得稳定的乳状液膜[3]。用它从苹果酸溶液中萃取富马酸，再将萃余液浓缩可制得富马酸含量<0.05％的合格苹果酸产品。苹果酸不仅是食品界公认的安全添加剂之一，它在医药、日用化工等方面也有广泛的应用。

液膜分离技术在多种工业部门都有应用或有应用前景。如在石油化学工业中分离烃的混合物，在冶金工业中提取金属，在原子能工业中回收铀等。但是，液膜分离技术从基础研究和应用研究方面都还存在不少需深入研究的课题。特别是在工业化过程中，液膜的稳定性、溶胀和液膜的破乳以及工艺流程的设计、生产成本的降低等都有大量工作要做，使液膜分离技术能实际应用于工业规模生产有待时日。

---

[1] Frankfeld J W, et al. in: Recent Development in Separation Science. Vol 4. Cleveland: CRC Press.

[2] 沈力人，杨品钊，吉炜青等．膜科学与技术，1997，17（1）：24.

[3] 沈力人，杨品钊等．溶剂萃取新进展．广州：暨南大学出版社，1998.

# 第七章 吸附作用与吸附剂

吸附作用（adsorption）是在众多界面现象中最早进行系统研究的一类，应用也最为广泛。在不相混溶的两相接触时两体相中的某种或几种组分的浓度与它们在界面相中浓度不同的现象称为吸附。若界面上的浓度高于体相中的称为正吸附（positive adsorption）；反之，为负吸附（negative adsorption）。通常有实用价值的多为正吸附，在未特别指明时，吸附即指正吸附。当某组分在某一相中浓度的减少不是因在界面上发生吸附，而是进入另一相的体相中，这种现象称为吸收（absorption）。在难以区分吸附与吸收时常笼统地称为吸着（sorption）。由此可见，吸附是发生在界面上的行为，吸收是发生在体相中的作用。发生吸附作用时已被吸附的物质称为吸附质（adsorbate），在体相中可被吸附的物质称为吸附物（adsorptive），在中文文献多不加区分，统称吸附质。能有效在其表面上发生吸附作用的固体物质称为吸附剂（adsorbent）。

## 第一节 固-气界面上的吸附作用

固-气界面上的吸附也称气体吸附。当气体或蒸气与干净的固体表面接触时，一部分气体被表面捕获：若气体体积恒定，则压力下降；若压力恒定，则气体体积减少[1]。

### 一、物理吸附和化学吸附

吸附是固体表面质点和气体分子相互作用的一种现象，按作用力的性质可分为物理吸附（physisorption）和化学吸附（chemisorption）两种类型。物理吸附是吸附质与吸附剂表面间物理力（van der Waals 力）作用而发生的吸附，它相当于气体分子在固体表面上的凝聚。化学吸附实质上是一种化学反应（吸附质与吸附剂表面形成化学键）。因此这两种吸附在许多性质上都有明显的差别（见表 7-1）。

应当指出，表 7-1 所列的区别并不是绝对的，有时二者可相伴发生。例如氧在钨表面上的吸附，有的是分子状态（物理吸附），有的呈原子状态（化学吸附），也可能在化学吸附的氧原子上再发生氧分子的物理吸附。在气体吸附中，因为吸附是放热的，所以无论是物理吸

[1] Brunauer S. The Physical Adsorption of Gases. London：Oxford Univ Press，1945：3.

**表 7-1 物理吸附和化学吸附的区别**

| 主要特征 \ 吸附类别 | 物理吸附 | 化学吸附 |
|---|---|---|
| 吸附力 | van der Waals 力 | 化学键力 |
| 选择性 | 无 | 有 |
| 吸附热 | 近于液化热(0～20kJ・$mol^{-1}$) | 近于反应热(80～400kJ・$mol^{-1}$) |
| 吸附速度 | 快,易平衡,不需要活化能 | 较慢,难平衡,常需要活化能 |
| 吸附层 | 单分子层或多分子层 | 单分子层 |
| 可逆性 | 可逆 | 不可逆(脱附物性质常不同于吸附质) |

附还是化学吸附，吸附量均随温度的升高而降低（图 7-1）。这表明在低温时 $H_2$ 主要是物理吸附，当温度升高至曲线最低点 $A$ 后，这时可以使 $H_2$ 分子活化，开始缓慢的化学吸附，但脱附速度很小，在 $A$-$B$ 区域内未达到平衡，故吸附量随温度升高而增大。这意味着吸附需要活化能，所以也有人将此吸附称为活化吸附（activated adsorption）。但当温度升至 $B$ 点后，这时被活化的 $H_2$ 分子迅速增加，化学吸附可以达到平衡，吸附量再次随温度的升高而降低。因此可以说，同一个吸附系统，在低温下是物理吸附，在高温下则为化学吸附。化学吸附在催化作用中具有重要意义。关于分子的吸附状态，目前通过光谱数据可以提供许多信息。在紫外线、可见光及红外线光谱区，若出现新的特征吸收峰，就标志着存在化学吸附。物理吸附只能使吸附分子的特征吸收峰发生某些位移，或使原吸收峰的强度有所改变。

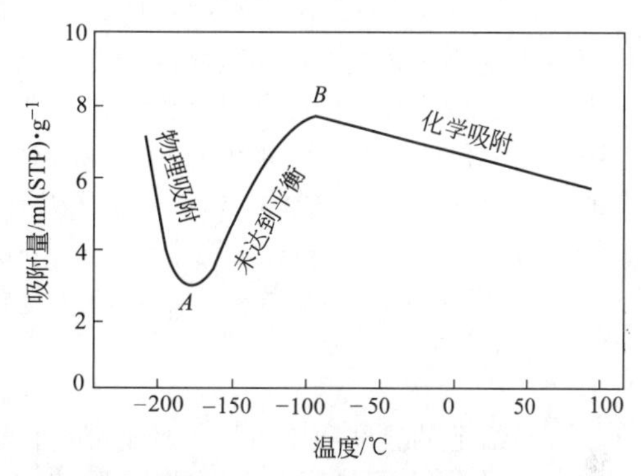


图 7-1 $H_2$ 在 Ni 上的吸附量随温度的变化（$H_2$ 的压力为 26.7kPa）

物理吸附与化学吸附的性质还可通过位能曲线来说明。图 7-2 为 $H_2$ 在 Ni 上吸附过程

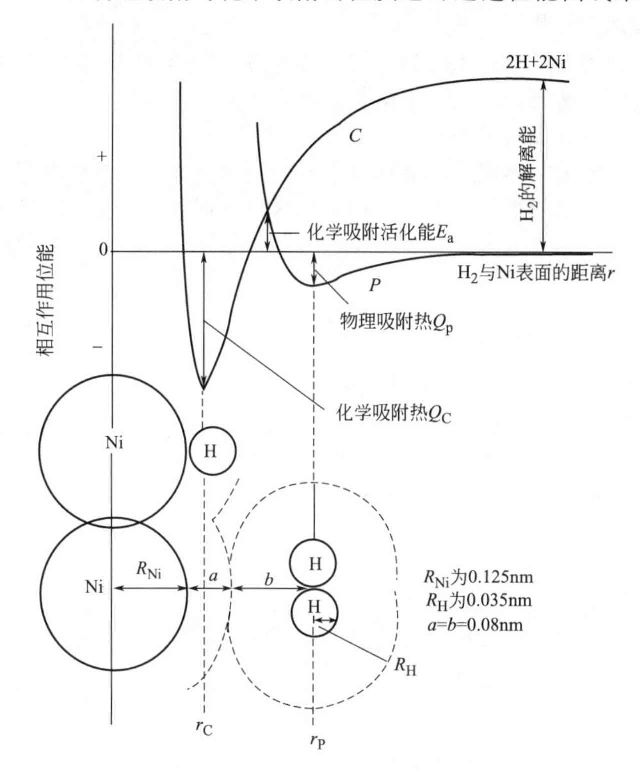


图 7-2 $H_2$ 分子在 Ni 上的吸附位能曲线

$r_C = r_{Ni} + r_H = 0.125 + 0.035 = 0.16$ (nm)；

$r_P = 0.125 + 0.08 + 0.08 + 0.035 = 0.32$ (nm)；

0.08nm 为 Ni 与 H 的范氏半径

的位能与距离的关系曲线示意图。由量子力学可分别算出 $H_2$ 在 Ni 发生物理吸附过程的位能曲线 $P$，而曲线 $C$ 为化学吸附过程的位能曲线。当 $H_2$ 远离 Ni 表面时，势能为零；当 $H_2$ 逐渐接近 Ni 表面时，van der Waals 引力起主要作用，位能逐渐降低；吸附平衡时，势能最低，形成了相对稳定的物理吸附态。但分子进一步接近时，由于电子云重叠引起相斥作用而使势能迅速上升。曲线最低点的深度相当于物理吸附热 $Q_p$，而相应的距离 $r_p$ 相当于表面 Ni 原子和 $H_2$ 分子的 van der Waals 半径之和（约 0.32nm）。代表化学吸附的曲线 $C$ 中，$H_2$ 为脱附，$H_2$ 要解离为氢原子（2H）才被吸附，当一对氢原子接近表面时，由于吸引使位能逐渐降低，在曲线上出现的最低点相当于形成了稳定的化学吸附态。曲线最低点的深度相当于化学吸附热 $Q_C$，相应的距离 $r_C$ 为 Ni 和 H 原子的核间距（0.16nm）。

图 7-2 还说明，由于有物理吸附，分子将沿着能量很低的途径接近表面，然后在 $P$ 和 $C$ 两条曲线的交叉点上由物理吸附转变为化学吸附。这时系统吸收能量 $E_a$ 成为过渡态。过渡态不稳定，系统的位能必迅速沿曲线 $C$ 下降至最低点形成稳定的化学吸附态。$E_a$ 就是化学吸附的活化能。此点足以说明物理吸附对化学吸附有重要作用。若无物理吸附，则化学吸附的活化能就是吸附质分子（$H_2$）的解离能。显然，若某化学吸附的 $E_a$ 很小，则吸附速率很快；若 $E_a$ 不很小，则吸附速率较慢；若要有显著的化学吸附速度，温度必须超过某一定值（这暗示吸附需要活化能）。Taylor 将此吸附称为活化吸附。

## 二、吸附热

在给定的温度和压力下，吸附都是自动进行的，所以吸附过程的表面自由焓变化 $\Delta G<0$。而且气体分子被吸附在固体表面上时，气体分子由原来在三维空间中运动，转变为在二维空间上运动，混乱度降低，因而过程的熵变 $\Delta S<0$。根据热力学公式 $\Delta G=\Delta H-T\Delta S$，必然吸附热 $\Delta H<0$，即等温吸附过程是放热过程。大多数实验结果也证实了气体在固体上的吸附是放热的（$H_2$ 在 Cu、Ag、Au 和 Cd 上的吸附是吸热的，这与它们的化学吸附性质有关）。但在溶液吸附中，由于溶质吸附必然伴随溶剂的脱附，前者是熵减少的过程，后者是熵增加的过程，因此，吸附过程的总熵变并不一定是负值，所以溶液吸附比较复杂，有时吸附热 $\Delta H$ 有可能是正的，即是吸热过程[1]。

吸附热的大小直接反映了吸附剂和吸附质分子之间的作用力性质。化学吸附的吸附热大说明吸附键强，反之，说明吸附键弱。这里介绍几种吸附热的定义。

吸附热一般可分为积分吸附热和微分吸附热两类。

积分吸附热是在吸附平衡时，已经被气体覆盖的那部分表面的平均吸附热。它反映了吸附过程中，一个比较长的时间内热量变化的平均结果。前面用以区分物理吸附和化学吸附的吸附热，就是积分吸附热。如果某吸附剂在恒温下吸附了 $a$（mol）吸附质后，放出的总热量为 $Q$，则积分吸附热 $Q_i$ 为：

$$Q_i=\left(\frac{Q}{a}\right)_{T,V^g} \tag{7-1}$$

式中，下标 $V^g$ 表示与吸附剂相接触的吸附质气体，在吸附过程中的体积不变。

微分吸附热 $Q_d$ 是在吸附剂上再吸附少量气体 d$a$（mol）所放出的热量 d$Q$，它反映了吸附过程中某一瞬间的热量变化。由于固体表面的不均匀性，吸附热随表面覆盖度 $\theta$ 的不同而改变，因此在吸附过程中，任一瞬间的 $Q_d$ 并不相同。据此，$Q_d$ 的定义为：

$$Q_d=\left(\frac{\partial Q}{\partial a}\right)_{T,V^g}=\left(\frac{\partial Q}{\partial \theta}\right)_{T,V^g} \tag{7-2}$$

所以积分吸附热实际上是各种不同覆盖度下微分吸附热的平均值。

求得吸附热有两种方法，一种是用量热计直接测定，另一种是间接计算法。这里主要介绍根据吸附等量线的计算法。

---

[1] 顾惕人．胶体与界面化学．安徽大学学报专辑，1987：77.

在保持吸附量不变的情况下，测定平衡压力和温度的关系，也就是根据所谓“吸附等量线”按 Clausius-Clapeyron 方程计算得到吸附热：

$$\left(\frac{\partial \ln p}{\partial T}\right)_{a}=\frac{Q_{a}}{RT^{2}}$$

或

$$\ln p_{2}-\ln p_{1}=Q_{a}\times\frac{T_{2}-T_{1}}{RT_{1}T_{2}} \tag{7-3}$$

由式(7-3) 可方便地算得某吸附量下的吸附热。式中，$Q_a$ 为等量吸附热，它实际上是一种微分吸附热。用 Clausius-Clapeyron 方程计算 $Q_a$ 的前提是，把物理吸附过程视为气体分子在固体表面上的液化。如果过程为可逆，则吸附热相当于液化热。因此，平衡温度和压力与相变热的关系应符合 Clausius-Clapeyron 方程。

## 三、吸附曲线

吸附曲线主要反映固体吸附气体时，吸附量和温度、压力的关系。实验证明，对一定的吸附体系来说，吸附量 $\Gamma$ 和温度 $T$ 及气体压力 $p$ 有关，即 $\Gamma=f(T,p)$。在一定温度下，改变气体压力并测定相应压力下的平衡吸附量，作 $\Gamma$-$p$ 曲线，此曲线称为吸附等温线（adsorption isotherm，图 7-3）。作出不同温度下的吸附等温线，并固定某一压力，作 $\Gamma$-$T$ 曲线，此曲线称为吸附等压线（adsorption isobar，图 7-4）。在图 7-3 中固定某一吸附量作 $p$-$T$ 曲线，此曲线称为吸附等量线（adsorption isostere，图 7-5）。可见这 3 种吸附曲线是相互联系的，其中任何一种曲线都可以用来描述吸附作用的规律，实际工作中使用最多的是吸附等温线。

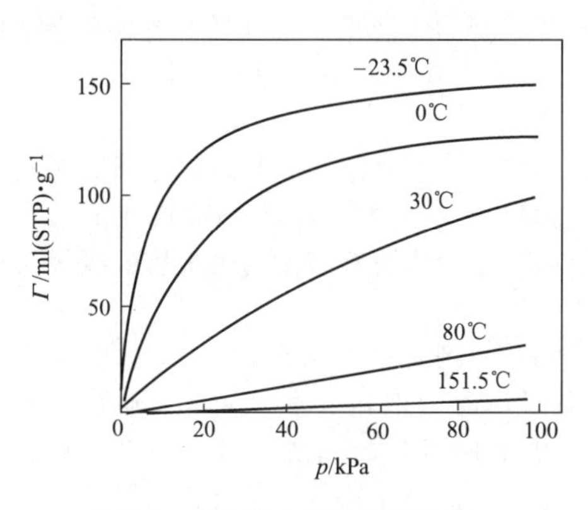


图 7-3 氨在炭上的吸附等温线

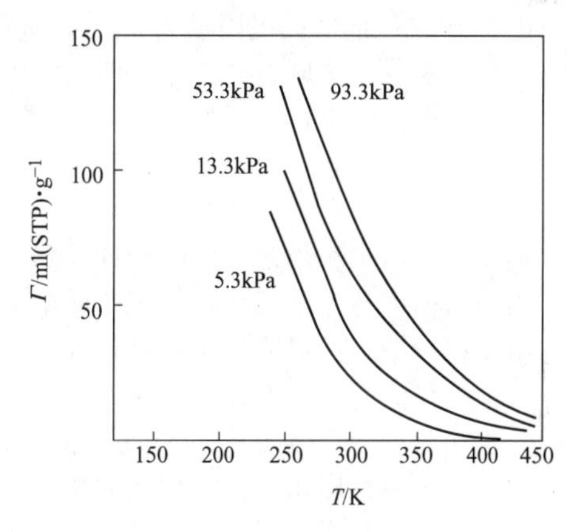


图 7-4 氨在炭上的吸附等压线

前已述及，吸附等温线描述一定温度下平衡吸附量和体相中吸附质组成（压力或温度）的关系，对溶液吸附来说是描述平衡吸附量和溶液吸附平衡浓度的关系。在许多情况下，吸附等温线都有如图 7-3 中 0℃附近的那样的形状。但实验证明，不同吸附体系的吸附等温线形状很不一样，Brunauer 等把气体在固体表面上的吸附等温线分为 5 类[1]（图 7-6），图中 $p_0$ 表示在吸附温度下，吸附质的饱和蒸气压。这 5 种吸附等温线反映了 5 种不同吸附剂的表面性质、孔分布性质以及吸附质与吸附剂相互作用的性质。

第Ⅰ类吸附等温线 Langmuir 称之为单分子吸附类型，也称为 Langmuir 型。室温下，氨、氯乙烷等在炭上的吸附及低温下氮在细孔硅胶上的吸附常表现为第Ⅰ型的。化学吸附通常也是这种等温线。从吸附剂的孔径大小来看，当孔半径在 1.0～1.5nm 以下时常表现为第Ⅰ型。此种等温线在远低于 $p_0$ 时，固体表面就吸满了单分子层（对于微孔吸附剂是微孔中

[1] Brunauer S，Deming I S，Deming W E，Teller E. J Am Chem Soc，1940，62：1723.

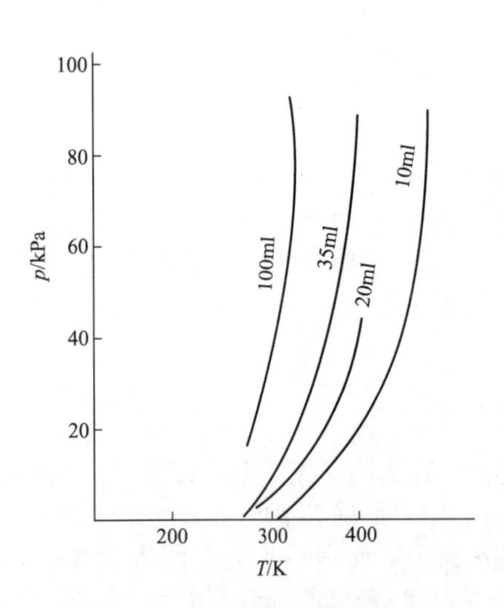


**图 7-5　氨在炭上的吸附等量线**

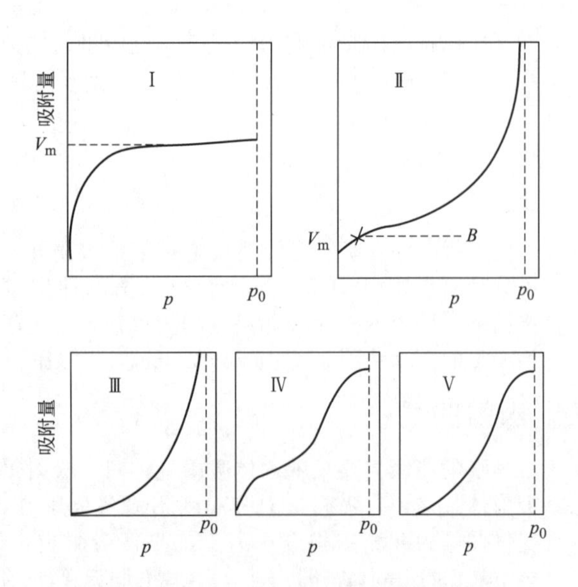


**图 7-6　Brunauer 的 5 种类型气体吸附等温线**

填满了吸附质分子），此时的吸附量可称为饱和吸附量 $V_m$。

第Ⅱ类吸附等温线形状如反“S”，所以称为反 S 型等温线，但更经常说成是 S 型等温线。这种等温线是常见的物理吸附等温线，它的特点是在低压下首先形成单分子层吸附（相当于 $B$ 点，此时的吸附量为 $V_m$），随着压力的增加逐渐产生多分子层吸附，当压力相当高时，吸附量又急剧上升，这表明被吸附的气体已开始凝结为液相。这种吸附剂的孔半径相当大（孔很大时可近似看作无孔），通常都在 10nm 以上。－78℃下，$CO_2$ 在硅胶上及室温下水蒸气在特粗孔硅胶上的吸附常表现为第Ⅱ型等温线。

第Ⅲ型等温线比较少见。在低压下等温线是凹的，说明吸附质和吸附剂之间的相互作用很弱。但压力稍增加，吸附量即强烈增大。当压力接近于 $p_0$ 时便和Ⅱ型曲线相似，曲线成为与纵轴平行的渐近线，这表明吸附剂的表面上由多层吸附逐渐转变为吸附质的凝聚。低温下溴在硅胶上的吸附属于此种情况。

第Ⅳ型等温线在低压下是凸的，表明吸附质和吸附剂有相当强的亲和力，并且也易于确定像在Ⅱ型等温线 $B$ 点的位置（相当于盖满单分子层时的饱和吸附量 $V_m$）。随着压力的增加，又由多层吸附逐渐产生毛细管凝结，所以吸附量强烈增大。最后由于毛细孔中均装满吸附质液体，故吸附量不再增加，等温线又平缓起来。室温下苯蒸气在氧化铁凝胶或硅胶上的吸附均属于这种情况。

第Ⅴ型等温线低压下也是凹的（和第Ⅲ型低压时相似）。随着压力的增大也产生多分子层和毛细管凝结，此种情况和Ⅳ型曲线的高压部分相似。100℃水蒸气在活性炭上的吸附等温线为第Ⅴ型。五种等温线分类编号及编号顺序已被大家所公认。

总之，通过吸附等温线，大致可以了解吸附剂和吸附质之间的相互作用以及有关吸附剂表面性质的信息。当然在实际工作中，有时遇到等温线形状并不典型，这就要具体情况具体分析了❶。

## 四、吸附量测定的实验方法

吸附量（adsorbed amount）是吸附研究中最重要的物理量。吸附量通常以达到吸附平衡时单位质量（1g 或 1kg）或单位面积吸附剂上吸附的吸附质的量（质量、物质的量、体

---

❶ 水蒸气和苯蒸气在不同孔径和表面性质的硅胶上的吸附等温线基本上概括了上述 5 种类型［详见：沈钟. 化学学报，1963，29（2）：67；高等学校化学学报，1989，10（5）：486］。

积等）表示。表示符号有 $\Gamma$、$V$（体积）、$a$、$x$、$n^s$、$x/m$ 等。测定气体吸附量的方法很多，主要有静态法和动态法两类。静态法有重量法（gravimetric method）、容量法（volumetric method）等，动态法有色谱法、常压法、流动法等。

**1. 石英弹簧秤法**（BET 重量法）

这个方法的原理是用称量装置（如石英弹簧、微量天平等）直接测量某气体在一定平衡压力下之吸附量。石英弹簧秤法是根据挂在石英弹簧下的样品盘在吸附前后因质量变化而引起的弹簧伸长（通过测高仪测量）来计算吸附量。仪器装置示于图 7-7 中。实验时先校正弹簧，确定其载重和伸长的关系。然后抽真空并同时加热样品以脱附原来吸附的杂质气体（此时活塞 a、b 均启开，但吸附质贮器外套以干冰冷阱）。然后关闭 a、b，移去冷阱，待吸附质熔化后缓慢开 b，使通入一定量的蒸气（产生吸附），关闭 b，达到吸附平衡后。由弹簧伸长算出吸附量，并从压力计读出吸附平衡压力。在一定温度下，再通过 b 导入一定量蒸气，重复以上操作可以获得一系列吸附量与平衡压力的数据，因而可以作出吸附等温线。此法适于蒸气吸附的研究。

BET 重量法须采用 1.3mPa 的高真空进行脱气，设备比较复杂，吸附平衡时间也长，尽管这是一种标准方法，但目前使用得并不太多。

**2. 常压流动法**

流动法[1]也是一种重量法，但属于动态法。它的基本原理是：令一股饱和了某种吸附质（例如苯）蒸气的氮气流直接通过吸附管（室温下吸附剂不吸附 $N_2$），当样品质量不再增加时即达吸附平衡。此系吸附质蒸气的相对压力（$p/p_0$）为 1 时的吸附量［式(7-4) 中 $p_0$ 为实验温度下吸附质的饱和蒸气压］。若欲测定不同 $p/p_0$ 下吸附质的吸附量，则可用另一股纯氮气流来稀释此饱和蒸气（见图 7-8）。吸附质蒸气的相对压力 $p/p_0$ 和两股氮气的流速（ml/min）有如下关系：

$$\frac{p}{p_0}=\frac{v_1}{v_1+v_2\left(1-\frac{p_0}{p_A}\right)} \tag{7-4}$$

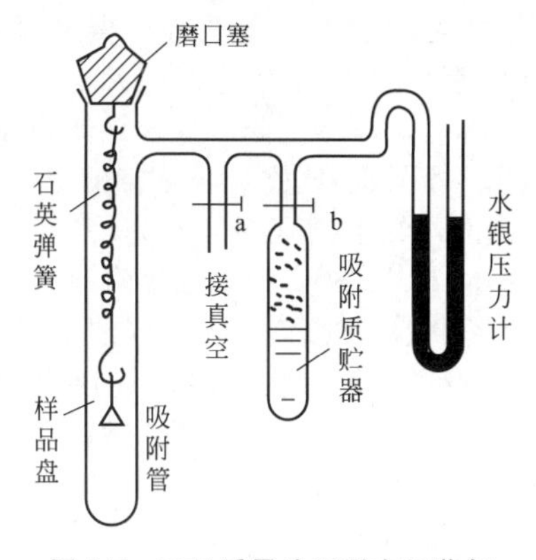

图 7-7 BET 质量法吸附有机蒸气

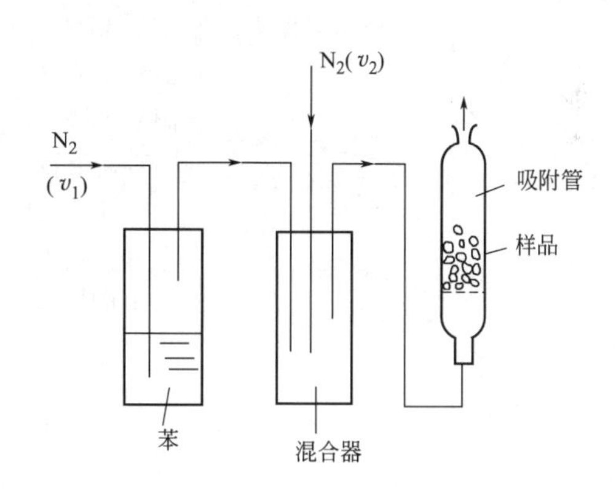

图 7-8 流动法测吸附量示意图

式中，$p_A$ 为大气压；$v_1$ 是通过吸附质液体中 $N_2$ 的流速；$v_2$ 是用于稀释吸附质蒸气的 $N_2$ 流速。显然，调节 $v_1$、$v_2$，并进行吸附试验，便可获得不同的 $p/p_0$ 及各 $p/p_0$ 下的吸附量，从而得到吸附等温线。此法设备简单，吸附平衡也较快，在实验室中被广泛应用。目前许多单位将此法和色谱结合起来，已成为一种快速测定吸附量的方法。

---

[1] 沈钟．化学通报，1960，(5)：19.

3. **连续流动色谱法**（或称低温氮吸附色谱法）

连续流动色谱法测定吸附量的流程示于图 7-9 中。此法的基本原理是，在低温（液氮温度，约－195℃）下进行 $N_2$ 吸附，并用色谱法确定吸附量。采用这样低的温度是确保完全的物理吸附，因而吸附速度很快（即很快达到吸附平衡）。由于吸附平衡和吸附量均由色谱和记录仪示出，保证了整个测定过程是快速的。

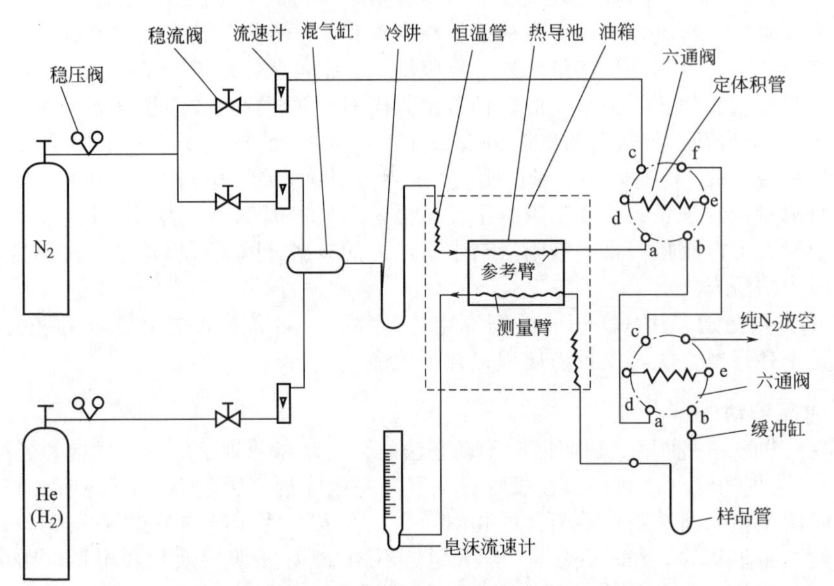


**图 7-9 连续流动色谱法测定吸附量的流程图**

进行吸附、脱附时 { 混合气走向：a→b→样品管；纯 $N_2$ 气走向：c→d→定体积管→e→f→放空

打标准峰时，转动六通阀后 { 混合气走向：a→d→定体积管→e→b→样品管；纯 $N_2$ 气走向：c→f→放空

本实验中以 $N_2$ 作为吸附质，以惰性气体 He（有时也可用 $H_2$）作载气。当这两种气体以一定的流速混合后在室温下通过样品管时，两者皆不被吸附；当样品管外套上液氮杯后，样品立即自混合气体中吸附 $N_2$（不吸附 He），并很快达到平衡。混合气中 $N_2$ 浓度的减少由热导池鉴定器反映出来，并在记录纸上出现一个吸附峰（图 7-10）。当液氮杯移去后（样品管处于室温下），原来被吸附的 $N_2$ 又从样品上脱附出来，这时混合气中 $N_2$ 浓度升高，记录纸上又出现一个与吸附峰方向相反的脱附峰。最后将一股已知体积的纯 $N_2$（通过“定体积管”）注入混合气体中，这时便得到一个“标准峰”。根据标准峰和脱附峰的面积大小以及与标准峰相对应的纯 $N_2$ 的体积，按比例法即可算出样品的吸附量［ml(STP)/g］。这里采用脱附峰计算是因为脱附峰比较对称，而吸附峰往往拖尾严重，当然这两种峰的面积应该是相等的。如固定 He 流速，逐渐改变 $N_2$ 流速，便可配成各种浓度的混合气体，因而可以测定不同相对压力下的吸附量，并作出吸附等温线。

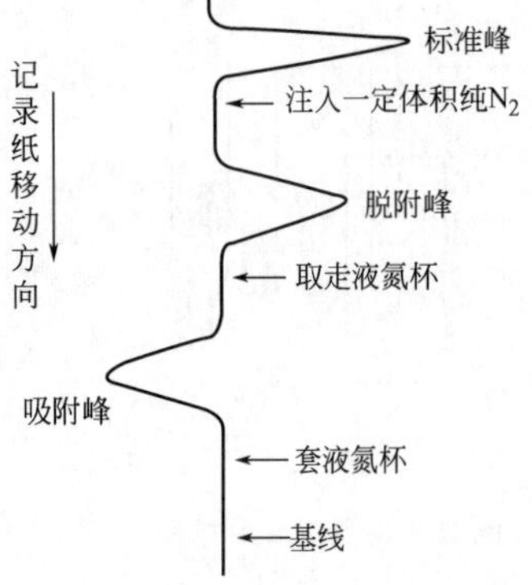

记录纸移动方向
标准峰
注入一定体积纯$N_2$
脱附峰
取走液氮杯
吸附峰
套液氮杯
基线

**图 7-10 记录纸上 $N_2$ 的吸附峰、脱附峰**

流动色谱法是一种简便快速而又有一定准确度的测试方法，目前在国内外被广泛应用。

4. **“干燥器”法**

这是一种古老的但在国内外一直被沿用的测定吸附量的方法。这种方法主要用来测定样品对水蒸气的吸附量。它的基本做法是，取一系列真空干燥器（约 8～10 个），分别放置不同种类的饱和盐溶液。因为在一定温度下，不同盐的溶解度不同，故“干燥器”内的水蒸气压力 $p$ 不同，因此其与同温下纯水的饱和蒸汽压力 $p_0$ 的比值（$p/p_0$）不同。所以将样品（置称量瓶中）放在“干燥器”内吸附达到平衡（称重），便可测出不同相对水蒸气压力下的吸附量，从而可作出吸附等温线。表 7-2 列出了不同温度下若干种饱和盐溶液的 $p/p_0$ 值。

表 7-2 不同饱和盐溶液的相对水蒸气压力

| 饱和盐溶液 | $p/p_0$ | | | 饱和盐溶液 | $p/p_0$ | | |
|---|---|---|---|---|---|---|---|
| | 20℃ | 25℃ | 30℃ | | 20℃ | 25℃ | 30℃ |
| $LiCl \cdot H_2O$ | — | 0.11 | — | $Mg(NO_3)_2 \cdot 6H_2O$ | — | 0.53 | — |
| $CaBr_2 \cdot 6H_2O$ | 0.19 | 0.17 | 0.15 | $NH_4NO_3$ | 0.63 | 0.60 | 0.57 |
| $CaCl_2 \cdot 6H_2O$ | 0.32 | 0.29 | 0.26 | $NaCl$ | 0.75 | 0.75 | 0.75 |
| $MgCl_2 \cdot 6H_2O$ | — | 0.33 | — | $KCl$ | 0.86 | 0.85 | 0.85 |
| $K_2CO_3 \cdot 2H_2O$ | 0.44 | 0.45 | — | $KNO_3$ | 0.95 | 0.94 | 0.94 |

多孔性物质用“干燥器”法测定水蒸气吸附的吸附平衡时间比较长，抽空吸附可以缩短平衡时间。这种方法的最大优点是设备简单，在一次实验中可以同时测定许多种样品，只要保持温度恒定，水蒸气压力就不会改变。

气体吸附量的测定还有许多方法，特别是 BET 容量法是公认的标准方法，但该法在多数物理化学或胶体化学实验书和专著中都有详细介绍，本书不再赘述。

## 五、固-气界面吸附的影响因素

固-气界面吸附是最常见的一种吸附现象。研究固-气界面吸附规律及影响因素，无论在工业生产上还是科学研究中都具有十分重要的意义。总的说，固-气界面吸附的机理和影响因素要比溶液吸附简单，因此许多吸附理论首先出自固-气界面吸附。

影响固-气界面吸附的因素很多，当外界条件（如温度、压力）固定时，体系的性质，即吸附剂（包括催化剂）和吸附质分子的本性是根本因素。

### （一）温度

前已述及，气体吸附是放热过程，因此无论物理吸附还是化学吸附，温度升高时吸附量减少。当然在实际工作中要根据体系的性质和需要来确定具体的吸附温度，并不是温度越低越好。

在物理吸附中，要发生明显的吸附作用，一般说，温度要控制在气体的沸点附近。例如，通常的吸附剂（如活性炭、硅胶、三氧化二铝等）要在 $N_2$ 的沸点 $-195.8$℃附近才吸附 $N_2$，要在 He 的沸点 $-268.6$℃附近才吸附 He，而在室温下这些吸附剂都不吸附 $N_2$、He 和空气，所以在色谱试验中也才能用 He 等气体作载气。在化学吸附中情况比较复杂，例如，$H_2$（沸点为 $-252.5$℃）在室温下，不被上述吸附剂所吸附，但在 Ni 或 Pt 上则被化学吸附。温度不仅影响吸附量，还能影响吸附速率和类型。因为化学吸附实际上是表面化学反应，据此，温度升高，吸附速率增大。又如 $H_2$ 在 $MgO\text{-}Cr_2O_3$ 催化剂上的吸附，在 $-78$℃为物理吸附，而在 100℃则为化学吸附。

总之，温度对吸附的影响，无论对吸附工艺条件的控制还是吸附剂的再生都具有十分重要的意义，有兴趣的读者可参阅有关专著。

### （二）压力

无论是物理吸附还是化学吸附，压力增加，吸附量皆增大。物理吸附类似于气体的液化，故吸附随压力的改变而可逆地变化，图 7-6 的 5 种类型的等温线反映了压力对吸附量的影响。通常在物理吸附中，当相对压力 $p/p_0$ 超过 0.01 时才有较显著的吸附，当 $p/p_0$ 大约在 0.1 时，便可形成单层饱和吸附，压力较高时易形成多层吸附。实际上化学吸附只能是单分子层的，但它开始有显著吸附所需的压力较物理吸附低得多。化学吸附过程往往是不可逆的，即在一定压力下吸附达到平衡后，要使被吸附的分子脱附，单靠降低压力是不行的，必须同时升高温度。因此，吸附剂或催化剂表面纯化（脱气）时，必须在真空条件下同时加热来进行。无论是物理吸附还是化学吸附，吸附速率均随压力的增加而增加。

**（三）吸附剂和吸附质性质**

由于吸附剂（或催化剂）和吸附质品种繁多，因此，吸附行为十分复杂。这里只介绍影响吸附的一些基本规律。

① 极性吸附剂易于吸附极性吸附质。如硅胶、硅铝催化剂、$Al_2O_3$ 等极性吸附剂易于吸附极性的水、氨、乙醇等分子。

② 非极性吸附剂易于吸附非极性吸附质。如活性炭、炭黑是非极性吸附剂，故其对烃类和各种有机蒸气的吸附能力较大。炭黑的情况比较复杂，表面含氧量增加时，其对水蒸气的吸附量将增大。

③ 无论是极性吸附剂还是非极性吸附剂，一般吸附质分子的结构越复杂、沸点越高，被吸附的能力越强。这是因为分子结构越复杂，范德华引力越大；沸点越高，气体的凝结力越大，这些都有利于吸附。

④ 酸性吸附剂易吸附碱性吸附质，反之亦然。例如，石油化工中常见的硅铝催化剂、分子筛、酸性白土等均为酸性吸附剂或固体酸催化剂，故它们易于吸附碱性气体（如 $NH_3$、水蒸气和芳烃蒸气等）。

其他像铂催化剂（如 $Pt/Al_2O_3$）在使用过程中极易被 $H_2S$ 或 $AsH_3$ 所中毒，这也是因为这些气体分子中的 As 或 S 均有孤对电子，它们能纳入 Pt 原子的“空轨道”而形成配位键。这是一种很强的化学吸附，故使催化剂中毒。

⑤ 吸附剂的孔结构。以上的这些吸附规律在很大程度上反映了吸附剂表面性质对吸附的影响。事实上在许多情况下，吸附剂的孔隙大小不仅影响其吸附速度，而且还直接影响吸附量的大小。最典型的例子是分子筛的吸附行为。例如，A 型分子筛的孔径为 0.4～0.5nm，X 型分子筛和 Y 型分子筛的孔径为 0.9～1nm，苯分子的临界大小为 0.65nm，故 X 型分子筛和 Y 型分子筛能吸附苯，而 A 型分子筛则完全不吸附苯。又如硅胶是极性吸附剂，有很大的吸水能力，但扩孔后则比表面积强烈降低，从而对水蒸气的吸附量急剧减小[1]。

# 第二节　气体吸附等温方程式

前已述及，从吸附等温线的类型可以获得关于吸附剂的表面性质、孔径以及吸附剂与吸附质相互作用的知识。反之，人们又总想用某些方程式对实验测得的各种类型的吸附等温线加以描述，或提出某些吸附模型来说明所得的实验结果，以便从理论上加深认识，从而产生了一些吸附理论并总结、推导出若干种吸附等温方程式。

## 一、Freundlich 吸附等温式

Freundlich 通过大量实验数据，总结出（7-5）经验方程式，称为 Freundlich 吸附方程式：

$$V=Kp^{1/n} \qquad (n>1) \tag{7-5}$$

式中，$V$ 为吸附体积；$K$ 为常数，与温度、吸附剂种类、采用的计量单位有关；$n$ 为常数，

[1] 沈钟．化学通报，1965，(4)：31；高等学校化学学报，1989，10 (5)：486.

和吸附体系的性质有关，通常$n>1$，$n$决定了等温线的形状。如果要验证吸附数据是否符合Freundlich公式，应将式(7-5)改为直线式（两边取对数）：

$$\lg V=\lg K+\frac{1}{n}\lg p \tag{7-6}$$

以$\lg V$对$\lg p$作图，察看是否为一条直线。由直线的截距可以求得$K$，由斜率可以求得$n$。实验证明，在压力不太高时（如吸附平衡压力不超过约13.33kPa），CO在活性炭上的吸附按Freundlich直线式作图是很好的直线。图7-11为$NH_3$在木炭上的吸附结果。由图7-11可见，在中压部分$\lg V$和$\lg p$同样有很好的直线关系，但在低压和高压部分则不能得到很好的直线。另外图7-11还表明，温度升高，吸附量减小，即低温时的$K$值相对地比高温时大，而$\frac{1}{n}$值则相反。此式的特点是没有饱和吸附值。它广泛应用于物理吸附和化学吸附，也可用于溶液吸附。

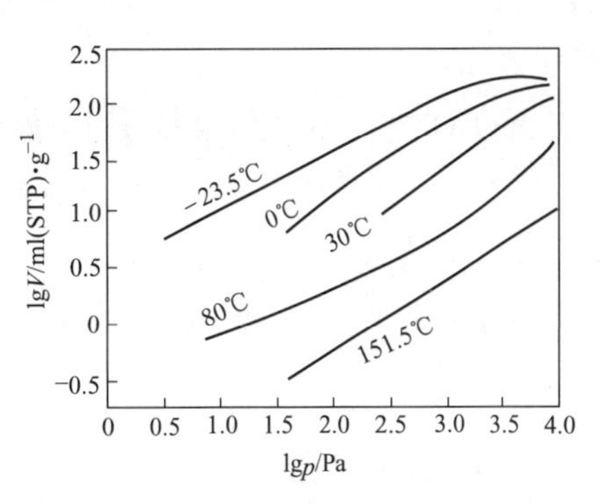


图7-11　$NH_3$在木炭上的吸附

Freundlich公式原为经验式，但现今从固体的表面是不均匀的观点出发，并假定吸附热随覆盖度增加而呈指数下降，则可导出式(7-5)，这表明Freundlich公式有一定的理论依据。

## 二、Langmuir吸附等温式——单分子层吸附理论

### （一）Langmuir公式的推导及其意义

1916年，Langmuir首先提出单分子层吸附模型，并从动力学观点推导了单分子层吸附方程式。他认为，当气体分子碰撞固体表面时，有的是弹性碰撞，有的是非弹性碰撞。若是弹性碰撞，则气体分子跃回气相，且与固体表面无能量交换。若为非弹性碰撞，则气体分子就“逗留”在固体表面上，经过一段时间又可能跃回气相。气体分子在固体表面上的这种“逗留”就是吸附现象。根据单分子层吸附模型，在推导吸附方程时作了如下假设。

① 气体分子碰在已被固体表面吸附的气体分子上是弹性碰撞，只有碰在空白的固体表面上时才被吸附，即吸附是单分子层的。

② 被吸附的气体分子从固体表面跃回气相的或然率不受周围气体分子的影响，即不考虑气体分子间的相互作用力。

③ 固体吸附剂表面是均匀的，即表面上各吸附位置（site）的能量相同。

设表面上有$S$个吸附位置，当有$S_1$个位置被吸附质分子占据时，则空白位置数为$S_0=S-S_1$。令$\theta=S_1/S$并称其为覆盖度（degree of coverage）。若所有吸附位置上都吸满分子，则$\theta=1$。所以$1-\theta$代表空白表面的分数。当吸附平衡时，吸附速度和脱附速度相等。若以$\mu$代表单位时间内碰撞在单位表面上的分子数，$a$代表碰撞分子中被吸附的分数，因为单位表面上只有$1-\theta$部分是空白的，所以据假设①，吸附速度为$a\mu(1-\theta)$。据假设②和假设③，单位时间、单位面积上脱附的分子数只与$\theta$成正比，所以脱附速度为$\gamma\theta$（$\gamma$为比例常数）。因此，

$$a\mu(1-\theta)=\gamma\theta$$

或

$$\theta=\frac{\frac{a}{\gamma}\mu}{1+\frac{a}{\gamma}\mu} \tag{7-7}$$

从分子运动论导得$\mu=p/(2\pi mkT)^{1/2}$。式中，$p$是气体压力；$m$是气体分子的质量；$k$

是 Boltzmann 常数；$T$ 是热力学温度。将 $\mu$ 代入式(7-7) 得：

$$\theta=\frac{bp}{1+bp} \tag{7-8}$$

式(7-8) 就是著名的 Langmuir 吸附等温式。式中的 $b$ 为

$$b=\frac{a}{\gamma}\cdot\frac{1}{(2\pi mkT)^{1/2}} \tag{7-9}$$

若以 $V_m$ 表示每克吸附剂表面盖满单分子层（$\theta=1$）时的吸附量（也叫饱和吸附量）；$V$ 表示在吸附平衡压力为 $p$ 时的吸附量（均以标准状态下的体积表示），则

$$\theta=\frac{V}{V_m} \tag{7-10}$$

于是 Langmuir 公式也可以写成

$$V=\frac{V_m bp}{1+bp} \tag{7-11}$$

常数 $b$ 称为吸附系数。如果一个分子被吸附时放热 $q$，则被吸附分子中具有 $q$ 以上的能量的分子就能离开表面跃回气相。按 Boltzmann 定理，跃回气相的分子数与 $\exp(-q/kT)$ 成正比，所以

$$\gamma=\gamma_0\exp(-q/kT) \tag{7-12}$$

代入 $b$ 的定义式(7-9)，得：

$$b=\frac{a\exp(q/kT)}{\gamma_0(2\pi mkT)^{1/2}} \tag{7-13}$$

由此可见，$b$ 主要是温度和吸附热的函数。$q$ 增大，$b$ 也增大。但 $T$ 升高，$b$ 减小。所以温度升高，吸附量减小，但这个结论仅适用于放热的吸附过程，否则与此相反。

从式(7-11) 及 Langmuir 吸附等温线（图 7-6 曲线Ⅰ）可见：

① 当压力足够低时，$bp\leqslant1$，则 $V\approx V_m bp$，这时 $V$ 与 $p$ 成直线关系，即图 7-6 曲线Ⅰ中的低压部分；

② 当压力足够大时，$bp\gg1$，则 $V\approx V_m$，这时 $V$ 与 $p$ 无关，吸附已经达到单分子层饱和，即图中压力较高部分；

③ 当压力适中时，$V$ 与 $p$ 是曲线关系，即图中的弯曲分部，保持原来的形式，即式(7-11) 形式。

### （二）Langmuir 吸附等温式的应用

Langmuir 公式也可以写成下列形式：

$$\frac{p}{V}=\frac{1}{V_m b}+\frac{1}{V_m}p \tag{7-14}$$

或

$$\frac{1}{V}=\frac{1}{V_m}+\frac{1}{V_m b}\cdot\frac{1}{p} \tag{7-15}$$

显然，若按式(7-14) 以 $\frac{p}{V}$ 对 $p$ 作图，应得直线。由直线的斜率和截距可以求得 $V_m$ 和 $b$。某组吸附数据是否符合 Langmuir 公式，就要看按式(7-14) 作图时是否有好的直线关系。若该吸附数据符合 Langmuir 公式并求得 $V_m$ 后，则可进一步按式(7-16) 计算吸附剂的比表面积 $S_{比}$：

$$S_{比}=\frac{V_m}{22400}\cdot N_A\sigma_0 \tag{7-16}$$

式中，$N_A$ 为 Avogadro 常数；$\sigma_0$ 为吸附质分子的截面积。关于比表面积的测定问题，后面将要详细介绍。对于 Langmuir 等温式有几点应予注意。

（1）上面已经分析，在低压下 $V$ 与 $p$ 应有直线关系，但实际上有时并非直线，曲线常有点凸起，这是由于固体表面实际是不均匀的，不符合假设③。在不均匀的表面上，吸附作用首

先发生于具有最高 $q$ 值的部位上，即吸附热随覆盖度增加而降低，这意味着 $b$ 并不是常数。

（2）一般单分子层吸附具有 Langmuir 型等温线。但微孔吸附剂（孔半径在 1～1.5nm 以下），则在孔中已经装满吸附质分子后，$V$ 将不再随 $p$ 而增大，故同样呈现饱和吸附特点，并符合 Langmuir 等温线，即第Ⅰ型曲线[1]，但并非单分子层饱和吸附。例如某微孔吸附剂的比表面积为 $500m^2/g$，在低温下吸附 $N_2$ 所测得的饱和吸附值为 0.30ml/g，已知 $N_2$ 的单层吸附厚度为 0.354nm，据此其计算的 $V_m$ 值应为 0.177ml/g。此值远小于测定值，说明此时绝非单分子层吸附。因此具有Ⅰ型曲线者，并非均为单分子层吸附。

（3）多数的物理吸附是多分子层的，所以在压力比较大时，往往不遵循 Langmuir 公式。但绝大多数的化学吸附是单分子层的，如果覆盖度较小、吸附热变化不大时实验结果能较好地与 Langmuir 公式相符。

### （三）混合吸附

若气相中含有 A、B 两种气体，且均能被吸附，或被吸附的 A 分子在表面上发生反应后生成的产物 B 也能被吸附，这些都可以认为是混合吸附。在混合吸附中，在同一个表面上的吸附各占一个吸附中心，此时

A 分子的吸附速度　$v_1=K_1p_A(1-\theta_A-\theta_B)$

A 分子的脱附速度　$v_2=K_2\theta_A$

吸附平衡时，$v_1=v_2$，所以 $K_1p_A(1-\theta_A-\theta_B)=K_2\theta_A$

即
$$\frac{K_1}{K_2}=\frac{\theta_A}{p_A(1-\theta_A-\theta_B)}$$

令
$$\frac{K_1}{K_2}=b_A$$

则
$$\frac{\theta_A}{1-\theta_A-\theta_B}=b_Ap_A \tag{甲}$$

同样，B 分子的吸附速度 $v_1'=K'_1p_B(1-\theta_A-\theta_B)$

B 分子的脱附速度 $v_2'=K'_2\theta_B$

吸附平衡时，$v_1'=v_2'$

故
$$\frac{K_1'}{K_2'}=\frac{\theta_B}{p_B(1-\theta_A-\theta_B)}$$

令
$$\frac{K_1'}{K_2'}=b_B$$

则
$$\frac{\theta_B}{1-\theta_A-\theta_B}=b_Bp_B \tag{乙}$$

解方程式（甲）和式（乙），得：

$$\theta_A=\frac{b_Ap_A}{1+b_Ap_A+b_Bp_B} \tag{7-17}$$

$$\theta_B=\frac{b_Bp_B}{1+b_Ap_A+b_Bp_B} \tag{7-17a}$$

显然，若有多种分子均能同时被吸附，则其中第 $i$ 种气体的 Langmuir 吸附等温式为：

$$\theta_i=\frac{b_ip_i}{1+b_1p_1+b_2p_2+\cdots+b_ip_i}=\frac{b_ip_i}{1+\sum_1^i b_ip_i} \tag{7-18}$$

由式(7-17)、式（7-18）可知：①当混合气中每种气体的分压都很小时，即 $1\gg b_Ap_A+b_Bp_B$，则 A、B 气体吸附服从 Henry 定律，每种气体的吸附量与另一种气体的存在无关；

---

[1] 严继民，张启元．吸附与凝聚．北京：科学出版社，1979．91；143.

②在两种气体中若一种的 $bp$ 远小于另一种的，则 $bp$ 大的一种之吸附量与 $bp$ 小的一种存在无关，但 $bp$ 小的那种气体的吸附量却随 $bp$ 大的那种气体压力增大而减小；③更普遍的情况是，一种气体压力增大将减小另一种气体的吸附量。

## 三、BET 吸附等温式——多分子层吸附理论

### （一）BET 吸附等温式

大量实验证明，多数固体对气体的吸附不是单分子层的，物理吸附基本上都是多分子层吸附。1938 年，Brunauer、Emmett 和 Teller 三人在 Langmuir 单分子层理论基础上提出了多分子层吸附理论，简称 BET 吸附理论。该理论保留了 Langmuir 理论的固体表面是均匀的假设。他们的假设是：

① 吸附可以是多分子层的，即在吸附单层之上还可以发生不同层次的吸附；

② 第一层吸附是固体与气体直接作用的结果，而第二层以上是气体分子间的作用，不受固体表面引力的影响，相当于气体的液化过程，第一层的吸附热 $Q_1$ 与第二层以上的吸附热（相当于液化热）$Q_L$ 不同；

③ 只有相邻两层的吸附分子处于动态平衡，即 $n$ 层上分子的脱附速度等于 $n-1$ 层上分子的吸附速度。

按照 Langmuir 等温式类似的推导方法，可得到 BET 两常数公式❶：

$$\frac{V}{V_m}=\frac{Cp}{(p_0-p)[1+(C-1)p/p_0]} \tag{7-19}$$

$$V=\frac{V_m Cp}{(p_0-p)[1+(C-1)p/p_0]} \tag{7-20}$$

或

$$\frac{p}{V(p_0-p)}=\frac{1}{V_m C}+\frac{(C-1)p}{V_m C p_0} \tag{7-21}$$

式中，$V$ 是平衡压力为 $p$ 时之吸附量（体积）；$V_m$ 是单分子层饱和吸附量；$p_0$ 是吸附质的饱和蒸气压；$C$ 是与第一层吸附热 $Q_1$ 和液化热 $Q_L$ 有关的常数。$p/p_0$ 称为相对压力。

根据式(7-21)，以 $p/V(p_0-p)$ 对 $p/p_0$ 作图，若得直线说明实验结果符合 BET 公式，且由图可求出 $V_m$ 和 $C$ 值。图 7-12 是 6 种气体在同一种硅胶上的吸附数据按式(7-20) 处理的结果。由图可见，其中 5 种气体 $p/p_0$ 在 0.05～0.35 间确为直线，而正丁烷的直线范围的 $p/p_0$ 在 0.05～0.6 间。

若吸附发生在孔性固体上，吸附不可能有无限多层，层数受孔大小限制，例如只能吸附 $n$ 层，则 BET 二常数式中便加入第三个常数 $n$，即成为 BET 三常数方程式：

$$\frac{V}{V_m}=\frac{Cx}{1-x}\cdot\frac{1-(n+1)x^n+nx^{n+1}}{1+(C-1)x-Cx^{n+1}} \tag{7-22}$$

式中，$x=p/p_0$。当 $n=1$ 时，式(7-22) 又可简化为 Langmuir 单分子吸附方程式：

$$V=\frac{V_m Cx}{(1+Cx)}=V_m\cdot\frac{(C/p_0)p}{1+(C/p_0)p}=V_m\cdot\frac{bp}{1+bp}$$

当 $n=\infty$($x^\infty=0$) 时，式(7-22) 又变成二常数方程式［式(7-20)］。

### （二）BET 等温式的讨论

#### 1. BET 理论能表示Ⅰ、Ⅱ、Ⅲ3 种类型的等温吸附规律

当 $n=1$ 时，BET 公式可用于单分子层吸附等温线。当 $n>1$ 时，根据不同的 $C$ 值 BET 公式可用来说明第Ⅱ或第Ⅲ等温线。据式(7-19)，$C\approx\exp[(Q_1-Q_L)/RT]$，若 $C>1$，则 $Q_1>Q_L$，即吸附剂与吸附质分子之间的吸引力大于吸附质为液体时分子之间的引力，这时

❶ 详细推导过程可参阅：(1) 本书第三版；(2) 参考书目 5，p. 98；(3) 参考书目 7，p. 328；(4) 参考书目 8，p. 77；(5) 参考书目 13，p. 591；(6) 参考书目 33，p. 97.

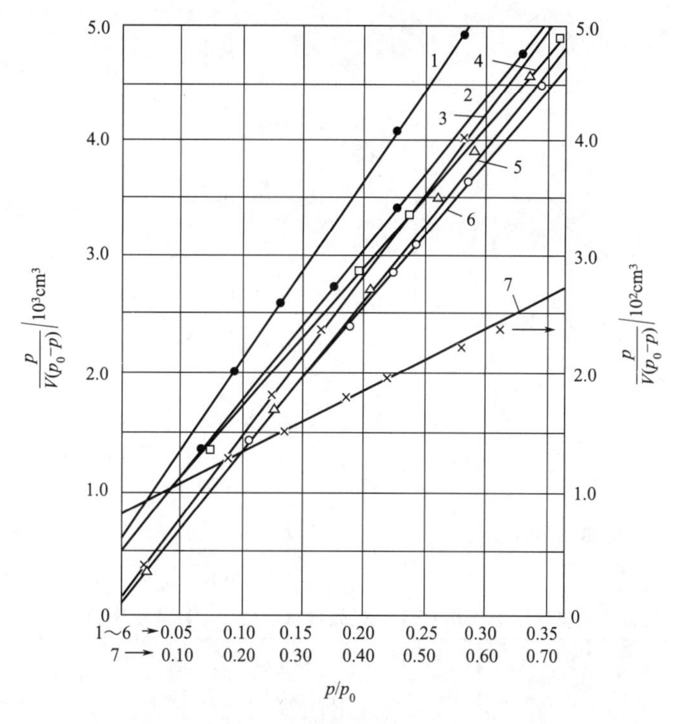


**图 7-12 几种气体在硅胶上的吸附等温线**

1—$CO_2$（−78℃）；2—Ar（−183℃）；3—$N_2$（−183℃）；
4—$O_2$（−183℃）；5—CO（−183℃）；6—$N_2$（−195.8℃）；7—$nC_4H_{10}$（0℃）

低压下曲线是凸的，于是等温线呈S形，即第Ⅱ型。反之，若 $C\leqslant 1$，则 $Q_1\leqslant Q_L$，即吸附质分子之间的吸引力大于吸附剂与吸附质分子之间的吸引力，这时低压下曲线是凹的，这就是第Ⅲ型等温线。图 7-13 是用 BET 二常数式，当常数 $C$ 值由小增大时，吸附层数（$n=V/V_m$）随相对压力 $x$ 变化的曲线。由图 7-13 可见，$C$ 从 200 到 0.1，吸附等温线由Ⅱ型过渡到Ⅲ型。对于Ⅱ型等温线，$C$ 越大，曲线越凸，等温线的转折点越明显。Brunauer 等将等温线的转折点 $B$（图 7-6 中的Ⅱ型曲线）所对应的体积 $V_B$ 视为单分子层饱和吸附量，此值与 $V_m$ 的真值一般误差在 10%以内。

关于吸附层数 $n$ 对等温线形状的影响可作如下说明。例如，在 77.3K 下，$N_2$ 在铁催化剂上吸附，实验测得 $p/p_0$ 在 0.05～0.35 的吸附体积为 $V$，将此数据代入 BET 二常数式以求得 $V_m$ 和 $C$ 值。然后再将这些数据代入三常数式(7-22)，当 $p/p_0<0.35$ 时，$n=5$、6、7、$\infty$ 四条等温线都重叠在一起（见图 7-14）。当 $p/p_0>0.35$ 时，4 条线开始分离。当 $n=5$、$p/p_0$ 为 0.58 时，曲线与实验值（图中圆圈）重合；当 $n=6$、$p/p_0$ 为 0.66 时以及 $n=7$、$p/p_0$ 为 0.72 时，实验值与计算曲线重合。这些结果说明了 BET 多分子层吸附理论的正确性。

第Ⅳ和Ⅴ型等温线属于有毛细管凝聚作用的吸附，因此，BET 二常数公式或三常数公式均不能说明这两种类型等温线变化的规律。因为气体在毛细管中凝聚时，最后的吸附层要被两个面所吸引，并且有两个面消失，这时不仅有液化热，而且有两倍于表面张力的能量释出。考虑到这个因素，又有人导出 BET 四常数公式，这个公式更为复杂，但实用意义不大，它可以半定量地说明第Ⅳ型和第Ⅴ型等温线。

**2. BET 二常数公式中常数 $V_m$ 和 $C$**

$V_m$ 是单层饱和吸附体积。对于同一固体，用不同气体吸附数据求出的 $V_m$ 以及各液态吸附质分子截面积（见本章第七节）求出的该固体比表面很好地一致（表 7-3）。

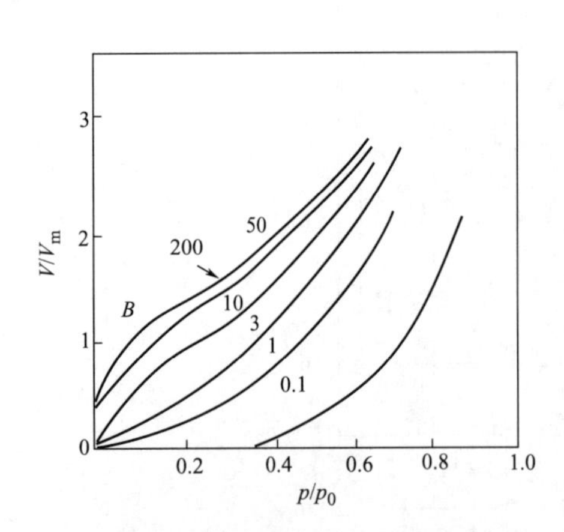


图 7-13 不同 $C$ 值的 BET 吸附等温线［据式(7-19) 计算］

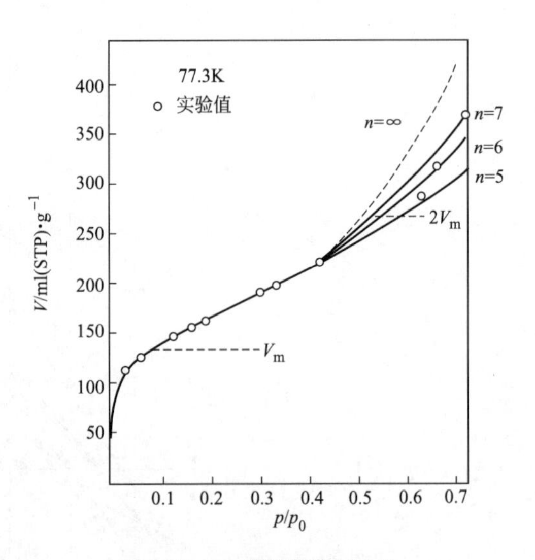


图 7-14 $N_2$ 在铁催化剂上的吸附等温线

表 7-3 用多种气体吸附数据用 BET 公式处理求出的 $V_m$ 计算比表面 ($m^2\cdot g^{-1}$) 比较

| 固体样品名称 | $N_2$ | Ar | $O_2$ | CO | $CH_4$ | $CO_2$ | $C_2H_4$ | $NH_3$ |
|---|---|---|---|---|---|---|---|---|
| | −195℃ | −195℃ | −183℃ | −183℃ | −161℃ | −78℃ | −78℃ | −33℃ |
| 标准锐钛矿($TiO_2$) | 13.8 | 11.6 | — | 14.3 | — | 9.6 | — | — |
| Spheron6(一种炭黑) | 116 | — | — | — | — | — | 110 | 116① |
| 未还原铝粉 | 0.35 | 0.45 | 0.48 | — | — | — | — | — |
| 载钴催化剂 | 217 | — | — | — | — | — | — | 238 |
| 孔性玻璃 | 232 | 217 | — | — | — | 164 | 159 | 207 |
| 硅胶 | 360 | 477② | 464 | 550 | — | 455 | — | — |
| 卵清蛋白 | 11.9 | 10.5 | 9.9 | — | 10.3 | — | — | — |

① −46℃。
② −183℃。

常数 $C$ 与吸附热有关：

$$C \approx \exp\left(\frac{Q_1 - Q_L}{RT}\right) \tag{7-23}$$

$Q_1 - Q_L$ 称为净吸附热。对指定系统，温差不大时净吸附热为常数。这样，可以从吸附数据处理而求出之 $C$ 值（实验温度下），求出任一其他温度下之 $C$ 值，也可以求出净吸附热，并在已知液化热时求出第一层吸附热。若假设温度不同时 $V_m$ 不变，从而根据 $V_m$ 和任一温度之 $C$ 值预示任一温度之等温线。图 7-15 中 178.4℃碘蒸气在硅胶上吸附等温线为实验测定的，其他温度的等温线（实线）为预示的，数据点为实测的。由此图可见，预示线与实验点较好地相符。

$C$ 值与 Langmuir 公式中之 $b$ 值很相似，都与吸附热有关。$C$ 越大等温线起始段斜率越大（见图 7-13），可以证明，$C=2$ 时，等温线起始段为直线；$C<2$ 时等温线为Ⅲ型；$C>2$ 时，为Ⅱ型的。

还应指出，BET 二常数公式直线式的应用范围为 $p/p_0 \approx 0.05 \sim 0.35$。超出此范围常偏离直线，当然，此范围是对大多数系统而言，个别系统可能略有变化。

总之，BET 理论没有考虑到表面的不均匀性和分子之间的相互作用，这就决定了公式有它的局限性，有一定的适用范围。许多结果表明，低压时实验吸附量较理论值偏高，而高压时又偏低。

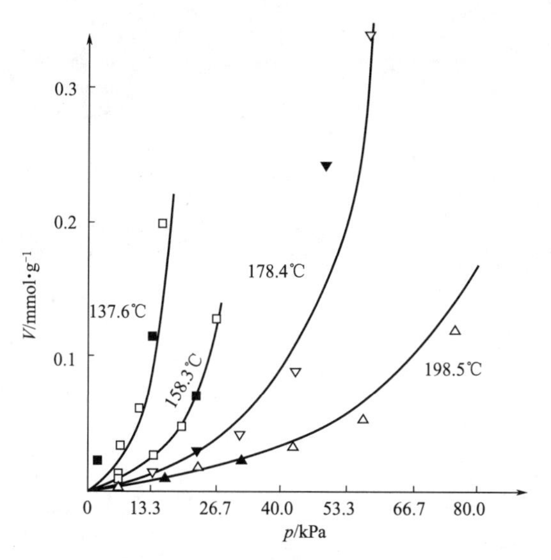


图 7-15 碘蒸气在硅胶上吸附等温线的预示和实验结果比较

另外，在工业上人们遇到的吸附问题几乎总是混合气体的吸附。顾惕人❶曾推导了 BET 型混合气体吸附公式，并与其他作者导出的公式进行了对比。

## 四、Polanyi 吸附势能理论和 D-R 公式

### （一）吸附势能理论

Polanyi 的吸附势能理论不涉及吸附的具体物理图像，即对固体表面是否均匀、吸附层数均未做任何假设。认为：

① 固体表面附近的空间内有吸引力场，气体分子一旦落入此空间内即被吸附，这一空间称为吸附空间。

② 在吸附空间内任一位置均存在吸附势，此吸附势即为吸附自由能。吸附势的定义是将 1mol 气体从无限远处（即吸附空间外）吸引到吸附空间中某一位置所做的等温可逆功，吸附势常用 $\varepsilon$ 表示. 距表面 $x$ 点处之吸附势 $\varepsilon_x$ 为：

$$\varepsilon_x=-\Delta G=\int_p^{p_0} V\mathrm{d}p=RT\ln\frac{p_0}{p} \tag{7-24}$$

式中，$p$ 为气体的平衡压力；$p_0$ 为实验温度 $T$ 时的饱和蒸气压；$V$ 为吸附质摩尔体积。在吸附空间内，吸附势相等点连成的面称为等势面，各等势面与固体表面所夹体积为吸附体积（即为吸附量），若设距表面 $x$ 处等势面与表面所夹体积为 $V_x$（吸附体积），其与实测吸附量 $a$（mol）的关系为：

$$V_x=aM/\rho=a\overline{V} \tag{7-25}$$

式中，$M$ 为吸附质分子量；$\rho$ 为实验温度下液态吸附质密度；$\overline{V}$ 为液态吸附质摩尔体积。

式(7-24) 和式(7-25) 是吸附势理论的基本公式。

③ 吸附势与温度无关。不同温度的吸附势 $\varepsilon$ 与吸附体积 $V$ 的关系都是相同的。因而 $\varepsilon$ 与 $V$ 的关系曲线称为该吸附质-吸附剂体系的特性曲线（characteristic carve）。图 7-16 是 5 个温度下 $CO_2$ 在炭上吸附的特性曲线。其实特性曲线就是吸附等温线，因为 $\varepsilon$ 是 $p$ 的函数，而 $V_x$ 与吸附量 $a$ 有关［见式(7-24) 和式(7-25)］。特性曲线与温度无关这一特点使得可以由一个温度下的等温线数据给出的特性曲线出发，改变温度求出相应温度的平衡压力和吸附量。图 7-17 中的 $CO_2$ 吸附等温线数据点为实测点，实线为根据 273.1K 实测等温线数据得

❶ 顾惕人. 化工学报，1984 (1)：80.

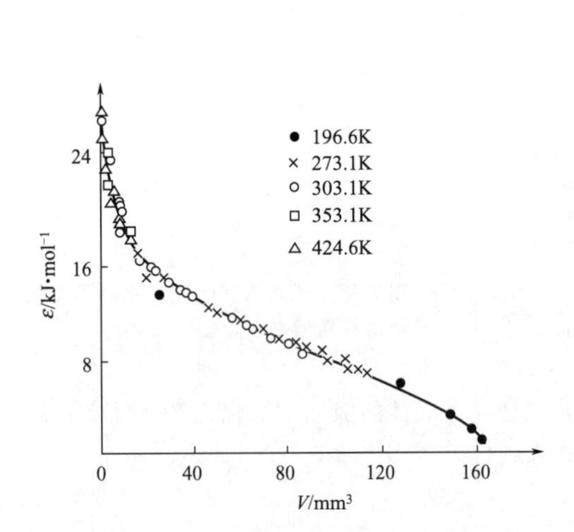


图 7-16　$CO_2$ 在炭上吸附的特性曲线

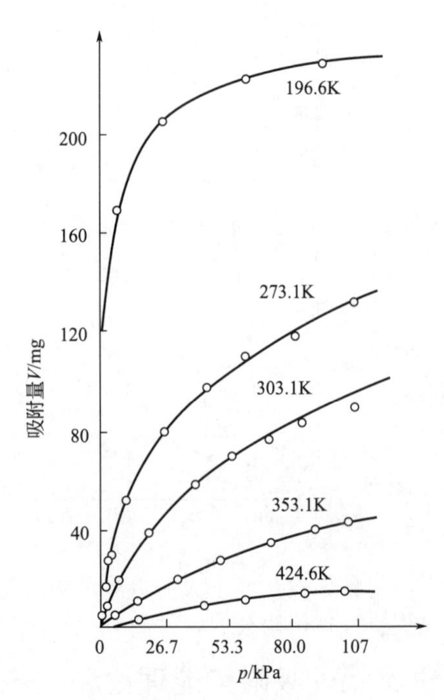


图 7-17　$CO_2$ 在炭上吸附等温线的预示与实测比较

出的特性曲线（图 7-16）计算出的。由图 7-17 可知，由特性曲线预测等温线得到验证。

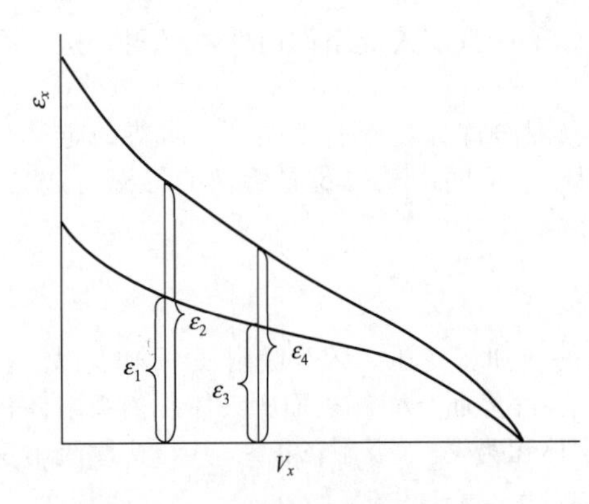

图 7-18　亲和系数确定之示意图

可以证明，在同一吸附剂上，不同吸附质的特性曲线在吸附体积 $V_x$ 相同时吸附势之比为一定值，此值称为亲和系数（coefficent of affinity），常以 $\beta$ 表示，如图 7-18 所示。

$$\frac{\varepsilon_1}{\varepsilon_2}=\frac{\varepsilon_3}{\varepsilon_4}=\cdots=\beta$$

$\beta$ 可由吸附质的多种物理化学常数求出。对于一定的吸附剂，若以某一种吸附质气体为参考物，即可求出其他吸附质的 $\beta$ 值。表 7-4 列出以苯的 $\beta$ 为 1 时，其他气体在活性炭上吸附的 $\beta$ 值。

在吸附剂一定后，只要测出一个温度下的一种气体在其上的吸附等温线数据，即可作出这种气体吸附的特性曲线，由此特性曲线不仅可以预示这种气体在其他温度的吸附等温线，而且若能求得其他吸附质气体的亲和系数，原则上就可预示其他吸附质的特性曲线和任何温度的吸附等温线。

表 7-4　以苯为参考物时多种气体在活性炭上吸附的 $\beta$ 值

| 气体 | 苯 | $C_5H_{12}$ | $C_6H_{12}$ | $C_7H_{16}$ | $CH_3Cl$ | $CHCl_3$ | $CCl_4$ | $CH_3OH$ | $C_2H_5OH$ | HCOOH | $CH_3COOH$ | $(C_2H_5)_2O$ | $CS_2$ | $NH_3$ |
|---|---|---|---|---|---|---|---|---|---|---|---|---|---|---|
| $\beta$ | 1 | 1.12 | 1.04 | 1.50 | 0.56 | 0.88 | 1.07 | 0.40 | 0.61 | 0.60 | 0.97 | 1.09 | 0.70 | 0.28 |

## （二）D-R 公式

前苏联科学家 Dubinin 等将活性炭分为主要含微孔的和含有较大孔隙的两大类。对第一种（主要含微孔的）活性炭的特性曲线进行了细致的分析。他们认为这类炭的特性曲线可用下式描述：

$$V=V_0\exp(-k\varepsilon^2) \tag{7-26}$$

式中，$V$ 为吸附势为 $\varepsilon$ 时的吸附体积；$V_0$ 为该类型活性炭的微孔体积，当活性炭的中孔部分比表面小于 $50\mathrm{m}^2\cdot\mathrm{g}^{-1}$ 时 $V_0$ 可视为总孔体积；$k$ 为与微孔大小等有关的常数。

将式(7-24) 和式(7-25) 代入式(7-26)，得

$$a=\frac{V_0}{\overline{V}}\left[-k\left(RT\ln\frac{p_0}{p}\right)^2\right] \tag{7-27}$$

将式(7-26) 取自然对数

$$\mathrm{In}a=\ln\frac{V_0}{\overline{V}}-kR^2T^2\left(\ln\frac{p_0}{p}\right)^2 \tag{7-28}$$

根据式(7-28)，以 $\ln a$ 对$\left(\ln\frac{p_0}{p}\right)^2$ 作图，应得直线，由该直线斜率和截距可求出微孔体积 $V_0$ 和常数 $k$。

将式(7-27) 取以 10 为底的对数，并将各常数合并，得

$$\lg a=C-D(\lg p_0/p)^2 \tag{7-29}$$

式中

$$C=\lg(V_0/\overline{V})$$

$$D=KkR^2T^2$$

式中，$K$ 为常数。

式(7-27) 和式(7-28)、式(7-29) 均称为 Dubinin-Radushkevich 公式。

图 7-19 是苯蒸气在几种活性炭上吸附结果用式(7-29) 处理的图。

## 五、孔性固体的毛细凝结

微孔固体（如一部分活性炭、沸石分子筛等）的吸附等温线多为Ⅰ型的，而主要含中孔的固体或粒子缝隙的吸附等温线多为Ⅳ型和Ⅴ型的，这两类等温线的特点是在一定相对压力时吸附线（分支）和脱附线（分支）发生分离形成滞后环（圈）（hysteresis loop)。这种现象称为吸附滞后（adsorption hysteresis)。并且在相对压力趋于 1 时吸附量有饱和值，此值相当于充满吸附剂孔的液态吸附质体积。由此，不同吸附质在同一中孔类吸附剂上的最大吸附量，在以标准状态下的液态吸附质体积计算时是相同的，并与吸附剂的孔体积相等。这一规则称为 Gurvitsch 规则。表 7-5 中列出一种自制硅胶对几种有机蒸气的饱和吸附量（$\mathrm{ml}\cdot\mathrm{g}^{-1}$）即为例证。图 7-20 是乙酸蒸气在硅胶上吸附的等温线，，空心点为吸附线，实心点为脱附线，由图 7-20 可明显看出滞后环的形成，而且在中等相对压力时吸附量明显升高。这种现象可用 Kelvin 公式解释。在孔中形成蒸气的液态吸附膜，若这种液态吸附质在孔壁上可以润湿，则将形成凹液面，根据 Kelvin 公式凹液面上的蒸气压小于平液面的，因而当蒸气压力大于由凹液面曲率半径、液体表面张力等决定的与凹液面或平衡的饱和蒸气压时将在凹液面上发生蒸气凝结，从而导致吸附量快速增大。这种发生于毛细孔中凹液面上的蒸气凝结称为毛细凝结。

Zigmondy 对吸附滞后（即滞后环的存在）的解释是：吸附是液态吸附质润湿孔壁的过程，接触角是前进角；脱附是液体从已润湿的表面上退出的过程，接触角是后退角。而前进角一般总是大于后退角。因而脱附时平衡相对压力小于吸附时的（图 7-20 中脱附线总是在吸附线的左侧)。

**表 7-5　20℃时一种自制硅胶吸附有机蒸气的饱和吸附量**

| 吸附质 | 甲酸 | 乙酸 | 丙酸 | $CCl_4$ | 乙醇 |
|---|---|---|---|---|---|
| 饱和吸附量/$\mathrm{ml}\cdot\mathrm{g}^{-1}$ | 0.961 | 0.956 | 0.984 | 0.963 | 0.958 |

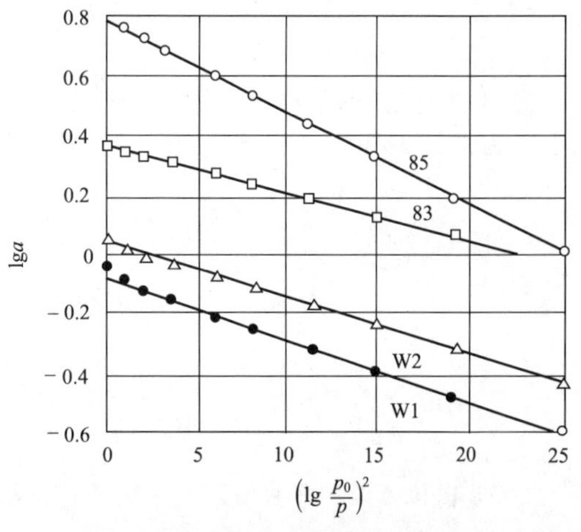


图 7-19　293K 苯蒸气在几种活性炭（图中数字、字母为其编号）上的吸附等温线（吸附量单位 mmol · g$^{-1}$）

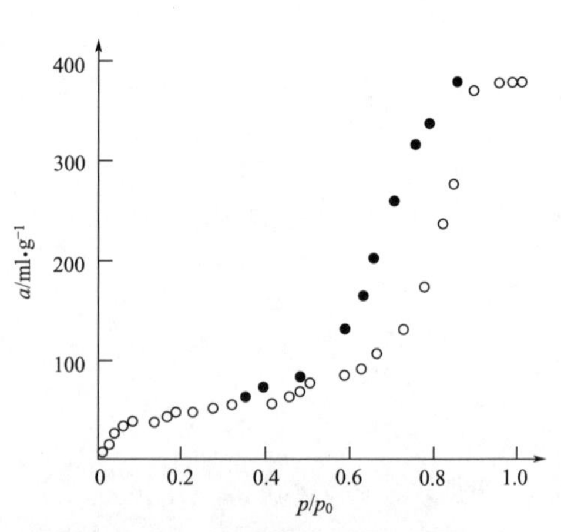


图 7-20　乙酸蒸气在硅胶上的吸附等温线

空心点为吸附线，实心点为脱附线

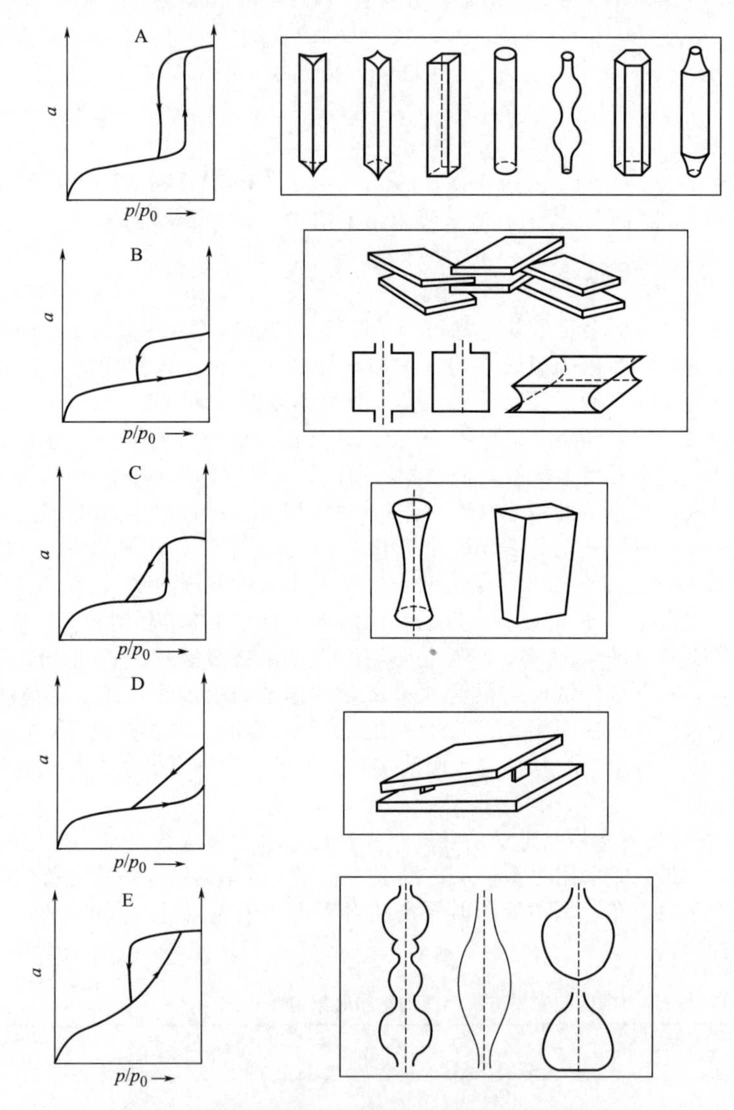


图 7-21　吸附等温线滞后环的类型及相应的可能孔结构

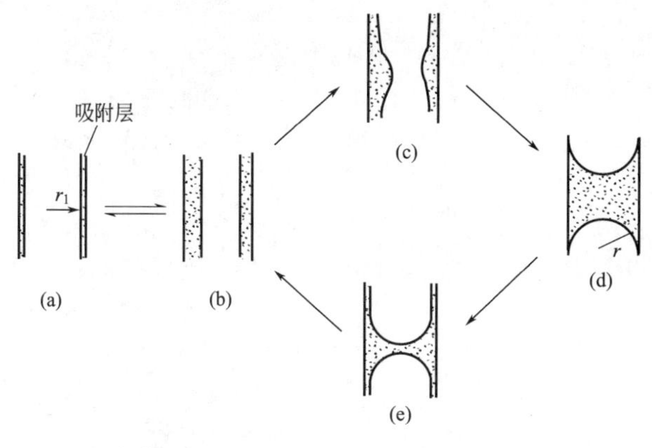


**图 7-22　两端开口毛细孔中吸附滞后现象一种解释的示意图**

吸附滞后环的起始点（也称闭合点）与吸附质的性质有关，与吸附剂性质关系不大。吸附等温线、滞后环的形状与孔的形状、孔径大小有关。de Boer 将滞后环分为 5 种类型（图 7-21），其中 A、B、E 类常见，C、D 少有。Foster 和 Cohan 对两端开口的圆筒形孔的吸附滞后的解释如下。吸附时先在孔壁上形成薄吸附层，曲率半径 $r_1=r$，$r_2=\infty$。随着气体压力的增大，吸附层变厚，局部成凸镜状，最终相对液层接触。若接触角为 0°，弯液面曲率半径与孔径相等。这一过程如图 7-22(a)→(b)→(c)→(d)所示。脱附时的过程是沿图 7-22(d)→(e)→(b)→(a)变化，吸附过程与脱附过程沿不同途径进行，从而形成吸附滞后现象。特殊孔型的孔（如一端开口的半径均匀的毛细孔、圆锥形孔等）无滞后现象发生。

在比分子大不了多少的微孔中吸附时，凝聚的液态吸附质与宏观液态物质性质有异。表面张力的物理意义也不明确，描述宏观弯曲液面的 kelvin 公式已不适用，吸附滞后现象也不存在了[1]

# 第三节　吸附法气体分离

用物理的或化学的方法将混合气体分离成单一组分的气体称为气体分离。深冷分离法（先使气体液化再分馏）至今仍是气体分离的重要方法。在吸附剂参与下使混合气体依其吸附能力大小使它们有序分离即为吸附分离法。

吸附法气体分离主要借助三种效应实现。①位阻（屏蔽）效应。应用大小不同孔径的吸附剂以有效吸附比其孔小的气体而达到分离目的。②扩散效应。根据气体分子扩散速度不同而实现分离。③热力学平衡效应。根据气体分子与吸附剂表面吸附平衡常数大小不同而达到分离目的。实际的吸附分离工艺常是三种效应相互渗透应用。如用沸石分子筛气体分离，就是既考虑其孔径的筛分作用，又要依据吸附分子极性大小在分子筛表面上热力学平衡效应的作用。

## 一、不同吸附剂的选择性气体分离

### （一）沸石分子筛孔径对气体的筛分作用

天然的沸石（zeolite）和人工合成的分子筛（molecular sieve）都有严格的结构和孔结构。窗口尺寸均匀、孔腔大小一致，因而可按分子大小将混合气分离。沸石分子筛的结构与性质参见第八章。图 7-23 中列出根据沸石分子筛孔大小分类与吸附质分子大小的关系。如 5A 分子筛孔直径 0.5nm，而正戊烷和异戊烷的临界直径分别为 0.49nm 和 0.56nm，故 5A 分子筛可将它们分离。

[1] 参见参考书目 34，p.161，p.256。

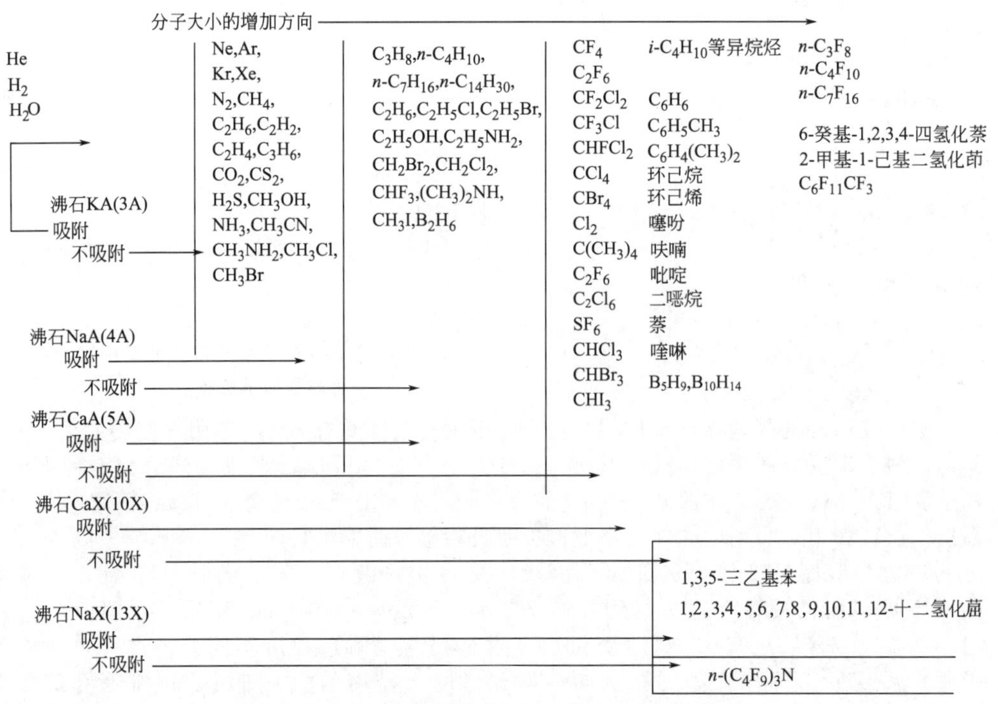


**图 7-23 沸石分子筛类型与吸附质分子大小的关系**

吸附的箭头指示可进入沸石孔中的物质组，同时位于左边组内的物质也可进入该沸石孔中；不吸附的箭头指示不能进入沸石孔中的物质组，同时位于右边组内的物质也不能进入该沸石孔中。

### (二) 吸附剂表面性质对气体的选择性吸附分离

沸石分子筛从气态烃混合物中选择性吸附能力大小依次为：炔烃＞烯烃＞烷烃。这是因为烃类的吸附除有色散力作用外，不饱和烃的 $\pi$ 键与沸石中杂原子有特殊相互作用力。这种吸附能力的差异在吸附热上有明显反映。表 7-6 列出丙烯、丙烷在几种吸附剂上的吸附热比较。由表中数据可见，在石墨化炭黑上二者吸附热接近，这是由于石墨化炭黑是完全非极性吸附剂，其与丙烷、丙烯的作用只有色散力起作用。5A 分子筛和13×分子筛对丙烯的吸附热远大于对丙烷的，这显然是不饱和键选择性吸附的结果。

**表 7-6 几种吸附剂对丙烷、丙烯吸附热/$kJ \cdot mol^{-1}$**

| 吸附剂 | 石墨化炭黑① | 硅胶① | 5A① | 5A② | 13×② |
|---|---|---|---|---|---|
| 丙烯 | 26.0 | 31.0 | 50.8 | 57.6 | 45.2 |
| 丙烷 | 27.2 | 21.0 | 42.3 | 39.5 | 32.7 |

① 覆盖度 $\theta=0.5$ 时的数据。

② 气相色谱法测出的数据。

图 7-24 是活性炭、硅胶和三种沸石对甲基乙炔的吸附等温线，乙烯、乙炔和丁二炔也有类似的规律。沸石的等温线起始段很陡，在约 266Pa（2mmHg）压力下就已接近极限吸附量，而此时活性炭的吸附量只有极限值的 10%，硅胶的吸附则微不足道。因此，在浓度不大时用沸石分离不饱和烃比活性炭、硅胶更为适宜。

## 二、变温吸附

变温吸附（temperature swing adsorption，TSA）是最早实现的气体分离的循环工艺过程。其基本原理是，在温度较低时进行吸附（低温吸附量大），混合气体中因吸附能力不同

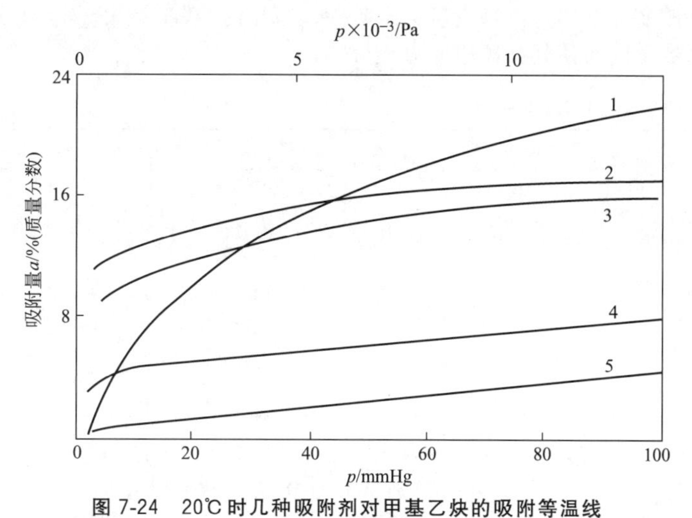


**图 7-24　20℃时几种吸附剂对甲基乙炔的吸附等温线**

1—活性炭；2—13X 分子筛；3—5A 分子筛；4—4A 分子筛；5—硅胶

吸附有先后，吸附平衡后，升高温度开始时吸附弱的先脱附，吸附强的后脱附，从而使混合物分离。脱附完成，吸附剂也得以再生。变温吸附工艺分为固定床和移动床两大类。图 7-25 是固定床双床变温吸附流程示意图。当吸附床流出的气体与进料气体成分接近时，说明吸附已完成。切换阀门，吸附床变为再生床，吸附床与再生床交替应用完成吸附-脱附过程。图 7-25 中的三种流程之区别是脱附与吸附剂再生方法不同：用进料气再生和脱附（a）、用吸附床流出气再生和脱附（b）、减压处理（c）。固定床 TSA 设备简单，吸附剂装填后不再移动，但能耗高，效率低。

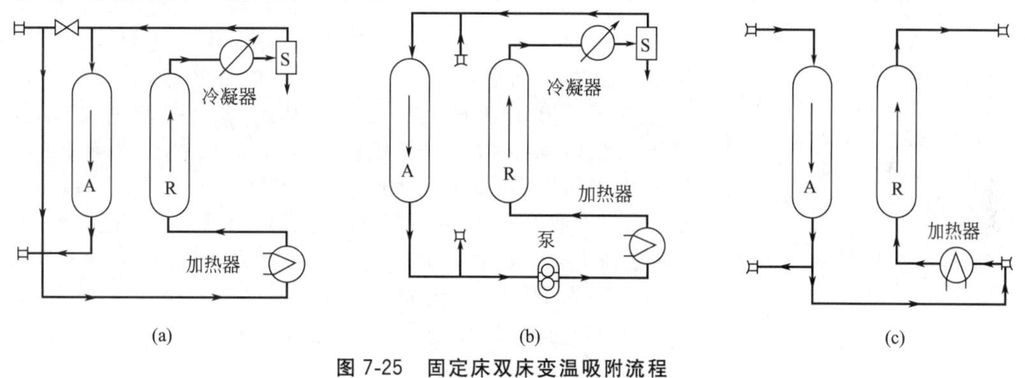


**图 7-25　固定床双床变温吸附流程**

A—吸附床；R—再生（脱附）床；S—分离器

移动床 TSA 的基本原理类似于顶替色谱分离，即在吸附床层内发生连续吸附-脱附过程，混合气中依其各组分在吸附剂上的吸附能力不同沿床层高度规律分布（吸附能力强的先吸附，弱的后吸附；脱附时则顺序相反）。脱附时分段回收。这种工艺可在不太高的温度和压力下进行，省时省能耗。缺点是吸附剂损耗大。

关于变温吸附在气体分离和净化方面的应用有许多实例，例如用 5A 分子筛（见后）作吸附剂，在对天然气提纯时，可脱除气体中的 $CO_2$，经净化的气体中 $CO_2$ 含量$<5\times10^{-6}$。又如电解 $H_2$ 中含多种杂质气体，若用 5A 分子筛净化处理，可得纯度为 7 个“9”的超纯 $H_2$。上述二例的工艺过程或净化方法，请阅中国科学院大连化学物理所编著的《沸石分子筛》一书（北京：科学出版社，1978：222～224）。

## 三、变压吸附

变压吸附（pressure swing adsorption，PSA）是一种固定床分离技术，原理是在恒定温度下周期性改变体系压力，增大压力时吸附，减压时脱附，混合气各组分在吸附剂上吸附能力和分离系数不同而使其在脱附时完成分离。

**表 7-7　PSA 的主要应用领域**

| 过　程 | 产　物 | 吸　附　剂 | 系统类型 |
|---|---|---|---|
| 由可燃气分离 $H_2$ | 超纯 $H_2$ | 活性炭或沸石 | 多床系统 |
| 无热干燥 | 干燥空气 | 活性 $Al_2O_3$ | 双床 Skarstom 循环 |
| 空气分离 | $O_2$(+Ar) | SA 沸石 | 双床 Skarstom 循环 |
| 空气分离 | $N_2$(+Ar) | 碳分子筛(CMS) | 双床自吹扫循环 |
| 空气分离 | $N_2$ 或 $O_2$ | 5A 沸石或 CaX | 真空变压 |
| 烃分离 | 直链烃,异构烃 | 5A 沸石 | 真空变压 |
| 垃圾废气分离 | $CO_2$ 和 $CH_4$ | 碳分子筛(CMS) | 真空变压 |

PSA 的核心技术是高选择性吸附剂。因而研制新型高效适用于特定待分离系统和 PSA 工艺的吸附剂是掌控 PSA 技术地位最重要的内容。对应于不同的体系应用的吸附剂不尽相同。表 7-7 中列出 PSA 的主要应用领域。PSA 最重要的应用是空气的变压吸附分离制 $O_2$ 和 $N_2$。

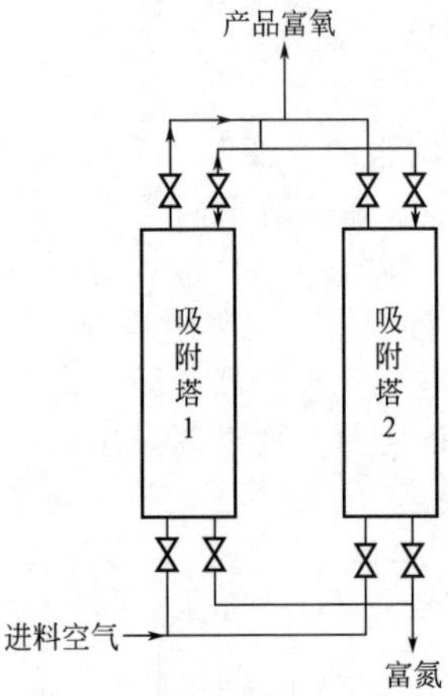

PSA 空气分离（简称空分）Skarstom 循环。这是一种最早的空气分技术。原理是在加压下吸附，减压下脱附。在两个吸附塔中装 5A 分子筛。室温下加压空气进入两塔，$N_2$ 比 $O_2$ 在 SA 分子筛上的吸附能力强，富氧从两塔上排出。使塔 2 减压，并导入部分富氧产品清洗塔 2，氮气脱附，富氮气从塔下导出。再从塔 2 下加压通入空气，使塔 1 中氮脱附，从塔下导出。如此，两塔循环应用，塔上出富氧，塔下出富氮。显然，这种方法只能得到中等浓度的 $O_2$（或 $N_2$）。这种方法尤适用于空气干燥。Skarstom 循环如图 7-26 所示。

**图 7-26　空气分离的 Skarstom 循环示意图**

在每个循环中都有两个阶段：当排出富氧时，塔 1 进料加压；当排出富氮时，用塔 1 中富氧吹扫塔 2。在下一循环中，两塔作用反过来

PSA 空分制氧的吸附剂。在 PSA 空分制氧中关键是选择对氮的吸附能力优于对氧吸附能力的吸附剂。目前 PSA 空分制氧应用的吸附剂有 4 种：5A 分子筛、13X 分子筛、丝光沸石、$Li^+$ 交换的低硅铝比 X 型分子筛（LiLSX）。这 4 种分子筛对 $O_2$ 和 $N_2$ 的吸附量见表 7-8。由表中数据可知，对 $N_2$ 的吸附量顺序为 LiLSX＞丝光沸石＞5A 分子筛＞13X 分子筛。因此，可利用上述 4 种分子筛对 $N_2$ 的吸附能力大于对 $O_2$ 的吸附能力而将空气分离。

**表 7-8　20℃常压（1atm，101.3kPa）下 4 种分子筛对氮和氧的吸附量**

| 分子筛 | $N_2/ml \cdot g^{-1}$ | $O_2/ml \cdot g^{-1}$ | 分子筛 | $N_2/ml \cdot g^{-1}$ | $O_2/ml \cdot g^{-1}$ |
|---|---|---|---|---|---|
| 5A | 10.9 | 3.2 | 丝光沸石 | 21.8 | 8.6 |
| 13X | 6.7 | 2.1 | LiLSX | 约 22.2 | 约 3.1 |

家用 PSA 空气制氧。对呼吸系统缺氧患者及因人口老龄化导致心血管病、卒中（中风）等疾病患者增多；人民生活水平的提高，对医疗保健的重视也大大增加了对保健用氧的需求，因而各种简便家用制氧方法应运而生。

图 7-27 是一种家用 PSA 空分制氧流程图[34]。如图所示，空气经过滤器净化后进入无油空气压缩机，升压后进入冷却器冷却，再进入吸附塔（塔内装沸石分子筛）进行吸附分离。分离后产品气一部分进入储气罐，经流量计流出，一部分对另一吸附塔进行反吹清洗。一般在制氧机中装有湿化瓶（甚至有雾化装置）可使空气加湿。

PSA 空分制氮。空分制氮的吸附剂主要是碳分子筛（Carbon molecular sieve，CMS）。

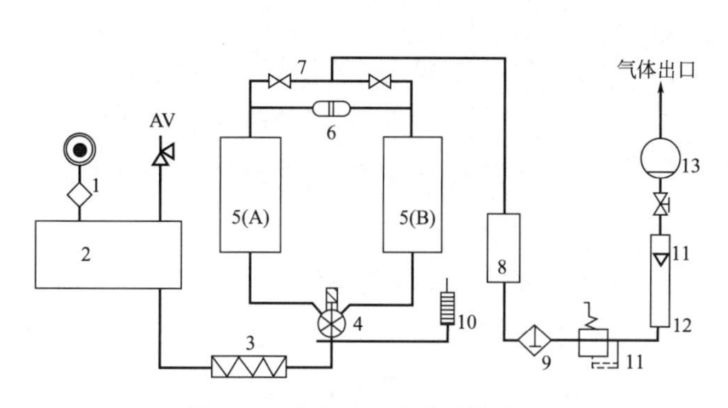


**图 7-27　家用 PSA 空分制氧流程**

1—空气净化器；2—无油空气压缩机；3—冷却器；4—五位电磁阀；5—吸附塔；6—节流孔；7—单向阀；8—缓冲罐；9—粉尘过滤器；10—消音器；11—调压阀；12—流量计；13—加湿器

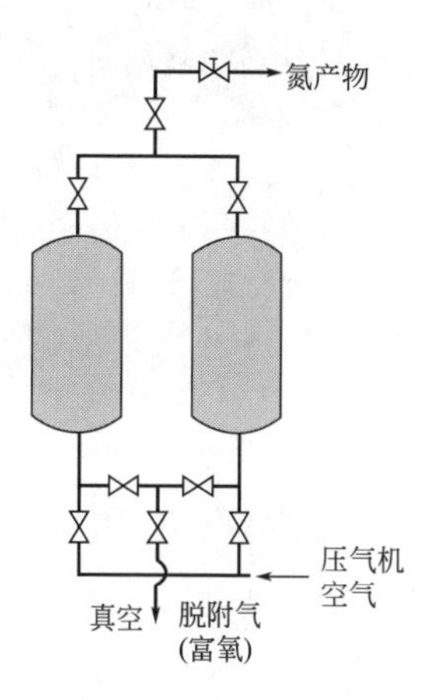


**图 7-28　碳分子筛 PSA 空分制氮流程**

碳分子筛为无定形结构，其分离氮与氧的主要原因是二者分子大小不同，扩散速率差别大，氧达到最大平衡吸附量少于 30min，而氮却需大于 100min；扩散常数方面，$O_2$ 为 $1.7\times10^{-4}s^{-1}$，$N_2$ 为 $7.0\times10^{-6}s^{-1}$。扩散常数$=D/r^2$，$D$ 为扩散系数，$r$ 为分子半径，用碳分子筛 PSA 空分制氮工艺如图 7-28 所示。流程为简单的吸附和逆流真空脱附两步循环。每步持续 1min，吸附压力为 300～500kPa，脱附压力为 9kPa。产品 $N_2$ 纯度达 95%～99.9%，脱附气中含 35% $O_2$ 和 65% $N_2$ 及 $CO_2$、$H_2O$ 等。

与传统的气体分离工艺相比，变压吸附有如下特点。

(1) 能耗低　因可在低压常温下操作，可省去加热或冷却能耗。

(2) 产品纯度高　例如，变压吸附制氢，产品纯度可达 99.999%，且可根据需要调节氢的纯度。

(3) 工艺流程简单　可实现多种气体的分离，对 $H_2O$、硫化物、$NH_3$ 或烃类等杂质有较强的承受能力，一般来说，无需复杂的额外处理工序。

(4) 环境效益好　变压吸附装置的运行不会造成新的环境污染，几乎无“三废”产生。

## 第四节　固-液界面吸附的作用

固体自溶液中的吸附（也称溶液吸附、液相吸附）是最常见的吸附现象之一。溶液吸附规律比较复杂（这主要是由于溶液中除了溶质外还有溶剂），因而固体自溶液中的吸附理论不像气体吸附那样完整，至今仍处于初始阶段。固体对气体的吸附，主要由固体表面与气体分子的相互作用的强弱来决定。而固体自溶液中的吸附，至少要考虑 3 种作用力，即在界面层上固体与溶质之间的作用力、固体与溶剂之间的作用力以及在溶液中溶质与溶剂之间的作用力。当固体和溶液接触时，总是被溶质和溶剂两种分子所占满，换句话说，溶液中的吸附是溶质和溶剂分子争夺表面的净结果。若固体表面上的溶质浓度比溶液内部的大，就是正吸附，否则就是负吸附。

从吸附速度看，溶液中的吸附速度一般比气体吸附速度慢得多，这是由于吸附质分子在溶液中的扩散速度比在气体中的慢。在溶液中，固体表面总有一层液膜，溶质分子必须通过这层膜才能被吸附，再加上孔的因素，因此吸附速度就更慢了，这意味着溶液吸附平衡时间往往很长。

溶液吸附的应用极为广泛，例如常见的活性炭脱色、大孔吸附树脂脱酚以及岩石对表面活性剂的吸附等，它们不仅具有研究的理论意义，更有巨大的实用价值。为了更好地解决实际问题，人们必须搞清楚在不同情况下吸附的基本规律。

溶液吸附虽然比气体吸附复杂，但测定吸附量的实验方法却比较简单。只要将一定量的固体放入一定量的已知浓度的溶液中，不断振荡，当吸附达到平衡后，测定溶液的浓度，从浓度的变化就可以计算每克固体吸附了多少溶质。设 $c_0$ 和 $c$ 分别表示吸附前后溶液的浓度，$V$ 是溶液的体积，$m$ 是吸附剂的质量，溶质的吸附量 $\Gamma$ 为

$$\Gamma=\frac{x}{m}=\frac{(c_0-c)V}{m} \tag{7-30}$$

式中，$\frac{x}{m}$ 的单位是每克吸附剂上吸附溶质的量（mol/g）。这种计算没有考虑溶剂的吸附，所以通常称为表观吸附量。

在溶液吸附中，溶液的平衡浓度（$c$）和吸附量$\left(\frac{x}{m}\right)$之间的定量关系目前尚不能自理论导出，但考虑到液相吸附和气相吸附有许多相似之处，因此人们常利用气相吸附的关系式（如 Freundlich 公式、Langmuir 公式和 BET 公式）来处理液相吸附结果。因为这些公式是“借用”的，公式中常数的物理意义不很明确，故只能算作经验公式。实际使用时只要把公式中的 $p$ 改为 $c$，相对压力 $p/p_0$ 改为相对浓度 $c/c_0$（此处 $c_0$ 为饱和溶液的浓度）即可。

## 一、溶液吸附的一般影响因素

### 1. 同系物的吸附——Traube 规则

大量的实验结果证明，同系有机物在溶液中被吸附时，“吸附量随着碳链增长而有规律地增加”（这就是 Traube 规则）。例如，炭自水溶液中吸附脂肪酸时，吸附量的顺序为：丁酸>丙酸>乙酸>甲酸［图 7-29(a)］，这表明丁酸的吸附能力在这种情况下最大，甲酸最小。吸附能力大，表明它在固-液界面上降低界面能多，从 Langmuir 公式看，公式中与吸附热有关的吸附系数 $b$ 必然是丁酸最大，甲酸最小。要解释这种现象并不困难。因为炭是非极性吸附剂，而“非极性吸附剂总是易自极性溶剂中优先吸附非极性组分”。同样，硅胶自四氯化碳中吸附脂肪醇［图 7-29(b)］吸附量的顺序为：乙醇>正丙醇>正丁醇>正戊醇>正己醇>正辛醇，这也符合“极性吸附剂总是易自非极性溶剂中优先吸附极性组分”这一规律。当然由于体系性质不同，吸附量顺序正好和图［7-29(a)］中的相反，所以有时也称为反 Traube 规则[1]。关于有机同系物在两种典型吸附剂活性炭和硅胶上的吸附行为，A. W. Adamson 等[2]曾作了一系列的研究。他们指出，自溶液中吸附时，影响 Traube 规则的因素很多，已经证明，同系物的吸附次序可因吸附剂性质、吸附剂活化条件、溶液浓度或溶剂的不同而完全相反。因此根据体系的性质预示吸附规律时，必须十分小心。

### 2. 溶质的溶解度对吸附量的影响

实验表明，溶解度越小的溶质越容易被吸附。因为溶质的溶解度越小，说明溶质与溶剂之间的相互作用力相对地越弱，于是被吸附的倾向越大。例如，脂肪酸的碳氢链越长，在水中的溶解度越小，被活性炭吸附的也就越多［图 7-29(a)］。反之，在四氯化碳溶剂中，脂肪酸的碳氢链越长，溶解度越大，其被活性炭吸附的越少[3]。以上两个实例是在吸附剂和溶质都相同的情况下，比较在不同溶剂中溶解度不同对吸附量的影响。又如苯甲酸在 $CCl_4$ 中的溶解度远大于在水中的溶解度，但硅胶在这两种溶剂中对同浓度的苯甲酸溶液（约 0.01mol/L）吸附时，自 $CCl_4$ 中的吸附量却远比自水中吸附的大。这是因为硅胶是极性吸附剂，而水的极性比苯甲酸强，硅胶对水有强烈的吸引力，因而苯甲酸分子很难将硅胶表面

[1] Bertell F E, Fu Y. J Phys Chem, 1929, 33: 676; Zhao Z G, et al. J Colloid Interface Sci, 1994, 166: 23.

[2] 见参考书目 13（下册），p. 405。

[3] 顾惕人等. 科学通报，1973 (18): 223.

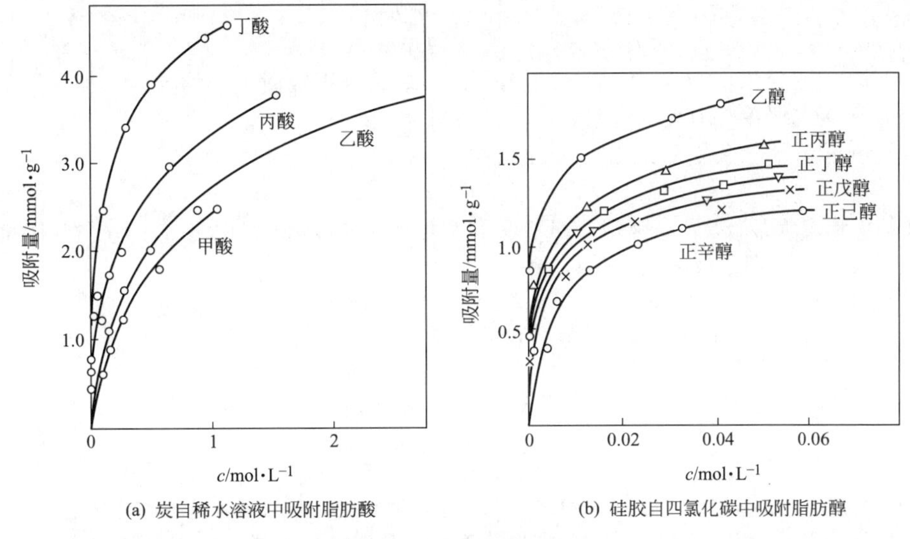

(a) 炭自稀水溶液中吸附脂肪酸 (b) 硅胶自四氯化碳中吸附脂肪醇

**图 7-29 Traube 规则的例证**

上的水分子顶走，结果硅胶对苯甲酸的吸附量就少了；而硅胶与非极性的 $CCl_4$ 分子吸引力较弱，所以极性分子的苯甲酸较容易地将 $CCl_4$ 自硅胶表面顶走，因而硅胶对苯甲酸的吸附量较大。所以，溶解度只是影响吸附的一种重要因素，但不是唯一的因素。

#### 3. 温度的影响

溶液吸附一般也是放热的，所以温度升高，吸附量减小。但对有些体系来说，溶液吸附是吸热过程，如果溶质吸附时从表面上顶替下大量溶剂分子，体系熵增加，是熵驱动过程，这时温度升高，吸附量增大。实际上温度和溶质的溶解度关系极大。自溶液中吸附有限溶解的物质时，温度升高，溶解度增大，则吸附量降低；反之，若升高温度，有些溶质的溶解度会下降（例如丁醇、戊醇、己醇等在水中就是这种情况），则吸附量增加。

#### 4. 吸附剂孔径大小的影响

对多孔吸附剂来说，毫无疑问，从吸附速度说，孔径越小，向孔内扩散速度越慢，吸附平衡时间延长，且只有尺寸小于孔径的溶质分子才能被吸附。

#### 5. 盐对吸附的影响

即使加入的盐不被吸附，由于它能影响溶质与溶剂之间的相互作用，也会对吸附产生明显的影响。实验证明，若盐能使溶质的溶解度减小，则吸附量会因盐的加入而增大；反之，若盐能提高溶质的溶解度，则吸附量会因盐的加入而减小。

其他还有自混合溶剂中吸附溶质、吸附质的分子结构对吸附的影响等，这些都带有经验性，有兴趣的读者可阅参考书目 4、6、7。

总之，溶液吸附中的规律非常复杂，影响因素很多，而且这些因素不是相互孤立的。在探讨吸附机理和预测各种吸附情况时，必须根据具体情况，综合考虑各种因素，才能得出正确的结论。

## 二、自稀溶液吸附的等温式和等温线

常用的等温式有 Langmuir 式、Freundlich 式、BET 二常数公式、D-R 公式等。这些等温式大多都有经验性质，其中一些公式中的常数物理意义不如气体吸附中的明确。

Langmuir 等温式：[1]

---

[1] 赵振国．大学化学，1999，(10)：7.

$$n_2^s=\frac{n_m^s bc}{1+bc} \tag{7-31}$$

式中，$n_2^s$ 为平衡浓度为 $c$ 时溶质 2 的吸附量；$n_m^s$ 为极限吸附量（均匀表面即为单层饱和吸附量）；$b$ 为与吸附热有关的常数。

Freundlich 等温式：

$$n_2^s=ac^{1/n} \tag{7-32}$$

式中，$a$ 和 $n$ 为常数。$a$ 与吸附容量有关，类似于 Langmuir 式中之 $n_m^s$。$n$ 与吸附剂和溶质作用强度有关（即与吸附热有关），$n$ 一般是大于 1 的数。

BET 公式：

S 形等温线可应用 BET 二常数公式：

$$\frac{k\frac{c}{c_0}}{n_2^s\left(1-\frac{k_c}{c_0}\right)}=\frac{1}{n_m^s b}+\frac{b-1}{n_m^s b}k\frac{c}{c_0} \tag{7-33}$$

式中，$b$ 相当于 BET 二常数公式中之常数 $C$；$k$ 为与吸附剂性质有关的常数。

D-R 公式：适用于气体在微孔类吸附剂上应用的 D-R 公式，只需将其中 $p_0/p$ 换为 $c_0/c$（$p_0$ 为饱和蒸气压，$c_0$ 为饱和溶液浓度），即可用于自稀水溶液中吸附有机物：

$$\lg a=\frac{V_0}{\overline{V}}-0.43\frac{BT^2}{\beta^2}\left(\lg\frac{c_0}{c}\right)^2 \tag{7-34}$$

式中，$a$ 为平衡浓度为 $c$ 时的吸附量；$V_0$ 为极限吸附体积（相当于微孔吸附剂的孔体积）；$\overline{V}$ 为液态吸附质的摩尔体积；$\beta$ 为亲和系数；$B$ 为吸附剂孔结构有关的常数。

Giles 等总结大量稀溶液吸附的等温线，将它们分为 4 类 18 种，[1] 4 类是 S 型、L 型、H 型和 C 型（图 7-30）。这种分类的基本原则是视等温线起始段斜率大小而定。现简单予以说明如下。

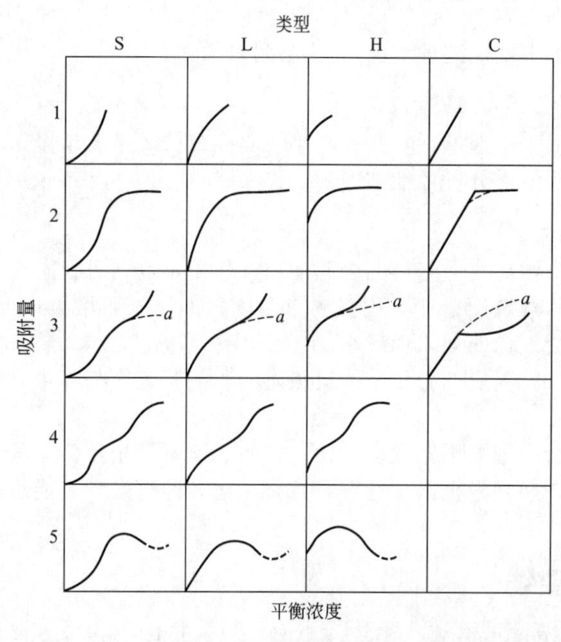


**图 7-30 Giles 对稀溶液吸附等温线的分类**

(1) S 型等温线　等温线起始段斜率小，并凸向浓度轴，随着浓度的增大，吸附量增

---

[1] Giles C H，Mac Evan T H，Nakhawa S W，Smith D. J Chem Soc，1960：3973.

参见参考书目 33，p. 198.

大，且有一较快增长的区域。通常吸附剂与溶剂分子有较强烈吸引作用形成此类等温线。

（2）L 型等温线　等温线起始段斜率大，且凸向吸附量轴，在浓度大到一定程度时，吸附量 $n$ 近恒定值。当溶质比溶剂更易被吸附，且溶质是线性或平面分子时常易得 L 型等温线。

（3）H 型等温线　溶质在极低浓度时就有很大吸附量，有类似于化学吸附的特点。大分子、离子交换或因电性相反而引起的离子型表面活性剂在荷电表面上的吸附常有此类等温线。

（4）C 型等温线　起始段为直线，表示溶质在液相和表面相恒定分配。此类等温线少见，某些溶质在织物及由晶化区和非晶化区（无定型区）构成的聚合物上的吸附有时出现此类等温线。

4 类等温线中吸附量 $n$ 近恒定区域可能因溶质单层极限吸附所致。等温线有时有最高点，尚无统一的解释。

## 三、混合溶质吸附

上面讨论的溶液吸附，都是吸附剂从溶液中吸附某一种溶质。这里讨论的混合溶质吸附是指溶液中的溶质有两种以上成分同时被吸附。这是一个重要课题，因为实际应用时人们涉及的总是混合溶液的吸附。但对此研究却很少，赵振国等[1]为考察 Langmuir 型混合吸附公式［参见公式(7-18)］在这种情况下的适用性，曾选用孔径较大的硅胶作吸附剂，自 $CCl_4$ 中吸附多种直链脂肪醇的混合溶液。

在溶液吸附中，Langmuir 公式可表示为：

$$\frac{x}{m}=\frac{(x/m)_{\mathrm{m}}bc}{1+bc} \tag{7-35}$$

式中，$(x/m)_{\mathrm{m}}$ 是单分子层饱和吸附量；$b$ 是与吸附热有关的常数。显然对混合吸附，式(7-35) 可改写为：

$$\left(\frac{x}{m}\right)_i=\frac{(x/m)_{\mathrm{m},i}b_ic_i}{1+\sum b_ic_i} \tag{7-36}$$

此式若可应用于混合吸附，则有几种溶质的混合溶液中任意两种溶质的吸附量之比应与平衡浓度之比有如下关系：

$$\frac{(x/m)_i}{(x/m)_j}=\frac{(x/m)_{\mathrm{m},i}b_ic_i}{(x/m)_{\mathrm{m},j}b_jc_j} \tag{7-37}$$

据式(7-37)，若以 $(x/m)_i/(x/m)_j$ 对 $c_i/c_j$ 作图应得一条通过原点的直线。实验证明，对于“硅胶-$CCl_4$-直链脂肪醇”体系，无论溶质是二元混合物还是三元混合物，数据点皆大致落在理论直线的附近（见图 7-31，图中直线是根据单纯溶液吸附的 Langmuir 公式中的常数值计算的）。这表明，式(7-37) 对本吸附体系基本正确，且两种溶质的相对吸附量只与两种溶质的相对浓度有关，与第三种溶质的存在与否无关。但许多作者用活性炭自水溶液中吸附混合酸（包括盐酸-乙二酸、乙酸、丙酸、丁酸或二元酸的混合物），按式(7-37) 以两溶质的吸附量之比对相应的平衡浓度比作图并无直线关系，或只能定性符合。据分析，这可能是因为活性炭中有大量微孔，且脂肪酸在水中会部分电离，而这些因素在 Langmuir 吸附模型中均未顾及。

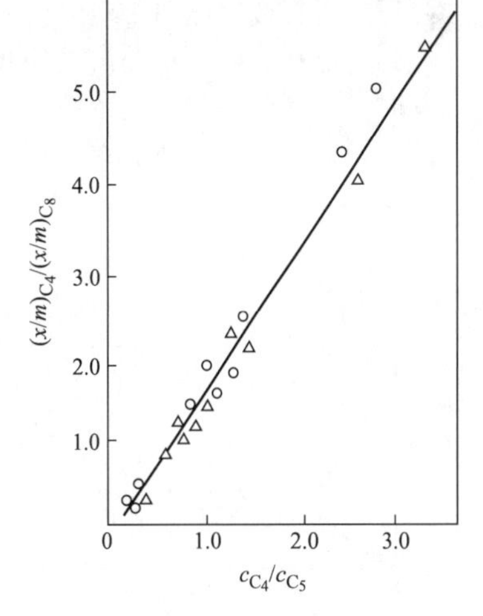


**图 7-31　Langmuir 型混合吸附公式的应用**

○—正戊醇-正辛酸二元混合物；
△—正丁醇-正戊醇-正辛醇三元混合物

尽管混合物的研究处于初始阶段，在许多情况下定量描述尚有困难，但在所有混合吸附中，一种溶质 A 的吸附量会因另一种溶质 B 的加入而降低，且 B 的浓度越大，A 的吸附量

[1] 赵振国，顾惕人．化学学报，1981 (39)：503.

降低越多。这个现象目前主要用顶替物（B）顶替表面上的溶剂来说明。由于固体表面上的溶剂被顶替，改变了吸附平衡，从而导致被顶替物（A）的吸附量降低。

在混合吸附中顾惕人等有趣地发现：在溶液中若有一种能被强烈吸附的主要溶质（其浓度相当大）存在，则其他痕量溶质的吸附等温线皆是直线型的。此结果极易理解，若主要溶质是 1，且 $c_1$ 很大，而其他各溶质的浓度都很小，故式(7-35）中 $1+\sum b_i c_i \approx b_1 c_1$，于是

$$\left.\begin{aligned}\left(\frac{x}{m}\right)_1&=\left(\frac{x}{m}\right)_{\mathrm{m},1} && (i=1)\\ \left(\frac{x}{m}\right)_i&=\left(\frac{x}{m}\right)_{\mathrm{m},i}\frac{b_i c_i}{b_1 c_1} && (i\neq 1)\end{aligned}\right\} \tag{7-38}$$

可见当 $c_1$ 固定时，$\left(\frac{x}{m}\right)_i$ 与 $c_i$ 成线性关系：

$$\left(\frac{x}{m}\right)_i=H_i c_i \tag{7-39}$$

式中，$H_i=(x/m)_{\mathrm{m},i}b_i/b_1c_1$，$H_i$ 称为 Henry 系数，其值只与该溶质本身的性质和主要溶质的性质及浓度有关，而与溶液中其他痕量溶质是否存在无关，即若主要溶质的浓度固定，则各痕量溶质的直线等温线的斜率不因其他痕量溶质的存在而改变。关于直线型吸附等温线的实例和细节，请查阅参考书目 6 和 43，由此还可以查阅到他们的许多原始研究报告。

产生直线型吸附等温线的原因，看来可以从 Langmuir 公式(7-34）予以说明。当浓度 $c$ 小到一定程度时，单纯溶质的吸附等温线应为直线，但实验表明当用硅胶、活性炭等作吸附剂时，在可分析的浓度范围内并非直线，而在混合溶液情况下，更易得到直线式等温线。对此，顾惕人等从固体表面不均匀性和改正的 Henry 系数做了说明。这再次指明科学工作者善于发现问题、分析问题，并尽可能作出力所能及的科学解释的这种工作方法对培养青年学生成材是何等重要。

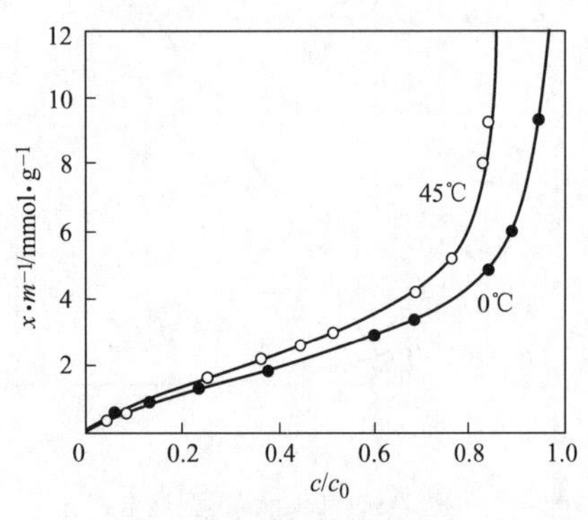


**图 7-32　硅胶在己醇溶液中吸附水的吸附等温线**

## 四、多分子层吸附

大多数稀溶液的吸附行为可用 Langmuir 公式或 Freundlich 公式描述。但 Hansen 和傅鹰等用炭黑和石墨自水溶液中吸附某些酸或醇（碳原子数≥4）时，等温线没有极限饱和值；当浓度接近饱和溶液的浓度时，吸附量急剧上升，这表明溶液吸附中也可以是多分子层的。图 7-32 是 Bartell 等用硅胶在己醇溶液中吸附水的实验结果。由图可见，相对浓度 $c/c_0$ 在 0.8 附近时，吸附等温线上升很快。在气体吸附中，这种性质是毛细凝结的特征，此处实际上也是水在毛细管中相分离的结果。由于等温线具有 S 型，故 BET 三常数公式大体上可以适用❶。

# 五、对高分子的吸附

高分子的吸附研究与高分子化学的整个领域密切相关。因为这里讨论的是溶液吸附，所以高分子必须是可溶的，而且主要是线性高分子（例如合成橡胶、纤维、聚乙烯等），吸附剂大多用炭（这与橡胶工业有关），溶剂大多是极性较大的有机溶剂。

按目前情况看，高分子的吸附大致有如下特点：①高分子的分子体积大，形状可变，在

❶ 见参考书目 13（下册），p. 410。

良溶剂中可以舒展成带状，在不良溶剂中卷曲成团，吸附时常呈“多点吸附”，且脱附困难；②由于高分子总是多分散性的（即分子量有大有小），所以吸附时与多组分体系中的吸附相似，即吸附时会发生分级效应；③由于分子量大，移动慢，向固体内孔扩散时受到阻碍，所以吸附平衡极慢；④吸附量常随温度升高而增加（也有相反的例子）。

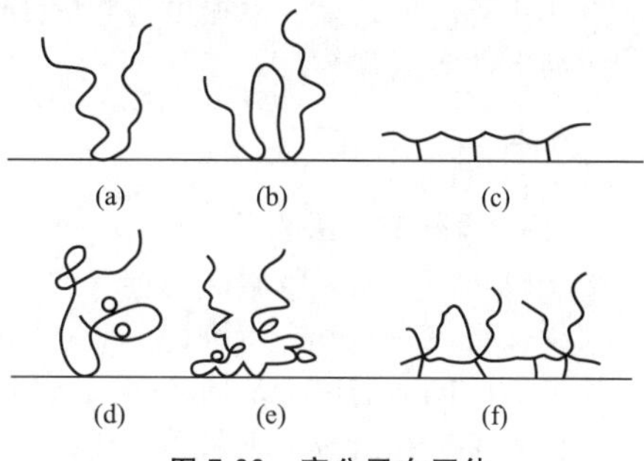


**图 7-33　高分子在固体表面上的吸附形态**

高分子在固体表面上的吸附形态（构型）可用图 7-33 示意。图中（a）为高分子链的单点吸附，较易脱附，不多见；（b）为多点吸附，实为链段吸附；（c）为平躺的多点吸附，最牢固；（d）为无规线团的吸附，可认为是高分子在溶液中的构型，吸附层的厚度接近于无规线团的直径；（e）为不均匀的链段分布，距表面越远，链段密度越低；（f）为多层吸附，亦不多见。

高分子的吸附等温线常有如图 7-34 所示的形状，图 7-34 是铁粉在不同温度下自 $CCl_4$ 中吸附聚乙酸乙烯酯的结果。这类等温线的特点是：在低浓度时吸附量迅速上升，而后变得平缓并很快达到饱和吸附。总体说，这类等温线常符合 Langmuir 公式。高分子在非孔性固体上吸附时，饱和吸附量 $A_s$ 与高分子的分子量 $M$ 通常有如下关系：

$$A_s = KM^{\alpha} \tag{7-40}$$

式中，$K$ 为常数，与溶剂性质有关，在不良溶剂中，$K$ 值增大；$\alpha$ 是与分子量和吸附状态有关的参数，常有下列几种情况。

① $\alpha=0$，$A_s=K$，吸附与分子量无关，此时高分子的链段平躺在固体表面上［图 7-33(c)］；

② $\alpha=1$，吸附量与分子量成正比，此时高分子链为单点吸附［图 7-33(a)］；

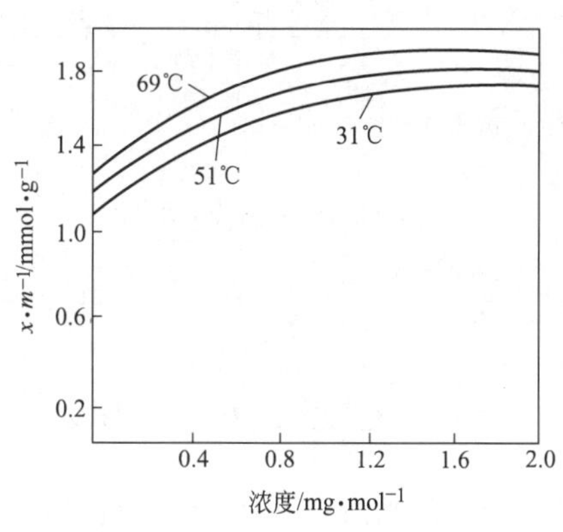


**图 7-34　铁粉自 $CCl_4$ 中吸附聚乙酸乙烯酯**

③ $0<\alpha<0.1$，高分子以半径等于或正比于转动半径的球体被吸附［图 7-33(d)］；

④ $\alpha=0.5$，$A_s=KM^{1/2}$，此时高分子在表面上纠缠成无规团状，尤其是分子中含有多个可被吸附的基团［图 7-33(e)］。

关于 $\alpha$ 对分子量的影响，曾有人指出 $\alpha$ 应随 $M$ 增加而减小。

描述高分子的吸附形态，单靠吸附数据是不够的，必须综合各种影响因素加以全面考虑。

图 7-34 已表明温度对吸附量的影响：温度升高，吸附量增加。这表明此吸附过程是吸热的。可以理解，高分子吸附熵将降低，但被吸附的众多溶剂分子脱附时又使溶剂的熵增加，所以总熵还是增加的。这说明，在此情况下高分子的吸附是由熵因素控制的，而不是焓（能量）因素控制的。

关于在高分子溶液中的吸附细节，包括吸附速率以及影响吸附的各种因素可参阅有关专著[1][2]。

1985 年，杨一奇等[3]曾详细研究了活性炭在水介质中吸附羧甲基纤维素的行为，获得了

---

❶ T. 佐藤等．聚合物吸附对胶态分散体稳定性的影响．江龙等译．1988.

❷ 见参考书目 25。

❸ 杨一奇，王菊生．第二届全国胶体与界面科学讨论会论文摘要汇编．济南：1985：127.

有实用意义的结果。赵振国等[1][2]也研究过不同分子量的聚乙二醇等在活性炭-水、硅胶-水等界面上的吸附规律。

## 六、对电解质的吸附

### 1. 离子交换吸附

(1) 离子交换吸附的基本规律　离子交换吸附[3]是指离子交换剂（ion-exchanger，亦称离子交换树脂，ion-exchange resin）或某些黏土在电解质溶液中吸附某种离子时，必然有等当量的同电荷的离子从固体上交换出来。例如，某阳离子交换剂 RB（R 代表交换剂的一个结构单位）在溶液中吸附 $A^+$ 离子时，其交换反应为：

$$RB+A^+ \rightleftharpoons RA+B^+$$

离子交换吸附作用，实际上起因于离子的静电引力，但它有交换平衡，符合质量作用定律。在上述交换反应中，交换平衡常数 $K$ 可表示为：

$$K=\frac{a_{RA}a_B^+}{a_{RB}a_A^+}=\frac{[RA]\ \gamma_{RA}\ [B^+]\ \gamma_B^+}{[RB]\ \gamma_{RB}\ [A^+]\ \gamma_A^+} \tag{7-41}$$

式中，$a$ 为相应组分的活度；$\gamma$ 为活度系数；方括号代表浓度。平衡常数 $K$ 反映了交换体系的平衡行为，其值取决于温度。由于树脂相中的离子活度很难准确测定，实际应用时稀溶液的 $A^+$ 和 $B^+$ 浓度较低，可近似认为水相离子的活度系数为 1，即 $\gamma_B^+/\gamma_A^+\approx1$，且不计树脂相活度系数 $\gamma_{RA}$ 及 $\gamma_{RB}$ 的影响，于是式(7-40) 可表示为

$$\widetilde{K}=\frac{[RA]\ [B^+]}{[RB]\ [A^+]} \tag{7-42}$$

式中，$\widetilde{K}$ 称为表观平衡常数，它反映了树脂对某离子的吸附亲和力大小。在此例中，若树脂 RB 对 $A^+$ 的吸附亲和力大于 $B^+$，则表明此树脂对 $A^+$ 的选择性大于 $B^+$，所以 $\widetilde{K}$ 也称为选择性系数，并用 $K_B^A$ 表示，此处 $K_B^A>1$。若 $K_B^A<1$，则表明该树脂对 $B^+$ 的吸附亲和力大于 $A^+$，即树脂中含有 $B^+$ 的浓度大于 $A^+$ 的浓度。若 $K_B^A=1$，选择性相同，此时溶液中的两种离子无法用该树脂分离。

树脂的选择性系数与离子交换的特性有关。离子价数高、水合离子半径小、极性强的离子，由于其静电作用强，$K_B^A$ 的数值大。

对普通强酸性阳离子交换树脂来说，在稀溶液中同价离子的选择性顺序如下：

1 价：$Ag^+>Cs^+>Rb^+>K^+>NH_4^+>Na^+>H^+>Li^+$

2 价：$Ba^{2+}>Pb^{2+}>Sr^{2+}>Ca^{2+}>Cd^{2+}>Mg^{2+}>Be^{2+}$

强碱性阴离子交换树脂对一些阴离子的选择性顺序如下：

柠檬酸根$>SO_4^{2-}>$草酸根$>I^->NO_3^->Br^->SCN^->Cl^->H_2PO_4^->HCOO^->OH^->F^-$

(2) 离子交换平衡关系表达式　在离子交换过程中，树脂相中某离子所能达到的平衡浓度 $q$ 在定温下取决于该离子的平衡浓度 $c$，即

$$q=f(c) \tag{7-43}$$

具体的平衡关系式常有如下两种。

① 线性平衡关系（Henry 型）

$$q=mc \tag{7-44}$$

式中，$m$ 为比例常数。此式如同气-液平衡关系中的 Henry 定律，但它只适用于某些特殊情况及低浓度范围，且一般不宜外推。

---

[1] 赵振国，顾惕人．物理化学学报，1989，5：185；279.

[2] 赵振国．化学学报，1991，49：15.

[3] 参见姜志新等．离子交换分离工程．天津：天津大学出版社，1992.

② Langmuir 型平衡关系　此种关系如图 7-35 所示。它表示树脂相中离子浓度 $q$ 随水相浓度增加而增大的情况。曲线上的任何一点均代表固、液两相中离子浓度 $q$ 与 $c$ 的平衡分配比。在水相离子浓度较低时，曲线 $OA$ 段的下部可看作直线，并可用直线平衡关系表征。随着水相浓度的增高，平衡曲线的斜率（$dq/dc$）减小，即交换离子与树脂间的亲和力随溶液浓度提高而不断下降。在水相离子浓度相当高时，树脂相离子浓度可达极限值，此时 $q$ 为常数。图 7-35 的平衡关系可用 Langmuir 型方程表达为：

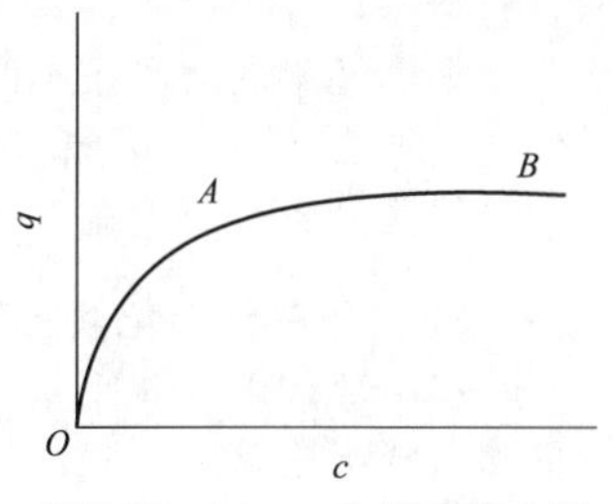

图 7-35　Langmuir 型平衡曲线

$$q=\frac{nc}{l+mc} \tag{7-45}$$

式中，$l$、$m$、$n$ 为常数。变换式(7-45) 可得$\frac{1}{q}\sim\frac{1}{c}$、$\frac{c}{q}\sim c$ 以及$q\sim\frac{q}{c}$三个直线关系式，由此可求得 3 个常数。

关于离子型表面活性剂在交换树脂或某些黏土上的吸附平衡实验规律，已在前面讨论过，此处不赘。

(3) 离子交换吸附在水处理等方面的应用　长期以来，工业中所使用的水大多均经过处理。所谓水处理通常包括水的软化、脱盐和高纯水的制备等。锅炉中使用的水要用软水（不含 $Ca^{2+}$、$Mg^{2+}$）；高压锅炉中补充用水、电子工业中的高纯水以及食品制造、生化用水甚至生活用水都要求脱盐。这里简单介绍硬水软化和水的脱盐过程。

含有 $Ca^{2+}$、$Mg^{2+}$ 等离子的水一般称为硬水。硬水（设其中含有 $CaCl_2$）软化通常在装有钠型树脂的交换柱中进行，其交换反应为

$$2RNa+CaCl_2 \rightleftharpoons R_2Ca+2NaCl$$

钠型树脂软化水后即转变为钙型，并失去软化能力。欲恢复软化能力，需用浓的 NaCl 溶液（8%～10%）对其“再生”，使其转变为钠型。

水的脱盐处理是除去水中所有的阳离子、阴离子。为此，实际操作时需使用氢型阳离子交换树脂（RH）和羟型阴离子交换树脂（ROH），其交换反应为：

$$2RH+CaCl_2 \rightleftharpoons R_2Ca+2HCl$$

$$ROH+HCl \rightleftharpoons RCl+H_2O$$

即由 RH 交换及产生的 HCl 继续与 ROH 树脂反应便结合成水和另一种阴离子（氯型）树脂，从而可脱除水中的盐。树脂脱盐后需分别用酸、碱使 $R_2Ca$ 和 RCl 再生。水的脱盐可在串联的单个阳离子交换塔、阴离子交换塔中进行，也可在混合塔（即把 RH 和 ROH 按一定比例装在一个交换塔内）进行。经过脱盐的水可称为“去离子水”，它广泛用于化学实验室和工业生产中，以代替蒸馏水。但医药工业中使用的注射用水，为保证无菌、无热原等要求，常以交换水为原料，再用蒸馏法制备。

离子交换技术还广泛应用于湿法冶金（如稀土分离）、生化提取（如发酵产物的分离回收）和“三废”处理（如含放射性物质废水的处理）等方面。

离子交换吸附作用并不限于典型的有机离子交换剂，在许多无机物中也屡见不鲜。

利用土壤（土壤为硅酸盐，其在水介质中皆应电离而荷负电）的离子交换作用（令其与有机阳离子进行交换），已成为现今制造“有机土”（具有憎水性表面）的一种重要方法，在石油工业中具有重要意义。其他像许多金属氧化物（如 $Fe_2O_3$、$Al_2O_3$、$MnO_2$、$TiO_2$）甚至像普通的硅胶在适当条件下都可视为无机交换剂，都可进行离子交换吸附[1,2,3]。硅胶表面

[1] Iler R K. The Chemistry of Silica. 1979：Chap 6.

[2] 沈钟，邵长生等. 江苏石油化工学院学报，1996，7（4）：1.

[3] 刘维娜，董殿权等. 天津化工，2008，22（2）：8.

含有羟基，它可以和许多无机离子（如 $Fe^{3+}$、$Co^{2+}$、$Ni^{2+}$、$Cu^{2+}$ 等）进行交换，也可以与贵金属元素的络离子[如 $Pt(NH_3)_4^{2+}$ 等]进行交换，并释出 $H^+$ 而使溶液的 pH 值降低。经交换上去的金属离子能牢固地附载在硅胶表面上，而不被去离子水洗去，这实际上已成为用浸渍法制备金属附载催化剂的一种方法。

#### 2. 离子晶体对电解质离子的选择吸附

在由 $AgNO_3$ 和 KBr 溶液混合后制备 AgBr 沉淀时，若 KBr 溶液过量，则 AgBr 晶体表面将选择吸附 $Br^-$，从而使 AgBr 带负电；而若 $AgNO_3$ 溶液过量，则 AgBr 选择吸附 $Ag^+$，这时 AgBr 晶体带正电。此例即为离子晶体对电解质离子的选择吸附。其规律是晶体总是选择吸附与其晶格相同或相似的离子，并形成难溶盐。这个规律常称为 Fajans 规则。当然晶体选择吸附某种离子后，则反离子较多地分布在表面附近形成所谓 Stern 层吸附。产生 Stern 层吸附的原因既有静电吸引力，也有特异性的化学作用力。离子在固体表面上的吸附常常是 Langmuir 型吸附。

如果吸附剂是非极性的，则在电解质溶液中的吸附规律与吸附剂的组成和表面性质有关。例如，无灰分和未吸附气体的活性炭对于强酸和强碱都不吸附。但若活性炭吸附了一些 $O_2$，在碳原子的作用下氧原子可从碳原子获得两个电子变成氧离子 $O^{2-}$，一个氧离子与一个水分子作用可在表面上生成两个 $OH^-$，因此它能吸附强酸，而不吸附强碱；若遇中性盐则活性炭能使盐水解，水解生成的酸被吸附掉一些，于是溶液呈碱性。若活性炭吸附一些 $H_2$，则表面上就形成一层氢离子，因此它能吸附碱，而不吸附酸；遇中性盐时也会发生“水解”吸附，使溶液 pH 值降低。

离子吸附在分析化学中经常遇到，大家最熟悉的例子就是在分析卤化物时常用到的 Fajans 吸附指示剂法。

## 七、生命过程中某些化学物质的吸附

生命科学中的化学过程无疑是当代化学研究的前沿课题。其中，某些化学物质（如氨基酸、卵磷脂等）及蛋白质在固-液界面的吸附作为模型体系，对于研究生物膜的模拟、固定化酶机制、酶的提纯以及在治疗某些疾病时血液中有毒和过剩物质的去除都有重要意义。

#### 1. 氨基酸的吸附[1]

氨基酸是蛋白质的基本结构单元，研究氨基酸的吸附有助于了解蛋白质及生命活性物质的界面性质。

(1) 吸附等温线　文献报道的氨基酸在固-液界面吸附等温线主要有以下三类。

① 活性炭自水中吸附含芳环和多碳原子氨基酸，二氧化钛吸附 $\alpha$-氨基酸，氢型蒙脱土吸附丙氨酸、亮氨酸、丝氨酸、天冬氨酸等，磷灰石吸附谷氨酸、天冬氨酸等的等温线为 Langmuir 型的。图 7-36 是活性炭自水中吸附苯丙氨酸的结果。此类等温线表明，氨基酸在吸附剂表面有比溶剂水更强的吸附能力。

② 硅胶自水中吸附苯丙氨酸，十八烷基改性硅胶吸附甘氨酸、亮氨酸、组氨酸等，氧化铝吸附酪氨酸、天冬氨酸等的等温线为 S 型，即在低浓度时等温线凸向浓度轴，表明此时溶剂水在固体表面有强烈的竞争吸附能力。

③ Ca 型黏土对几种氨基酸的吸附等温线为直线型（图 7-37）。此类等温线表明，氨基酸在体相溶液和固体表面吸附相间为恒定分配关系。

(2) 吸附机理　氨基酸在固-液界面上的吸附机理，可因氨基酸分子结构和固体表面性质的不同而异。已报道的主要吸附机理如下。

① 碳质吸附剂表面色散力作用。苯丙氨酸、酪氨酸等含芳环的氨基酸在碳质固体（活性炭、石墨化炭黑等）表面吸附时，水的 pH 值在氨基酸的等电点附近吸附量有最大值（参

---

[1] 赵振国．化学研究与应用，2001，13：599.

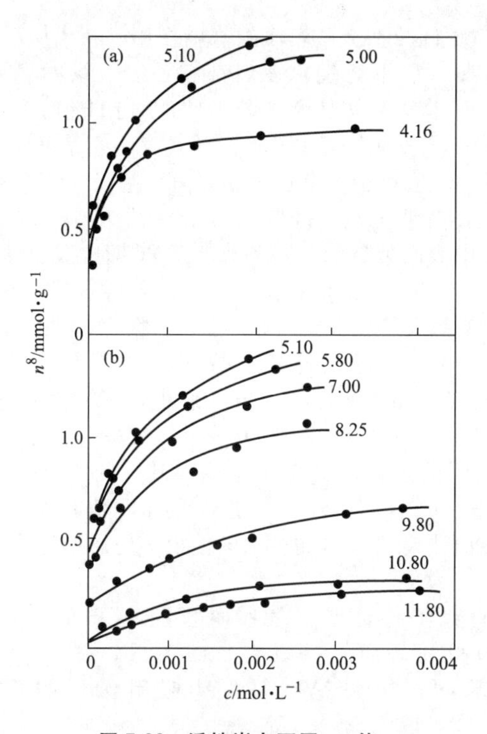


**图 7-36 活性炭自不同 pH 值的水中吸附苯丙氨酸的等温线（25℃）**

图线上数字为 pH 值

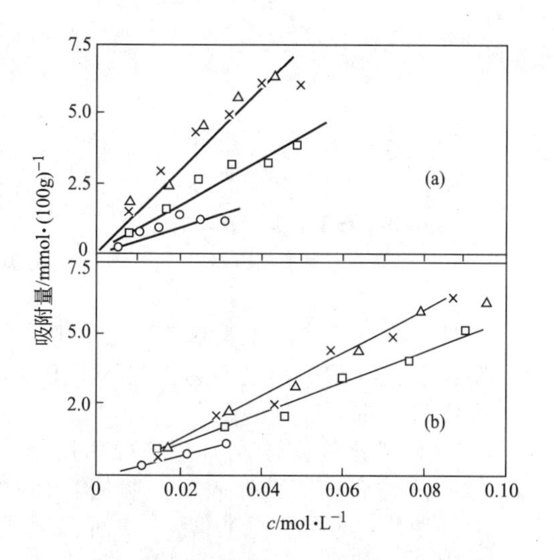


**图 7-37 α-氨基丙酸（×）、β-氨基丙酸（△）、亮氨酸（○）、丝氨酸（□）在 $Ca^{2+}$ 蒙脱土（a）和 $Ca^{2+}$ 伊利石（b）上的吸附等温线（25℃）**

见图 7-36，苯丙氨酸的等电点 p$I$=5.48），而在等电点时氨基酸以兼性离子形式存在。因此可以认为，苯丙氨酸等含芳环氨基酸在活性炭上主要以兼性离子形式吸附，而不是电性作用的吸附。根据极限吸附量、吸附剂比表面可以计算出吸附分子占据的面积数据，表明它们是以芳环平躺方式吸附的[1]。这些结果说明，在碳质吸附剂上氨基酸主要以色散力作用吸附。

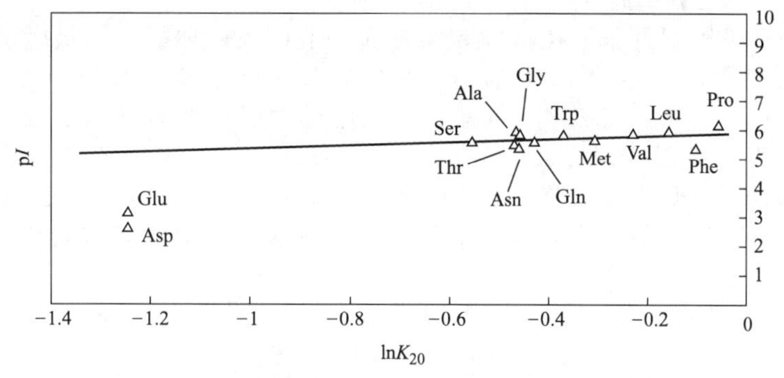


**图 7-38 氨基酸的等电点 p$I$ 与在硅胶上吸附平衡常数 ln$K$ 的关系（20℃）**

Glu—谷氨酸；Asp—天冬氨酸；Ser—丝氨酸；Ala—丙氨酸；Gly—甘氨酸；Trp—色氨酸；Leu—亮氨酸；Pro—脯氨酸；Thr—苏氨酸；Asn—天冬酰胺；Gln—谷酰胺；Met—蛋氨酸；Val—缬氨酸；Phe—苯丙氨酸

[1] Zettlemoyer A C. J Colloid Interface Sci，1968，28：359.

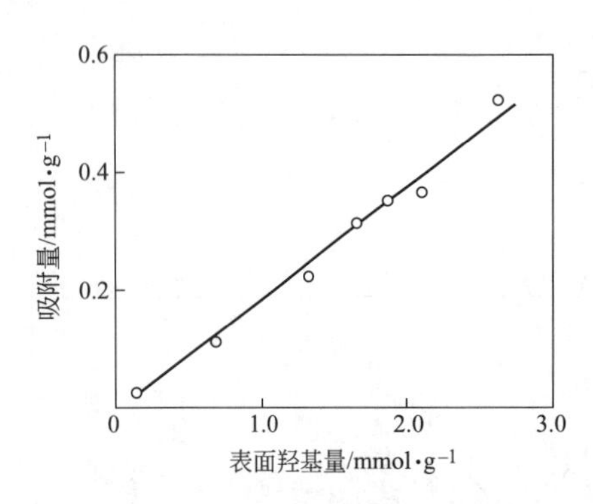


**图 7-39 赖氨酸吸附量与 $TiO_2$ 表面羟基量的关系**

② 硅胶和金属表面的静电作用。在水中硅胶和某些金属（如不锈钢）表面都有一定数量的羟基，因而这些固体表面也有等电点。当介质 pH 值大于固体等电点时，表面羟基以—$O^-$ 形式存在，表面带负电；介质 pH 值小于等电点时，表面羟基以—$OH_2^+$ 形式存在，表面带正电。硅胶的等电点约为 pH 2～3，在中性水中表面带负电。图 7-38 是 20℃时硅胶自中性水中吸附 14 种氨基酸的平衡常数 ln$K$ 与各氨基酸等电点 p$I$ 的关系图[1]。由图 7-38 可见，除两个二羧酸（谷氨酸和天冬氨酸）外其余的 p$I$ 与 ln$K$ 成直线关系，即随着 p$I$ 的增大，$-\ln K$ 减小，ln$K$ 为负值。已知 $\Delta G^{\ominus}=-RT\ln K$，故 p$I$ 越大，$\Delta G^{\ominus}$ 越大，越不利于吸附的进行。又由于这些氨基酸的 p$I$ 均低于中性水的 pH 值，故氨基酸主要以阴离子形式存在，且 p$I$ 越接近水的 pH 值，氨基酸阳离子含量越少，越不易在带负电的硅胶表面上吸附，即静电作用可以是影响这类体系吸附的重要原因。

③ 氧化物固体表面羟基的作用。有些研究工作证明，某些氨基酸离子可在带同号电荷的氧化物固体表面上吸附，而且吸附量与表面羟基量有直线关系，图 7-39 即为证明[2]。这类结果说明，表面羟基与氨基酸形成氢键也是发生吸附作用的重要原因。

④ 黏土矿物的离子交换作用。Tarasevich等[3]在 pH 值为 2 时研究了 Na-型蒙脱土、Ca-型蒙脱土、Mg-型蒙脱土、Co-型蒙脱土、Ni-型蒙脱土和 Cu-型蒙脱土对甘氨酸、缬氨酸、亮氨酸、赖氨酸、苏氨酸和天冬氨酸的吸附，认为吸附的氨基酸以复合物形式平躺在黏土的 Al-Si层间，并且氨基酸的吸附量与交换出的阳离子等量。

综上所述，固体自水中吸附氨基酸主要受介质 pH 值和固体表面性质的影响。介质 pH 值决定氨基酸在水中存在的离子电性质和固体表面的带电符号及电荷密度。在碳质吸附剂上氨基酸主要以兼性离子的色散力作用吸附。在氧化物和金属上主要以静电作用和与表面羟基形成氢键吸附。在黏土矿物上吸附是离子交换机理。

**2. 卵磷脂和胆固醇的吸附[4][5]**

（1）极性吸附剂自非极性溶剂和弱极性溶剂中吸附卵磷脂　极性吸附剂自非极性溶剂和弱极性溶剂中吸附卵磷脂的等温线均为 Langmuir 型。图 7-40 是 aerosil（一种高度分散的硅胶）自苯、三氯甲烷（氯仿）和戊醇中吸附卵磷脂的等温线。用 Langmuir 公式处理求得的极限吸附量和已知的 aerosil 的比表面可求得卵磷脂的分子面积约为 0.85～0.90$nm^2$。此值大于形成不溶物单层膜时的 0.5$nm^2$。但考虑到在固-液界面成膜时亲水基也必须留在界面上，这一数值表明，在极限吸附时卵磷脂形成相当紧密的单层排列。

（2）非极性吸附剂自极性溶剂中吸附磷脂　石墨化炭黑是典型的非极性吸附剂，其自甲醇-氯仿（1∶1）混合溶剂中吸附卵磷脂和脑磷脂的等温线为 S 型的。计算出的极限吸附时的分子面积分别为 1.15$nm^2$（卵磷脂）和 1.0$nm^2$（脑磷脂）。这就是说，在非极性固体表面上吸附，磷脂以其疏水基在固体表面、亲水基朝向液相的状态存在，但吸附层密度较在硅

[1] Basiuk V A, Gromovoy T Yu. Colloids and Surfaces A, 1996, 118: 127.
[2] Okazaki S, Aoki T, Tani K. Bull Chem Soc, Jpn, 1982, 55: 687.
[3] Tapasevich Yu I, Rak V S, Telechkun V P. Kolloid Zh, 1977, 39: 1190.
[4] Tamamushi B. in: Adsorption from Solution. Ottewill R H, Rochester C H, eds. London: Academic Press, 1983.
[5] Zhao Z G, Wu A Y, Gu T R, Ma Y M, Bull Chem Soc, Jpn, 1988, 61: 1443.

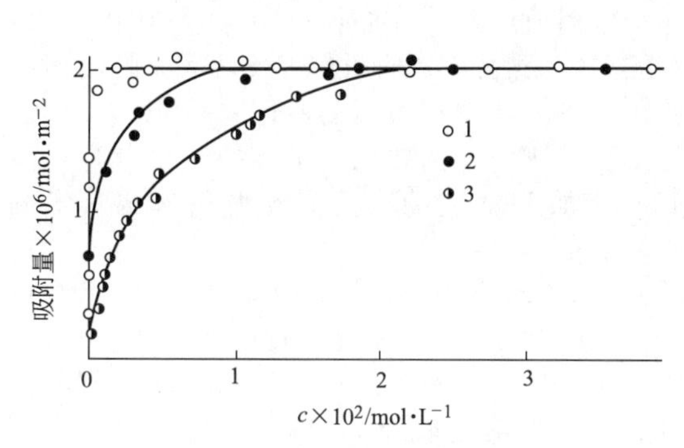


**图 7-40 aerosil 从苯（1）、氯仿（2）和戊醇（3）中吸附卵磷脂的等温线（20℃）**

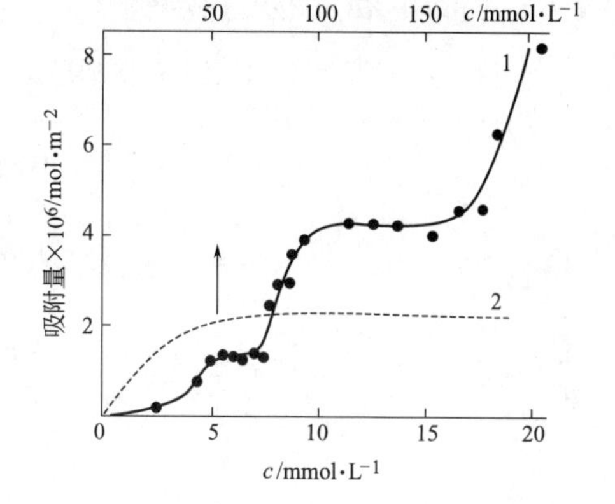


**图 7-41 石墨化炭黑自戊醇中吸附胆固醇（实线 1）**

虚线 2 为 aerosil 的吸附等温线

胶-非极性溶剂界面上吸附时小。

（3）胆固醇的吸附　胆固醇在 aerosil（或 $SiO_2$）-非极性溶剂界面上吸附可形成不太紧密的单分子层，极限吸附时分子面积约为 0.65$nm^2$（参见图 7-41 中虚线）[1]。

石墨化炭黑自戊醇中吸附胆固醇的等温线如图 7-41 所示。由图可见此等温线有两个平台。相应于第一平台的分子面积为 1.30$nm^2$，此值与胆固醇平躺的面积相符；与第二平台相应的分子面积为 0.40$nm^2$，这与分子斜立定向排列的面积相符。在此二不同排列方式时表面性质不同，如细胞色素 C 在平躺吸附的胆固醇上吸附量大，而在斜立方式吸附的胆固醇上不吸附。

### 3. 类脂吸附单层的应用——模拟生物膜半膜

脂质双层膜中无序地嵌入蛋白质分子构成生物膜的主体。1966 年，Poltorak 等提出用精选的固体载体从非水溶剂中吸附类脂分子形成类脂单层，再在此单层上有控制地从水中吸附一定量蛋白质，形成模拟生物膜半膜。类脂单层的取向和排列可用改变固体和溶剂性质予以调整[2]。这样，可由类脂吸附等温线和类脂吸附单层对蛋白质的吸附作用了解类脂膜的性质；由吸附有酶的类脂单层的催化活性研究模拟生物膜半膜的性质。由于固体表面积可以很大，故可得到大面积的模拟生物膜半膜，其各种作用表现得明显，并可用常规手段进行检测。

表 7-9 中列出以硝基酚磷酸二钠为酶催化活性检测物得到的在不同类型类脂单层中几种酶的相对活性比较。

**表 7-9 在不同类型的类脂吸附单层中几种酶的相对活性**

（以均相溶液中的活性为 1.0）

| 载体(＋类脂层) | 碱性磷酸酶 | 琥珀酸酯脱氢酶 | 过氧化氢酶 |
|---|---|---|---|
| $SiO_2$ | 1.7 | 0.6 | 0.7 |
| $SiO_2$＋脑磷脂 | 24.4 | — | 1.4 |
| $SiO_2$＋卵磷脂 | — | 6.9 | — |
| C | — | — | 0.4 |
| C＋脑磷脂 | 2.4 | 3.7 | 0.5 |
| C＋卵磷脂 | — | 2.9 | — |

关于吸附氨基酸、胆固醇等的文献还可参阅赵振国等[3][4][5]的研究报道。

[1] Kamyshnyi A L，Chukhrai E S，Poltorak O M. Vestn Mosk Univ，Khim：1972，13：275.

[2] Poltorak O M，Chukhrai E S. Zh Fiz Khim，1966，40：1665.

[3] 赵振国，金明钟．离子交换与吸附，2001，17（5）：289.

[4] 赵振国，金明钟等．高等学校化学学报，2000，21（12）：1904.

[5] 赵振国，陈小慧，顾惕人．应用化学，1987，4（5）：66.

## 八、二元液体混合物的吸附

通常，溶液吸附的吸附量总是根据某一组分吸附前后浓度的变化来计算的，但事实上固体表面对溶液中各组分都有吸附作用，只是吸附的多少不同罢了。在稀溶液中，溶质的吸附量可用式(7-30)表示。但在浓溶液中（例如任一组分的摩尔分数可以从 0 到 1），溶质和溶剂的概念是相对的，这时实验测定的吸附量是相对吸附量，也叫表观吸附量。例如硅胶和活性炭自乙醇-苯溶液中吸附乙醇的等温线（图 7-42），开始时乙醇的吸附量随其浓度增加而上升，达到最高点后又逐渐下降而变为负吸附（即溶液中乙醇的浓度较吸附剂表面上的大）。当吸附量为零时并不意味着两物皆未被吸附，而是吸附层的浓度和溶液中的一样。应当注意，在图 7-42 中，当用硅胶或活性炭作吸附剂时，二者的等温线虽均为 S 形，但差别很大。在二元液体混合物中的吸附等温线还有 U 形的，图 7-43 和图 7-44 分别示出活性炭自水溶液中吸附脂肪酸（如乙酸、丙酸、丁酸）以及活性炭从 $CCl_4$-$CHCl_3$ 体系中吸附 $CHCl_3$ 的 U 形等温线。

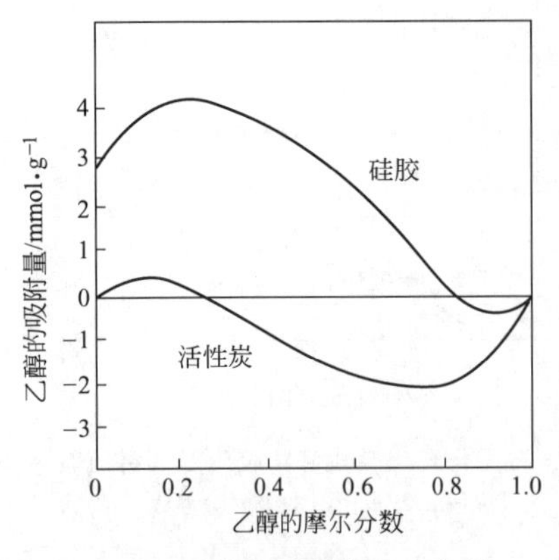


**图 7-42　硅胶和活性炭自乙醇-苯溶液中吸附乙醇的等温线**

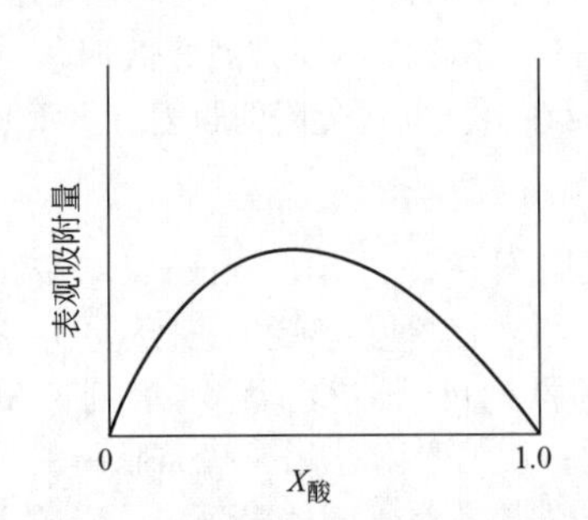


**图 7-43　活性炭在水中吸附脂肪酸**

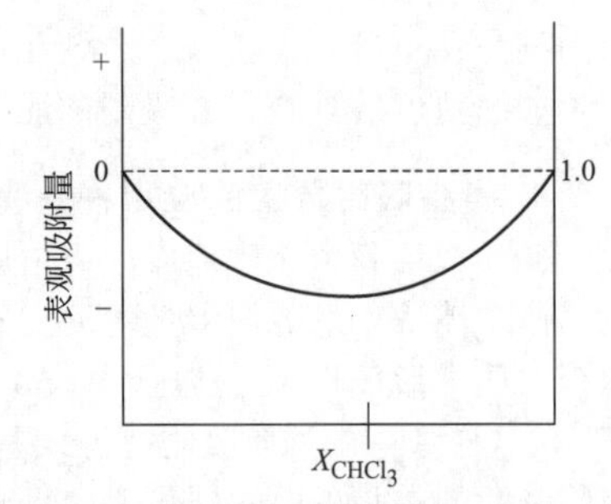


**图 7-44　活性炭从 $CCl_4$ 中吸附 $CHCl_3$**

尽管这类等温线早在 20 世纪 30 年代前后 Bartell 等[1]就研究过，但这个问题一直是人们感兴趣的课题。前些年顾惕人[2]较详细地介绍了固体自二元液体混合物中吸附所取得的一些成就和现状。

影响溶液吸附的因素很多，如温度、溶质和溶剂性质、吸附剂的表面状态和孔结构等，在参考书目 6、13 中有较详细介绍。

# 第五节　水处理中的吸附作用

水是生命之源，水对人的生活、生产有着特别重要的意义。我国是世界上 13 个最缺水国家之一，人均淡水量仅为 2220m³，只为世界平均水平的 1/4。尤其是近年来伴随工业飞速发展而产生的大量工业废水，严重地污染了环境，直接危害了人们的健康，因此对工业废水，尤其是对含毒废水的处理极为重要。关于水和废水的处理，从胶体化学的角度看，常用的方法有活性炭吸附法和化学混凝法等。

[1] Bartell F E, et al. JACS, 1931, (53): 2501.

[2] 顾惕人. 化学通报, 1986, (3): 7.

## 一、活性炭吸附法处理生活饮用水和工业用水

生活饮用水的质量标准十分明确，现今执行的为卫生标准 CJ/T-99[1]。其中除对色、浑浊度、臭和味以及细菌含量、游离性余氯等有明确标准外，对有害、有毒物质如镉、汞、铬(6 价)、铅、氰化物等有更严格的规定。众所周知，由于城市污水和工业废水的排放日益增加，以致以往的常规水处理技术在许多场合已达不到国家规定的水质标准。从目前看，对于饮用水的处理，通过活性炭吸附处理的方法使用日益广泛，发展极为迅速。我国使用活性炭脱除水源中的异臭和异味，后来还建成小型装置，但毕竟使用面小，而现今不仅已用于饮用水的深度净化处理，还研制了不同型号的活性炭净水器，以便于家庭和饭店使用。此外还将其用来处理工业废水，或脱除经前期处理后不能被生物降解的某些有机物。

关于工业用水，视使用部门不同均有不同的水质要求和污水排放标准[1]。

## 二、活性炭在水处理中的应用

水处理用活性炭的品种甚多，因此，其吸附性能和使用范围也有差异。一般来说，用椰壳制成的活性炭孔径小，比表面积大，常用于对气体中小分子的吸附；木质活性炭孔径较大，适用于从液相中吸附较大的分子；煤基活性炭中特别是由褐煤制成的活性炭，比烟煤制备的炭具有较大的中孔，平均孔径较大，能有效地吸附水中大分子有机物。

水处理用活性炭分为粉状和颗粒状两大类，尽管粒状炭价格略高，但机械强度大，再生也较容易，可反复使用，所以将逐渐取代粉状炭。特别在连续流动吸附体系中都使用粒状炭。目前商品炭主要是圆柱状炭、球状炭或不规则颗粒炭。但近年来已有高比表面积纤维状活性炭问世。表 7-10 中列出了部分水处理用国产颗粒活性炭品种。

**表 7-10 部分水处理用国产颗粒活性炭品种**

| 活性炭型号 | ZJ-15 | ZJ-25 | QJ-20 | PJ-20 |
|---|---|---|---|---|
| 形状 | $\phi$1.5 圆柱形 | $\phi$2.5 圆柱形 | $\phi$2.0 球形 | 不定形 |
| 材质 | 无烟煤 | 无烟煤 | 烟煤 | 烟煤 |
| 粒度/筛目 | 10～20 目 | 6～14 目 | 8～14 目 | 约 2.0<br>8～14 目 |
| 机械强度/$kg \cdot cm^{-2}$ | ≥85 | ≥80 | ≥80 | ≥85 |
| 含水量(质量分数)/% | ≤5 | ≤5 | ≤5 | ≤5 |
| 碘值/$mg \cdot g^{-1}$ | ≥800 | ≥700 | ≥850 | ≥850 |
| 亚甲蓝值/$mg \cdot g^{-1}$ | ≥100 | | | ≥120 |
| 真密度/$g \cdot cm^{-3}$ | 约 2.20 | 约 2.25 | 约 2.10 | 约 2.15 |
| 颗粒密度/$g \cdot cm^{-3}$ | 约 0.8 | 约 0.70 | 约 0.72 | 约 0.80 |
| 堆积密度/$g \cdot L^{-1}$ | 450～530 | 约 520 | 约 450 | 约 400 |
| 总孔容积/$cm^3 \cdot g^{-1}$ | 约 0.80 | 约 0.80 | 约 0.90 | 约 0.80 |
| 大孔容积/$cm^3 \cdot g^{-1}$ | 约 0.30 | | 约 0.40 | 约 0.30 |
| 中孔容积/$cm^3 \cdot g^{-1}$ | 约 0.10 | 约 0.10 | 约 0.10 | 约 0.10 |
| 微孔容积/$cm^3 \cdot g^{-1}$ | 约 0.40 | | 约 0.40 | 约 0.40 |
| 比表面积/$m^2 \cdot g^{-1}$ | 约 900 | 约 800 | 约 900 | 约 1000 |
| 包装方式 | 15～50kg 铁桶或袋装 | 25～50kg 铁桶或袋装 | 25～50kg 铁桶或袋装 | 25～50kg 铁桶或袋装 |
| 主要用途、特点 | 用于生活饮用水的净化，工业用水的前处理，污水的深度净化 | 具有良好的大孔，能有效去除污水中各有机物和臭味，宜用于工业废水的深度净化 | 易于滚动，床层阻力小，用于液相吸附，城市生活用水净化、工业废水深度净化 | 饮用水及工业用水净化、脱氯、除油异味 |

[1] 王九思，陈学民，肖举强等. 水处理化学. 北京：化学工业出版社，2002：283.

1. 活性炭的吸附机理

活性炭吸附，特别是对水中一些杂质的吸附，主要是物理吸附。当然由于活性炭表面结构和性质的复杂性，以及被处理水中杂质的多样性，也会存在某些化学吸附或离子交换吸附。在同系物中 Traube 规则依然存在，即吸附量随吸附质的分子量增大而增大。由于影响活性炭吸附的因素很多，这就要根据已掌握的知识自行分析。但有一点是肯定的，即活性炭的液相吸附至今并无统一理论。从吸附等温线说，有服从 Freundlich 公式或 Langmuir 方程的，有时也有多层吸附的可能。吸附等温线的测定对吸附设备的设计有一定参考价值。

2. 活性炭吸附对废水处理的方式❶

目前工业上主要采用动态吸附操作。从设备来说，目前主要用固定床或移动床。

(1) 固定床　它是将废水连续地通过填充活性炭的设备，废水中的吸附质被吸附，使用一段时间后，出水中的吸附质浓度逐渐增大，当增至一定值后，即停止通水，将吸附剂再生。吸附和再生可在同一设备中进行，也可将失效的吸附剂排出，送至再生设备内进行再生。在固定床中水流方向可自上而下流动，也可自下而上的升流式流动，各有优缺点。但固定床可有单床式、多床串联式或多床并联式（见图 7-45），视水处理情况和需要而定。

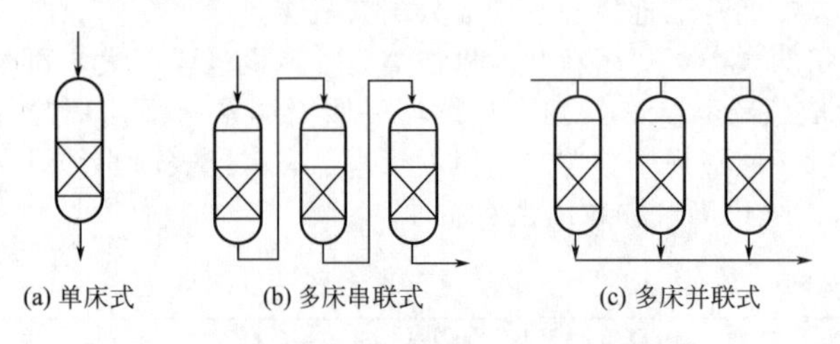


图 7-45　固定床吸附操作示意图

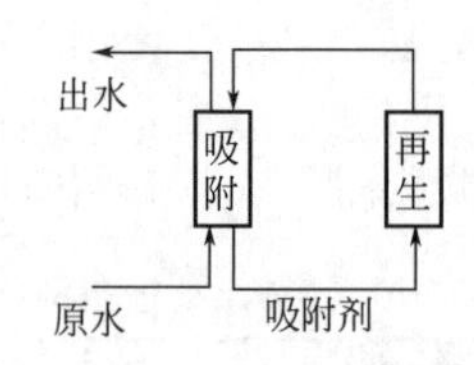


图 7-46　移动床吸附操作

(2) 移动床　其运行操作如图 7-46 所示。移动床较固定床能够充分利用吸附剂的吸附容量。原水从吸附塔底部流入与吸附剂进行逆流接触，处理后的水从塔顶流出，再生后的吸附剂从塔顶加入，接近吸附饱和的吸附剂从塔底间歇地排出，被截留的悬浮物当然也随之排出，不需要反冲洗设备，但此操作要求塔内吸附剂上下层不能互相混合，操作管理要求高。此装置适于处理含不同浓度的有机废水，也可用于处理含悬浮物固体的废水。

3. 水处理用活性炭的再生

目前主要有两种方法再生水处理活性炭。

(1) 加热再生法　此法应用广泛。将活性炭从净水设备中用水力输送到脱水装置，进行初步脱水至含水量约 40%～50%，然后送至再生炉加热至 105℃以上，使炭粒逐渐干燥，再在贫氧条件下升温至 800℃左右，使被吸附的有机物大部分热解炭化，在升温至 900℃时通入水蒸气和空气，使炭中有机物最终生成 $CO$、$CO_2$、$H_2$ 及氮的氧化物从活性炭上分解脱附，致使活性炭活化再生。再生炭的吸附容量一般可恢复至 95%左右。但此法能耗大，每次再生约损耗 3%～10%以上的活性炭。

(2) 化学法　此法通常采用臭氧、次氯酸钠等强氧化剂氧化被吸附的有机物，以达到活性炭再生目的。有时也可选用酸、碱或有机溶剂，使之与吸附物生成可溶性盐而使炭再生。例如，污水中含酚量高时可加入烧碱生成酚钠而溶于水中，最后经水洗可重新使用。因此，化学法所选用的处理剂应视被吸附物的性质来确定。

应当注意：用上述活性炭吸附法处理水或废水时，还要考虑水流和废水的具体情况以及被处理水的使用目的。若用作工业回用水，则废水需先经预处理（如沉淀处理）、生物处理

---

❶ 参见佟玉衡. 实用废水处理技术. 北京：化学工业出版社，1998：114.

（向有活性污泥的曝气池中通入空气，使有机物被污泥中的微生物分解，并生成絮凝体而沉降），再经活性炭吸附处理，最后消毒供用。

利用吸附法无论处理饮用水或废水，目前均已取得了很大的进展。例如，将 $Ag^+$ 载于活性炭上，或将 $I_3^-$ 与强碱性季铵型阴离子树脂混合，可制成所谓吸附型接触消毒剂❶，用于净水器中对细菌的总去除率达 93%，对大肠杆菌的去除率达 96%。因限于篇幅，不作具体介绍。

## 三、絮凝法用于水处理

化学絮凝法是用各种絮凝剂（或称混凝剂，如铝盐-铁盐、各类高分子混凝剂）与废水中悬浮的小粒子作用，使其聚集，形成稳定性差的大粒子或絮状沉淀物而分离。一般来说使小粒子电动电位减小，相互聚集成大粒子的过程称为聚集（aggregation）。加入无机或有机大分子破坏悬浮粒子的稳定性，形成沉淀物的过程称为絮凝（flocculation）。聚集与絮凝不好区分时称为混凝。在混凝和絮凝作用中吸附起重要作用。

### （一）常用絮凝剂❷❸

用于水处理的絮凝剂（flocculant）主要有两大类：无机絮凝剂和有机高分子絮凝剂。

（1）无机絮凝剂　常用无机絮凝剂见表 7-11。主要为铁系、铝系和聚硅酸盐系几大类。铁系比铝系絮凝剂适用的 pH 范围大，受水温影响小，形成贺体快，沉降快，净水效果好，价格便宜，应用广泛。无机高分子絮凝剂效能优异、价格低廉。

**表 7-11　常用无机絮凝剂**

| 絮凝剂 | 分子式[缩略语] | 适用 pH |
|---|---|---|
| | 低分子量无机絮凝剂 | |
| 硫酸铝 | $Al_2(SO_4)_3 \cdot 18H_2O$[AS] | 6.0～8.5 |
| 硫酸铝钾 | $Al_2(SO_4)_3 \cdot K_2SO_4 \cdot 24H_2O$[KA] | 6.0～8.5 |
| 氯化铝 | $AlCl_3 \cdot nH_2O$[AC] | 6.0～8.5 |
| 铝酸钠 | $Na_2Al_2O_4$[SA] | 6.0～8.5 |
| 硫酸亚铁 | $FeSO_4 \cdot 7H_2O$[FSS] | 4.0～11 |
| 硫酸铁 | $Fe_2(SO_4)_3 \cdot 2H_2O$[FS] | 8.0～11 |
| 三氯化铁 | $FeCl_3 \cdot 6H_2O$[FC] | 4.0～11 |
| 消石灰 | $Ca(OH)_2$[CC] | 9.5～14 |
| 碳酸镁 | $MgCO_3$[MC] | 9.5～14 |
| 硫酸铝铵 | $(NH_4)_2SO_4 \cdot Al_2(SO_4)_3 \cdot 24H_2O$[AAS] | 8.0～11 |
| | 高分子量无机絮凝剂 | |
| 聚氯化铝 | $[Al_2(OH)_nCl_{6-n}]_m$[PAC] | 6.0～8.5 |
| 聚硫酸铝 | $[Al_2(OH)_n(SO_4)_{3-n/2}]_m$[PAS] | 6.0～8.5 |
| 聚硫酸铁 | $[Fe_2(OH)_n(SO_4)_{3-n/2}]_m$[PFS] | 4.0～11 |
| 聚氯化铁 | $[Fe_2(OH)_nCl_{6-n}]_m$[PFC] | 4.0～11 |
| 聚硅氯化铝 | $[Al_A(OH)_BCl_C(SiO_x)_D(H_2O)_E]$[PASC] | 4.0～11 |
| 聚硅硫酸铝 | $[Al_A(OH)_B(SO_4)_C(SiO_x)_D(H_2O)_E]$[PASS] | 4.0～11 |
| 聚硅硫酸铁 | $[Fe_A(OH)_B(SO_4)_C(SiO_x)_D(H_2O)_E]$[PFSS] | |
| 聚硅硫酸铁铝 | $[Al_A(OH)_BFe_C(OH)_D(SO_4)_E(SiO_x)_F(H_2O)_G]$[PAFSS] | 4.0～11 |

（2）有机高分子絮凝剂　这类絮凝剂分子量大，多有带电的或中性的极性基团，在水中能电离，有阳离子型、阴离子型和非离子型、两性型四大类（表 7-12）。有机高分子絮凝剂

❶ 周轩榕，邢晓东．化工进展，2002，21（6）：439.

❷ 常青等．絮凝原理．兰州：兰州大学出版社，1993.

❸ 汪祖模．水质稳定剂．上海：华东化工学院出版社，1991.

有人工合成的也有天然的。后者主要有淀粉类、半乳甘露聚糖类、纤维素类、微生物多糖类、动物骨胶类以及甲壳质、海藻酸钠、单宁等。此类絮凝剂分子量小，多不带电，应用效果不如人工合成的。

**表 7-12 有机高分子絮凝剂的实例及应用**

| 类型 | 实　例 | 相对分子质量范围 | 适用污染物及 pH 范围 |
|---|---|---|---|
| 阳离子型 | 聚乙烯亚胺，乙烯吡咯共聚物 | $10^4\sim10^5$ | 带负电荷胶体粒子，pH 中性至酸性 |
| 阴离子型 | 水解聚丙烯酰胺，羧甲基纤维素钠，磺化聚丙烯酰胺 | $10^6\sim10^7$ | 带正电的贵金属盐及其水合氧化物，pH 中性至碱性 |
| 非离子型 | 聚丙烯酰胺，氯化聚乙烯，淀粉 | $10^6\sim10^7$ | 无机类粒子或无机-有机混合粒子，pH 弱酸性至弱碱性 |
| 两性型 | 两性聚丙烯酰胺 | | 无机粒子，有机物，pH 范围宽 |

## （二）吸附在絮凝中的作用

絮凝是非常复杂的过程，受体系物理、化学及动力学多方面作用的影响，同时也受介质性质和絮凝剂的性质及物理条件等因素的影响。换言之，絮凝是被絮凝物质、絮凝剂、介质及实际应用时的各种工艺条件综合作用的结果。但是，无疑絮凝剂在被絮凝物质粒子（有机物或无机物）表面吸附是先决条件。

### 1. 压缩带电粒子表面双电层，降低 $\zeta$ 电势

无机絮凝剂和离子型有机高分子絮凝剂在水中电离生成的带电粒子的反离子可以压缩粒小表面双电层降低 $\zeta$ 电势，从而使带电粒子间电性斥力减小，当 van der Waals 引力大于静电斥力时粒子聚结而失稳。反离子浓度增大可使双电层厚度 $r_i$ 减小及 $\zeta$ 电势降低。由表 7-13 表明电解质浓度对双电层厚度 $1/\kappa$ 的影响。

**表 7-13 不同介质中双电层厚度 $\kappa^{-1}$** nm

| 蒸馏水 | $10^{-4}mol\cdot L^{-1}NaCl$ | $10^{-4}mol\cdot L^{-1}MgSO_4$ | 泰晤士河水 | 海水 |
|---|---|---|---|---|
| 900 | 31 | 15 | 4 | 0.4 |

### 2. 电性中和作用

当絮凝剂解离形成的带电粒子的反离子能与粒子表面发生特性作用（形成化学键、表面络合、疏水缔合、氢键等）时会使粒子表面电荷中和，$\zeta$ 电势降低，电性排斥作用消失，粒子失稳聚结。这种作用常称为特性吸附作用。

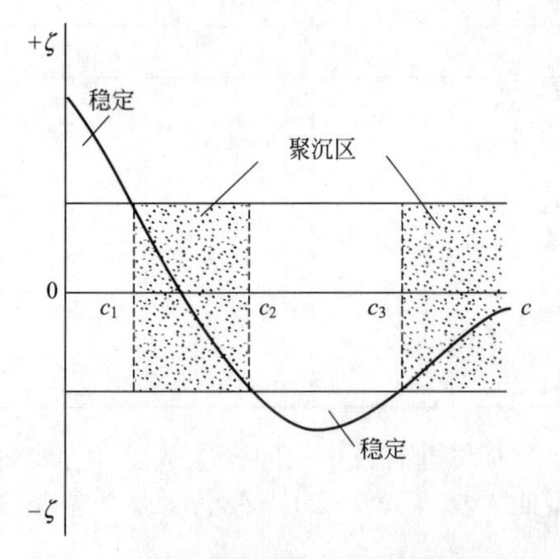

图 7-47 特性吸附引起的不规则聚沉现象

特性吸附的最大特点是，当絮凝剂浓度很大或为高价反离子时可能会使表面电性中和后带上反号电荷而使失稳的体系重新获得稳定。此时稳定的粒子带的电荷符号与原先粒子带电符号相反，继续加入絮凝剂再次获得稳定的粒子的反离子又可以使其失稳而聚沉。这种现象称为不规则聚沉（图 7-47）。在图 7-47 中，$c_1$ 为临界聚沉浓度 CCC；$c_2$ 为因特性吸附引起体系重新稳定所需的反离子浓度，称为临界稳定浓度；$c_3$ 为因特性吸附引起絮凝所需要的反离子浓度，也称为 CCC。注意 $c_3$ 与 $c_1$ 不同。

### 3. 吸附卷扫（网捕）作用

无机絮凝剂是 $Al^{3+}$、$Fe^{3+}$ 的盐，在水中这些盐水解产生大量的水解金属氢氧化物或其他沉淀物，如 $Al(OH)_3$、$Fe(OH)_3$、$Mg(OH)_2$、$CaCO_3$ 等。这些高聚合度的沉淀物可吸

附卷带水中胶体粒子而沉淀。这种作用称为吸附卷扫（网捕）作用。

4. 桥连作用

高分子絮凝剂的长链可以以不同部位吸附在多个悬浮粒子上，这些粒子间像架桥一样连接起来，这种作用称为桥连（或架桥）作用。桥连作用使粒子间形成絮凝体而沉降。只有在浓度很低时高分子絮凝剂才能起到桥连作用，因为此时絮凝剂在胶体粒子上吸附得不紧密，有足够的链节自周围伸出，粒子表面也有足够的空位吸附絮凝剂。当絮凝剂浓度很大时，可能将粒子包裹起来，不能再吸附于其他粒子上，并且粒子上的高分子吸附膜的空间位阻作用使粒子间排斥力占优势，使体系稳定。高分子絮凝剂在极低浓度时的絮凝作用早期称为敏化作用（sensitization）；高浓度时的稳定作用称为保护作用（protective action）（图 7-48）。由此可知，高分子絮凝剂的作用原理与高分子在固-液界面吸附机制有紧密关系。

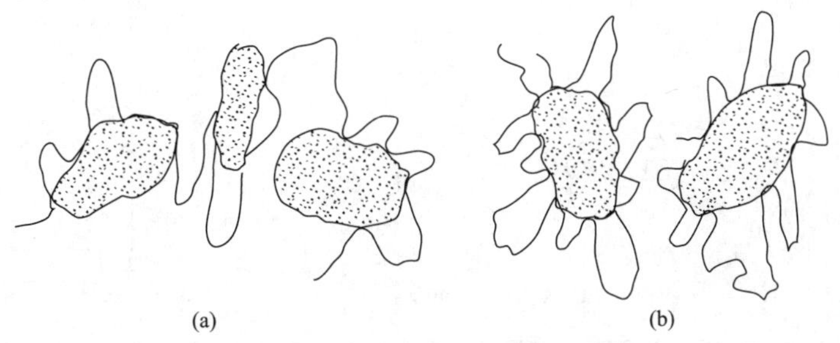


图 7-48　敏化作用（a）与保护作用（b）

## （三）影响絮凝的一些因素

1. 温度

无机盐类（包括低分子和高分子无机絮凝剂）在水中发生水解为吸热反应，水温不宜太低，同时水温太低使水黏度、水的流动阻力增大，不利于悬浮粒子及絮凝剂分子的运动，减低它们的碰撞机会，不利于絮凝作用的进行。

2. 介质的 pH 值

（1）介质 pH 值对悬浮粒子表面电性质的影响　实验和 DLVO 理论均可证明，氧化物类粒子（$Al_2O_3$、$SiO_2$、$TiO_2$、$ZnO_2$、$ZrO_2$、$Fe_2O_3$ 等）明显聚结都发生在粒子 $\zeta$ 电势绝对值小于 14mV 时。降低 $\zeta$ 值可采用加入无机盐或改变介质 pH 值的方法。$\zeta$ 电势测定的结果表明，在不同离子强度的溶液中，各类胶体粒子絮凝聚结时的介质 pH 值与粒子零电点有对应关系，即在零电点的 pH 值体系最易发生聚结。表 7-14 即为实证。

表 7-14　胶体粒子聚结时的 pH 值及粒子的零电点

| 胶体粒子 | 聚结时介质 pH 值 | 零电点 | 胶体粒子 | 聚结时介质 pH 值 | 零电点 |
|---|---|---|---|---|---|
| $SiO_2$ | $<2$ | 1.3 | $CaCO_3$ | $>10$ | 11.0 |
| $TiO_2$ | $<4.5$ | 4.5 | $FeCO_3$ | 约 7 | 6.9 |
| $Fe_2O_3$ | $<5$ | 5.2 | $MgCO_3$ | $>10$ | 11.2 |

（2）介质 pH 值对絮凝剂性质的影响　一般来说，应用无机铝盐絮凝剂要求水的 pH 值在 5.5～8.5 间，应用铁盐絮凝剂要求水的 pH 值大于 8.5。显然，这是从对絮凝剂水解反应生成各自氢氧化物絮状胶体物质有利考虑的。

同时，介质 pH 对离子型絮凝剂还可能影响其分子链节伸展状况，从而影响其在悬浮粒子表面的附着。如介质 pH 对阴离子型高子絮凝剂絮凝效果（在带负电荷 $SiO_2$ 粒子体系中）如图 7-49 所示。

在 pH＝4.35 时，$SiO_2$ 粒子虽带负电荷，但电荷密度不大（因其等电点约为 pH 2～3），阴离子型絮凝剂解离后分子形态较卷曲，在 $SiO_2$ 粒子上多点吸附；pH 值增大至 7 时絮凝剂继续解离，链节上负电的电性排斥，成链环状吸附，易起桥连作用，形成粒子聚结；pH 值增大至 9 时表面负电荷密度增大，絮凝剂解离充分，也带多个负电荷，与粒子静电排斥力大增，链节伸展至可与远距离粒子桥连，可形成大的含大量水的絮状聚集体。

**3. 絮凝剂类型的影响**

在无机絮凝剂中大分子的比低分子量的絮凝效果好，图 7-50 是 $FeCl_3$、$Al_2(SO_4)_3$ 与聚合铝对废水处理的效果图，由图可知聚合铝絮凝效果比 $Al_2(SO_4)_3$ 高 2 倍，比 $FeCl_3$ 更佳。

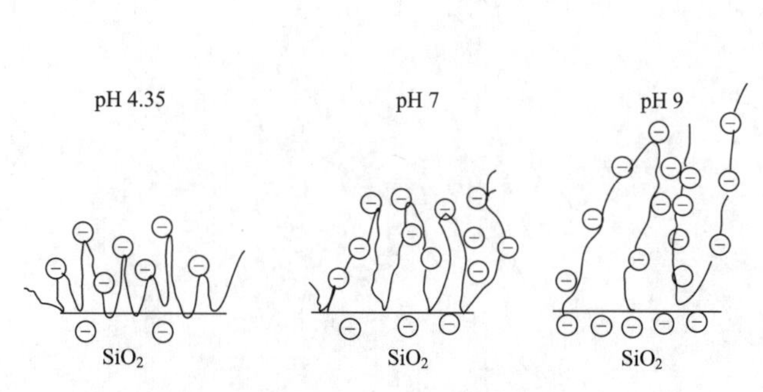


图 7-49　在不同 pH 值水中 $SiO_2$ 负电粒子表面阴离子絮凝剂形态变化示意图

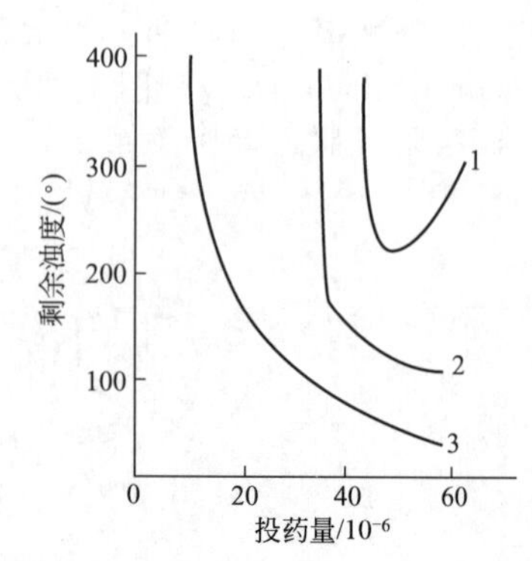


图 7-50　用 $FeCl_3$ (1)、$Al_2(SO_4)_3$ (2) 和聚合铝 (3) 处理油脂厂废水效果比较

无机高分子凝剂和有机高分子絮凝剂对不同体系各有特点。在处理水中无机胶体粒子时，无机高分子絮凝剂效果好，处理油污沾染的粒子有机高分子絮凝剂有优势。在有机高分子絮凝剂中线型结构的比环状或支链结构的效果好，分子量大的比分子量小的好。一般来说，絮凝剂的分子量不要小于 30000，最好在 250000 以上。有机高分子絮凝剂中含有的可带电官能团数目要适中，过多时电荷密度太大；过少电荷密度太小不利于电性中和。

**4. 絮凝剂用量**

絮凝剂用量与溶液中悬浮物含量有关。用量不太大时，随着絮凝剂用量的增大效果也增强，但通常有最佳浓度。高分子絮凝剂的最佳浓度一般很低，一般在能使粒子表面达 50% 单分子层覆盖时效果最好，若达 100%单层覆盖时，无法实现桥连作用，粒子接近时，吸附层起空间阻碍作用不利于聚结而利于分散。

# 第六节　吸附法测定固体比表面、孔径分布及表面分维值

## 一、气体吸附法测定固体比表面❶

单位质量固体的总表面积［外表面和孔性固体孔内壁的面积（称为内表面）之和］称为比表面（积）(specific surface area)，常用单位为 $m^2/g$。比表面是吸附剂、催化剂重要性能参数，常直接与吸附能力和催化性能优劣有关。

吸附法是测定比表面最常用的方法，其中尤以气体吸附法最为重要。气体吸附法测定比表面实际上就是以测定出的等温线数据应用一定的吸附模型和等温式求出单层饱和吸附量，

❶ 参见参考书目 34.

再辅以分子截面积计算出比表面。

## （一）BET二常数法

直至目前，测定比表面积的公认标准方法还是BET低温氮吸附法。这个方法的基础是在低温（-195℃）下令样品吸附氮气，并按经验在$N_2$的相对压力$p/p_0$为0.05～0.35范围内，测定5～8个不同$p/p_0$下的平衡吸附量[ml(STP)/g]，然后将这些数据用BET二常数式的直线式处理（式中各符号的意义均同前）得：

$$\frac{p/p_0}{V(1-p/p_0)}=\frac{1}{V_mC}+\frac{C-1}{V_mC}(p/p_0)$$

以$\frac{p/p_0}{V(1-p/p_0)}$对$p/p_0$作图，应得一直线，直线的斜率为$\frac{C-1}{V_mC}$，截距为$\frac{1}{V_mC}$，解此两式得：

$$V_m=\frac{1}{截距+斜率} \tag{7-46}$$

式中，$V_m$为盖满单分子层的饱和吸附量。显然，若已知$V_m$，便可按下式计算样品的比表面积$S$：

$$S=\frac{V_mN_AS_0\times10^{-18}}{22400} \tag{7-47}$$

若样品在室温附近吸附某些蒸气，则盖满单分子层的饱和吸附量$\Gamma_m$的单位为g/g，此时可按下式计算比表面积$S$：

$$S=\frac{\Gamma_mN_AS_0\times10^{-18}}{M}\quad(m^2\cdot g^{-1}) \tag{7-48}$$

式(7-47)和式(7-48)中，$N_A$为Avogadro常数；$S_0$为每个吸附质分子的截面积（对于$N_2$，$S_0$为0.162$nm^2$；对于$H_2O$，$S_0$为0.106$nm^2$；对于苯，$S_0$为0.40$nm^2$）；$M$为吸附质的分子量。

## （二）BET一点法

由BET两常数公式可知，当$C\gg1$时，式(7-20)可简化为

$$\frac{p}{V(p_0-p)}=\frac{1}{V_m}\cdot\frac{p}{p_0} \tag{7-49}$$

以$p/V(p_0-p)$对$p/p_0$作图可得通过原点的直线，该直线斜率即为$1/V_m$。或者上式可写为

$$V_m=V\left(1-\frac{p}{p_0}\right) \tag{7-50}$$

因而比表面$S$即为

$$S=V(1-p/p_0)N_A\sigma \tag{7-51}$$

式中，$V$为在$p/p_0$时1g固体吸附吸附质之物质的量（mol）。

$$S=V\left(1-\frac{p}{p_0}\right)N_A\sigma/M \tag{7-52}$$

式(7-52)中，$V$是1g固体吸附的吸附质（g）；$M$为吸附质分子量。

为比较一点法和多点法之误差，解式(7-21)，得

$$V_m=V\left(\frac{p}{p_0}-1\right)\left[\frac{1}{C}+\frac{C-1}{C}(p/p_0)\right] \tag{7-53}$$

用式(7-53)减去式(7-50)，除以式(7-53)得出两方法的相对误差：

$$\frac{(V_m)_{多点法}-(V_m)_{一点法}}{(V_m)_{多点法}}=\frac{1-\frac{p}{p_0}}{1+(C-1)\frac{p}{p_0}} \tag{7-54}$$

由上式知，两种方法之相对误差是 $p/p_0$ 和 $C$ 值的函数。表 7-15 中列出不同相对压力时一点法的相对误差。

**表 7-15 在不同 $p/p_0$ 时一点法的相对误差**

| $C$ | $p/p_0=0.1$ | $p/p_0=0.2$ | $p/p_0=0.3$ | $p/p_0=(p/p_0)_m^a$ |
|---|---|---|---|---|
| 1 | 0.90 | 0.80 | 0.70 | 0.50 |
| 10 | 0.47 | 0.29 | 0.19 | 0.24 |
| 50 | 0.17 | 0.07 | 0.04 | 0.12 |
| 100 | 0.08 | 0.04 | 0.02 | 0.09 |
| 1000 | 0.009 | 0.004 | 0.002 | 0.03 |

注：$(p/p_0)_m^a$ 是由多点法测出的在单分子层覆盖时的相对压力。

用“一点法”所得 $V_m$ 和“多点法”比较，误差常在 5%以内。对硅胶、氧化铝等吸附剂可以满意地使用一点法计算比表面积。显然，一点法可以大大加快试验进度，节省工作量。至于某种吸附剂是否能用一点法计算比表面积，应事先与多点法进行比较，不要盲目使用。

## （三）层厚法（标准等温线法）[1][2]

性质接近、比表面不同的固体对同一吸附质气体的吸附等温线相似，若覆盖度 $\theta=V/V_m=t/t_m$（$t$ 和 $t_m$ 分别是吸附量为 $V$ 和单层饱和吸附量 $V_m$ 时吸附层厚度）表示吸附量，$\theta$（或 $t$）与 $p/p_0$ 的等温线重合。图 7-51 是氮气在多种固体上的这种等温线，由于这种等温线表示多种固体上的等温线，具有标准化（以 $\theta$ 表示吸附量使多条等温线重合）意义，故称为标准等温线（standard isotherm）。标准等温线的存在表明 $\theta$（或 $t$，或 $V/V_m$）与 $p/p_0$ 有函数关系：

$$V/V_m=f(p/p_0) \tag{7-55}$$

若 $V$ 和 $V_m$ 表示 1g 吸附剂吸附的 $N_2$ 的体积（ml），现已知 1ml 液态 $N_2$ 铺成单分子层可占据 4.36m²，因而比表面 $S=4.36V_m$。

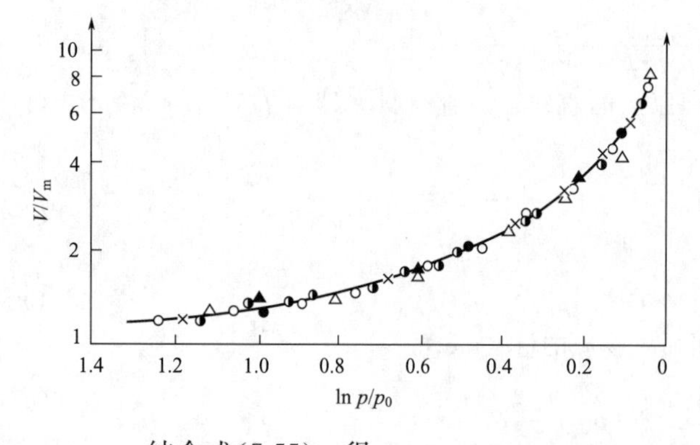


图 7-51 氮在多种固体上的吸附等温线（78K）

○RCl-1; △卵清蛋白61; ◐牛蛋白68; ×二氧化钛; ◑石墨化炭黑; ▲卵清蛋白59; ●聚乙烯

结合式(7-55)，得

$$V/S=f'(p/p_0) \quad 或 \quad S/V=1/f'(p/p_0) \tag{7-56}$$

根据大量实验数据，制出氮气吸附的 $p/p_0$ 与 $S/V$ 关系表（表 7-16）。根据式(7-56)，只要测出某一平衡压力 $p$ 时 1g 未知固体样品吸附的氮气的体积 $V$，即可由表中查出相应 $p/p_0$ 时的 $S/V$，代入测出的 $V$，即可算出比表面 $S$。

---

[1] 参见参考书目 33，p. 465。

[2] Lecloux A，Pir. J. Colloid Interfac.，1979，70：265.

表 7-16　氮吸附的 $p/p_0$ 与 $S/V$ 的关系表（−195℃）

| $p/p_0$ | $S/V/m^2 \cdot ml^{-1}$ | $p/p_0$ | $S/V/m^2 \cdot ml^{-1}$ | $p/p_0$ | $S/V/m^2 \cdot ml^{-1}$ | $p/p_0$ | $S/V/m^2 \cdot ml^{-1}$ |
|---|---|---|---|---|---|---|---|
| 0.0800 | 4.412 | 0.1650 | 3.748 | 0.2500 | 3.313 | 0.3350 | 2.958 |
| 0.0850 | 4.361 | 0.1700 | 3.718 | 0.2550 | 3.291 | 0.3400 | 2.939 |
| 0.0900 | 4.313 | 0.1750 | 3.689 | 0.2600 | 3.269 | 0.3450 | 2.920 |
| 0.0950 | 4.266 | 0.1800 | 3.661 | 0.2650 | 3.247 | 0.3500 | 2.900 |
| 0.1000 | 4.221 | 0.1850 | 3.633 | 0.2700 | 3.225 | 0.3550 | 2.881 |
| 0.1050 | 4.177 | 0.1900 | 3.606 | 0.2750 | 3.204 | 0.3600 | 2.862 |
| 0.1100 | 4.134 | 0.1950 | 3.579 | 0.2800 | 3.182 | 0.3650 | 2.843 |
| 0.1150 | 4.094 | 0.2000 | 3.553 | 0.2850 | 3.161 | 0.3700 | 2.825 |
| 0.1200 | 5.055 | 0.2050 | 3.527 | 0.2900 | 3.140 | 0.3750 | 2.806 |
| 0.1250 | 4.016 | 0.2100 | 3.502 | 0.2950 | 3.119 | 0.3800 | 2.788 |
| 0.1300 | 3.979 | 0.2150 | 3.477 | 0.3000 | 3.099 | 0.3850 | 2.769 |
| 0.1350 | 3.943 | 0.2200 | 3.456 | 0.3050 | 3.078 | 0.3900 | 2.751 |
| 0.1400 | 3.098 | 0.2250 | 3.429 | 0.3100 | 3.058 | 0.3950 | 2.733 |
| 0.1450 | 3.875 | 0.2300 | 3.405 | 0.3150 | 3.038 | 0.4000 | 2.715 |
| 0.1500 | 3.842 | 0.2350 | 3.382 | 0.3200 | 3.018 | | |
| 0.1550 | 3.809 | 0.2400 | 3.358 | 0.3250 | 2.998 | | |
| 0.1600 | 3.778 | 0.2450 | 3.336 | 0.3300 | 2.978 | | |

［例］ 77K 时测定某催化剂对 $N_2$ 的吸附，得以下结果。用 BET 多点法、一点法和层厚法计算比表面。已知 $N_2$ 的分子截面积为 0.162nm$^2$。

| $p/p_0$ | 0.06 | 0.10 | 0.20 | 0.30 | 0.40 | 0.50 |
|---|---|---|---|---|---|---|
| $V(STP)/ml \cdot g^{-1}$ | 48.6 | 52.9 | 61.2 | 67.7 | 74.1 | 81.7 |

［解］ (1) BET 多点法求算

根据式(7-21)，处理题设数据，得下表。

| $p/p_0$ | 0.06 | 0.10 | 0.20 | 0.30 | 0.40 | 0.50 |
|---|---|---|---|---|---|---|
| $(p/p_0)/V(1-p/p_0)$ | 0.00131 | 0.00210 | 0.00408 | 0.00633 | 0.00900 | 0.0122 |

作 $(p/p_0/V)(1-p/p_0)$ 对 $p/p_0$ 图，得图 7-52。由图中直线的斜率和截距求出 $V_m$ 和 $C$。

$$截距=1/V_mC=0.0004ml^{-1}$$

$$斜率=(C-1)/V_mC=0.0185ml^{-1}$$

$$C=47.25$$

$$V_m=52.91ml$$

代入式(7-47)，得比表面

$$S=N_AV_m\sigma/22400=6.023\times10^{23}\times52.91\times0.162\times10^{-18}/22400$$
$$=230.5\ (m^2 \cdot g^{-1})$$

由图 7-52 可以看出，若一定要选 $p/p_0$ 在 0.05～0.35 范围作直线，很可能得到截距为负值。而本体系 $p/p_0$ 在 0.06～0.20 间直线更恰当，截距为正值。这就是说，BET 直线式 $p/p_0$。适用范围要具体分析，不易确定时应参照其他方法求出的 $V_m$。

(2) 一点法求算

将题设 $p/p_0=0.20$ 之吸附量 $V=61.2ml \cdot g^{-1}$ 代入式(7-50)，得

$$V_m=V\left(1-\frac{p}{p_0}\right)=61.2(1-0.20)=48.96\ (ml \cdot g^{-1})$$

代入 7-46 得

$$S=6.023\times10^{23}\times48.96\times0.162\times10^{-18}/22400=213.2(m^2 \cdot g^{-1})$$

(3) 层厚法（标准等温线法）

利用表 7-16，查出 $p/p_0=0.20$ 时之 $S/V=3.553$，故

$$S=3.553\times 61.2=217.4\ (\text{m}^2\cdot\text{g}^{-1})$$

以上三法所得比表面之误差均小于7%。

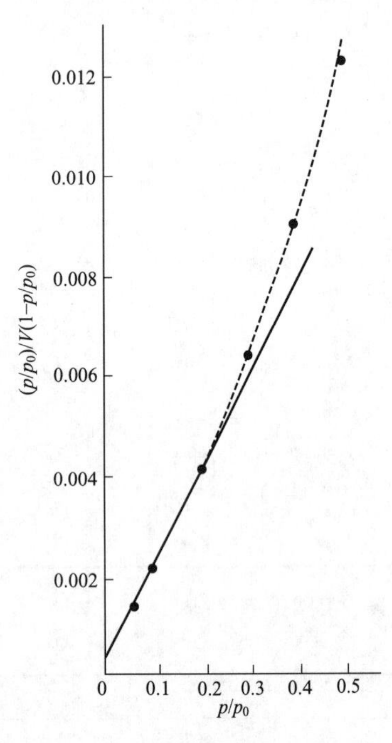


图 7-52 氮在某催化剂上吸附的 BET 两常数公式直线图

### （四）分子截面积的计算[1][2]

此处分子截面积是指单层饱和吸附时每个分子占有的面积$\sigma$。最常用的求算$\sigma$的方法有两种。

（1）相对计算法 用显微镜法、沉降法等绝对方法测出无孔均匀固体粒子的大小，计算出其比表面。用这种已知比表面的样品吸附某种气体，实测出单层饱和吸附量，反算气体分子的截面积；或用已知截面积的气体和未知截面积的气体在同一种固体上吸附，显然测出的单层饱和吸附量之比即为它们分子截面积之比。

（2）液体密度法 假设吸附层的吸附质为液态六方密堆积结构，每个分子为球形，分子面积$\sigma$为：

$$\sigma=1.091\left(\frac{M}{\rho N_{\text{A}}}\right)^{2/3} \tag{7-57}$$

式中，$M$为吸附质分子量；$\rho$为液态吸附质密度，在77K时液氮密度$\rho=0.808\text{g}\cdot\text{cm}^{-3}$，可得$\sigma=0.162\text{nm}^2$。表7-17中列出几种常用气体的分子面积。

液态密度法求算分子面积也有不足之处。如吸附态可能与常规液态不同；设分子为球形对许多各向异性分子是不恰当的；对于不均匀表面吸附分子占有面积和分子面积是不相同的等。

用于测定比表面的气体主要有氮、氩、氪、正丁烷、苯等。

**表 7-17 某些分子的截面积值**

| 吸附质 | 温度/℃ | 每个分子的表观截面积/$\times10^{-2}\text{nm}^2$ | | | |
|---|---|---|---|---|---|
| | | 所有的实验平均值 | 无孔吸附剂所得平均值 | 液体密度法 | 推荐值 |
| Ar | −195，−183 | 14.7±4.1 | 14.1±4.4 | 13.8 | 13.8 |
| Kr | −196 | 20.3±3.3 | 20.2±2.6 | — | 20.2 |
| Xe | −184 | 23.2±6.7 | 23.2±6.7 | 18.6(−109℃) | — |
| $H_2O$ | 25 | 12.5±6.5 | — | 10.5 | 12.5 |
| $CH_3OH$ | 20～25 | 21.9±9.0 | — | 18 | — |
| $C_2H_5OH$ | 25 | 28.3±11.2 | — | 23.1 | — |
| $n$-$C_4H_{10}$ | 0 | 44.8±9.8 | 44.4±8.1 | 32.3 | 44.4 |
| $C_6H_6$ | 20 | 43.6±9.8 | 43.0±6.0 | 32 | 43.0 |

## 二、溶液吸附法测定固体比表面[3][4]

在溶液吸附中，若测得溶质盖满单分子层时的饱和吸附量$\left(\frac{x}{m}\right)_{\text{m}}$并知溶质分子的截面积$S_0$，便可按下式计算比表面积$S$：

[1] 戴闽光．化学通报，1981，(7)：46.

[2] 参见参考书目34。

[3] 参见参考书目13，p. 416.

[4] Giles，C H，Nakhwa S N，J Appl Chem，1962，12：266.

$$S=\left(\frac{x}{m}\right)_m \times N_A S_0 \tag{7-58}$$

式中各符号的意义均同前。

由溶液吸附法测比表面积所采用的吸附质通常有两类[1][2]：一类是脂肪酸，另一类是染料。脂肪酸分子在固体表面上吸附时大多紧密排列，且垂直地吸附在固体表面上，这时，$S_0=0.205nm^2$。估计脂肪酸分子与固体表面形成氢键，或与含氧表面生成盐的化学吸附，所以一般采用极性溶剂比较好，这样可以避免多分子层吸附。但是有时发现采用 $S_0$ 为 $0.205nm^2$ 时，所得计算比表面积比用气体吸附法测定的偏低，这可能是由于脂肪酸分子的吸附排列较松所致（例如硬脂酸分子在半石墨化炭上吸附时是平躺着的）。有时结果也会出现偏高，这可能是出现多分子层吸附的缘故。

当用染料作为吸附质时，采用比色法测定更为方便。但同种染料在不同表面性质的吸附剂上吸附时，定向方式可能不同，因而染料分子的确切截面积也较难确定。为尽量减少系统误差，测定同一类吸附剂比表面积可采用参比法。即先用一个比表面积已知的吸附剂（由低温氮吸附法测定）来确定溶液中吸附质的 $S_0$，然后再用此 $S_0$ 来计算同类吸附剂的比表面积。例如，若用亚甲（基）蓝吸附法测定硅胶的比表面积，可选用具有相同表面性质的石英粉作基准物质（定 $S_0$）。但用染料吸附法时，由于染料分子较大，吸附剂的孔结构将严重影响测定结果，使测出的比表面值偏低[3]。

## 三、气体吸附法测定固体孔径分布

孔径分布的计算原理是利用 Kelvin 公式。在第Ⅳ类和第Ⅴ类等温线滞后环部分的脱附分支上以适当的间距选点。根据所选点的 $p/p_0$，用 Kelvin 公式计算相应的孔半径 $r$ 值，此 $r$ 即在相应 $p/p_0$ 时发生毛细凝结的孔半径，称为 Kelvin 半径或临界半径，以 $r_K$ 表示。由于在发生毛细凝结前孔壁上有吸附层，其厚度为 $t$，故真实孔半径 $r_p$ 应为 $r_K$ 与 $t$ 之和，即 $r_p=r_K+t$。

在各选择点相应于其各自的 $p/p_0$ 有一定吸附量。将吸附量换算为吸附体积，即为根据 Kelvin 公式计算出的 $r_K$ 孔的吸附体积 $V_r$（即所有孔半径小于 $r_p$ 的总孔体积）。$V_r$ 对 $r$ 的关系曲线称为孔径分布的积分分布曲线。在积分分布曲线上选择合适的 $r$ 间距，求出相应点处曲线切线斜率（$dV_r/dr$ 或 $\Delta V_r/\Delta r$），（$dV_r/dr$ 或 $\Delta V_r/\Delta r$）对 $r$ 作图即为孔径分布的微分分布曲线。图 7-53 和图 7-54 是一种细孔硅胶孔径的积分分布曲线图和微分分布曲线图。

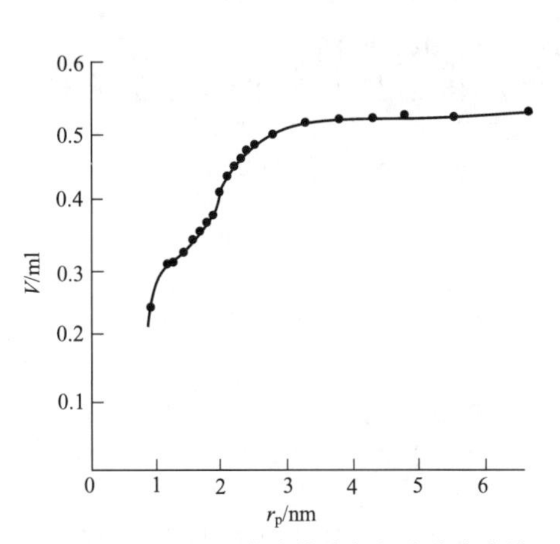


图 7-53 一种细孔硅胶的孔径积分分布曲线

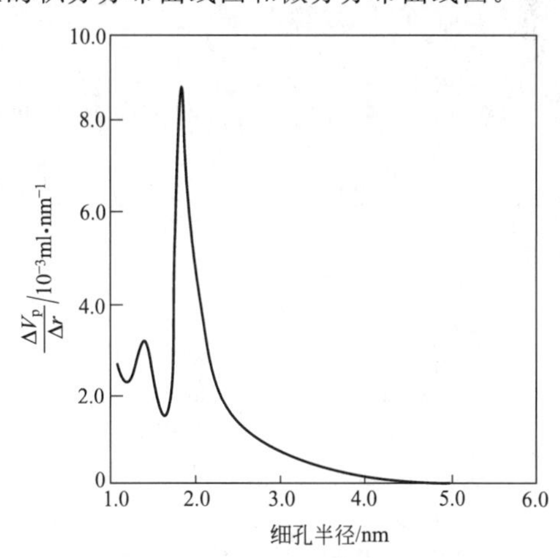


图 7-54 根据图 7.23 数据绘制的硅胶孔径微分分布曲线

---

❶ 参见参考书目 13，p.416.

❷ Giles，C H，Nakhwa S N，J Appl Chem，1962，12：266.

❸ 沈钟，沈力人等. 化学世界，1987（5）：195.

还应说明两点：①计算孔径分布是用吸附线还是脱附线尚无定论，大多数人认为用脱附线好，原因是在脱附等温线的相对压力下吸附状态更稳定，且所得结果与其他方法所得的孔径分布相同；②未发生毛细凝结的孔中吸附层厚度 $t$ 与 $p/p_0$ 有关。Halsey 经验公式是：

$$t=-\left[\frac{5}{\ln(p/p_0)}\right]^{1/3}t_m \tag{7-59}$$

式中，$t_m$ 是单分子吸附层平均厚度。对于 $N_2$，$t_m=0.43\text{nm}$。

## 四、压汞法测定固体孔径分布

气体（或蒸气）吸附法测定孔径分布适用于半径小于 10nm 的样品，对于半径大于 10nm 的样品需用压汞法测定。显然，压汞法不属于吸附方法，而是一种独立的测定较大孔径分布的方法。

### 1. 压汞法原理

汞对一般固体不润湿，故大于孔径的汞滴不能进入孔中。只有在加压下汞才能进入孔中（图 7-55）。这种在加压下使汞进入孔中从而得到孔径分布的方法称为压汞法（mercury penetration method）。

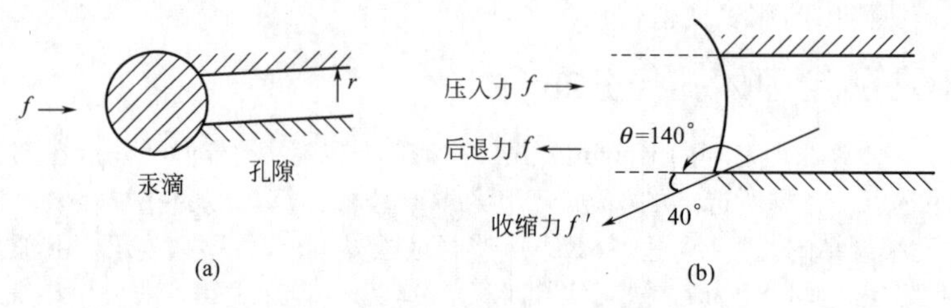


图 7-55 汞压入孔隙中的示意图

因为孔端面的面积为 $\pi r^2$，所以将汞压入的力 $f=\pi r^2 p$。图 7-55(b) 为汞压入孔隙的放大图。加压时汞表面要扩大，表面能也变大，因而使它又产生了缩小的趋势（即 Hg 要往回缩），其方向如图中的 $f'$。因为孔隙端面的周长为 $2\pi r$，按表面张力 $\sigma$ 的定义，$\sigma=f'/2\pi r$，所以孔隙中汞表面的收缩力 $f'=2\pi r\sigma$。为将 $f'$ 校正成水平方向的力，则

$$f=f'\cos40°=2\pi r\sigma\cos40°=-2\pi r\sigma\cos140°$$

平衡时，两个对抗的力（即压入力 $f$ 和由表面张力引起的后退力 $f$）相等，于是

$$\pi r^2 p=-2\pi r\sigma\cos140°$$

或

$$r=-\frac{2\sigma\cos140°}{p}=-\frac{2\times0.480\times(-0.766)}{p}$$

$$=\frac{7350\times10^5}{p}=\frac{7260}{p_{(\text{atm})}}(\text{nm}) \tag{7-60}$$

式中，$p$ 为外加压力，单位为 atm[1]；$r$ 为孔半径，单位为 nm；$\sigma$ 为汞的表面张力，通常取 $0.480\text{N}\cdot\text{m}^{-1}$；$\theta$ 为汞与固体表面的润湿角，通常取 140°。

式(7-60) 是用压汞法测孔分布的基本公式。它的意义是：若 $p=1.013\times10^5\text{Pa}$（约 1atm），则 $r=7260\text{nm}$，表示对于半径为7260nm 的孔，必须以 0.1MPa 的压力才能把汞压入孔内；同样，$p=1013\times10^5\text{Pa}$（约1000atm）时，$r=7.3\text{nm}$，表示对于半径为 7.3nm 的孔，必须以 101MPa 的压力才能把汞压入孔内。因而压汞法常用于测定孔径较大的多孔物（因为压力越高，实验条件越困难），目前压汞仪（或称汞孔度仪）常用的最大压力为 200MPa 左右。

---

[1] $1\text{atm}=1.01\times10^5\text{Pa}$。

2. **压汞仪**❶

压汞仪（图 7-56）通常包括抽空系统、电阻测量系统和加压系统。加压系统是核心，其中的膨胀仪（亦称汞孔度计）是关键设备。在膨胀仪中装有样品和汞，测试时通过加压把汞压入孔中。$p$ 越大，进入孔中的汞越多，膨胀仪中汞面越低，从而露出汞面的铂丝越长，铂丝的电阻越大，因此可能通过测量铂丝的电阻值计算出压入孔中汞的体积（膨胀仪应事先校正，以确定铂丝电阻每变化 1Ω 汞体积的变化值）。

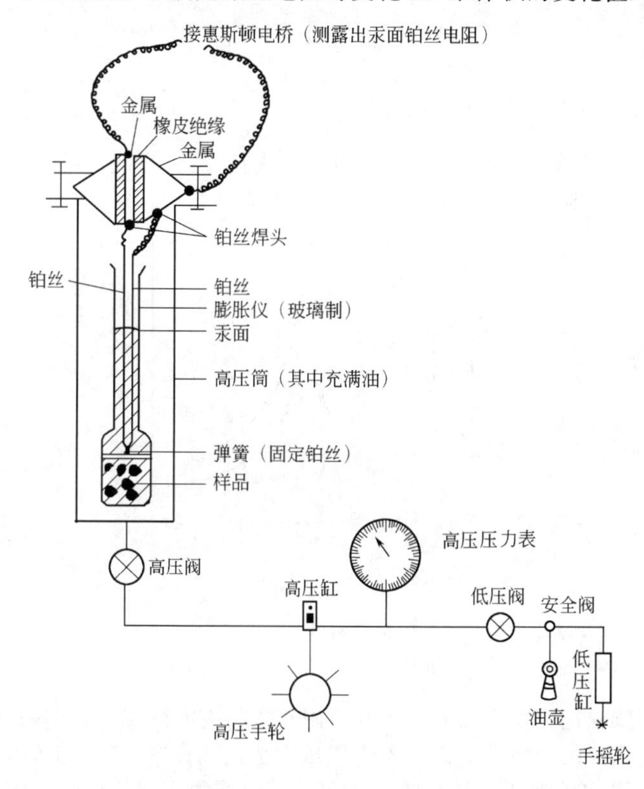


**图 7-56　压汞仪装置示意图**

3. **孔分布测定方法要点**

① 将装好样品和汞的膨胀仪放入高压筒中，并在筒内加油至筒口；②盖好高压筒盖，并转紧螺丝；③测膨胀仪的电阻；④打开高压阀、低压阀，并退出高压手轮和低压缸之手摇轮；⑤摇低压手摇轮，当压力达 20MPa 时，关低压阀，摇高压手轮。在 100MPa 以前，每加 5MPa，测一次电阻；在 100MPa 后，每加 10MPa，测一次电阻。视样品结构不同，所加的最高压力不同。

4. **实验数据处理**

① 根据加压过程中“压力和电阻”的关系以及已知的“电阻和汞压入量”的关系，可以得到“压力和汞压入量 $V_{Hg}$”的关系，从而可以作出 $V_{Hg}$-$p$ 图［图 7-57(a)］；②由 $V_{Hg}$-$p$ 图及 $r=\frac{7350\times10^5}{p}$ 的关系式可得 $V_{Hg}$-$r$ 图［图 7-57(b)］；③由 $V_{Hg}$-$r$ 图可以作出 $\frac{dV}{dr}$-$r$ 图［图 7-57(c)］。这就是通常所说的孔分布图，其意义和用吸附法所测得者相同。这种计算方法的具体数据可参阅有关文献❷。

因为压汞仪实际使用压力最大约 200MPa，故据式(7-59) 可知，其可测的孔隙半径范围约为 3.75～750nm。用低温氮吸附可测的孔半径范围为 1～30nm，因此对于某些样品其

❶ 本装置最初由华东石油学院陈廷蕤教授等于 20 世纪 70 年代中设计安装。

❷ 钱树安. 化学通报，1959 (11)：33.

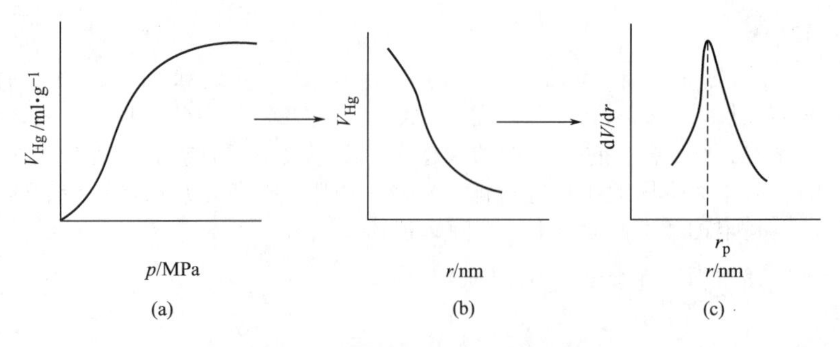


图 7-57　压汞法测孔分布数据处理图

最可几孔半径为 10nm 左右时，可将这两种方法所测孔分布结果进行对比。实验证明，尽管这两种方法原理不同，但所得结果却非常一致（图7-58）。

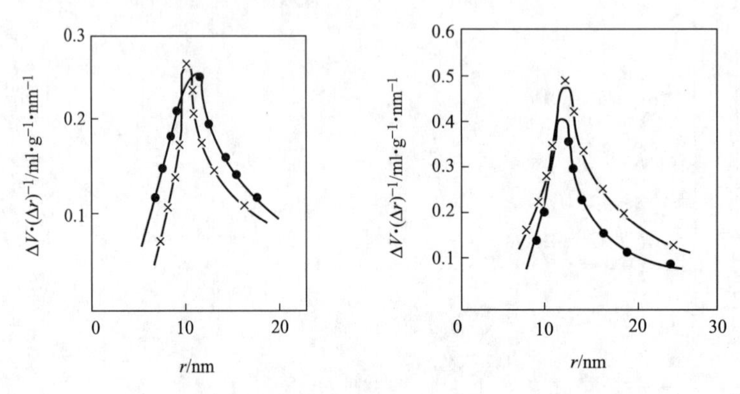


图 7-58　两种不同方法测定的孔径分布图

●—压汞法；×—吸附法

压汞法测定孔分布相对地比较快速，特别是对于大孔吸附剂更具有实际意义。但汞有毒是其主要缺点，某些能和汞生成汞齐的金属催化剂就不能用压汞法测孔分布。基于此，曾有人设计了“甘油测孔仪”[1]，用来测定较大孔径样品的孔分布。此仪器的原理与压汞仪相似，也是将一种非润湿性液体压入多孔固体，因此样品要事先用防水剂预处理，使其表面对甘油表现为非润湿性的。常用的防水剂有硬脂酸、聚甲基氯硅烷等。根据防水剂的化学结构，其厚度估算约为 5nm，因此甘油测孔仪常用来测量孔径为 50nm 以上的孔。例如，对于孔半径为几十微米的多孔 PVC 样品，用甘油测孔仪与压汞仪测定所得的结果极为相近。目前甘油测孔仪在高压下使用还需要进一步研究。

## 五、气体吸附法测定固体表面的分维值[2][3][4]

20 世纪 70 年代，分形几何学创立。分形（fractal）一词原意为不规则的、破碎的、分散的，现指一类介于有序和完全无序，微观与宏观间的中间状态，其局部组成与整体有形态的相似性。严谨的分形几何图形有自相似性（self-similarity）和自仿射性（self-affinity）。前者是将系统的局部沿着各方向以相同比例放大后，形态与原系统形态相同或相似。后者是局部以不同比例放大后与原系统相同或相似。

欧几里得几何学用整维数描述几何形体：点为零维，线为一维，面为二维，体为三维。

[1] 张晏清．石油化工，1980，(4)：265。

[2] Kaye B H．分形漫步．徐新阳译．沈阳：东北大学出版社，1995．

[3] 张济忠．分形．北京：清华大学出版社，1995．

[4] 赵振国．大学化学．2005，20 (4)：22．

整维数利于抽象思维和实际应用，但实际系统却复杂得多，如实际上平面几乎都不是严格的二维几何面。这种不能用整维数表征的空间几何体即为分形。用分数值表示的维数称为分维(fractal dimension)。固体的表面通常均不是严格的二维平面，而是分维值介于2～3的粗糙表面。

测定固体表面分维$D$的方法有多种：吸附法、热力学法、电化学法等，其中以吸附法应用较多。吸附法中又有气相吸附法和液相吸附法[1][2]。现介绍气体单层饱和吸附量法。

若吸附分子半径为$r$，截面积为$\sigma$，对于完全平滑表面，单层饱和吸附量$n_m \propto r^{-2}$。对于分维为$D$的粗糙表面，$n_m \propto r^{-D}$或$n_m \propto \sigma^{D/2}$。即

$$\lg n_m=(-D/2)\lg\sigma+常数 \quad (7\text{-}61)$$

由于表面积$A=n_m\sigma$，故可得

$$\lg A=(1-D/2)\lg\sigma+常数 \quad (7\text{-}62)$$

只要测出不同气体在同一固体上的吸附等温线，应用适当的等温方程处理，求出单层饱和吸附量，开求出$\sigma$，用式(7-60)或式(7-61)处理，即可求出该固体表面的分维值$D$。

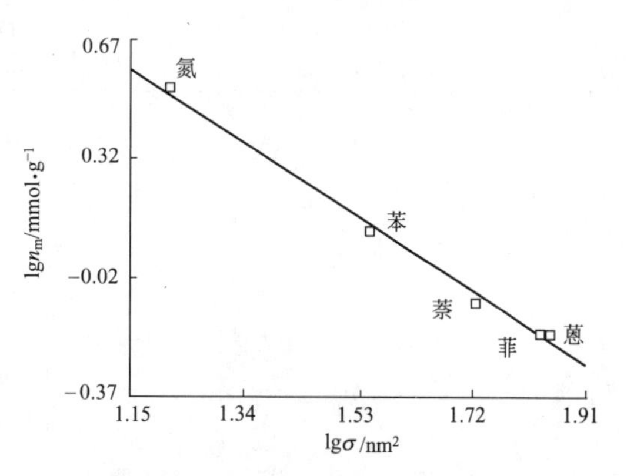


**图7-59　氮气和苯、萘、蒽、菲在炭黑上的$n_m$和$\sigma$对数关系图**

表7-18中列出氮气和几种芳香化合物蒸气在一种炭黑上的单层饱和吸附量$n_m$和由式(7-56)求出的分子面积$\sigma$。图7-59是相应的$\lg n_m$-$\lg\sigma$图，由图中直线斜率和根据式(7-60)求得该炭黑的$D=2.25\pm0.90$[3]。

**表7-18　氮气和苯、萘、蒽、菲蒸气在炭黑上的$n_m$和分子面积$\sigma$**

| 吸附质 | 苯 | 萘 | 蒽 | 菲 | 氮 |
|---|---|---|---|---|---|
| $n_m$/mmol·g$^{-1}$ | 1.30 | 0.80 | 0.65 | 0.65 | 3.33 |
| $\sigma$/nm$^2$ | 0.352 | 0.529 | 0.707 | 0.688 | 0.162 |

表7-19中列出一些用气体吸附法求出的常见固体表面的分维值$D$及求算所用的相应公式、文献。

**表7-19　用气体吸附法测出的一些吸附剂表面$D$值**

| 序号 | 吸　附　剂 | 吸　附　质 | 应用公式 | $D$值 |
|---|---|---|---|---|
| 1 | 活性炭(椰壳粒状) | $N_2$,12种有机分子 | (7-61) | 2.71 |
| 2 | 孔性椰壳炭 | $N_2$,乙炔,乙烯,甲烷,乙烷,丙烷,正丁烷,异丁炔 | (7-61) | 2.67 |
| 3 | 炭黑—1 | $N_2$,苯,萘,蒽,菲 | (7-61) | 2.75 |
| 4 | 弱活化孔性椰壳炭—1 | $N_2$,乙炔,乙烯,甲烷,乙烷,丙烷,正丁烷,异丁炔 | (7-61) | 2.54 |
| 5 | 弱活化孔性椰壳炭—2 | $N_2$,乙炔,乙烯,甲烷,乙烷,丙烷,正丁烷,异丁炔 | (7-61) | 2.30 |
| 6 | 石墨 | $N_2$,正构烷烃 | (7-61) | 2.07 |
| 7 | 非孔性椰壳炭—1 | $N_2$,乙炔,乙烯,甲烷,乙烷,丙烷,正丁烷,异丁炔 | (7-61) | 2.04 |
| 8 | 非孔性椰壳炭—2 | $N_2$,乙炔,乙烯,甲烷,乙烷,丙烷,正丁烷,异丁炔 | (7-61) | 1.97 |
| 9 | 炭黑—2 | $N_2$ | (7-62) | 2.12 |

[1] 赵振国．高等学校化学学报，2003，24：2051.

[2] 赵振国．化学学报，2004，62：219.

[3] Avnir D，Janonic M．Langmuir，1989，5：1431.

续表

| 序号 | 吸 附 剂 | 吸 附 质 | 应用公式 | *D* 值 |
| --- | --- | --- | --- | --- |
| 10 | 炭黑—3 | $N_2$ | (7-62) | 2.04 |
| 11 | 活性炭—1 | $N_2$ | (7-62) | 2.96 |
| 12 | $SiO_2$-$ZrO_2$ 气凝胶—1 | $N_2$ | (7-62) | 2.15 |
| 13 | $SiO_2$-$ZrO_2$ 气凝胶—2 | $N_2$ | (7-62) | 2.52 |
| 14 | 硅胶—1 | $N_2$ | (7-62) | 2.44 |
| 15 | 硅胶—2 | 甲酸,乙酸,丙酸,$CCl_4$ | (7-61) | 2.06 |
| 16 | 硅胶—2 | 甲酸,乙酸,丙酸,$CCl_4$ | (7-62) | 2.06 |

# 第八章

# 常用吸附剂的结构、性能和改性

## 第一节 多孔性物质性能参数的测定方法

许多吸附剂、催化剂载体或某些粉状填料（如炭黑、白炭黑、硅藻土等）都是多孔性物质。这些孔是由组成上述物质的微粒堆积而形成的。正因为这些物质是多孔性的，因此，它们往往具有高度发达的内表面（亦即由毛细管壁或微孔内壁所组成的表面）及一定的孔径分布。由于多孔物质的孔结构不同，必然会影响到它们的密度和一系列孔结构参数，下面结合这些参数的意义，介绍它们的测定方法。

### 一、密度

多孔性物质的密度是其孔隙结构、化学组成和相组成的反映。和通常物质密度的定义一样，密度是单位体积物质的质量。即，$d=\frac{m}{V}$，式中 $m$ 为多孔物的质量，单位为 g；$V$ 为多孔物的体积，单位为 ml。多孔物的外观体积 $V_{堆}$ 不仅包括颗粒与颗粒之间的孔隙体积 $V_{隙}$，而且包括颗粒内部的微孔体积 $V_{孔}$ 及多孔物本身骨架的体积 $V_{骨}$（骨架体积也叫真体积），即 $V_{堆}=V_{隙}+V_{孔}+V_{骨}$。在实际工作中，根据所测定的体积的不同可有不同的密度表示方法。

#### 1. 堆密度 $d_{堆}$

堆密度 $d_{堆}$（packing density，亦称假密度）的测定方法通常是在 100ml 量筒（或特制的量筒）中装入样品，并在桌上拍打至体积（$V_{堆}$）不变时，称样品重（$m$），得

$$d_{堆}=\frac{m}{V_{堆}} \tag{8-1}$$

细孔硅胶的堆密度为 600～700g/L，粗孔硅胶为 400～500g/L。以 $Al_2O_3$ 为载体的低铂重整催化剂的 $d_{堆}$ 为 0.76g/ml，高铂重整催化剂为 0.84g/ml。堆密度的测量带有一定的经验性，数据比较粗糙，但作为工业品的质量指标在工厂中广泛应用。在固定床（反应器）中吸附剂或催化剂装量的计算要用到堆密度数据。

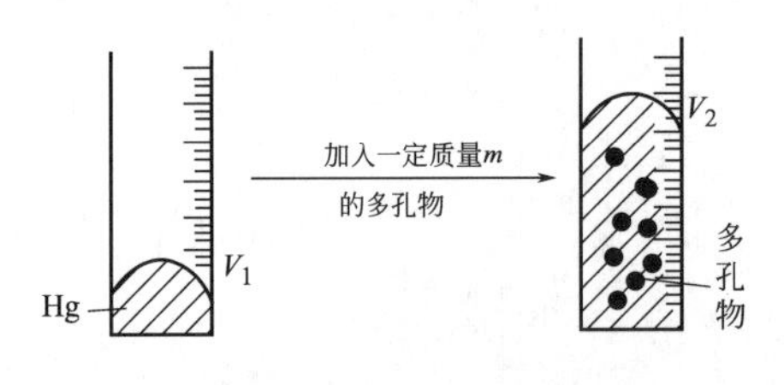


图 8-1　汞取代法示意图

2. **颗粒密度 $d_颗$**

颗粒密度 $d_颗$（apparent density，亦称表观密度）是指多孔物颗粒本身单位体积的质量，其中包括大量微孔。$d_颗$ 通常用“汞取代法”❶ 测定。由于汞在常压下不能钻入多孔物的微孔中，所以可在带刻度的测量仪中，测定由一定质量的样品所能排代的汞的体积来计算 $d_颗$。如图 8-1 所示，多孔物的体积亦即颗粒的体积，$V_颗=V_2-V_1$，从而有

$$d_颗=\frac{m}{V_颗} \tag{8-2}$$

上海生产的细孔硅胶的 $d_颗$ 为 1.18g/ml，粗孔硅胶为 0.76g/ml。$d_颗$ 的测定可以相当精确（对粉末样品测定有困难），而且根据颗粒密度和真密度数据还可以计算多孔物的微孔总体积，因此在科研中经常测量 $d_颗$。

3. **真密度 $d_真$**

真密度 $d_真$（true density，亦称骨架密度 $d_骨$），是指颗粒中固体骨架的密度，通常用“比重瓶法”测定。在比重瓶中，选用某种液体（常用的有苯、水、异丙醇等）在抽真空的条件下浸泡多孔物，使该液体尽可能填充多孔物中除骨架以外的所有微孔，用下式即可求得样品的真密度：

$$d_真=\frac{m}{V_真}=\frac{m}{m+W_1-W_2}\cdot d_{介质} \tag{8-3}$$

式中，$m$ 为样品质量；$W_1$ 为盛满置换介质的比重瓶质量；$W_2$ 为盛有样品和置换介质的比重瓶质量；$d_{介质}$ 为置换介质的密度。显然，被多孔物骨架所排出的液体体积即为 $V_真$。硅酸铝的真密度为 2.24～2.31g/ml，各种硅胶的真密度均为 2.20g/ml。

在测定 $d_真$ 时应注意：①所选液体介质应与多孔物无化学反应和无溶解作用；②液体分子要尽可能小些，以便分子能钻进多孔物的所有孔隙中（实际上这是不可能的。较理想的做法是用“He 置换”法，因为氦原子能钻入所有的微孔中，但这种装置复杂，操作麻烦。不过用适当的液体置换测 $d_真$ 现今被广泛采用）；③用液体置换法时，对块状或粉状样品都必须抽真空，以保证赶尽微孔中的空气。

在上述 3 种密度的表示中，很明显，$d_真>d_颗>d_堆$。

## 二、比表面积

测定比表面积的方法很多，大致可以分为气体吸附法和溶液吸附法两类，参阅第七章第六节。

## 三、孔体积

多孔物孔体积（pore volume）的测定方法较多，最常用的有下面几种。

1. **四氯化碳吸附法**

此法以 $CCl_4$ 作为吸附质，由样品吸附 $CCl_4$ 的质量来计算样品的孔体积，亦即样品内部的微孔总体积 $V(ml\cdot g^{-1})$。实验装置示于图 8-2 中。

实验时，在吸附器（可用真空干燥器）中加入 $CCl_4$ 与正十六烷的混合液 200ml，二组分的体积比为 86.9∶13.1。此溶液中，$CCl_4$ 的相对压力 $p/p_0$ 约为 0.95。在上述溶液中再加入 $CCl_4$ 10ml，然后将盛有样品的扁称量瓶放入吸附器内（另外再放入一只同样大小的称

❶ 沈钟，梁忠明. 药学学报，1984 (11)：842.

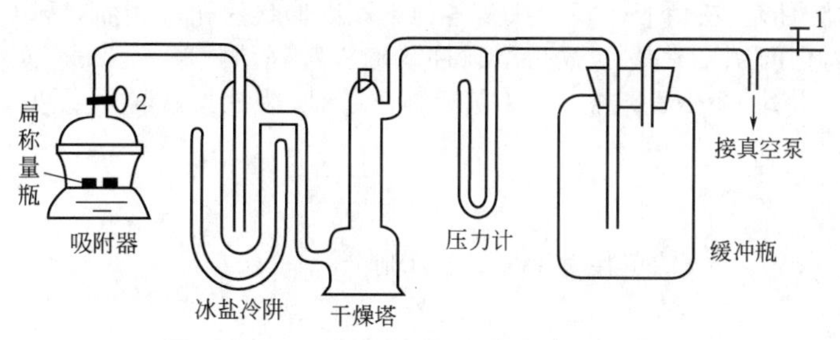

图 8-2 $CCl_4$ 吸附法测定孔体积装置示意图

量瓶，以校正吸附在瓶上的 $CCl_4$ 质量）。抽空，直至冷阱中凝结 $CCl_4$ 的量正好为 10ml（这样可保持相对压力仍为 0.95）。关闭活塞 2，停止抽气，令样品吸附 $CCl_4$ 蒸气约 16h，以保证吸附平衡。然后打开吸附器，迅速称量样品增加的质量。孔体积 $V$ 为：

$$V=\frac{V_{样(CCl_4)}-W_{空(CCl_4)}}{W_{样}\ \rho} \tag{8-4}$$

式中，$W_{样(CCl_4)}$ 为样品吸附 $CCl_4$ 的质量，单位为 g；$W_{空(CCl_4)}$ 为空瓶吸附 $CCl_4$ 的质量，单位为 g；$W_{样}$ 为样品质量，单位为 g；$\rho$ 为吸附温度时 $CCl_4$ 的密度，单位为 g/ml。

实验证明，当 $p/p_0>0.95$ 时，在样品颗粒之间的孔隙中也将发生凝聚，这将使 $V$ 值偏高，所以通常采用 $p/p_0=0.95$ 为宜。对 $CCl_4$ 来说，在 25℃、$p/p_0=0.95$ 时，半径在 40nm 以下的所有孔隙都可被 $CCl_4$ 所充满。另外，样品的平衡时间与样品的孔结构有关，这里所说的吸附平衡 16h，是指对硅胶或颗粒活性炭而言的。关于测定的细节可参阅参考资料[1][2]。

**2. 密度法**

如果已经测得多孔物的颗粒密度 $d_{颗}$ 和真密度 $d_{真}$，则可以求得样品的孔体积 $V$：

$$V=\frac{1}{d_{颗}}-\frac{1}{d_{真}} \tag{8-5}$$

此法测定方便，但样品必须具有较大的颗粒，若为粉末状就不方便了，甚至不好测定。另外，颗粒密度计中使用了大量水银，测试时要十分小心。经过推导证明，汞取代法在常压下，汞不能钻入孔半径小于 7500nm 的孔。结合 $CCl_4$ 吸附法的测定结果，二者的差值可以反映出样品的微孔在 40～7500nm 部分的孔体积。细孔硅胶的孔体积为 0.30～0.39ml/g，粗孔硅胶为 0.78～0.86ml/g。

目前工厂化验室对某些粉状样品（如微球硅酸铝催化剂等）还采用所谓“水滴定”法[3]测定样品的微孔总体积。此法的根据是粉末样品有很好的流动性，逐渐加入水后粉末成团，当样品表面形成不规则的裂纹块时即为终点，这时所用水量便相当于样品的微孔总体积(ml/g)。显然，此法简便快速，但带有经验性，终点不易看准。

为了描述多孔物的孔体积，文献中还常用所谓孔隙率 ε 或孔度（%）来表示。孔隙率是指样品中孔隙体积与样品总体积之比。若已知样品的 $d_{颗}$ 和 $d_{真}$，则孔隙率 ε(%) 为：

$$\varepsilon=1-\frac{d_{颗}}{d_{真}} \tag{8-6}$$

## 四、平均孔半径

电子显微镜显示[4]，多孔物（如凝胶等）中孔的形状极为复杂，从硅胶的剖面照片上可

---

[1] 复旦大学等．物理化学实验（上册）．北京：人民教育出版社，1979：175.

[2] 见参考书目 24，p.75。

[3] 张晏清．石油化工，1980（4）：265.

[4] 柴志宽等．化学通报，1978（5）：20.

看到圆形、椭圆形、三角形、哑铃状及各种不规则形状的孔，孔的立体结构更为复杂。在实际工作中为简化问题，常假定微孔是圆柱状的。圆柱体体积 $V=\pi r^2 l$，空心圆柱体（即孔隙）的内表面积 $S=2\pi rl$。式中，$r$ 为圆柱体半径；$l$ 为柱长。联立上两式，可得圆柱体的平均孔半径（average radius）$\overline{r}$：

$$\overline{r}=\frac{2V}{S} \tag{8-7a}$$

当 $V$ 的单位为 ml/g、$S$ 的单位为 $m^2/g$ 时，则

$$\overline{r}=\frac{2V}{S}\times 10^3\,(\mathrm{nm}) \tag{8-7b}$$

若孔为圆锥形，则

$$\overline{r}=\frac{3V}{S}\times 10^3\,(\mathrm{nm}) \tag{8-8}$$

有时也可用两者的平均值：

$$\overline{r}=\frac{2.5V}{S}\times 10^3\,(\mathrm{nm}) \tag{8-9}$$

使用最多的是式(8-7b)。

由式(8-7b)～式(8-9) 可见，若测得样品的比表面积和孔体积便可计算多孔物的平均孔半径。对孔径比较均匀的吸附剂（如硅胶、吸附树脂，甚至某些微孔发达的活性炭）测定 $\overline{r}$ 都有意义，基本上能反映样品的孔结构特点[1][2]。

## 五、孔径分布

大比表面积的吸附剂大多有丰富的孔。孔结构包括：孔径大小及分布（孔径分布），孔的形状，孔体积（孔容），孔隙率（孔体积与孔性固体总体积之比，porosity），单位质量吸附剂之孔体积（比孔容，specific pore volume）。

IUPAC 采纳的孔大小的分类标准为：孔宽度小于 2nm 为微孔（micropores），孔宽度在 2～50nm 间为中孔（mesopores），孔宽度大于 50nm 为大孔（macropores）。这一标准与 Dubinin 早期提出的标准基本一致，现已被广泛认可。

孔径分布是孔体积与孔半径的关系，其变化曲线称为孔径分布的积分分布曲线。孔体积随孔半径的变化率与孔半径的关系曲线称为孔径分布的微分曲线。

孔径分布的测定方法主要有气体吸附法和压汞法。气体（和蒸气）吸附法适用于孔半径在 10nm 以下样品测定，压汞法适用于孔半径大于 10nm 的样品。

孔径分布的测定详见本书第七章第六节。[3]

## 六、粒度[4]

粒度（particle size 或 mesh size）也称颗粒度或粒子大小。关于粒子大小的概念，有所谓的一次粒子或原粒子（primary particle）、二次粒子（secondary particle）和粒片（granule 或 tablet）等。一般由若干原子、分子或离子所组成的原粒子（晶粒）称为一次粒子；由若干一次粒子所组成的粒子称为二次粒子；若干二次粒子可组成粒片、小球或小条，其关系大体为：

原子、离子或分子(0.05 ～ 1nm)
↓
一次粒子(或晶体)(＜ 100nm)
↓
二次粒子(1 ～ 200μm)
↓
粒片、小球或小条(1 ～ 6mm)

---

[1] 阎虎生，张全兴．沈阳化工，1984（4）.

[2] 王琪等．石油化工，1985（6）：342.

[3] 参考书目 24，26.

[4] 童祜嵩．颗粒粒度与比表面测量原理．上海：上海科学技术文献出版社，1989：1.

在化工中，固定床反应器常使用粒片、小条或小球状催化剂；在流化床反应器或高分子材料中所使用的粉状填料多为二次粒子（如微球型催化剂）。这里主要讨论二次粒子大小的测定方法。

**1. 筛分分析法**

这种方法特别适于测定 80μm 以上较粗粒子的粒度。试验时，将一套适当目数（mesh）的筛子上下相叠，网孔由上至下逐层变小，将称量后的样品倒入最上层的筛子后在电动震动机上进行筛分。为防止样品粘在筛子上，测定前必须保证各类型样品的湿度符合要求。震动一定时间后称量每个筛子里样品的质量，算出粒度百分数。美国 ASTM 标准筛目数与网孔直径的对应关系列于表 8-1。

**表 8-1 标准筛目数与网孔直径关系**

| 目数 | 100 | 120 | 140 | 170 | 200 | 250 | 270 | 325 | 400 | 625 |
|---|---|---|---|---|---|---|---|---|---|---|
| 网孔直径/μm | 149 | 125 | 105 | 88 | 74 | 62 | 53 | 44 | 37 | 20 |

中国生产的分样筛、标准筛，直接在铭牌上标明目数和网孔直径大小。可用经纬密度仪检验标准筛的目数和质量。

**2. 显微镜法**

光学显微镜常用来检测 1μm 以上的粒子粒度。测量时必须用带有刻度标尺（置于显微镜的目镜中）的显微镜，可在放大几十倍至几百倍的条件下进行观测。刻度标尺必须用“标准测微尺”（通常是在 1mm 的直线上刻了 100 等分，每一格相当于 0.01mm）加以校正。显然，显微镜放大倍数不同，目镜标尺的“1 格”可代表不同的长度（μm），例如放大 100 倍（10×10）时，标尺 1 格＝10μm；放大 400 倍时，1 格＝2.5μm；放大 1000 倍（10×100）时，1 格＝1μm。

测试时取少量试样置于载玻片上，轻敲载玻片使粉末散开（或加 1 滴液体后盖上盖玻片），然后置其于载物台上。调节显微镜螺丝，当观察到清晰的图样（图 8-3）时，测量落在标尺上或标尺附近各粒子所占的格数，或者说在视野中计数：1 格以下的粒子有多少？1～2 格的粒子有多少？2～3格的粒子有多少？等。朝一个方向改变视野，一般至少要统计 200～300 个粒子。设被统计的粒子总数为 $N$，则

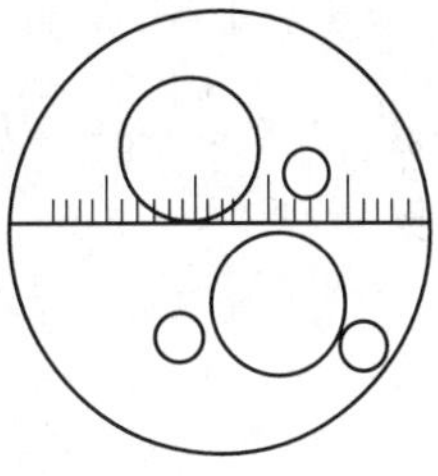

$$N = \sum_i n_i \tag{8-10}$$

式中，$n_i$ 为各粒径范围 $d_i$（取平均值）的粒子数。所以各粒径范围的粒子比例（%）为：

$$N_i = \frac{n_i}{N} \tag{8-10a}$$

图 8-3 放大后视野中的粒子

由此可作出粒度分布曲线。整个样品的平均粒径 $\bar{d}$ 可按下式定义：

$$\bar{d} = \frac{\sum_i n_i d_i}{\sum_i n_i} \tag{8-10b}$$

实际上粉末样品中不仅粒子大小不同，而且粒子也不完全是球体。为便于解决问题，目前常采用一些权宜的办法来规定“平均值”的定义。例如，式（8-10b）所定义的平均粒径 $\bar{d}$ 是粒子直径的平均值，称为“数均平均直径”。也可以根据粒子的体积（即粒径的立方）求得平均粒径，即“体积平均直径”$\bar{d}_v$：

$$\bar{d}_{\mathrm{v}}=\left(\frac{\sum_i n_i d_i^3}{\sum_i n_i}\right)^{1/3} \tag{8-10c}$$

还有以粒子的表面积求得的“表面平均直径”$\bar{d}_{\mathrm{s}}$：

$$\bar{d}_{\mathrm{s}}=\left(\frac{\sum_i n_i d_i^2}{\sum_i n_i}\right)^{1/2} \tag{8-10d}$$

多分散体系的 $\bar{d}_{\mathrm{v}}>\bar{d}_{\mathrm{s}}>\bar{d}$。单分散体系的这 3 个参数值相等[1]。

#### 3. 沉降分析法[2]

利用粒子在液体（或气体）介质中的沉降速度测定该物质的分散度，称为沉降分析法。根据 Stokes 定律可以导出粒子半径 $r$ 和沉降速度 $v$ 的关系为：

$$r=0.06773\sqrt{\frac{\eta v}{D-d}} \tag{8-11}$$

式中，$\eta$ 为介质的黏度；$D$、$d$ 分别为固体粒子的密度和介质的密度；$v$ 为沉降速度。于是

$$r=K\sqrt{\frac{H}{t}} \tag{8-11a}$$

式中，$K=0.06773\sqrt{\frac{\eta}{D-d}}$；$H$ 为小盘至水面的高度；$t$ 为沉降时间。由试验测得不同时间 $t$ 的沉降量 $P$（已减去空盘质量），便可作出沉降曲线［$P$-$t$ 图，图 8-4(a)］。由 $P$-$t$ 图上作各时间的切线，并求出相应截距 $L$。若已知沉降曲线的极限值为 $P_{\mathrm{c}}$，则半径大于某一 $r$ 值的粒子所占的比例 $Q$(%) 为

$$Q=\frac{L}{P_{\mathrm{c}}}\times 100\% \tag{8-11b}$$

根据式(8-11a)，可以求得与不同时间 $t$ 所对应的 $r$ 值（$K$ 和 $H$ 均可通过实验求定）。以 $Q$ 为纵坐标，$r$ 为横坐标，作 $Q$-$r$ 图［图 8-4(b)］，这就是通常所说的粒子的积分分布曲线。由积分曲线求 $\Delta Q/\Delta r$，并作 $\frac{\Delta Q}{\Delta r}$-$r$ 图［图 8-4(c)］，即粒子的微分分布曲线。

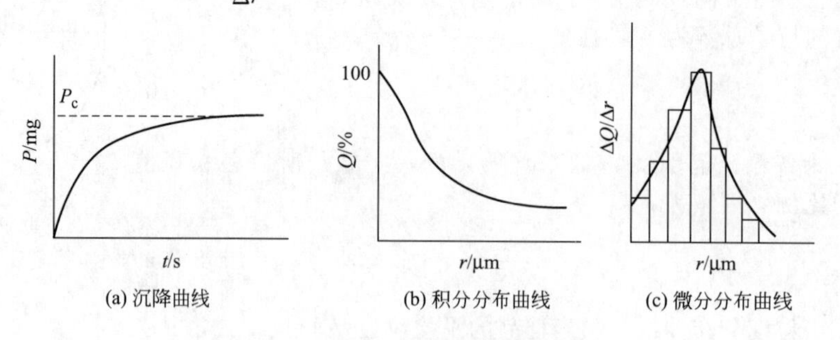


**图 8-4 沉降分析法测粒子分布数据**

沉降分析法适合于分析粒度为 0.1～50μm 的粒子，测试仪器常用扭力天平。此法目前被广泛应用。

#### 4. 原粒子大小的测定

若粉末样品粒子内部无孔，且看作球体，则每个粒子的质量为 $\frac{4}{3}\pi r^3\rho$（$r$ 为球粒半径；

---

[1] 见参考书目 1，p.32。

[2] 参考书目 24，26

$\rho$为粒子的密度)。若1g样品中含有$n$个微粒，按比表面积$S$的定义（$S$是每克物质所具有的表面积)，则

$$S=n4\pi r^2=\frac{4\pi r^2}{\frac{4}{3}\pi r^3\rho}=\frac{3}{\rho r}=\frac{6}{\rho d}$$

或

$$d=\frac{6}{\rho S}\times 10^3\ (\text{nm}) \tag{8-12}$$

式中，$d$为球粒的直径。若$\rho$的单位为$g\cdot cm^{-3}$，$S$的单位为$m^2\cdot g^{-1}$，$d$的单位为nm，则公式中应乘以$10^3$。显然，只要测准样品的比表面积，便可算出原粒子的平均直径。杨仁杰等[1]曾用低温$N_2$吸附法测得国产钡剂（即$BaSO_4$晶粒）的比表面积为$3.36m^2\cdot g^{-1}$，用比重瓶法测得真密度为$4.248g\cdot cm^{-3}$，从而算得此钡剂的平均颗粒直径为$0.4\mu m$。

用式(8-12) 计算结晶粒子的直径，应该符合建立公式的条件。实际上无定形的凝胶状物质也经常使用该式，因为许多无机氧化物凝胶皆由原粒子组成。使用式(8-12) 的前提是要能准确地测定这些多孔性物质的比表面积。某种粗孔、细孔硅胶的比表面积分别为$184m^2\cdot g^{-1}$和$453m^2\cdot g^{-1}$，真密度均为$2.2g\cdot cm^{-3}$，则硅胶中原粒子的直径分别为6.0nm和14.5nm[2]。扩孔硅胶中的原粒子大小可高达数百纳米，铝胶为5.4nm。这些数据都是用式(8-12) 计算出来的。

# 第二节　常用吸附剂的结构和性能

## 一、硅胶

硅胶（silica gel）是典型的多孔吸附剂，它广泛应用于生产和科学研究中。在一般工业上，主要作为干燥剂，其性能较氯化钙为优；在色谱分析中，常用作吸附剂或载体；在催化领域中，它是常用的催化剂载体。

硅胶的化学组成为$SiO_2\cdot xH_2O$，属于无定形结构，其基本结构单位为大小不等的二氧化硅粒子在空间的堆积，并形成硅胶的骨架。堆积时粒子间的空洞即为硅胶的孔隙。硅胶中的水有吸附水和结构水，后者以羟基的形式和硅原子相连而覆盖于硅胶表面。

以往生产的硅胶为块状（不规则形状），为提高硅胶的机械强度和使用寿命，现在生产的硅胶大多为球形或微球形。

按硅胶的孔径分类，沈钟以前曾提出过[3]凡平均半径在1～2nm以下的为细孔硅胶，4～5nm以上的为粗孔硅胶，超过10nm的为特粗孔硅胶（即目前所谓的扩孔硅胶)，低于0.2～0.25nm（主要是分子大小的孔隙）的为特细孔硅胶。显然，孔半径在2～4nm范围内的可以认为是中孔硅胶。

### (一) 硅胶的制备方法

硅胶通常按照化合→胶凝→老化→洗涤→氨水浸泡→干燥→活化的流程制备。在这些过程中，变更操作或处理条件都会直接影响硅胶的孔结构和吸附性能。

#### 1. 化合

通常以稀释的水玻璃($Na_2O\cdot xSiO_2$）和硫酸溶液反应生成硅酸。硅酸不稳定，分子间

---

[1] 杨仁杰，沈钟等. 中华放射学杂志，1986 (6)：356.

[2] 沈钟. 高等学校化学学报，1989，10 (5)：486.

[3] 沈钟. 化学通报，1959 (6)：16.

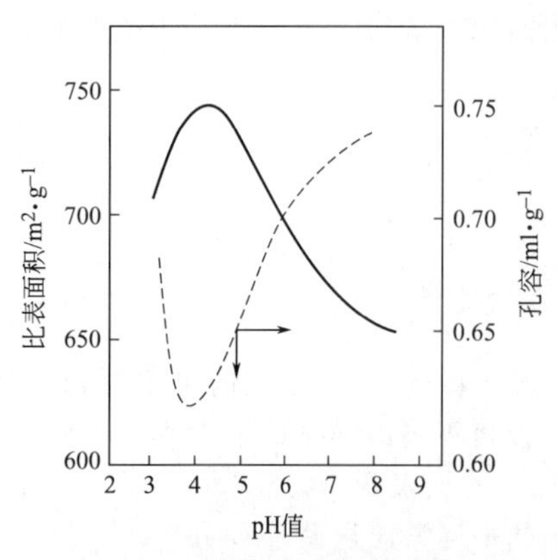


图 8-5 硅溶胶 pH 值对硅胶比表面积和孔容的影响

通过缩合而形成多聚硅酸，以至硅溶胶。从硅酸变成硅溶胶的过程虽随溶液 pH 值的不同而异，但总的说是比较快的，当溶液的 pH 近于中性时所需时间很短。硅溶胶 pH 值的不同将直接影响硅胶的孔结构和吸附性能（图 8-5）。

2. 胶凝

硅溶胶在放置过程中会自动凝固成硅酸水凝胶，这种现象称之为胶凝（gelling）。胶凝过程可能是溶胶中二氧化硅质点通过氢键（至少在开始时是这样的）而联结成多孔性的水凝胶。在新形成的水凝胶中胶粒保持原来的分散度，在老化过程中，粒子将进一步脱水缩合而长大。

硅溶胶的胶凝速度受很多因素的影响，其中最重要的是硅溶胶的 pH 值。通常胶凝时间和 pH 值的关系为 V 形曲线，最低点的 pH 值约 6～7。Iler 综合诸家研究结果，认为胶凝时间和 pH 值的完整曲线应为 N 形，最低点的 pH 值为 5.5，最高点的 pH 值为 2。戴安邦[1]从理论和实验证明了 N 形曲线的存在（图 8-6），以 HCl 为酸化剂，曲线的最低点 pH 值为 8，最高点 pH 值为 1.5。影响胶凝速度的其他因素不一一赘述，一般在温度高（pH＞10.45 的碱性硅溶胶除外）、氧化硅浓度大或加入某些电解质等条件下，胶凝速度均加快。在硅胶制备过程中，掌握胶凝速度是很重要的。胶凝速度不同将直接影响硅胶的结构[2]和吸附性能。

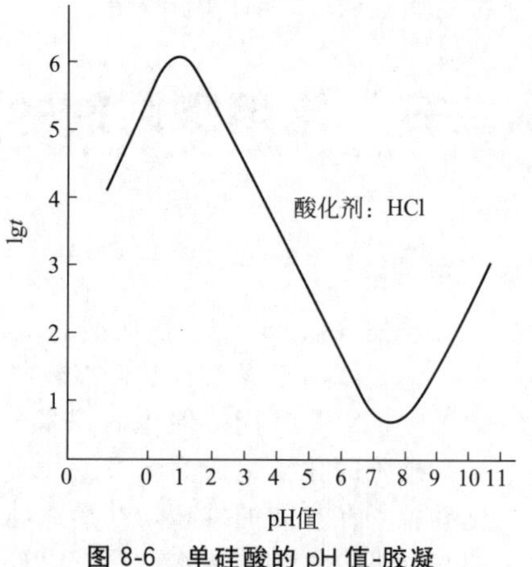


图 8-6 单硅酸的 pH 值-胶凝时间（min）标准曲线

3. 老化

硅溶胶胶凝后需经一定时间的老化（ageing），使水凝胶骨架坚固。老化过程中常有“出汗”离浆现象，其速度取决于硅溶胶的 pH 值、浓度和老化温度。以水凝胶产生离浆现象为老化完成标志的。实际上从溶胶转变为凝胶并非变化的终点，因为水凝胶不是稳定体系。水凝胶骨架中的质点因相互作用会进一步缩合长大和靠近，从而缩小了网架结构中的空间，并将其中包含的水部分挤出，这就是离浆（或称脱水收缩）。因为质点缩合时表面 ≡Si—OH 基脱水并形成 Si—O—Si 键，从而增强了骨架的强度。

4. 洗涤

水凝胶老化后如为块胶，应适当切割粉碎，以利洗去由反应生成的盐和剩余的酸或碱。当硅胶作为催化剂载体时，一般都要严格限制杂质离子的含量，因为有时很少量的杂质也会影响催化剂的活性。

凝胶的洗涤（washing）过程也是凝胶老化过程的继续，因此选择洗涤温度和洗涤液时应考虑杂质离子能很快除去，并兼顾对凝胶性质的影响。在实验室中多用蒸馏水洗涤，在工业上常用自来水或含有少量杂质的循环水洗涤。一般用蒸馏水或酸化的自来水洗涤酸性水凝胶易形成细孔硅胶，用自来水洗易形成粗孔硅胶。这可能是由于自来水（通常都为弱碱性）

[1] 戴安邦. 南京大学学报（化学版），1963（1）：1.

[2] 北京化工研究院. 石油化工，1981（9）：587.

中含有少量的钙离子、镁离子，它们与硅胶表面的羟基作用形成难溶性的硅酸盐，减少了硅胶表面的亲水性，增大了接触角，从而降低了毛细管压力，增加了硅胶骨架的强度和抗压缩性。反之，若用蒸馏水洗涤，无上述过程，故亲水性较强的骨架在脱水时易于收缩而形成细孔硅胶。在酸性介质中，由于硅胶表面不易和钙离子、镁离子发生交换吸附，所以仍形成细孔硅胶。在实际工作中也观察到用自来水浸洗的水凝胶硬度大于用蒸馏水浸洗的，这也在客观上支持了上述看法。

### 5. 氨水浸泡

早年，Plank 等曾注意到用质量分数为 1%（$(NH_4)_2CO_3$ 溶液（pH 值为 8.7）或 1% $NH_4OH$（pH 值为 11.0）处理硅酸水凝胶，可获得孔半径分别为 6.3nm 和 6.9nm 的粗孔硅胶。现在生产粗孔硅胶，已将用氨水浸泡（impregnation）列入工艺操作规程。例如经水洗合格的水凝胶（浸水中 $SO_4^{2-}$ 的质量分数<0.004%），用质量分数为 0.15%～0.2%的氨水浸泡 6h（当浸液 pH 值<8 时应重新氨泡）可制得粗孔硅胶。氨水浸泡实际上是一种扩孔措施，在氨浸泡过程中，水凝胶外观“发硬”，强度增大，这意味着凝胶骨架难于收缩而有利于形成粗孔硅胶。在氨浸泡过程中，碱性介质对凝胶孔壁的溶解作用可能也起了重要作用。

### 6. 干燥和活化

水凝胶的干燥（drying）直接影响硅胶的孔性结构。水凝胶干燥过程中骨架收缩是毛细压力作用的结果。在干燥过程中，毛细管中的水（凹液面）在不断蒸发溢出时，毛细管壁受到巨大的压力而不断靠拢使凝胶骨架收缩，而组成毛细管壁的溶剂化的微粒之间的斥力又力图维持骨架的原状而成为骨架变形的抗力。随着骨架的收缩和脱水，抗力不断增大，当毛细压力与抗力达到平衡时，凝胶停止收缩，其孔结构也就固定下来。如果凝胶的骨架弹性较大，则易于得细孔硅胶；若骨架强度较大，则得粗孔硅胶。若凝胶的弹性和强度都不足以对抗毛细压力的作用，则凝胶在干燥过程中将发生龟裂或粉碎。

在干燥大块水凝胶时，外层比内层先失水，造成外层水分含量比内层含量低。失水收缩的外层会向体积还未发生变化的内部挤压，也会造成龟裂和变形。同时先经干燥的外层将使扩散的阻力增大，妨碍水分向外层移动。由于收缩和扩散系数降低，使表面结出一层水分不能完全透过的“皮”（即内部水分不能被除去），这就是硅胶生产中常见的表面“结壳”现象，使硅胶部分发白。降低干燥速率或添加某些表面活性剂，可以缓和或消除这种现象。硅胶龟裂、球胶破碎或产生结壳发白，不仅影响外观，还直接影响使用性能，应当避免。

硅胶的干燥方式是各种各样的。实验室中一般在带鼓风的烘箱内逐步升温脱水干燥，最后在 150℃下干燥 8h，这样可以除去硅胶中的自由水和物理吸附水，而不影响表面羟基含量。工业生产中曾使用过各种干燥方式。20 世纪 60 年代前后青岛海洋化工厂生产硅胶时，首先将水凝胶在低温干燥室内于 110～120℃下通风干燥约 20h，当凝胶中含水量约为 10%时，再在高温烘炉中于 150～160℃活化 6～7h 得产品。目前微球粗孔硅胶的干燥和活化多在滚筒炉中进行。

活化（activation）是硅胶制备的最后阶段。活化的目的是提高硅胶的活性。无论干燥还是活化都应能除去硅胶的吸附水而又不改变其表面性质和物理结构，处理温度文献中有不同看法，但一般认为物理吸附的水在 200℃可以除去，故活化温度以 200℃为宜。若表面含有机杂质，活化温度可适当提高。若超过 200℃，无论是酸性硅胶还是碱性硅胶，随着温度的升高其水蒸气吸附量均逐渐降低。孔结构只在热处理温度超过 700℃才有显著的变化[1]（表 8-2）。

---

[1] 沈钟．化学学报，1963，29（2）：67.

表 8-2　热处理温度对青岛细孔硅胶孔结构的影响

| 热处理温度/℃ | 细孔硅胶 | | |
|---|---|---|---|
| | $S/m^2 \cdot g^{-1}$ | $V/ml \cdot g^{-1}$ | $r/nm$ |
| 150 | 542 | 0.294 | 1.09 |
| 600 | 431 | 0.243 | 1.09 |
| 700 | 418 | 0.228 | 1.06 |
| 940 | 68 | 0.039 | 1.15 |

各种“专用”硅胶（包括层析硅胶、“特效”硅胶、橡胶填料用硅胶、铂化硅胶、憎水硅胶、变色硅胶等）的制备方法可以参考沈钟的专文介绍[1]。近年发展很快的扩孔硅胶，将在下面论述。

目前工业上制备的球形硅胶，均将一定浓度的水玻璃和酸溶液，按一定比例、流速在混合喷头内强力混合，形成硅溶胶，然后通过分配伞流入装有油和水的成型塔。硅溶胶因表面张力在油相中成球并胶凝，然后落入水层，再经老化、洗涤、干燥等处理而成球胶。

## （二）硅胶的孔结构和吸附性能

硅胶的孔结构由组成硅胶的胶态 $SiO_2$ 质点（即原粒子）的大小及其堆积方式决定。一般原粒子的大小与溶胶的 pH 值和缩合条件有关，粒子的堆积方式与胶凝速率、特别是水凝胶的各种后处理条件有关。一定的孔结构决定了硅胶一定的吸附性能。一般细孔硅胶对苯或水蒸气的吸附等温线为第Ⅰ型或不典型的第Ⅰ型等温线，粗孔硅胶对上述两种蒸气和其他小分子有机物（如乙醇、乙酸）蒸气的吸附等温线常为第Ⅳ型（参见图 7-6）。

20 多年来，发展的扩孔硅胶（即特粗孔硅胶），在各方面有广泛的应用。下面介绍两种常用的扩孔方法及扩孔硅胶的孔结构和吸附性能的特点。

### 1. 高压水蒸气扩孔

干硅胶的孔结构是在水凝胶的干燥过程中最后固定下来的。普通的硅酸水凝胶经过老化、干燥等一系列脱水过程后，体积缩小到原来的 1/10 以下时凝胶骨架的机械强度才能抵抗得住孔内液体的毛细收缩力，并保持“稳定”状态。由于毛细收缩力和表面张力、润湿角等的关系为：

$$\Delta p=\frac{2\sigma\cos\theta}{r} \tag{8-13}$$

所以扩孔措施也多据此式考虑。例如以乙醇置换水凝胶中的水，然后再以乙醚置换乙醇，最后于 220℃干燥，可得到孔体积和比表面都较大的硅胶。如将硅胶随即浸泡于水中，然后在 120℃干燥，则孔体积剧烈减小，比表面积略有减小，说明水的表面张力对最终的孔结构有强烈的影响。其他扩孔措施（像改变表面亲水性、增加润湿角）均有利于形成孔径较大的硅胶。这些方法虽可降低比表面积、增大孔径，但改变的幅度不大，例如要使硅胶的比表面积降至 $100m^2 \cdot g^{-1}$以下，孔半径增大至 10nm 以上就比较困难。为解决许多催化剂载体所要求的小比表面积、大孔径硅胶，目前广泛采用高压水蒸气扩孔和加盐焙烧扩孔。

高压水蒸气扩孔是 20 世纪 60 年代初前苏联 Киселев 等首先提出的[2]。他们在高压釜中放置硅胶和蒸馏水，然后加热至所需压力并保持一定时间，则可得扩孔硅胶，其结构特性示于表 8-3 中。

[1] 沈钟．化学通报，1961，(8)：16.

[2] 沈钟．化学通报，1965，(4)：31.

表 8-3　高压水蒸气处理对一种硅胶孔结构的影响

| 样品序号 | 处理条件 | | | 堆密度 /g·ml$^{-1}$ | 比表面积 /m$^2$·g$^{-1}$ | 孔体积 /ml·g$^{-1}$ | 质点直径 /nm | 孔直径 /nm |
|---|---|---|---|---|---|---|---|---|
| | $p$/MPa | $t$/h | $T$/℃ | | | | | |
| 1 | — | — | — | 0.45 | 286 | 1.01 | 10 | 14 |
| 2 | 5.07 | 2 | 280 | 0.49 | 31 | 0.90 | 90 | 120 |
| 3 | 8.11 | 0.2 | 300 | 0.49 | 34 | 0.90 | 80 | 110 |
| 4 | 8.11 | 2 | 300 | 0.50 | 20 | 0.87 | 140 | 180 |
| 5 | 15.71 | 2 | 335 | 0.48 | 12 | 0.92 | 220 | 300 |
| 6 | 22.29 | 2 | 345 | 0.48 | 9 | 0.92 | 300 | 410 |
| 7 | 28.68 | 11 | 350 | 0.50 | 4.7 | 0.87 | 380 | 740 |

由表 8-3 可见：①硅胶经高压水蒸气处理后比表面积强烈减少，平均质点直径和平均孔直径则急剧增加，堆密度和微孔总体积改变很少；②在相同水蒸气压力下，样品之比表面积随加热时间延长而减少。这是因为组成硅胶的原粒子在高温高压条件下得以进一步联结成更大的粒子，使堆积松弛、比表面积减少、孔径变大，而微孔总体积变化不大，故孔洞数减少。

高压水蒸气扩孔实验也可用盐溶液代替蒸馏水，这样可以在较低的压力下进行。如果用水凝胶进行水蒸气扩孔处理，也可在比较温和的条件制成特粗孔硅胶。

2. 加盐焙烧扩孔

这种方法比较简单，不需要高压釜，实验时只要将一定量的硅胶和一定浓度的盐溶液混合（也可用几种盐的混合液），先在低温下干燥，再在马福炉中高温焙烧，便可制得扩孔硅胶。例如，以 $LiCl\cdot H_2O$-$NaCl$-$KNO_3$ 三元复盐浸湿硅胶，并于 550℃进行焙烧扩孔 2h，则可制得比表面积为 19m$^2$·g$^{-1}$、孔径为 120nm 的扩孔硅胶❶。

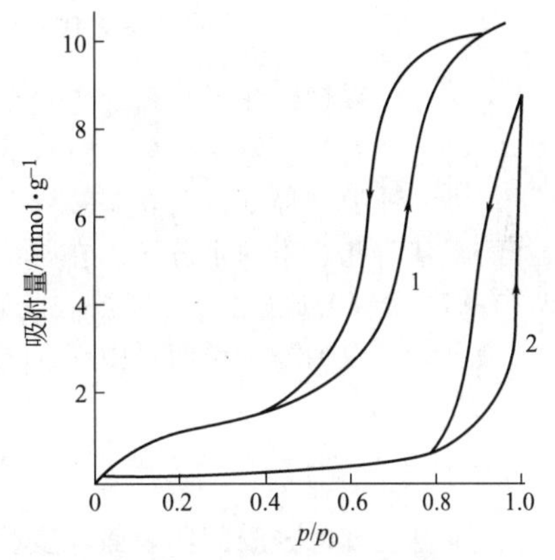

图 8-7　苯蒸气在硅胶上的吸附-脱附等温线

1—普通粗孔硅胶（原样）；

2—特粗孔硅胶（原样经压热处理）

普通粗孔硅胶对苯蒸气的吸附等温线属第Ⅳ型，用水蒸气扩孔后，比表面积强烈降低，孔径强烈增加，致使等温线类型改变（图 8-7）。

特粗孔硅胶不仅可用作催化剂载体，还是高温气相色谱和凝胶色谱（新型液体色谱）的重要填充剂。有关这方面的问题，可阅参考书目 25。

在结束上述两种扩孔方法的介绍时，这里还应强调一下，第九章中介绍的气凝胶，不仅是一种特粗孔硅胶，而且它还有许多独特的性能，是当前研究的重要热门课题。

## （三）硅胶的表面结构和性能

### 1. 硅胶的表面结构❷

硅胶的骨架（$SiO_2$）是以硅原子为中心、氧原子为顶点的Si—O 四面体在空间不太规则地堆积而成的无定形体（图 8-8）。$SiO_2$ 一旦和湿空气接触，其表面上的硅原子就和水"反应"，产生羟基，这就是化学吸附的水。除此之外，表面上也有物理吸附水。在什么温度和抽空条件下能除去吸附水，文献报道不完全一致。例如 de Boer 等认为，硅胶在空气中于 120℃干燥能除去所有物理吸附水，微孔中的水要到 180℃才能除去，但这时已开始脱去部分表面羟基。

❶ 柴志宽．化学通报，1978，(5)：20.

❷ 高月英，顾惕人．石油化工，1984，(3)：205.

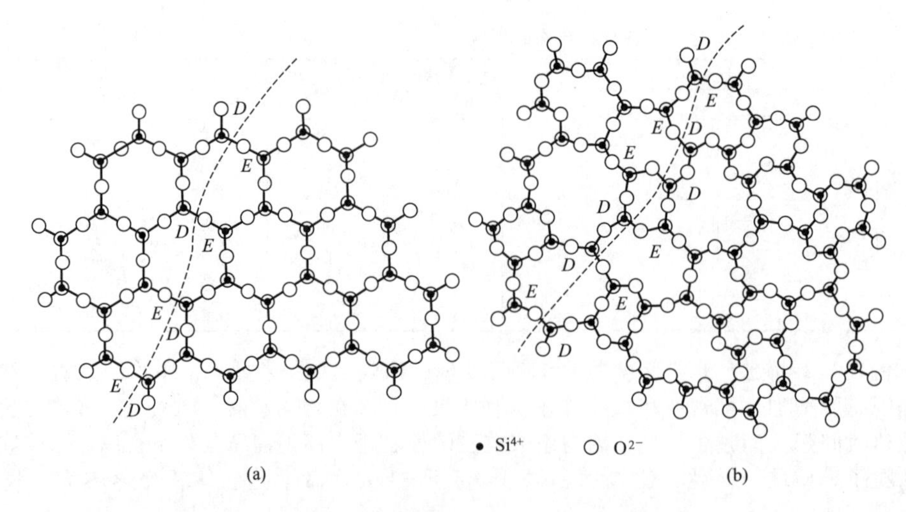


**图 8-8 硅氧四面体联结成晶态 $SiO_2$（a）和玻璃态 $SiO_2$（如硅胶）（b）的结构示意图（虚线表示可能破裂处）**

红外光谱、核磁共振等方法的研究均证明硅胶表面上有羟基存在，这些羟基对硅胶的吸附行为具有重要意义。硅胶红外光谱中$3750cm^{-1}$的尖峰及$3450cm^{-1}$的宽峰表明硅胶表面上存在两种类型羟基，前者是孤立的“自由羟基”的 O—H 伸缩振动，后者是强“氢键缔合的羟基”和吸附的水分子。在热处理硅胶时，约 170℃时缔合羟基开始缩合脱水，400℃时有略少于 50％的缔合羟基被去除，750℃左右 $3450cm^{-1}$ 峰基本消失，这时表面上主要是未缔合的自由羟基，说明自由羟基的热稳定性很高。在 1100℃时自由羟基完全消失而转变为$\beta$-鳞石英。

$SiO_2$ 表面羟基浓度随着热处理温度的升高而逐渐减少(表 8-4)。但实验表明，在 700℃以下热处理时硅胶的比表面积变化不大，这可能是因为这时缔合羟基脱水成 $\mathrm{{\equiv}Si{-}O{-}Si{\equiv}}$ ，而 $\mathrm{{\equiv}Si{-}O{-}Si{\equiv}}$ 的键长和键角与正常硅氧四面体的完全一样，即表面尺寸未变，故无熔结现象。在更高的温度下，表面上只有自由羟基，它们之间的距离较大，彼此间缩合脱水较困难，因此 Киселев 认为，此时发生的是粒子间的脱水，故导致比表面积降低；而戴闽光等认为，这可能是自由羟基在高温下因表面迁移而挨近，然后再脱水。显然，在这样高的温度下可能使 Si—O 键断裂，引起硅胶熔结，孔结构坍塌，因此比表面积和孔体积均明显降低。

**表 8-4 硅胶表面羟基浓度和温度的关系**

| 处理温度/℃ | 表面羟基浓度/个·$nm^{-2}$ | | 处理温度/℃ | 表面羟基浓度/个·$nm^{-2}$ | |
|---|---|---|---|---|---|
| | 粉状 $SiO_2$(真空下处理) | 自制硅胶(大气下处理) | | 粉状 $SiO_2$(真空下处理) | 自制硅胶(大气下处理) |
| 200 | 4.7 | 5.46 | 600 | 1.6 | |
| 300 | 3.4 | | 700 | 1.4 | 1.40 |
| 400 | 2.0 | | 800 | 0.9 | |
| 500 | 1.8 | 2.05 | 900 | 0.7 | 0.72 |

**2. 硅胶表面羟基浓度的测定**

硅胶表面羟基含量的测定通常有两种方法。一种是在大气下于 120℃干燥硅胶样品以去除物理吸附水，再加热至1100～1200℃（也可在 950℃灼烧 2h），由失水量来计算羟基含量 $N_{OH}$：

$$N_{OH}=\frac{W_{OH}\times10^{-2}\times N_A}{S\times10^{18}\times\frac{M}{2}}=\frac{2\times10^3\times W_{OH}}{3S} \tag{8-14}$$

式中，$N_A$ 为 Avogadro 常数；$M$ 为水的分子量；$S$ 为 $N_2$ 吸附法测得的 $SiO_2$ 比表面积，单位为 $m^2 \cdot g^{-1}$；$W_{OH}$为灼烧后 $SiO_2$ 的失重（%）（相对于 120℃下干燥过的 $SiO_2$）。此法测得的 $N_{OH}$（单位为羟基数/$nm^2$）与用红外光谱得出的结果基本一致。

另一种方法是采用石英弹簧秤测定硅胶对 $BCl_3$ 的吸附量❶。设 $BCl_3$ 与硅胶按下式反应：

$$SiOH+BCl_3 \longrightarrow SiOBCl_2+HCl$$

即一个 $BCl_2$ 基取代一个氢原子，也相当于一个羟基，于是

$$\frac{N_{OH}}{\text{单位表面积}}=\frac{W_{BCl_3}N_A}{M_{BCl_3}S_{N_2}} \tag{8-15}$$

式中，$W_{BCl_3}$ 为 $BCl_3$ 的吸附量，单位为 g/g；$M_{BCl_3}$ 为 $BCl_3$ 的分子量；$S_{N_2}$ 为 BET 法比表面积，单位为 $m^2/g$。

在高月英的综述中见本书 P233 附注②，还介绍了许多人的测定方法。有意义的是，不同方法测定的结果相当一致，对热稳定的、完全羟基化的无定形 $SiO_2$ 非孔性的平表面上的 $N_{OH}$ 约为 4～5 个羟基/$nm^2$。若以样品处理温度对羟基浓度作图，实验点都落在如图 8-9 所示的阴影部分内。

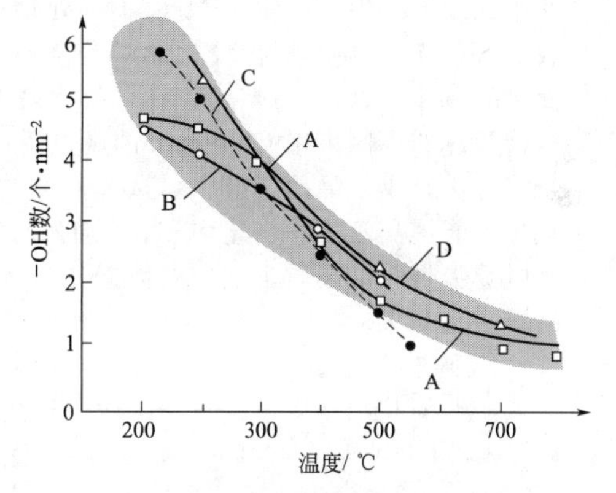


**图 8-9 硅胶表面羟基浓度与热处理温度的关系**

A—硅胶在 700℃脱水后再水化，在空气中加热；
B—硅胶在 700℃脱水后再水化，在真空中加热；
C—硅胶在空气中加热（多个实验室结果）；
D—北京大学胶体化学教研室实验室结果。

关于表面羟基的类型及其检定方法，目前仍在研究之中。现今比较普遍的看法是：除孤立的自由羟基（Ⅰ）和缔合羟基（Ⅱ）外，还有双生的羟基（Ⅲ），即两个羟基同时连在一个硅原子上。因（Ⅰ）、（Ⅲ）的吸收峰都在$3750cm^{-1}$，所以红外光谱图不能鉴别，需要通过和 $BCl_3$ 的反应才能鉴别。关于（Ⅰ）、（Ⅱ），Киселев 认为，若表面羟基之间的距离＞0.3nm，则形成自由羟基；若距离＜0.3nm 且其位置有利于彼此形成氢键，则形成缔合羟基。总之，了解表面羟基的类型及其性质在吸附研究中具有重要意义。例如通过热处理（400～500℃或至 600℃）可以制得主要含自由羟基的硅胶。由于三甲基氯硅烷只与自由羟基反应，故通过三甲基氯硅烷处理，可以制得只含缔合羟基的硅胶❷❸

### 3. 硅胶的表面性质和催化作用的关系

硅胶表面上的 3 种羟基随制备条件的不同，其含量和分布也不同，这可能是造成表面能量不均匀的原因之一。尽管硅胶对芳烃的吸附表现出 Lewis 酸的行为，但在水溶液中对过渡金属离子能发生离子交换吸附，这意味着硅胶表面 Si—OH 中的质子 $H^+$ 有交换能力❹，这个性质已被用来制备高分散的金属晶粒均匀负载于硅胶表面的催化剂。硅胶反复用 NaOH 和 HCl 溶液处理，经洗涤和干燥后所得的“Na 型硅胶”可和碱金属阳离子进行离子交换。一般认为纯硅胶既不显酸性也不显碱性，所以极少有直接用硅胶作催化剂的，而是广泛用作

❶ 中国科学院兰州化学物理研究所．石油化工，1976（5）：485.

❷ 赵振国，张兰辉，林垚．化学学报，1988，46：53.

❸ Blake P，et al. Colloid and Surfaces，1985，(15)：101.

❹ 赵九生等．催化剂生产原理．北京：科学出版社，1986：147.

催化剂载体。然而经过 $NH_4F$ 处理过的硅胶却具有大量的质子酸部位。根据 Chapman[1] 等的观点，质子酸的形成是通过高电负性的氟原子借助于诱导效应使硅羟基中的 O—H 键变弱造成的，这与一个氟原子取代甲基中一个氢原子时使 $CH_3COOH$ 酸性增高的情况相似。

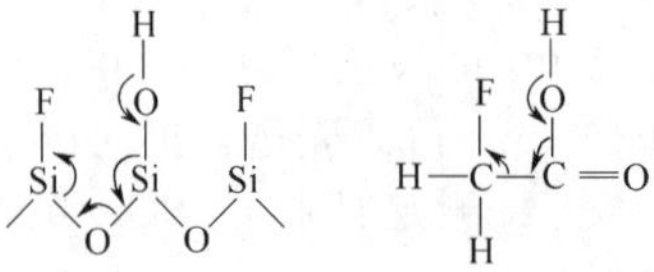

于庚涛等[2][3]利用 $NH_4HF_2$ 处理硅胶，不仅使硅胶的物理结构发生了变化，还增强了硅胶的表面酸性，提高了催化剂的选择性。

下面简单介绍一下用 $NH_4HF_2$ 进行“化学扩孔”的基本原理。

$NH_4HF_2$ 与细粒硅胶有如下反应：

$$SiO_2 + 2NH_4HF_2 = SiF_4\uparrow + 2NH_4OH \tag{8-16}$$

$$3SiF_4 + 4H_2O = 2H_2SiO_6 + Si(OH)_4 \tag{8-16a}$$

$$Si(OH)_4 \xlongequal{\triangle} SiO_2 + 2H_2O \tag{8-16b}$$

在中性或弱酸性介质中用 $NH_4HF_2$ 处理硅胶时，生成的 $SiF_4$ 会进行式（8-16a）反应，生成的 $Si(OH)_4$ 会沉积在较大的硅胶微粒上，经焙烧得 $SiO_2$。这样，小粒子可以不断长大，而小的 $SiO_2$ 微粒又可堵塞小孔，故比表面积减少，孔径扩大。用氟氢化铵处理硅胶能增强表面酸性的原因可用 Chapman 的观点予以说明。由于硅胶表面酸性增强，所以它在烯醛一步法合成异戊二烯的反应中，选择性能约提高 10%。在乙醇转化成乙烯的催化反应中，氟化硅胶能提高乙醇的转化率和乙烯的选择性。通过正丁胺吸附（代表总酸量）和 2,6-二甲基吡啶吸附（代表质子酸）的数据分析，可以确定在含氟硅胶上主要是质子酸增加，Lewis 酸量变化不大。

改变硅胶表面酸性的方法很多，如将硅胶浸以硼酸及磷酸或浸渍铝盐溶液，均可制成典型的酸性催化剂，后者是石油工业中常用的 $SiO_2$-$Al_2O_3$ 裂化催化剂。硅胶利用电离辐射也能产生催化活性，其活性中心也是酸性的，它们能催化丁烯和环丙烷的异构化反应，后者使环丙烷转化成丙烯[4]。

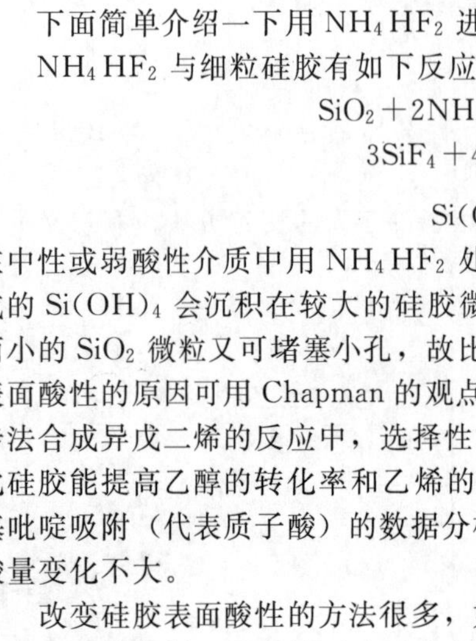

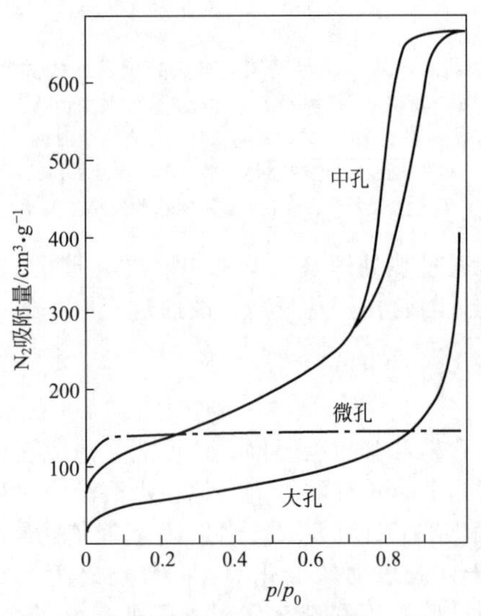


图 8-10 硅胶的氮吸附等温线

#### 4. 硅胶的吸附性质

硅胶表面的羟基在对极性小分子和芳香族小分子吸附和自溶性中吸附极性分子时通常是吸附中心，即这些吸附质分子与硅羟基间形成氢键而吸附。因而吸附量与表面羟基浓度有关。

硅胶的丰富孔结构影响气体的吸附。当孔很大时可视为平表面，无毛细凝结现象发生。孔很小时，吸附机制是毛细填充，最大吸附量为孔的体积。只有在中孔硅胶上吸附等温线才是Ⅳ型的，有明显的吸附滞后现象（吸附等温线上有滞后环），当 $p/p_0=1$ 时之吸附量为吸附剂全部孔体积。图 8-10 是大孔、中孔和微孔硅胶对氮的吸附等温线。

图 8-10 三类硅胶上氮的吸附等温线。

[1] Chapman. 固体酸碱及其催化性质. 赵君生等译. 北京：化学工业出版社，1979：57.

[2] 于庚涛. 吉林石油化工，1984，(4)：6.

[3] 陈丽特，沈钟等. 江苏化工学院学报，1989，(1)：1。

[4] 沈钟译. 石油快报，1966，(8)：10.

硅胶自水溶液中吸附有机分子时要考虑有机分子、水在硅胶表面的竞争作用。一般来说，水能在亲水的硅胶表面形成富水相。因此随着溶液中醇浓度的增加，醇的吸附量可能减小。硅胶表面自由羟基在溶液吸附中也起主要作用，当自由羟基消失时硅胶自非极性溶剂吸附极性有机物的吸附能力也大大降低。

### (四) 其他 $SiO_2$ 类吸附剂

(1) aerosil　极细的无孔硅胶微粉，一般粒径不大于几十纳米。比表面多在 $200m^2 \cdot g^{-1}$ 以下。多由气态 $SiCl_4$ 在水蒸气中水解而成，无孔。常用作无孔极性吸附剂和液体增稠剂。国外有不同牌号商品。

(2) 白炭黑（white carbon black）　又称轻质二氧化硅，高温下边搅拌边将硫酸加入水玻璃溶液中形成的微米级孔性氧化硅微粉，表观密度小，仅 $0.128g \cdot cm^{-3}$，比表面大。可用作吸附剂、橡胶补强剂、填充剂，也用作润滑剂、粉体增流剂、农药稀释剂等。

(3) 二氧化硅气凝胶　一种大比表面、低密度的多孔性硅胶。孔径在 1～100nm，孔隙率达 99.8%以上，比表面约在 $200 \sim 1000m^2 \cdot g^{-1}$，密度约在 $3 \sim 500kg \cdot m^{-3}$。二氧化硅气凝胶强度低，耐高温和一般化学气氛的腐蚀，适于做催化剂载体。

(4) 硅溶胶　硅酸多分子聚合而成的胶体溶液（多为水溶胶）。硅溶胶中 $SiO_2$ 粒子约在 7～20nm。硅溶胶可做黏合剂、涂覆剂、催化剂载体。

## 二、活性氧化铝[1]

活性氧化铝（activated aluminium oxide）是具有吸附和催化性能的多孔大表面氧化铝，它广泛用作炼油、橡胶、化肥、石油化工中的吸附剂、干燥剂、催化剂或载体。氧化铝按晶型可分为 8 种，即 $\alpha$ 型、$\gamma$ 型、$\theta$ 型、$\delta$ 型、$\eta$ 型、$\chi$ 型、$\kappa$ 型和 $\rho$ 型。通常所说的“活性氧化铝”，一种含义是指 $\gamma$-$Al_2O_3$；另一种含义是泛指 $\chi$ 型、$\eta$ 型和 $\gamma$ 型氧化铝的混合物。

活性氧化铝一般由氢氧化铝加热脱水制得。

### (一) 氢氧化铝和氧化铝的生成

#### 1. 氢氧化铝的品种

氢氧化铝也称氧化铝水合物或水合氧化铝，其化学组成为 $Al_2O_3 \cdot nH_2O$，按所含结晶水的数目又分为三水和一水氧化铝两类。在三水氧化铝中主要有 $\alpha$-$Al(OH)_3$，即 $\alpha$-三水氧化铝[2]（亦称 $\alpha$-三水铝石），还有 $\beta_1$-三水氧化铝和 $\beta_2$-三水氧化铝（分别称为湃铝石和诺水铝石）。在一水氧化铝中主要有 $\alpha$-单水氧化铝（亦称薄水铝石）等。还有一类是低结晶氧化铝水合物，统称为凝胶，结构中的水分子数不很确定，它是传统的胃酸中和药。

#### 2. 氢氧化铝的制备和热转化

氢氧化铝的制备常用酸中和法。此法以铝酸钠为原料，在搅拌情况下加入酸或通入 $CO_2$ 气而得到氢氧化铝沉淀（凝胶）。

$$NaAl(OH)_4 + HNO_3 \longrightarrow Al(OH)_3 \downarrow + NaNO_3 + H_2O \quad (8\text{-}17)$$

或

$$NaAl(OH)_4 + CO_2 \longrightarrow Al(OH)_3 \downarrow + NaHCO_3 \quad (8\text{-}18)$$

这种无定形氢氧化铝在一定温度、pH 值等条件下逐渐产生相结构的变化，其转化的一般规律可表示为：

$$\text{铝酸钠溶液} + CO_2 \longrightarrow \text{无定形氢氧化铝} \xrightarrow{20℃,\ pH>7} \text{假一水软铝石} \xrightarrow{20℃,\ pH>9}$$

$$\text{湃铝石} \xrightarrow{20℃,\ pH>12} \text{三水铝石} \xrightarrow{>80℃,\ pH>12} \text{薄水铝石}$$

---

[1] 朱洪法. 催化剂载体制备及应用技术. 北京：石油工业出版社，2002：265.

[2] 邵长生，林明德，沈钟等. 塑料工业，1988 (6)：40.

这种规律是一般的转变过程，要想借此得到纯氢氧化铝是不可能的。

不同种类的氢氧化铝在空气中加热脱水生成不同晶型的氧化铝。

$$\text{三水铝石}\xrightarrow{250^\circ\text{C}}\chi\text{-}Al_2O_3\xrightarrow{900^\circ\text{C}}\kappa\text{-}Al_2O_3\xrightarrow{1200^\circ\text{C}}\alpha\text{-}Al_2O_3$$

$$\text{三水铝石}\xrightarrow[200^\circ\text{C}]{\text{粗晶粒}}\text{薄水铝石}\xrightarrow{450^\circ\text{C}}\gamma\text{-}Al_2O_3$$

$$\text{湃铝石}\xrightarrow{230^\circ\text{C}}\eta\text{-}Al_2O_3\xrightarrow{850^\circ\text{C}}\theta\text{-}Al_2O_3\xrightarrow{1200^\circ\text{C}}\alpha\text{-}Al_2O_3$$

氢氧化铝的热转化在氧化铝生产中十分重要。在此种工作中要用差热分析确定不同氧化铝水合物的相变化温度范围，并配合 X 射线衍射确定其晶相组成。

## （二）氧化铝的孔结构

### 1. 氧化铝孔的产生及类型

据电子显微镜观察，氧化铝是由大小不同的粒子堆积而成的。粒子间的空隙就是孔的来源。孔的大小及形状取决于粒子大小、形状和堆积方式。通常用电子显微镜测得的粒子大小比 X 射线法大得多，因为后者所测的是结晶物质的一次粒子大小，而前者所测的是二次粒子大小。氧化铝中的孔可分为 3 种类型：一次粒子晶粒间的孔、二次粒子晶粒间的孔以及氧化铝产品成型时形成的缺陷孔。

### 2. 控制氧化铝孔径的方法[1]

控制氧化铝孔径的方法很多，这里仅举两例。

（1）控制氧化铝的晶粒大小　氧化铝的晶粒大小可以通过制备条件来控制。通常晶粒增大可以，增大氧化铝的孔半径，比表面积则相应减小。薄水铝石的晶粒度与比表面积的关系列于表 8-5，与催化剂孔径的关系示于图 8-11。

表 8-5　薄水铝石晶粒度和比表面积的关系

| 晶粒度/nm | 比表面积/$m^2\cdot g^{-1}$ | 晶粒度/nm | 比表面积/$m^2\cdot g^{-1}$ |
|---|---|---|---|
| 4.9 | 345 | 14.5 | 72 |
| 8.1 | 272 | 17.5 | 57 |
| 9.4 | 227 | 18.2 | 23 |
| 10.5 | 234 | 18.4 | 57 |
| 13.7 | 153 | | |

由图 8-11 可见，薄水铝石的晶粒度越大，催化剂的主孔径也越大。

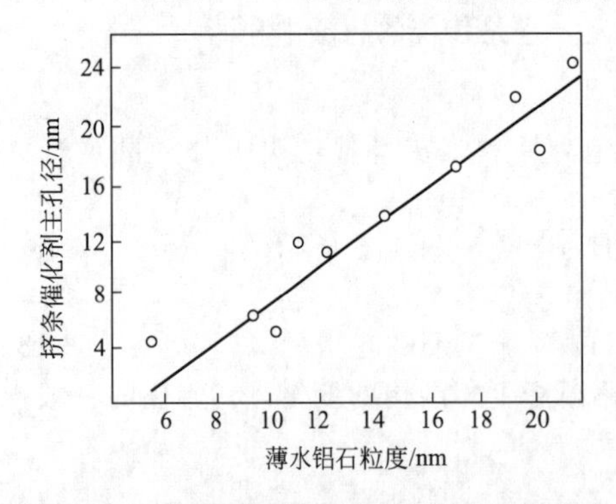


图 8-11　薄水铝石粒度对催化剂孔径的影响

（2）添加造孔剂　在氢氧化铝沉淀时添加水溶性有机聚合物作为造孔剂，它吸附在氢氧化铝小晶粒表面上，使粒子间搭桥成大晶粒，煅烧后它能促使孔隙贯通，孔隙度增大。用这种方法可得100～250nm 孔径范围的氧化铝。常用的造孔剂有聚乙二醇、聚环氧乙烷、纤维素甲醚、聚乙烯醇和聚丙烯酰胺。

另外，还有一些其他方法，如在水合氧化铝凝胶中加入 270 目炭粉，成型后干燥煅烧，烧掉炭，可得一定孔结构的氧化铝微球。

总之，从制备角度来说，影响 $\gamma$-$Al_2O_3$ 孔结构的因素太多。早在 20 世纪 80 年代，殷福珊[2]、李大东

[1] 见参考书目 4，p. 157。

[2] 殷福珊，姚振兴等．石油化工，1982，11 (1)：7.

等[1]就制备条件和添加物对 $Al_2O_3$ 孔结构的影响作了介绍，这里不再讨论。

## （三）氧化铝的表面性质和吸附性能

### 1. 氧化铝表面的形成和性质

氧化铝的表面绝大部分是由内部的孔体系提供的。孔来源于氢氧化铝脱水形成的微孔和颗粒间隙。氧化铝的表面积受热分解温度影响很大（表 8-6）：未达到分解温度时，无脱水孔形成，表面积很小；达到分解温度后则大量脱水，形成脱水孔；温度再升高，脱水孔烧结可使表面积下降。

**表 8-6　氧化铝分解温度对表面积的影响**

| 分解温度/℃ | 表面积/$m^2 \cdot g^{-1}$ | 分解温度/℃ | 表面积/$m^2 \cdot g^{-1}$ |
|---|---|---|---|
| 150 | 64 | 600 | 263 |
| 400 | 318 | 800 | 125 |

在内表面中，颗粒间隙孔提供的表面积占内表面很大比重，随着温度的升高，微孔烧结增加。这部分表面积受晶粒度影响较大，它一般随晶粒度减小而增大。

$\gamma$-$Al_2O_3$ 及 $\eta$-$Al_2O_3$ 具有酸性，这是由氢氧化铝脱水而产生的：

$$\mathrm{HO{-}\underset{}{Al}(OH){-}OH + HO{-}Al(OH){-}OH} \xrightarrow{-H_2O} \mathrm{O{-}\overset{+}{Al}{-}O{-}Al(O^-){-}O{-}}$$

（L 酸　$O^-$ 碱中心）

↓ L 酸中心易吸水成 B 酸中心

$$\mathrm{{-}O{-}Al(O(H){-}H^+){-}O{-}Al(O^-){-}O{-}}$$

（B 酸　碱中心）

L 酸中心易吸水成 B 酸中心。由上式可见氧化铝表面上既有 L 酸、B 酸，还有碱性中心。许多数据表明，氧化铝表面的酸性部位是 L 酸，质子酸是非常弱的，不能与吡啶反应。用苯甲酸的滴定表明，当氧化铝吸附了足以遮盖所有酸性部位的水时，碱性部位才开始出现，测得的碱量可高达 $0.4 mmol \cdot g^{-1}$（图 8-12）。因此，氧化铝起着酸碱双功能催化剂的作用。

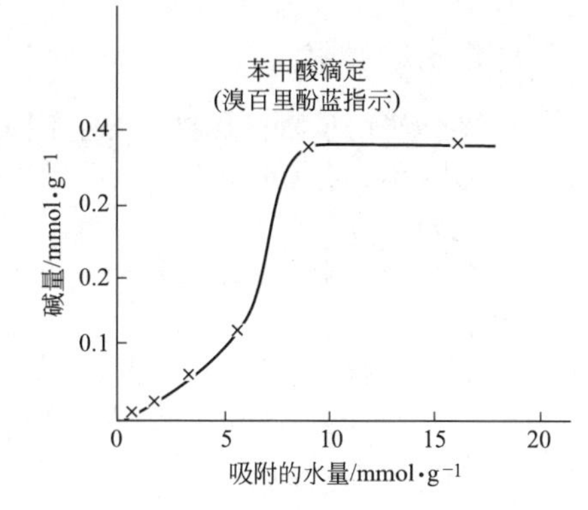


**图 8-12　吸附在 $Al_2O_3$ 上的水量和碱量之间的关系**

### 2. 氧化铝对水蒸气的吸附行为

活性氧化铝有良好的吸水能力，用它干燥过的气体露点可达－60～－55℃，其干燥效力低于 A 型分子筛，高于硅胶。

氧化铝吸水有化学吸附和物理吸附两种形式。活性氧化铝的表面可以认为是由氧离子的立方密堆积排列而成的，在化学吸附水蒸气时可使表面氧离子形成羟基，其吸附等温线为 Langmuir 型，单层饱和吸附量通常不超过 5%（质量分数）。随着水蒸气压的增加将有更多的水分子通过氢键与表面羟基结合，更多的水分子则表现为物理吸附和毛细凝结，此时吸附等温线常表现为 BET Ⅱ 型曲线。

---

[1] 李大东. 石油化工，1989，(7)：488.

### (四) 活性氧化铝的质量指标

活性氧化铝是一种多孔性吸附剂，不仅具有相当大的比表面积，而且具有很高的机械强度、物化稳定性、耐高温及抗腐蚀等性能。但它不宜在强酸、强碱条件下使用。这里介绍上海分子筛厂生产的活性氧化铝质量指标：

化学成分(质量分数)　$Al_2O_3$＞95%，$SiO_2$＜0.2%，

$Na_2O$＜0.2%，总硫量＜0.1%，$Fe_2O_3$＜0.1%

晶相类型　η型、γ型或η-γ混合型

比表面积　200～400$m^2 \cdot g^{-1}$

孔容　0.3～0.6$ml \cdot g^{-1}$

孔径分布　1～2nm占35%～45%，2～3nm占32%～36%

堆密度　直径3～5mm、球形者为0.8～0.9$kg \cdot L^{-1}$（载体用含10%高岭土者为0.7～0.8$kg \cdot L^{-1}$）

抗压强度　＞1.47MPa（点压）

耐磨度　＞98%

饱和平衡吸附量　＞28%水（质量分数）

露点　＜－55℃

活性氧化铝的脱水温度为180～200℃，在常压下一般再生活化温度为350～400℃，清除有机碳化物温度为500～550℃。热处理温度须不超过600℃，以免引起物相变化，致使产品变质。

## 三、活性炭

活性炭（activated carbon）是一种多孔性含碳物质，具有很强的吸附能力。它主要由各种有机物质（如木、煤、果核、果壳等）经炭化和活化制成。活性炭的强吸附能力主要是由于其具有高度发达的孔隙结构产生的。活性炭的强吸附能力及足够的化学稳定性和良好的机械强度，使它在化学工业、国防工业、环境保护、食品工业等方面得到了广泛的应用。它不仅可以作为催化剂载体（有时其本身就是催化剂），还可以作为脱色剂和吸附剂。

### (一) 活性炭的种类

活性炭由于原料及制备条件不同，种类较多。

按应用分类有：药用炭、化学工业脱色和精制用炭、军用炭、催化剂载体用炭等。

按外形分类有：

(1) 粒状炭，常以果壳和煤等作原料，多用作催化剂载体、净化水、回收吸附各种有机气体；

(2) 粉状炭（200目以下），多用于食品、药物脱色或药用；

(3) 纤维型活性炭，制品有活性炭纤维布或纤维板等。

其他还有所谓氮化活性炭（具有离子交换性能）、炭分子筛等，新品种不断出现。

### (二) 活性炭的制备方法和制炭理论

活性炭的制备主要包括炭化和活化两个阶段。

**1. 炭化**

炭化就是把有机原料在隔绝空气的条件下加热以减少非碳成分，制出适合于后一步活化反应的碳质材料。炭化通常都在1000℃以下进行，有下面3个阶段。

① 在400℃以下，发生脱水、脱酸等一次分解反应，但炭中还残存—O—结合。

② 在400～700℃，—O—结合被破坏，氧以$H_2O$、$CO$、$CO_2$等形式析出，而芳核间的结合开始形成。

③ 脱氢，芳核间大量产生直接结合，产生二维平面结构，同时结合上—$CH_2$—，形成三维立体结构。

### 2. 活化

活化是使炭具有活性的关键过程，系气体同碳发生氧化反应，将碳化物表面侵蚀，使之产生微孔发达的构造，同时高温产生的水煤气能将附在炭表面上的有机物除去，使炭产生活性。活化时所使用的活化剂有高温水蒸气和 $ZnCl_2$ 等。在水蒸气活化中，反应温度为 800～1000℃，此时碳和 $H_2O$ 反应生成 CO、$CO_2$ 和 $H_2$ 皆为吸热反应。

用 $ZnCl_2$、磷酸等药品活化时，将药品加到原料里，在 600～700℃ 同时进行炭化和活化。药品活化主要是由于 $ZnCl_2$ 的吸水性很强，可以使原料中的氢和氧主要以水蒸气的形式释出，而不是以碳氢化合物的形式释出，这样可避免焦油状有机物在活性炭表面上覆盖而降低炭的质量。但用 $ZnCl_2$ 活化会产生酸性气体腐蚀设备、污染环境，且氯化锌等不易全部回收，生产成本也较高，所以目前不如用气体活化的多。

活性炭的活化是一个造孔过程。造孔是通过将微晶之间碳素等物质经化学反应而去掉（或称烧掉）来实现的。随着活化过程的加深，炭的得率逐渐下降，而活性和比表面积则逐渐增加，水蒸气活化需要较高的温度，制得的炭孔结构较发达。$ZnCl_2$ 活化可以在较低的温度下进行，形成的孔径较大。

## （三）孔结构

活性炭的孔结构相当复杂，孔隙形状也异。Dubinin 曾将孔结构分为微孔、过渡孔及大孔 3 类。图 8-13 是几种活性炭的孔径分布图。

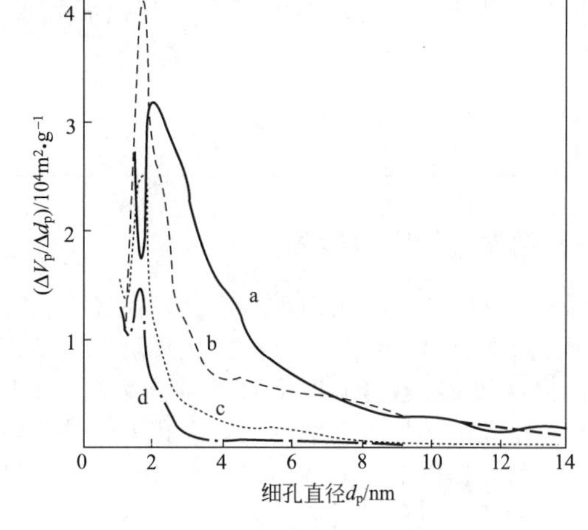


图 8-13　几种活性炭的孔径分布图

a—木炭经氯化锌活化；b—煤类炭经长时间水气活化；c—煤类炭经水气活化；d—椰壳炭经水气活化

微孔是其有效半径约低于 1.8～2.0nm 这样一些小孔，在这些孔中不发生毛细凝聚。不同活性炭的微孔体积大约为 0.15～0.50ml/g，它们的比表面积为 400～1200$m^2$/g，约占总表面的 95%。

过渡孔是那些能发生毛细凝聚的孔隙，表现在吸附-脱附曲线上能产生滞后圈，其有效孔半径约从 2～50nm 或 100nm 的范围。过渡孔的孔体积通常为 0.02～0.10ml·$g^{-1}$，它们的比表面积为 20～70$m^2$·$g^{-1}$，约占总表面积的 5%。过渡孔的功能是作为被吸附物质到微孔的通道。过渡孔可用电子显微镜观察，用压汞法可以测得过渡孔的孔径分布。

大孔是指孔半径大于 100nm 的孔。大孔直接向粒子的外表面开口，其孔体积为0.2～0.8ml·$g^{-1}$，比表面积为 0.5～2.0$m^2$·$g^{-1}$。

一般活性炭的结构中都包含这 3 种孔，其孔分布因初始原料及制造方法而异，许多活性炭常具有双峰孔分布曲线。

关于活性炭孔结构的测定方法文献已有不少报道，这里要提出的是 20 世纪 80 年代戴闽光等[1]以氮、甲醇、四氯化碳、苯和水蒸气作为吸附质，对 3 种不同微孔结构的活性炭进行研究。她认为用甲醇作为吸附质来测定活性炭的比表面积和孔分布是适宜的，若以微机进行数据处理，则在 1～2h 内便可完成测试工作。

[1] 戴闽光等．林产化学和工业，1984（2）：1.

## （四）活性炭的表面化学结构

活性炭的主要成分是碳，也有一些化学结合的元素氧、氢以及少量灰分。纯的炭表面应该是非极性的，但实际上表面总有若干碳-氧络合物 $C_xO_y$，其组成可变。在 300～500℃时，碳与 $O_2$ 反应形成表面氧化物，与水作用生成酸性表面基团。炭在 800～1000℃加热，特别是在真空或惰性气体中加热，再冷却到室温并暴露在空气中，便形成碱性基团。实际上，在同种炭上酸性基团和碱性基团同时存在，前者可达 20%，后者仅 2%，由于碱性氧化物形成条件不易控制，故目前主要集中于酸性氧化物的研究。

各种测试表明[1][2]，活性炭表面的酸性氧化物为═C═O 或 O═C—O—C═O，同时还有羧基 —C(═O)—OH、酚羟基 —OH、醌型羰基 ═O 等。对这些基团的测定常用化学法如酸碱滴定等。由于含碳物质超过 94%时红外线辐射不能透过，所以此法的应用极为困难。

肖进新等利用 X 射线光电子能谱仪（XPS）对国产一种活性炭的表面基团和氧、碳含量进行分析，得到表 8-7 的结果[3]

**表 8-7　国产一种活性炭的表面基团和氧、碳含量**

| 表面基团 | 表面基团含量/% | 氧含量/% | 碳含量/% |
|---|---|---|---|
| 石墨结构 C—C | 65.5 | | |
| C—O—H(R) | 13.9 | 表面　6.8 | 表面　93.2 |
| C═O | 6.1 | 体相　6.2 | 体相　88.45 |
| HO—C═O | 5.6 | | |
| O—(C═O)—O | 3.1 | | |
| $\pi$-$\pi^*$ | 5.8 | | |

## （五）活性炭的吸附行为

活性炭的应用面极为广泛。在气相吸附中它不仅用来吸附各类有机蒸气、油品蒸气，还能吸附许多有毒有害气体。从吸附条件说，沸点及临界温度较高的物质、分子量较大的有机物，以及在较低温度下均有利于吸附。从吸附状态说，当气体的相对压力适宜时，在活性炭的中孔内可发生毛细凝结，大孔中则是单层吸附或多层吸附。对活性炭吸附起主要作用的是由微孔提供的巨大表面积。在微孔中的吸附机制是微孔填充。近年人们为减少油品蒸发损失常用活性炭作吸附剂，此工作中不仅要求有大的吸附容量，还要求有大的快速的脱附容量。显然前者与微孔提供的比表面积有关，比表面积大，吸附容量大，而后者则与整体孔结构有关，若$<$2nm的微孔份额太多，则脱附困难。

这里要特别提出的是，目前用天然气作为一种清洁能源代替汽油在汽车中应用时[4]，均采用高压（20MPa）压缩天然气作为储气方式。但此举建充气站等费用高，且有一定的安全隐患。为此，十余年来人们发现用富含纳米孔隙的活性炭（其微孔占主要部分），在室温和 6.0MPa 下甲烷的吸附量达 25%左右，而块状炭的吸附量达 22%。目前国内外用此炭储气均取得中试成果。若用天然气作为燃料储气，则炭的孔容应$>$1.5ml·$g^{-1}$，其中微孔要在 90%左右，才有使用价值。

---

[1] 谢光月等. 碳素，1986（2）：19.

[2] 黄伟等. 化学工业与工程技术，2006，27（5）：39.

[3] Xiao J X，et al. Carbon，2005，43：1032.

[4] 李兴存，陈进富等. 现代化工，2002，22（4）：14.

活性炭在溶液吸附中广泛用于各类水溶液的脱色、除臭，水的净化，食品、药物精制以及各种废水的处理等。尽管溶液吸附的形式繁多，但吸附量归根结底取决于活性炭的孔结构、表面性质和吸附质性质。此问题在第七章中已有所涉及，但这里讨论的主要是一些基础性研究。

活性炭自水溶液中吸附有机物的研究甚多。韩相奎等[1]曾介绍过有机物的分子结构与被吸附能力的关系。尽管这是一个在特定起始浓度（1000mg·$L^{-1}$）下的吸附数据，但仍能半定量地予以如下比较。

① 活性炭对有机同系物（如醇、醛、酸类化合物）的吸附，随分子量增大而增大，符合 Traube 规则。

② 当分子量相近时，含有双键的有机物比不含双键者更易被吸附；一元醇比二元醇更易被吸附；直链有机物比有支链或环状物更易被吸附；含芳烃[2]的有机物较吡啶、吗啉类更易被吸附。

活性炭就主体而言为非极性吸附剂，因此极易从水溶液中吸附非极性物和长链有机物。但活性炭表面有含氧基团，所以对某些极性物（特别是在非水体系中）也有吸附能力，提高含氧基浓度，对极性物的吸附量增大；反之，若降低含氧基团浓度，即进一步提高表面的非极性部分，则能提高对非极性分子或小极性分子的吸附[3]。

20 世纪末，赵振国等[4]又进一步研究了硅烷化活性炭自水溶液中吸附苯甲酸和苯甲醛，结果表明：随着硅烷化时间的延长，吸附量均明显增加。显然，硅烷化时间延长，炭表面的极性含氧基团减少，硅烷化程度加大，即非极性的吸附中心数目增加。同时，吸附热力学计算表明：在吸附过程中，标准热力学函数 $\Delta G^{\ominus}$ 对这两种吸附质虽有较大的负值，但彼此接近，这说明它们有相同的吸附机理，可能都是以非（弱）极性的苯环吸附在炭的表面上。另外，对各样品的吸附焓变 $\Delta H^{\ominus}$ 也是负值，但吸附熵变 $\Delta S^{\ominus}$ 均为较大的正值。这显然是这两种芳香化合物分子的有效截面积较大，在它们吸附过程中必然有较多的水分子脱附，从而吸附过程总的 $\Delta S^{\ominus}$ 增加，这也表明此自发过程的推动力之一是熵效应。

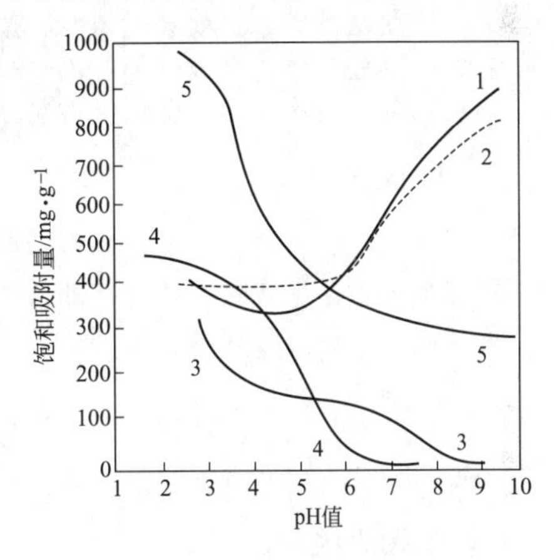


**图 8-14 pH 值对活性炭吸附染料的饱和吸附量的影响**

1—甲基绿；2—甲基紫；3—酚红；4—洋红；5—达旦黄

反映活性炭溶液吸附的另一个侧面是染料吸附的研究。前已述及，活性炭表面兼具酸性和碱性氧化物，有一定的等电点（IEP）。据此，其对离子性物质的吸附要考虑溶液 pH 和表面电性质的影响。20 世纪末戴闽光等[5]~[10]曾系统研究过活性炭对阳离子染料甲基绿（MG）、甲基紫（MV）和阴离子染料酚红（PR）、洋红（CM）和达旦黄

---

[1] 韩相奎，曲善慈．化学工程师，1990，(5)：8.

[2] 芳烃，如苯和甲苯，在水中的溶解度极小，此处的起始浓度分别为 416ml·$L^{-1}$和 317 ml·$L^{-1}$。

[3] 赵振国，沈钟等．高等学校化学学报，1989，10 (11)：1119.

[4] 赵振国，樊艾星．化学学报，1994，52：427.

[5] 戴闽光等．J Colloid Interface Sci，1994，164：223.

[6] 戴闽光等．林产化学与工业，1994，14 (2)：25.

[7] 戴闽光等．应用化学，1995，(5)：62.

[8] 戴闽光等．物理化学学报，1996，12 (2)：173.

[9] 戴闽光等．福州大学学报（自然科学版），1996，24 (6)：76.

[10] 戴闽光等．Minguang Dai．J Colloid Interface Sci，1998，198：6.

（TY）的吸附。她们所用活性炭的等电点 pH 为 6.2，显然，当 pH 大于等电点，炭表面荷负电，有利于对阳离子染料的吸附；反之，pH 小于等电点，表面荷正电，则有利于对阴离子染料的吸附（见图 8-14）。作者们通过对吸附速率的研究，求算了动力学参数（如吸附速率常数和活化能等），并确定了吸附机理；通过对吸附等温线和有关平衡浓度的分析，求算了吸附热力学参数（如 $\Delta H$、$\Delta G$ 和 $\Delta S$ 等），并据此确定了吸附过程的推动力。此种研究不仅具有一定的理论意义，还有重要的应用价值，为染料的废水处理提供依据。

## 四、吸附树脂[1][2][3][4]

吸附树脂（adsorption resin）就是树脂吸附剂，是在离子交换树脂的基础上发展起来的。20 世纪 70 年代以来，随着大孔离子交换树脂的发展，大孔吸附树脂（macroporous resin）应运而生。众所周知，离子交换树脂是一种人工合成的具有离子交换能力的离子交换剂（第七章中关于“对电解质的吸附”已有所涉及），它是一种不溶于水的高分子酸、高分子碱或高分子盐。而吸附树脂则是一种不含离子交换基团的高交联度体型高分子珠粒，其内部拥有许多分子水平的孔道，提供扩散通道和吸附场所。特别是新型大孔吸附树脂的问世，使其在农药、医药、化工和有机废水处理等方面获得极有价值的应用。张全兴等[5][6]对此进行综述和总结。

吸附树脂和通常的吸附剂（如硅胶、氧化铝、活性炭）的吸附作用相似，但又不尽相同，它的特点是容易再生，可反复使用。不同之处在于，吸附树脂的化学结构和物理结构可以较容易地人为控制，根据不同需要可合成出结构和性能不同的树脂，因此，吸附树脂品种多，应用范围广。目前吸附树脂在废水处理、药物提取、化学试剂的提纯、医学分析、急性药物中毒处理、色谱载体等方面得到了方泛应用。特别是有些特殊高性能吸附树脂在废水有效处理的同时还实现了废物的资源化，应该说这是吸附树脂发展史上的一大进步。

### （一）吸附树脂的制备原理

在单体聚合时（有引发剂存在）要添加致孔剂，在聚合物小球骨架固定后再用蒸馏或溶剂提取等方法把致孔剂抽走，即留下多孔结构，得到表面积很大的多孔性海绵状物质——吸附树脂，这就是吸附树脂的制备过程。它与大孔型离子交换树脂骨架的制备方法相似，其关键在于致孔。

致孔剂是某些惰性物质，它能与单体混溶，不溶于水，对聚合物能溶胀或沉淀，其本身不参加聚合反应。常用的致孔剂有甲苯等。

### （二）影响树脂吸附的因素

通过带有各种功能基团的单体的聚合或聚合物进行功能基反应（如硝化、卤代等），可得到不同化学结构的吸附树脂。按树脂极性的不同，吸附树脂可分为 4 类（见表 8-8）。

树脂的物理结构主要是其孔结构。表 8-9 列出了几种常见吸附树脂的化学和物理结构。

吸附树脂的物理结构和化学结构对吸附性能的影响表现在以下几方面。

（1）比表面积　在保证良好扩散的条件下，树脂的比表面积越大，吸附量越高。

（2）孔径　一般树脂的孔径越大，吸附质分子在孔内的扩散速度就越大，越有利于达到吸附平衡。但在孔体积不变时，增大孔径会降低比表面积，从而降低平衡吸附量。吸附树脂

---

[1] 何炳林. 石油化工，1977，(3)：263.
[2] 钱庭宝. 石油化工，1978，(1)：72.
[3] 何炳林，王林富. 离子交换与吸附，1987，3 (6)：32.
[4] 浦宇，王芝祥. 中国医药工业杂志，2003，34 (12)：636.
[5] 张全兴，潘炳才，陈金龙. 江苏化工，2000，28 (1)：21.
[6] Zhang Q X，Chen J L. et al. Proc Intern Conf Eng Tech Sci，2000. Beijing：China Ocean Press，2001. 222～229.

表 8-8 吸附树脂按极性大小的分类

| 极性分类 | 单体偶极矩/Debye | 实　例 |
|---|---|---|
| 非极性树脂 | 0.3 | 烃类聚合物，如聚苯乙烯等 |
| 中极性树脂 | 1.8 | 带酯基的聚合物，如聚丙烯酸酯 |
| 极性树脂 | 2.9 | 带有酰胺基等的聚合物，如聚丙烯酰胺等 |
| 强极性树脂 | 4.3 | 含有氧化氮、吡啶基等的聚合物 |

表 8-9 几种吸附树脂的化学和物理结构

| 牌　号 | 化学结构 | 极性 | 骨架密度 /g·ml$^{-1}$ | 比表面积 /m$^2$·g$^{-1}$ | 孔直径 /nm | 生产单位 |
|---|---|---|---|---|---|---|
| Amberlite： | | | | | | |
| XAD-1 | St/DVB | 非极性 | 1.07 | 100 | 20 | (美)Rohm-Haas |
| XAD-2 | St/DVB | 非极性 | 1.07 | 330 | 9 | |
| XAD-6 | 丙烯酸酯/EDMA | 中极性 | | 498 | 6.3 | |
| XAD-10 | 丙烯酰胺 | 极性 | | 69 | 35.2 | |
| XAD-12 | 含氧化氮基 | 强极性 | 1.17 | 25 | 130 | |
| 401(系列产品之一) | St | 非极性 | | | | 上海试剂一厂 |
| GDX-101(系列产品之一) | St/DVB | 非极性 | | 330 | | 天津试剂二厂 |
| $D_{82}$ | St/DVB | 非极性 | 0.995 | 462～ | 5.9 | 南开大学 |
| H-103 | St/DVB | 非极性 | 1.22 | 1000 | 8.9 | |

注：St 为苯乙烯；DVB 为二乙烯苯；EDMA 为双(α-甲基丙烯酸)乙二醇酯。

孔径设计的原则是，在保证适当扩散速度的前提下，孔径要尽可能小些，以保证树脂具有较大的比表面积。经验表明，当吸附剂孔径与吸附质分子的直径比为 6∶1 左右时，吸附性能最佳。

（3）孔容　当孔径固定时，比表面积与孔容成正比，所以孔容的影响和比表面积一致，即随着孔容的增加，树脂的吸附量增加。

（4）孔径分布　孔径，准确地说是孔径分布的情况对吸附量有影响。若孔径分布很宽，则小孔部分可能由于受吸附质分子扩散速度的限制而不能充分利用，并且大孔部分将使树脂的比表面积下降。所以树脂的孔径分布越窄，吸附性能越好。等孔树脂（isoporous resin）比具有相同比表面积的普通吸附树脂有较好的吸附性能，其原因之一就是它的孔分布较窄。

（5）极性相近原则　和通常的吸附规律一样，极性树脂较易吸附极性物质，非极性树脂较易吸附非极性物质。如果被吸附分子的一端为亲水基团，另一端为憎水基团，则既可被极性树脂吸附，也可被非极性树脂吸附。

（6）形成氢键或电子转移络合物　如果树脂上的基团与吸附质分子之间可形成氢键或电子转移络合物，则有强的吸附作用，此时的吸附力主要为化学力（氢键及电荷转移为弱化学力）。例如，中极性的 XAD-7（化学结构为甲基丙烯酸酯/EDMA）对富维酸的吸附量很大，其原因之一是由于富维酸含有羟基、酚基和氨基等基团，这些基团与 XAD-7 上的酯基可以形成氢键。

## （三）应用实例

**【实例 1】** 含酚废水的处理[1]

含酚废水是常见的工业废水之一。用磺化碱熔法生产苯酚，在 $SO_2$ 的发生过程中皆产生的高浓度（10000～20000mg·L$^{-1}$）含酚废水。江苏石油化工学院与常州第二化工厂协作，采用南开大学生产的 H-103 树脂处理这种废水，于 1988 年建成了工业处理装置。运行结果表明，树脂的工作吸附量为 150～200mg·ml$^{-1}$，出水酚浓度＜0.5mg·L$^{-1}$，酚的吸

[1] 张全兴，刘天华. 化工环保，1994，14 (6)：344.

附率达 99.99%，COD 去除率为 70%。用稀碱液作脱附剂，脱附液经酸化、精馏回收苯酚，苯酚的脱附率>95%，含低浓度酚钠的脱附液可套用。其工艺流程见图 8-15。

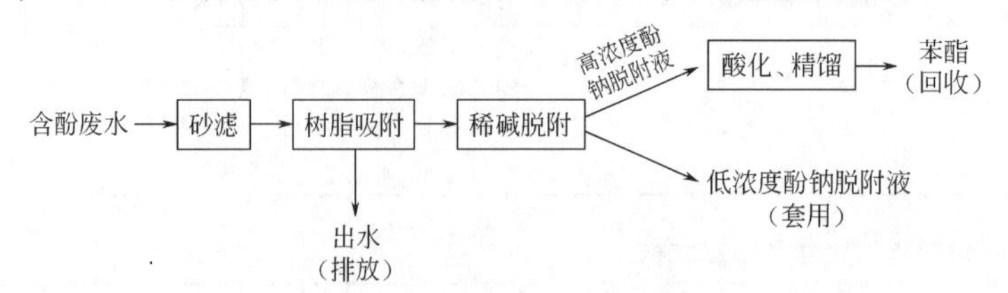


**图 8-15　树脂吸附法处理磺化碱熔法生产苯酚过程中排出含酚废水的工艺流程**

他们还用 H-103 树脂或其他品种的吸附树脂处理多种有机废水，均获得了良好的结果。但要注意的是，有机废水品种多、毒性大、成分复杂、色度高、酸（碱）性强，因此往往需要与其他处理法组合，进行分级处理，才能取得令人满意的效果。

**【实例 2】**　对染料中间体生产中废水的处理

染料中间体生产过程中，经常产生大量色度深、酸性强、浓度高的有毒废水，处理有一定难度。但近年来，南京大学环境工程系张全兴课题组开发的新型大孔吸附树脂，对染料中间体生产中产生的废水处理取得很好的结果。例如，龙超、张全兴等[1]研制的对芳香族磺酸化合物具有特殊选择性的 ND804 大孔吸附树脂，用来处理 4,4′-二氨基二苯基乙烯-2,2′-二磺酸（DSD 酸）氧化工序生产的废水，结果表明，化学需氧量 $COD_{Cr}$[2] 由14 790mg/L 降至 1300mg/L 左右，COD 去除率约 91%，并可回收废水中有价值的中间体 4,4′-二硝基二苯基乙烯-2,2′二磺酸（DNS 酸），其纯度达 80%。这说明废水在得到有效治理的同时实现了废物的资源化。特别有意义的是，回收的有用物质可以抵偿运行费用。

又如用 NDA-404 大孔吸附树脂处理 1,4-二羟基蒽醌生产废水，使原废水中的邻苯二甲酸（浓度约为 4700～12000mg·$L^{-1}$、$COD_{Cr}$约 6800～24000mg·$L^{-1}$）吸附率≥99.5%，$COD_{Cr}$去除率≥99.5%，邻苯二甲酸的回收率≥80%，处理后不仅废水达排放标准，且能同时实现废物的资源化[3]。试验证明：NDA-404 大孔吸附树脂对邻苯二甲酸的吸附和脱附性能优于美国的 AmberliteXAD-4 树脂[4]。

与此同时，他们还对自行研制的超高交联吸附树脂（hypercrosslinhed adsorption resin）NJ-8，自水中吸附苯甲酸的热力学性质（如吸附焓变 $\Delta H$、自由能 $\Delta G$ 和熵变 $\Delta S$）进行了考察，结果表明此吸附过程为物理吸附。由于 NJ-8 是中等极性树脂，而苯甲酸为极性吸附质，因此二者的吸附符合极性匹配原则[5]。关于超高交联吸附树脂 ND-100 对水中苯酚的吸附行为表明，其吸附焓变 $\Delta H$（等量吸附热）不仅为负值、且其绝对值远小于 42kJ·$mol^{-1}$，证明其吸附为物理吸附。从吸附动力学数据看，即根据不同的起始苯酚浓度的吸附速率数据，以及液膜传质扩散公式和有关颗粒扩散速率公式分析，可以确定，苯酚在 ND-100 上的吸附速率不仅取决于苯酚在树脂颗粒内的扩散速率，同时还与液膜传质扩散过程有关[6]。总之，此类研究能揭示树脂的吸附机理，也能为其在废水处理中的应用提供理论依据。数十年来，张全兴等一直从事吸附树脂的研制开发和应用，近年来，其所在实验室被命名为“污染控制与资源化国家重点实验室”，并与南开大学协作组建了江苏南大戈德环保科技有限公司，成为江苏省环保产业的新军。

---

❶ 龙超，张全兴，许昭怡等. 离子交换与吸附，2002，18 (1)：45.

❷ 脚注 Cr 系指用重铬酸钾法测定。

❸ 张晓，张全兴，陈金龙. 离子交换与吸附，2000，16 (2)：140.

❹ Amberlite XAD-4 树脂为非极性树脂，比表面积为 880$m^2$/g. 平均孔径 5.8nm，孔容 1.05ml/g，微孔面积为 3.1$m^2$/g。

❺ 刘福强，陈金龙，李爱民等. 离子交换与吸附，2002，18 (6)：522.

❻ 王学江，张全兴，李爱民等. 离子交换与吸附，2002，18 (6)：529.

## 五、黏土[1~3]

黏土（clay）是岩石经过风化作用形成的。黏土成分相当复杂，组成黏土矿的主要元素是硅、氧和铝，黏土中还常含有石灰石、石膏、氧化铁和其他盐类。

从吸附角度黏土可分为有吸附活性的“吸附土”及基本无吸附能力的“非吸附土”两类。非吸附土的典型代表是高岭土（kaolinite），也叫陶土。吸附土中一种是本身就有吸附活性的，如漂白土（fuller's earth）；另一种是经过活化才有显著活性的土，如蒙脱土（montmorillonite，亦称斑脱土，bentonite），商业上称为膨润土。

高岭土的化学组成经验式为 $Al_4(Si_4O_{10})(OH)_8$ 或 $2Al_2O_3 \cdot 4SiO_2 \cdot 4H_2O$。蒙脱土的化学组成为 $Al_4[Mg](Si_8O_{20})(OH)_4 \cdot xH_2O$，式中［Mg］可以在晶格中取代 Al 离子，$xH_2O$ 为层间水。高岭土和蒙脱土在化学组成上的区别在于二者的硅铝比不同，前者 $SiO_2/Al_2O_3$ 为 2∶1，后者为（3～4）∶1。利用这个比值可以鉴别这两种土。高岭土广泛用于陶瓷和塑料填料，蒙脱土常用作吸附剂。

### （一）黏土的晶体结构

黏土具有晶体结构，主要有 4 种晶格类型，即高岭土、蒙脱土、凹凸棒土和伊利土。这里主要介绍前 3 种黏土。

高岭土和蒙脱土的基本结构单位为 Si—$O_4$ 四面体和 Al—$O_6$ 八面体。

#### 1. 高岭土

高岭土是由一层 Si—$O_4$ 四面体和一层 Al—$O_6$ 八面体通过共同的氧离子互相联结而成的，所以被称为 1∶1 型层状硅酸盐（图 8-16）。四面体尖顶上的氧离子都向着八面体，八面体中只有 2/3 的位置被铝离子所占据。由图可见，晶胞中电荷是平衡的，化学组成的通式可写作 $Al_4(Si_4O_{10})(OH)_8$，或 $2Al_2O_3 \cdot 4SiO_2 \cdot 4H_2O$，故硅铝比 $SiO_2$∶$Al_2O_3$ 为 2∶1，其理论上的组成是 $SiO_2$ 46.54%、$Al_2O_3$ 39.50%、$H_2O$ 13.96%。分析结果表明高岭土中极少有同晶置换，由于高岭土晶层间没有阳离子，故 $O^{2-}$ 离子面和 $OH^-$ 离子面直接重叠，使层与层之间靠氢键连接起来，并沿纵轴方向层层堆积，故高岭土显得比较结实，既无膨胀性也无离子交换能力。

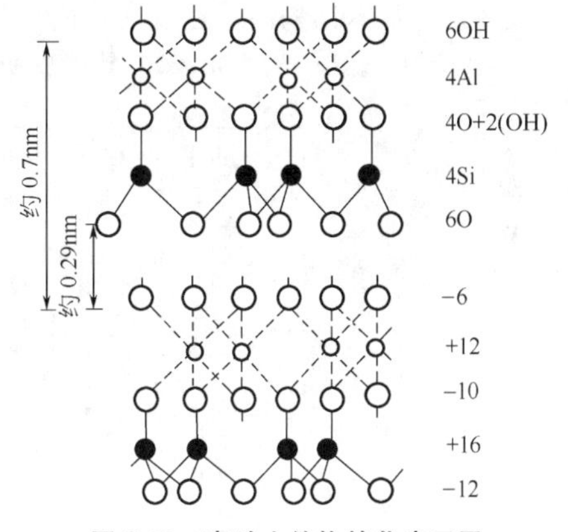

图 8-16　高岭土结构简化表示图

#### 2. 蒙脱土

在黏土矿物中，以蒙脱土的矿物种属最多，成分变化也最复杂，而且有许多过渡类型。蒙脱土的外观有白色、浅黄色、浅红色、紫色，直到黑绿色，是质地致密的鳞片状微晶集合体，有些结构疏松而多孔，有些性脆而硬，有些柔软且有滑感，平均折射率在 1.5 左右。

蒙脱土的化学组成通式为 $Al_2(Si_4O_{10})(OH)_2 \cdot xH_2O$，或 $Al_2O_3 \cdot 4SiO_2 \cdot H_2O$，故 $SiO_2$∶$Al_2O$ 为 4∶1。各地蒙脱土的化学成分差别很大，即使是同一矿床，不同深度的化学组成亦有异。蒙脱土主要含 $SiO_2$（50%～70%）、$Al_2O_3$（15%～20%），其次是 $Fe_2O_3$、CaO、MgO、$Na_2O$、$K_2O$，尚有微量 Li、Ni、Zn、Cr 等元素。化学组成不同是蒙脱土具有广泛的离子交换性能和吸附性能的基础。同时，蒙脱土中的同晶置换极为普遍，$Al^{3+}$ 和 $P^{3+}$ 可

---

[1] 王果庭等．工农泥浆（讲义）．济南：山东大学，1974．

[2] 卡茨 H S 等．塑料用填料及增强剂手册．李佐邦等译．北京：化学工业出版社，1985．

[3] 李健鹰．泥浆胶体化学．山东：石油大学出版社，1988．

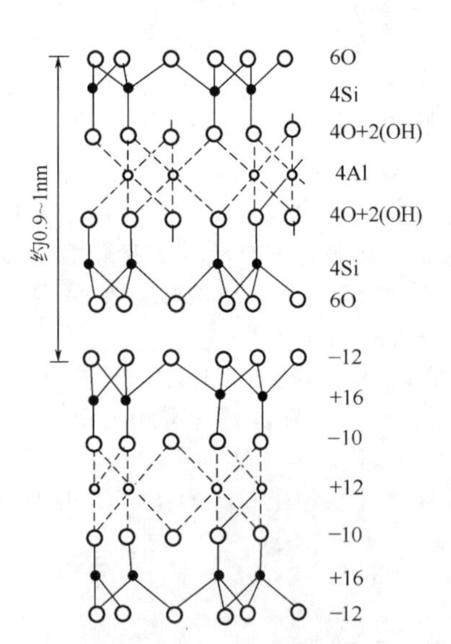

图 8-17　蒙脱土结构简化表示图

以在一定限度内（＜15%）置换四面体中的 $Si^{4+}$；Mg、Fe、Zn 等可置换八面体中的 $Al^{3+}$，置换的结果将使电荷不平衡，从而易于吸附阳离子。

蒙脱土属于 3 层结构的黏土矿物，其结构单元是由两层 $Si\text{-}O_4$ 四面体中间夹着一层 $Al\text{-}O_6$ 八面体构成的，所以可称为 2∶1 型层状硅酸盐。四面体和八面体通过共用一氧离子层而相互结合。因相邻两晶层之间均为 $O^{2-}$ 而不能形成氢键，故层间结合力较弱，且水分子易于进入晶层之间，从而表现出较强的吸水能力。无水时蒙脱土的晶层间距离约为0.9～1nm，吸附了有机阳离子后可增大至 2nm，含水时为 4nm 左右。蒙脱土层间结构简化图示于图 8-17 中。

### 3. 凹凸棒土

凹凸棒土（简称凹土，attapulgite）是一种较少见的多孔性含水富镁纤维状硅酸盐黏土矿物。美国早在 20 世纪 40 年代即已开采并将其用于工农业和脱色剂等方面。我国地矿部门自 20 世纪 80 年代以来曾在江苏、安徽等地发现了储量相当丰富的凹土矿资源。江苏盱眙储量达 15Mt，为此该地区成立了大小众多的凹土开发公司，生产凹土含量＞70％的原矿粉和活性凹土，供油脂脱色、动物饲料、橡塑填料、铸造、钻井泥浆等部门使用。

凹土的晶体结构示于图 8-18。由图可见，凹土的基本结构单位为两层硅氧四面体和一层镁（铝）氧八面体构成 2∶1 型的黏土矿物。其中含有结晶水（亦称化合水 $OH_2$，它在孔道两侧与 $Mg^{2+}$ 相联结）和处于结构内部的羟基（亦称结构水，实为与 $Mg^{2+}$ 联结的 OH 基），各基本结构单位通过四角的公共氧原子相互联结，构成与键平行的孔道，孔道的截面积约为 0.37mm×0.60nm，其中有吸附水和层间水。

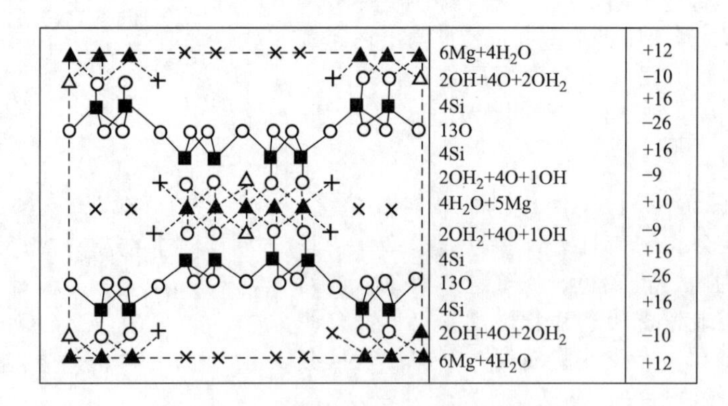

图 8-18　凹凸棒土晶体结构示意图

▲—Mg; ×— $H_2O$; △— OH; ○—O; +—$OH_2$; ■—Si

凹土的化学组成通式为 $Mg_5[Al](Si_8O_{20})(OH)_2(OH_2)_4 \cdot 4H_2O$，通过电镜观察其颗粒为棒状或短纤维状，这是因为它具有层链状的晶层结构。典型的棒状凹土电镜图示于图 8-19[1]。凹土在某些方面的应用已经提及，从成效说，它对于油品脱色的效果已充

[1] 此图引自 Fairey R C，et al. J Colloid Interface Sci，1982，85 (4)：210.

分肯定[1]~[3]。经有机化改性的凹土在橡胶中也有良好的填充效果[4][5]。凹土在含重金属离子的无机废水以及含酚、含油、印染、造纸等有机废水的处理中也有广阔的应用前景和实际意义[6]。

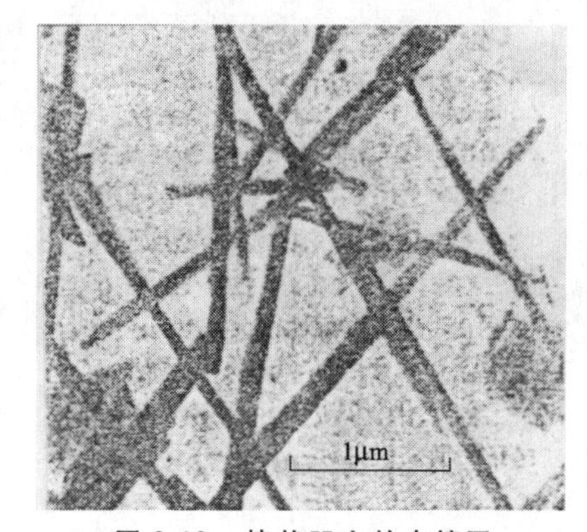

图 8-19　棒状凹土的电镜图

## （二）黏土的某些物理化学性质

市售高岭土主要有天然水合高岭土和经煅烧的无水高岭土两种。经煅烧的高岭土相对密度为2.63，在水中（20%）的pH值为4.2～6.0，BET比表面积为5～12$m^2/g$，平均粒度（当量直径）为0.9～3.0μm，最大自由水含量为0.5%。

作为商品出售的膨润土有钠质和钙质两种，也有经酸处理的活性膨润土。其质量指标如蒙脱石含量（最低≮60%）、粒度、含水量等视用途而异。但总的说，其pH值较高，比表面积相当大，可达数十平方米每克以上。

### 1. 水化作用和分散性

一般而言，黏土矿物中的水有5类：

① 吸附水，它吸附在黏土颗粒表面上；

② 重力水，存在于黏土颗粒缝隙中，是一种可移动的自由水；

③ 层间水，水分子挤入晶层之间，使之膨胀，直至层与层完全分离，这就是蒙脱土等在水中能分散的原因；

④ 化合水，它是黏土结构中的一部分，在高温下会脱除；

⑤ 毛细管水，是保存在黏土矿物毛细管内的一部分水，干土入水时，首先是毛细管吸水，造成土块崩裂。

以蒙脱土为基础的钠土（pH<7时）和钙土（pH=7.0～8.5）在水中不易分散。因钠离子容易水化，水化壳较厚且带电量较小，故钠土易于分散，膨胀性也较大，所以在油田钻井配制泥浆时，要设法使黏土转变成钠土。凹凸棒土也因晶格取代而荷负电，从而也易于吸附阳离子而有很好的水化和分散作用，又由于它具有棒状或短纤维状结构，故在钻井泥浆中具有很好的造浆性能。高岭土由于层间无阳离子，故其水化、分散和膨胀性能都很差。

### 2. 离子交换

前已述及，蒙脱土由于有晶格取代，故具有离子交换能力，其交换容量可代表黏土的荷电数量和同晶取代的程度。例如，蒙脱土的交换容量为60～100mmol/($Z$·100g土)，凹凸棒土约为20～30mmol/($Z$·100g土)，而高岭土极小，约3～15mmol/($Z$·100g土)，$Z$为电解质中阳离子的价数。

蒙脱土的离子交换能力和吸附能力与热处理条件有关。图8-20(a)是$Cs^+$、$Rb^+$、$K^+$在Li-蒙脱土上的离子交换等温线，交换能力依次为$K^+<Rb^+<Cs^+$，这与这些离子半径大小顺序一致。水在Li-蒙脱土上的吸附等温线如图8-21所示。在未经热处理的蒙脱土上等温线为Ⅱ型或Ⅳ型的，经280℃处理后水在其上的吸附量明显降低。一价阳离子的交换能力变为$Cs^+<Rb^+<K^+$［图8-20(b)］。这些变化是由于高温处理后，晶层距不易变化，膨胀

---

[1] 连丕勇．精细化工，1988（3）：46.

[2] 陈丽特，沈钟等．化学工程师，1993（6）：8；1994（2）：8.

[3] 王青宁，申涛等．非金属矿，2007，30（2）：40.

[4] 沈钟，褚翠英等．化学工程师，1996（2）：3.

[5] 曲成东，因明等．合成橡胶工业，2005，26（1）：1。

[6] 孟庆森，石宗利等．硅酸盐通报，2008，27（5）：996.

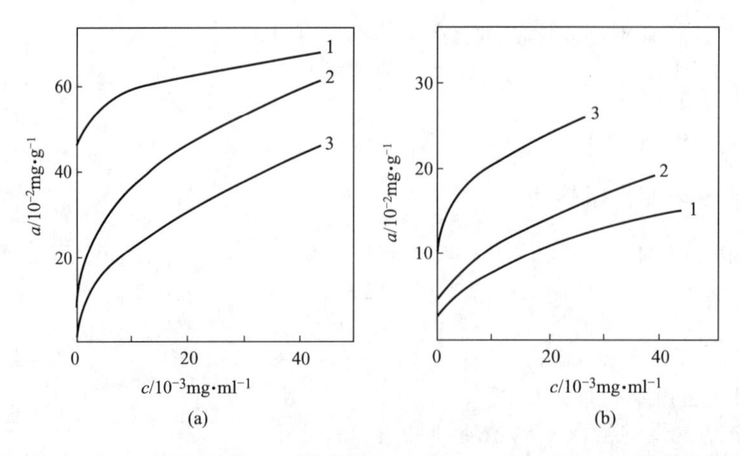


图 8-20 在普通的（a）和热处理的（b）蒙脱土上 $Cs^+$（1）、$Rb^+$（2）、$K^+$（3）离子交换等温线

减小；大的阳离子交换能力减小。但是半径大的阳离子取代原土中的小阳离子可使层间距扩大，有利于较大有机分子吸附。如 $Cs^+$ 交换后的蒙脱土可使正己烷的吸附量提高 3.5 倍。

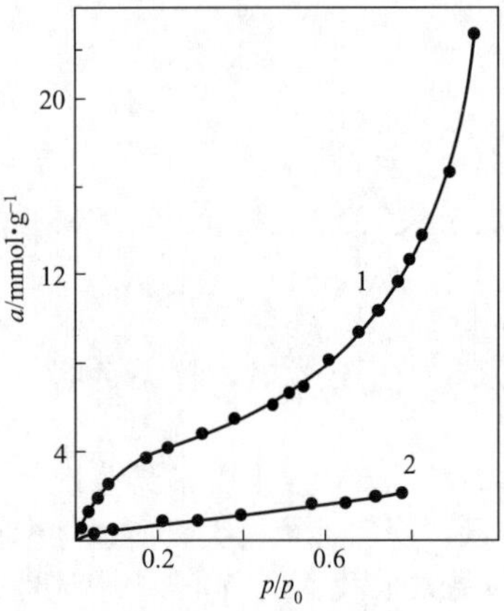

图 8-21 水蒸气在普通的（1）和 280℃ 热处理的（2）蒙脱土上的吸附等温线（26℃）

3. 黏土-水体系的流变性质

在实际工作中，黏土浆体的流变性能十分重要。例如，钻井用的泥浆其黏度应在合适的范围内，黏度太小，不易将岩屑带上来，而一旦停钻，岩屑又易于下沉，引起卡钻事故；黏度过大，不仅动力消耗太多，而且钻头容易发生泥包现象，妨碍进尺。影响泥浆黏度的因素有以下多种。

（1）颗粒大小　当体积浓度相同时，颗粒分散度越高，固-液接触面越大，内摩擦增加，故黏度上升。

（2）颗粒形状　若质点形状不对称，在速度梯度下发生流动时，质点不仅有平移，还有转动，相应地运动时能量消耗增大，使黏度上升。所以在这种情况下，体系的黏度与外加切力大小有关。

（3）浓度　单位体积内质点数增加时，接触机会增多，内摩擦增大。稀悬浮液的黏度和浓度的关系可用 Einstein 公式描述。当浓度相当大时，产生结构黏度，这时体系的黏度随浓度增大而迅速上升。

（4）电解质　外加电解质的影响主要是能改变黏土颗粒的聚结状态。电解质的加入一般能促使黏土的 $\zeta$ 电位降低，从而减弱了水化和分散程度。若黏土的分散度增大，则黏度增加。若促使颗粒间聚结而形成结构，则黏度显著增加。

（5）温度　浓度较大的黏土浆体体系的黏度随温度的升高而增大，这与液体的情况相反，这可能与质点的 Brown 运动增强、易于形成结构有关。

## （三）具有吸附作用的黏土

最常见的具有吸附作用的黏土是白土或漂白土。白土可分为天然的及经过化学处理的两种。

### 1. 天然白土

蒙脱土是最常见的天然白土，也是分布较广的黏土资源。新开采的白土含水约 50%～60%，相当软，有塑性。天然白土的处理方法大致为：将采出后的土在空气中晒干、破碎，必要时在烘炉中干燥，使含水量＜12%，然后粉碎、过筛。产品的质量主要由加热情况决定。干燥和加热处理使水分蒸发，在白土中留下很多微孔，因此，比表面积很大，具有吸附性能。好的白土可有60%～70%的孔隙，其比表面积约为120～140$m^2 \cdot g^{-1}$，能吸附自身质量12%～15%的有机杂质。白土粉碎后能吸收自身质量30%～80%的有机液体而不显潮湿。白土浸于水中时，pH值约为6.5～7.5，虽然它是中性物质，但却能中和强酸，这可能是吸附所致。白土的化学性质并不活泼，但却有些催化作用，因而常称这种白土是活性白土。

**2. 酸化白土**

蒙脱土须经过活化才有足够的吸附活性。常用的活化方法是将蒙脱土与水制成浆，过筛，泵送入反应器，加入HCl（约为土质量的28%～30%），以过热蒸汽加热至105℃，2～3h后反应完毕。压滤、水洗涤至近中性（除去盐及残余之酸）、干燥、粉碎。虽可用$H_2SO_4$（价低）代替HCl，但加热时间须长一倍，而且成品之质量也较差。另外，洗土时需用软水，因硬水可以抵消酸化作用。虽然在理论上此过程的化学处理很简单，但操作时要严格控制条件，否则会影响产品质量。经酸活化的白土称为酸化白土，亦称活性白土或漂土。

白土最大的用途是漂白动植物油和矿物油。白土可以除去动植物油中的恶味、臭味及颜色，因此在食品、油漆、酿造等工业中大量使用。经过白土处理的汽油不易产生胶质，其氧化稳定性也增加。酸性白土不但脱色效率比天然白土高（可高3～5倍），而且还是炼油时常用的催化剂（代替以前常用的$AlCl_3$或某些金属氧化物催化剂），能使烯类聚合成高级润滑油。特别是20世纪90年代末人们发现，经活化后的蒙脱土对卷烟烟雾中焦油中有致癌作用的自由基有吸附清除作用，故常用于香烟的复合过滤嘴中❶。

白土经酸处理后能提高吸附活性的原因是多方面的，但主要原因之一可能是八面体中的$Al^{3+}$或$Mg^{2+}$部分被溶出，从而在空位处形成—OH基，这将有利于对色素分子的吸附。

和酸性白土比较，天然白土价格低，并可重复使用，但酸性白土的效率较高。我国白土资源丰富，随着石油化学工业的发展，白土的用途必将进一步扩大。

## 六、硅藻土❷

硅藻土（diatomaceous earth）由无定形的$SiO_2$组成，并含有少量$Fe_2O_3$、CaO、MgO、$Al_2O_3$及有机杂质。硅藻土通常呈浅黄色或浅灰色，质软，多孔而轻，工业上常用来作为保温材料、过滤材料、填料、研磨材料、水玻璃原料及催化剂载体等。近年还在实验室及模拟工业生产的条件下证明了浙江嵊县蓝色硅藻土，特别是经酸活化者在油品脱色中具有优良的脱色效果，可望实际应用于工业生产❸。但必须指出，直至现今尽管食用油的脱色精制，仍用白土或有脱色效果的硅藻土进行处理（通过板框压滤），但此种工艺最终将被先进的膜分离技术（如超滤等）所取代❹。

在显微镜下可观察到天然硅藻土的特殊多孔性构造，这种微孔结构是硅藻土具有特征理化性质的原因。

硅藻土作为载体的主要成分是$SiO_2$。例如，工业钒催化剂的活性组分是$V_2O_5$，助催化剂为碱金属硫酸盐，载体为精制硅藻土。实验表明，$SiO_2$对活性组分起稳定作用，且随$K_2O$或$Na_2O$含量的增加而加强。催化剂的活性还与载体的分散度及孔结构有关。硅藻土用酸处理后，氧化物杂质含量降低，$SiO_2$含量增高，比表面积和孔容也增大，所以精制硅藻土的载体效果比天然硅藻土好。

---

❶ 闫景辉等. 化学通报，1998，(11)：39.

❷ 刘洁，赵东风. 环境科学与管理，2009，34 (5)：104.

❸ 陈丽特，王占华等. 江苏化工，1990，(3)：26.

❹ 见参考书目16，p.262。

我国硅藻土矿源分布广，蕴藏量大，这里主要讨论我国部分地区所产硅藻土的物理化学性质，以作为选择硅藻土供催化剂载体使用时参考。

## (一) 硅藻土的种类和化学组成

硅藻土一般是由统称为硅藻的单细胞藻类死亡以后的硅酸盐遗骸形成的，其本质是含水的非晶质 $SiO_2$。硅藻在淡水和咸水中均可生存，种类很多，一般可分为“中心目”硅藻和“羽纹目”硅藻，每一目中，又有许多“属”，相当复杂。我国山东、浙江地区的硅藻土以中心目硅藻为主（占 95%以上），有的是在大量中心目硅藻中夹有少量羽纹目硅藻。文献[1]中刊载了我国各地的 9 种硅藻土的电镜照片，它们都具有多孔结构。有的图中孔洞排列规则，且除粗孔外还有大量微孔；有的较单调，有的复杂，还混有其他形态的硅壳。图 8-22 是两种硅藻土均在4400倍下用透射电镜摄制的照片。由此图可以鉴定该硅藻土的种类。而浙江嵊县白色硅藻土原土中就含有多种形状的硅藻（见图 8-23）。

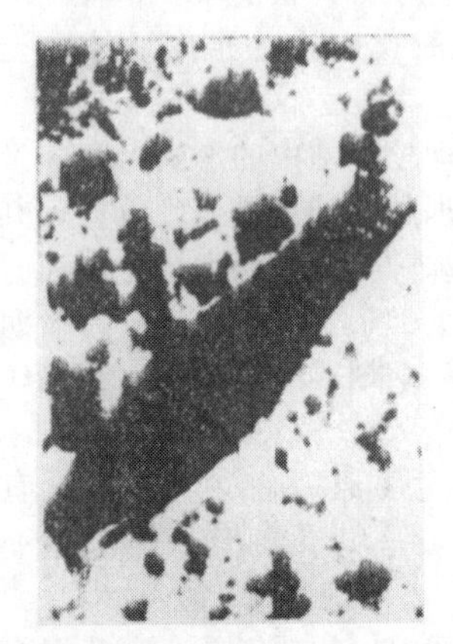

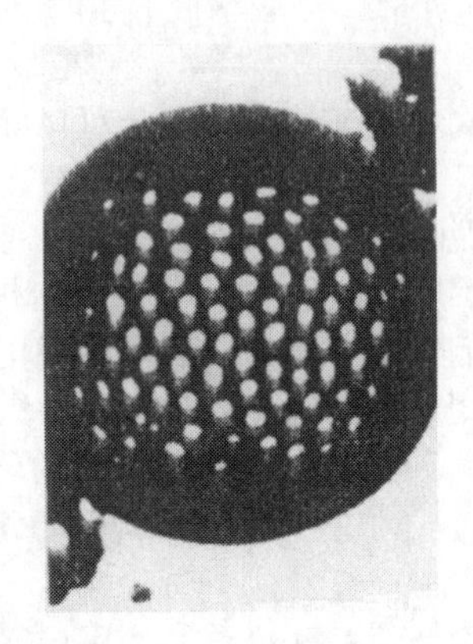

图 8-22　两种硅藻土的 TEM 照片（均×4400）[2]

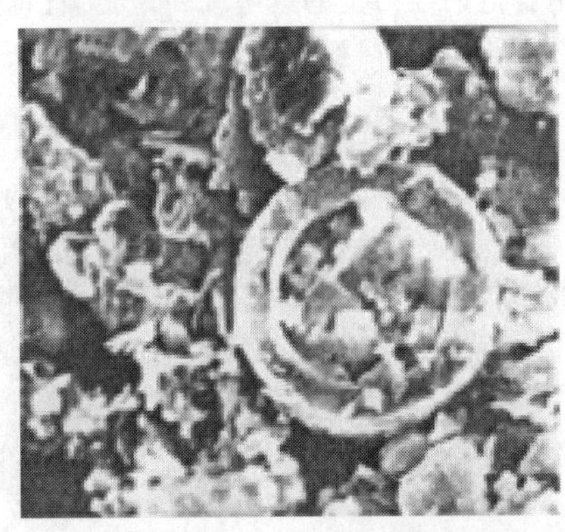

图 8-23　浙江嵊县白色硅藻土的 SEM 照片（×3000）[3]

天然硅藻土的主要成分是 $SiO_2$，优质者色白，$SiO_2$ 含量常超过 70%。单体硅藻无色透明，硅藻土的颜色取决于黏土矿物及有机质等，不同矿源硅藻土的成分不同，表 8-10 为我国部分地区所产硅藻土的化学组成。我国天然硅藻土中 $SiO_2$ 含量以吉林长白县的最高，浙江嵊县的最低。

表 8-10 中所示的精土是将天然硅藻土（简称原土）先经 90℃ 热水除去泥沙杂质，然后在高于 90℃及不断搅拌的情况下用 38%硫酸按酸-土比为 1 的用量处理 12h，以使 $Fe_2O_3$、$Al_2O_3$、MgO 等杂质生成可溶性硫酸盐，然后过滤，再用 65℃的水洗去可溶性硫酸盐及游离酸后，于 100℃下干燥 20h 所得。

## (二) 硅藻土的孔结构

硅藻土是由各种微细构造的硅壳及杂质所组成的。各地硅藻土的孔结构（包括比表面积、孔体积及孔分布）都不相同。表 8-11 示出了我国部分地区硅藻土的孔结构。

---

[1] 南京化学工业公司. 石油化工，1975，(4)：366.

[2] 照片引自王秀萍. 仪器分析技术. 北京：化学工业出版社，2003：179.

[3] 照片引自陈丽特，王占华等. 化学工程师，1991，(1)：37.

表 8-10 我国部分地区硅藻土的化学组成

| 样品产地 | 吉林长白县 | | 山东临朐县 | | 浙江嵊县 | |
|---|---|---|---|---|---|---|
| 外观 | 白色、灰白色块状 | | 白色片状 | | 灰白色片状 | |
| 组分质量分数/% 土种 组分 | 原土 | 精土 | 原土 | 精土 | 原土 | 精土 |
| $SiO_2$ | 92.75 | 93.56 | 74.56 | 86.53 | 64.8 | 86.86 |
| $Fe_2O_3$ | 0.50 | 0.17 | 3.94 | 0.10 | 2.91 | 0.23 |
| $Al_2O_3$ | 2.57 | 1.38 | 9.04 | 2.08 | 16.40 | 4.22 |
| CaO | 0.24 | 0.13 | 1.37 | — | — | 0.33 |
| MgO | 0.19 | 0.17 | 0.86 | — | — | 0.16 |
| 烧失重(800℃)/% | 2.89 | 3.3 | 5.66 | — | — | 3.1 |

表 8-11 我国几种硅藻土的孔结构

| 地区与土种 项目 | 吉林长白县 | | 山东临朐县 | | 浙江嵊县 | |
|---|---|---|---|---|---|---|
| | 原土 | 精土 | 原土 | 精土 | 原土 | 精土 |
| 堆密度/$g \cdot ml^{-1}$ | 0.32 | — | 0.43 | 0.29 | 0.57 | 0.45 |
| 孔体积/$ml \cdot g^{-1}$ | 0.45 | 1.00 | 0.87 | 1.40 | 0.60 | 1.35 |
| 比表面积/$m^2 \cdot g^{-1}$ | 19.1 | 21.8 | 64.9 | 65.1 | 46.4 | 57.2 |
| 主要孔半径/nm | 100～800 | 50～500 | 50～500 | 50～800 | 50～800 | 50～800 |

由表 8-11 可见，山东硅藻土的孔体积、比表面积均最大，采用这类硅藻土作载体，可以提高催化剂的内表面利用率。用酸处理后的精土，其比表面积、孔体积等均增大，堆密度减少。这表明酸处理不仅可以把硅藻土表面的杂质大部分溶解掉，同时也能溶去孔中的杂质，从而改善硅藻土的孔结构。

天然硅藻土的相组成经 X 射线衍射测定，大多为无定形 $SiO_2$ 的形式，带有少量 $\alpha$-石英、蒙脱石等杂质。$\alpha$-石英的含量以浙江土较多、山东土较少，蒙脱石含量以山东土最多、浙江土次之、吉林长白县的最少。

## (三) 硅藻土的热稳定性

为了考察硅藻土的热稳定性，将天然硅藻土和酸处理后的精土分别经 650℃、900℃、1200℃ 2h 煅烧处理，然后观察硅藻土的比表面积变化，其结果如表 8-12 所示。

表 8-12 煅烧温度对硅藻土比表面积的影响

| 比表面积/$m^2 \cdot g^{-1}$ 地区与土种 条件 | 山东临朐 | | 吉林长白 | | 浙江 |
|---|---|---|---|---|---|
| | 原土 | 精土 | 原土 | 精土 | 原土 |
| 未经煅烧 | 64.9 | 65.1 | 19.1 | 21.8 | 46.4 |
| 650℃,2h | 64.3 | 74.4 | 20.1 | 23.3 | 43.2 |
| 900℃,2h | 16.4 | 73.1 | 15.3 | 23.5 | 17.5 |
| 1200℃,2h | 3.2 | 11.1 | 4.9 | 8.5 | 1.2 |

由表 8-12 可见，硅藻土在不同温度下煅烧后，比表面积都有不同程度的降低，原土降低显著；精土在 600～900℃热处理后比表面积反而有所提高，在1200℃才显著降低。

通过电子显微镜观察，天然硅藻土于 900℃煅烧 2h 后硅壳上有规则的孔结构仍保持完好；超过1200℃煅烧 2h 后，山东和浙江硅藻土的排列孔严重破坏，而吉林省抚松县所产硅藻土则基本保持完好。

关于硅藻土的结构特征、热稳定性和应用，还可参阅杨宇翔等的介绍[1]。在这里要特别提出的是，20 世纪 90 年代中期，他们又利用国产硅藻土经适当加工后可用于尿激酶的提取，并从硅藻土的孔结构、$\zeta$ 电位和表面改性等方面研究了硅藻土对尿激酶的吸附机理，为将其应用于生产提供重要参考依据[2]。

## 七、沸石分子筛

在石油工业和化学工业中，分子筛（molecular sieves）的使用极为广泛，它不仅用作吸附剂（干燥、纯化和有效地分离某些气体或液体混合物），而且还可用作催化剂。

30 多年来，我国迅速地发展了自己的分子筛制造工业[3][4]，使我国在分子筛方面的科学研究、生产及应用等都有了较大的发展。中国科学院大连化学物理研究所、南京大学、吉林大学等单位曾做出了很多贡献[5][6]。

分子筛是以 $SiO_2$ 和 $Al_2O_3$ 为主要成分的结晶铝硅酸盐，其晶体中有许多一定大小的空穴，空穴之间有许多直径相同的孔（又称“窗口”）相连。因它能将比孔径小的分子吸附到空穴内部，而把比孔径大的分子排斥在外面，起到筛分分子的作用，所以称为分子筛。分子筛是白色晶状粉末，为了使用上的需要，常加入某些黏合剂制成球状、条状、片状等不同的形状。目前人工合成的分子筛种类很多，约有数十种，其中最常用的有 A 型分子筛、X 型分子筛、Y 型分子筛、丝光沸石等。最近在国内外发展很快的 ZSM-5 分子筛[7]是目前热稳定性最高的沸石，也是石油化工中前景最好的分子筛催化剂之一。在合成的分子筛中，有的在自然界也存在着与它类似的岩石，这类岩石原称为泡沸石（或沸石，zeolite），所以分子筛又称为合成泡沸石（synthetic zeolite）。

### （一）分子筛的种类和化学组成

从化学组成上看，分子筛的组成物质有 $Na_2O$、$Al_2O_3$、$SiO_2$，由于三者含量的比例不同，因而有不同类型的分子筛。几种常用分子筛的化学组成经验式为：

4A 分子筛　$Na_2O \cdot Al_2O_3 \cdot 2SiO_2$

13X 分子筛　$Na_2O \cdot Al_2O_3 \cdot 2.5SiO_2$

Y 分子筛　$Na_2O \cdot Al_2O_3 \cdot 5SiO_2$

丝光沸石　$Na_2O \cdot Al_2O_3 \cdot 10SiO_2$

分子筛中的 $Na^+$ 可被其他金属离子所取代。由于分子筛中总含有相当数量的结晶水，因此，其化学组成经验式可写成如下通式：

$$M_{2/n}O \cdot Al_2O_3 \cdot xSiO_2 \cdot yH_2O$$

式中，M 为分子筛中的金属离子；$n$ 为金属离子的价数；$x$ 为 $SiO_2$ 的量（mol）；$y$ 为结晶水的量（mol）。

分子筛中 $SiO_2$ 与 $Al_2O_3$ 的摩尔比通称为分子筛的“硅-铝比”，当分子筛足够纯时，可用硅-铝比确定分子筛的类型。由上述化学组成经验式可以看出，A 型分子筛、13X 型分子筛、Y 型分子筛和丝光沸石的硅-铝比依次为 2、2.5、5 和 10。而前述 ZSM-5 分子筛的硅铝比可高达 12～100，因而这种分子筛属于高硅分子筛。实际上，某种类型分子筛的硅-铝比常在一定范围内变化，因此要准确确定分子的类型必须使用 X 射线衍射法。几种常见分子筛的类型特点列于表 8-13 中。

---

[1] 杨宇翔，陈荣三．江苏化工，1989，(3)：11.

[2] 杨宇翔，王金晞等．化学学报，1994，52：670.

[3] 上海试剂五厂．分子筛制备与应用．上海：上海人民出版社，1976.

[4] 胡林彦，谢素娟等．石油化工，2007，36 (12)：1197.

[5] 大连化学物理研究所．沸石分子筛．北京：科学出版社，1978.

[6] 徐如人，庞文琴等．沸石分子筛的合成与结构，长春：吉林大学出版社，1987.

[7] 孙书红，王宁生等．工业催化，2007，15 (6)：6.

表 8-13　几种常见分子筛的类型、硅铝比和孔直径

| 类　型 | 3A KA | 4A NaA | 5A CaA | 13X NaX | 10X CaX | NaY | HY |
|---|---|---|---|---|---|---|---|
| 硅铝比 | 2.0 | 2.0 | 2.0 | 2.5 | 2.5 | 4.5～5.0 | 4.5～5.0 |
| 孔直径/nm | 0.3 | 0.42 | 0.50 | 0.90 | 0.80 | 0.90 | 1.0 |

某些常见的天然沸石列于表 8-14 中。若干以碱金属（主要为钠和钾）铝硅酸盐为主的合成分子筛（按英文字母排）的类型、孔径、吸附性能和某些应用情况在大连化学物理研究所编著的《沸石分子筛》一书（北京：科学出版社，1978）中已详细介绍，此处不再列述。

表 8-14　某些常见的天然沸石

| 沸石类型 | 沸石名称 | 经验式 | 孔体积/ml・g$^{-1}$ |
|---|---|---|---|
| Ⅰ纤维状 | 钠沸石 Natrolite | $Na_2(Al_2Si_3O_{10})\cdot 2H_2O$ | 0.095 |
| | 钙沸石 Scolecite | $Ca(Al_2Si_3O_{10})\cdot 3H_2O$ | 0.138 |
| | 钡沸石 edingtonite | $Ba(Al_2Si_3O_{10})\cdot 4H_2O$ | 0.110 |
| | 杆沸石 thomsonite | $NaCa_2(Al_5Si_5O_{20})\cdot 6H_2O$ | 0.140 |
| Ⅱ层状 | 黄束沸石 heulandite | $Ca(Al_2Si_6O_{16})\cdot 5H_2O$ | 0.148 |
| Ⅲ网状 | 菱沸石 chabasite | $(Ca,Na_2)Al_2Si_4O_{12}\cdot 6H_2O$ | 0.214 |
| | 钠斜沸石 gmelinite | $(Na_2,Ca)Al_2Si_4O_{12}\cdot 6H_2O$ | 0.211 |
| | 丝光沸石 mordenite | $(Ca,K_2,Na_2)Al_2Si_{10}O_{14}\cdot 6\frac{2}{3}H_2O$ | 0.135 |
| | 钡十字沸石 Harmotome | $(K_2,Ba)Al_2Si_5O_{14}\cdot 5H_2O$ | 0.141 |
| | 方沸石 analcite | $NaAlSi_2O_6\cdot H_2O$ | — |

## （二）分子筛的结构特点

### 1. 分子筛的基本构成单位

从化学成分看，分子筛都是以硅-氧（以及铝-氧）四面体组成的。若几个硅氧四面体相互结合，则硅原子之间通过“氧桥”把它们连接起来。当四面体中的硅原子被铝原子取代时，便形成铝氧四面体。由于硅是 4 价，铝是 3 价，所以铝氧四面体中有一个氧原子的价没有得到中和，这样就使整个铝氧四面体带负电，为保持电中性，必须有某种正离子来平衡它的负电荷，在分子筛经验式中的金属离子 M 就是起这样的作用。图 8-24 为用 $Na^+$ 平衡的铝氧四面体。

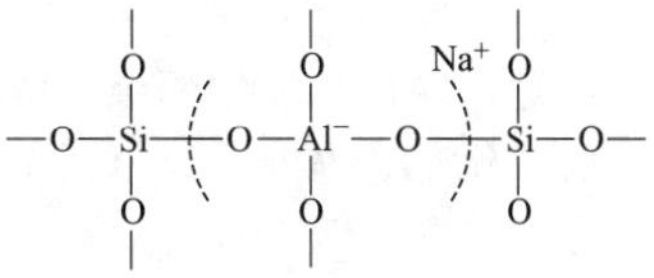

$Na^+$

—O—Si—O—$Al^-$—O—Si—O—

图 8-24　铝氧四面体中的金属钠离子

### 2. 环

四面体通过氧原子相互联结时，可以形成环（ring）。由 4 个四面体形成的环叫四元环，由 5 个四面体形成的环叫五元环，依此类推，可有六元环、八元环、十二元环、十八元环。为简便起见，一般用四方形表示四元环，用六方形表示六元环，依此类推。在四方形或六方形上的每个顶角都代表一个硅原子或铝原子，每条边都代表一个氧原子。应该指出，两个铝氧四面体不能直接借氧桥相互连接，也就是说，两个铝氧四面体不能相邻。

在多元环的中间是一个孔。一般环的元数越多，孔径越大。不同多元环的孔直径列于表 8-15 中。

表 8-15　多元环的最大直径

| 环的元数 | 最大直径/nm | 环的元数 | 最大直径/nm |
|---|---|---|---|
| 4 | 0.155 | 8 | 0.45 |
| 5 | 0.148 | 10 | 0.63 |
| 6 | 0.28 | 12 | 0.80 |

可见，环的孔径大小和一般分子的大小相近，若分子的大小比孔径小时，就能钻进去。四元环和五元环的孔径很小，即使是小分子也钻不进去，Y 型分子筛中有四元、六元及十二元环。

### 3. β-笼

四面体通过氧桥相互连接可形成环，而各种不同的环通过氧桥相互连接又可形成具有三维空间的“笼”。笼的形状各式各样，其中最重要的一种叫“β-笼”（β-cage），它是组成 A 型分子筛、X 型分子筛、Y 型分子筛晶体结构的基础。

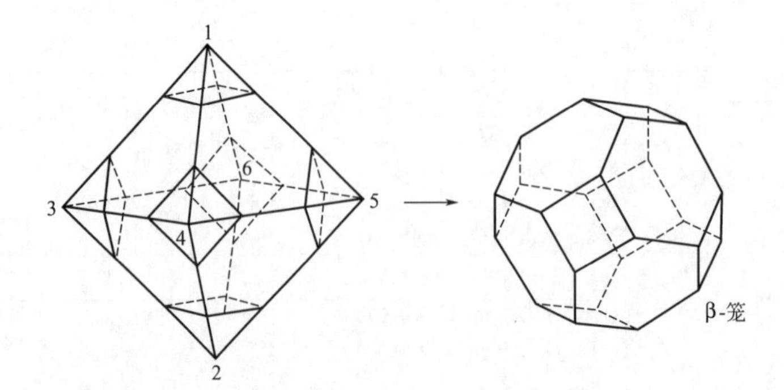


图 8-25　β-笼的形成

β-笼也称削角八面体笼（图 8-25）。若削角八面体上的六角面用六元环代替，四角面用四元环代替，于是每个顶角上都有一个硅（或铝）原子，每条边上都是一个氧原子，而削角八面体的当中是空的，这样就形成了 β-笼。β-笼中的空穴（cavity）体积为 0.16nm$^3$，平均直径为 0.66nm。

### 4. A 型分子筛的晶体结构和 α-笼

A 型分子筛的结构类似于 NaCl 的晶体结构。若将 NaCl 晶格中的 $Na^+$ 和 $Cl^-$ 全部换成 β-笼，并且相邻的两个 β-笼之间通过四元环用四个氧桥相互联结起来，这样就得到了 3A 型分子筛的晶体结构（图 8-26）。从图 8-26 可以看出，在 8 个 β-笼相互联结之后，当中又形成了一个新的笼子，称为“α-笼”。α-笼比 β-笼大得多，它的平均直径为 1.14nm，体积为 0.76nm$^3$，它是以八元环和周围的 α-笼相互沟通的。八元环的直径为 0.42nm，这是 A 型分子筛的主要通道的孔径，当金属离子不同时，主要通道的孔径也不同。例如，钠离子型分子筛的主要通道孔径为 0.42nm，故称 4A 分子筛。若 4A 分子筛中 40%以上的钠离子被钙离子所取代，孔径变为约 0.5nm，称为 5A 分子筛。若分子筛中的钠离子被钾离子所取代，称为 3A 分子筛，其孔径为 0.3nm。由此可见，金属离子不同，孔径不同，分子筛所能吸附的分子不同，因此其用途也不相同。

### 5. X 型分子筛、Y 型分子筛的晶体结构和八面沸石笼

X 型分子筛、Y 型分子筛都属于八面沸石型，它们的晶体结构完全相同，两者的区别在于硅-铝比不同。它们的结构单元也是 β-笼，但其排列情况和金刚石的结构相似，即金刚石中的碳原子被 β-笼代替，且相邻的两个 β-笼之间通过六元环用 6 个氧桥相互联结（β-笼有 8 个六元环，只用其中的 4 个），这样连接起来的结构就是八面沸石型（X 型分子筛、Y 型分子筛）晶体结构（图 8-27）。和 A 型分子筛一样，在 Y 型分子筛中，当削角八面体相互连接时，也形成两种新的笼子。一种是当两个 β-笼通过六元环用氧桥相互连接时形成的笼子，实际上是一个“六方棱柱体”，它的体积比 β-笼要小。另一种新笼子是由 β-笼和六方棱柱体所包围而形成的大笼子，叫做“八面沸石笼”，它的体积为 0.85nm$^3$，平均直径为 1.25nm。

八面沸石笼是 X 型分子筛、Y 型分子筛的最主要空穴，它通过六元环和四元环可以和周围的 β-笼相通，更重要的是，通过 4 个十二元环和周围相邻的另外 4 个“八面沸石笼”相通。十二元环直径为 0.8～0.9nm，为 X 型分子筛和 Y 型分子筛的主要通道的孔径。

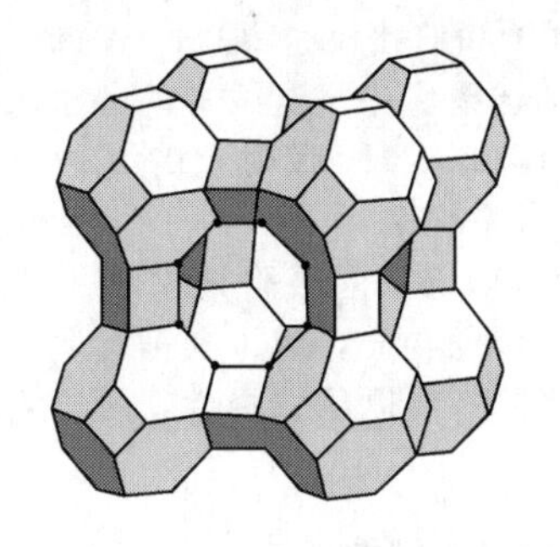

图 8-26 A 型分子筛的晶体结构

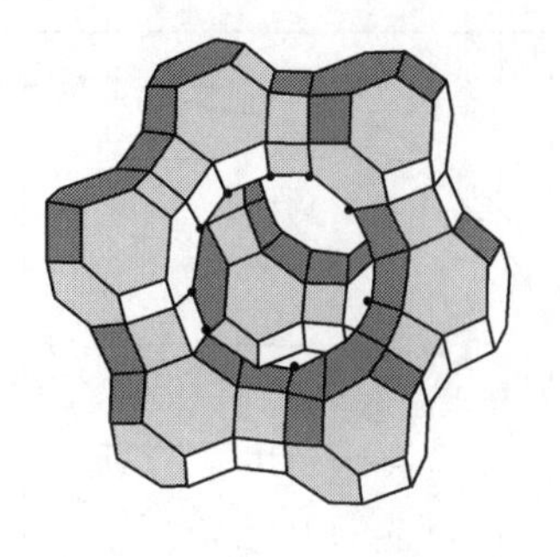

图 8-27 X 型分子筛和 Y 型分子筛的晶体结构

X 型分子筛和 Y 型分子筛的晶体结构相同，但后者的硅-铝比要比前者的大，所以 Y 型分子筛的热稳定性和耐酸稳定性均较 X 型分子筛的高。

**6. 丝光沸石的晶体结构**

在丝光沸石（mordenite）的结构中，含有大量的五元环（也有四元环、六元环和八元环），这些五元环成对地连接在一起，即相邻的两个五元环共用两个硅（铝）氧四面体。若成对的五元环又通过氧桥与另一对五元环连接，则在连接处形成四元环（图 8-28）。若继续联结，可围成八元环和十二元环。十二元环呈椭圆形，其最大直径（长轴向）为 0.7nm，最小直径（短轴向）为 0.58nm，平均为 0.66nm（图 8-29）。

图 8-29 表示的是丝光沸石晶体结构中的某一层。丝光沸石是由许多这样的层重叠在一起通过适当的方式连接而成的，结构比较复杂。由十二元环组成的孔道是丝光沸石的主孔道，被吸附的分子主要在主孔道出入。

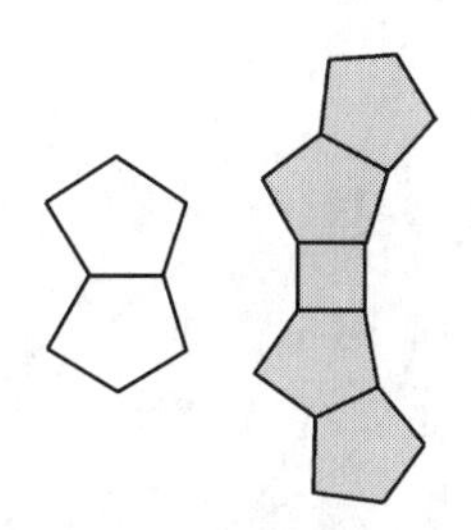

图 8-28 双五元环及其联结

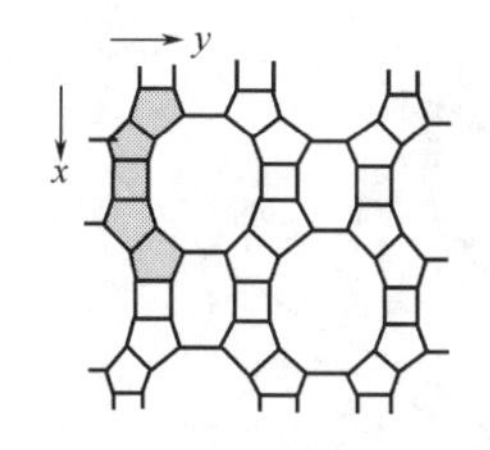


图 8-29 丝光沸石的结构

## （三）分子筛的吸附性能[1][2]

由于沸石晶穴内部强大的库仑场和极性作用，使处于分子筛孔穴中的被吸附分子受到孔壁四周叠加的相互作用力，故吸附力特别强。

分子筛的吸附作用有如下特点。

**1. 吸附作用的选择性**

合成沸石之所以称为分子筛，就是因为它具有选择性吸附效能。

（1）根据分子大小和形状的不同选择吸附　请参见第七章第三节。

（2）根据分子极性、不饱和度和极化率的不同选择吸附　由于分子筛是一种极性吸附剂，故它对极性分子及不饱和分子有很高的亲和力；在非极性分子中，对于极化率大的分子有较高的选择吸附作用。图 8-30 是若干种气体在 4A 分子筛上的吸附等温线。图中所有分子

---

[1] 沈钟，科学通报，1963（4）：21.

[2] 中国科学院大连化学物理研究所．沸石分子筛．北京：科学出版社，1978.

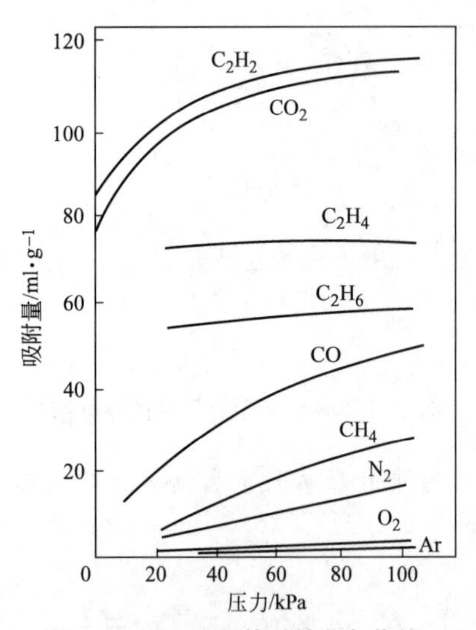


**图 8-30 4A 分子筛对某些气体的吸附等温线（0℃）**

的大小都小于 4A 分子筛的孔径。CO 和 Ar 的吸附量差别说明了对极性分子的选择优势（这两者的分子大小和沸点相近）。$C_2H_6$、$C_2H_4$ 和 $C_2H_2$ 吸附量的差别说明，随着不饱和度的提高吸附量显著增大。对于非极性分子（如 $C_2H_6$、$CH_4$、$N_2$ 和 $O_2$ 等）的吸附量大小主要取决于极化率的大小。沸点越低的物质，越不易被吸附。总之，由于分子筛对气体的吸附有高度的选择性，所以它是分离混合物的理想吸附剂。

**2. 分子筛的高效吸附特性**

（1）低水蒸气压下的高吸水量　图 8-31 为几种干燥剂在不同相对湿度时的吸水量。由图可见，在低水蒸气压力下，沸石具有很高的吸水能力，所以沸石是一种高效干燥剂。

（2）在高温下仍有高的吸水能力　图 8-32 为几种干燥剂的吸水等压线。由图可见，温度高于室温时，硅胶及氧化铝的吸水量迅速下降，超过 120℃时吸水量接近于零；而 5A 沸石在 100℃时的吸水量仍高达 13%，在 200℃时尚保留 4%的吸水量。沸石在高温下的高吸水量，是它的一个突出优点。

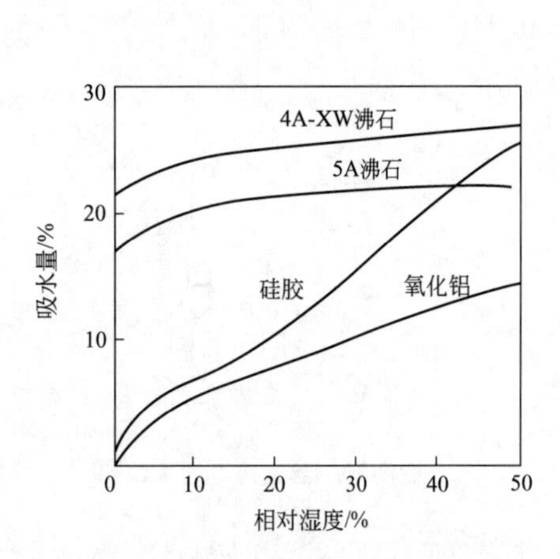


**图 8-31 几种干燥剂在 25℃ 的吸水量**

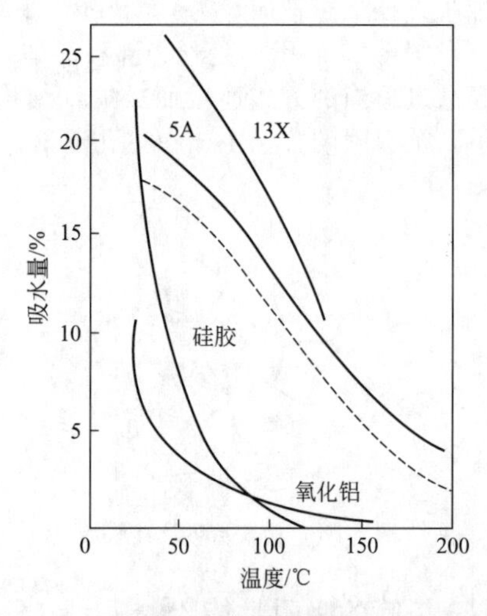


**图 8-32 几种吸附剂的吸水等压线（1.33kPa）**

虚线为 5A 沸石中含有 2%剩余水时的吸附量

（3）在高速气流中仍有较高的吸水量　湿气体在吸附柱中干燥时，均有确定的线速度。通常，线速增大（停留时间减少），吸附量降低。例如在 25℃、0.101MPa、气体的相对湿度为 50%时，当线速在 10.5m/min 以下时，硅胶的吸水量高于分子筛，随着线速度的提高，硅胶的吸水量明显减少，而分子筛则变化不大（表 8-16），这是它的另一个突出优点。

**表 8-16　气体线速度对吸水量的影响**（质量分数/%）

| 吸 附 剂 | 线速度/m·min⁻¹ | | | | |
|---|---|---|---|---|---|
| | 15 | 20 | 25 | 30 | 35 |
| 分子筛(绝热) | 17.6 | 17.2 | 17.1 | 16.7 | 16.5 |
| 硅胶(等温) | 15.2 | 13.0 | 11.6 | 10.4 | 9.6 |

由于分子筛是一类孔径大小均匀的多孔吸附剂，其等温线（包括气体和溶液吸附）几乎无例外地为 Langmuir 型的。

### （四）分子筛在其他方面的应用

上面介绍了分子筛在吸附和分离方面的应用。实际上它在许多方面都有重要应用。例如它在石油化工和催化方面就有极为重要的应用。特别像 ZSM-5 分子筛（见下文）的择形催化，在重要有机反应和精细化工如对烷基化、异构化、醚化、酯化等以及对二甲醚、甲胺、对二甲苯等的制备中，无论在产率还是在选择性等方面均获得极大提高[1][2]。令人感兴趣的、也是众所周知的是，现今所用的合成洗涤剂中，常用的主要活性成分为十二烷基苯磺酸钠（SDBS）和脂肪醇聚氧乙烯醚（AEO）等，为达到应有的洗涤效果，还要加入相当数量的助剂，三聚磷酸钠是最重要的助剂之一。但其最大的缺点是，长期大量应用此种助剂，其污水排入湖、河后会使水质富营养化，促进藻类大量生长，破坏生态环境。因此，国外早在 20 世纪 70 年代就限制磷酸盐在洗涤剂中的使用。近年来，我国也在大量生产和使用无磷洗衣粉（也包含其他洗涤用品）。由此，A 型沸石目前已广泛用作磷酸盐的替代物。它的优点是，通过离子交换不仅可以除去洗涤液中的钙离子，使硬水软化，且无毒性，成本低。但它不能提供碱性，也不能阻止污垢的再沉积，因此仍需添加其他助剂（如水玻璃等）。

为了考察表面活性剂对 4A 沸石-水悬浮体稳定性的影响，赵振国[3]曾考察过 SDBS、叔辛基酚聚氧乙烯醚（TX-100）和阳离子表面活性剂氯化十四烷基吡啶（TPC）对 4A 沸石-水悬浮体稳定性的影响。实验测定了 4A 沸石对这些表面活性剂的吸附等温线、电泳淌度、粒子平均大小和悬浮液的光密度等。显然，悬浮液的稳定性可直接通过光密度的变化来确定。粒子聚结和沉降快的，光密度小，稳定性差。实验证明：SDBS 在 4A 沸石（平均粒径为 4.2μm）上的吸附量很小，这可能是由其疏水基团以 van der Waals 作用力而被吸附；TX-100 由于其亲水性较好，在水中溶解度大，特别是在高 pH 值（约为 10）条件下，根本不被吸附，因此对水悬浮体的稳定性没有影响；4A 沸石荷负电，TPC 因荷正电而被吸附，特别在等电点附近，粒子平均大小略有增加，悬浮体的稳定性最差，但实际上洗涤剂中没有使用阳离子表面活性剂的，因此无需此虑。

### （五）分子筛的再生

用沸石作吸附剂时，必须首先加热脱水活化，在反复使用时也须加热脱附再生。如果活化、再生条件不合适，沸石内的残留水分或其他杂质较多，则将严重影响沸石的吸附性能。例如用 CaA 型沸石吸附乙烯时，沸石中残余水量越多，对乙烯的吸附量越小（图 8-33）。因此，为使沸石更有效地发挥其吸附作用，必须选定适宜的活化再生条件，使残留水分越少越好（最好不超过 1%）。试验表明，A 型分子筛、X 型分子筛和 Y 型分子筛可在 450～500℃（常压）或（350±10）℃（真空）条件下活化。如在通干燥气流的条件下活化，则温度可适当降低。活化温度若超过 650℃，则分子筛的晶体结构将会逐步破坏，从而影响其吸附能力，甚至失活。

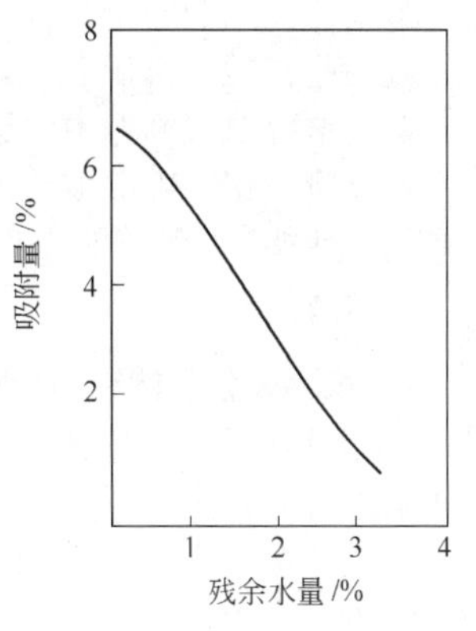

图 8-33 CaA 型沸石残余水量对乙烯吸附量的影响（25℃，26.66kPa）

活化时间根据分子筛量的多少而定。

---

❶ 杨林森. 化工进展，1993，(5)：25.

❷ 王锋，贾鑫龙等. 分子催化，2003，17 (2)：140.

❸ 赵振国. 精细化工，1992，9 (5，6)：76.

## （六）某些新型分子筛

### 1. ZSM-5 分子筛

这是 20 世纪 70 年代初美国 Mobil 石油公司合成的一种高硅沸石。ZSM 是 Zeolite Socony Mobil 的缩写。Socony 由 Standard Oil Company of New York 缩拼而成。此沸石的硅-铝比可高达 12～100，是石油化工中极为重要的分子筛催化剂。这类分子筛合成时以水玻璃、硫酸铝水溶液为原料，在有机胺存在下成胶，然后晶化、洗涤、干燥得 ZSM-5 分子筛。反应混合物中引入一定量有机胺，可在骨架结构相同的条件下大范围内改变硅铝比。有机胺不仅可提供晶化过程中所需的部分 $OH^-$，并对晶体结构的形成起导向作用[1]。ZSM-5 分子筛具有独特的直筒形孔结构，孔道呈椭圆形，短径约 0.55nm，长径约 0.7nm，所以它介于 A 型分子筛与八面沸石之间，具有中等的孔结构。由于此种分子筛的硅铝比可以很高，表面电荷密度很小，故对极性的水分子吸附量很小。例如，硅铝比为 93 的 ZSM-5 分子筛，室温下对水的饱和吸附量为 5%（质量分数），而对正己烷则高达 10.4%（质量分数），表明此分子筛具有相当的憎水性。

1977 年，美国联合碳化物公司以硅溶胶等为原料，在四丙基铵阳离子作用下水热合成了具有与 ZSM-5 分子筛晶体结构相同的疏水硅沸石（Silicalite-Ⅰ），它接近于纯结晶性 $SiO_2$，其中 $SiO_4$ 四面体相互联结成三维空间骨架，骨架呈中性，表面无亲水的 SiOH 基，因此它具有极高的热稳定性和化学稳定性。20 世纪 90 年代中期复旦大学龙英才等[2]也以廉价的工业原料（其中不含四丙基铵，不添加氟离子）制成了疏水性能优良的疏水硅沸石。此种沸石不仅能有效地从稀乙醇-水的混合液中分离和浓缩乙醇，而且还是一种新型环保用吸附剂，能从水中除去并回收有机小分子（如烃类、乙醚、乙醛等），或从含水汽的空气中分离并浓缩有害气体（如 F-12、$SO_2$ 及 $CO_2$ 等）。

最后应当指出，上面介绍了硅铝比极高（甚至可接近于无穷大）的硅沸石。现今已从实验室研究、制备出部分硅铝骨架及非硅铝骨架的沸石，即沸石中的铝和硅可以部分或全部地被某些其他元素所取代，而保持阴离子骨架结构不变的杂原子型沸石。例如，以硼、镁、钛、锆等取代沸石中的铝，可制成含硼、含镁（A 型分子筛或 Y 型沸石）、含钛等的沸石；若以磷、锗、砷等取代沸石中的硅，则可制得含磷等沸石。这类新型沸石具有特殊的吸附和催化性能[3]，但总的来说对它们的了解还很不够，吉林大学、南京大学等对此做出了很多贡献。

### 2. 炭分子筛[4]

炭分子筛也具有分子大小级的微孔结构，能筛分分子，故称炭分子筛。但炭分子筛由碳素所构成，完全不同于含水的铝硅酸盐沸石，所以不能称它为炭沸石。

早在 1948 年，P. H. Emmett 便发现 Saran 树脂（氯乙烯和偏二氯乙烯的聚合物）的炭化物有分子筛作用。后来人们发现，其他类型的高聚物如聚糠醇在 850℃ 于 $N_2$ 中炭化，再用 $CO_2$ 活化，也能得到孔径约 $<0.6$nm 的炭分子筛。现今煤已成为制造炭分子筛的重要原料。例如将无烟煤首先粉碎成平均粒度为 6μm 的粒子，在 $N_2$ 中加热至 900℃，恒温 6h 后于 0.1MPa 下通入 $CO_2$ 90%、CO 10%的气体活化（加入 CO 是为了减慢氧化反应速度，有利于均匀活化），最后在 $N_2$ 中冷却得炭分子筛。

炭分子筛中的炭以微晶炭的形式存在，其微孔结构呈狭缝状，狭缝入口的宽度约为 0.5nm（和 5A 沸石的“窗口”直径相当），但其孔腔为平板状。由于组成和孔结构上的差异，其理化性质不同于沸石分子筛。一般来说，炭分子筛的各种密度均小于沸石分子筛，而

---

[1] 应慕良，项寿鹤等. 石油化工，1982，(2)：147.

[2] 龙英才等. 石油化工，1994，(6)：356；化学世界，1994，(3)：113.

[3] 董梅，巩雁军等. 石油炼制与化工，2000，3 (17)：21.

[4] 闵振华，曹敏等. 材料科学与工程学报，2006，24 (3)：466.

比表面积可能较大。炭分子筛的耐燃性、催化活性较小，但耐酸碱性、耐热性和机械强度较大。炭分子筛为非极性吸附剂，因而对非极性分子的亲和力较大，对极性分子的亲和性较小，从而它具有选择性吸附作用。再从孔结构看，5A 分子筛不能吸附分子临界直径大于 0.5nm 的苯和环己烷，当然也不能用来分离这二者，但炭分子筛则可使二者分离。这是因为苯和环己烷虽均为板状分子，其投影亦为矩形，矩形的长短边长分别为 0.72nm 和 0.66nm，但其高度苯为 0.32nm，环己烷为 0.51nm（见图 8-34），炭分子筛狭缝入口的宽度为 0.5nm，故苯可被吸附，而环己烷的吸附量极小，基本上不被吸附。这可以认为是炭分子筛的微孔空间效应（steric effect），也体现了它在某些方面优于沸石分子筛。

由于炭分子筛对 $O_2$ 的吸附量远大于 $N_2$，因此，当空气通过炭分子筛柱后，则 $O_2$ 被吸附，而排出的气体中 $N_2$ 浓度提高。一种炭分子筛对 $O_2$ 和 $N_2$ 的吸附等温线及吸附因子（吸附量与最大平衡吸附量之比）与吸附时间关系曲线如图 8-35 所示。浙江瑞安空分设备厂使用炭分子筛直接从压缩空气中连续制取 $N_2$，其纯度高达 99.9%，产量为 0.5～1000$m^3$/h。

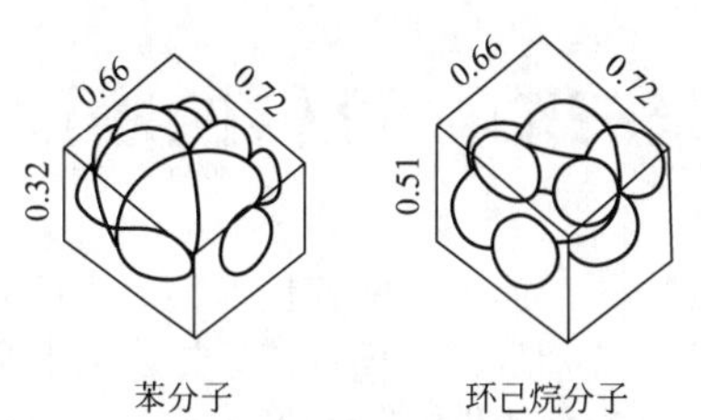


**图 8-34 苯和环己烷分子模型投影图**

（单位为 nm）

炭分子筛问世后，自 1983 年起也有关于炭分子筛膜（CMSM）的报道。CMSM 当然也具有孔径分布较均一，且有接近分子大小的孔洞结构，是炭质无机膜。因此，与聚合物膜相比，显然也具有较高的热稳定性和耐化学腐蚀性，同时机械强度高，使用寿命长，选择性好，渗透通量高。

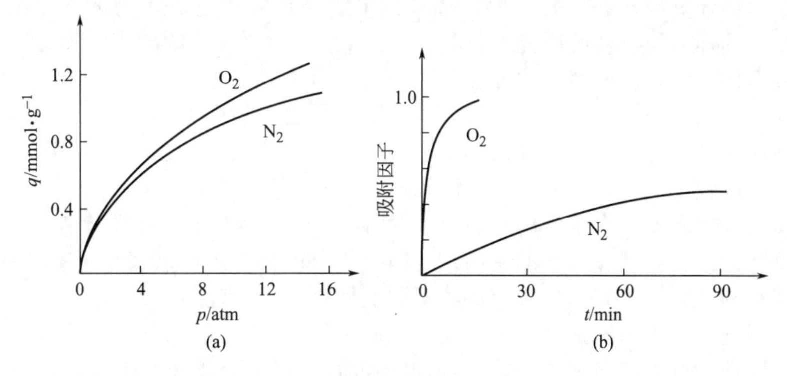


**图 8-35 炭分子筛对 $O_2$ 和 $N_2$ 的吸附等温线（a）和吸附动力学曲线（b）**

（1atm＝101.3kPa）

关于炭分子筛膜的主要制备过程如下[1]：

聚合物种类的选择→铸膜液的配制→聚合物膜的制备→聚合物膜的炭化→孔径调节→产品

在上述工艺过程中，聚合物种类的选择、炭化条件和孔径调节等环节极为重要。

常用的聚合物原料主要有聚糠醇、聚偏氯乙烯、热固性酚醛树脂及纤维素等。不同的聚合物原料将直接影响膜的结构和性能。在炭化时要严格控制炭化温度、炭化氛围、升温速率和炭化时间。在高温炭化（通常在惰性气氛或真空中）时聚合物膜中的分子链分解断裂，产生的小分子气体逸出形成孔道，与此同时，炭化分解时形成的炭微粒又会堵部分孔道，因此必须用 $O_2$ 或水蒸气对其进行活化，发生氧化反应，生成 CO 或 $CO_2$ 气体逸出，以提高膜的渗透通量。显然，此举起到扩孔与调节膜的孔径作用。

炭分子筛膜不仅可用于空气中 $O_2$ 和 $N_2$ 的分离、$H_2$ 的回收利用、$CO_2$ 的富集、低碳烷的分离等方面，而且对液体混合物的分离也有主要应用。但就现今说，离工业应用还有一段距离。

---

❶ 徐海全，刘家祺等. 化工进展，2000，(4)：17.

在结束介绍沸石分子筛问题之前，应该讲明10年来一直为人们所关注的沸石膜的制备技术和应用的问题。沸石膜的制备虽有几种方法，但使用最多的仍是原位水热合成法，即将多孔载体（如$Al_2O_3$）浸入盛有分子筛合成母液的晶化釜中，在一定温度和釜内自身的压力下，直接在载体上合成出沸石膜（膜厚约10$\mu$m）。沸石膜是无机膜，因此，它既保留原来分子筛的特点（如孔的均一性等），又有较高的热稳定性和耐酸碱性。它不仅可用于气体分离（选择性高，气体扩散快），还可用于催化、膜反应和传感器等领域，但这些工作仍限于实验研究阶段，要工业应用还要继续努力。目前已制备出的沸石膜有A型、X型、Y型、ZSM-5型和$AlPO_4$-5型等。[1][2][3]。

# 第三节　固体的表面改性及其应用[4]

固体表面改性不仅是表面化学中的热门课题，也是界面工程中的重要研究课题。为达到某种目的，任何使固体表面性质发生变化的各种措施（包括化学的或物理的）都可以认为是表面改性（surface modification），或更通俗地称为表面处理。固体表面改性后，由于表面性质发生变化，其吸附、润湿、分散等一系列性质都将发生变化。在涂料中，对确定的基料来说，分散体系的稳定性（包括光化学稳定性等）直接由分散粒子的表面性质所决定。在复合材料中，材料的复合是通过界面直接接触实现的，因此界面的微观结构和性质将直接影响其结合力性质、粘接强度和复合材料的力学性能以及物理功能。例如使用量很大的钛白粉，无论用于涂料还是高聚物，凡是具有优良性能、在市场上有竞争力的产品都进行过表面改性。因此，固体表面改性的研究不仅具有学术意义，更有重要的实用价值。

在表面化学中，研究表面改性主要是探讨表面化学中的一些基本问题，如改性方法和机理、改性样品（含吸附剂）和改性剂（含吸附质）之间的作用力性质、样品改性前后吸附作用与润湿性能的变化规律性，以及界面层结构等。在工程上，表面改性主要着眼于改性工艺和效果以及改性产品在各方面的应用前景。

表面改性的研究已有较长的时间。Iler[5]曾以$SiO_2$为例，叙述了5种类型的表面改性方法以及改性样品在某些领域中的应用。我国自20世纪80年代以来在此领域中也取得了不少进展。华东师范大学陈邦林教授等从粒子的电性质入手，曾用一系列无机物对众多的金属离子和有机物进行吸附，并据等电点移动等性质来探讨表面改性的程度和机理。在工业上，有些产品已经改性（如轻质碳酸钙等），但许多改性产品尚处于开发阶段，未形成大批量生产，有待进一步发展。

表面改性的方法很多，总体上有化学法和物理法两种。在实际工作中要根据体系的性质以及改性目的、要求和成本来确定究竟采用哪种方法。在介绍这些方法前首先讨论表面改性效果的评定。

## 一、表面改性效果的评定

表面改性效果的评定是一个基本问题，也是正待深入研究和发展的问题。这里从传统的表面化学观点讨论几种基本评定方法。

### 1. 接触角

接触角（$\theta$）是考察表面改性最直观的方法之一。某液体与固体表面的亲和、润湿性越

❶ 徐如人，庞文琴等. 沸石分子筛的合成与结构。长春：吉林大学出版社，1987.

❷ 李邦民，王金渠等. 膜科学与技术，2003，23（6）：59.

❸ 刘辉，刘兴云，徐筱杰. 大学化学，1999，（1）：10.

❹ 沈钟. 化工进展，1993，（2）：41；（3）：44；（4）：52。同时见参考书目2，p. 565。

❺ Iler R K. The Chemistry of Silica. New York：Wiley-Interscience，1979：571.

好，θ越小，反之则越大。在第四章中曾讨论过包括大块固体和粉体的θ测定方法。

### 2. 黏度

恒温下在旋转黏度计中放入某种液体，测其黏度，然后加入一定量粉末（至少通过200目筛），则悬浮液的黏度升高。在相同条件下测定改性样品的黏度，若此液体对改性样品有较好的润湿性，则悬浮液的黏度降低。张世华等用此法测定了云母钛珠光颜料在石蜡油中的黏度，未经表面处理者，黏度为5420mPa·s，经NS-14偶联剂（用量为颜料量的1%）处理者，黏度降为2100mPa·s。沈钟等[1]以NDJ-79型旋转黏度计测得白炭黑和有机化白炭黑在液体石蜡中的黏度曲线（见图8-36），由图可见，样品有机化改性后，在液体石蜡中的黏度明显降低，且随样品用量增加，黏度降低的幅度增大，这充分说明改性后其与油介质的润湿性能大为提高，减弱了粒子间的聚集倾向，从而减少在流场中的流动阻力，使黏度降低。

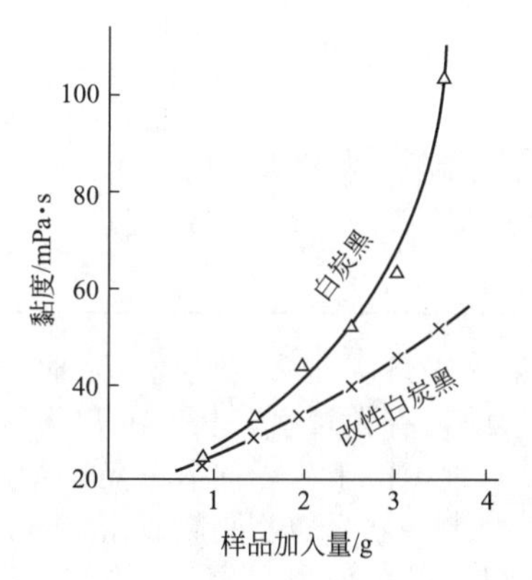


图8-36 改性白炭黑在液体石蜡中的黏度曲线
（25℃±0.5℃）

| 液体 / $SiO_2$ | 极性液体（水） | 极性-非极性液体（丁醇） | 非极性液体（己烷） |
|---|---|---|---|
| 极性（独立体） | | | |
| 极性（小聚集体） | | | |
| 部分极性（独立体） | | | |
| 部分极性（小聚集体） | | | |
| 非极性（独立体） | | | |
| 非极性（小聚集体） | | | |

图8-37 不同类型$SiO_2$在不同液体中的分散状态

### 3. 沉降性质

在粉体改性试验中，把粉体改性前后的润湿性和分散、沉降等性质发生改变。一般来说，极性粒子易分散于与之能润湿的极性液体中，而不易分散于非极性液体中；反之，亦然。若粒子在介质中难于分散，从表面能的观点看，它必然易于聚集（aggregation），此种情况可用图8-37示意。由图可见，粒子的表面性质和分散液体的性质不同将直接影响粒子的分散性，从而也必然会影响体系的沉降性质。所谓沉降性质是指粒子在介质中的沉降速度和沉降体积。影响沉降速度的因素很多，主要有粒子大小、相对密度、电荷、介质黏度等。关于沉降体积，由图8-37可以理解，若粒子在液体中分散性好，则液体对粒子的润湿性必然好，因此粒子间不易聚集和黏结，在沉降时粒子易于排列（堆积）紧密，故沉降体积较小；相反，若粒子的分散性不好，则粒子间易于聚集，粒子间因桥联而留有较多空隙，此时不仅沉降速度较快，且沉降时易形成较松的沉降物，故沉降体积较大。表8-17的数据大体上说明了这个问题。进行测定沉降体积实验时将一定量样品和液体共置于比色管中，振荡，放置一定时间后测量粒子的沉降体积（以沉降体高度计）和上清液的浊度为零时所需要的时间（“澄清”时间）。实验表明（表8-18），若液体能很好润湿（接触角θ很小）此固体，则沉降体积较小，澄清时间较长，说明悬浮液较稳定；若润湿性不好，则沉降体积较大，澄清时间较短，悬浮液的稳定性较差。

界面电性质对沉降体积（$V_S$）也有影响。戴闽光等[2]在研究了膨润土、银粉、白炭黑、椰壳炭、硅灰石等13种粉体的$V_S$、pH值和零电荷点pH值（$pH_{zpc}$）之间的关系时发现：

[1] 沈钟，邵长生，许心国等．江苏石油化工学院学报，1995（4）：1．

[2] 戴闽光，张平．中国化学会分散体系界面电性质研讨会论文汇编．上海：华东师范大学，1995：11．

表 8-17 某些粉体在不同液体中的沉降体积 单位：$ml \cdot g^{-1}$

| 液体 | 粉体 | | | 液体 | 粉体 | | |
|---|---|---|---|---|---|---|---|
| | $TiO_2$ | 玻璃球 | 炭墨 | | $TiO_2$ | 玻璃球 | 炭墨 |
| 水 | 1.1 | 0.73 | 7.8 | 苯 | 2.1 | 2.7 | 6.7 |
| 正丙醇 | — | 0.78 | — | 甲苯 | 2.0 | 3.6 | — |
| 正丁醇 | 1.9 | 1.7 | 8.75 | 四氯化碳 | 2.5 | 3.2 | 8.9 |

表 8-18 接触角与沉降性质的关系

| 样品 | 液体 | $\theta$/度 | 沉降体积 $h$/mm | 澄清时间 /h |
|---|---|---|---|---|
| 轻质 $CaCO_3$ | 水 | 86.3 | 8.75 | 144 |
| 有机化改性 $CaCO_3$ | 水 | 99.5 | 浮于水面 | 6 |
| 轻质 $CaCO_3$ | 正庚烷 | 28 | 17.8 | 6 |
| 有机化改性 $CaCO_3$ | 正庚烷 | 0 | 5.0 | 72 |
| 天然硅灰石 | 水 | 47 | — | 288 未清 |
| 有机化改性硅灰石 | 水 | 85 | 3.8 | 144 |
| 天然硅灰石 | 正庚烷 | 32 | 17.5 | 6 |
| 有机化改性硅灰石 | 正庚烷 | 0 | 3.5 | 24 |

在 $pH_{zpc}$ 时，$V_S$ 并非最小，在 zpc 附近，$V_S$ 最小（见图 8-38）。这是因为在 zpc 时，粒子易于絮凝，絮凝体骨架中含有大量水，从而沉积物疏松，致使 $V_S$ 较大。在 zpc 附近，由于粒子间有一定的静电斥力，难于絮凝，故沉降时颗粒较小，沉积物较致密，从而 $V_S$ 变得较小。这些很可能是 $pH_{zpc}$ 值和 $V_S$ 最小时 pH 值不一致的原因。关于界面电性质对分散体系稳定性的影响结论比较明确：无论在水体系或非水体系中，粒子的 Zeta 电势的绝对值越大，粒子间的静电斥力越大，分散稳定性越高。若粒子的 Zeta 电势不大，通过表面改性，增加粒子的表面电荷，或添加某些高聚物或非离子型表面活性剂，使粒子表面形成包覆层，从而产生空间位阻，这些都有利于提高分散体系的稳定性[1][2]。

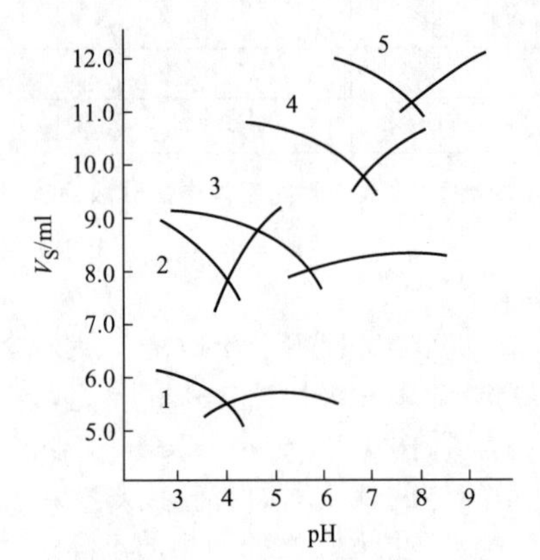


图 8-38 $V_S$-pH 值曲线

1—膨润土（<1.8）；2—银粉（2.2）；3—白炭黑（3.5）；4—椰壳炭（4.8）；5—硅灰石（3.6）（括号内均为 $pH_{zpc}$ 值）

最后应当指出，在分析一个粒子体系的稳定性和沉降性质等问题时，一定要十分注意体系的具体情况和条件，否则有可能得出相反的结论。

在实际工作中根据粉体样品在水中或油-水界面的浮沉情况可以更简便地确定其憎水性。若样品亲水，则全部沉入水中；若样品憎水，则可全部或部分漂浮于水面，或停留在油-水界面上。这些试验是定性的，但能解决问题。

**4. 吸附试验**

吸附是表面现象，表面性质改变后将直接影响其吸附性能。例如亲水性 $SiO_2$ 表面含有羟基，它能自苯溶液中吸附甲基红分子。若亲水性 $SiO_2$ 经有机化改性（酯化），则无吸附能力。从 $CCl_4$ 溶液中吸附乙酸也有类似的情况。硅胶有很强的吸水能力，但经甲基化改性后则对水蒸气的吸附量强烈降低（图 8-39）。Salazar 等不仅测定了不同甲基化程度白炭黑的吸水等温

❶ 聂福德等. 化工进展，1996，(4)：24.

❷ 刘国鹏，许青等. 山东教育学院学报，2006，1：93.

线［甲基化比例（%）越高，吸水量越低］，还确定了甲基化比例和接触角的关系。甲基化比例越高，对水的接触角越大。例如白炭黑原样的接触角为 0°，但甲基化比例为 19.2%、75.8%和 100%的样品，其接触角分别为 62°、91°和 136°。其他像 $\alpha$-$Fe_2O_3$、钛白粉等对水蒸气的吸附也有相似的情况。

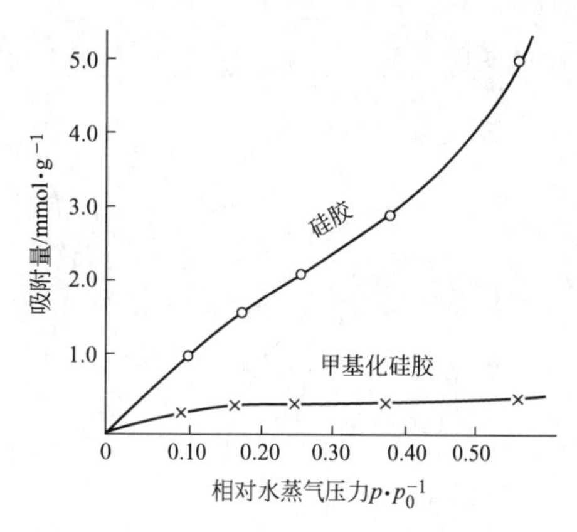


图 8-39　硅胶的水蒸气吸附等温线
（30℃±0.5℃）

活性炭是非极性吸附剂，但表面上有相当多的含氧基团（赋予炭表面一定数量的极性部位），若通过硅烷化处理使极性部位憎水化，则对水的接触角增大，有利于自水溶液中吸附非极性有机物；反之，若通过氧化处理增加炭表面的含氧基团，使炭的亲水性增强，则能提高自非水溶剂中吸附极性有机物的能力。

### 5. 红外光谱

红外光谱（IR）是研究分子结构（特别是有机物）的重要物理方法之一。不论何种分子，只要有某种官能团或键，在红外光谱图中都会产生与该官能团或键相对应的特征吸收峰，因此它是现今研究表面改性的重要工具之一。例如，作为填料的亲水性 $SiO_2$，其表面至少含有两种羟基：一种是自由羟基［—Si(OH)—］，其吸收峰波数为3748$cm^{-1}$；另一种为氢键缔合羟基［Si—O—H⋯O(H)—Si］，其吸收峰波数为 3450$cm^{-1}$。若样品经甲基化处理，则 3748$cm^{-1}$的峰减弱或消失，并产生新的 Si—O—$Si(CH_3)_3$ 吸收峰(波数为 2980$cm^{-1}$)。若样品经苯基三氯硅烷处理，则产生苯基氯硅氧烷基［—OSiph(Cl)O—］,此时 IR 图上出现一个弱的芳环振动吸收峰（波数约 1430$cm^{-1}$）和两个明显的 Si—C 伸展振动吸收峰（波数为 742$cm^{-1}$和 701$cm^{-1}$）。又如硅胶吸附了 $Ba^{2+}$后再吸附十二烷基苯磺酸钠（SDBS），可得如图 8-40 所示的 IR 图。图中曲线 1 为硅胶原样，波数 970$cm^{-1}$为 Si—OH 中 Si—O 伸展振动吸收峰。硅胶经 $Ba^{2+}$处理后，由于 $Ba^{2+}$ 取代 $H^+$，故 970$cm^{-1}$的峰基本消失（曲线 2）。曲线 3 为 $Ba^{2+}$-SDBS 改性硅胶，其中 2930$cm^{-1}$、2850$cm^{-1}$和 1465$cm^{-1}$分别为 SDBS 烃链中亚甲基的不对称伸缩振动吸收峰、对称伸缩振动吸收峰和不对称变形振动吸收峰；1045$cm^{-1}$、690$cm^{-1}$、1010$cm^{-1}$分别为 SDBS 中磺酸基的对称伸缩振动吸收峰、弯曲振动吸收峰和苯核的 C—H 面内变形振动吸收峰。这些结果足以说明 SDBS 已通过 $Ba^{2+}$结合到硅胶表面上，使硅胶改性。有机化改性硅胶经 600℃热处理后，由于有机物被破坏，故 IR 图又恢复到 $Ba^{2+}$处理硅胶的状态（对比曲线见图 8-40 中的曲线 4 和曲线 2）。

### 6. 差热分析

差热分析（DTA）是一种热分析法，它可用来考察物质在加热过程中当达到某一温度时，若由于有相变或发生某化学反应而产生的热效应（出现放热峰或吸热峰）。热效应的大小可以通过测量与参比物的温差来确定。例如，经干燥的白炭黑在升温过程中（至 700℃左右）不出峰，但经有机化（例如庚醇酯化）改性后，由于表面上结合了有机基团，因此升温至该有机物的热破坏温度时产生放热峰，峰的面积代表了热效应的大小，也代表有机物含量的多少。图 8-41 为庚醇酯化白炭黑的差热曲线。由图可见，酯化白炭黑的庚氧基于 280℃开始破坏，325℃彻底破坏（曲线 2）；若酯化白炭黑事先于 500℃热处理 4h，由于酯基已彻底破坏，故 DTA 曲线上不再产生放热峰（曲线 3）。由于粉体无论用于油漆（熬漆）或橡塑

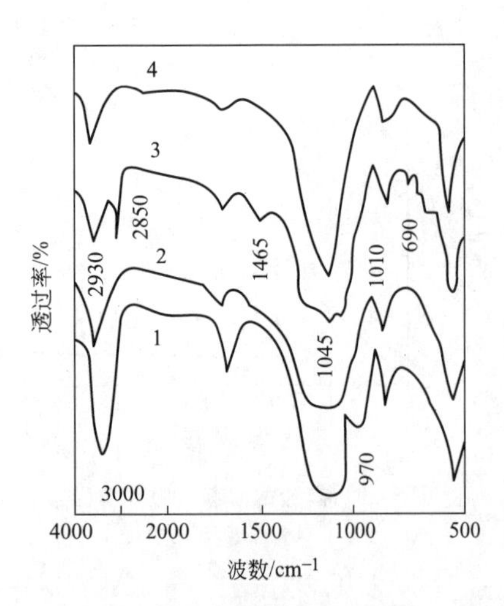


**图 8-40　改性硅胶的 IR 图**

1—硅胶原样；2—$Ba^{2+}$处理硅胶；3—$Ba^{2+}$-SDBS 改性硅胶；4—$Ba^{2+}$-SDBS 改性硅胶，于 600℃热处理 2h

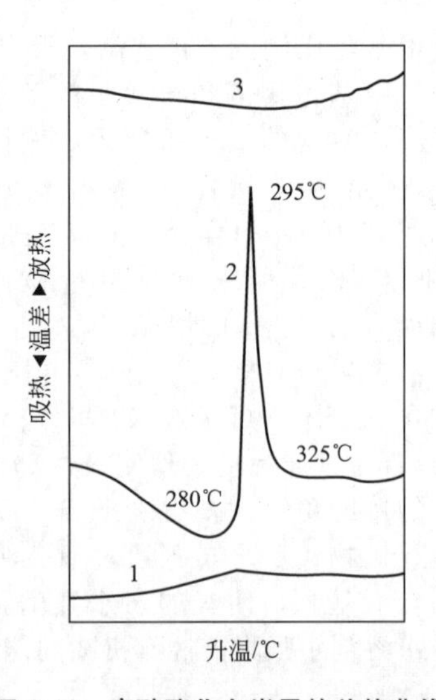


**图 8-41　庚醇酯化白炭黑的差热曲线**

1—白炭黑；2—酯化白炭黑；3—500℃热处理酯化白炭黑

（混炼）中均涉及有机化层的热稳定性问题，因此有机化改性样品的差热分析具有重要意义。作者曾比较了不同改性样品的热稳定性，其热稳定性顺序为：苯基化硅胶＞甲基化硅胶＞硬脂酸钠-$Ba^{2+}$-硅胶＞庚醇酯化硅胶。

值得注意的是，目前许多差热分析仪常和热重分析联用，即在测定差热曲线的同时记录了热重曲线。在差热曲线上出现放热峰的温度范围，正好是热重曲线上热失重的温度范围。据此可以直接确定有机物的总失重率（或阶段失重率），从而可以推断其破坏程度。

#### 7. 物理结构

固体，特别是经有机化改性后的多孔固体，不仅其表面性质发生变化，其物理结构（如比表面积、骨架密度、表观密度、孔体积等）也均发生一定的变化。一般来说，比表面积、孔体积、骨架密度降低，表观密度增加。这是因为多孔固体经有机化处理后，有机基团会堵塞某些微孔，从而使样品的比表面积和孔体积减小。又因为有机基团堵塞微孔后，样品表观体积未变而重量增加，故表观密度增加。通常有机物的真密度均小于 $SiO_2$、$Al_2O_3$ 等无机物，故有机化样品的骨架密度往往降低。应当注意，有些样品改性前后的差异可能较小，应具体情况具体分析。另一方面，一些结晶形样品（如经煅烧的 $TiO_2$、$CaCO_3$ 等）经表面处理（特别是被 $Al_2O_3$ 和 $SiO_2$ 等所覆盖）后，其比表面积会明显增大，这个道理也是很清楚的。

最后应当指出，10 余年来已发展了各种表面分析的新技术，如光电子能谱、二次离子质谱等，它们能揭示表面成分和有关化学键等的许多信息。

## 二、表面改性方法和机理

### （一）无机粉体和增强材料的改性

表面改性方法很多，在实际工作中究竟用哪种方法？用什么改性剂？这些要根据粉体或增强材料以及所复合材料的性质来确定。但无论用哪种方法，从工程角度说，在考虑处理效果的同时，也要考虑处理费用、改性剂和填料价格、填充量以及材料的某些特殊功能所带来的综合经济效益。

#### 1. 用硅烷偶联剂处理

硅烷偶联剂是研究最早、应用最广的偶联剂之一，它的通式为 $RSiX_3$。式中，R 为有机基团，视高聚物性质而不同，它与聚合物分子有强的亲和力或反应能力，如甲基、乙烯基、$\gamma$-氨丙基等；X为某些易于水解的基团，如氯、甲氧基或乙氧基等，这些基团应能与填料表面进行某种反应，使之牢固结合在粒子表面上。所以有效的偶联剂分子结构应是一端能与粉体或增强材料起反应，另一端能与高聚物有强相互作用的双功能基团化合物。如白炭黑的成分为$SiO_2$，其表面覆盖着羟基，是极性粉体，若将其用于硅橡胶或非极性的天然橡胶中，为增加其与胶料的相容性，必须将白炭黑进行表面改性。若采用三甲基氯硅烷处理，其反应过程为：

$$-\overset{|}{\underset{|}{Si}}-OH + Cl-\overset{CH_3}{\underset{CH_3}{\overset{|}{\underset{|}{Si}}}}-CH_3 \longrightarrow -\overset{|}{\underset{|}{Si}}-O-\overset{CH_3}{\underset{CH_3}{\overset{|}{\underset{|}{Si}}}}-CH_3 + HCl\uparrow$$

即白炭黑表面的亲水性羟基转变为憎水的三甲基硅氧基。单从填料表面憎水性这个角度考虑，目前以六甲基二硅胺烷处理效果最好，因为它比三甲基氯硅烷的反应活性高，但价格很贵，其反应式为：

$$2-\overset{|}{\underset{|}{Si}}-OH + (CH_3)_3Si-\underset{H}{\underset{|}{N}}-Si(CH_3)_3 \longrightarrow 2-\overset{|}{\underset{|}{Si}}-O-Si(CH_3)_3 + NH_3\uparrow$$

用甲基氯硅烷处理$SiO_2$的实际过程比较复杂。在无水条件下，硅烷偶联剂上的氯直接和表面羟基反应。在有水条件下，它能很快水解并生成硅醇，这时它可以自缩成聚合物，影响处理效果，所以甲基氯硅烷常在有机溶剂或干燥的气相中处理才有较好的效果。

另一种常用来处理玻璃纤维的硅烷偶联剂是苯胺甲基三乙氧基硅烷［BMES，$C_6H_5NHCH_2Si(OC_2H_5)_3$］。研究证明，用BMES处理玻璃纤维时所形成的界面层相当复杂。在考察其与环氧树脂的粘接性能时发现，BMES与玻璃纤维形成的界面层中共有3个亚层，即易被冷水解吸的物理吸附层（约占偶联剂总量的20%）、易被沸水解吸的化学吸附层（约占50%）和在沸水中不被解吸的稳定化学键桥层（残留层）。3个亚吸附层各自对粘接性能的影响示于表8-19中。

**表8-19　玻璃纤维上BMES含量对环氧玻璃纤维增强塑料粘接性能的影响**

| 洗涤条件 | 洗涤时间/min | 界面层吸附量/$10^5$mol·(g玻璃纤维)$^{-1}$ | 脱附/% | 层间剥离功/$10^3$J·m$^{-2}$ |
|---|---|---|---|---|
| 未洗 | — | 1.83 | 0.0 | 0.57 |
| 冷水(室温) | 240 | 1.47 | 19.7 | 0.59 |
| 沸水(100℃) | 240 | 0.37 | 79.8 | 0.49 |

注：未经BMES处理的试样层间剥离功为$0.43\times10^3$J·m$^{-2}$。

表8-19中数据说明，除去物理吸附层对粘接性能无影响；但除去化学吸附层剥离功减小，粘接性能明显降低。而未经BMES处理的试样层间剥离功仅为$0.43\times10^3$J·m$^{-2}$，这表明残留层起着相当重要的作用，但它必须和化学吸附层一起才能更好地发挥作用。

关于偶联剂的另一端与材料的结合问题，已经明确偶联剂中R与高聚物有化学反应或有氢键力相互作用，并能溶解、扩散于高聚物的界面区域中，与大分子链发生纠缠者则结合力强，从而使复合材料的力学性能得到提高。关于这个问题，从R基团的性质以及高聚物的分子结构可以估计其相容性和结合力，但从实验角度看通过薄层色谱的滞留因子$R_f$可以进行半定量的预测，有兴趣的读者可参阅有关资料[1]。

总之，偶联剂在填料与高聚物之间所形成的界面不是简单的二维界面，而是包含着由两个表面之间的过渡区所形成的三维界面层。关于界面层理论有不同观点：一种是上面介绍的偶联剂分子一端能与填料表面化学结合，而另一端应能溶解、扩散于树脂的界面区域中的所

[1] 甘树榜，吴叙勤等. 华东化工学院学报，1985，11 (1)：41.

谓界面层扩散模型；另一种是以表面能为出发点的界面层理论，此理论认为无机填料、玻璃纤维等固体基质具有较高的表面能，当其与基体树脂复合时，树脂液应能对其润湿，这是最基本的热力学条件。为提高基质在树脂中的润湿性，基质必须用偶联剂处理，以降低基质的表面能。理论和实验证明，若硅烷偶联剂 R 基团中含有极性基（如—$NH_2$、—OH 或环氧基），则处理后基质具有较高的表面能；若 R 中含有不饱和双键，则基质具有中等的表面能；若 R 为饱和烃链，则表面能最低。因此选用不同的偶联剂处理基质以改变其表面能和树脂的润湿、吸附以及粘接性能等是复合工艺中的重要问题。

目前常用的硅烷偶联剂有乙烯基三乙氧基硅烷[$CH_2=CHSi(OC_2H_5)_3$]、$\gamma$-甲基丙烯酰氧丙基三甲氧基硅烷 $\left[CH_2=C(CH_3)-C(=O)-O(CH_2)_3Si(OCH_3)_3\right]$ 以及 Si-69 即四硫化双三乙氧基丙基硅烷 [$(OC_2H_5)_3Si(CH_2)_3S_4(CH_2)_3Si(OC_2H_5)_3$]。它们可用于白炭黑、玻璃纤维、黏土、云母等填充物的表面处理。粉体表面处理一般可按填料量的 0.5%～3% 取用偶联剂。偶联剂用适量稀释剂稀释后再滴加于事先盛有粉料的高速搅拌机中处理。生产上也有将偶联剂和填料直接加入到胶料中混炼的。通常硅烷偶联剂的处理效果较好，但成本较高。

**2. 用钛酸酯等偶联剂处理**

钛酸酯偶联剂是美国 Kenrich 石油化学公司于 20 世纪 70 年代中期开发的一类新型偶联剂，它对许多干燥粉体有良好的偶联效果。改性粉体用于热塑性高聚物有良好的填充效果。钛酸酯偶联剂的品种很多，这里仅列出单烷氧基型中的典型品种三异硬脂酰基钛酸异丙酯（TTS）与无机填料的反应式：

$$\text{无机填料}-O-H+CH_3-CH(CH_3)-O-Ti\left[O-C(=O)-CH(CH_2)_{14}CH_3\right]_3$$

$$\longrightarrow \text{无机填料}-O-Ti\left[O-C(=O)-CH(CH_3)(CH_2)_{14}CH_3\right]_3+(CH_3)_2CHOH$$

钛酸酯偶联剂的亲有机部分通常为长链烃基（$C_{12}$～$C_{18}$），它可与聚合物链发生缠绕，借范氏力结合在一起，从而可传递应力，提高冲击强度和伸长率。另外，长链烃还可以改变无机物的表面能，使高填充聚合物能显示良好的熔融流动性。这种偶联剂对于聚烯烃之类的热塑性塑料特别适用。

近年来，已有用铝酸酯、磷酸酯等处理粉体的。例如用铝酸酯处理 $CaCO_3$，不仅成本较钛系偶联剂低，且产品无毒、热稳定性高、白度高、吸油量低，用于 PVC 有良好的物理机械性能。由于$CaCO_3$、$Al_2O_3$ 等有离子性，故国内外常以硬脂酸进行有机化改性（表面形成硬脂酸盐）。Fekete 等根据近代测试手段（如 X 射线光电子能谱等）对表面化学成分的分析证明，用硬脂酸处理 $CaCO_3$ 后，表面上形成硬脂酸的碱式盐：

$$CaCO_3+RCOOH \longrightarrow Ca(OH)(OOCR)+CO_2$$

即表面上每个 $Ca^{2+}$ 仅联结一个硬脂酸离子。经硬脂酸处理后$CaCO_3$的表面能强烈降低（由未经处理的 208mJ·$m^{-2}$降至数十毫焦每平方米），故作为填料时将直接影响聚烯烃复合材料的力学性能。江苏武进南洋精细化工厂生产的用硬脂酸处理的超细活性$CaCO_3$，无论是哪种晶形，其平均粒径均在 0.02～0.06$\mu$m 之间，而 BET 比表面积在 28$m^2$·$g^{-1}$以上。此产品用于塑料中有很好的补强性和工艺性，易分散，流动性好，目前年产量万吨以上，是国内生产碳酸钙系列产品规模较大的厂家之一。

**3. 用表面活性剂覆盖处理**

许多无机氧化物或氢氧化物［例如 $SiO_2$、$TiO_2$、$\alpha$-$Fe_2O_3$、$Al(OH)_3$和 $Mg(OH)_2$ 等］

都有自己的零电点pH值[1]，其pH值依次为2～3、6.7、8.5、约9和12.4，因此据零电点并控制溶液的pH值，可以通过表面活性剂吸附而获得有机化改性。例如，$SiO_2$的零电点pH值很低，故可在中性溶液或碱性溶液中吸附阳离子表面活性剂而获得有机化改性。Elton曾用$SiO_2$吸附不同浓度的十六烷基三甲基溴化铵（CTAB），发现浓度不同时，改性$SiO_2$对水的接触角（$\theta$）不同（表8-20）。

表8-20　CTAB浓度和改性$SiO_2$接触角$\theta$的关系

| CTAB浓度/$mol \cdot L^{-1}$ | 0 | $10^{-7}$ | $10^{-6}$ | $10^{-4}$ | $2\times10^{-4}$ | $5\times10^{-4}$ | $10^{-3}$ |
|---|---|---|---|---|---|---|---|
| 接触角$\theta$/(°) | 0 | 84 | 90 | 90 | 68 | 51 | 0 |

CTAB的临界胶束浓度（CMC，定义见第五章）为$8.5\times10^{-4}mol \cdot L^{-1}$。由表8-20数据可见，当CTAB浓度增大时，接触角增大，在浓度低于CMC时便可形成憎水性的单分子层吸附，此时$\theta$为90°，但超过CMC又可形成亲水的双层吸附，此时$\theta$又降为0°。

$Al(OH)_3$及$Mg(OH)_2$的零电点pH值相当高，所以它们的正电性很强，在广泛的pH值范围内均可吸附阴离子表面活性剂而获得有机化改性。胡金华等以$Mg(OH)_2$吸附硬脂酸钠或油酸钠等，可使亲水性的$Mg(OH)_2$转变为亲油性，从而能改善其在聚丙烯中的分散性和复合材料的机械力学性能。作者以十二烷基苯磺酸钠处理$Al(OH)_3$也获得憎水性的有机化改性$Al(OH)_3$。

$SiO_2$及$TiO_2$的零电点pH值较低，可直接吸附阳离子表面活性剂。但阳离子表面活性剂价格相当高，往往有毒性，这是其主要缺点。一种较好的办法是通过某些无机阳离子（如$Ca^{2+}$或$Ba^{2+}$等）"活化"，使$SiO_2$等表面由负电荷转变为正电荷：

$$SiOH + Ca^{2+} \rightleftharpoons SiOCa^{+} + H^{+}$$

然后再吸附阴离子表面活性剂即可获得憎水性$SiO_2$。此种考虑最早曾应用于石英的浮选。作者以硅胶、白炭黑、凹凸棒土为吸附剂，通过$Ba^{2+}$或$Ca^{2+}$活化，再吸附硬脂酸钠、十二烷基磺酸钠或十二烷基苯磺酸钠等阴离子表面活性剂，制得了相应的有机化改性样品。从现有情况看，对$SiO_2$来说，用$Ba^{2+}$活化的效果比用$Ca^{2+}$好。钙硅胶有机化改性时以吸附十二烷基磺酸钠效果较好。

$TiO_2$是最常用的白色涂料，其零电点pH值相对较低（约5.8）。而$Al_2O_3$的零电点pH值较高，故可在钛白浆液中加入铝盐或偏铝酸钠，再以碱或酸中和使析出的水合$Al_2O_3$覆盖在钛白颗粒上，使其荷正电，然后再令其吸附阴离子表面活性剂而获得有机化改性。实验证明，与$Al_2O_3$表面$Al^{3+}$能形成难溶性盐的表面活性剂将有更好的改性效果[2]。

$TiO_2$的铝改性除用$Al_2O_3$的表面包覆说明外，也可用下列过程示意：

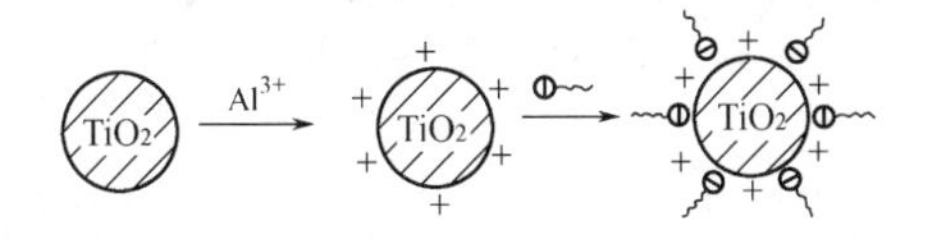


应当指出，利用铝盐在$TiO_2$表面上包覆处理，本身就具有重要意义。经$Al_2O_3$包覆的钛白粉不仅具有优良的抗粉化性能，还能降低光化学活性，提高耐候性，可用于高档涂料中。鉴于$TiO_2$无机包覆（含$SiO_2$和$Al_2O_3$）的重要性，直至最近仍有人在研究其包覆机理和进展[3]。另外，近年由于钛白粉价格较高，已有一些代用品（如陶瓷钛）问世，这实际上

[1] 本书中曾多次提到等电点pH（$pH_{IEP}$）和零电点pH（$pH_{zpc}$）这一概念，若溶液中无特性吸附离子存在，则二者相等；反之，二者有别。详细的介绍可阅顾惕人等编著的《表面化学》（科学出版社，1994），据此讨论并界定了"特性吸附"的定义。

[2] 张智宏，沈钟等．江苏石油化工学院学报，1996，(2)：1.

[3] 张淑霞，李健保等．化学通报，2001，(2)：71.

是以某些黏土为核心，在其上覆盖 $TiO_2$ 制成的，大大降低了产品的成本。目前在国内外已引起极大关注的云母钛（也称云母钛珠光颜料），实际上就是以云母为核心，在其上包覆了 $TiO_2$ 制成的。

关于云母钛珠光颜料产生珠光的原因，毕东墉[❶]曾作过详细分析。他指出，珠光颜料是一些透明（或较透明）、折光率高的薄片状物质。每一块晶体薄片像一个透明的小镜子，光线射到其表面将有部分反射和部分透射，且经多次反射后，其反射光线形成具有干涉光特征的珠光现象。当晶片厚度小于 200nm 时，呈银白色的反射光，与珍珠光泽相似，所以习惯上将这类颜料称为珠光颜料。实际上应称为干涉（光）颜料，银白仅是干涉反射色的一种。当晶体薄片厚度不同时，其反射色亦不同（见表 8-21）。通常干涉颜料从颜色的强度来说，比一般颜料要弱些，但如在云母钛表面上再包覆一层铁或铬等的金属氧化物或有机颜料，则色泽鲜艳，色谱广，拓宽了珠光颜料的应用范围。目前珠光颜料广泛应用于塑料、涂料（特别是汽车漆料）、化妆品、建筑材料等方面。

**表 8-21　二氧化钛薄膜的厚度、包覆率与颜色的关系**

| 颜色 | | 光学厚度①/nm | 几何厚度/nm | $TiO_2$ 包覆率②/% |
|---|---|---|---|---|
| 反射色 | 透射色 | | | |
| 银色 | — | 140 | 60 | 26 |
| 金黄 | 紫色 | 210 | 90 | 40 |
| 红色 | 绿色 | 265 | 115 | 45 |
| 紫色 | 黄色 | 295 | 128 | 48 |
| 蓝色 | 橙色 | 330 | 143 | 51 |
| 绿色 | 红色 | 395 | 170 | 55 |

① 光学厚度＝折射率×几何厚度。

② 干涉色主要取决于光学厚度不同粒径的云母，在相同厚度时具有不同的包覆率，本表中云母的粒径为 10～60μm。

**4. 等离子体处理**（plasma treatment）

借助于气体放电可产生等离子体。等离子体是一种电离气体，是电子、离子、中性粒子的独立集合体，宏观上呈电中性，但它具有很高的能量。

等离子体目前已较广泛地应用于固体表面改性。王德生[❷]研究了低温等离子体处理对玻璃纤维/环氧树脂复合材料性能的影响。他证明，玻璃纤维放入等离子体发生器内进行处理（用 $N_2$ 和 Ar 作载气，功率为 240W），随着处理时间的延长（从 2min 至 25min），玻璃纤维失重由 0.28%增至 0.82%，这是由于等离子体中的高能粒子对纤维表面碰撞所引起的“刻蚀”作用（亦即使表面粗糙度增大）所致，由于粗糙度增大，新生表面积扩大，某些极性基团（如羧基）能更多地暴露，故其对偶联剂的吸附量大为增加。这必然改善纤维与环氧树脂的润湿性，从而提高了界面粘接性能和复合材料的力学性能。

## （二）高聚物基体的改性

**1. 接枝改性**

为提高复合材料的性能，除了上述填料或增强材料的表面改性外，还可进行高聚物本身的改性。例如对非极性的高聚物令其接枝极性基团，然后再填充极性粉体，也同样有良好的填充效果。林明德等[❸]的研究指出，若通过挤出熔融接枝法使聚乙烯大分子接枝马来酸酐（顺丁烯二酸酐）或丙烯酸等极性分子，再将 $Al(OH)_3$ 填充到此接枝改性的聚乙烯中，则拉伸强度可以提高 1 倍以上，这显然是由于所接枝的这些反应基团（—COOH）与

❶ 毕东墉．塑料工业，1989，(6)：35.

❷ 王德生．化学与粘合，1990，(4)：216.

❸ 林明德，俞强等．塑料，1990，(2)：8.

$Al(OH)_3$表面羟基发生了化学反应或形成氢键，从而大大改善了界面亲和性的缘故。这既有利于 $Al(OH)_3$ 的均匀分散，又有利于应力在两相界面上的传递，因而导致填充体系力学性能的大幅度提高。

**2. 等离子体处理**

高聚物经等离子处理后，不仅因“刻蚀”作用使表面粗化（见图 8-42），还能引起键的断裂，产生大分子自由基。例如，聚乙烯经 He 等离子体处理，据红外分析发生如下变化[1]：

$$—CH_2—CH_2— + He^* \longrightarrow —CH_2—\dot{C}H— + H^* + He$$

$$2(—CH_2—\dot{C}H—) \longrightarrow \begin{array}{c} —CH_2—CH— \\ | \\ —CH_2—CH— \end{array}$$

$$—CH_2—\dot{C}H— + H^* \longrightarrow —CH{=}CH— + H_2$$

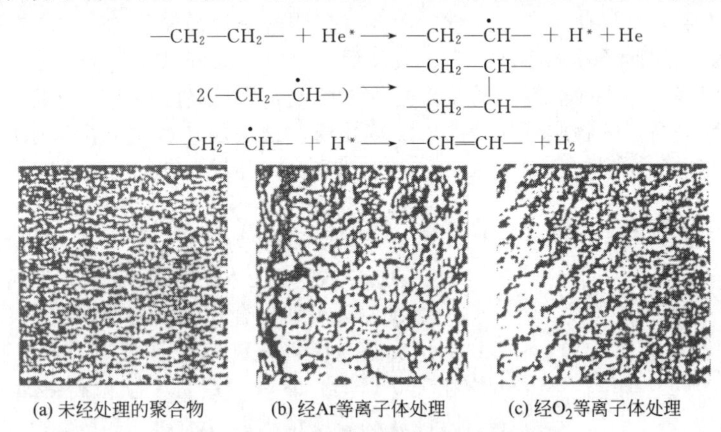

(a) 未经处理的聚合物　(b) 经Ar等离子体处理　(c) 经$O_2$等离子体处理

**图 8-42　聚合物经等离子体处理后的表面电镜对比图（拍摄条件相同）**

可见，聚乙烯经处理后表面上形成交联结构和不饱和键。另外，实验证明，经等离子体处理后的聚乙烯在相当长的时间内表面上仍稳定地存在游离基，它们与空气中的 $O_2$ 作用最终能产生—OH、—COOH,从而改善了表面的润湿性和粘接性。用 Ar 等离子体处理聚乙烯、聚丙烯和聚四氟乙烯，发现处理时间和接触角之间有如图 8-43 所示的关系。由图可见，高聚物经等离子体处理 2min 就能大幅度降低对水的接触角，即大大提高了亲水性。但要有效地提高表面含氧量以获得更多的—OH、—COOH 等基团，需直接用氧等离子体处理。

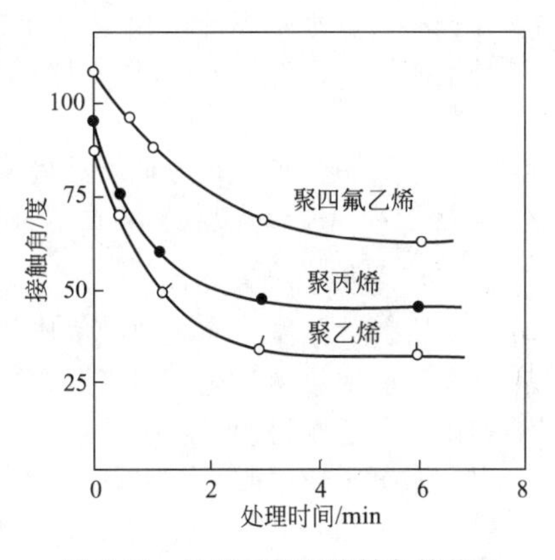


**图 8-43　处理时间和接触角的关系**

通过辉光放电用 $NF_3$ 等离子体处理聚乙烯，不仅可使表面氟化，且氟化率极高，氟-碳比约为 2，接近于聚四氟乙烯的氟-碳比，故赋予聚合物既憎水又憎油的特性。高聚物基体的改性，在许多方面都具有重要意义。例如，许多高聚物都属于低能表面，因此很难在其上进行印刷、涂布加工或黏结，要提高其对印刷油墨及黏结剂的亲和性，必须对其表面处理才行。塑料表面改性的具体方法，肖作顺[2]曾作了较系统的介绍。

## 三、表面改性的应用

固体表面改性本身就是一个重要的基础课题，从改性方法到改性对表面性质的影响都有许多问题值得探讨，但更为重要的是它在各方面的实际应用。例如，日常生活中碰到眼镜玻璃的防雾、雨衣防水以及在涂料或胶料中的填料需进行表面处理等都是表面改性的重要应

---

[1] 陈国荣等．塑料，1991，(1)：5.

[2] 肖作顺．工程塑料应用，1987 (3)：56.

用。又如在石油工业中，若令输油管道内壁改性使其憎油，则可明显降低摩擦阻力，节省输油能耗等，这些在国民经济中都有重要意义，下面列举一些实例说明。

### 1. 眼镜防雾和雨衣的防水

众所周知，当玻璃表面温度低于大气露点或对其呵气均会有小水滴凝结在玻璃上，亦即所谓“起雾”，它阻碍光线透过。显然，若能阻止水在表面上形成半球形水滴便可达到防雾的目的。从表面化学角度说，最基本的方法是提高玻璃表面的亲水性，使其易为水所润湿，形成薄薄的水层，这样便不产生光散射而变得透明。一种最简单的方法是在玻璃（包括透明塑料）表面涂上表面活性剂溶液。由于表面活性剂能大大降低水的表面张力，故使水易于在玻璃表面上铺展。涂表面活性剂的缺点是耐久性差，为提高活性剂对玻璃的黏附性，可将其与含有亲水性的高分子物质（如聚丙烯酸）并用。这是从让玻璃完全亲水的角度来防雾的。但在实际工作中要做到彻底而永久性防雾并非易事。例如，2003 年春防“非典”（SARS）工作中，医务工作者遇到的一个难题，就是如何防止隔离眼罩容易起雾问题。为此，《北京青年报》于同年 4 月 30 日向北京市民征集眼罩防雾良方。据王利亚等[1]的研究表明，用数种有机硅化合物分别处理 $K_9$ 硅酸盐光学玻璃，观察到用癸基三甲氧基硅烷处理的玻璃，水在其上的接触角均在 100°以上。看来，这是一项值得继续研究的课题，因为改性玻璃高度憎水后也不利于起雾。

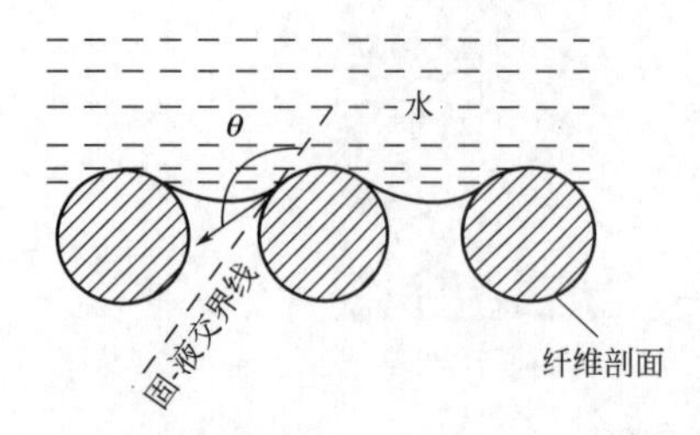


图 8-44　雨衣防水示意图

以往的雨衣均为致密的棉织品，将其纤维表面加以防水处理（即令其表面憎水化），使水-布之间的接触角变大（图 8-44），故水不能自由通过而起到防水作用，但空气可以透过。所谓水不能自由通过，是指在加压条件下才可以透过纤维间隙。目前使用的耐洗性防水剂有吡啶盐型和羟甲基酰胺型等。

常用的塑料雨衣为聚氯乙烯等薄膜制品，其临界表面张力为 $39mN \cdot m^{-1}$，而水的表面张力为 $72mN \cdot m^{-1}$左右，故聚氯乙烯本身具有憎水性，不被水润湿。

### 2. 涂料、油墨

涂料、油漆、油墨和润滑脂等均须加入不同的粉体，如 $TiO_2$、$Fe_2O_3$、$Al(OH)_3$ 或白炭黑，这些粉体填充剂不仅要有良好的分散性，而且在不同体系中还应发挥其特殊功能。例如作为白色颜料的 $TiO_2$ 还应具有良好的光化学稳定性、抗粉化性和较大的遮盖力、着色力；油墨中使用的 $Al(OH)_3$ 以及在润滑脂中的白炭黑应有良好的增稠作用和触变性，这就要求粒子间必须适当搭成网架。为达到这些目的，必须对粉体进行表面改性。

粒子在介质中的分散性大体有如下的一些基本规律：极性的亲水性粒子易分散于极性介质中，而在非极性介质中则易于聚集；反之，非极性的亲有机粒子可分散于非极性介质中，而在极性介质中则易于聚集。无论是极性粒子还是非极性粒子，在兼具“极性-非极性”的介质（如醇）中，视情况可以分散也可能形成小的聚集体，但这些聚集体之间不易形成网架，故无触变性。无论在哪种情况下，作为悬浮分散体系，若粒子在介质中有良好的分散性，则体系的黏度必然较低。例如，在测试醇酸树脂与钛白粉体系（二者配料比为1∶1，偶联剂为钛白粉的 1%）的黏度时发现，若钛白粉经 NDZ-101 钛酸酯偶联剂（南京曙光化工厂产）处理，则黏度可比未经处理者降低 36%。当然，对一个具体产品来说，不仅要有良好的使用性能，还应具有很好的贮存稳定性和易再分散性。为此，在涂料或油漆中需加入有关助剂，以控制其分散性、流动性和稳定性。

在化妆品霜剂中常用 $TiO_2$ 作白色颜料，后发现 $ZrO_2$ 对紫外或红外线的反射率均高于 $TiO_2$，反射紫外线可防晒，反射红外线可抗皮肤衰老，但 $ZrO_2$ 的密度大，一直未获得广泛

---

[1] 王利亚，张先亮．江苏化工，1998（3）：16.

应用。日本东丽公司利用 $ZrO_2$ 对聚酰胺粒子进行包覆（此时粒子密度接近于聚酰胺），并获得成功，从而开发了具有新功能的化妆品，这是表面包覆的一个成功例子。

### 3. 橡胶、塑料

Iler 总结了不同品种的白炭黑和凹凸棒土在天然橡胶中的补强作用，所得结果列于表8-22。

**表 8-22　粉体粒子表面改性对橡胶力学性能的影响①**

| 样　品 | $N_2$ 吸附比表面积 $/m^2 \cdot g^{-1}$ | 表面类型 | 染料吸附比表面积 $/m^2 \cdot g^{-1}$ | 拉伸强度/MPa | Crescent 撕裂强度 $/kN \cdot m^{-1}$ |
|---|---|---|---|---|---|
| A　沉淀 $SiO_2$ | 97 | 亲水 | 97 | 17.6 | 17.9 |
| 酯化 $SiO_2$ | 97 | 95%酯化(正丁醇) | 5 | 22.8 | 111 |
| B　HiSil② | 100 | 亲水 | 99 | 11.4 | 20.5 |
| 酯化 HiSil | 100 | 90%酯化(正丁醇) | 9 | 22.4 | 102 |
| C　沉淀 $SiO_2$ | 144 | 亲水 | 144 | — | 99.8 |
| 酯化 $SiO_2$ | 144 | 100%酯化(正丁醇) | 0 | 29.0 | 148 |
| EPC 炭黑(对比) | — | — | — | 27.4 | 85 |
| 酯化凹凸棒土 | 157 | 57%酯化(正丁醇) | 67 | 27.2 | 98.1 |

① 按 100 份橡胶填充 60 份填料。
② 一种白炭黑。

由表 8-22 可见，不同类型的 $SiO_2$ 经酯化后均能明显增加橡胶的拉伸强度和撕裂强度，并达到 EPC 炭黑的补强水平。特别有意义的是凹凸棒土经酸处理再酯化，其补强效果也和 EPC 炭黑相似，这对我国当前正开发凹凸棒土资源具有实际意义。

作者用甲基化白炭黑和十二烷基磺酸钠（$R_{12}$）处理的白炭黑填充于天然橡胶中（100 份橡胶中填 50 份白炭黑）也得到相似的结果。但填充于极性的丁腈橡胶中则有相反的效果，使橡胶的力学性能降低（见表 8-23 及表 8-24）。

**表 8-23　不同白炭黑填充天然橡胶的力学性能**

| 性　能 | 拉伸强度/MPa | | 撕裂强度 $/kN \cdot m^{-1}$ |
|---|---|---|---|
| | 142℃,30min | 142℃,45min | |
| 白炭黑原样 | 7.7 | 6.6 | 9.49 |
| 甲基化白炭黑 | 10.5 | 10.8 | 16.11 |
| $R_{12}$覆盖白炭黑 | 12.4 | 12.2 | 12.23 |

**表 8-24　不同白炭黑填充丁腈橡胶的力学性能**

| 性　能 | 拉伸强度/MPa | | 撕裂强度 $/kN \cdot m^{-1}$ |
|---|---|---|---|
| | 142℃,30min | 142℃,45min | |
| 白炭黑原样 | 11.9 | 10.6 | 25.71 |
| 甲基化白炭黑 | 6.9 | 6.6 | 18.63 |
| $R_{12}$覆盖白炭黑 | 3.6 | 3.5 | 16.79 |

有机化白炭黑在丁腈橡胶中力学性能的降低，可能是有机化表面不利于在极性的丁腈橡胶中的润湿和分散，或者是由于有机基屏蔽了粒子表面上的羟基，从而削弱了粒子与橡胶分子间的作用力。

邵长生等❶用吸附了十二烷基磺酸钠的有机化改性陶土填充于聚丙烯（PP）中，通过扫描电镜（SEM，见图 8-45）发现，改性陶土粒子（白色颗粒）能较均匀地分散于 PP 中，而未经改性者分散性不好，粒径较大。这可能是由于陶土经有机化改性后，不仅其表面转变为低能表面，减弱了粒子间聚集的倾向，而且其与 PP 的亲和性增加，有利于分散，从而在一

❶ 邵长生，李景春，孙洪流，沈钟．化学工程师，1995，(2).

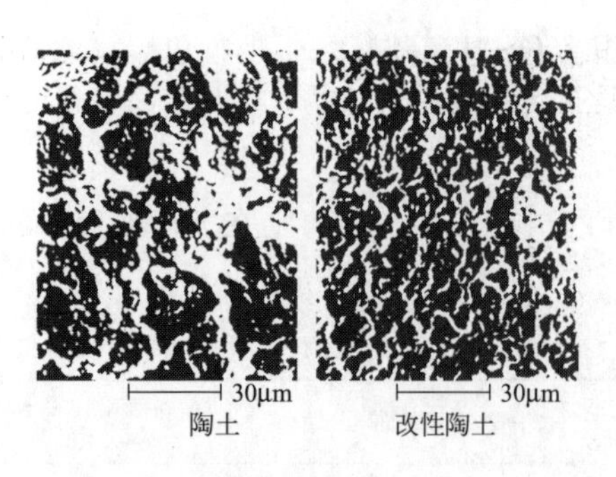


图 8-45 陶土和改性陶土在 PP 中的 SEM 图

定程度上提高了制品的力学性能。

1993 年江苏石油化工学院表面改性课题组[1]~[4]设计了一种带有能与橡胶分子发生反应的功能基团的长碳链阳离子表面处理剂，用它来处理白炭黑、$CaCO_3$[5]、陶土[5]、凹凸棒土等多种粉体，获得良好的改性效果，将其填充于橡胶中均有明显的补强作用。试验中，对等电点相当低的大比表面积无机粉体，可在中性附近吸附阳离子表面处理剂，且在适当浓度下便可使粒子电荷反号，Zeta 电位由负变正，说明已发生特性吸附。由于结晶性小比表面积粉体［如 $CaCO_3$、$\alpha$-$Al(OH)_3$ 等］对上述处理剂的吸附量很小，不能满足填充要求，欲提高吸附量，可选用多价阴离子（例如 $PO_4^{3-}$ 或 $SiO_3^{2-}$ 等）“活化”，则吸附量可提高约 1 个数量级，从而满足了改性和填充的要求。

补充一个小实例。表面改性有时可提高黏土自水中吸附有机物的能力，以利于水环境的治理。刘莺等的实验结果表明，用 CTAB 吸附改性的蒙脱土可使自水中吸附芳烃的能力提高 10～20 倍[6]

上述结果充分说明了表面改性的重要性和必要性。从表面化学的角度设计并合成廉价的高效表面处理剂、积累吸附基础数据、掌握改性基本规律，并在此基础上发展系列产品和特定橡塑体系中的专用产品极为重要，这也是今后努力的方向。

最后，我们十分高兴地看到郑水林编著的《粉体表面改性》(修订版) 一书的出版（北京：中国建材工业出版社，2003)。全书包括粉体的表面物化性质、表面改性方法、设备、常用改性剂等，并在此基础上讨论了各类无机填料、催化材料、纳米粉体以及黏土的插层改性等，最后介绍了改性产品的检测与表征。应该说这是一本固体表面改性工作者的重要参考读物。

---

[1] 沈钟，邵长生，孙洪流等. 江苏化工，1955，(4)：13.
[2] 沈钟，邵长生，孙洪流等. 江苏化工，1996，(4)：16.
[3] 沈钟，邵长生，孙洪流等. 炭黑工业，1994，(3)：30.
[4] 沈钟，邵长生，孙洪流等. 化学工程师，1996，(2)：3.
[5] 这两种粉体均经吨级放大处理。
[6] 刘莺，刘学良，王俊德等. 环境化学，2002，21：116.

# 第九章

# 凝胶、气溶胶、泡沫和膜

溶胶在一定条件下可以形成凝胶。本章介绍凝胶和气溶胶的形成、结构、性质及应用；泡沫的形成与性质；泡沫的稳定性，起泡剂和消泡剂，泡沫驱中的应用；介绍膜及表面压，单分子膜，LB膜与自组装膜，BLM与模拟生物膜等性质和应用。

## 第一节　凝胶

### 一、凝胶的形成

从固体（干胶）或溶液出发都可能制得凝胶，由高分子交联形成的凝胶也称冻胶，本书不做严格区分，统一用凝胶一词。前者比较简单，干胶吸收亲和性液体后体积膨胀而形成凝胶，许多大分子物质都具这个特点。例如明胶在水中、硫化橡胶在苯中皆因吸收溶剂膨胀而形成凝胶。从溶液制备凝胶时不受此条件限制，无论是大分子还是小分子的溶液或溶胶，只要条件合适都能形成凝胶，但应满足两个基本条件：①降低溶解度，使被分散的物质从溶液中以“胶体分散状态”析出；②析出的质点既不沉降，也不能自由行动，而是构成骨架，在整个溶液中形成连续的网状结构。后一点很重要，否则即使溶解度降低而产生过饱和，如果条件控制不当，还有可能产生沉淀。

一般大分子物质由于分子链长而又柔顺易于搭成网架，故比通常的溶胶更易于形成凝胶。从溶液形成凝胶，与溶液的浓度、温度及电解质等因素有关。

**1. 改变温度**

许多物质（如洋菜、明胶、肥皂）在热水中能溶解，冷却时溶解度降低，质点因碰撞相互连结而形成凝胶，例如0.5%洋菜水溶液冷至35℃即成凝胶。也有因升温而转变成凝胶的，例如2%的甲基纤维素水溶液加热至50～60℃亦成凝胶。

**2. 加入非溶剂**

在果胶（是植物体中的多糖类物质）水溶液中加入酒精，可形成凝胶；将$Ca(Ac)_2$的饱和水溶液加入酒精中，亦制成凝胶。在这些试验中，应注意沉淀剂（酒精）的用量要合适，并注意快速混合，使体系均匀。固体酒精就是用这种方法将高级脂肪酸钠盐与乙醇混合制得的。

### 3. 加入盐类

在亲水性较大和粒子形状不对称的溶胶中，加入适量的电解质可形成凝胶。例如，在 $V_2O_5$（棒状质点）溶胶中，加入适量的 $BaCl_2$ 溶液即得 $V_2O_5$ 凝胶。

电解质引起溶胶胶凝的过程，可以看作是溶胶整个聚沉过程中的一个特殊阶段。现以电解质对 $Fe(OH)_3$ 溶胶的作用为例，来说明胶凝和聚沉之间的关系（图 9-1）。

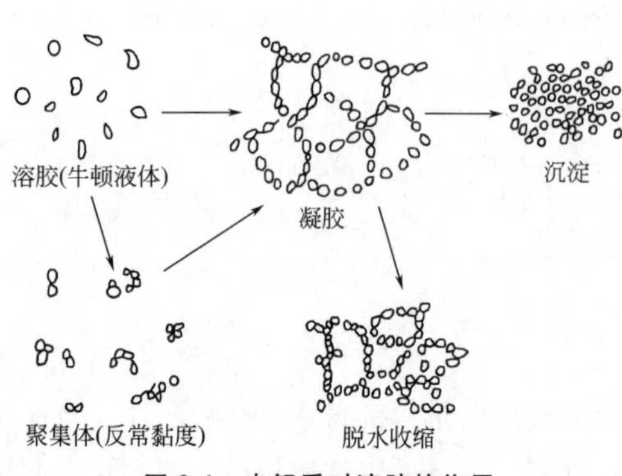

图 9-1　电解质对溶胶的作用

如图 9-1 所示，3.2％的 $Fe(OH)_3$ 溶胶是牛顿液体，在其中加入电解质 KCl（约为 $8mmol \cdot L^{-1}$）后则胶粒相连，部分地形成结构，因而出现反常黏度。当电解质增至 $22mmol \cdot L^{-1}$ 时，由于系统内部结构进一步发展，将整个分散介质包住，系统固化变成凝胶。此水凝胶静置一段时间，由于凝胶老化，质点间进一步靠近，一部分分散介质自水凝胶中析出，此即所谓的脱水收缩作用（syneresis）。当 KCl 浓度增至 $46mmol \cdot L^{-1}$ 时，溶胶发生聚沉，分散相以沉淀的形式析出。其他像白土等在电解质作用下也发生胶凝作用。

对于大分子溶液（如明胶溶液），加入盐类的浓度必须很高才能引起胶凝作用，这显然与盐析作用有关。典型的大分子电解质溶液的胶凝作用除与盐类浓度有关外，还与盐的性质、介质的 pH 值等因素有关。

### 4. 化学反应

利用化学反应生成不溶物时，如果条件合适也可以形成凝胶。不溶物形成凝胶的条件是：①在产生不溶物的同时生成大量小晶粒；②晶粒的形状以不对称的为好，这样有利于搭成骨架。以 $Ba(SCN)_2$ 与 $MnSO_4$ 作用为例，当二者浓度很稀时，相混可得粒度小至几十纳米的 $BaSO_4$ 溶胶；在中等浓度时，二者相混有沉淀析出；若二者为饱和溶液，由于生成的 $BaSO_4$ 浓度很大，相混可得 $BaSO_4$ 凝胶，此法制得的凝胶不太稳定。

在煮沸的 $FeCl_3$ 浓溶液中加入 $NH_4OH$ 溶液，亦可制得 $Fe(OH)_3$ 凝胶。其他像硅酸凝胶、硅铝凝胶等都是借化学反应生成的。

一些大分子溶液（主要是蛋白质等）也可以在反应过程中形成凝胶。例如在加热时，鸡蛋清蛋白质分子发生变性，从球形分子变成纤维状分子，这当然有利于形成凝胶，这就是鸡蛋白加热凝固的原因。血液凝结是血纤维蛋白质在酶作用下发生的胶凝过程。凝胶渗透色谱（GPC）中常用的有机聚苯乙烯凝胶也是通过苯乙烯与交联剂二乙烯苯在适当条件下经聚合反应而制得的。

## 二、凝胶的结构

凝胶具有三维的网状结构。视质点形状和性质不同，所形成的网状结构有如图 9-2 所示的 4 种类型。

由图 9-2 可见，不同凝胶结构间的区别主要表现在质点形状、质点的刚性或柔性和质点之间联结的特殊方式等 3 个方面。

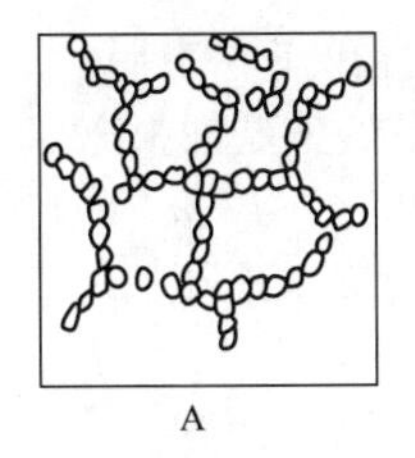
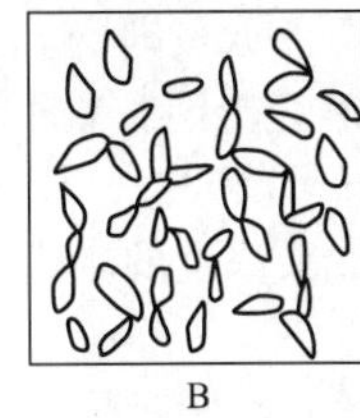
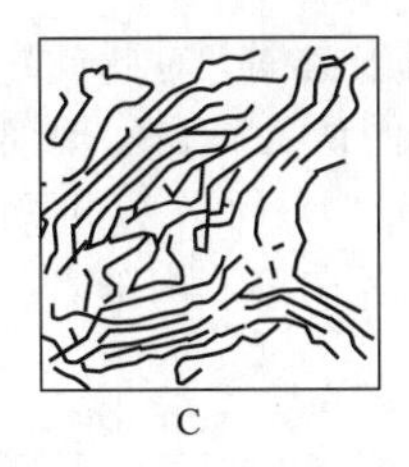
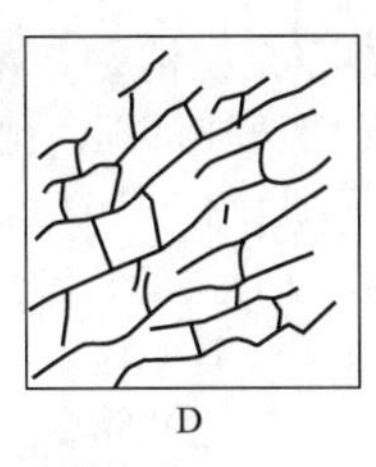


**图 9-2 凝胶结构的 4 种类型示意图**

A—球形质点相互联结，由质点联成的链排成三维的网架，如 $TiO_2$、$SiO_2$ 等凝胶；B—棒状或片状质点搭成网架，如 $V_2O_5$ 凝胶、白土凝胶等；C—线型大分子构成的凝胶，在骨架中一部分分子链有序排列，构成微晶区，如明胶凝胶、棉花纤维等；D—线型大分子因化学交联（chemical cross-linking）而形成凝胶，如硫化橡胶以及含有微量二乙烯苯的聚苯乙烯都属于此种情形

### 1. 质点形状

质点形状对形成凝胶所需的最低浓度值有明显的影响。形状越不对称，所需浓度越低。球形质点搭成骨架结构时所需要质点的体积分数（$\phi$）与质点的堆积情况有关。据计算，在堆积最松时（堆积配位数为 3，图 9-3），$\phi=0.056$，即分散相体积相对于总体积来说占 5.6%。

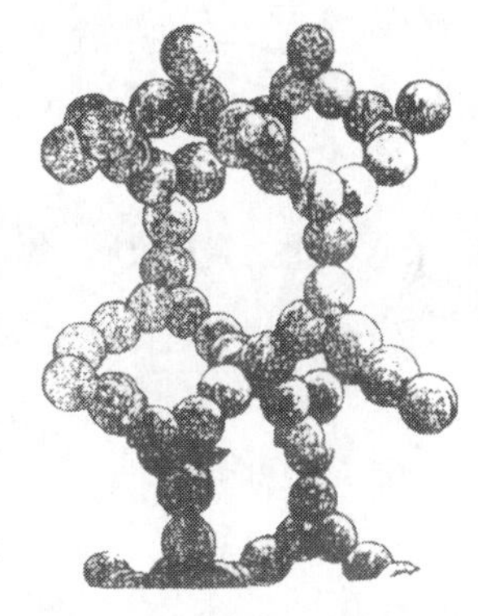

**图 9-3 配位数为 3 的球堆积**

实际上许多凝胶中分散相骨架所占体积分数远低于此值，这是由于质点形状不是理想的球体，而是很不对称的形状的缘故。例如，明胶形成凝胶的最低浓度为 0.7%～0.9%，洋菜的为 0.2%，$V_2O_5$ 溶胶的为 0.005%。胶凝时质点形状固然重要，但还必须相互连结成网状结构，否则不能形成凝胶。例如，通常的火棉胶（collodion）溶胶是具有线型分子（长径比 $L/D=100\sim500$）的硝化纤维在乙醚和乙醇的混合溶剂中所形成的溶液，其浓度高达 4%仍不胶凝。

### 2. 质点的柔性或刚性

柔性大分子通常形成弹性凝胶，而刚性质点形成非弹性凝胶，这两类凝胶的许多性质都不一样。

### 3. 网状结构中质点联结的性质

质点联结的性质对凝胶性质有很重要的影响，下面分 3 种情形讨论。

(1) 靠质点间的分子吸引力（Van der Waals 力）形成结构　这类结构不稳定，往往具有触变性，在外力作用下结构遭到破坏，静置后又可复原。如 $Fe(OH)_3$、$Al(OH)_3$、白土等凝胶即属于此类结构。线型大分子靠范德华力形成的凝胶也属此种类型，如未经硫化的天然橡胶、未经交联的聚苯乙烯等。这类凝胶吸收液体膨胀时，因质点间联结力很弱，最后将转变为溶胶，这时凝胶结构遭到破坏，发生无限膨胀。

(2) 靠氢键形成结构　这类凝胶主要是蛋白质类，如明胶等。这类凝胶的结构较前类牢固些，所以也比较稳定。在水凝胶中所含液体量较大，并具有一定弹性。靠氢键形成内部结构时，分子链可以部分平行排列成束，形成局部有序结构。由于结构比较牢固，干明胶在室温下只能发生有限膨胀，但加热时可转变为无限膨胀。

(3) 靠化学键形成网状结构　这类结构非常稳定。若形成网状结构的单元是线型大分子，则此类凝胶在吸收液体后只能发生有限膨胀，加热后也不会变成无限膨胀，如硫化橡胶以及上述有化学交联的聚苯乙烯等凝胶均是这种情况。若形成网状结构的单元是刚性质点，则此类凝胶（如 $SiO_2$ 干胶）吸收液体后，即使加热也无膨胀作用，这是因为质点间形成了 Si—O—Si 共价键。

任何硅酸凝胶皆由硅酸聚合成硅溶胶，硅溶胶再经胶凝形成硅酸水凝胶。硅酸的聚合过程并没有完全搞清楚，戴安邦等[1]对此问题作了大量研究，提出了在不同 pH 值的范围内，硅酸聚合的两种机理。他们认为，在水玻璃溶液中不存在简单的偏硅酸根离子 $SiO_3^{2-}$，偏硅酸钠的实际结构式为 $Na_2(H_2SiO_4)$ 和 $Na(H_3SiO_4)$。因此，在溶液内的负离子，只有 $H_2SiO_4^{2-}$ 和 $H_3SiO_4^-$，两者在溶液内随着外加酸浓度的增高而逐步地与 $H^+$ 结合：

$$\underset{(1)}{H_2SiO_4^{2-}} \xrightarrow{H^+} \underset{(2)}{H_3SiO_4^-} \xrightarrow{H^+} \underset{(3)}{H_4SiO_4} \xrightarrow{H^+} \underset{(4)}{H_5SiO_4^+}$$

$$\underset{(1)}{\left[\begin{matrix} & O & \\ HO- & Si & -OH \\ & O & \end{matrix}\right]^{2-}} \quad \underset{(2)}{\left[\begin{matrix} & OH & \\ HO- & Si & -OH \\ & O & \end{matrix}\right]^{-}} \quad \underset{(3)}{\left[\begin{matrix} & OH & \\ HO- & Si & -OH \\ & OH & \end{matrix}\right]} \quad \underset{(4)}{\left[\begin{matrix} & OH & \\ HO- & Si & -OH \\ & OH_2 & \end{matrix}\right]^{+}}$$

在碱液和稀酸溶液内，原硅酸（orthosilicic acid）（**3**）和－1 价的原硅酸离子（**2**）间进行氧联反应，生成硅酸的二聚体（dimer）：

$$\left[\begin{matrix} & OH & \\ HO- & Si & -OH \\ & O & \end{matrix}\right]^{-} + \left[\begin{matrix} & OH & \\ HO- & Si & -OH \\ & OH & \end{matrix}\right] \rightleftharpoons \begin{matrix} & OH & & OH & \\ HO- & Si & -O- & Si & -OH \\ & OH & & OH & \end{matrix} + OH^-$$

此二聚体又可进一步与（**2**）作用生成三聚体、四聚体等多硅酸（polysilicic acid）。在形成多硅酸时，Si—O—Si 链也可以在链的中部形成，这样可得到支链多硅酸。多硅酸进一步聚合便形成胶态二氧化硅（colloidal silica）质点，也就是通常所说的 $SiO_2$ 溶胶。按 Carman 的观点，可用图 9-4 表示由硅酸聚合成胶态二氧化硅质点的聚合作用。

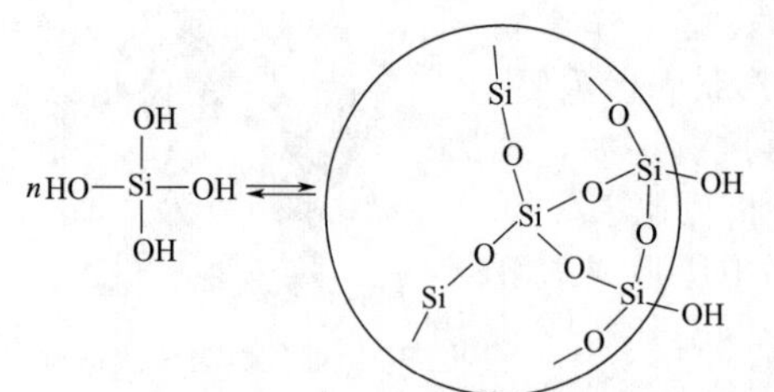


**图 9-4　胶态 $SiO_2$ 质点形成示意图**

但在浓酸溶液（pH＜2）中，硅酸根离子的配位数为 6，此时硅酸分子和＋1 价硅酸离子间进行羟联反应，形成双硅酸：

$$\left[\begin{matrix} & OH & \\ HO- & Si & -OH \\ & O & \end{matrix}\right]^{-} + \left[\begin{matrix} & OH & \\ HO- & Si & -OH \\ & OH & \end{matrix}\right] \rightleftharpoons \begin{matrix} & OH & & OH & \\ HO- & Si & -O- & Si & -OH \\ & OH & & OH & \end{matrix} + OH^-$$

由双硅酸、三硅酸……多硅酸一直聚合下去，便生成硅溶胶或硅凝胶。

研究表明，胶态 $SiO_2$ 质点是由无序排列的硅氧四面体所组成，粒子内部无孔隙，粒子表面为羟基所覆盖，视介质 pH 值不同而有不同的表面电荷以及不同程度的溶剂化膜，因而其稳定程度不同。

硅溶胶在胶凝过程中，粒子可以进一步长大，但当溶胶中 $SiO_2$ 含量超过 1%时，这些原粒子（primary particles）可相互凝结形成十分开放而连续的凝胶结构，在此凝胶中粒子可继续缩合形成 Si—O—Si 键，这就使体系具有一定的刚性。水凝胶在干燥过程中，粒子间进一步靠近，从而骨架收缩，形成三维的具有网状结构的 $SiO_2$ 干胶，亦即通常所说的硅胶（silica gel）。硅胶表面有 SiOH 基（silanol group），近年来，用扫描电子显微镜研究观察到硅胶中细小球形颗粒的堆积。硅酸铝凝胶的结构与硅胶相似。

弹性凝胶或大分子凝胶的结构比较复杂，它与胶凝速度、老化程度等因素有关。大分子溶液的胶凝过程与自溶液中的结晶过程有些相似。由于线型大分子链很长，形状弯曲，容易相互缠

[1] 戴安邦，陈荣三等. 南京大学学报（化学版），1963，(1)：1.

结，所以在“结晶”时长链不能完全舒展，只能在较小的区域内发生有序的取向排列，这就是通常所说的大分子凝胶具有微晶结构的特征。在这样的凝胶结构中，晶区与无定形区相间，同一大分子链可以参与许多微晶区的形成。微晶区的大小和数目与胶凝条件及凝胶的老化程度有关。若胶凝速度快、溶液浓度大，则所成凝胶中的晶区细小［图 9-5(a)］；反之，若胶凝速度缓慢，溶液浓度较稀时，将有利于形成粗大的晶区［图 9-5(b)］。当然，无论在哪种情况下，大分子链的有序和无序排列之间都存在着许多过渡情形。

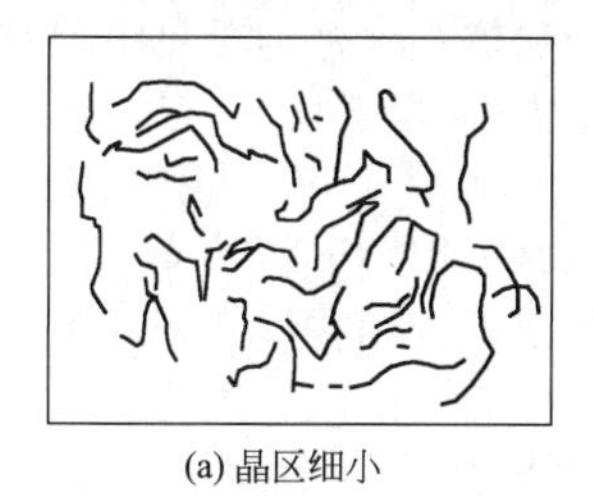

(a) 晶区细小

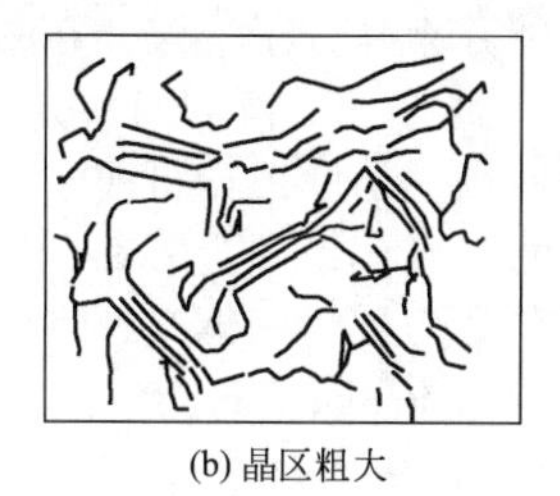

(b) 晶区粗大

**图 9-5　两种凝胶晶区大小的比较**

大分子凝胶结构中微晶区的存在已为 X 射线分析结果所证实。凝胶在老化过程中，在 X 射线图上晶区衍射线的强度与清晰度均有增强，说明老化过程中无定形部分可以进一步重排，使微晶区得以长大。

## 三、凝胶的性质

### 1. 触变作用

在浓 $Fe(OH)_3$ 溶胶中加入少量电解质时，溶胶的黏度增加并转变为凝胶；将此凝胶稍加振动，便等温可逆地转变为溶胶；静置后又成凝胶。此种操作可重复多次，并且溶胶或凝胶的性质均没有明显的变化。这种现象就是以前提过的触变作用（thixotropy）。触变作用实际上是从有结构的体系转变为“无结构”的体系，此种变化可表示为：

$$\text{凝胶} \underset{\text{静置(胶凝作用)}}{\overset{\text{摇动(触变作用)}}{\rightleftharpoons}} \text{溶胶(等温)}$$

由于在外力作用下体系的黏度减小，流动性变大，因此这个现象习惯上也称为切稀。

试验表明，$Al(OH)_3$、$V_2O_5$ 白土凝胶等均有明显的触变或切稀现象。

油漆、钻井用泥浆、药膏以及抗菌素油剂等都要求有一定的触变性能。

值得注意的是，具有触变性的溶胶转变为凝胶时，必须静置一定时间，这意味着凝胶结构的恢复有个时间过程，而不能立即恢复。从切力-切速关系（即$\tau$-$D$ 曲线）来看，应有如图 9-6 所示的结果，即它具有明显的逆时针方向的触变滞后圈（hysteresis loop），这也说明触变性与时间有关，其大小与滞后圈面积成正比。

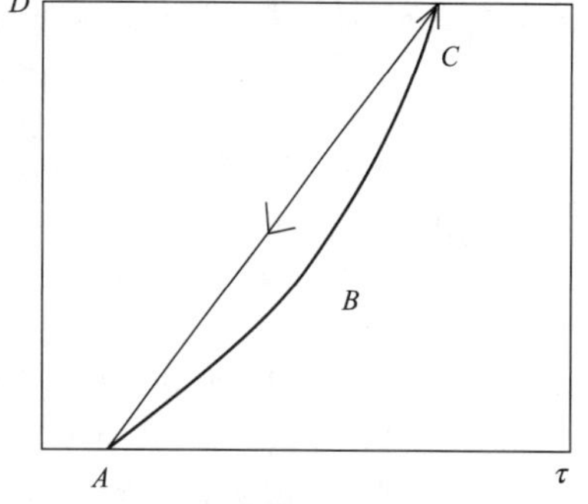


**图 9-6　触变流型的滞后环**

关于触变过程的机理，主要有两种观点：一种观点认为颗粒上有离子，因而有电性吸引和排斥作用，在某种距离时这两种力达到平衡而形成结构。这种说法对于非水介质不很合适，而且不能解释为何非球形颗粒（如棒状或片状的）特别易于表现出触变性。第二种观点认为颗粒之间搭成架子，流动时架子被拆散，之所以存在触变性，是因为被拆散的颗粒再搭成架子时需要时间。因为颗粒的末端及边缘吸引特别强烈，故此种架子理论能说明为什么棒状和片状颗粒较之球形颗粒更易于表现出触变性。

凝胶摇动转变为溶胶后，切力使颗粒定向，但布朗运动又使定向的颗粒之末端或边缘连接在一起而结合，这一结合过程需要时间。

架子理论不能说明现时所知的一切现象，例如，石英粉的悬浮体无触变性，当加入一些极细的 $Al_2O_3$ 粉末时体系即显触变性。

与触变作用相反的现象是负触变作用。此体系的基本特点是在外力（切力或切速）作用下体系的黏度升高，但静置一段时间后黏度又恢复原状，且$\tau$-$D$ 曲线上出现顺时针方向的滞后圈。显然，负触变现象正好与触变性相反，是一种具有时间因素的切稠现象。

具有负触变性的体系绝大部分为高分子溶液，在悬浮分散体系内极为罕见。但在钠蒙脱土、$SiO_2$ 等悬浮分散体系中加入高分子溶液（如部分水解的聚丙烯酰胺），在一定条件下也会出现负触变性。关于负触变性产生的原因，目前常用"聚集作用"（高分子在流动时能聚集为双分子粒子）等理论来说明。当体系中含有黏土等微粒时可用"屏蔽效应"说明。此理论认为体系处于静止状态时，若高分子对固体微粒有弱的吸附力，则在一定程度上屏蔽了高分子之间的吸引力，故体系的黏度较低；当体系流动或在外力作用下，由于微粒的弱吸附性，它们会从高分子上逐渐脱附，从而高分子间的吸引力增强，故黏度上升，产生负触变性❶。

**2. 离浆作用**

大分子溶液或溶胶胶凝后，凝胶的性质并没有全部被固定下来。随着时间的延续，凝胶的性质仍在继续变化的现象通常称为老化（aging）。凝胶老化的表现形式之一是离浆，也叫脱水收缩（syneresis）。离浆就是水凝胶在基本上不改变外形的情况下，分离出其中所包含的一部分液体，此液体是大分子稀溶液或稀的溶胶。水凝胶产生离浆作用的原因，是由于溶胶在形成具有网状结构的凝胶后，粒子之间的距离还不是最小的，粒子之间仍继续相互作用，使粒子进一步靠近和更完全地定向，从而使凝胶的骨架收缩（图 9-7），于是一部分液体被从粒子间挤压出来，产生"出汗"离浆现象。

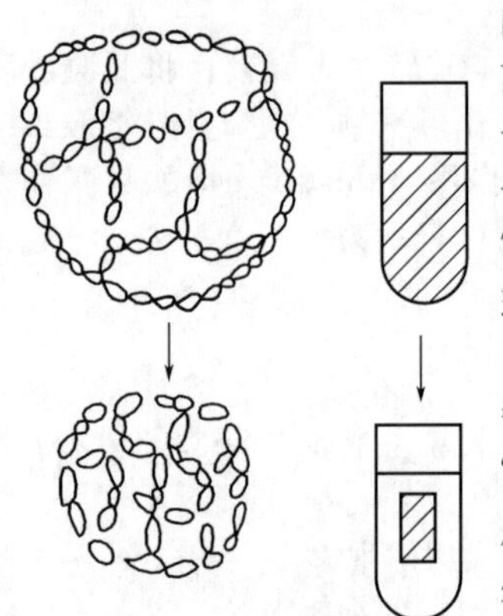

**图 9-7 凝胶的离浆**

无论是弹性凝胶（如明胶）还是非弹性凝胶（如硅酸水凝胶等）都有离浆作用。日常生活中常见到的冬瓜或西瓜久置后流"水"，就是因为部分网架腐烂，使液体从网眼中流出；豆腐放置后就会排出"水"；稀饭胶凝后久置，特别在夏天也有离浆现象。生物体中的离浆作用对研究人体衰老过程具有重要意义。

水凝胶的离浆作用是自发的过程，其离浆速度是粒子间距离的函数，因此也是浓度的函数。随着浓度的增高、粒子间距离的缩短，离浆速度也增大。从原则上说，离浆速度可表示为：

$$U_{离浆}=\frac{\mathrm{d}l}{\mathrm{d}t} \tag{9-1}$$

式中，$l$ 为粒子间的距离；$t$ 为时间。式(9-1) 在实际应用时不方便，通常采用单位时间内分离出来的液体量来度量离浆速度，并采用以下方程式：

$$U_{离心}=\frac{\mathrm{d}V}{\mathrm{d}t}=K(V_{\max}-V) \tag{9-2}$$

式中，$V$ 为时间 $t$ 内分离出的液体体积；$V_{\max}$ 为能够分离出的最大液体体积；$K$ 为离浆常数。显然，差值（$V_{\max}-V$）与浓度成正比。曾有人以天竺葵凝胶在 0.1mol・$L^{-1}$ NaCl 溶液中的离浆速度来证明式(9-2) 的正确性（表 9-1 数据）。实验证明，在其他条件相同时，稀凝胶趋向于脱水收缩，其速度随凝胶浓度的增加而增大，亦即浓凝胶脱水收缩作用完成较快。

❶ 陈宗淇等. 化学通报，1991，(2)：31.

**表 9-1　天竺葵凝胶的离浆速度**

| 持续时间/h | 分离出的液体量/ml | $K=\frac{l}{t}\ln\frac{V_{max}}{V_{max}-V}$ | 持续时间/h | 分离出的液体量/ml | $K=\frac{l}{t}\ln\frac{V_{max}}{V_{max}-V}$ |
| --- | --- | --- | --- | --- | --- |
| 3 | 1.0 | 0.0228 | 48 | 6.3 | 0.0227 |
| 12 | 3.0 | 0.0227 | 72 | 6.8 | — |
| 24 | 6.0 | 0.0370 | | | |

凝胶的脱水收缩作用是自发过程，弹性凝胶的离浆作用是“可逆的”的，它是膨胀作用的逆过程。水凝胶脱水收缩后所析出的液体量，理论上应等于固体高聚物膨胀时所能吸收的液体量。用 $V_{凝}$ 代表凝胶体系的总体积，$V_{分}$ 代表分散相的体积（其中也包括与分散相结合的液体体积），根据 $V_{凝}$ 和 $V_{分}$ 的大小可以判定凝胶是处于离浆还是膨胀过程：

若 $V_{凝}>V_{分}$，则可观察到凝胶离浆；

若 $V_{凝}<V_{分}$，则可观察到凝胶膨胀；

若 $V_{凝}=V_{分}$，则凝胶既不膨胀也不离浆。

多数凝胶的离浆作用是不完全可逆的，如明胶、洋菜等。产生不完全可逆的原因，是因为这类物质的化学性质往往不均匀，经常是分子量不同的混合物，且容易发生某些副反应。

非弹性凝胶（例如硅酸水凝胶）离浆是不可逆的，往往按溶胶→凝胶→浓缩凝胶→致密沉淀这一过程进行。引起不可逆的原因，主要是由于凝胶中粒子间发生进一步的强相互作用（包括粒子表面羟基间的脱水）。

温度升高能加速离浆作用。例如，天竺葵凝胶在 25℃以下于 5 天内脱水收缩可达到平衡；在 6℃则需 24 天。添加电解质或其他聚沉剂都能促进离浆作用。例如，天竺葵凝胶加 NaCl、明胶加醚类化合物时，都促进离浆。蛋白质弹性凝胶在其等电状态附近也容易发生离浆作用。

最后要注意的是，离浆不同于物质在干燥处理时的失水，因为在潮湿的空气中和低温下也可以发生离浆。

### 3. 膨胀作用

凝胶的膨胀（亦称溶胀，swelling）作用，是指凝胶在液体或蒸气中吸收这些液体或蒸气时，使自身质量、体积增加的作用。膨胀作用是弹性凝胶所特有的性质。

凝胶在介质中膨胀有选择性。膨胀有“无限膨胀”和“有限膨胀”两种类型，这两种情况也不是绝对的，改变条件可以改变这两类膨胀的性质。例如，明胶在 20℃水中为有限膨胀，但加热到 40℃或在室温下，令其于 $2mol\cdot L^{-1}$ KSCN 或 $2mol\cdot L^{-1}$ KI 水溶液中膨胀，均发生无限膨胀。

（1）膨胀度

膨胀度（degree of swelling）是指一定条件下，单位质量或单位体积凝胶所能吸收液体的极限量，其定义式为：

$$S=\frac{m_2-m_1}{m_1} \tag{9-3}$$

或

$$S=\frac{V_2-V_1}{V_1} \tag{9-4}$$

式(9-3) 中，$S$ 为膨胀度；$m_1$、$m_2$ 分别为膨胀前和膨胀后凝胶的质量。式(9-4) 中，$V_1$、$V_2$ 分别为膨胀前后凝胶的体积。

凝胶的膨胀度随凝胶和液体的性质不同而异。温度升高，膨胀度增大。

（2）膨胀速度

膨胀的发生不是瞬时的，达到膨胀平衡要有一个过程。实验发现凝胶的膨胀速度符合一级反应的动力学方程式：

$$\frac{dS}{dt}=K_{膨}(S_{max}-S) \tag{9-5}$$

式中，$S$ 为膨胀度，即 1g 凝胶在膨胀时间为 $t$ 时吸收的液体量；$S_{max}$ 为吸收液体的最大量（平衡态下）；$K_{膨}$ 为膨胀速度常数。由式(9-5) 可见，膨胀速度 $dS/dt$ 与 $S_{max}-S$ 成正比，即开始时膨胀速度最大，而后逐渐减小，接近最大膨胀度时速度为零。这与固体在液体中溶解相似，所不同的是，在这种情况下仅是低分子溶剂往凝胶中扩散。

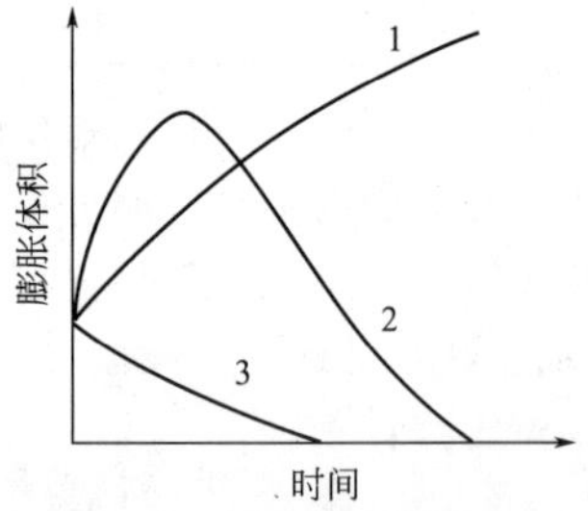

图 9-8 膨胀的几种情形

1—无溶解的膨胀；2—同时有溶解的膨胀；3—仅有溶解

将式(9-5) 积分，得

$$K_{膨}=\frac{1}{t}\ln\frac{S_{max}}{S_{max}-S} \tag{9-6}$$

$$\lg(S_{max}-S)=\left(-\frac{K_{膨}}{2.303}\right)t+\lg S_{max} \tag{9-7}$$

显然，以 $\lg(S_{max}-S)$ 为纵坐标，以 $t$ 为横坐标作图，应得一直线，由直线之斜率可以求得 $K_{膨}$，由直线截距可以求得 $S_{max}$。试验证明，现今的超强吸水剂（如淀粉接枝丙烯腈等）在水中的膨胀完全符合此规律。明胶在水中的膨胀数据也符合关系式(9-6)，具体数据见表 9-2。在许多情况下，明胶膨胀还伴有溶解，在这种情况下，式(9-6) 不适用。因此，膨胀作用不是一个简单的过程，实验测定的膨胀体积和时间的关系比较复杂（图 9-8）。

**表 9-2 明胶在水中的膨胀数据**

| 膨胀时间/min | $S$/ml | $K_{膨}$ | 膨胀时间/min | $S$/ml | $K_{膨}$ |
|---|---|---|---|---|---|
| 5 | 0.6050 | 0.0045 | 20 | 1.6256 | 0.0041 |
| 10 | 1.0457 | 0.0043 | 25 | 1.8067 | 0.0037 |
| 15 | 1.3568 | 0.0040 | ∞ | 2.1120 | — |

(3) 膨胀机理

凝胶的膨胀可分为两个阶段。

第一阶段——形成溶剂化层。即溶剂分子很快地钻入凝胶中，与凝胶大分子相互作用形成溶剂化层。这个阶段时间很短，速度快，表现出以下特征。

① 系统蒸气压很低。最初进入的溶剂分子与凝胶中的大分子相互作用形成溶剂化层，使溶剂分子的活度大大降低，故系统的蒸气压很低，并且这部分液体与大分子结合紧密，很难完全除去。

② 体积收缩。凝胶膨胀时，凝胶的体积增大，但就整个系统说，其增量比吸收的液体体积为小，也就是说，系统的体积是收缩的，这是因为溶剂化层中的分子排列相当紧密的缘故。

③ 热效应。凝胶膨胀时放出的热叫膨胀热，膨胀热可以直接测量。人们测得的膨胀热往往是积分膨胀热，即 1g 干胶吸收一定量（1g）液体膨胀时所放出的总热量。

凝胶的微分膨胀热的最大值和低分子物质的微分溶解热相近（磷酸和硫酸在水中 $q_0$ 值分别为 $628J\cdot g^{-1}$ 和 $2303J\cdot g^{-1}$），这是由于膨胀的第一阶段和溶解一样，其共同特点是溶质分子的真正溶剂化作用。

④ 熵值降低。在膨胀的开始阶段（如液体的吸收量约占干凝胶物质质量的 20%～40% 时），由于溶剂化层中液体分子排列有序，故体系的熵值降低。例如，25℃ 时骨胶朊的 $T(\Delta S)=-8457J\cdot mol^{-1}$。熵值降低值可据其他热力学数据 $\Delta H$ 和 $\Delta G$ 计算出来。

第二阶段——液体的渗透和吸收。在这个阶段中，液体的吸收量不是干胶质量的百分之几十（质量分数），而是几倍、几十倍，同时也没有明显的热效应和体积收缩现象。

在膨胀进行的第二阶段，需要较长时间使溶剂分子渗透到凝胶内部，这时凝胶表现出很大的压力，称为膨胀压（swelling pressure）。古代人在石头上钻孔，楔入木尖，然后用水浸泡木头使之膨胀，利用膨胀压力使石块裂开，就是这一现象的应用。

（4）影响膨胀因素

① 温度　温度升高，膨胀速度加快。膨胀的变化有两种情况。其一，当体系呈平衡态时（有限膨胀），升高温度，最大膨胀度减小，如纤维在碱溶液中膨胀就是这种情况。这主要是因为膨胀过程是放热的。其二，若温度升高，能使凝胶中质点联结强度减弱，则可使有限膨胀转变为无限膨胀，如明胶在水中的膨胀就是这种情况。

② 介质的 pH 值　蛋白质、纤维素等在水中膨胀时，介质的 pH 值影响很大。以明胶为例，其膨胀度与 pH 值的关系如图 9-9 所示。

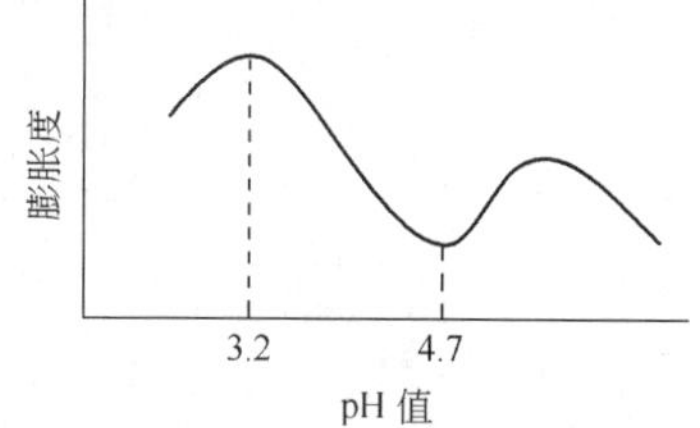

图 9-9　明胶的膨胀度与 pH 值的关系

曲线上有一个最低点、两个最高点，pH＝4.7 为其等电点，此时膨胀度最小。介质酸度或碱度增大时，膨胀度亦随之增大，经最大值后又下降。现今普遍采用 Donnan 膜平衡来解释 pH 值的影响。明胶是一种复杂的蛋白质，由各种氨基酸所组成。Procter 等认为，已经膨胀的凝胶具有半透膜性质，整个膜是多孔的，孔壁由蛋白质组成，壁上附着许多氨基和羧基；孔洞里充满了水，故将大块明胶放在盐酸水溶液中，盐酸溶液可以看作膜外的状态，细孔内的水和孔壁上的 $-NH_2$ 和 $-COOH$ 可视为膜内状态。

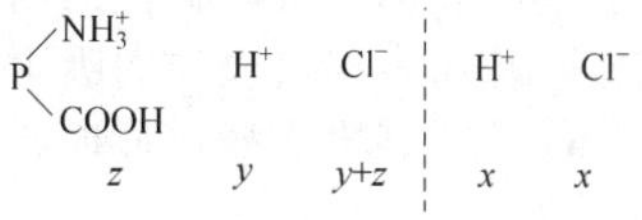

$P(NH_3^+)(COOH)$　$H^+$　$Cl^-$　┆　$H^+$　$Cl^-$

$z$　$y$　$y+z$　┆　$x$　$x$

图 9-10　离子在凝胶内外的分布

若 $P(NH_2)(COOH)$ 代表蛋白质分子，则蛋白质分子和 $H^+$ 的结合以及 $H^+$、$Cl^-$ 在膜两侧（即凝胶内外）的分布可用图 9-10 示意。此种分布是由于明胶浸入盐酸溶液后，膜外的 HCl 必然要进入膜内，且 $H^+$ 必然部分与 $-NH_2$ 结合成 $P(NH_3^+)(COOH)$，若平衡时，膜外 HCl 的浓度为 $x$，膜内 HCl 的浓度为 $y$，蛋白质离子 $P(NH_3^+)(COOH)$ 的浓度为 $z$，则据 Donnan 平衡：

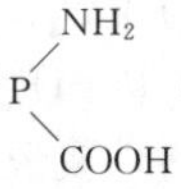

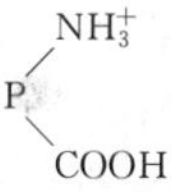

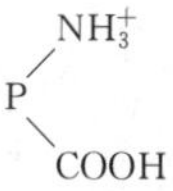

$$[H^+]_{外}[Cl^-]_{外}=[H^+]_{内}[Cl^-]_{内}$$

或

$$x^2=y(y+z) \tag{9-8}$$

凝胶在电解质溶液中之所以能够继续膨胀，是由于膜内离子浓度大于膜外离子浓度所引起的。此外，膜内能透过离子的浓度为 $(2y+z)$，膜外能透过的离子浓度为 $2x$，故膜内过剩的离子浓度为 $(2y+z)-2x$，这必然会产生额外的渗透压 $P_e$。据渗透压公式：

$$P_e=CRT=(2y+z-2x)RT \tag{9-9}$$

因为 $(2y+z)=\sqrt{(2y+z)^2}=\sqrt{4y^2+4yz+z^2}$，又据式(9-8) 得 $4x^2=4y^2+4yz$，将这些关系代入式(9-9)，得

$$P_e=(\sqrt{4x^2+z^2}-2x)RT \tag{9-10}$$

溶液中酸浓度增加时，对 $P_e$ 值可以有两种影响：溶液中酸浓度不大时，酸与蛋白质分子结合成盐，使 $z$ 增加，$P_e$ 也增加，这有利于膨胀；溶液中酸浓度很大时，孔壁上的蛋白质分子全部结合成蛋白质离子，过多的酸不再与蛋白质结合，这意味着溶液中的 $x$ 将较大，故 $P_e$ 减小。因此，如果从等电点时的蛋白质溶液开始（此时 $z$ 最小，$P_e$ 最小），逐渐往其中加入酸，开始因 $z$ 值变大膨胀度也增大，但不久，因 $x$ 值增大又使膨胀度减小，从而出现一个最大值。

人体被蜂或蚊叮咬后皮肤上出现肿块，许多人认为这是由于蛋白质凝胶在酸性介质（蚊

酸）中出现最大膨胀度的缘故。

用碱代替酸也能说明膨胀曲线的另一个极大值，在这种情况下，碱与蛋白质分子结合成蛋白质阴离子 $P\begin{matrix}NH_2\\COO^-\end{matrix}$。

③ 盐类　在膨胀过程中，盐类的影响很显著。例如，将明胶浸泡在浓度相同的下列诸钠盐溶液中，则各类盐对明胶膨胀的影响为 $SCN^- > I^- > Br^- > NO_3^- > ClO_3^- > Cl^- > CH_3COO^-$ ＞柠檬酸根＞酒石酸根＞ $SO_4^{2-}$。应当注意的是：$Cl^-$ 及其前列离子均促使膨胀（$SCN^-$ 最显著），而 $CH_3COO^-$ 以后的诸离子均使凝胶收缩，其中以 $SO_4^{2-}$ 最显著（图 9-11）。另外，这些结果只有盐浓度相当高以及介质 pH 为中性或弱碱性才适用。若为强酸性，则所有阴离子都能使膨胀作用减弱。总之，盐类的影响相当复杂，既与介质 pH 有关，还与盐的浓度有关。

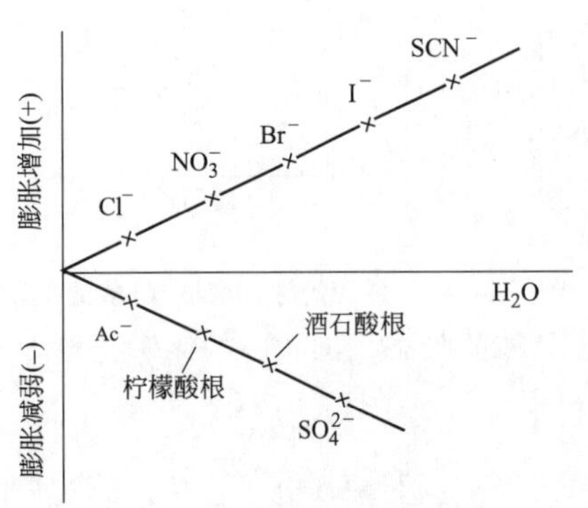


图 9-11　盐类对明胶膨胀的影响

(4) 其他　凝胶的老化程度、交联度等对凝胶的膨胀也有影响。毫无疑问，凝胶老化得越厉害，或交联度越高，膨胀度越小。

### 4. 吸附

一般来说，非弹性凝胶的干胶都具有多孔性的毛细管结构，因而比表面积较大，从而表现出较强的吸附能力。而弹性凝胶干燥时由于高分子链段收缩，形成紧密堆积，故其干胶几乎无可测量的孔度。

弹性凝胶的吸附。明胶、生胶、纤维素以及用苏打水煮过的棉花等弹性凝胶在水蒸气中都发生吸附。其吸附等温线的特点是，在整个相对水蒸气压力（$p/p_0$）范围内基本上都有弱的滞后现象（图 9-12）。当然，吸附等温线的类型也随体系的性质而不同，像洋菜吸附水蒸气为 BET 第Ⅱ型等温线，硫化橡胶在苯蒸气中的吸附等温线为第Ⅲ型，有的体系也会出现第Ⅳ型。所有弹性凝胶在低压力下的吸附量都相当小，这是因为它们的比表面积较之非弹性凝胶（如硅胶等）要小得多，例如，棉花、木材、羊毛等，其比表面积仅数平方米每克。在高的相对水蒸气压力下吸附量迅速增大，这是因为在吸附过程中其结构逐渐被吸附质分子“撑开”，使表面更多地被暴露出来，产生毛细管凝结，在极端的情况下甚至会完全分开而形成液态溶液。这实际上就是以前讨论过的某些弹性凝胶的无限膨胀过程。

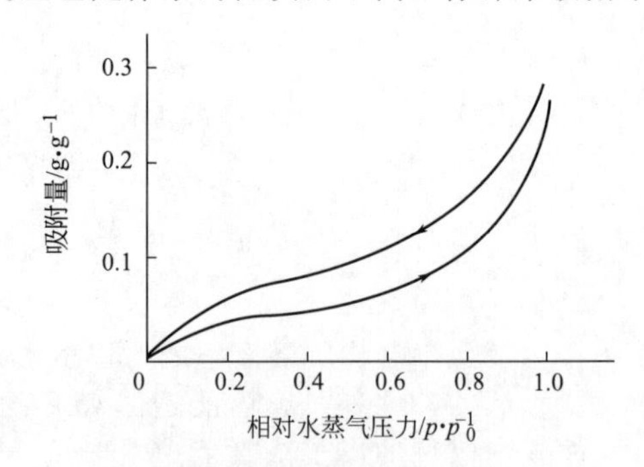


图 9-12　水蒸气在苏打水煮沸过的棉花上的吸附等温线（25℃）

关于弹性凝胶的吸附滞后现象，有一种看法认为是由于凝胶的膨胀引起的。吸附时，吸附越多，膨胀越大；脱附时，水蒸气压力逐渐降低，这时凝胶收缩，由于膨胀和收缩的力量不相等（收缩力小于膨胀力），于是产生滞后现象。利用吸附的膨胀作用来解释滞后现象早为人们提出。即使对于膨胀度很小的非弹性凝胶，也有人用这种观点来说明。特别有意思的是，Bangham 等用经过压紧的煤（coal，含碳 78.5%，粒度约为 72 目，所用压力为 42.75MPa）作水蒸气吸附试验，同时用膨胀仪（extensometer）测定样品在吸附水蒸气过程中的长度变化分数 $\Delta l/l$。他们发现，样品吸附等温线和膨胀等温线（swelling isotherm）很相似（图 9-13），这有力地支持了滞后现象的膨胀学说。

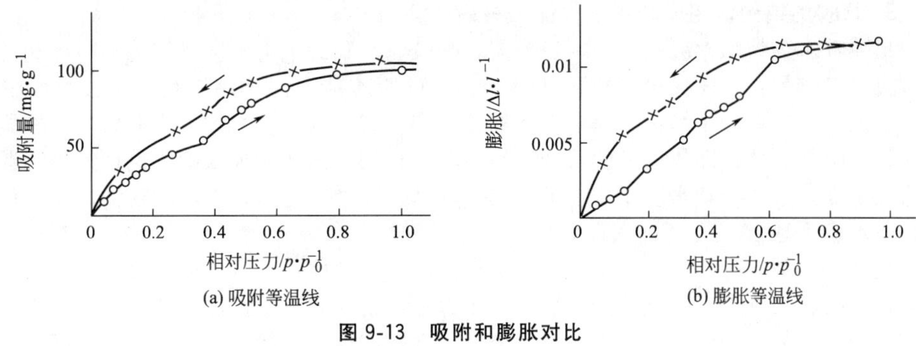


图 9-13 吸附和膨胀对比

○—吸附；×—脱附

## 四、高吸水性高分子凝胶

琼脂、明胶等水凝胶是人们所熟知的天然高分子物质。作为高吸水性材料不仅应含有相当多的亲水基团，而且本身还要不溶于水。20 多年来，人们研究了亲水性天然多羟基骨架高分子和亲水性合成高分子的接枝共聚体（例如淀粉-烯腈接枝共聚水解物、淀粉-丙烯酸接枝共聚物、纤维-丙烯腈接枝共聚高分子化合物、纤维羧基化聚合物），发现它们具有很高的吸水能力，这些聚合物的吸水量可达到自身质量的 500～1000 倍，最高的达 5300 倍。因此，可以认为它们是一种新型超强吸水性材料，可作为液体吸收剂、土壤保水剂、化妆品增稠剂等。这里介绍 H-SPAN 水凝胶的合成原理、制备实例和特性。

H-SPAN 是水解的淀粉和丙烯腈接枝物，它是以淀粉、丙烯腈为基本原料，以 $(NH_4)_2Ce(NO_3)_6$ 为引发剂，通过糊化（得糊化淀粉）接枝、水解（加碱）而制得的[1][2]。

### 1. 接枝聚合原理

按合成步骤，整个反应过程如下。

① 淀粉于 60～95℃糊化。糊化对产品性能的影响很大。糊化是淀粉颗粒在水中膨胀、分裂成为松乱的无规线团，并形成胶体溶液。

② 糊化淀粉在引发剂 $Ce^{4+}$（硝酸铈铵）作用下产生淀粉自由基（即淀粉分子中葡萄糖单元内引发产生碳自由基）。

③ 淀粉自由基再引发丙烯腈单体聚合，形成接枝共聚物

$$\text{淀粉自由基} + n\underset{\displaystyle CN}{CH_2{=}\underset{|}{CH}} \longrightarrow \text{淀粉}\!\left[\!CH_2{-}\underset{\displaystyle CN}{\underset{|}{CH}}\right]_n$$

④ 接枝共聚物的水解

$$\text{淀粉}\!\left[\!CH_2{-}\underset{\displaystyle CN}{\underset{|}{CH}}\right]_n \xrightarrow[90\sim100^\circ C]{NaOH} \text{淀粉}\!\left[\!CH_2{-}\underset{\displaystyle COONa}{\underset{|}{CH}}\right]_x\!\left[\!CH_2{-}\underset{\displaystyle CONH_2}{\underset{|}{CH}}\right]_y \quad (x+y=n)$$

### 2. 制造实例

取谷物淀粉（干燥）10g，加水 167ml，加热至 92～94℃糊化并同时通氮净化 1h，然后冷却至 25℃，加入 0.338g 硝酸铈铵与 3ml 浓度为 $1mol \cdot L^{-1}$ 的 $HNO_3$ 混合液，搅拌，10min 后加入丙烯腈 15g，混合物在氮气保护下搅拌反应 2h，然后加入 $0.5mol \cdot L^{-1}$ 的 NaOH 溶液 400ml，加热至 95℃皂化 2h，再用 $0.3mol \cdot L^{-1}$ 的 HCl（或 $H_2SO_4$）溶液中和至 pH 值为 2～3，用离心机分离，洗涤后产物用 NaOH 溶液调至 pH 值为 7.6，在 110℃下干燥 18h，用粉碎机粉碎，产品的吸水率为 $1200g \cdot g^{-1}$，吸尿 $61g \cdot g^{-1}$。

---

[1] 王果庭，于元章，姚克俊等. 第二届全国胶体与界面化学研讨会论文摘要汇编. 济南：1985.

[2] 邹新禧. 超强吸水剂. 北京：化学工业出版社，1991.

### 3. 凝胶的结构、组成和吸水性能的关系

超强吸水剂为弹性凝胶，吸水后形成水凝胶。凝胶的种类不同，结构不同，其吸水能力相差很大。例如，上述淀粉接枝丙烯腈水解物的吸水能力高于用纤维素接枝丙烯腈的水解物。这是由于二者分子结构有差别，造成接枝和水解程度不同所致。又如聚丙烯酸盐交联物及聚乙烯醇交联物，即使二者的聚合度和交联度相同，前者的吸水能力也远大于后者，这是因为离子性聚合物的亲水性比非离子性聚合物强。同样，在离子性聚合物中，离子化程度越高，吸水能力越强。

超强吸水剂应有很强的吸水能力，但从使用角度考虑，它应不溶于水。聚丙烯酸类吸水剂有很强的吸水能力，但易水溶。欲使其成为水不溶性的，必须加入某种交联剂使其成为交联化合物。又如上述淀粉接枝丙烯腈共聚物虽有较高的吸水能力，但吸水后不仅凝胶的强度较差，且有部分吸水剂溶解。为解决此问题，合成时应加入适量交联剂甲醛（或环氧氯丙烷等），先制成淀粉-醛衍生物，然后再加单体进行接枝聚合（也可先接枝聚合再交联）。适度交联不仅能提高吸水剂的强度，吸水性能也可有所提高，例如用此法制得的所谓吸水硬胶体其吸水能力高达 $3000mL \cdot g^{-1}$。应当注意，在制备超强吸水剂时，同种类型凝胶的一般规律是：交联度增加，吸水能力降低；但交联度太低，又可使凝胶吸水时成为无限膨胀。

关于凝胶的吸水机理和水凝胶中水的性质和状态，王果庭等曾用量热法、核磁共振、差式扫描量热法（DSC）、吸取压等方法进行过探讨。他们认为凝胶的吸水可能以微孔吸附为主，另外还有渗透压、氢键等作用。水凝胶中的水按作用力的强弱可分为 4 种状态：①靠氢键与吸水剂相互作用的水；②亲水基团周围的极化水层；③网络微孔中的水；④颗粒间隙和大孔中的水。在这 4 种状态的水中。①、②仅占很小一部分，含量在 $5g \cdot g^{-1}$ 聚合物以下，但与聚合物的作用力很强。第③部分水，含量可达百分之几十，但其运动受到了限制。第④部分水，含量也很大，它虽存在于凝胶中，但能自由运动，和体相水的性质毫无区别。

## 五、凝胶中的扩散和化学反应

水凝胶中的水是连续相（构成凝胶骨架的分散相也是连续相）。从这个角度看，凝胶和液体一样，可以作为在其中进行各种物理过程和化学反应的介质。前者如导电和扩散等，后者可以是凝胶中的物质和外加溶液间的化学反应，也可以是两种溶液在凝胶中进行化学反应。

### 1. 扩散作用

物质在凝胶中的扩散与凝胶浓度、结构以及扩散物质的本性有关。在低浓度凝胶中，低分子物质的扩散速度与在纯液体中的扩散速度几乎没有差别［例如 NaCl 在浓度小于 2%（质量分数）的明胶或洋菜中扩散时，与纯水中的扩散系数相同］；而凝胶的浓度越高，物质的扩散速度越慢。后者的原因有二：①因为凝胶有骨架，物质在其中的扩散途径变得弯曲，从而延长了扩散时间；②凝胶浓度增加后，结构中的空隙变小，特别是在水化层中的运动更受阻碍，使扩散速度减慢。

由于物质在浓凝胶中的扩散速度减慢、在凝胶中无机械扰动和液体的对流等现象，故在凝胶中对结晶特别有利，易于获得大的晶体。例如以 $Pb(Ac)_2$ 和 KI 在溶液中反应时，只能得到颗粒极细的 $PbI_2$ 沉淀；而在凝胶中反应时，则可得到叶片状的大结晶。

物质在凝胶中扩散时，常伴有吸附现象，这当然会使扩散速度减慢。纤维（是一种凝胶）的染色也与吸附作用有关。

另外，扩散分子的大小对扩散速度的影响也很大。分子越大，其在凝胶中的扩散速度越慢，尤其是在浓凝胶中更为显著，例如大于 20nm 的溶胶粒子在凝胶中几乎是不扩散的。因此利用已知大小胶粒的扩散作用，可以确定凝胶中空隙的大小；反之，也可以判断扩散物质的分子大小。

凝胶中若含有电解质，凝胶是可以导电的，若无吸附作用和化学反应且凝胶浓度不大

时，电解质在凝胶中的电导值与纯水相同。当凝胶浓度很大时，由于离子迁移速度减小，电导值也将下降。

### 2. 凝胶的化学反应，Liesegang 环现象及应用

若某物质在凝胶中只有扩散作用，没有该物质与成胶物的化学反应时，扩散物的浓度沿扩散方向由高向低分布，即从高浓度向低浓度扩散。在凝胶中，单纯的扩散现象是很少见的，因为经常同时进行着吸附作用和扩散物与成胶物的化学作用。由于凝胶网状结构中包容的液体不能自由流动，因而也没有对流和混合作用。当扩散物与凝胶中的某些物质发生生成不溶物的化学反应时，此处凝胶中反应物浓度减小，引起周围凝胶中反应物向发生反应处扩散，从而降低了附近凝胶中反应物浓度，使得扩散物继续扩散，不能与反应物生成连续的不溶性沉淀物。因此，在凝胶中因扩散物与凝胶中某些反应物发生沉淀反应时常生成一层层间歇性沉淀，层与层间没有沉淀物生成。这种层状或环状沉淀物（图像）称为 Liesegang 环[1]（见图 9-14）。该现象是 1896 年德国化学家、摄影师 R. E. Liesegang 发现的。

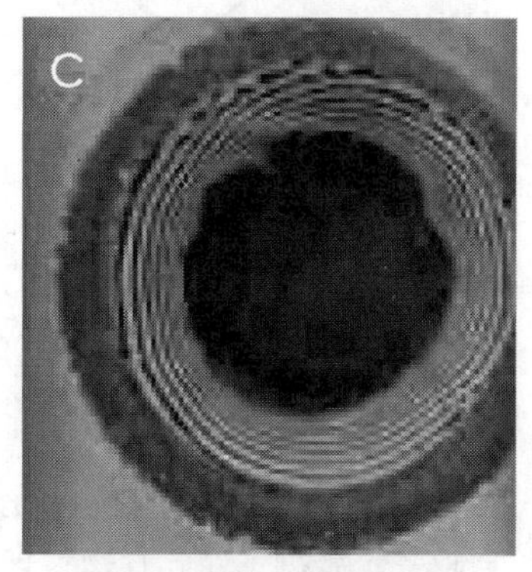

图 9-14 Liesegang 发现的周期性沉淀图像

Liesegang 环的形成实际上并不限于常规凝胶中，在孔性介质、毛细管、动植物组织，甚至矿物中都可以出现这种现象。换言之，只要在无对流体系中有扩散物和体系中某种物质生成沉淀物的化学反应的条件下就可能出现 Liesegang 环现象。如天然玛瑙和宝石中的层状条纹、树木的年轮、动物体内的结石层状条纹都是类似 Liesegang 环的不溶物的间歇层。从形成环结构的体系看，它们的共同特点是：①反应介质不再是液态的水，而是凝胶；②参与沉淀反应的电解质是通过扩散而相遇的；③形成的沉淀构成了时空有序图案。内容为两反应物相互扩散以及反应产物的扩散，当反应产物达到一定的过饱值时，有沉淀产生。另一种观点则认为形成环状沉淀并表现出周期性，这是一种延迟成核现象。指出环的形成主要取决于成核后的一系列过程，提出了继成核机理[2]。

在凝胶中进行化学反应时，由于凝胶内部的液体不能“自由”流动，因而没有对流，所以生成的不溶物呈现一种特殊的现象。例如，在 3.3%的热明胶溶液内，加入少量 $K_2Cr_2O_7$（含量为质量分数 0.1%），倒入试管中冷却，胶凝后，在凝胶上面倒入一层 $0.5mol \cdot L^{-1}$ $AgNO_3$ 溶液，几天后在试管中可见到褐色的 $Ag_2Cr_2O_7$ 沉淀，从上而下一层层地分布下来，而层与层之间是没有沉淀的空白区的［图 9-15(a)］，这种现象也是 Liesegang 环。若上述试验在培养皿中进行，即令含 $K_2Cr_2O_7$ 的明胶溶液在培养皿中胶凝后，于皿的中心处滴几滴浓的 $AgNO_3$ 溶液，几天后也可以观察到 $Ag_2Cr_2O_7$ 沉淀以同心圆环状向外分布着［图 9-15(b)］，当然这也是 Liesegang 环。许多其他难溶性沉淀，如 $PbI_2$、$CuCrO_4$、$Mg(OH)_2$ 等也可以形成 Liesegang 环。

目前，仍主要以 Ostwald 的过饱和理论解释 Liesegang 环。Ostwald 认为，当高浓度的 $AgNO_3$ 由上往下扩散时，低浓度的 $K_2Cr_2O_7$ 也由下往上扩散，二者相遇，要生成 $Ag_2Cr_2O_7$ 沉淀必须达到过饱和程度才行。在最初形成的 $Ag_2Cr_2O_7$ 沉淀后，紧靠第一个环的区域中 $K_2Cr_2O_7$ 的浓度就降低了，于是出现空白区。过此地带后，又能满足过饱和条件，从而出现第二个、第三个环。

Liesegang 现象受凝胶及沉淀种类的影响很大，如银盐及亚铜盐在明胶凝胶中有间歇性沉淀，但在洋菜凝胶中则没有；又如 $PbI_2$ 间隙性沉淀仅在洋菜凝胶中生成，而铜盐的环状

[1] 潘长伟，郑菊花，姜魏等. Liesegang 图案. 化学通报，2009，10：889-896.

[2] Kai S，Muiler S C，Ross J. ［J］ Chem Phys，1982，76：1392.

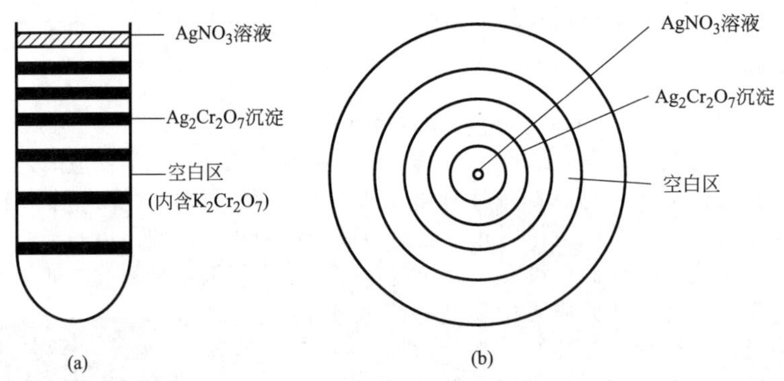


图 9-15 Liesegang 环

沉淀则在硅酸凝胶中形成。

人们还注意到另外一些事实，将用 $K_2Cr_2O_7$ 溶液润湿的惰性粉末（如石英、硅藻土等）置于试管中，上部放 $AgNO_3$ 溶液，同样可以得到间歇性的层状沉淀。这说明凝胶的存在能促进环的生成，但不是必要的。形成间歇性的主要条件，可能是由于在体系中无液体对流的存在。

利用在凝胶中进行的化学反应，可以获得毫米级的单晶。目前已制备出的单晶以无机物最多，有机金属配合物较少，有机化合物最少。但近年在有机凝胶中，利用有机化合物在不同溶剂中的溶解度不同，为培养有机化合物单晶提供了条件。利用凝胶法制备的单晶特别适用于单晶结构的分析。

胆结石是一种发病率高的常见病。其生成机理虽仍在讨论中，有一种看法认为就是类似于 Liesegang 环的形成机理。吴瑾光等在明胶、硅胶介质中得到胆红素钙和稀土胆酸盐沉淀的 Liesegang 环结构，而胆红素钙是结石的主要成分之一。他们发现，可溶性蛋白在介质中可与钙盐反应，使可溶性蛋白变为不溶性蛋白而沉淀下来。他们在胆酸钠体系中还发现作为介质的硅胶参与 Liesegang 环结构的形成。他们用化学实验的方法在体外重现结石形成过程，认为在一定条件下，胆酸既可以同铜离子、稀土离子或在这些离子存在下与钙离子形成 Liesegang 环结构，而且能促进胆红素钙、磷酸钙等形成 Liesegang 环结构，因此，胆酸可能是结石形成的主要化学物质之一[1][2]。

**3. 利用凝胶网络法制备纳米粒子**

凝胶具有三维网络结构，这意味着它具有“笼子”状机构，若化学反应在此特定的“笼子”内形成，由于“笼子”的分隔而阻止晶体长大，形成纳米粒子。

实验时，在 2.5%的琼脂溶液中加入氯化镉溶液，混匀后冷冻则形成含镉的凝胶，然后切成小块浸泡在硫化钠溶液中，则硫离子向凝胶内扩散，与网络中的镉离子形成硫化镉（此过程中凝胶逐步变色），取出含硫化镉的小块在热水中溶化、烘干，即可得外层包着一层琼脂膜的硫化镉纳米粒子，通过 TEM 观察其粒径为 60nm 左右（见图 9-16），在等电点时据有关公式可求出有机膜的厚度约为 9.2nm。若将带有琼脂膜的硫化镉粒子于 600℃灼烧，则粒子变成约 90nm、分布比较均匀的氧化镉纳米粒子（见图 9-17），其等电点 pH 约 3.5[3]。

用类似的方法，在 2%的明胶溶液中混入 $FeCl_3$，在冰箱中冷却固化，切成小块后浸入 $NH_4OH$ 溶液中，待变色后（已形成氢氧化铁）将凝胶颗粒在海水中溶化，再离心分离，经红外光谱、X 射线衍射测定为 $\alpha$-$Fe_2O_3$ 颗粒，未灼烧的颗粒上含有机物，其粒径大小为 50～80nm。

---

[1] Wu J，Xu D，Soloway R D. Gastroentordogy，1990，98（5）：249.

[2] 李晓峰，Solovay R D，吴瑾光，徐光宪. 中国科学（B辑），1996，26：52.

[3] 陈邦林，程光伟，夏福兴. 第七届全国胶体与界面化学学术会议文摘要集. 长春：东北师范大学，1996.

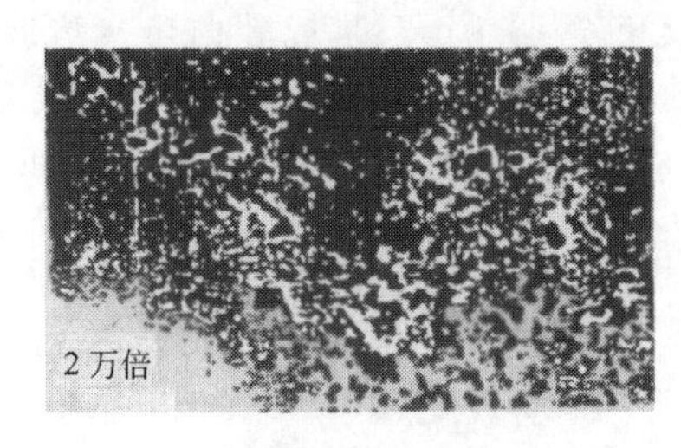


图 9-16 未灼烧粒子 CdS TEM 图

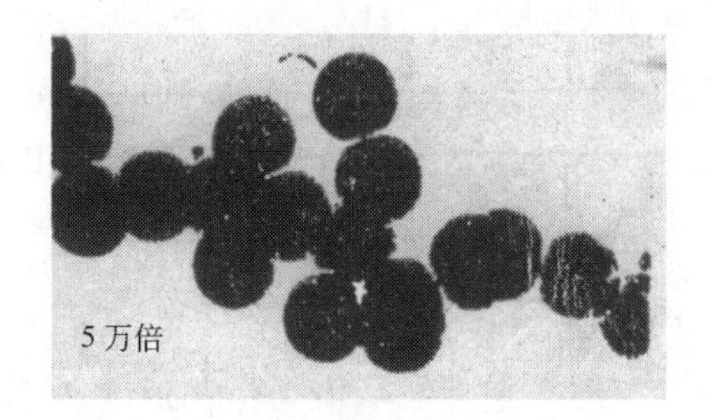


图 9-17 灼烧过粒子 CdO TEM 图

显然，用凝胶网络法制备纳米粒子，方便快速，成本低，凝胶可反复使用。

# 第二节 气凝胶

当凝胶脱去大部分溶剂，使凝胶中液体含量比固体含量少得多，或凝胶的空间网状结构中充满的介质是气体，外表呈固体状，这即为干凝胶，也称为气凝胶（aerogel）。如明胶、阿拉伯胶、硅胶、毛发、指甲等。有的气凝胶也具凝胶的性质，即具膨胀作用、触变作用、离浆作用

## 一、气凝胶概念

气凝胶实际上早在 20 世纪 30 年代即被发现，不过那时人们仅从选用和制备恰当孔径的催化剂载体的角度来研究的，主要是制备不同孔径的硅胶。由于制备条件烦琐，也难于实现工业化，未引起人们足够的重视[1]。时隔数十年，由于新技术的问世和纳米材料的兴起，气凝胶的研究又引起人们极大的关注。由于它在光学、声学、电学、传热、催化等诸多方面都表现出独特的性能，因此，20 世纪 90 年代“Science”杂志已将气凝胶列为科学和技术的十大成就之一[2]。科学历程再次告诉我们：不少科技领域从发生到发展，常有一个“沉默”过程。

现今所说的气凝胶是指，由胶体粒子或高分子聚合物相互聚结构成纳米多孔网络结构，并在孔隙中充满气态介质的高分散固体材料。在气凝胶中，组成凝胶的基本粒子直径和孔洞尺寸均在纳米量级，即在 1～100nm 之间。现在气凝胶的制备普遍采用溶胶-凝胶过程，首先制得湿凝胶，再用超临界干燥而制得。所得干凝胶的体积极少收缩，因而其密度很低，孔隙率极高（甚至可高达 99.8%）。由于组成干胶的微粒极细，故样品的比表面也很高，可高达数百平方米每克。由于气凝胶具有这些基本结构特性，因此，它在许多方面表现出新的特殊性能。这里仅作简要介绍。

## 二、气凝胶的制备

### 1. $SiO_2$ 气凝胶[3]

制备时先将正硅酸乙酯（TEOS）、水和乙醇按一定比例混合，以盐酸或氨水调节至适当 pH 值。充分混匀后于一定温度下胶凝。再陈化一定时间后，将凝胶放入超临界干燥器内，注入乙醇使其浸没醇凝胶，然后将温度降至 4～6℃，通入液态 $CO_2$ 以替换醇凝胶中的水和醇等。当全部被 $CO_2$ 替换后，将超临界干燥器内的温度升至 32～35℃，压力增至7.5～8.0MPa，即达 $CO_2$ 的超临界条件，随后缓慢放出 $CO_2$ 气体，当温度降至室温即得 $SiO_2$ 气凝胶。

---

❶ 沈钟. 化学通报，1965，(4)：31.

❷ 参考书目 8。

❸ 陈龙武，甘礼华等. 高等学校化学学报，1995，16 (6)：840.

制得的 $SiO_2$ 气凝胶，视溶胶 pH 不同，可为无色透明（pH3）或乳白色（溶胶 pH9）的多孔块状物，其密度为 100～600kg·$m^{-3}$，比表面为 200～400$m^2$·$g^{-1}$，孔隙率为 73%～95%。两种典型样品的扫描电镜照片示于图 9-18。由图 9-18(a) 可见，在酸性条件下制得的气凝胶孔径较小，且孔分布较均匀，而图 9-18(b) 中在碱性条件下制得者孔径较大，分布也较宽。粒子平均直径均为 10nm 左右，粒子基本呈球形，属无序非晶态物质，产品的纯度相当高。

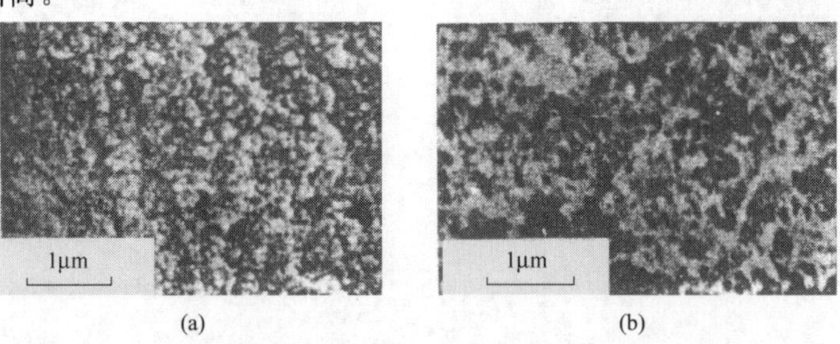


图 9-18 $SiO_2$ 气凝胶的 SEM 照片

TEOS∶水∶乙醇＝1∶8∶5；(a) pH3；(b) pH9

若要制备多组分无机气凝胶，可用两种或两种以上的金属醇盐同时水解，便制得混合凝胶，再经超临界干燥即得 $Al_2O_3$-$SiO_2$、$TiO_2$-$SiO_2$、或 $V_2O_5$-$TiO_2$ 等多组分气凝胶。也可使金属或金属氧化物沉积在已制得的氧化物气凝胶上而制成，如 Fe-$SiO_2$、Pd-$SiO_2$ 等。

### 2. 有机气凝胶

有机气凝胶一般是基于有机物之间的聚合反应，并形成具有空间网络结构的高聚物（溶胶-凝胶过程），再经超临界干燥而制得。例如，以 1mol 间苯二酚（R）与 2mol 甲醛（F）溶于适量水中，加入适量催化剂（一般为 $Na_2CO_3$），然后在一定温度下反应一段时间即得上述的 RF 气凝胶。在制备工艺中控制间苯二酚（R）与催化剂（C）的摩尔比值 R/C，即可控制气凝胶的密度和结构。将有机气凝胶在惰性气体保护下高温热解即制得碳气凝胶。

### 3. 碳气凝胶[1]

制备时将淀粉与水按一定比例混合均匀，并加热搅拌成透明溶液，自然冷却后得淀粉凝胶。凝胶放置数日后依次用低浓度乙醇、高浓度乙醇和无水乙醇浸泡至凝胶全部变为坚硬的白色淀粉醇凝胶，将醇凝胶放入超临界干燥器内，以 $CO_2$ 为介质进行超临界干燥（干燥条件为 39℃、8.4MPa），即得淀粉气凝胶。将此凝胶在 $N_2$ 气中程序升温加热至 1300℃，然后冷却，即得碳气凝胶。

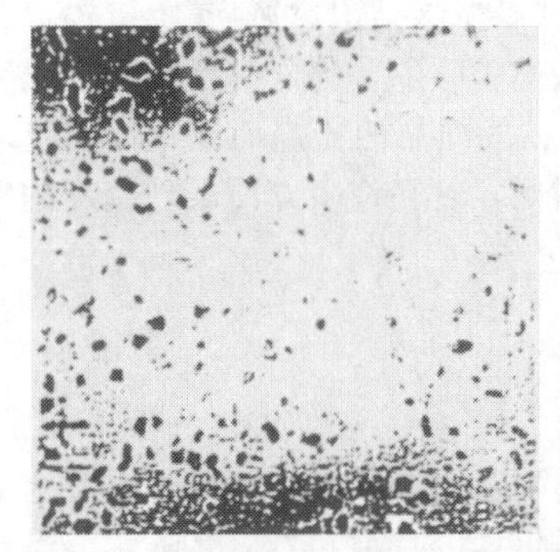

图 9-19 碳气凝胶 TEM 图（×49000）

碳气凝胶外观为黑色多孔块状物，有一定的机械强度，密度为 108kg/$m^3$。透射电镜（见图 9-19）证明它是一种由粒径约 20nm 的不规则颗粒聚集而成的均匀低密度固体材料，其中网络相互贯通。样品的电导率相当高，为 1.6S·$cm^{-1}$，其电子衍射图证明碳气凝胶中含有石墨相（差热分析和热重分析证明，由无定型碳向石墨型转化的温度为 820℃），因此，它是制造高性能电容器和电池的新一代理想材料。

制备条件对 $ZrO_2$ 气凝胶以及 $Al_2O_3$、$SiO_2$ 气凝胶、二氧化钛气凝结构和性能的影响见表 9-3 中。

---

[1] 甘礼华，朱大章，陈龙武等. 1996 年的全国胶化会议论文摘要集（上）. 正式发表于：高等学校化学学报，2000，21(6)：955.

■ 表 9-3 常见氧化物气凝胶的物理性质

| 氧化物 | 比表面积/$m^2 \cdot g^{-1}$ | 孔体积/$ml \cdot g^{-1}$ | 平均孔直径/nm | 表观密度/$g \cdot ml^{-1}$ |
|---|---|---|---|---|
| $SiO_2$ | 700～950 | 2.0～4.0 | 6～12 | 0.05～0.14 |
| $TiO_2$ | 600～760 | 1.9～3.6 | 15～18 | 0.1～0.2 |
| $Al_2O_3$ | 600～750 | 5.7～7.0 | 30～48 | 0.05～0.1 |
| $ZrO_2$ | 400～500 | 1.6～1.8 | 14～16 | 0.1～0.2 |

## 三、气凝胶的特性

气凝胶是世界上密度最小的固体之一，目前最轻的硅气凝胶仅有 $3mg/cm^3$，只比空气重 3 倍，所以也被叫做“冻结的烟”或“蓝烟”。由于里面的颗粒非常小（纳米量级），所以可见光经过它时散射较小（瑞利散射），就像阳光经过空气一样。因此，它也和天空一样看着发蓝（如果里面没有掺杂其他东西），如果对着光看有点发红（天空是蓝色的，而太阳看起来有点红）。见图 9-20。

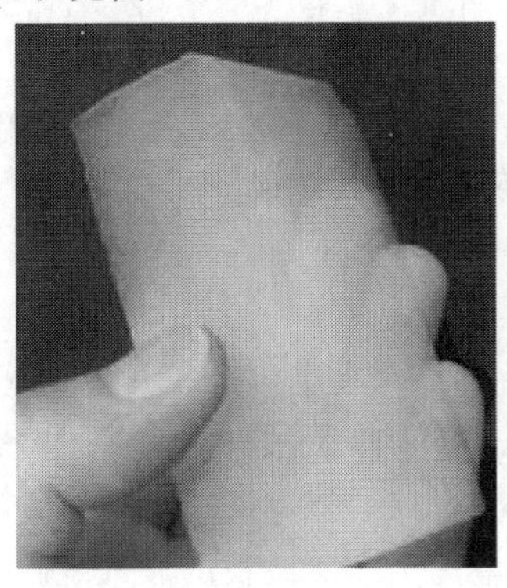
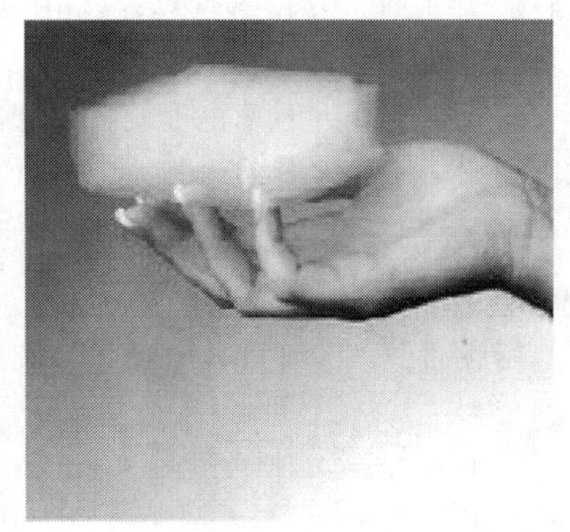

图 9-20 气凝胶

### 1. 热学性能

气凝胶质轻多孔，孔中充满气体，其导热率很低，即使在真空条件下，其导热率也仅是非多孔玻璃的 1/500 左右。如 $Al_2O_3$ 气凝胶能耐 2000℃的高温，且有超低密度等特性，所以可作为航空航天器上的隔热层。

### 2. 电学性能

实验测得$\rho$为 $8kg \cdot m^{-3}$ 的某 $SiO_2$ 气凝胶的 $\varepsilon$ 为 1.008，它是目前介电常数最低的块状固体。而其他气凝胶的介电常数也很低（$1<\varepsilon<2$），且连续可调，因此可望用于高速运算的大规模集成电路的衬底材料。

碳气凝胶还有良好独特的导电性能（电导率一般为 $10 \sim 25S \cdot cm^{-1}$），现已被用来制造高效能气电容器。

### 3. 声学性能

$SiO_2$ 气凝胶纵向声传播速率极低，因此是一种理想的声阻抗耦合材料。为提高声波的传播效率，降低器件应用中的信噪比，有人将其作为压电陶瓷与空气的声阻耦合材料，其耦合结果可使声强度提高 43.5dB（分贝）。

### 4. 吸附和催化性能

气凝胶不仅是好的吸附剂、催化剂载体，还是很好的催化剂。例如，用 $CaO$-$MgO$-$SiO_2$ 多组分气凝胶，在室温下便可吸附燃气中的 $CO_2$、$SO_2$ 气体，还可作微电子工业的气体过滤器。用 $TiO_2$ 气凝胶作光催化剂时，在紫外光照射下，对水环境污染物中水杨酸的光降解反应速率约为粉末时的 10 倍。

## 四、气凝胶的应用

气溶胶在工业、农业、国防和其他方面都已得到广泛的应用，以下介绍一些具体应用。

### 1. 隔热材料

由于气凝胶中99.8%以上是空气，所以有非常好的隔热效果，一寸厚的气凝胶相当于二三十块普通玻璃的隔热功能。最高能承受1400℃的高温。

硅气凝胶纤细的纳米网络结构有效地限制了局域热激发的传播，其固态热导率比相应的玻璃态材料低2～3个数量级。纳米微孔洞抑制了气体分子对热传导的贡献。硅气凝胶的折射率接近1，能有效地透过太阳光，并阻止环境温度的红外热辐射，成为一种理想的透明隔热材料，在太阳能利用和建筑物节能方面已经得到应用。通过掺杂的手段，可进一步降低硅气凝胶的辐射热传导，常温常压下掺碳气凝胶的热导率可低达0.013W·$(m\cdot K)^{-1}$，是目前热导率最低的固态材料，可望替代聚氨酯泡沫塑料成为新型冰箱隔热材料。掺入二氧化钛可使硅气凝胶成为新型高温隔热材料，800K时的热导率仅为0.03W·$(m\cdot K)^{-1}$，作为军品配套新材料将得到进一步发展。

此外，它的导热性和折射率也很低，绝缘能力比最好的玻璃纤维还要强39倍。由于具备这些特性，气凝胶便成为航天探测器中不可替代的材料。俄罗斯“和平”号空间站和美国“火星探路者”探测器都用它来进行热绝缘。

### 2. 高温隔音

由于硅气凝胶的低声速特性，它还是一种理想的声学延迟或高温隔音材料。该材料的声阻抗可变范围较大［$10^3\sim10^7$kg·$(m^2\cdot s)^{-1}$］，是一种较理想的超声波探测器的声阻耦合材料，如常用声阻抗$Z_p=1.5\times10^7$kg·$(m^2\cdot s)^{-1}$的压电陶瓷作为超声波的发生器和探测器，而空气的声阻只有400kg·$(m^2\cdot s)^{-1}$。用厚度为1/4波长的硅气凝胶作为压电陶瓷与空气的声阻耦合材料，可提高声波的传输效率，降低器件应用中的信噪比。初步实验结果表明，密度在300kg·$m^{-3}$左右的硅气凝胶作为耦合材料，能使声强提高30dB，如果采用具有密度梯度的硅气凝胶，可望得到更高的声强增益。

### 3. 储能器件

碳气凝胶具有很大的比表面积（600～1000$m^2\cdot kg^{-1}$）和高电导率（$10^{-25}$S·$cm^{-1}$）。而且密度变化范围广（0.05～1.0g·$cm^{-3}$）。如在其微孔洞内充人适当的电解液，可以制成新型可充电电池，它具有储电容量大、内阻小、重量轻、充放电能力强、可多次重复使用等优异特性，初步实验结果表明：碳气凝胶的充电容量达$3\times10^4$/$kg^2$，功率密度为7kW/kg，反复充放电性能良好。

### 4. 防弹

防弹是新型气凝胶的重要用途。如果在金属片上加一层厚约6mm的气凝胶，那么，就算炸药直接炸中，对金属片也分毫无伤。

### 5. 处理生态灾难

科学家们将气凝胶亲切地称为“超级海绵”，因为其表面有成百上千万的小孔，所以是非常理想的吸附水中污染物的材料。美国科学家新发明的气凝胶现在居然能吸出水中的铅和水银。据这位科学家称，这种气凝胶是处理生态灾难的绝好材料。如海上原油外泄处理等。

### 6. 运动装备

新型气凝胶也将步入我们每个人的未来日常生活。如美国的Dunlop体育器材公司已经成功研发了气凝胶制成的击球的能力更强的网球拍，气凝胶建的房子保温加热的效果非常好，登山鞋子也可用气凝胶制成。

# 第三节　气溶胶

## 一、气溶胶的概念

气溶胶由固体或液体小质点分散并悬浮在气体介质中形成的胶体分散系统其分散质点大小为 $10^{-3} \sim 10^{2}\mu m$❶❷。被悬浮的微粒物，称为分散相；承载微粒物的气体，称为分散介质。气溶胶的气体介质一般都是指空气。大气溶胶中的极细分散相粒子往往可作为水滴和冰晶的凝结核（大气凝结核、大气冰核）、太阳辐射的吸收体和散射体，并参与各种化学循环，是大气的重要组成部分。雾、烟、霾、轻雾（霭）、微尘和烟雾等都是天然的或人为的原因形成的大气气溶胶。

气溶胶粒子具有特定的空气动力学特性。它们在空气中受重力作用发生沉降时不像大的块状物体遵从自由落体运动规律，而是遵从特有的胶体沉降运动规律，因而气溶胶粒子在空气中能保持相对的稳定性。这种粒子在空气中的运动规律可直接用流体力学来描述，其最显著的特征是沉降运动、扩散运动和热运动。气溶胶粒子在空气中的粒子数密度大大小于空气分子数密度，因而不会发生过度的碰撞而凝并从而保持相对稳定的气溶胶状态。气溶胶粒子在空气中的粒子数浓度（也叫粒子数密度）约为 $10^{2} \sim 10^{4}cm^{-3}$，质量浓度的上限约为 $10^{-4}g \cdot cm^{-3}$，即 100（$g \cdot m^{-3}$）。而空气的分子数密度为 $2.67 \times 10^{19}cm^{-3}$，质量密度为$1.293 \times 10^{-3}g \cdot cm^{-3}$，即 $1.293kg \cdot m^{-3}$。

气溶胶粒子还具有特定的理化特性。气溶胶粒子的理化特性包括密度、黏滞特性、表面能、吸热性、导热性、带电性、化学反应特性、光学特性、放射性、动量、能量、溶解度等。气溶胶粒子总是来自于一定的母体物质，但它们的物理特性和化学特性与其母体物质可能有很大的不同。比如颗粒状（或块状）的母体物质的面积/体积比通常小于 $10^{2}cm^{-1}$，而微粒状的气溶胶粒子的面积/体积比则往往大于 $10^{3}cm^{-1}$。这说明气溶胶粒子内部可能有空隙，形状极不规则，这就可能使得气溶胶粒子的质量密度与母体物质的质量密度会有不同，运动特性将变得更为复杂。

## 二、气溶胶的形成与类型

气溶胶由天然和人工两大原因形成。天然气溶胶由客观的自然现象诸如火山爆发、海浪撞击、大气化学或光化学反应等形成，宇宙空间中的宇宙尘也是天然气溶胶的一个来源。但是，在我们生活的空间中，气溶胶主要来自人类的生活与生产活动，人类的生活空间和环境大气中的气溶胶主要是人工气溶胶，如常见的炼油工业所产生的油烟，水泥制造所产生的粉尘，以及在空气中以 $NH_3$ 和 HCl 气相互作用也可形成 $NH_4Cl$（固）。针对不同的形成方式和来源，气溶胶还可分成如下不同的类别，或者说还有如下一些专门的名称❸❹。

1. **粉尘**（dust）

这是最为通常的一种气溶胶。粉尘是悬浮于空气中的固体微粒，通常由粉碎、碾磨、爆破等各种机械作用形成。粉末状物质（例如土壤微粒）受空气作用弥散于空气中，是大气粉尘的主要来源。粉尘是固体微粒，因其形成机制的原因，一般来说粒径都较大，约在 1～100$\mu m$ 的范围。在静态空气条件下，一般不会再悬浮，粉尘在空气中的停留时间不长。因其粒径较大，通常不会发生扩散运动。粉尘主要存在于各种作业场所中，例如煤矿中的煤

---

❶ 卢正永．气溶胶科学引论．北京：原子能出版社，1999.

❷ 参考书目 29.

❸ 卢正永．能源与环境，1992，1：33.

❹ 理查特・丹尼斯等．气溶胶手册．梁鸿福，卢正永译．北京：原子能出版社，1988：5.

尘、岩尘，核工业某些工作场所中的放射性粉尘，都是粉尘存在的典型例子。

2. **烟**（smoke）

烟是有机性的可燃物质。例如煤、石油、木材等燃烧而形成的固体粒子云，粒径一般较小，约在1μm以下。因其粒径小，在空气中沉降很慢或基本不沉降，故而在空气中停留时间长。加之粒子浓度高，若与空气中的蒸气分子凝结，则形成“炊烟缭绕”的景观。有机物燃烧的残留物中的细微颗粒形成的气溶胶，通常称为飞灰（flyash），粒径一般在10μm以下。它们总是随烟一起弥散于大气中，很难将二者加以区别，因此笼统地称之为烟。与飞灰混合的“烟”的粒径范围一般为0.1～10μm。城市污染的主要来源可以说就是烟，常常见到的“烟雾弥漫”的景象，不仅使人叫苦不迭，也是环境保护部门最为操心的难题之一。

3. **烟尘**（fume）

非有机物的固体或液体物质在燃烧过程中，特别是在金属冶炼、焊接以及液体的蒸发、升华、溶解等过程中所形成的固体气溶胶，常常称为烟尘。实际上也是一种“烟”，只是母体物质不同而已。烟尘的粒径与烟大致相同。这种烟尘在都市地区尤其突出。

4. **雾**（fog）

由液体（主要指水）喷射、蒸发、雾化、蒸汽冷凝等过程而形成的高浓度的液体气溶胶称为雾。由于这种雾的形成，空气中的能见度将大大降低，严重时有可能大白天也“对面不见人”。雾是一种液滴，其形状为球形，粒径小，通常在1～50μm以下。低浓度的、其水平能见度大于1000m的雾，称为薄雾（mist)，也就是所谓的“霭”，空气中因悬浮大量的烟、尘等微粒而形成的混浊现象称为“霾”（haze）。

5. **烟雾**（smog）

烟雾是烟（包括烟尘）与雾的混合体，是液体气溶胶和固体气溶胶的混合物（“霾”）。这种由烟和雾混合而形成的大气悬浮微粒物，是大气污染的主要来源，是提高大气环境质量，特别是城市地区大气环境空气质量的主要障碍。

由上述诸例可见，尽管气溶胶形成的途径不同，但仍不外乎以前讲过的溶胶制备的基本方法：分散法和凝聚法。

## 三、气溶胶的表征方法

严格来说，表征气溶胶的量或者说表征气溶胶的参数可以有很多。因为气溶胶的物理特性、化学特性、环境效应以及生物学效应等等随着它的母体物质、产生方式、悬浮介质、粒径大小、环境条件等的不同而千差万别，所以根据研究角度和目的的不同，可以用不同的方法加以表征。不过，从气溶胶的整体角度看，其“浓度”特征和“粒度”特征是人们最为关心的。

### 1. 气溶胶浓度

气溶胶浓度是指单位空气体积中气溶胶中分散相的某一物理量的量值的大小。在不同情况下、不同类型的气溶胶所包含的物理量（例如粒子数、质量、放射性活度、化学成分等）有极大的差异，针对不同的研究角度，人们关心的物理量就会各有不同，因此，相对于不同的物理量则有不同的“浓度”。若关心单位空气体积中气溶胶粒子数的多少，则用粒子数浓度（$m^{-3}$）表征；若关心单位空气体积中气溶胶粒子的质量的多少，则用质量浓度（$kg \cdot m^{-3}$）表征；若关心放射性活度的多少，则用活度浓度（$Bq \cdot m^{-3}$）表征等。

### 2. 气溶胶的粒度

实际生活中的气溶胶分散相粒子不仅成分复杂，粒子大小也不均匀。纯粹由一种大小的粒子组成的气溶胶，称为单分散气溶胶。这种单分散气溶胶，通常要用专门的方法或设备产生，以用于专门的研究工作。在实际的空气环境中人们遇到的气溶胶都是具有不同粒径大小，而且具有一定分布规律的多分散气溶胶。

气溶胶分散相的粒度分布是指气溶胶粒子的某一物理量相对于粒子大小的分布关系，因此，所谓气溶胶的粒度分布同样要指明是什么量与粒子大小的关系，或者说是什么量的粒度分布。例如，研究气溶胶的粒子数与粒子大小的关系，就是粒数-粒度分布；研究质量与粒子大小的关系，就是质量-粒度分布；研究放射性活度与粒子大小的关系，就是活度-粒度分布等。当然，还可以研究气溶胶中其他各种有害物质与粒子大小的关系。

气溶胶的浓度和粒度这两个基本的表征量是研究气溶胶科学的基础。无论研究气溶胶的形成和产生，还是研究气溶胶的各种运动规律，几乎都离不开这两个表征量。

## 四、气溶胶的动力学特性

动力学特性是指稀薄流体中微观粒子运动的有关特性。气溶胶的动力学特性主要包括气溶胶粒子的沉降、扩散、凝并等方面的特性。

### 1. 气溶胶粒子的沉降运动

气溶胶粒子在空气中不受其他外力作用时，它只受到自身的重力作用而下落。在下落时，将受到由气体的黏滞特性造成的黏滞力的作用，重力和黏滞力这两种力作用的结果，使气溶胶粒子在空气中处于一种很特殊的匀速直线沉降运动状态。气溶胶粒子只受黏滞力作用的运动称为黏滞运动或斯托克斯运动。

气溶胶粒子的黏滞运动是属子低雷诺数范围的运动。对于低雷诺数的空气流动（黏滞流），气溶胶粒子通过气体介质发生沉降运动时所受到的阻力遵从斯托克斯定律。由于气溶胶介质的比重和黏度远小于液体介质，所以相同粒径时由斯托克斯计算的粒子沉降速度远小于液体的。

### 2. 气溶胶的扩散

气溶胶粒子在气体介质中，由于受到气体分子的随机碰撞，每时每刻都在作随机的迁移运动。这种运动从单个粒子来看有明显的位移。但从宏观上看，就气溶胶粒子整体来看仅是个整体的振动，而不发生明显的位移，这种运动现象称为布朗扩散运动，简称布朗运动。

正是由于布朗运动，使得气溶胶粒子可以通过两种途径被自然移除。一种是彼此发生碰撞而凝并，形成足够大的颗粒发生重力沉降；另一种是向各种表面迁移而黏附在物体表面而被移除。气溶胶粒子的这种迁移现象就是扩散运动。扩散运动是气溶胶颗粒在其浓度梯度场中由浓度高的区域向浓度低的区域发生的净的输送作用。扩散运动主要发生在粒径 $d<1\mu m$ 的粒子中，要研究小粒子的运动特性，就少不了要研究粒子的扩散特性。

由于布朗运动引起的扩散作用，使得气溶胶粒子即使在无任何外力作用下也将从浓度高的区域向浓度低的区域转移，气溶胶粒子因扩散而发生的这种位置转移的规律用费克（Fick）第一定律描述。

由于扩散作用，任何一点的粒子浓度还将随时间发生变化。粒子随时间发生的这种转移规律用费克第二定律描述。费克第二定律揭示了空间中某一点的气溶胶粒子由于扩散所引起的浓度随时间的变化关系。这种浓度随时间的变化 $\partial c/\partial t$ 与该点的浓度梯度的散度（即浓度梯变的偏微分）成正比，其比例因子仍然是扩散系数 $D$，即

$$\frac{\partial c}{\partial t}=D\nabla^2 c \tag{9-11}$$

式中，$\nabla$ 是拉普拉斯算子。在三维坐标中（三维方向分别用 $x$，$y$ 和 $z$ 表示），

$$\nabla^2=\frac{\partial^2}{\partial x^2}+\frac{\partial^2}{\partial y^2}+\frac{\partial^2}{\partial z^2}$$

因此，

$$\frac{\partial c}{\partial t}=D\left(\frac{\partial^2 c}{\partial x^2}+\frac{\partial^2 c}{\partial y^2}+\frac{\partial^2 c}{\partial z^2}\right) \tag{9-12}$$

该方程加上适当的初始条件和边界条件，即可求解各种扩散问题。因此，费克第一定律、第二定律奠定了扩散理论的基础。

### 3. 气溶胶粒子的凝并

气溶胶粒子之间不可忽视的相互作用之一是粒子的凝并或凝聚，即由不同大小的粒子相互聚结在一起形成团状或链状等形状的更大粒子。凝并的原因主要有二：①纯粹由粒子的随机运动进而相互碰撞引起的（这通常称为热力凝并）；②由诸如湍流运动或带电效应等外力作用引起的，这类外力作用通常是加速凝并的形成。

## 五、气溶胶的电学性质

气溶胶中离子环境不同于液溶胶，它没有扩散双电层，也没有稳定剂，但它“确实可以带电”。气溶胶粒子要受到电场的作用力，首先粒子本身要有电荷，即具有一定的电荷量；另外要有外加电场，粒子要处于一定电场强度 $E$ 的电场中。粒子要具有电荷，必须要研究其带电机制。气溶胶粒子的带电机制大致有三种：直接电离、静电带电和与空气中离子或离子束的碰撞而带电（简称碰撞带电）。

### 1. 直接电离

气溶胶粒子本身直接产生电荷的带电是直接电离。气溶胶粒子千变万化，通过直接电离而成为带电粒子的基本原理也就多种多样，因而不大可能弄得十分清楚。但是，有一件事可以肯定，粒子上的电荷主要是吸附空气中的带电离子而带电的。粒子本身的直接电离带电通常都可以忽略。

### 2. 静电带电

气溶胶粒子的静电带电有许多原因，其中主要的有以下几种。

（1）电解带电　具有高介电常数的液体与金属表面或其他固体表面接触而发生离子交换。例如，空气中若有高绝缘液体形成的液滴在与金属粒子或其他固体粒子表面接触而分开时，使得各自都带了电，各自形成一种带同种符号的带电粒子，而彼此排斥。

（2）接触带电　即一种清洁而干燥的金属粒子表面在与另一种金属粒子表面接触时将电子转移到另一种金属粒子表面上。

（3）喷雾带电　具有高介电常数的液体表面都浓缩了较高的电子或负离子，这种表面受到高速雾化而破裂时，将要把过多的电子或负离子转移给雾化液滴，这些液滴经蒸发或生长形成带电气溶胶。例如，用雾化机制产生的标准气溶胶粒子是强带电的，就是这个道理。

（4）摩擦起电　不同物质或同种物质的粒子表面之间的接触摩擦，或粒子与某种界面之间的接触摩擦都会使粒子带电。这种带电机制受空气的相对湿度影响很大。在一些具有高粉尘浓度而又非常干燥环境中，粉尘因摩擦带电可能引起粉尘爆炸的问题是必须考虑的安全因素之一。

（5）燃烧带电　各种燃烧现象引起的粉尘粒子都是带电的，特别是碳、氢、氧燃烧所产生的电离子有可能高达 $10^9 \sim 10^{12}$（离子）/cm$^3$。而且，粒子越小，似乎越容易带电。例如，乙炔燃烧形成的炭粒子，其直径约为 0.02μm，而每个粒子上可能带 10 单位电荷。

### 3. 与离子（束）的碰撞

气溶胶粒子在空气中与离子或离子束发生碰撞会吸附上离子从而引起带电。这种带电机制是气溶胶带电的主要原因，也是了解得比较深入的一种带电机制。

## 六、气溶胶的光学性质

气溶胶的光学特性也许是气溶胶的各种物理特性中最特殊也是最重要的物理特性之一。正是由于大气中气溶胶粒子各自独立的以及相互之间的光学作用（主要是对光的散射作用和吸收作用），才使得人们能欣赏到五彩缤纷的云彩、迷迷蒙蒙的烟雾以及朝霞与夕阳的美景。

这也正是由于气溶胶粒子的光学作用的表现。

所有气溶胶粒子对光都会发生散射作用，某些粒子（主要是金属粒子、炭粒子或大粒径的粒子）对光还有吸收作用。散射和吸收的共同作用称为消光作用。

### 1. 消光特性

气溶胶的消光指的是，一束入射光通过某一气溶胶层（可简称为介质层），由于受到粒子的散射和吸收，使得通过气溶胶层以后在原光路上的出射光受到衰减。在研究气溶胶的消光特性时，是从入射光与出射光为同轴光的角度（即从原光路）出发的，不同轴的角散射将在光的散射特性中讨论。

光通过一个介质层（例如包含了悬浮粒子的空气层）时，其光既要受到粒子的散射，又要受到吸收，因而光通量在通过粒子层后在原光路上将会减弱。光通量 $F$（或光强度 $I$）因吸收而引起的减弱遵从指数规律，即：

$$F_a = F_0 e^{-aL} \tag{9-13}$$

同理，因散射而引起的减弱为：

$$F_b = F_0 e^{-bL} \tag{9-14}$$

式中，$F_0$ 为通过介质层前的光通量；$L$ 为介质层的厚度；$a$ 和 $b$ 分别为介质层的吸收系数和散射系数。光受到散射和吸收的联合作用而引起的减弱则为[1]：

$$F = F_0 e^{-(a+b)L} = F_0 e^{-\gamma L} \tag{9-15}$$

式中，$\gamma=(a+b)$ 称为衰减系数（也称浊度）。该式称为包格尔公式，它表示粒子对光的消光特性是随介质层的厚度呈指数规律减弱的。可以用来测定气溶胶中粒子的浓度。

### 2. 角散射特性

消光特性研究的是光源照射在粒子上并透过粒子进而达到同轴方向上的观测体时，光强度的衰减情况。有时人们更为关心光照射到粒子上后散射到某个角度上的散射光，这就要研究光的角散射特性。研究光的角散射有其实际意义。例如，利用光的散射特性来测定粒子大小时，就是利用粒子散射到探测器上的散射光来确定粒子大小的。在自然界中，气溶胶团（例如云团）对雷达等辐射电磁波的散射特性的研究，其实也是光散射特性的实际应用。

研究光的散射，首先得定义散射角。如图 9-21 所示，光的传播方向与经过一个物体（例如粒子）后散射光的传播方向之间的夹角称为散射角。入射方向（入射光束）与观测方向（散射光束）形成的平面叫做散射平面。当散射角 $\theta=0$ 时，表示向前散射，即光沿着传播方向散射，这就是前面讲的消光问题。

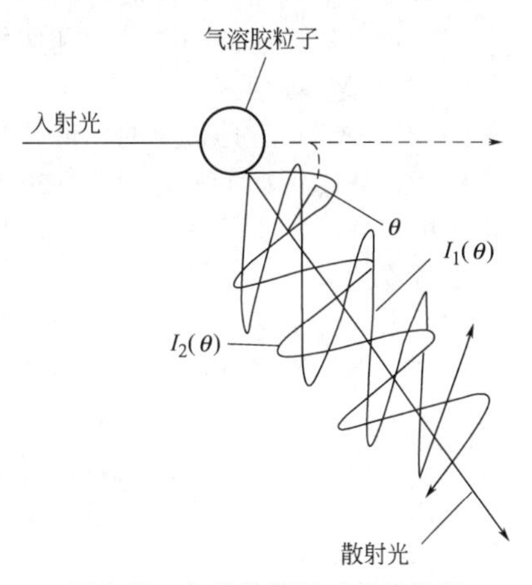

图 9-21 气溶胶粒子对光的散射

由于光实际是一种具有一定波长的电磁波，是一种横向振荡的电磁辐射，因而散射后的光有可能出现偏振现象。当这种振荡在传播方向的所有方向（或在传播方向的所有平面上）都存在时，这种光称为非偏振光（如日光、白炽灯光）；当这种振荡只在某一平面上振荡时，这样的光称为偏振光（如激光，或通过偏振器形成的光）。任何非偏振光都可分解为两个相互垂直的偏振光。因此对一束非偏振的散射光，也可分解成两个偏振分量：其中一个在平行于散射平面的平面上振荡，称为水平偏振光；另一个在垂直于散射平面的平面上振荡，称为垂直偏振光。图 9-21 示出了散射光的这两个偏振分量，其中 $I_1(\theta)$ 为垂直偏振光分量；$I_2(\theta)$ 为平行偏振光分量。入射光都认为是平行光，它既可以是偏振的，也可以是非偏振的。如果入射光是偏振光，散射光将必然是在同一平面内

[1] Parker C R. Introduction to aerosol science. New York: Macmillan Publishing Company, 1998: 225.

的偏振光。如果入射光是非偏振的，则散射光可以是偏振光，也可以是非偏振光。应用光散射法测定气溶胶粒子大小可参见主要参考书目1、24及其他相关文献[1][2]。

## 七、气溶胶的危害与应用

工业城市上空的烟雾和工厂、矿井中的烟尘对人体健康危害极大（如硅沉着病），还有破坏大自然的酸雨以及易引起爆炸的粉尘，都和气溶胶有关[3]。

大气污染中危害较大的二次污染物是光化学烟雾和硫酸烟雾。光化学烟雾是汽车尾气中的氮氧化物、碳氢化合物在阳光照射下发生的一系列光化学反应而生成的蓝色烟雾，其主要成分有臭氧、酮类、醛类及过氧乙酚基硝酸酯（NN）等。硫酸烟雾是大气中二氧化硫等硫化物在有水雾、含有重金属的飘尘或氟氧化物存在时，发生一系列化学反应或光化学反应而生成的硫酸雾或硫酸盐气溶胶。

$SO_2$ 是一种无色、具有特殊臭味的刺激性气体，是目前来源广、危害大的主要大气污染物。在相对湿度比例大且有催化剂存在时，$SO_2$ 会氧化生成 $SO_3$ 进而形成硫酸烟雾或硫酸盐气溶胶，是形成酸雨的主要因素；$SO_2$ 和飘尘具有协同效应，两者结合起来对人体危害更大，著名的伦敦烟雾事件，就是由各种污染物的协同作用形成的硫酸烟雾造成的。

$NO_x$ 大部分来自化石燃料的燃烧过程，如汽车等各种机动车辆、飞机、内燃机及工业炉腔里的燃烧过程，也来自硝酸生产及使用、炸药制备、金属表面处理等过程。$NO_x$ 对环境的损害作用极大，它既是形成酸雨的主要物质之一，也是形成光化学烟雾的重要物质，并且是消耗大气中臭氧的一个重要因子。

酸性气体在气相被氧化后，与云层中的雨滴作用形成酸雨；排入大气的酸性气体也可以通过液相氧化形成酸雨，即 $SO_2$ 和 $NO_x$ 与氧化性物质同时被微小雨滴吸收后发生氧化反应；水蒸气也可冷凝在酸性气溶胶凝结核上形成酸雨。

在密闭的工业设备内部产生的许多粉末和灰尘与空气中的氧气混合，达到适当的浓度，遇明火就会发生爆炸，从而破坏设备，甚至危害到人身安全。

气溶胶在工业、农业、国防和其他方面有着广泛的应用，如加快燃烧速率和充分利用燃料。喷雾干燥提高产品质量已广泛用于医药工业与洗衣粉的生产。农业上，农药的喷洒可提高药效、降低药品的消耗；利用气溶胶进行人工降雨，可大大改善旱情。国防上，用来制造信号弹和遮蔽烟幕。

气雾剂是一种常见的气溶胶[4]。气溶胶的应用领域因为气雾剂特定的使用方式以及精细化工产品的深加工工艺、活性组分多样化、配方的功能化使气雾剂的使用范围不断扩大，其应用领域已涉及到日常生活、医药保健、美容护肤、旅游交通、工农业生产、电子通讯等各个行业。

家庭用清洁剂是气雾剂中的重要的品种，约占气雾剂产量的三分之一，其中又以杀虫气雾剂、空气清新剂和各种清洁剂，占主要地位。

个人用气雾剂它包括护肤护发用品、洗漱用品、保健用品和清洁用品。

医药用气雾剂约占气雾剂产量的十分之一，可分为中药用和西药用气雾剂两类，也可以按其用途分。它的特点是用药直接、作用迅速，与注射相比有用量少的优点。

工业及汽车用气雾剂，其功能有润滑、防锈除锈、防雾防水防滑、清洁清洗上光、抗静电、探伤、脱膜、补胎等。建筑业是目前中国经济的一大热点，建筑业的兴旺也对气雾剂行业产生了刺激，一些用于建筑的气雾剂产品，如聚氨酯泡沫气雾剂、硅密封剂以及黏合气雾剂已在市场上有售。

---

[1] 周祖康. 化学通报，1986（10）：34.

[2] 杨文治. 物理化学实验技术. 北京：北京大学出版社，1992.

[3] 郭春梅、赵韩. 环境工程基础. 石油工业出版社，2007：34-43.

[4] 厉明蓉，梁凤凯. 气雾剂——生产技术与应用配方. 北京：化学工业出版社，2003：12-14.

气雾剂除了上述的用途之外，还有其他方面的用途。如畜用气雾剂可以分为家禽用气雾剂、家畜用气雾剂和畜牧业疾病防治用气雾剂，它们的作用除了可以彻底地清除家禽、家畜身上的虱、螨以及其他昆虫之外，还可以给大型动物作染色标记且不退色；防咬气雾剂还可以防止大家畜之间因为气味不同而引起的撕咬。灭火气雾剂可以有效地扑灭火灾。用于警方的痕迹显影气雾剂可以清楚地显示犯罪分子作案时留下的痕迹，追捕气雾剂可以使犯罪分子丧失抵抗能力而束手就擒。防身用气雾剂可以分为攻击型和防卫型两种。攻击型是指使用后能使对方造成短暂伤害的产品，如辣椒油气雾剂，能使对方暂时流泪、打喷嚏和咳嗽，从而暂时丧失作案能力；防卫型则是指使用后能驱赶、标志对方，而不使对方受到伤害的产品，如报警气雾剂和色证气雾剂等。食品气雾剂是近几年新上市的气雾剂新品种，并且在欧洲、美国、日本正呈持续发展的趋势。这类产品大致可以分为三种，即用于煎鸡蛋的无胆固醇防黏油气雾剂，奶油、巧克力、蜂蜜等甜味气雾剂，以及乌龙茶、咖啡、可乐等饮料气雾剂。在中国，食品气雾剂有咸味的麻辣调料、海鲜调料和面条伴侣。另外还有一些不直接接触目标而使用的气雾剂，如气雾剂型阴生植物叶面光亮剂正在兴起。所以，随着科学技术的发展、人们生活水平的不断提高，气雾剂的应用领域也将不断扩大，并且还有许多潜在的领域有待开发。

气溶胶是大气中极其重要的组成部分，它不仅直接影响人类的健康，还能增加大气的化学反应，降低能见度，增加降水、成云和成雾的可能性，影响大气辐射收支，导致环境温度和植物生长速率的改变以及沾污材料。对气溶胶的研究，无论对于大气化学、云和降水物理学、大气光学、大气电学、大气辐射学、气候学、环境医学或者生态学等学科来说，都有重要意义。

## 第四节　泡沫[1]

泡沫现象由来已久[2]。在洗涤衣物时，当肥皂或洗涤剂的用量不足或油污过多时，泡沫不易生成或生成后容易消失，于是人们倡议以泡沫多少来衡量洗涤效果。在三次采油中，泡沫驱油技术可以大幅度提高原油采收率。泡沫还被广泛应用于石油工业的泡沫钻井液、泡沫压裂液、泡沫酸化、泡沫排水采气、泡沫调剖[3]、泡沫驱油等工艺过程中。常利用泡沫进行矿物“浮选”，已达到富集、精选的目的。具有量轻、隔音、隔热特性的建筑材料（如泡沫玻璃、泡沫水泥等）生产更是泡沫应用的实例。这些都是泡沫应用有利的一面。另一方面泡沫的形成也会给生产带来不便，如泡沫驱产出流体，蔗糖的精制，造纸工业，以及各种液体蒸馏过程中，生成泡沫都会使操作困难或使产品质量下降。于是消泡措施又成为急需研究的课题。由此可见，泡沫在生产实践中的作用应一分为二，有其利则必有其弊。关键在于人们如何掌握泡沫生成与破坏的规律，以便做到趋利避害。

### 一、泡沫的形成与性质

泡沫是一种以气体为分散相，以液体或固体为分散介质的粗分散体系。以液体为分散介质时通常称为泡沫（foam），以固体为分散介质时称为固体泡沫。在泡沫体系中，分散相气泡间有液体或固体的薄膜（film）。以水溶液为分散介质的泡沫中95％是气体，液体只有不足5％。在这种液体中95％是水，其余为表面活性剂和其它物质。

---

❶ 本节一部分内容根据参考书目30中第十章泡沫一节删节而成。另，可参阅Berg J C著“An Introduction to Interfaces & Colloids”一书第九章。

❷ 参见参考书目3。

❸ 泡沫调剖是指依靠稳定的泡沫流体在注水层中迭加的气液阻效应，改变吸水层内的渗流方向和吸水剖面，减缓主要水流方向的水线推进速度和吸水量，扩大注入水的扫油面积，提高驱油效率。

由于气体和液体的密度差大，泡沫形成后气泡会上浮，形成由液膜隔开的气泡聚集体，通常称之为泡沫的即指这种有一定稳定性的气泡聚集体，而在液体中刚形成的球状气体分散相只能称为气泡。

泡沫也是热力学不稳定体系。与任何物质体系一样，泡沫的结构一直保持到不再能转变为更低的能量状态。泡沫中的气泡总是力图为球形，气体与液体间的液膜面积最小。当气泡间液膜破裂时，气泡合并，新形成的大泡液膜面积小于合并前较小气泡液膜的总面积。

泡沫特征值是指泡沫中气体体积对泡沫总体积的比值。

按泡沫体系中液体含量的多少来分，泡沫特征值小于 0.52 时的泡沫叫气体乳状液或称为湿泡沫（wet foam），液体含量少，主要是气体的为干泡沫（dry foam），其泡沫特征值一般超过 0.74。干泡沫中气泡为多面体形状，湿泡沫中的气泡为球形（图 9-22，左图）。按泡沫中气泡形状，泡沫可分为球形的和多面体形的（图 9-22）。

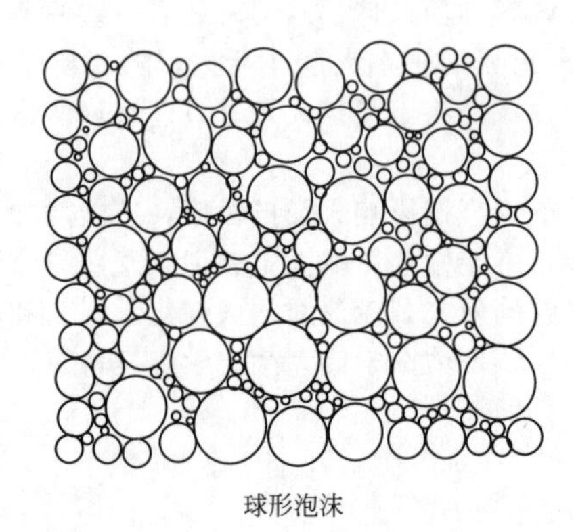

球形泡沫　　　　多面体形泡沫

图 9-22　泡沫的类型

纯液体不易产生稳定的泡沫，即使有一些泡沫生成，其存在时间（泡沫寿命）也很短暂。欲得有一定稳定性的泡沫必须加入第三种物质——表面活性剂。这类表面活性剂称为起泡剂（foaming agents，or foamers），好的乳化剂也常是好的起泡剂。

无表面活性剂由独立的球形气泡构成的球形泡沫，其稳定性与介质黏度有关。黏度大，寿命长。但多面体形泡沫必须有表面活性剂加入才能形成。

泡沫是热力学不稳定体系。由短碳氢链脂肪酸（或醇）水溶液形成的泡沫是不稳定的泡沫。由表面活性剂水溶液形成的泡沫有一定稳定性，是亚稳态泡沫，在无外界干扰作用时，可以稳定存在很长时间。

Plateau 研究了由湿泡沫排液而形成的干泡沫（图 9-23）的结构，得出三条基本规则：

① 多面体的 3 个平面相交的角度为 120°；

② 4 个或更多的面交接于同一条线上形成不稳定结构；

③ 在多面体的所有顶角，4 条边交接形成四面体结构，在此四面体的任两边之夹角为 109.5°。

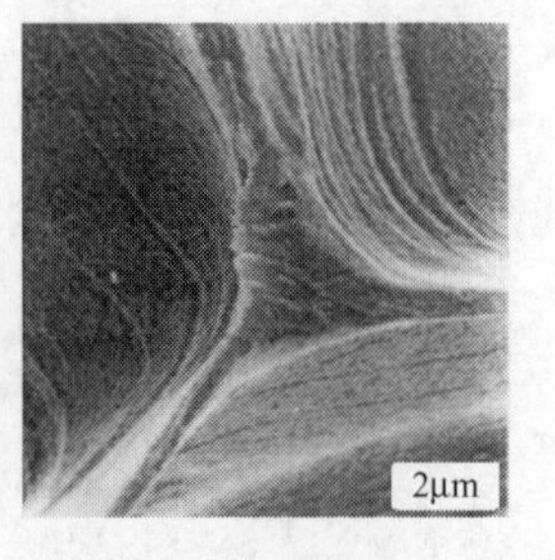


图 9-23　干泡沫和泡沫的 Plateau 边界区的 SEM 图

当多面体的间格数目和体积一定时，泡沫最适宜的结构是拥有最小的总膜面积。数学计算多面体平均有13.4个面。实验得到泡沫通常最多的有14个面，第二多的有12个面。

Plateau边界和排液作用：在亚稳态干泡沫结构中，三个相邻液膜交联区成为Plateau边界（Plateau border）或Gibbs三角区（图9-24）。在此区域内液膜是弯曲的，而其他交接面是平面。根据Laplace公式知，Plateau边界内液体的压力小于平液膜中的，在此压力差作用下平液膜所夹之液体将向三角区流动，这一过程称为排液作用。实际上，刚开始形成的泡沫液膜厚，在重力作用下即可发生液膜中液体的向下流动，当液膜厚度减小至微米数量级时，因重力引起的液膜内流体下流的速度已经很慢，进一步的排液主要是上述的因Laplace公式决定的平液膜内与Plateau边界区内存在的压力差而产生的（参见图9-24，上图）。

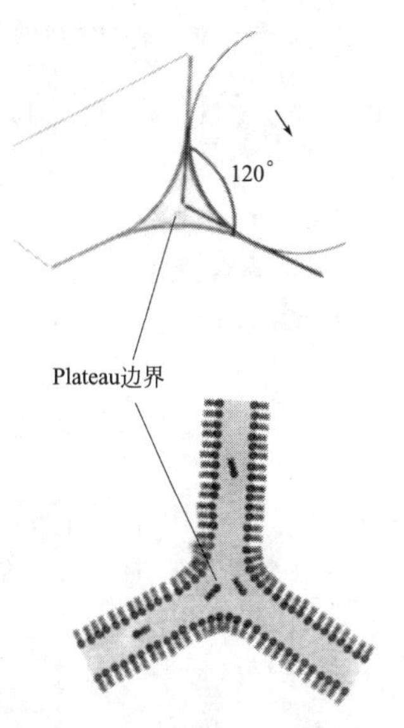

图9-24 泡沫的Plateau边界区

泡沫液膜中液体的排出使液膜变薄，同时还可能受到其他因素的影响。如使稳定液膜的起泡剂若是带有电荷的，则可能有电性排斥作用而阻碍膜的变薄，外加电解质对液膜水化层厚度的影响等都支持液膜薄到一平衡厚度后不再减小也不破裂（有人得出油酸钠水溶液所制泡沫液膜平衡厚度为12nm）。

液体形成泡沫后黏度会增加，当泡沫特征值小于0.74时，泡沫的黏度可以用下式表示，泡沫-黏度随泡沫特征值增加呈线性变化；

$$\eta=\eta_0(1.0+4.5\Phi) \tag{9-16}$$

当泡沫特征值大于0.74时，泡沫的黏度可以用下式表示，泡沫-黏度随泡沫特征值增加呈幂指数变化；黏度随泡沫特征值增加而急剧增大。

$$\eta=\eta_0\left[\frac{1}{1-\Phi^{1/3}}\right] \tag{9-17}$$

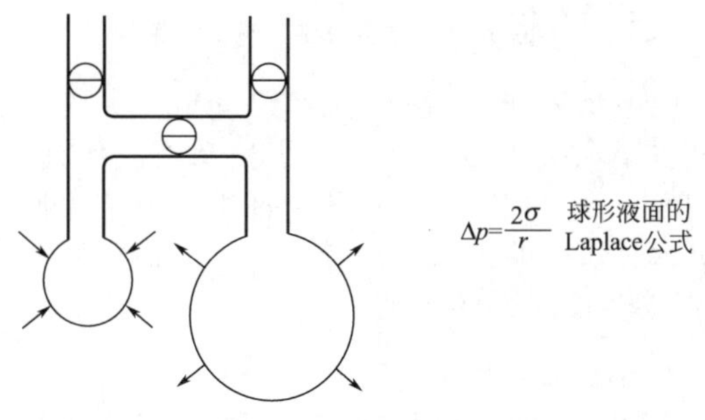

图9-25 Laplace公式与不同大小气泡的压力差

泡沫破裂的原因可能有：①液膜中的液体在重力和Plateau边界存在下引起的排液使液膜变薄至平衡厚度后，在外界扰动下破裂；②泡沫内气泡大小不一（即曲率半径不同），根据Laplace公式小气泡内压力大于大气泡内的压力（图9-25），泡沫体系中不同大小的气泡接触，小气泡内的气体将扩散入大气泡中，最终结果是小气泡减少，大气泡长大，最后泡沫破坏、消失。

## 二、泡沫的稳定性及其影响因素

泡沫属热力学不稳定体系，同时由于稳泡剂的作用，泡沫又具有一定的动力学稳定性。针对不同的泡沫，需要选择不同的泡沫稳定性评价方法。

#### 1. 泡沫的稳定性评价方法

与胶体稳定性的研究一样，泡沫稳定性也没有公认的标准方法。但有几种方法可供选择。可以衡量泡沫的起泡性和泡沫的稳定性，也把泡沫消失一半所用的时间称为半衰期或半生存期。

（1）气流法　使一气流以一定流速通过一下端有玻璃砂滤的量筒（内置待测溶液），在量筒内形成泡沫，测量泡沫的平衡高度$h$，以此作为形成泡沫稳定性的量度。这一结果反映起泡能力和泡沫稳定性的综合性能（图 9-26）。

（2）搅动法　在量筒中放入待测液体，用气体或其他物理方法搅动液体形成泡沫，在规定量筒规格、加液量、搅拌方式、速度、时间等条件下比较形成泡沫的体积 $V$。为表示试液的起泡性能，停止搅拌后，记录泡沫体积 $V$ 随时间的变化，由 $L_f = \int (V/V_0)\mathrm{d}t$ 可求出泡沫寿命 $L_f$（$V$ 为时间 $t$ 时之泡沫体积；$V_0$ 是泡沫层最大体积；$\int V\mathrm{d}t$ 为 $V$-$t$ 曲线下的面积）。

（3）单泡（寿命）法　这是在实验室中常用的方法。此法是向插入试液中的毛细管鼓气，记录气泡升至液面后到破裂所需时间（图 9-27），即为单泡寿命，须多次测量取平均值才有代表性。这种方法还可以测出气泡大小随时间的变化率以求出气体的透过性。

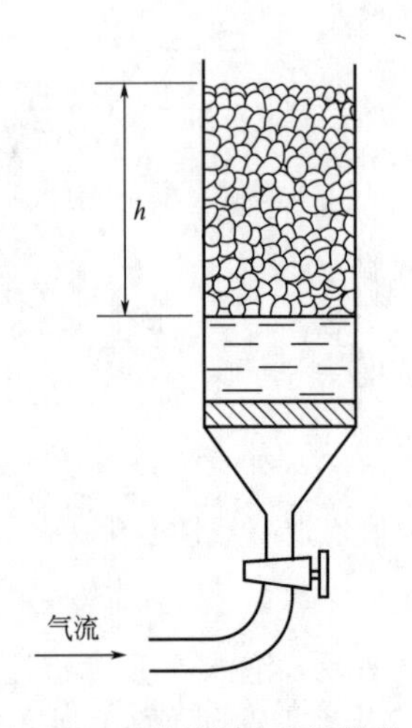

图 9-26　气流法测定泡沫性能

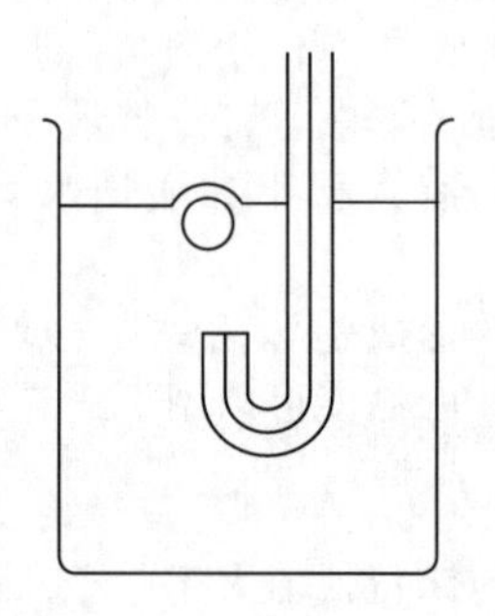
图 9-27　单泡法测定泡沫寿命

泡沫破坏的过程，主要是隔开液体的液膜由厚变薄，直至破裂的过程。因此，泡沫的稳定性主要取决于液膜排液的快慢和液膜的强度。影响泡沫稳定性的主要因素，亦即影响液膜厚度和表面膜强度的因素，比较复杂。下面列举一些有关因素，进行初步讨论。

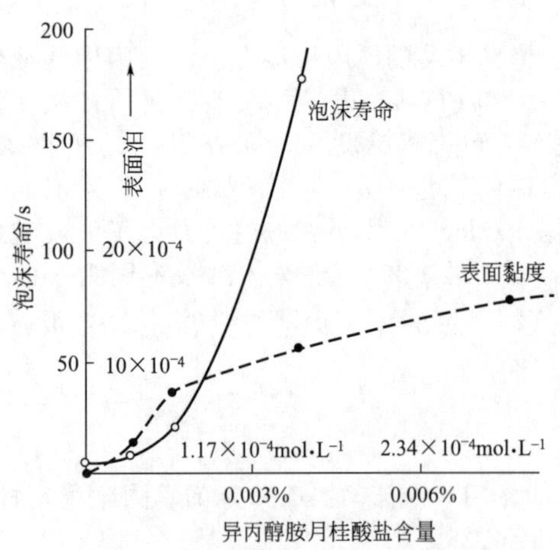

图 9-28　月桂酸异丙醇胺对 0.1% 月桂酸钠（pH10）的泡沫寿命和表面黏度的影响

## 2. 泡沫稳定性影响因素

（1）液膜的表面黏度　表面黏度越大，液膜越不易受外界扰动破裂，表面黏度大也将使排液减缓，使气体不易透过液膜扩散，从而增加泡沫的稳定性。一些研究结果表明，醇、酸、胺类的长链化合物形成的混合膜与单一化合物形成的单分子膜比较，有更特殊的性质。如在脂肪醇中加入相等链长的脂肪酸可引起单分子层膜面积的收缩（收缩膜）而增大表面黏度。在月桂酸钠溶液中加入少量异丙醇胺月桂酸盐可提高表面黏度，增加月桂酸钠溶液形成的泡沫稳定性（图 9-28）。表 9-4 中列出在月桂酸钠溶液中加入不同的阳离子也可以影响泡沫稳定性和液膜表面黏度的有关结果。可以看出，并非表面黏度越大越好，因为表面黏度越大，液膜刚性太强反易破裂。因此，液膜应以一定的高黏度和良好的弹性为好，以能抗拒外界条件变化的干扰。

**表 9-4　一价阳离子对 0.1% 月桂酸钠溶液泡沫稳定性及表面黏度的影响**

| 阳离子 | $Li^+$ | $Na^+$ | $K^+$ | $Cs^+$ |
|---|---|---|---|---|
| 表面黏度/$10^6$Pa·s | — | 48.2 | 41.6 | 41.0 |
| 半生存期/s | 20 | 26 | 40 | >3600 |

注：表中离子浓度相同。

（2）表面张力的影响和 Marangoni 效应　一般来说，低表面张力对形成泡沫有利，因为形成一定总表面积的泡沫时少做功。但决定泡沫稳定性的主要是表面膜的强度，而表面膜的强度与表面分子间相互作用有关，相互作用强度大稳定性好。如较大的分子间若能形成氢键等作用，疏水基支链少者，形成混合膜的表面活性剂与极性有机物添加剂混合体系，阴离子型表面活性剂、阳离子型表面活性剂混合体系（如 $C_8H_{17}SO_4Na$ 与 $C_8H_{17}NMe_3Br$ 混合体系）都能得到稳定性好的泡沫。

由于液膜中液体的排液和外界扰动，液膜可能局部伸展、变薄并可引起分裂。如有表面活性剂分子存在，在表面拉伸时表面积扩大，此处吸附的表面活性剂分子密度减小（图 9-29 中 B），表面张力增大，即面积拉伸扩大部分的表面张力大于未拉伸处的表面张力，因而产生表面压 π。在此表面压作用下未拉伸处的表面活性剂向拉伸处迁移，使变薄处恢复原状。这种变化过程就如同液膜有一定弹性，使变薄的液膜得以恢复，这种作用称为 Marangoni 效应。这一效应的本质是因液体表面上表面张力梯度造成液体表面层及其夹带底层液体的流动。变薄后表面上表面活性剂密度减小是通过从表面张力区域向变薄部分（高表面张力区域）迁移实现的。如果表面活性剂在液膜内的浓度很大或由其分子结构所决定其向表面的吸附速度很快，则变薄液面减少之表面活性剂分子密度很快可由液膜内之表面活性剂迅速吸附补充，而不必再由表面压的作用通过表面活性剂表面迁移补充，可能变薄膜不能恢复原厚度，这种膜的强度差，泡沫稳定性差。这是表面活性剂浓度较低（<CMC）时泡沫稳定性比浓度太大时好的原因。

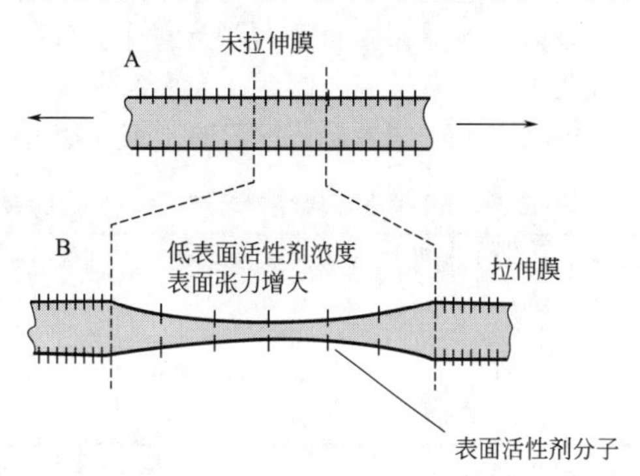

图 9-29　Marangoni 效应

（3）表面电荷的影响　以离子型表面活性剂为起泡剂时在泡沫液膜上形成带有同种电荷的表面活性剂吸附层，当液膜排液变薄至一定程度时，液面两边之双电层重叠，电性相斥，阻碍液膜进一步变薄，有利于泡沫稳定。但是，若溶液中电解质浓度较大，双电层压缩变薄，电性斥力减小，表面电荷对泡沫稳定性的影响也变弱。

（4）气泡透过性的影响　图 9-25 中已表示根据 Laplace 公式当气泡大小不均匀时，由于小气泡中的压力比大气泡中的大，气体将从小气泡中扩散入大气泡中：小气泡减小，大气泡增大，最后泡沫消失。

停留在液面上的单个气泡中的气体从气泡中渗透出的量的研究表明，气泡半径与气泡寿命 $t$ 有如下关系[1]：

$$r^2 = r_0^2 - \frac{3k\gamma}{p}t \tag{9-18}$$

式中，$r$ 为 $t$ 时间时气泡半径；$r_0$ 为 $t=0$ 时之气泡半径；$p$ 为气泡中气体压力；$\gamma$ 为溶液表面张力；$k$ 为透过性常数。图 9-30 给出两种体系的 $r^2$ 与 $t$ 的关系。0.1%$C_{12}H_{25}SO_4Na$+0.002%$C_{12}H_{25}OH$ 体系 $r^2$ 与 $t$ 为直线关系，而 0.1%$C_{12}H_{25}SO_4Na$ 体系为非直线关系。由

[1] Davis J T，Redel E K. Interfacial Phenomena. New York：Academic Press，1963.

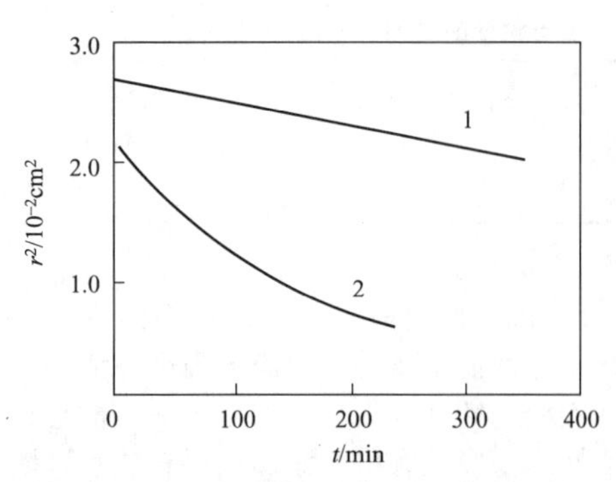


**图 9-30　气泡半径与时间的关系**

1—0.1%$C_{12}H_{25}SO_4Na$+0.002%$C_{12}H_{25}OH$ 体系；
2—0.1%$C_{12}H_{25}SO_4Na$ 体系

直线的斜率或曲线某点切线斜率可求得相应的气体透过性常数。表 9-5 中列出几种表面活性剂溶液（0.1%）形成气泡的透过性常数，同时列出表面张力等数据。由表中数据可见透过性常数大的表面黏度小，泡沫稳定性差，这种关系虽不能完全一致，但透过性与表面膜的紧密程度有关，液膜上吸附分子排列紧密则气体透过性一定不好，泡沫也更稳定。

（5）表面活性剂结构对起泡性能的影响　对于同系列表面活性剂通常在某一碳链长度时起泡能力有最佳值。这是由于较长的碳氢链上带有支链将使 CMC 增大，减小表面活性剂分子间的横向相互作用，吸附层的黏合强度和膜的弹性减小，从而降低泡沫的稳定性。若亲水基移至分子的中部，虽起泡性能较好，但持久性差。以上的比较都需以在大于 CMC 的浓度为条件。通常，非离子型表面活性剂比离子型表面活性剂的起泡能力和形成的泡沫稳定性都差。这可能是由于非离子型表面活性剂在界面上占有大的分子面积，吸附分子的横向作用差，使得界面吸附膜弹性差。此外，非离子型表面活性剂大的水化基团也使其扩散困难，使 Marangoni 效应减小。表 9-6 中列出了一些表面活性剂的起泡性质。

**表 9-5　几种表面活性剂溶液（0.1%）的表面张力、表面黏度、泡沫透过性常数、泡沫寿命**

| 表面活性剂 | 表面张力 $\gamma$/mN·m$^{-1}$ | 表面黏度 $\eta_s$/g·s$^{-1}$ | 泡沫寿命 $t$/min | 透过性常数 $k$/cm·s$^{-1}$ |
|---|---|---|---|---|
| $C_{12}H_{25}SO_4Na$ | 23.5 | $2\times10^{-3}$ | 69 | $1.3\times10^{-2}$ |
| $C_{12}H_{23}COOK$ | 35.0 | $3.9\times10^{-2}$ | 2200 | $0.21\times10^{-2}$ |
| TX-100 | 30.5 | — | 60 | $1.79\times10^{-2}$ |
| $C_{12}H_{25}SO_4Na$+0.002%$C_{12}H_{25}OH$ | — | — | — | $0.5\times10^{-2}$ |

**表 9-6　典型的阴离子型表面活性剂和非离子型表面活性剂水溶液的起泡性质**（60℃时的泡沫高度）[❶]

| 表面活性剂 | 含量(质量分数)/% | 泡沫高度/mm | |
|---|---|---|---|
| | | 初始($t$=0) | $t$ 时高度[①] |
| $C_{12}H_{25}SO_3Na$ | 0.25 | — | 205(1) |
| $C_{12}H_{25}SO_4Na$ | 0.25 | 220 | 175(5) |
| $C_{14}H_{29}SO_3Na$ | 0.11 | — | 214(1) |
| $C_{14}H_{29}SO_4Na$ | 0.25 | 231 | 184(5) |
| $C_{16}H_{33}SO_3K$ | 0.033 | — | 233(1) |
| $C_{16}H_{33}SO_3Na$ | 0.25 | 245 | 240(5) |
| $C_{18}H_{37}SO_4Na$ | 0.25 | 227 | 227(5) |
| $o$-$C_8H_{17}C_6H_4SO_3Na$ | 0.15 | 148 | — |
| $p$-$C_8H_{17}C_6H_4SO_3Na$ | 0.15 | 134 | — |
| $o$-$C_{12}H_{25}C_6H_4SO_3Na$ | 0.25 | 208 | — |
| $p$-$C_{12}H_{25}C_6H_4SO_3Na$ | 0.15 | 201 | — |
| $t$-$C_9H_{19}C_6H_4O(C_2H_4O)_8H$ | 0.10 | 55 | 45(5) |
| $t$-$C_9H_{19}C_6H_4O(C_2H_4O)_9H$ | 0.10 | 80 | 60(5) |
| $t$-$C_9H_{19}C_6H_4O(C_2H_4O)_9H$ | 0.10 | 110 | 80(5) |
| $t$-$C_9H_{19}C_6H_4O(C_2H_4O)_{13}H$ | 0.10 | 130 | 110(5) |
| $t$-$C_9H_{19}C_6H_4O(C_2H_4O)_{20}H$ | 0.10 | 120 | 110(5) |

① 括号内为时间，($t$/min)。

❶ Ross J, Miles G D. American Society for Testing and Materials. Method D, 1173-53, ASTM: Philadelphia, 1953.

有一些表面活性剂的起泡能力与其溶解度参数有定量的关系。这是由于起泡能力与表面活性剂溶解度有关：太大时吸附量小；太小时溶液中表面活性剂分子太少起不到有效的作用。

## 三、起泡剂和稳泡剂

由上节介绍知，良好的起泡剂应有以下特点：较低的 CMC 值，起泡剂能形成牢固的、紧密的能抗拒机械或其他物理条件改变，有一定弹性的稳定薄膜。起泡剂的疏水链应是长而直的碳氢链（烷基硫酸盐和其他皂最好有 10～12 个碳原子的直链，若应用于更高的温度，碳氢链应加长，如 60℃可应用 16 个碳的，接近水沸点的可用 18 个碳的）。

添加某些有机化合物可有效地改进表面活性剂溶液的起泡性质。最常应用的是有直长碳氢链的极性有机物，其长度最好与起泡剂的大致相同或完全相同。如十二烷基硫酸钠用作起泡剂可加入十二醇，十二醇用作十二酸钠体系的添加物等。

添加物可以抵消或缓冲离子型表面活性剂的电荷的作用，使表面张力降得更低，有利于泡沫的形成和稳定。这些化合物称为稳泡剂。表 9-7 列出一些有机添加物对十二烷基苯基硫酸钠的 CMC 和起泡性能的影响。

**表 9-7 一些有机添加物对十二烷基苯基硫酸钠 CMC 和起泡性能的影响**

| 添加物 | CMC/g·L$^{-1}$ | ΔCMC/% | 泡沫体积①/ml |
|---|---|---|---|
| 十二烷氧基丙三醇 | 0.29 | −51 | 32 |
| 十二烷基乙醇胺 | 0.31 | −48 | 50 |
| 癸氧基丙三醇 | 0.33 | −44 | 34 |
| 十二烷基环丁砜胺 | 0.35 | −41 | 40 |
| 辛氧基丙三醇 | 0.36 | −39 | 32 |
| 正癸醇 | 0.41 | −31 | 26 |
| 辛酰胺 | 0.50 | −15 | 17 |
| 十四碳醇 | 0.60 | 约 0 | 12 |

① 2min 的值。

研究表明，各种类型的有机添加物对泡沫稳定性提高的效力有如下的顺序：伯醇＜甘油醚＜磺酰醚＜胺＜*N*-取代胺。这一顺序与对 CMC 的影响是一致的。

## 四、消泡和消泡剂

泡沫破裂消失即为消泡。可达到消泡目的的外加物质即为消泡剂（antifoaming agent, defoamer）。有时将能抑制泡沫形成的物质称为泡沫抑制剂。

消泡的主要机理是：①消泡剂一般都有很高的表面活性，可取代泡沫上的消泡剂和泡沫稳定剂，降低泡沫液膜局部表面张力（即此处表面压增大），吸附分子由此处向高表面张力处扩散，同时带有部分液体流走，液膜变薄而破裂；②消泡剂能破坏液膜弹性，使其失去自修复能力而破裂；③消泡剂能降低液膜表面黏度，加快液膜排液和气体扩散速度，缩短泡沫寿命。

常用的消泡剂分为天然的和合成的两大类。

消泡剂有脂肪酸酯类（如乙二醇和甘油的脂肪酸酯），聚醚类（如聚氧乙烯醚，聚氧乙烯和聚氧丙烯嵌段共聚物，聚氧丙烯甘油醚，甘油聚醚脂肪酸酯等），有机硅（如聚硅氧烷，聚醚聚硅氧烷等）等。

泡沫抑制剂的作用原理是在其存在下，表面扩大或收缩时不能形成局部表面张力的降低，因而也无表面压升高使液膜局部变薄的变化。如聚醚类表面活性剂就有这种作用。而长链脂肪酸的钙盐等取代烷基硫酸钠或烷基苯磺酸钠形成的泡沫时，钙皂的膜易破裂、不稳定，从而也能抑制泡沫的形成。但是，若其能与起泡剂形成混合膜，则可能使泡沫稳定。

其他泡沫抑制剂还有：用于造纸和电镀液的辛醇、硅烷（含量在 $10\mu g \cdot g^{-1}$时即有效）；4-甲基-2-戊醇和 2-乙基己醇可用做去污剂的泡沫抑制剂。

消泡剂和泡沫抑制剂本无原则区别。如全氟醇既是良好的起泡剂也是好的泡沫抑制剂。

## 五、泡沫驱

向油藏中注蒸汽适用于稠油开采，而注气（如二氧化碳和氮气）则适用于驱替轻质油。在气驱和蒸汽驱过程中经常遇到以下问题。在注入过程中，由于气相和液相之间的密度差，油藏中较轻的气相倾向于顶部流动并超越液相。气体选择性地在油藏上部的运动成为重力上浮。在储层条件下，注入气体的黏度一般为原油黏度的 1%～10%。在这样不利的流度比条件下，气体有很大超越原油窜流（指进）的潜力。

油藏是非均质的，蒸汽或气体就优先通过高渗透层而不是低渗透层，这种现象也叫窜流。

为了解决气驱和蒸汽驱过程中遇到的这些问题以提高驱油效率，一种驱油方式就是使蒸汽或气体以泡沫的形式存在，泡沫做驱油剂的驱油法即泡沫驱。

泡沫驱用泡沫配制如下：

水：淡水，也可用盐水

气：氮气、二氧化碳气、天然气、炼厂气或烟道气

起泡剂：主要是表面活性剂，如烷基磺酸盐、烷基苯磺酸盐、聚氧乙烯烷基醇醚-15、聚氧乙烯烷基苯酚醚-10、聚氧乙烯烷基醇醚硫酸酯盐、聚氧乙烯烷基醇醚羧酸盐等。在起泡剂中还可加入适量的聚合物（如部分水解聚丙烯酰胺、钠羧甲基纤维素等）提高水的黏度，从而提高泡沫的稳定性。

### 1. 泡沫驱油机理

一般认为泡沫驱油机理如下。

(1) Jamin 效应叠加机理　对泡沫，Jamin 效应是指气泡对通过喉孔的液流所产生的阻力效应。当泡沫中气泡通过直径比它小的喉孔时，就发生这种效应。Jamin 效应可以叠加，所以当泡沫通过不均质地层时，它将首先进入高渗层。由于 Jamin 效应的叠加，所以它的流动阻力逐渐提高。因此，随着注入压力的增加，泡沫可以依次进入渗透性较小、流动阻力较大而原先不能进入的中渗透、低渗透层，提高波及系数。

(2) 增黏机理　泡沫的黏度除来源于相对移动的分散介质液层间的内摩擦之外，还来源于分散相间的相互碰撞。当泡沫特征值超过一定数值（0.74）时，泡沫黏度急剧增加的原因是由于泡沫特征值超过该数值后，分散相已开始互相挤压，引起气泡变形。分散相间相互碰撞成为产生泡沫流动阻力的重要因素。由于泡沫的黏度大于水，所以它有大于水的波及系数，因而泡沫驱有比水驱高的采收率。

(3) 乳化降黏机理　产生泡沫所用的起泡剂一般都是具有较高活性的表面活性剂，能够降低油-水界面张力，将原油乳化成水包油乳状液，大幅度降低原油的黏度，提高原油的流动性。

### 2. 聚合物增强泡沫驱

传统油田泡沫是由一种气体分散在表面活性剂溶液中形成的。表面活性剂作为起泡剂对液体内的分散气体起稳定作用。聚合物增强泡沫由起泡性气体分散在含有水溶性聚合物的表面活性剂水溶液中形成的。稳定泡沫的聚合物一般是油田上常用的部分水解聚丙烯酰胺，平均相对分子质量范围一般在 1 万～5000 万之间，最好在 100 万～1500 万之间。泡沫液体中聚合物浓度至少为 $500mg \cdot L^{-1}$。由于聚合物的存在，聚合物增强泡沫具有更高的稳定性，尤其是在与地层油接触时。同时，其具有更高的黏度和极好的流度控制能力，聚合物极大地降低了起泡剂对各种因素的敏感性。

3. **泡沫复合驱**

泡沫复合驱是在三元复合驱（碱、表面活性剂、聚合物）及天然气驱基础上发展起来的新的三次采油技术。泡沫复合体系由碱、表面活性剂、聚合物及天然气组成。气体（天然气、氮气等）侵入充满三元复合体系（碱、表面活性剂、聚合物）的孔隙介质中，挤压孔隙中的液体形成液膜，或孔隙喉道处的液相截断气体，形成分离气泡。泡沫的生成使气相渗透率降低而形成较高的视黏度；同时，泡沫液膜的组分是由三元复合体系组成的，液膜可以随着泡沫进入储层较差的部分降低油-水界面张力，驱替剩余油。所以，它既能大幅度降低油-水界面张力，提高驱替效率，又能降低油水流度比，提高波及效率。室内模型实验结果表明：泡沫复合驱可比水驱提高采收率30%。为此，大庆油田在北二区东部于1997年2月投入泡沫复合驱试验。另外，胜利油田也进行了矿场试验，均取得了较好的效果。

# 第五节　膜[1]

## 一、膜的定义

广义地说，膜是两相间的不连续区域，即分隔两相的界面，因而也常将两相间的吸附层称为吸附膜、界面膜等。狭义地说，膜是人或动植物体内像薄皮的物质（生物膜）；像上述生物膜一样的薄层状物质也称为膜。从构成膜的物质的排列规律来说界面膜是二维伸展的分子结构体。有一定宏观厚度和强度的称为薄膜（film）（常见的有各种化学组成的隔膜、孔性膜、油膜、液膜等）。在相界面上用不同方法形成的具有一定特别功能和厚度约为不大于几个分子层的两亲分子有序结构也称为膜（membrance），如细胞膜、人工双分子层膜等。许多情况下，membrance 与 film 难以区分。

膜的主要作用有：①物质分离，如超滤膜、半透膜、离子交换膜等；②透过功能，如生物膜、半透膜；③能量转化，如用于太阳能电池的有机薄膜，用作电子器件的LB膜；④生物功能，如各种生物膜等。

本节只涉及在相界面上用不同方法形成的两亲分子有序结构膜的形成及性质，不讨论实用薄膜材料的制备和膜分离过程中的理论和技术问题。

## 二、不溶物单分子层膜[2][3][4]

### （一）表面压

将不溶于水的两亲有机物质溶于适宜的有机溶剂，将此溶液滴加到水和空气的界面上，起始时的铺展系数是正值，溶剂挥发后形成两亲物单层。由于两亲物不溶于水，且挥发性极低，故其可以稳定地存在于水面上。由于水面上铺有两亲物分子层而使表面张力改变 $\pi$：

$$\pi=\sigma_0-\sigma \tag{9-19}$$

式中，$\sigma_0$ 和 $\sigma$ 分别为铺膜前后的表面张力；$\pi$ 称为表面压（surface presure）。若在干净的水面上放置一轻质小棒，在其一侧滴加两亲有机物溶液，小棒将急剧向另一方向运动，这可视为两亲物铺展时对小棒施加力的结果。因此，表面压也可定义为铺展的膜对单位长度浮片施加的力，数值上等于铺膜前后液体表面张力之差。表面压是二维压力，表征表面上因有外来

[1] 本节根据参考书目30中第六章删节增补而成。

[2] Mac Richie F. Chemistry at Interfaces. San Diego：Academic Press，1990.

[3] 参考书目13。

[4] 参考书目7。

物质而引起表面能的变化。

表面压的测量方法有两种。一种是直接测量铺展的膜施加于液面上浮片的力。另一种测量表面压的方法是使用吊片法（或其他适宜的测定液体表面张力的方法）测定纯液体的加入和加入成膜物质后液体的表面张力 $\sigma_0$ 和 $\sigma$，依 $\pi=\sigma_0-\sigma$ 计算表面压。图 9-31 是一种用吊片法测定表面压的膜天平装置示意图。

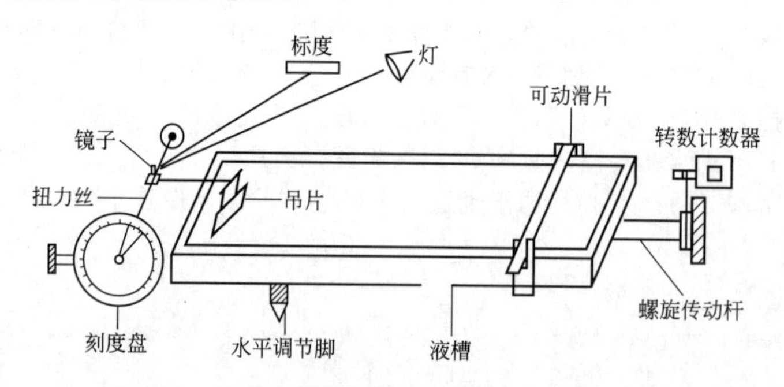


图 9-31　用吊片法测定表面压的膜天平装置示意图

## （二）不溶物单层膜的状态与结构

在恒定温度条件下，测出的不溶物单层膜的表面压 $\pi$ 与成膜分子占据面积 $A$ 的关系曲线称为 $\pi$-$A$ 等温线。图 9-32 是不同不溶物在多种条件下 $\pi$-$A$ 图的综合结果。实际上并非一种不溶物都有图中等温线的全部特征。图中等温线的各段名称如下。G：气态膜；$L_1$-G：气-液平衡膜；$L_1$：液态扩张膜（也简称为 Le 膜）；I：转变膜；$L_2$：液态凝聚膜（也称为 Lc 膜）；S：固态膜。$L_2$ 和 S 也统称为凝聚膜。$L_1$、I 和 $L_2$ 也统称为液态膜。这里应用气、液、固态膜的称谓显然是从三维物质存在状态套用的，在膜存在的二维状态里应有特殊的意义。在一定温度和二维压力下，膜的状态也可以如三维物质一样有类似的变化。图中 $J$ 为 $L_1$-I 膜转变点，$R$ 为 I-$L_2$ 膜转变点，$\pi_c$ 是膜的崩溃压（破裂压），$\pi_v$ 是气态膜的最大表面压（约小于 $0.1\text{mN}\cdot\text{m}^{-1}$）。

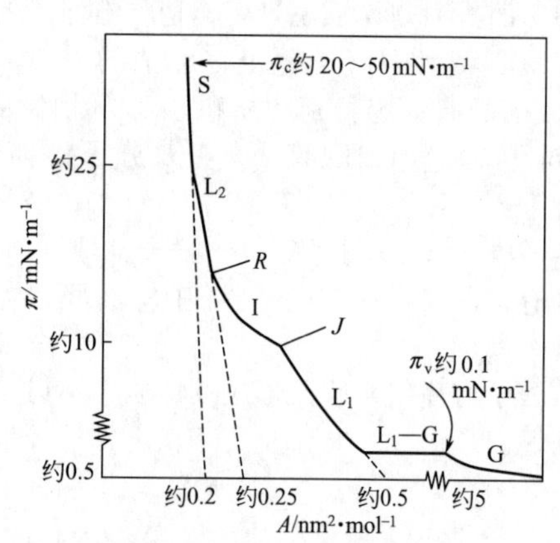


图 9-32　典型的二维单层膜的 $\pi$-$A$ 图

### 1. 气态膜

当成膜分子在表面距离很远，即拥有的面积很大（如$>100\text{nm}^2$）时，表面压 $\pi$ 很小（如$<0.5\text{mN}\cdot\text{m}^{-1}$）。在这种条件下。两亲分子类似于处于理想气体状态，服从类似于理想气体状态方程 $pV=nRT$ 的二维理想气体方程

$$\pi A=kT \tag{9-20}$$

若考虑到成膜分子的协面积 $a_0$，则有

$$\pi(A-A_0)=kT \tag{9-21}$$

式中，$k$ 为 Boltzmann 常数。当用 $A$ 和 $A_0$ 表示相应成膜物的摩尔面积时，只将上两式中之 $k$ 换为 $R$（气体常数）即可。

气态膜研究的重要应用是估算大分子的摩尔质量，应用这种方法所需样品量少，操作和数据处理也很简便。

［例］　25℃时测得某种蛋白质在 $0.01\text{mol}\cdot\text{L}^{-1}$ 盐酸水溶液上成膜时的表面压数据如下。求蛋白质的摩尔质量。

| 比表面积/$m^2 \cdot mg^{-1}$ | 4.0 | 5.0 | 6.0 | 7.5 | 10.0 |
|---|---|---|---|---|---|
| $\pi/mN \cdot m^{-1}$ | 0.44 | 0.24 | 0.105 | 0.06 | 0.035 |

［**解**］ 题设表面压很小，应属气态膜范围。

若设 $A$ 和 $A_0$ 为相应之摩尔面积，式(9-21) 可变为

$$\pi A = RT + \pi A_0$$

对于 1g 成膜物

$$\frac{\pi A}{M} = \frac{RT}{M} + \frac{\pi A_0}{M}$$

若设 1g 成膜物占的面积为 $a$，$a = A/M$

故

$$\pi a = \frac{RT}{M} + \frac{\pi A_0}{M} \tag{9-22}$$

以 $\pi a$ 对 $\pi$ 作图应得直线，直线截距为 $RT/M$，从而可得

$$M = RT/(\pi a)_{\to 0}$$

处理题设数据，得

| $\pi/mJ \cdot m^{-2}$ | 0.44 | 0.24 | 0.105 | 0.06 | 0.035 |
|---|---|---|---|---|---|
| $\pi A/mJ \cdot mg^{-1}$ | 1.76 | 1.20 | 0.63 | 0.45 | 0.35 |

作 $\pi A$-$\pi$ 图（图 9-33），由图中直线求出截距为 $0.23J \cdot g^{-1}$

$$M = 8.31 \times 298 J \cdot mol^{-1} / 0.23 J \cdot g^{-1} = 10766 g/mol$$

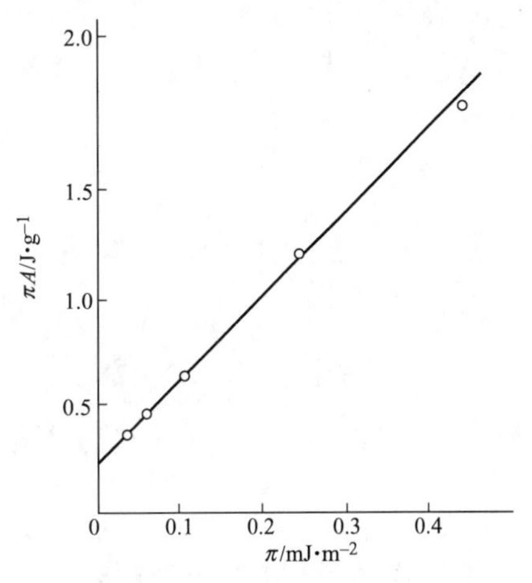

图 9-33 某蛋白质表面膜的 $\pi A$-$\pi$ 图

### 2. 气-液平衡膜

气-液平衡膜是从气态膜向液态膜的转变状态，类似于三维状态中的气-液平衡状态。从微观角度看在气-液平衡膜中很可能是富集的两亲不容物相与纯溶剂相间的转变。此时之 $\pi_v$ 相当于在三维状态时成膜物的饱和蒸汽压，一般 $\pi_v$ 均小于 $0.1mN \cdot m^{-1}$。表 9-8 中列出一些两亲物在 15℃ 时气态膜的饱和蒸汽压 $\pi_v$。显然 $\pi_v$ 与分子结构有关，同系物则随碳原子数增加 $\pi_v$ 减小。

**表 9-8 一些两亲物气态膜的饱和蒸汽压 $\pi_v$**（15℃）

| 两亲物 | $\pi_v/mN \cdot m^{-1}$ | 两亲物 | $\pi_v/mN \cdot m^{-1}$ |
|---|---|---|---|
| 十三酸 | 0.31 | 十七酸乙酯 | 0.10 |
| 十四酸 | 0.20 | 十八酸乙酯 | 0.033 |
| 十五酸 | 0.11 | 十四醇 | 0.11 |
| 十六酸 | 0.039 | 十七烷腈 | 0.11 |

### 3. 液态扩张膜

关于此种膜的物理图像有很多设想。其中有两种值得介绍，因为这两种模型都给出了表征液态扩张膜的相应方程。Langmuir 认为在这种膜状态中，成膜分子碳氢链部分相互拉扯，类似于液态烃（“似油”），而极性部分互不拉扯，类似于气态。从而得到状态方程为

$$(\pi - \pi_0)(\sigma - \sigma_0) = kT \tag{9-23}$$

式中，$\pi_0=\sigma_{水}-\sigma_{水\text{-}油}-\sigma_{油}$。此处之油指两亲物之碳氢链。

Smith 研究脂肪酸在水面上的单层液态扩张膜，认为在这种膜中可将脂肪酸分子视为由“硬圆盘”（$—CH_2—$基团）构成的圆筒，分子的极性基锚接于水面，圆筒彼此有 van der Waals 力作用。根据这种模型得出液态扩张膜的状态方程：

$$\left(\pi+\frac{\pi\varepsilon md^2}{4A^2}\right)\left[A\left(1-\frac{\pi d^2}{4A}\right)^2\right]=kT \tag{9-24}$$

$$\left(\pi+\frac{\pi\varepsilon d^2}{A^2}\right)\left[A\left(1-\frac{A_0}{A}\right)^2\right]=kT \tag{9-25}$$

式中，$d$ 是圆筒（即分子）直径；$A_0$ 是分子截面积；$A$ 是分子占有面积；$m$ 是分子中碳原子数；$\varepsilon$ 是相邻$—CH_2—$间作用能。

### 4. 转变膜

这是从液态扩张膜向液态凝聚膜转变的中间状态。一种模型认为，一些成膜分子聚集成小的二维聚集体，小聚集体间相距甚远，又表现出二维气态的特点。也有人认为转变膜状态中随 $\pi$ 的增大，成膜分子转动自由度减小。

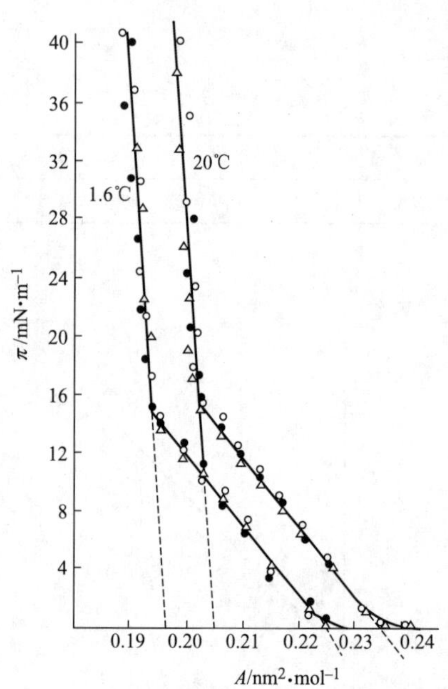


图 9-34　十八酸在 0.01mol·L$^{-1}$ $H_2SO_4$ 溶液表面上的 $\pi$-$A$ 等温线

### 5. 液态凝聚膜

在液态凝聚膜中，成膜分子倾向于紧密定向排列成半固态，只是在极性基间有少量溶剂水的存在，极性基与水形成氢键的程度决定了这种膜可压缩性的大小。该类膜的 $\pi$-$A$ 关系近似为直线方程：

$$\pi=b-aA \tag{9-26}$$

### 6. 固态膜

在固态膜中难溶两亲物分子以极性基朝水相，非极性基指向气相垂直定向紧密排列，成压缩性极小的固态。状态方程为：

$$\pi=c-qA \tag{9-27}$$

式(9-26) 和式(9-27) 形式上相同，常数各不相同。因而，应用此二式将 $\pi$-$A$ 等温线外延至 $\pi=0$ 时所求出的分子面积不同，由同一成膜物，形成液态凝聚膜求出的分子面积大于由固态膜求出的。表 9-9 列出了成膜物不同温度的 $\pi$-$A$ 等温线的液态凝聚膜和固态膜外延至 $\pi=0$ 求出的分子面积，图 9-34 即为实例。

**表 9-9　由液态凝聚膜和固态膜外延求出的分子面积（nm$^2$）比较**

| 成膜物 | 液态凝聚膜 | | | 固态膜 | | |
|---|---|---|---|---|---|---|
| | 5℃ | 20℃ | 40℃ | 5℃ | 20℃ | 40℃ |
| 十四(碳)醇 | 0.2065 | 0.2185 | — | 0.1995 | 0.207 | — |
| 十六(碳)醇 | 0.2075 | 0.2135 | 0.234 | 0.1965 | 0.2025 | 0.218 |
| 十八(碳)醇 | 0.213 | 0.217 | 0.2325 | 0.1975 | 0.2025 | 0.217 |

由表 9-9、图 9-34 及其他许多实验结果可知以下几点。①液态凝聚膜和固态膜的 $\pi$-$A$ 等温线虽均为直线，但斜率不同。直链脂肪酸 $\pi$-$A$ 等温线液态凝聚膜和固态膜区域直线外延至 $\pi=0$ 时分子面积分别为 0.25nm$^2$ 和 0.2～0.22nm$^2$，即前者大于后者。固态膜时分子排列已接近结晶态，与直链脂肪酸三维晶体结构之值 0.185nm$^2$ 接近。②同系列两亲长链有机

物形成固态膜外推分子面积接近（如脂肪酸为 0.2～0.22nm²，醇、酯略大一些），与碳氢链长短关系不大，说明成膜分子取垂直定向方式排列。③利用固态膜外推至 $\pi=0$ 时之分子面积代表分子截面积，实际上是忽略了成膜分子侧向间的作用及外力的挤压作用对分子排列的影响，即可视为是一个成膜分子单独定向直立于液面上占据之面积。④除用外推至 $\pi=0$ 时之分子面积表征凝聚膜之性质外，还可用膜的压缩系数 $C_m$（compressibility）作为凝聚膜的重要参数：

$$C_m=-\frac{1}{A}(\partial A/\partial \pi)_T \tag{9-28}$$

式中，$A$ 是在膜中的分子面积，可由 $\pi$-$A$ 等温线求出压缩系数。十八碳醇在 5℃、20℃和 40℃时固态膜的 $C_m$ 依次为 $0.85\times10^{-3}$mN·m$^{-1}$、$0.91\times10^{-3}$mN·m$^{-1}$和 $1.5\times10^{-3}$mN·m$^{-1}$。这一数据说明随温度升高 $C_m$ 增大。

#### 7. 单层膜的崩塌

在表面压足够高时，单层膜将崩塌并形成三维多层膜。发生崩塌的表面压大小与成膜物的性质有关。例如，2-羟基十四酸的单层膜在 68mN·m$^{-1}$时发生崩塌。图 9-35(a) 是崩塌膜的电镜照片，其隆起高度可达 200nm。硬脂酸钙的崩塌膜是镜状薄片。单层膜崩塌的过程可能如图 9-35(b) 所示。

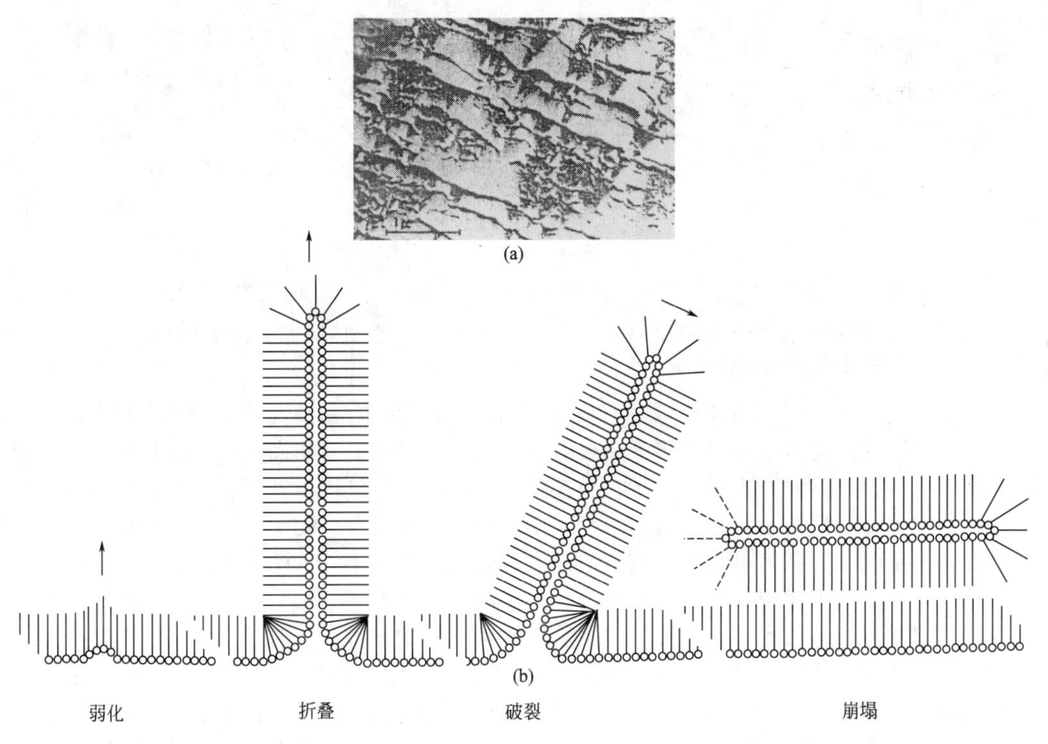


图 9-35 2-羟基十四酸崩塌膜的电镜图 (a) 和可能的崩塌机理（从膜的弱化到崩塌）(b)

### （三）单层膜的应用

#### 1. 抑制底液蒸发

在液体上形成单层膜后可以降低底液的蒸发速度。单层膜的这一作用对于水资源紧缺的现在有极重要的意义。

底液的蒸发是底液分子从底液中逃离至蒸气相的过程。当底液上铺有不溶物膜时，底液分子逃离液相受到的阻力有三：液相分子的阻滞力（碰撞及分子间的各种作用力），气相分子的碰撞阻滞力，单层膜分子的阻滞力。当有表面膜存在时，上述三种阻滞力中膜的阻力

$R_f$ 最大。

当温度、底液性质一定时，底液的蒸发速度 $dQ/dt$（$Q$ 为 $t$ 时间内通过 $A$ 面积的膜的物质的量）与 $R_f$、表面面积 $A$、液相与气相的浓差 $\Delta c$ 有关，即

$$dQ/dt = A\Delta c/R_f \tag{9-29}$$

显然，$R_f$ 越大，蒸发速率越小。$R_f$ 也称为蒸发比阻，单位为 $s \cdot cm^{-1}$。$R_f$ 与成膜物的性质、表面压 $\pi$ 大小、成膜物的溶剂（展开剂）有关：①$R_f$ 随 $\pi$ 增大而增大；②当 $\pi$ 相同时，同系列成膜分子随碳原子数增多而增大（图 9-36）；③对于同一成膜物，展开剂非极性大的 $R_f$ 大（图 9-37）。

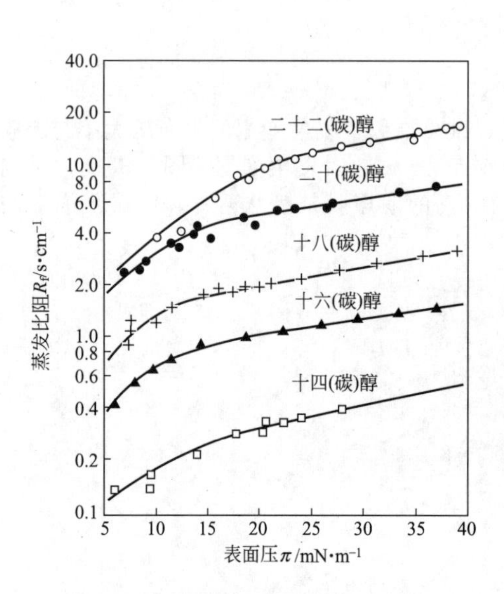


图 9-36　正构脂肪醇碳链长短对水的蒸发比阻 $R_f$ 的影响

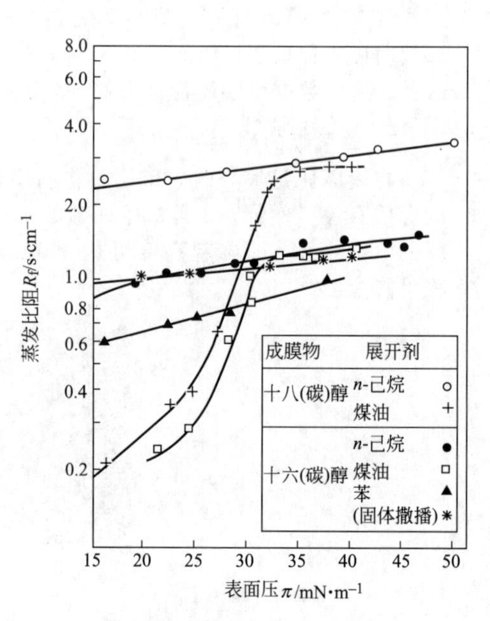


图 9-37　展开剂对 $R_f$ 的影响

虽然蒸发比阻 $R_f$ 对底液的蒸发有很大影响，但也并非 $R_f$ 越大越有利于实际应用，这是因为抑制底液蒸发对单层膜有多种要求：①形成的单层膜表面压高；②膜有扩张性，成膜分子间的作用力不能太大也不能太小，膜在受外力作用下的破损易恢复；③底液为水时，膜有良好的空气通透性，不影响水质中水生动植物生存；④无毒、无害、不破坏环境，价格适宜等。几十年来在抑制水蒸发的研究中广泛应用的成膜物为十六（碳）醇，这不仅是因为十六醇是易于制备的工业用表面活性物质，而且其蒸发比阻 $R_f$ 和展开速率间有较好的协调关系，且其单层膜有抗风能力等。不溶性单层膜抑制水蒸发的研究早已在室外实际水面进行。Roberts 在美国伊利诺伊州两个相邻小湖进行对比实验，结果表明，铺有十六醇单层膜的可减少水蒸发 40%，平均 1kg 十六醇可减少 $64000m^3$ 水的蒸发。我国水资源贫乏，人均水占有量仅有 $2300m^3$，约为世界人均水平的 1/4，居世界第 121 位。全国 650 多个城市中，400 多个缺水，全国城市日缺水量达 1600 万立方米。开发大西北的首要困难就是水资源的开发和科学利用及保护。利用不溶性单层膜抑制水的蒸发无疑是一种可行的方法，有待更广泛地深入研究。

**2. 单层膜中的化学反应**

单层膜中的化学反应包括成膜物分子间的化学反应（如表面聚合反应），也包括成膜分子与底液中物质及气相中物质的反应（如酯水解反应，不饱和有机物的氧化反应，脂肪酸盐与溶液中某些物质形成不溶性纳米微粒的反应等）。

在单层膜中的化学反应之重要意义不仅在于探索在准二维微环境进行化学反应的各种特

殊因素，实现有别于三维空间反应的特殊效应，而且有助于模拟和研究许多在膜中进行的生物过程。

(1) 长链酯水解反应 在碱性底液上的长链酯的水解反应对于研究生物体系的脂肪在界面上发生的自然分解和再合成反应很有意义。酯水解反应为

$$RCOOR'+H_2O \longrightarrow RCOOH+R'OH$$

在表面压恒定（有相应的面积和相界面电势的变化）及选择适宜的碳链长度的酯和适宜的底液碱性大小使反应产物为可溶的或完全不溶的条件下，上述反应速率常数可用以下公式表述：

$$(A-A_{\infty})/(A_0-A_{\infty})=\exp(-kt) \tag{9-30}$$

$$A=A_0\exp(-kt) \tag{9-31}$$

$$k=pZA_0\exp\frac{-E_a}{RT} \tag{9-32}$$

式中，$A_0$ 是反应开始时的单层膜面积（即酯的面积）；$A_{\infty}$ 是反应完全完成后单层膜面积（即产物占据的面积）；$A$ 是 $t$ 时单层膜的面积；$k$ 为一级反应速率常数；$Z$ 为每分钟 $OH^{-1}$ 离子与单位面积的碰撞次数；$E_a$ 为反应活化能；$p$ 为空间因子。

表 9-10 中列出在 0.2mol·L$^{-1}$ NaOH 溶液表面甘油月桂酸三酯水解的数据。

$$C_3H_5[OCO(CH_2)_{10}CH_3]_3+3H_2O \longrightarrow 3CH_3(CH_2)_{10}COOH+C_3H_5(OH)_3$$

由这些结果可以得出以下结论：①若单层膜在液态扩张膜状态，酯水解反应速率和活化能在与体相溶液中进行时的接近；②表面压增加，活化能也增大，空间指数也增加，但速率常数无明显增加；③长链酯水解时，不溶于水的产物留在膜中，将明显降低反应速率，酸性水解反应速率可降至很低；④在一定表面压时，速率常数与 $OH^{-1}$ 浓度有直线关系。

**表 9-10 在三个表面压条件下甘油月桂酸三酯在 0.2mol·L$^{-1}$ NaOH 表面水解反应的动力学结果**

| $\pi$/mN·m$^{-1}$ | $A$/nm$^2$·mol$^{-1}$ | $k$/10$^{-3}$s$^{-1}$ | $E_a$/kJ·mol$^{-1}$ | $v$/10$^{-11}$s$^{-1}$ | 空间指数 $p$ |
|---|---|---|---|---|---|
| 5.4 | 0.936 | 0.745 | 41.8 | 0.797 | $1.1\times10^{-6}$ |
| 10.8 | 0.832 | 0.787 | 55.2 | 0.946 | $3.1\times10^{-4}$ |
| 16.2 | 0.767 | 0.671 | 67.3 | 0.874 | $4.1\times10^{-2}$ |

Alexander 等研究 RCOOR′水解反应时发现当 R′较小，$\pi$ 很大时（固态膜）反应速率慢；$\pi$ 小时反应速率快。定性解释是由于 R′很小，$\pi$ 大时可能将 R′基挤到水面以下，屏蔽酯基，不易受 $OH^{-1}$ 攻击。若 R、R′均很长时，它们都只能在水面以上，酯基留在水面，水解反应易进行。

Llopis 等的研究证明，表面电势对胆固醇甲酸酯酸性水解反应有影响[1][2]。单层电势的不同是由于在单层中掺入的长链硫酸酯盐 $C_{22}H_{45}SO_4^-$ 或长链季铵盐 $C_{18}H_{37}N^+(CH_3)_3$ 的量不同所致。结果表明，在表面压恒定时，水解速率与 $H^+$ 浓度成正比。图 9-38 是在 $\pi=$ 5.5mN·m$^{-1}$时反应速率与体相溶液中 $H^+$ 浓度比值之对数与膜电势 $\varphi$ 之关系。由图可知，当 $\varphi<0$（即膜中有 $C_{22}H_{45}SO_4^-$）时反应速率/[$H^+$] 越大。由于体相中 [$H^+$] 在反应进行

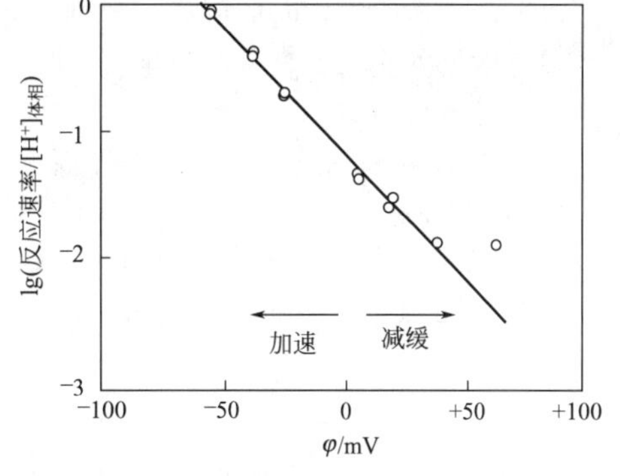


**图 9-38 表面压恒定（$\pi$=5.5mN·m$^{-1}$）时胆固醇甲酸酯水解反应的 lg［反应速率/催化离子（$H^+$ 或 $OH^-$）浓度］与膜电势 $\varphi$ 关系图**

---

[1] Llopis J, Davies J T. An Soc Esp Fis Quim, 1953, 49: 671.

[2] Davies J T. Trans Faraday Soc, 1949, 45: 448.

中可认为变化不大，故 $\varphi$ 越大，反应速率越大。在研究琥珀酸单十六烷基酯单层膜碱性水解时计算出表面区域碱的浓度很大。因此可认为前述胆固醇甲酸酯在膜电势负值大时速率的增大是因表面区域［$H^+$］浓度增大的结果。当 $\varphi>0$ 时对反应有抑制作用。

（2）界面聚合反应　界面聚合反应通常在不相混溶的两相（通常为水相和油相）间进行的，每相都含有一种反应物单体。在常温常压下，用界面聚合反应可以快速制备大分子量、窄分子量分布的聚合物。虽然反应机理尚有争议，但一般认为反应发生在靠近界面的油相薄层中。界面的作用是控制水溶性单体向油相的扩散和从聚合区域除去副产物。这种图像虽不能解释界面聚合各种现象，但能发生比体相溶液中更快的聚合反应，并能得到大分子量、窄分子量分布的产物，说明进行了二维化学反应。为了说明界面聚合机理，MacRitchie 研究了在油相中的癸二酰氯（SC）与在水相中的己二胺（HD）的界面缩聚过程[1]，此反应生成尼龙 610：

$$nNH_2\text{-}(CH_2)_6\text{-}NH_2 + nCOCl\text{-}(CH_2)_8\text{-}COCl \longrightarrow$$
$$[NH_2(CH_2)_6NH\text{-}CO\text{-}(CH_2)_8\text{-}CO\text{-}Cl]_n + (2n-1)HCl$$

这一研究包括以下几方面。①SC 铺在空气-水界面上形成单层，HD 加于底液水中，发生界面聚合反应，压缩表面膜，测定 $\pi$-$A$ 关系及表面黏度 $\eta^s$ 与 $A$ 的关系。②在含有两种反应物单体的水和苯溶液界面上和体相溶液中同时进行聚合反应。在界面上的反应快得多，且生成的聚合物很快就能除去。如果两种反应物单体都溶于油相中，界面就没有特别的作用了。③在界面上聚合反应在单层中发生，然后在界面上的产物聚结形成厚膜，只有当表面压 $\pi$ 达到临界值时厚膜才能形成。当单体浓度很低时，$\pi$ 达不到临界值，只能形成聚合物单层。这也就是说，只有当油-水界面张力低于某一值时（即 $\pi$ 高于某一值时，$\pi=\sigma_0-\sigma$）才能形成聚合物厚膜。

由以上实验结果可以看出，界面聚合反应的可能过程是：反应物单体吸附到界面上，聚合反应在单层中进行，单体浓度越大，单体才能由特殊的定向方式使反应速率越快。当因界面吸附单体使界面压大于界面聚合反应进行生成的聚合物的临界聚结压时，聚合物单层将转而变成厚膜。聚合反应消耗单体，液相中的单体又不断地吸附到界面上（保持吸附平衡），因而吸附、界面聚合反应和厚膜的形成这些过程不断地进行。但是，虽然这些过程开始时速度都很快，但当厚膜形成后就会慢下来，这是由于厚膜形成使得有效界面减小并阻碍单体向界面的扩散。一定时间以后，达到平衡状态。上述过程得以继续进行，只是最后速度取决于单体浓度减小的速度。

界面反应有以下共性。

① 反应物浓度的影响　在界面压恒定时，速率常数与反应物浓度成正比。这是因为界面压、界面电势恒定时，体相浓度与界面浓度成正比。

② 界面压的影响　反应速率常数随界面压的增大而增大。在忽略界面电性质的作用时，体相浓度 $c_b$、界面浓度 $c_s$ 与界面压 $\pi$ 间有如下关系：

$$c_s/c_b = K_0 \exp\frac{-\pi A}{kT} \tag{9-33}$$

式中，$K_0$ 是在 $\pi=0$ 时反应物在界面和体相溶液间的分配系数；$A$ 为分子占据的面积；$k$ 为 Boltzmann 常数；$T$ 为热力学温度。根据式(9-20) 可知 $\pi$ 的增加引起 $c_s$ 增加，故速率常数也增大。图 9-39 是甘油三油酸酯单层和油酸单层被高锰酸盐氧化反应的结果。

③ 界面电势的影响　恒定表面压，界面反应速率常数随界面电势变化而变化。由图 9-38 可知，当长链阳离子（季铵盐）存在时，界面电势为正值，且其浓度越大，界面电势的

[1] MacRitchie F. Trans Faraday Soc，1969，65：2503.

正值也越大，反应速率越小；若长链阴离子（硫酸酯根）存在，界面负电荷增多，电势为负值，且随其浓度的增加，反应速率也增大。这是因为图 9-38 是胆固醇甲酸酯的酸性水解反应的结果，其有催化作用的离子是带正电荷的 $H^+$。

④ 界面反应的活化能　在与体相中反应的接近，这表明界面膜可能处于液态扩张状态。由表 9-10 数据知，活化能随界面压增加而增大，$\gamma$-羟基硬脂酸的单层膜内酯化反应的结果表明，当 $\pi$ 从 $11\text{mN}\cdot\text{m}^{-1}$ 起升高时，摩尔活化能可从 $48.5\text{kJ}\cdot\text{mol}^{-1}$ 增至 $72.7\text{kJ}\cdot\text{mol}^{-1}$。这种作用的原因尚不能完满解释，但从界面酯水解反应的研究已知可能与反应前后界面上留存物质的不同引起界面电势的变化，从而导致反应速率及活化能的改变有关。

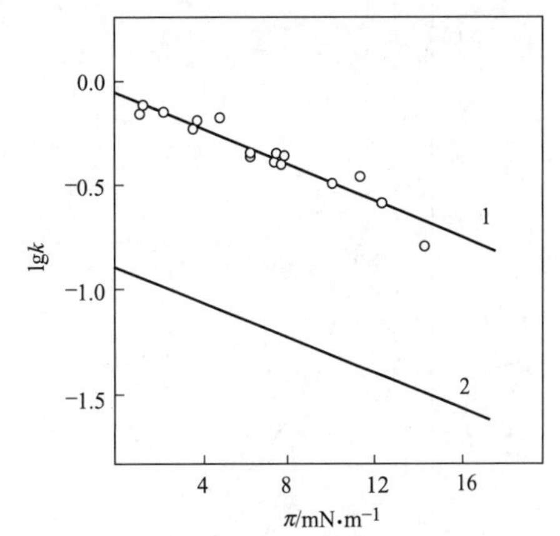


**图 9-39　甘油三油酸酯单层（1）和油酸单层（2）被高锰酸盐氧化反应的速率常数 $k$ 的对数（$\lg k$）与表面压 $\pi$ 关系图**

### 3. 复杂分子结构的推测

这是不溶物单层膜的早期应用，现今各种现代科学仪器的开发和应用对物质分子结构的测定已经不需用这种简易、间接推测的方法了。但这种方法给人以启迪的是，有时用简单的实验方法（甚至是定性的方法）也能解决大问题，最重要的是研究者要有见解，能活学活用现有的知识和运用现有的实验条件。

应用形成单层膜测定分子结构是将未知物形成固态膜，将 $\pi$-$A$ 线外推至 $\pi=0$ 时求出分子面积与根据分子模型计算出的面积做比较，若截面积相同或相近，则这种模型结构可能是正确的。这种方法仪器设备简单，只需微量试样，用于研究天然产物分子结构推测实为方便。

早期，推测胆固醇之结构是该方法的成功实例。开始时，人们推测胆固醇的结构有多种，根据这些结构模型计算之分子截面积多大于 $0.54\text{nm}^2$。将胆固醇展开于水面，测出分子面积约为 $0.35\sim0.4\text{nm}^2$。符合这一面积之分子结构应为：

形成固态膜时以分子之末端羟基立于水面，成紧密单层排列，实测分子截面积为 $0.39\text{nm}^2$。

**［例］**　今将含量为 0.1673g/100g 苯的胆固醇溶液 7 滴滴加在干净水面上，用带吊片装置的膜天平测出表面压 $\pi$ 与铺膜面积 $A$ 的关系如下表所示，已知每滴溶液为 0.00391g，求胆固醇垂直定向时的分子面积。

| $\pi/\text{mN}\cdot\text{m}^{-1}$ | 0.350 | 0.546 | 2.26 | 4.07 | 6.95 | 10.2 | 15.8 | 23.0 | 30.4 |
|---|---|---|---|---|---|---|---|---|---|
| $A/\text{cm}^2$ | 480 | 360 | 300 | 290 | 280 | 270 | 260 | 250 | 240 |

**［解］**　作 $\pi$-$A$ 图（图 9-40），由图中高压表面区（固态膜）之直线外延至 $\pi=0$ 处胆固醇占据之表面面积为 $282\text{cm}^2$。

7 滴胆固醇之苯溶液含胆固醇量 $=0.1673\times7\times0.00391/100=4.58\times10^{-5}(\text{g})$

胆固醇分子在成垂直定向时之分子面积 $a$ 为（胆固醇相对分子质量 $=386.7$）：

$$a=(282\times386.7\times10^{14})/(4.58\times10^{-5}\times6.023\times10^{23})=0.396(\text{nm}^2)$$

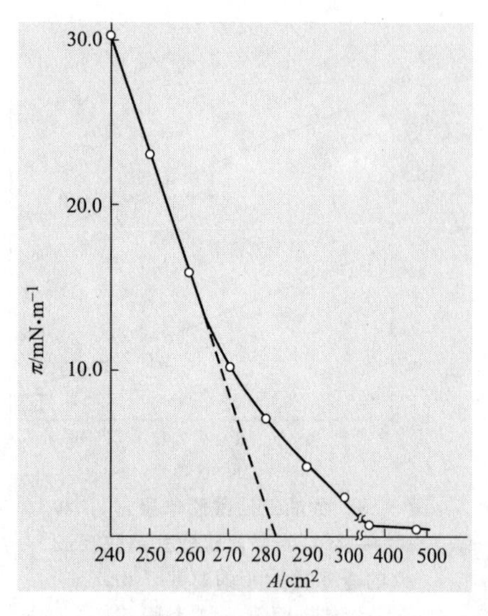


图 9-40　4.58×10$^{-5}$g 胆固醇在水面上之 π-A 图

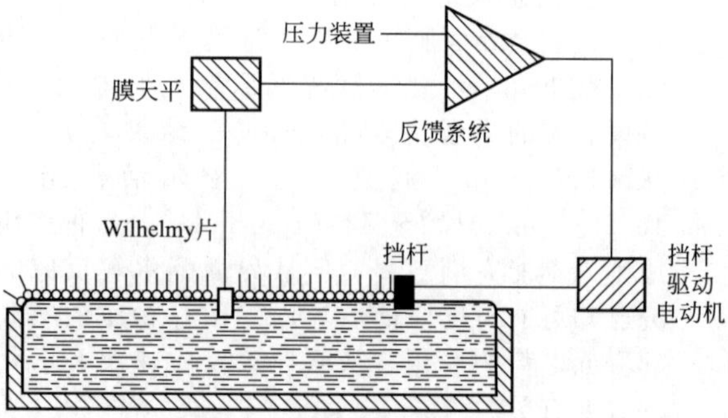

图 9-41　制备 LB 膜装置示意图

## 三、LB 膜[1][2]

LB 膜是 Langmuir 和 Blodgett 首先制备的一种超薄有序膜。这种膜是用特殊的方法将在水面上形成的两亲不溶有机物的单层膜（也称 Langmuir 膜）按一定的排列顺序转移到固体基底上的。虽然早在 20 世纪初 Langmuir 已经实现了脂肪酸单层膜向固体表面的转移，但直至 1934 年 Blodgett 才第一次完成了将单层膜连续转移成多层组合膜。

### 1. LB 膜的制备

将两亲性不溶有机物在底液（也称底相或亚相，subphase）上形成的固态膜转移沉积到固体底基（或称基片）上常称为 Langmuir-Blodgett 技术。其基本原理是在保持底液上不溶物单层表面压的条件下，使基片（如玻璃片、硅片、云母片等）以适宜的速率和方式通过单层膜与底液界面，使膜逐层转移至基片上。制备 LB 膜的装置如图 9-41 所示。

现以在亲水性的固体基片上转移单分子层过程予以说明。大致步骤如下（参见图 9-42）。

① 将两亲性成膜有机物溶解于易挥发又不与水混溶的有机溶剂（通常用氯仿）中。将亲水性固体基片浸入纯水底液中，用针筒将成膜物溶液逐滴加到可移动挡板之间的水面上，待溶剂挥发后，移动调节挡板，对单层膜施压（通常使表面压达 20～40mN·m$^{-1}$，使单层膜处于液态凝聚状态）[图 9-42(a)]。

② 在恒定表面压条件下，将亲水基片从水底液中抽出，在基片上抽时水面上的单分子层以其亲水基朝向固体基片，疏水基暴露于空气中的定向方式转移至基片上。这种单层膜的转移可使高表面能（约 50mN·m$^{-1}$）的固体表面转变为相对较低的表面能（约 20～30mN·m$^{-1}$）的固体表面 [图 9-42(b)]。

③ 将已载有一单层膜的基片插入底相（仍需保持恒定表面压），发生第二层转移，只是此时是成膜物碳氢链朝向固体基片，形成尾-尾排列图像 [图 9-42(c)]。

④ 将已转移有两层成膜物的基片从底相中抽出，发生第三层转移，形成头头相对的图像，碳氢链暴露在空气相中 [图 9-42(d)]。

---

[1] 黄春辉，李富友，黄岩谊．光电功能超薄膜．北京：北京大学出版社，2001.

[2] Roberts G. Langmuir-Blodgett Films. New York：Plenum Press，1990.

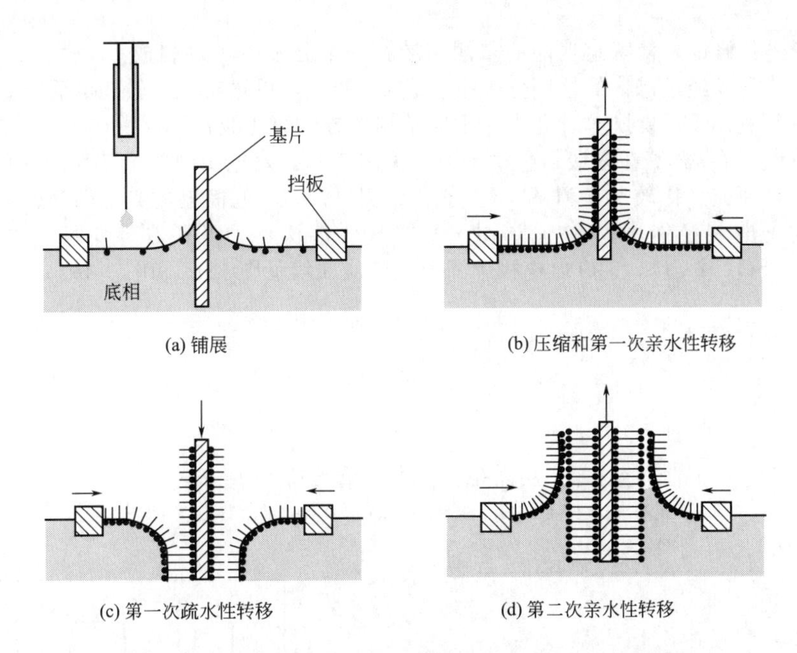


**图 9-42　LB 膜形成，有机单分子层从水面向固体基片表面的转移**

原则上有足够长的疏水基团的两亲分子都有形成 LB 膜的能力，这些物质有长链脂肪酸、染料、荧光化合物、低聚物和部分高聚物、某些蛋白质和酶等生物物质等。

常用的铺展剂（溶剂）有三氯甲烷、正己烷、苯、二甲亚砜等。这些溶剂都是化学惰性的，挥发速度适中、与底相不混溶且密度小，与成膜物亲和力强是其良溶剂。

常用的固体基片有石英玻璃、硅片、云母片、Pt、Au 等，基片事先都要经严格处理，疏水基片常是将亲水基片疏水化处理后得到的。

### 2. LB 膜的类型

如上所述，将固体基片在恒定表面压的条件下插入或抽出有凝聚态单层膜的底液表面可将成膜物以一定取向方式转移至基片上。因转移方式不同，在基片上转移的各单层膜间成膜分子定向方式不同，可使 LB 膜有不同的结构类型：X 型、Y 型和 Z 型（图 9-43）。

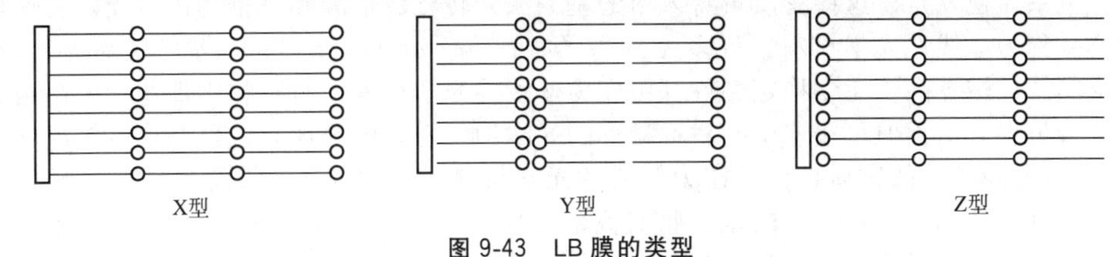


**图 9-43　LB 膜的类型**

圆圈代表亲水端基，直线段代表疏水链

X 型的 LB 膜中各单层都按亲水基朝向空气排列，即基片-尾-头-尾-头排列。此处之头、尾系成膜物分子的亲水端基（图 9-43 中之圆圈）和疏水基（图 9-43 中之直线）。

Z 型中成膜分子以基片-头-尾-头-尾排列。

Y 型中两层分子以头对头、尾对尾排列，即基片-尾-头-头-尾排列。

LB 膜也称为层基膜。若改变各层的化学组成可得到复合层基膜。利用 LB 膜技术在一定条件下可以制备出有特定电学、光学性能的超薄膜，使其有望作为非线性光学材料及用于大规模集成电路元器件和分子水平电子器件的研制。

### 3. LB 膜应用举例

（1）光电化学研究　应用 LB 膜技术可以将不同性质的分子组装到 LB 膜上；也可以对

组装分子进行修饰，使特定功能的基团组装在一个分子中，再制成 LB 膜。天然生物分子、有机染料分子或经过修饰的这些分子组装成 LB 膜，可以进行光电转化的研究。

Kim 等利用 LB 膜技术研究了由不同结构的方酸衍生物的 LB 膜在 $SnO_2$ 电极上的光电转换性质[1]。黄春辉等在方酸衍生物 SQ1（见图 9-44）发色团中两个苯环的邻位上引入羟基得到 SQ2，研究和比较了 SQ1 和 SQ2 氧化铟锡（ITO）电极上的光电转换性质，发现 SQ2 有良好的光电转换能力，在 $0.5mol \cdot L^{-1}$ KCl 溶液中，其单层 LB 膜光电转换效率达 0.58%[2]。SQ1 和 SQ2 在 ITO 电极上光电流响应曲线见图 9-45 和图 9-46。

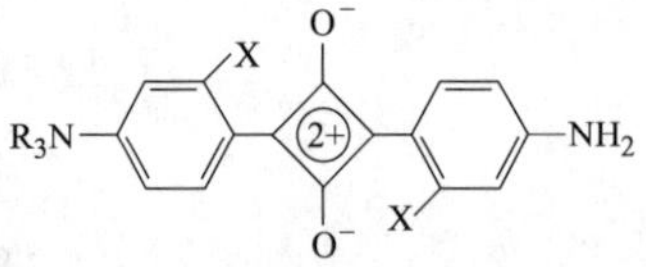

图 9-44　squaraine 衍生物 SQ1 和 SQ2 的结构式

SQ1：$R=R'=C_4H_9$，$X=H$；$SQ_2$：$R=R'=C_4H_9$，$X=OH$

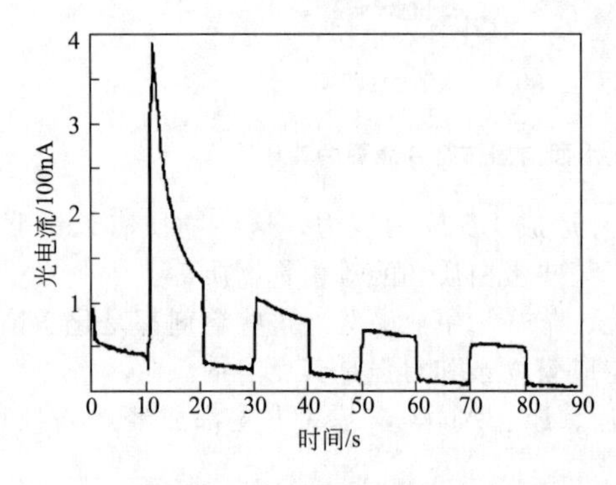


图 9-45　SQ1-ITO 电极上光电流对时间的相应曲线

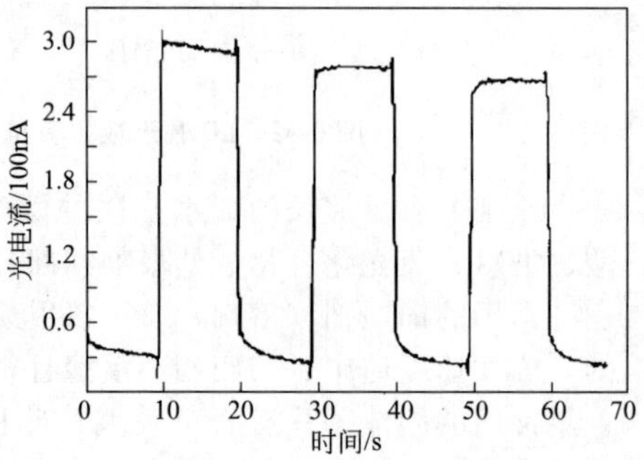

图 9-46　SQ2-ITO 电极上光电流对时间的相应曲线

（2）非线性光学材料　作为电磁波的光辐射到电介质时会引起产生暂时的诱导极化，若极化强度与电场强度为线性关系，即光的频率不随电介质而变化为线性光。当用强光（如激光）辐射时，在此强电场作用下，有些电介质产生的诱导极化强度与电场强度间不是简单的线性关系。也就是说这些物质可将入射的基频激光转化成倍频和三倍频出射光。有这种性质的物质称为非线性光学材料。许多无机物（如石英、CaAs、$BaTiO_3$ 等）只要透光性良好，易成晶体，熔点高，化学稳定性好都可作为非线性光学材料。有机物中那些分子结构非中心对称或虽中心对称但可按非中心对称排列的光学均匀性好的晶体，或可制成二维或三维宏观材料（LB 膜等）的物质，也可作为非线性光学材料。能制成 LB 膜的多是有机物。含聚二亚乙基（ —CH═CH— ）的聚合物有高的三阶非线性灵敏度，可用于制作极性光学波导管。Ulrich 报道了这种波导管的制备。其方法是先在膜天平上形成单体的单分子层，经聚合反应成聚合单层膜，用紫外灯照射此膜。将此膜转移至石英或硅晶片的银网上，多层沉积至厚度达 500nm。这种波导管可吸收入射光能量。

广义地讲，非线性性质是物质的性质随施予物质的信号强度变化而变化。因此具有非线性性质的 LB 膜有望于制作吸收声波、光波、电波的器件，红外线检测及光电子学器件等。

（3）特殊功能性应用

① 气敏传感膜　酞菁 LB 膜可用于气敏传感膜。已知不对称取代的酞菁及其锌配合物（图 9-47）的气敏性质与中心金属离子性质有关。若无金属离子，酞菁对 $NO_2$ 响应很强，对

[1] Kim Y S，Liang K，Law K Y，Whitten D G. J Phys Chem，1994，98：984.

[2] Lang A D，Huang C H，Gan L B，et al. Phys Chem Chem Phys，1999，1：2487.

$NH_3$ 响应很弱。9 层锌酞菁 Znβ-C5Pc 的 LB 膜对 $NO_2$ 响应很弱，对 $NH_3$ 响应很强。这可能是由于氨分子与酞菁中心金属锌发生轴向配位作用。不同浓度 $NH_3$ 的响应曲线如图 9-48 所示。图中 $\delta_{gas}$ 和 $\delta_{air}$ 分别表示 LB 膜在被测气体（$NH_3$）和在空气中的电导，$\beta$ 为直线斜率，$r$ 为相关系数。

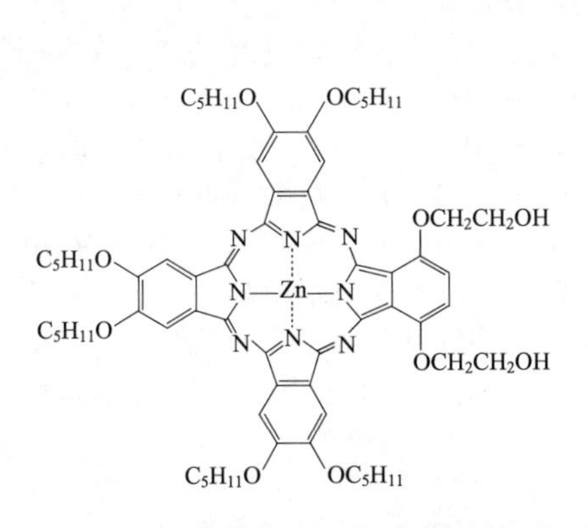


图 9-47　锌酞菁 Znβ-C5Pc 的结构

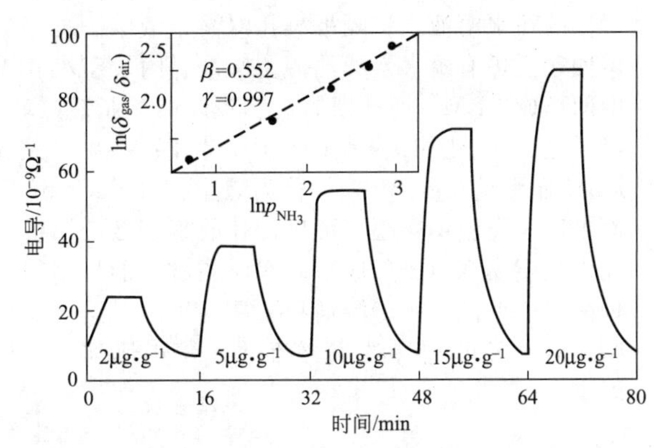


图 9-48　9 层锌酞菁 Znβ-C5Pc LB 膜对不同浓度 $NH_3$ 的响应

② 离子传感器　将冠醚类有离子选择性的有机基团与发色基团结合制成 LB 膜，通过冠醚与不同离子作用不同或离子浓度不同，可改变膜的光谱，从而可检测离子。含有苯并噻唑啉、苯乙烯和冠醚基团的染料 BTC[分子结构如图 9-49(a) 所示] 的 LB 多层膜在酸性水中能与 $Ag^+$、$Hg^{2+}$ 离子发生选择性配位，光谱变化与配离子浓度有关，故而此 LB 膜可作为离子传感器。图 9-49(b) 是在不同 $Ag^+$ 浓度中形成的 BTC 多层膜的光谱图[1]。

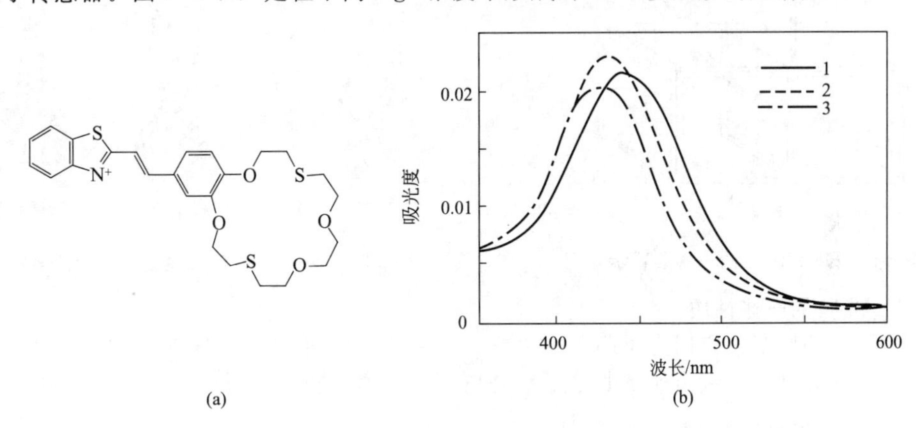


图 9-49　冠醚与发色团结合的染料 BTC 的分子结构（a）和在不同 $Ag^+$ 浓度的底相中制备的 BTC 多层膜的光谱图（b）

$Ag^+$ 浓度：3>2>1

# 四、BLM[2]

1963 年 Mueller、田心棣等首次在水相中制备出人工双分子脂质膜（artificial bilayer lipid membrane，BLM）。

## 1. BLM 的制备

能形成稳定双层脂膜之关键在于成膜溶液的配方。成膜物有合成及天然类脂（如胆固

---

❶ Lednev I K，Pentty C. J Phys Chem，1995，99：4176.

❷ 参见参考书目 43。

醇、卵磷脂、十二烷酸磷酸酯、甘油酸甘油酯等)、表面活性剂、类胡萝卜素、染料以及多种生物抽提物。溶剂有液态烷烃、三氯甲烷、低碳醇等。

最早应用的制备平面BLM的主要装置如图9-50所示。液槽分为两室，隔板（聚四氟乙烯材料）中间有一小孔（面积小于1cm²），液槽内装入某种无机盐（如NaCl、KCl、$CaCl_2$等）的稀水溶液，将隔板小孔浸没于液中。再将类脂液用滴管或小刷加到隔板小孔上。由于聚四氟乙烯有疏水亲油性，类脂液易附着于小孔周围。类脂液在小孔中自发地变薄，最终孔中间形成BLM，而孔四周边有较厚的类脂液区域，此区域称为Plateau-Gibbs边界（P-G边界）。这一变化如图9-51所示。当BLM膜薄到比光的波长还短得多时，反射光的干涉使BLM显黑色。故BLM也称为黑脂膜（black lipid membrane，BLM）。后来，也有人先在水面上形成类脂单层膜，再将带孔的聚四氟乙烯板压入水中使在小孔上形成脂质双层膜。在小孔中类脂膜变薄。形成平面双层脂质膜的机制很复杂，深入了解和研究很困难，但至少有几种因素值得注意：①溶剂和溶质的扩散，这涉及在介质中的溶解度及各组分的黏度等；②类脂相对于P-G边界的重力流动；③热运动、机械振动、杂质、界面张力的不均衡等偶然因素。

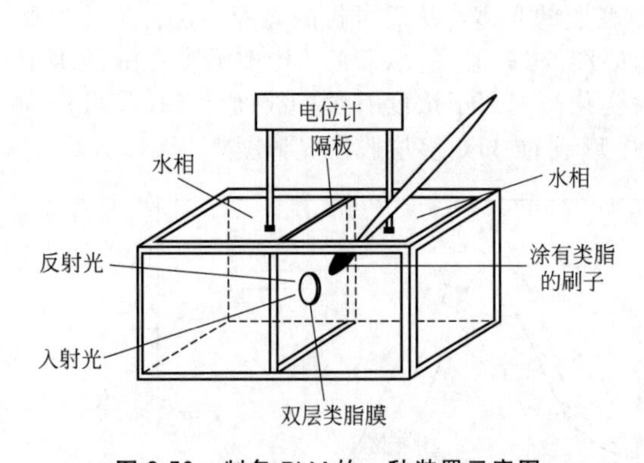


图9-50 制备BLM的一种装置示意图

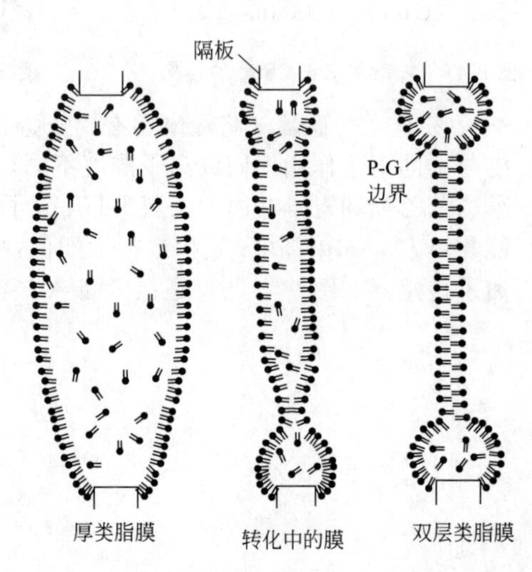


图9-51 制备BLM时液膜在小孔中变薄的过程

2. BLM的一些性质

(1) 膜的厚度 应用光学衍射、电学、电镜等方法可以测定BLM的厚度。BLM的厚度理论上应是两个类脂分子的长度及液态碳氢化合物的夹心层厚度之和，表9-11中列出了

表9-11 几种BLM的厚度

| 膜 质 | 溶剂/液相 | 膜厚/nm |
|---|---|---|
| 卵磷脂 | $n$-癸烷/$10^{-1}$mol·L$^{-1}$ NaCl | 4.8 |
| 卵磷脂/胆固醇(质量分数<0.8) | $n$-癸烷/NaCl溶液 | 4.8 |
| 卵磷脂/胆固醇(质量分数约4) | $n$-癸烷/NaCl溶液 | 3.1 |
| 山梨糖醇单月桂酸酯 | $n$-癸烷/0.1mol·L$^{-1}$ NaCl | 3.1 |
| 山梨糖醇单棕榈酸酯 | $n$-癸烷/0.1mol·L$^{-1}$ NaCl | 4.26 |
| 甘油单油酸酯 | $n$-癸烷/饱和NaCl | 4.4 |
| 甘油单油酸酯 | $n$-庚烷/饱和NaCl | 4.6 |
| 甘油双油酸酯 | $n$-辛烷/$10^{-2}$mol·L$^{-1}$ NaCl | 5.3 |
| 甘油双油酸酯 | $n$-辛烷/$10^{-1}$mol·L$^{-1}$ NaCl | 5.1 |
| 甘油双油酸酯 | $n$-辛烷/1.0mol·L$^{-1}$ NaCl | 5.1 |
| 甘油双油酸酯 | $n$-辛烷/$10^{-1}$mol·L$^{-1}$ $CaCl_2$ | 5.2 |

几种用光学衍射法测出的 BLM 厚度。由表中数据可知，BLM 厚度远小于可见光波长，厚度与成膜物及溶剂性质、成膜时水相成分性质及浓度等因素有关。

膜的颜色与膜的厚度有关，从而也可根据膜的颜色估测膜的厚度。如膜厚 0～50nm 为黑色，50～100nm 为银色，100～200nm 为棕色，200～280nm、360～400nm、550～600nm 为红色，280～300nm、400～430nm 为蓝色，300～360nm、500～550nm 为黄色，430～500nm 为绿色。

（2）BLM 的界面张力　类脂分子的结构特点是两亲性的，形成 BLM 时暴露于水相的是类脂的亲水基，而两层类脂分子的疏水基依靠 van der Waals 力相对聚集。因而在水相中，BLM 有两个相界面（双界面），这种双界面张力可用最大气泡压力法测定。表 9-12 列出一些 BLM 的双界面张力值。已经证明，当双界面张力在 $0\sim8\times10^{-7}J\cdot cm^{-2}$ 间时，类脂薄层会自发形成 BLM，而且 BLM 的稳定性主要取决于类脂分子间色散力的作用，而类脂分子亲水基间和疏水基间的排斥作用相对较小。

**表 9-12　一些 BLM 的双界面张力 $\gamma$**

| BLM 成分 | $\gamma/10^{-5}N\cdot cm^{-1}$ |
|---|---|
| 卵磷脂溶于正十二烷(1%,体积分数) | 0.9±0.1 |
| 氧化胆固醇溶于正辛烷(4%,体积分数) | 1.9±0.5 |
| 十八酰焦磷酸和胆固醇 | 5.7±0.2 |
| 叶绿体抽提物 | 3.8～4.5 |
| 脑脂 | 2.2～4.9 |

这就是说，在 BLM 膜两层类脂分子碳氢链的 van der Waals 引力是该膜得以稳定的主要作用，此引力又被膜两界面的双层静电斥力所平衡。

（3）BLM 的电性质　电性质包括导电性、电容、双电层击穿电压和膜电势。表 9-13 中列出某些 BLM 的相应结果。

**表 9-13　一些 BLM 的电阻、电容、击穿电压、膜电势**

| BLM | 液　相 | 膜电阻/$\Omega\cdot cm^{-2}$ | 膜电容/$\mu F\cdot cm^{-2}$ | 击穿电压/mV | 膜电势/mV |
|---|---|---|---|---|---|
| 卵磷脂 | $0.1mol\cdot L^{-1}$ NaCl | $10^{8}$ | 0.57 | 200 | 10～50① |
| | $0.001mol\cdot L^{-1}$ NaCl | $10^{6}\sim10^{8}$ | | | |
| 氧化胆固醇 | $0.1mol\cdot L^{-1}$ NaCl | $10^{8}\sim10^{9}$ | 0.57 | 310 | |
| 脑磷脂＋α-生育酚 | $0.1mol\cdot L^{-1}$ NaCl | $10^{7}\sim10^{8}$ | 0.7～1.3 | 150～400 | |

① 当 pH 值由 0.25 增至 1.25 时。

事实上，BLM 的各种电性质都受到膜的成分、水相溶液成分及浓度、局部条件（如局部加热等）等因素的影响。有意义的是，BLM 的电性质与生物膜的电性质很接近。

（4）BLM 的通透性　BLM 的通透性是指水、非电解质（主要是非极性有机分子和小极性有机分子）和无机离子（如 $Na^{+}$、$K^{+}$、$Cl^{-}$ 等）通过该膜的能力。由于 BLM 的主体部分是类脂分子的疏水基团层，故多数极性分子不能透过。各种物质通过 BLM 的能力可用其在饱和烃中的溶解度大小比较。但当时间很长时，任何分子仍可能按浓度梯度扩散过 BLM。一般来说，分子越小，在饱和烃中溶解度越大，越易透过脂双层，不带电荷的小极性分子也能较快地扩散通过脂双层。

设 BLM 膜面积为 $A(cm^{2})$，膜两边浓度梯度为 $dc/dx$，单位时间透过量 $J(mol\cdot s^{-1})=-AD\frac{\Delta c}{\Delta x}$。或

$$J=-AD\frac{\Delta c}{\Delta x}$$

物质沿 $x$ 方向通过膜，$D$ 为扩散系数。此式成立的条件是浓度梯度均匀，扩散沿垂直于膜

平面方向，故通过膜的长度应等于膜厚度 $t_m$，故当 $\Delta x = t_m$ 时，设 $D/t_m = P$，$P$ 称为通透系数（渗透系数），可得

$$J = -AP\Delta c$$

式中，负号表示从浓向稀扩散（渗透）。离子等带电荷物质易水化，故都难以透过 BLM。渗透系数与渗透物性质和 BLM 成分有关。

### 3. BLM 的一些应用

（1）生物（电化学）传感器　生物传感器是将生物反应转化为电信号的一种特殊装置。生物体对环境探测的传感元件之作用在于在生物体内配体与受体的专一识别作用。因此，生物传感器元件应是生物相容的，类似于生物膜。故而利用 BLM 与生物膜的相似性，对 BLM 进行必要的修饰和支撑，并在其上镶嵌特定的底物，这种底物能与环境配对位产生选择性识别和相互作用，产生电信号，该信号再经传递、放大、检测和显示。这种装置就成为了一种有高度专一性和灵敏度的生物传感器。例如，有人在实验室中应用经修饰的 BLM 作检测器，检测极限可达 $10^{-9}\text{mol}\cdot\text{L}^{-1}$。将从牛舌中分离出的味蕾镶嵌于 BLM 上可制成味觉传感器。

（2）光电转换　掺有染料分子的 BLM 具有明显的光电效应。田心棣等系统地研究了染料敏化的 BLM，他们发现染料敏化的 BLM 的光电效应与发色基团结构、水溶液中盐的浓度、pH 及氧分压有关。且所有的光电效应都是由电荷迁移而产生的[1]。能产生光电效应的染料系统有：芳香氨酸、偶氮染料、甲酚染料、花青染料，吡啶盐染料等。他们用 Mg-酞菁染料的卵磷脂液与 AgBr 胶体混合形成的 BLM，可观测到明显的光电流[2]。黄春辉等将含有稀土配阴离子的偶氮吡啶盐染料引入 BLM 中，发现也有较好的光电转化性质[3]。

BLM 用于光电转换的重要应用是太阳能的转换。如将电子给体加到掺有光敏染料的 BLM 之一侧，将受体加到另一侧，光照射使 BLM 给体一侧相对于受体一侧带负电，产生 60～350mV 的光电压。

## 五、生物膜模拟[4,5]

植物和动物的细胞膜由脂质（约占 25%～75%）、蛋白质（25%～75%）和少量碳氢化合物构成。脂质和蛋白质的类型及相互间比例可有很大变化。脂类和蛋白质的种类十分复杂。生物膜中含有的脂类主要有磷脂、糖脂和胆固醇。脂类和蛋白质在细胞膜中的排列分布模型是液态镶嵌模型，即脂类构成双分子层，为细胞膜的基质，在膜中脂质分子可横向自由运动，也可转动和链节活动。蛋白质附着于脂双层之中（插入、横贯、包埋等）。脂质双层中类脂分子的活动性使细胞膜具有柔韧性、流动性、高电阻性，并能阻碍离子。高极性分子的穿透。脂质双层对某些蛋白质（膜蛋白）是溶剂，并且与其发生的专一作用使膜蛋白有特殊功能。镶嵌于脂质双层中的膜蛋白可以自由侧向扩散，但不能从膜的一侧向另一侧转移。流动镶嵌模型所表示的生物膜如图 9-52 所示。该图是简化示意图。实际上类脂端基直径仅有 0.6nm，比蛋白质的直径（约 3～5nm）小得多，并且脂质双层是柔性弯曲的，不是平面的。

在生物膜中，运输、能量转换和信息传送的功能都是特定的蛋白质完成的。膜蛋白起离子通道作用。

生物膜是动态的。膜的流动性取决于类脂分子脂肪酰链的长度和不饱和度。

---

[1] Tien H T. in Charge and Field Effects in Biosystems, UK: Abacus Press, 1984: 123-138.

[2] Tien H T. J Kutnik. Photobiochem. Photobiophys. 1984, 7: 319.

[3] Xia W S, Gao XX, Huang C H, et al. J Chem Soc Faraday Trans, 1996, 92: 769.

[4] 张志鸿，刘文龙. 膜生物物理学. 北京：高等教育出版社，1987.

[5] 芬德勒 J R. 膜模拟化学. 程虎民，高月英译. 北京：科学出版社，1991.

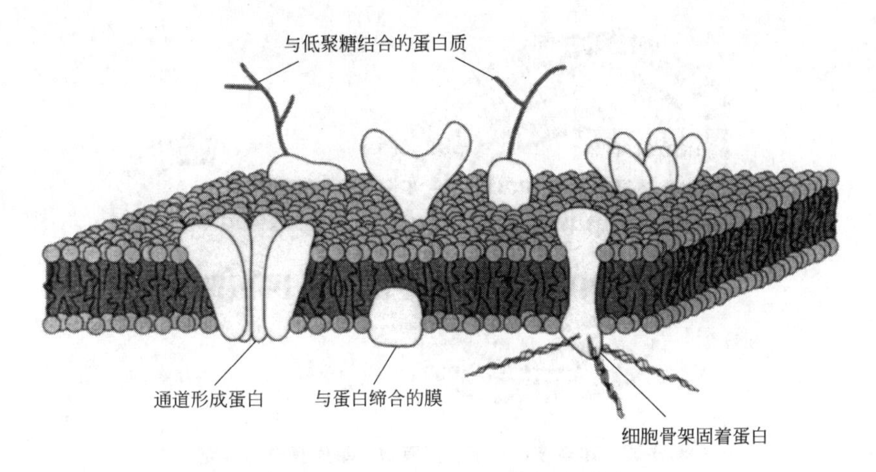


**图 9-52　带有缔合蛋白和输送蛋白的生物膜示意图**

BLM 为两亲分子的双层分子层有序结构，特别是 BLM 与生物膜的基础脂质双层结构基本相同。而且它们的许多物理性质（如膜电容、厚度、折射率、界面张力、透水性等）相似或接近。因而可以设想在这些双层结构中嵌入活性物质可能使其具有生物膜的某些特征。

视觉过程是复杂的生理过程。现完全人工模拟此过程尚不可能，但从生理和生化研究上已发现光子能激发人的视杆细胞，而视杆细胞中的光敏分子是视紫红质。视紫红质由视蛋白和 11-顺视黄醛组成。光可将视紫红质中的 11-顺视黄醛异构化成全反视黄醛：

$$\text{11-顺视黄醛} \xrightarrow{h\nu} \text{全反视黄醛}$$

在上述视黄醛的顺、反异构化过程中，视紫红质的构象也发生变化。视紫红质的曝光使发色基团发生一系列变化，这种变化导致脂质膜的超极化，并使视杆细胞超极化，进而传送至视网膜的其他神经单元。

将视紫红质嵌入 BLM 以重组人工光感受器。将视紫红质等嵌入 BLM 的一侧，测定重组后膜对白色闪光的电响应，以及此膜对光的响应与 pH、温度、视紫红质浓度的关系。研究结果表明，BLM 上有牛视杆外片段（ROS）的光电压作用谱与视紫红质的吸收谱相当。光电压值随温度的增加而增大，当温度高于 50℃或近于 0℃时逐渐消失，这与对眼的视网膜的实验结果一致。还有一些在 BLM 上嵌有嗜盐菌细胞膜中的紫膜蛋白及这种膜蛋白所含有的细菌视紫红质测定了光响应，得到了有意义的结果。

BLM 作为研究生物膜的模型是很有意义的，但是其更重要的应用应是以胶束、单分子层、脂质体等为微环境，研究在这些微反应器中的化学反应、光化学太阳能的转换和储存、分子识别和输送、药物的胶囊、酶的模拟等。这就是膜模拟化学的研究内容了。

## 六、脂质体与囊泡

由天然磷脂或人工合成的磷脂所形成的球形或椭球形的、单室或多室的封闭双层结构称为脂质体（liposome）。由人工合成的表面活性剂形成的类似结构称为囊泡（vesicle）。有时将以上二者统称为囊泡（或译泡囊）。图 9-53 是多层囊泡和单层囊泡的示意图。

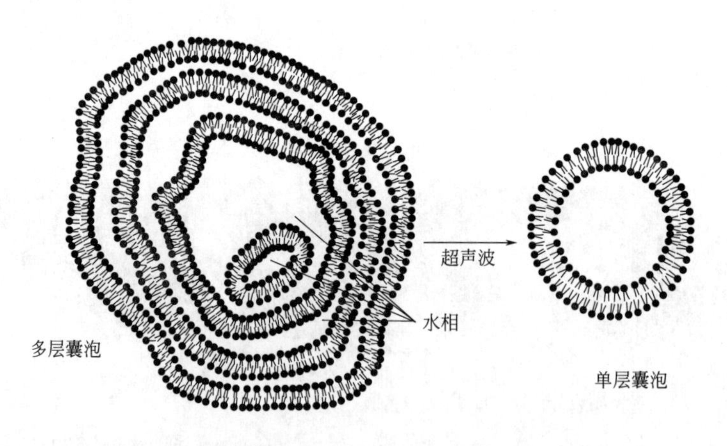


图 9-53　超声波作用下多层囊泡向单层囊泡的转变

1. 脂质体

研究较多的是三种类型的囊泡：直径约为 0.5～50μm 的多层囊泡（multilamellar vesicle)、直径约为 0.1～2μm 的单层大囊泡（large unilamellar vesicle）和直径约为 0.02～0.1μm 的单层小囊泡（small unilamellar vesicle)。一些文献应用的缩写依次为 MLV、LUV 和 SUV。

囊泡是两亲性的表面活性剂在高浓度时的一种聚集体。已知当表面活性剂浓度达到和超过临界胶束浓度时先形成球形胶束，浓度继续增大，亲水端基的电离和相互的排斥减弱，使表面活性剂聚集形式重新排布成圆柱形以至层状结构。在层状结构中两亲分子是以其疏水链相互接触，亲水基朝向水相的双层形式排布的。显然，形成何种形式的聚集体与表面活性分子的空间排布有关。当然，某些油溶性或水溶性添加物对聚集体中分子排列产生影响。当两亲分子的疏水部分有大的表面积（如分子中有两个碳氢链）亲水基又较大时易形成囊泡和脂质体，即两亲分子的临界堆积参数 $P$ 略小于 1 是形成囊泡的几何条件。

2. 脂质体（囊泡）的制备

脂质体与囊泡可用多种方法制备，其中有类脂膜或亲液泡沫扰动法、过滤挤压大小分级法、反相蒸发法、超声波法、高压均化器法、注射法等。

一般来说，磷脂或某些表面活性剂在水中溶胀可生成 MLV。在一定温度下超声波处理 MLV 可以使其从凝胶态转变为液态的 SUV，这一转变如图 9-53 所示。将磷脂溶液注入温水中可生成 LUV，从磷脂的油包水微乳液中除去有机溶剂，或者向 SUV 中添加 $Ca^{2+}$ 和 EDTA 可得到 LUV。SUV 也可将磷脂或表面活性剂的乙醇溶液用一小孔针筒注入水中制备。

虽然，带有两个碳氢链的磷脂酰胆碱是制备脂质体和囊泡的最好原料，但用不饱和脂肪酸和饱和的脂肪酸也可以制备囊泡，条件是在与其链长有一定对应要求的 pH 范围内和其 Krafft 点温度以上，用带有两个碳氢链的合成表面活性剂也可制备囊泡。例如，Mortara 以二十六烷基磷酸酯用超声波法在 55℃（甚至在低于 Krafft 点的 35℃）时制备出囊泡。Mino 等以阳离子型表面活性剂二(十八烷基)二甲基氧化铵制备出囊泡，只是用以上两种合成表面活性剂制备囊泡都对电解质十分敏感。

3. 脂质体的性质

脂质体的性质受到脂质体（囊泡）组成、温度等因素的影响。

(1) 脂质体（囊泡）的稳定性　由于脂质体和囊泡的分散相多在胶体大小范围内，故均有一定的相对稳定性。当脂质体用于包封药物时，其稳定性受药物本身性质的影响。包封率是表征脂质体稳定性的重要实用指标，包封率高，脂质体稳定性好。

包封率是指包入脂质体内的药物量占总投入药量的比例（%）。脂溶性好的药物包封率较高。对水溶性和脂溶性均差的药物，脂质体的稳定性都差。

（2）脂质体的相变性质　相变是指因温度、压力、浓度等条件的改变而引起的相平衡体系状态的变化，这种变化反映体系微观结构的变化。当脂质体与水相互作用时，水量的不同（即磷脂浓度不同）时，脂质体可有不同的结构组织。磷脂浓度高时，主要是晶体和热熔液晶以比较均匀的形式存在。磷脂浓度降低、水浓度至中等水平时形成多分散的多层囊泡，磷脂含量很低（如<1%）时以单分散的多层脂质体为主。

加热或冷却单层或多层脂质体时，在某一温度有相的转变。在相转变温度有明显结构变化。低于相转变温度，双层中类脂处于高度有序的凝胶状态（gel state），它们的碳氢链成反式构象；高于相转变温度，类脂的碳氢链逐渐失去全反式结构，链节旋转更自由，凝胶态向液晶态转变。脂质体的相变有时对添加物特别敏感。离子型脂质体的相变常受外部电荷的影响，这可能是由于外加电解质影响脂质电离，并有时可能引发脂质体表面出现类脂分离，从而导致相转变温度变化。脂质体从凝胶态向液晶态的转变提高了其流动性，也使被包容物进出脂质体的速度增大。这种性质对于生物膜极有意义。

**4. 脂质体、囊泡的一些应用**

（1）药物载体[1]　由于脂质体既能包容脂溶性药物又能包容水溶性药物，且脂质体有导向性、选择性、通透性、缓释性、降毒性和保护性等，故脂质体是优良的定向给药载体。定向给药（也称靶向给药）是指药物能在病变部位浓集，起到最佳疗效，并不使药物对其他正常组织产生毒副作用。

由于脂质体是类似于细胞膜的双层类脂膜结构，在一定温度下处于流动液晶态，其表面有比其他载体更易接纳导向分子的性质，即脂质体有独特的靶向能力，这种靶向性分为自然靶向、物理靶向和主动靶向。

自然靶向是指脂质体静脉给药后易被网状内皮组织（如肝、脾、肺等组织）吸收，表现为脏器性定向特性。物理靶向是指在靶位由 pH、温度、光、磁等物理因素控制的靶向释放。主动靶向是针对不同病原细胞表面受体、抗原，将有识别能力的配体、抗体嵌插于脂质体磷脂层，主动寻靶，达到配体-受体、抗体-抗原间的相互识别，从而使药能在病灶处释放。

（2）化学反应的微反应器[2]　与表面活性剂胶束相同，表面活性剂形成的具有多层或单层结构的囊泡也可使某些反应物浓集，从而使反应加速。研究证明，若反应物能在囊泡的表面活性剂对分子层/水界面上浓集，可使反应加速。并且，囊泡的催化能力比胶束的大。

Garcia-Rio 等研究了在阳离子型表面活性剂十二烷基三甲基溴化铵（LTAB）胶束溶液和在阳离子型表面活性剂二氧杂癸基三甲基氯化铵（DODAC）囊泡体系中 *N*-甲基-*N*-亚硝基-*p*-甲苯磺酰胺（MNTS）分子中亚硝基向仲胺（$R_2NH$）转化反应。结果表明，当 LTAB 浓度超过其 CMC 以后上述反应的表观速率常数随 LTAB 浓度增大而减小，即胶束对反应起抑制作用。而在囊泡体系中却有相反的结果，即囊泡体系有催化作用[3]。

Fendler 测定了在水、十六烷基三甲基溴化铵（CTAB）胶束溶液和 DODAC 囊泡体系中 $S,S'$-二硫代双-(2-硝基苯甲酸)（DTNB）碱性水解反应二级速率常数依次为：$0.54\text{L}\cdot\text{mol}^{-1}\cdot\text{s}^{-1}$，$8.4\text{L}\cdot\text{mol}^{-1}\cdot\text{s}^{-1}$，$840\text{L}\cdot\text{mol}^{-1}\cdot\text{s}^{-1}$。即囊泡体系催化活性最大。对于许多反应囊泡体系的催化活性高于胶束溶液的显然与前者的结构特点有关。图 9-54 是 DODAC 囊泡结构示意图。由图可知，囊泡由多个区域构成：外水相、内水相、亲脂相、内外水相间的荷电区，这种结构比胶束复杂得多。在电场中，大部分电离的极性端基周围是定向排布的水层，在水相中还有反离子氯存在。在囊泡体系中疏水有机反应物可增溶和浓集于囊泡双层中，带有极性基的有机物也可能夹插于构成双层的 DODAC 离子间。反应活性离子

[1] 侯新朴，武凤兰，刘艳．药学中的胶体化学．北京：化学工业出版社，2006.

[2] 赵振国．胶束催化与微乳催化．北京：化学工业出版社，2006.

[3] 辛颢，黄春辉．大学化学，2002（6）：2.

（如 $OH^-$）浓集于囊泡表面。Fendler 测定了 $OH^-$ 与 CTAB 胶束和 DODAC 囊泡的结合常数分别为（1～2）×$10^2$ L·mol$^{-1}$和（3～8）L·mol$^{-1}$，这就是说 DODAC 囊泡上 $OH^-$ 的浓度比 CTAB 胶束上的大，因此，在囊泡系统中进行碱性催化反应活性更高。

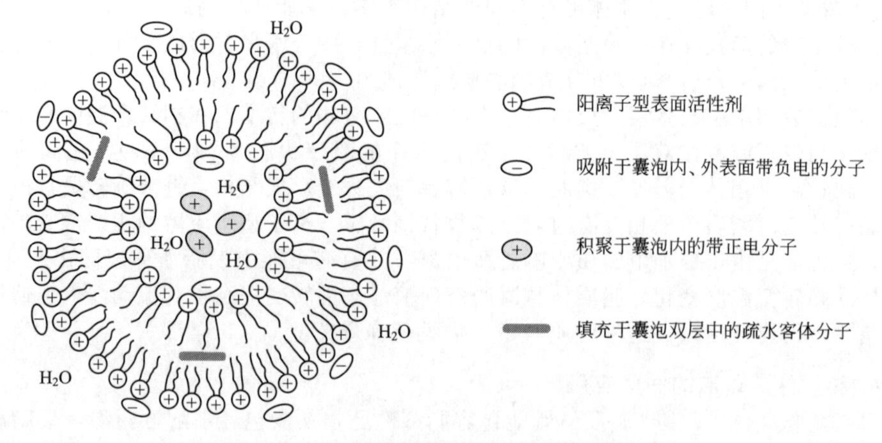


图 9-54　DODAC 囊泡结构示意图（略去反离子）

## 七、自组装膜[1][2]

最初将利用固体表面自溶液中吸附和吸附层接枝技术在表面形成的有一定取向和紧密排列的单分子层或多分子层的超薄膜称为自组装膜（self-assembly membranes，SAM）。尽管自组装膜早期是由吸附方法形成的，但是随着科学技术的发展，现在将以价键或非价键相互作用在一定表面形成的具有某种特定结构和性能的单层膜或多层膜均称为自组装膜。其中尤以分子、离子、粒子间弱相互作用形成的自组装膜更受到关注。

### 1. 单层自组装膜的制备

形成化学键的自组装单层：有机硫化物在金及其他多种金属、半导体表面上可形成共价键，如烷基硫醇在金表面上发生如下反应：

$$RSH + Au_n^0 \longrightarrow RS^- Au^+ \cdot Au_{n-1}^0 + 1/2H_2$$

形成硫醇的紧密排列的吸附单层。

最简单氯硅烷是三甲基氯硅烷，其与硅、铝、钛氧化物及多种金属和非金属固体表面羟基在室温下即可发生反应：

$$-\overset{|}{\underset{|}{Si}}-OH + Cl-\overset{CH_3}{\overset{|}{\underset{\underset{CH_3}{|}}{Si}}}-CH_3 \longrightarrow -\overset{|}{\underset{|}{Si}}-O-\overset{CH_3}{\overset{|}{\underset{\underset{CH_3}{|}}{Si}}}-CH_3 + HCl\uparrow$$

使表面亲水羟基转变为疏水的三甲基硅氧烷基，这也是亲水固体表面改性的最简单方法之一。最长链硅氧烷也可发生类似反应，只是反应温度较高。

长链脂肪酸（如硬脂酸）阴离子与金属表面阳离子成盐（或可能形成氢键）也可形成定向紧密排列的自组装单层。

### 2. 多层自组装膜的制备

组装多层膜总是从单层膜开始的，而单层膜的缺陷是不可避免的，且随层数的增加缺陷也会加剧。这种影响对小分子多层膜组装的影响尤为明显。大分子多层膜因其分子大和分子

---

[1] 黄春辉，李富友，黄岩谊．光电功能超薄膜．北京：北京大学出版社，2001．

[2] Ulman A. An Introduction to Ultrathin Organic Films：From Langmuir-Blodgett to Self-Assembly. Bosten：Academic Press，1991.

的柔性可能会使某些缺陷得以修复。故大分子化合物多层膜有时可达数百层。

双磷酸盐沉淀法组装多层膜。使双磷酸盐与 $Zr^{4+}$ 简单地交替吸附在表面，发生反应，生成不溶盐而逐层沉淀形成多层膜。可使用的双磷酸盐如下：

$PO_3^{2-}$—$(CH_2)_n$—$PO_3^{2-}$

$PO_3^{2-}$—$C_6H_4$—$C_6H_4$—$PO_3^{2-}$

$PO_3^{2-}$—(噻吩)$_4$—$PO_3^{2-}$

表面聚合组装多层膜。应用类似于偶联剂的大分子化合物在表面形成多层膜。偶联剂是在大分子两端各有一个可反应基团，在一定条件下能与上下的分子形成化学键，从而可使表面性质改变。偶联剂原本主要用于使两种性质不同的材料结合或使固体表面改性。用类似原理也可形成多层膜。如在带有羟基的固体表面与23-(三氯硅基)二十三酸甲酯（MTST）反应，首先使基片表面羟基化，表面-OH基与一个Cl—Si—反应形成表面—O—Si—键，在有痕量水存在下MTST中其余Si—Cl基先水解生成Si—OH再相互因脱 $H_2O$ 而形成Si—O—Si键。这样就形成了第一层。该层表面的酯基在四氢呋喃溶液中用 $LiAlH_4$ 活化成羟基，再重复上面的步骤，即可形成第二层。如此反复，即得多层膜（图9-55）。

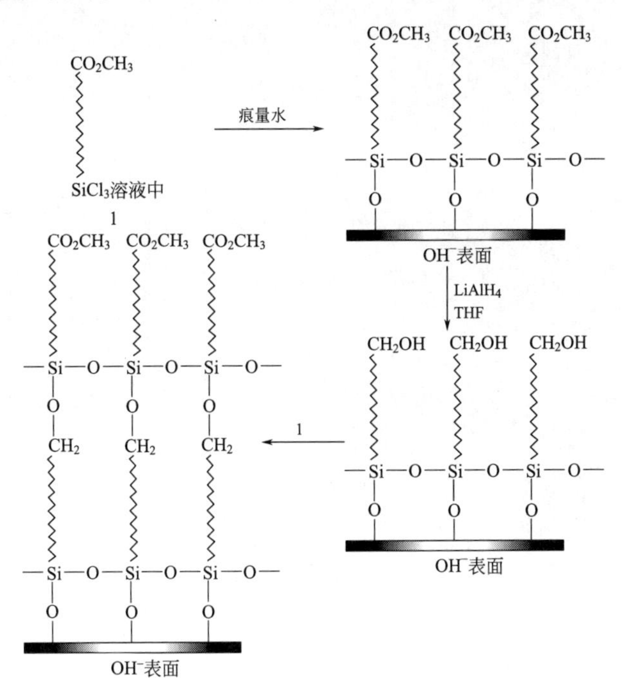


**图9-55 MTST在带羟基固体表面形成多层膜的示意图**

依靠静电作用也可组装多层膜。如在带电表面先吸附反号电荷的聚离子，然后在此聚离子表面层上吸附反号聚离子。这样交替沉积可得多层膜。显然这种方法组装的驱动力是静电作用。也可用表面缩合反应和通过金属离子的桥连作用等形成多层膜[1]。

### 3. 自组装膜的性质及应用

自组装膜的性质由自组装膜主体分子的性质、各层间化学键的特点及后处理条件等因素决定。如由荧光物质分子组装成的膜具有相应的荧光性质，可用于电致发光器件。并且后处

[1] 辛颢，黄春辉. 大学化学，2002（6）：2.

理还会对发光效率产生影响。将聚苯乙烯前体（PPV-precursor）与聚苯乙烯磺酸盐(PSS)、聚甲基丙烯酸盐（PMA）等阴离子通过静电作用组装成的多层膜，在真空和210℃下干燥11h，制成电致发光器件，PMA/PPV发光亮度为10～50cd·$m^{-2}$，整流比$10^5$～$10^6$。$C_{60}$马来酸衍生物在ITO电极表面形成的自组装单层膜有很好的光电效应，优于相应的LB膜。

虽然用固体表面吸附法形成分子的有序自组装排列的研究和讨论已有多年的历史，但明确提出“自组装”的术语及从分子水平上深入研究自组装技术、自组装膜的结构却是近十几年的事。这是因为早期的吸附研究只能从宏观实验结果推测吸附层的微观结构，只有在新的现代化实验手段开发和应用后自组装膜的研究才获得高速发展。现在自组装及相关技术已应用于医学、生物化学、材料科学、有机合成等领域，并有望作为分子器件用于微电子学、分子光学等领域。

# 主 要 参 考 书 目

[1] Hiemenz P C. 胶体与表面化学原理. 周祖康，马季铭译. 北京：北京大学出版社，1986.
[2] 唐有祺. 当代化学前沿. 北京：中国致公出版社，1997.
[3] 江龙. 胶体化学概论. 北京：科学出版社，2002.
[4] 侯万国，孙德军，张春光. 应用胶体化学. 北京：科学出版社，1998.
[5] 周祖康，顾惕人，马季铭. 胶体化学基础. 北京：北京大学出版社，1991.
[6] 顾惕人，朱玻瑶，李外郎等. 表面化学. 北京：科学出版社，1999.
[7] 朱玻瑶，赵振国. 界面化学基础. 北京：化学工业出版社，1996.
[8] 陈宗淇，戴闽光. 胶体化学. 北京：高等教育出版社，1984.
[9] 陈宗淇，王光信，徐桂英. 胶体与界面化学. 北京：高等教育出版社，2001.
[10] 赵国玺. 表面活性剂物理化学. 修订版. 北京：北京大学出版社，1991.
[11] 赵国玺，朱玻瑶. 表面活性剂作用原理. 北京：中国轻工业出版社，2003.
[12] 肖进新，赵振国. 表面活性剂应用原理. 北京：化学工业出版社，2003.
[13] Adamson A W. 表面的物理化学. 上册，下册. 顾惕人译. 北京：科学出版社，1984 及 1985.
[14] 吴树森. 应用物理化学——界面化学与胶体化学. 北京：高等教育出版社，1993.
[15] 许振良. 膜法水处理技术. 北京：化学工业出版社，2001.
[16] 王湛. 膜分离技术基础. 北京：化学工业出版社，2000.
[17] 王永康，王立等. 纳米材料科学与技术. 杭州：浙江大学出版社，2002.
[18] 傅献彩. 大学化学. 上册. 北京：高等教育出版社，1999.
[19] 张志焜，崔作林. 纳米技术与纳米材料. 北京：国防工业出版社，2000.
[20] 郑忠. 胶体科学导论. 北京：高等教育出版社，1989.
[21] 白春礼. 扫描隧道显微术及其应用. 上海：上海科学技术出版社，1992.
[22] 梁治齐. 微胶囊技术及其应用. 北京：中国轻工业出版社，1999.
[23] 时钧，袁权，高从堦. 膜技术手册. 北京：化学工业出版社，2001.
[24] 北京大学化学系胶体化学教研室. 胶体与界面化学实验. 北京：北京大学出版社，1993.
[25] 王果庭. 胶体稳定性. 北京：科学出版社，1990.
[26] 赵振国. 胶体与界面化学——概要、演算与习题. 北京：化学工业出版社，2004.
[27] 章莉娟，郑忠. 胶体与界面化学. 第 2 版. 广州：华南理工大学出版社，2002.
[28] 张玉亭，吕彤. 胶体与界面化学. 北京：中国纺织工业出版社，2008.
[29] 特伦斯·科斯格雷夫. 胶体科学 原理、方法与应用. 李牛等译. 北京：化学工业出版社，2009.
[30] 赵振国. 应用胶体与界面化学. 北京：化学工业出版社，2008.
[31] 德鲁·迈尔斯. 表面、界面和胶体——原理及应用. 吴大诚等译. 北京：化学工业出版社，2005.
[32] Adamson A W，Gast A. Physical Chemistry of Surfaces. 6th ed. New York：John Wiley & Sons.，1997.
[33] 赵振国. 吸附作用应用原理. 北京：化学工业出版社，2005.
[34] 格雷格 S J，辛 K S W. 吸附、比表面与孔隙率. 高敬琮等译. 北京：化学工业出版社，1986.
[35] 何忠效，张树政. 电泳. 第 2 版. 北京：科学出版社，1999.
[36] 钟静芬. 表面活性剂在药学中的应用. 北京：人民卫生出版社，1996.
[37] 芬德勒 J H. 膜模拟化学. 程虎民，高月英译. 北京：科学出版社，1991.
[38] 康万利，董喜贵. 表面活性剂在油田中的应用. 北京：化学工业出版社，2005.
[39] 李干佐，郭荣等. 微乳液理论及其应用. 北京：石油工业出版社，1995.
[40] 崔正刚，殷福珊. 微乳化技术及应用. 北京：中国轻工业出版社，1999.
[41] 张颖等译，液膜分离技术（译文集），北京：原子能出版社，1983.
[42] 严忠，孙文东. 乳液液膜分离原理及应用. 北京：化学工业出版社，2004.
[43] 人造双分子层膜. 田心棣，肖科译. 北京：高等教育出版社，1987.